新编实用电液比例技术

吴根茂　邱敏秀　王庆丰
魏建华　孔晓武　傅　新　等编著

浙江大学出版社

内容简介

本书对电液比例控制技术所涉及的比例电磁铁、电控制器和检测反馈系统、各类比例压力阀、比例流量阀、比例方向阀、比例多路阀和比例液压泵等元器件，以及电液比例控制系统等的相关基础理论、控制原理、性能特点、工程应用等作了比较全面的论述，并对其稳、动态特性进行了分析，对电液比例控制器件及系统的测试和计算机仿真作了相应的介绍。本书还在液压桥路、液阻网络、压力容腔特性、液动力、工程机械用阀等涉及一般液压技术的诸多方面，结合工程实际作了相关的阐述。

本书着重从工程应用角度，对电液比例控制技术进行系统的、深入浅出的论述，可作为机械工程类本科生、研究生液压与电液控制课程的教材或主要参考书，也可作专业技术人员和管理人员专业培训的参考书。

图书在版编目（CIP）数据

新编实用电液比例技术 / 吴根茂等编著．—杭州：浙江大学出版社，2006.8(2025.2 重印)
ISBN 978-7-308-04865-1

Ⅰ.新…　Ⅱ.吴…　Ⅲ.电液伺服系统—比例控制
Ⅳ.TH137.5

中国版本图书馆 CIP 数据核字（2006）第 092320 号

新编实用电液比例技术
吴根茂　等编著

责任编辑　王　波
封面设计　刘依群
出版发行　浙江大学出版社
（杭州市天目山路 148 号　邮政编码 310007）
（网址：http://www.zjupress.com）
排　　版　杭州青翊图文设计有限公司
印　　刷　广东虎彩云印刷有限公司绍兴分公司
开　　本　787mm×1092mm　1/16
印　　张　29.75
字　　数　724 千
版 印 次　2006 年 8 月第 1 版　2025 年 2 月第 8 次印刷
书　　号　ISBN 978-7-308-04865-1
定　　价　69.00 元

浙江大学出版社市场运营中心联系方式：0571－88925591；http://zjdxcbs.tmall.com

前　言

电液比例控制技术是在以开环传动为主要特征的传统液压传动技术和以闭环控制为特征的电液伺服控制技术基础上，为适应一般工程系统对传动与控制特性提出的更高的要求，从上个世纪六七十年代开始逐步发展起来的流体传动与控制领域中一个具有旺盛生命力的新分支。现今，电液比例控制技术已成为工业机械、工程建设机械及国防尖端产品不可或缺的重要手段，得到了相关工业界、技术界的格外重视。但由于其所具有的一些特点，对这种技术的了解、掌握和运用，不论是理论上，还是实践上，都有很多问题需要研究、探讨、总结与提高，使其逐步像电液伺服控制技术那样，形成相应的科学体系，以更好地推动技术的发展和相关人才的培养。

《实用电液比例技术》1993年由浙江大学流体传动及控制国家重点实验室吴根茂、邱敏秀、王庆丰等编著，由浙江大学出版社出版发行。根据电液控制技术的发展和十余年教学（本科教学、研究生教学、工程技术培训）和科研经验的积累，最近在1993年的《实用电液比例技术》、2003年《新编实用电液比例技术A版2003》讲义、2005年《新编实用电液比例技术A版2005》讲义等基础上，进行了全面的改写与编辑，形成了《新编实用电液比例技术》这一新版的教材。新教材仍然侧重从工程应用的角度，从与普通开关控制及电液伺服控制既相互联系又相互区别的角度，介绍电液比例控制器件的基本类型、工作原理、性能和功能特点；研究组成实用电液比例控制系统的原理、特征、设计和使用要点。新教材引用了编著者和浙江大学机械电子控制工程研究所（前身为浙江大学流体传动及控制研究所）二十余年来的研究成果，以及国内外的相关技术资料。新教材仍然由教学科研第一线的老、中、青教师动手集体编著，除了对原来有关液压与电液比例控制技术的主要章节作了更新充实外，还在工程应用方面增加了工程机械用多路阀、液压缸等章节；在基础方面增加了液压元件流态计算与仿真、油液与污染控制等章节。本书还在液压桥路、液阻网络、压力容腔特性、液动力、工程机械用阀等涉及一般液压技术的诸多方面，结合工程实际作了特别的介绍。

新教材由吴根茂执笔第1，2，3，6，7，10，11章，并参与了第8，9，15章的编写；邱敏秀执笔第8，9，12，14，16章，并参与了第17章的编写；王庆丰执笔第4，5，17章；魏建华参与了第4，15章的编写；孔晓武参与了第2，4章的编写；傅新、阮晓东执笔第 18 章；邵大文参与了第 15 章的编写；第 13 章保留了由金力民执笔的内容；全书由吴根茂统稿。由于时间和条件的限制，书稿虽经修改，仍难免有疏漏或错误之处，请读者指正。

感谢浙江大学机械电子控制工程研究所同仁对本书的大力支持，同时感谢中南大学吴万荣先生、邹利民先生，浙江大学吴晓雷先生为本书绘制了大量的插图原稿。

编著者

2006 年 8 月于浙江大学求是园

目　　录

第1章

电液比例技术概述

1.1 比例技术含义

20世纪70年代以来，随着人们对各类工艺过程的深入研究，已有可能写出某些工艺过程的最佳数学模型，从而对工程控制提出了更高的要求。现代微电子技术的发展，特别是计算机技术的发展和普及，又为实现各类工艺过程的最佳控制提供了技术基础。因此，工程控制理论的应用已逐步从航空、航天和军事工程领域，普及到普通的民用工业部门。电液比例技术作为连接现代微电子技术和大功率工程控制设备之间的桥梁，已经成为现代控制工程的基本技术构成之一。

从广义上观察，在应用液压传动与控制和气压传动与控制的工程系统中，凡是系统的输出量，如压力、流量、位移、转速、速度、加速度、力、力矩等，能随输入控制信号连续成比例地得到控制的，都可称为比例控制系统。但在工程实用上，往往根据输入信号的不同和系统构成的特点等，将广义的比例控制系统作出如表1-1所示的区分：根据输入控制信号方式，区分为手动(比例)控制和电液控制；根据控制系统构成特点和技术特性，进一步将广义概念上的电液控制区分为一般概念上的电液伺服控制和电液比例控制。

表1-1 比例技术的多层次分类

<table>
<tr><td rowspan="2">开关控制</td><td colspan="3">手动控制</td></tr>
<tr><td colspan="3">电磁控制</td></tr>
<tr><td rowspan="7">比例控制(广义)</td><td>手动控制</td><td colspan="2"></td></tr>
<tr><td rowspan="6">电液控制</td><td rowspan="2">电液伺服控制</td><td>模拟</td></tr>
<tr><td>数字</td></tr>
<tr><td rowspan="2">电液伺服比例控制</td><td>模拟</td></tr>
<tr><td>数字</td></tr>
<tr><td rowspan="2">电液比例控制</td><td>模拟</td></tr>
<tr><td>数字</td></tr>
<tr><td>控制性质</td><td>输入方式</td><td>控制特性</td><td>信号模式</td></tr>
</table>

表 1-2 伺服阀与比例阀(不含伺服比例阀)性能特点与保障条件的比较

(伺服阀、伺服比例阀、比例阀特性比较,见表 9-5)

伺服阀	微电控制	频响高	无零位死区 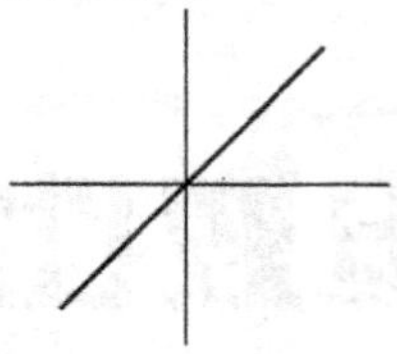	加工精度 μm 级	过滤精度 3～10μm	1/3 供油压力损失于控制阀口
一般比例阀(不含伺服比例阀)	微电控制	频响中等,能满足 70% 用户的要求	有零位死区 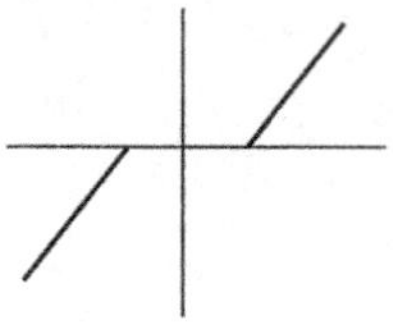	加工精度 10μm 级	过滤精度 25μm	0.3～1.5MPa

电液伺服控制起源于主要在军事工程领域发展起来的电液控制技术,而电液比例控制技术,是针对伺服控制存在的诸如功率损失大、对油液过滤要求苛刻、制造和维护费用高、而它提供的快速性在一般工业设备中又往往用不着的情况,在近 30 多年迅速发展起来的介于普通断开关控制与伺服控制之间的新型电液控制技术分支,其特点的区别参见表 1-2。

除了模拟式电液比例元件外,早在 20 世纪 60 年代人们就开始注意数字式或脉冲式比例元件的开发。这类元件的优点是对介质污染不敏感,工作可靠,重复精度高,成批产品的性能一致性好。其主要缺点是由于按载频原理实现控制,故控制信号的频宽较模拟器件低。数字式电液比例元件的电一机械转换器,主要是步进马达和按脉冲方式工作的动铁式或动圈式力马达。数字式电液比例系统实质上是一个电液数/模转换系统或载频调制系统。其控制分辨精度取决于每一脉冲的当量步长或调制精度。最近迅速发展起来的高速开关阀,为比例阀的先导控制提供了一种新型的方式。这种阀的重要特点是结构简单、响应快,目前正摆脱由于工作流量小而仅作为先导控制阀的局面,向 100～200 L/min,甚至更大的流量方向寻求优化结构。

本书着重讨论的是一般意义上的电液比例控制技术,介绍控制器件(含手动比例控制器件)的基本类型、工作原理、性能和功能特点;研究组成实用电液比例控制系统的原理、特征、设计和使用要点。

从整体看,电液比例控制技术的开发与普及,使工程系统的控制技术进入了现代控制工程的新行列,不同程度地确立了机电一体化的技术优势。而构成电液比例技术的液压元件,却是在传统开关型和伺服型元件基础上的进一步发展。它们所依据的基础理论是一脉相承的,基本结构也是相同或相近的。另外,电液比例控制器件的基本控制物理量与开关型和伺服型器件一样,都是压力 p 和流量 q。如果撇开采用电液比例技术带来的能综合发挥微电子技术、计算机技术和液压技术的优势,单从器件控制输入信号角度来看,电液比例控制仅是诸多控制信号方式,如手动、液动、机动、电动、电液等中的一种,特殊性存在于共性之中。控制器件发展到 20 世纪 80 年代的一个重要特征,就是适用于多种控制输入方式,使器件能适应不同应用场合、不同技术层次的需要。

由此,本书在讨论有关器件与系统时,常涉及不专属于电液比例控制的一般液压技术。

这样处理，还可以帮助读者从更广泛角度加深对问题的了解。

1.2　比例技术发展概况

第二次世界大战后期，由于喷气式飞机速度很高，因此对控制系统的快速性、动态精度和功率—重量比都提出了更高的要求。1940 年底，在飞机上首先出现了电液伺服系统。经过 20 余年的发展，到了 20 世纪 60 年代，各种结构的电液伺服阀相继问世，电液伺服技术日臻成熟。60 年代后期，各类民用工程对电液控制技术的需求显得更加迫切与广泛。但是，由于传统的电液伺服阀对流体介质的清洁度要求十分苛刻，制造成本和维护费用比较高昂，系统能耗也比较大，难以为各工业用户所接受。而传统的电液开关控制（断通控制）又不能满足高质量控制系统的要求。电液比例控制技术就是为适应开发一种可靠、价廉、控制精度和响应特性均能满足工程技术实际需要的电液控制技术的要求，从 1960 年代末以来迅速发展起来的。与此同时，还发展了工业伺服控制技术。

工业伺服控制技术的主要特点是：在高性能伺服阀基础上，增大电—机械转换器的输出功率和适当简化伺服阀结构，着重改善阀的抗污染性能，并降低制造成本。比例阀则是以传统的工业用液压阀为基础，采用可靠、价廉的模拟电—机械转换器（比例电磁铁等）和与之相应的阀内设计，从而获得对油质要求与一般工业阀相同、阀内压力损失低、性能又能满足大部分工业控制要求的比例控制元件。

20 世纪 90 年代中后期，一方面随着一般工程系统对闭环控制要求的升温，另一方面，客观上整体机械加工水平的提高，系统抗污染能力的增强，而对系统能耗采取了区别对待的措施，以及工业伺服阀对实际系统适应能力差等，在这样的背景下，在一般比例技术与伺服技术之间，出现了在新的层面上吸收两者优势而形成的所谓“伺服比例阀”，也称“高频响比例阀”（其频响比一般比例阀高）、“闭环比例阀”（由于无零位死区，可更方便地用于任何闭环系统）。伺服比例阀的出现，很快地填补了本来企图用工业伺服阀发挥作用的中间地带。这一方面使电液控制系统在不同的三个层面上，都有相应的实用技术；另一方面使得不同层面的电液控制技术，在技术的交融、整合上跨出了一大步。电液控制技术的发展史参见表 1-3，其相互关系可参见图 1-1。

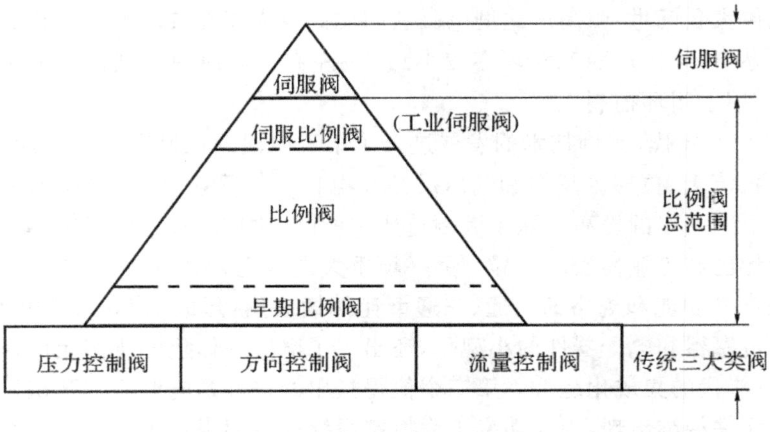

图 1-1　伺服阀、伺服比例阀、比例阀、传统三大类阀相对关系图

表 1-3 电液控制技术发展史简表

电液伺服阀技术		20 世纪 40 年代第二次世界大战期间由于武器和飞行器自动控制需要而出现，至 20 世纪 60 年代日臻成熟	其特点见表 1-2；但由于对流体介质的清洁度要求十分苛刻，制造成本和维修费用比较高，系统能耗也比较大，难以为各工业用户所接受
电液比例阀技术	20 世纪 60 年代后期，各类民用工程对电液控制技术的需求显得迫切与广泛，因此，人们希望开发一种可靠、价廉，控制精度和响应特性均能满足工业控制系统实际需要的电液控制系统。20 世纪 60 年代出现了工业伺服技术（在伺服阀基础上）与电液比例技术（在传统开关阀基础上）		
	工业伺服阀	60 年代后期出现	在伺服阀基础上，增大电—机械转换器功率，适当简化伺服阀结构，降低制造成本。应用面不广
	早期比例阀	60 年代后期出现	仅将比例电磁铁用于控制阀，控制阀原理未变，性能较差，频响 1～5Hz，滞环 4%～7%，用于开环
	比例阀	80 年代初期出现	完善控制阀设计原理，采用各种内外反馈、电校正，耐高压比例电磁铁、电控器特性大为提高，稳态特性接近伺服阀，频响 5～30Hz，但有零位死区；既用于开环，也用于闭环
	伺服比例阀	90 年代中后期出现	制造精度、过滤精度矛盾淡化，首级阀口零遮盖无零位死区，用比例电磁铁为电—机械转换器，2 级阀主级阀口小压差，频响 30～100Hz，用于闭环
传统的电液开关控制技术			不能满足高质量控制系统的要求

比例技术的发展大致可以划分为四个阶段。

(1)从 1967 年瑞士 Beringer 公司生产 KL 比例复合阀起，到 70 年代初日本油研公司申请了压力和流量两项比例阀专利为止，标志着比例技术的诞生时期。这一阶段的比例阀，仅仅是将比例型电—机械转换器(如比例电磁铁)用于工业液压阀，以代替开关电磁铁或调节手柄。阀的结构原理和设计准则几乎没有变化，大多不含受控参数的反馈闭环。其工作频宽仅在 1～5Hz 之间，稳态滞环在 4%～7%之间，多用于开环控制。

(2)1975 年到 1980 年间，可以认为比例技术的发展进入了第二阶段。采用各种内反馈原理的比例元件大量问世，耐高压比例电磁铁和比例放大器在技术上也日趋成熟。比例元件的工作频宽已达 5～15Hz，稳态滞环亦减小到 3%左右。其应用领域日渐扩大，不仅用于开环控制，也被应用于闭环控制。

(3)20 世纪 80 年代，比例技术的发展进入了第三阶段。比例元件的设计原理进一步完善，采用了压力、流量、位移内反馈和动压反馈及电校正等手段，使阀的稳态精度、动态响应和稳定性都有了进一步的提高。除了因制造成本所限，比例阀在中位仍保留死区外，它的稳态和动态特性均已和工业伺服阀无异。另一项重大进展是，比例技术开始和插装阀相结合，已开发出各种不同功能和规格的二通、三通型比例插装阀，形成了 80 年代电液比例插装技术。同时，由于传感器和电子器件的小型化，还出现了电液一体化的比例元件，电液比例技术逐步形成了 80 年代的集成化趋势。第三个值得指出的进展是电液比例容积元件，各类比例控制泵和执行元件相继出现，为大功率工程控制系统的节能提供了技术基础。

(4)20 世纪 90 年代中后期开始，比例技术在固定工程设备上不断得到广泛应用的同时，开始大量进入行走机械领域，各种节能的负载敏感控制、负载适应控制等节能器件与系统日益增多。其次，作为比例阀家族新成员的高速开关阀，正从小流量向中等流量发展，在快速性和结构简单可靠方面显示其优势。另一个重要的进展就是适应电液比例闭环控制的快速增长需要，出现了在一个新层面上伺服技术与比例技术的结合的产物，即伺服比例阀，使得比例技术与伺服技术的交融与整合更进了一步。一方面在不同的层面上各得其所，扬长避短；另一方面，技术上进一步融合，为达到未来的一个技术体系的目标打下了更牢固的基础。

1.3　电液比例控制的技术特征

1.3.1　性能特点

表 1-2 和表 1-4，从不同角度列出了电液伺服元件，电液比例元件和开关元件的性能对比。由表 1-4 可见，现今电液比例元件的性能比起其发展早期已有了显著的提高。除比例元件具有中位死区之外，在滞环、重复精度等主要稳态特性上已与伺服阀相当，而工作频宽又具有足以满足大部分工业系统控制要求的相当水平；在对介质过滤精度要求、阀内压力损失和价格方面，又接近于开关阀。因此，赢得了比电液伺服元件远为广泛的应用领域。

表 1-4　伺服、比例、开关元件性能对照表（不含伺服比例阀）

	电液伺服阀	电液比例阀	早期电液比例阀	传统开关阀
滞环(%)	1～3	1～3	4～7	
重复精度(%)	0.5	0.5	1	
频宽(Hz)	50～500	1～50	1～5	
线圈功率(W)	0.05～5	10～24	10～30	
中位死区	无	有	有	有
价格因子	3	1	1	0.5

在控制性能上的第二个特点是，除了与传统工业液压阀一样具有各种单一控制功能外，往往具有流量、方向与压力三者之间的多种复合功能。这一特点不仅表现在阀控元件，而且在容积控制元件中也越来越广泛地得到体现。阀控或容积控制元件的多功能复合使电液比例控制系统较之传统控制，不但系统大为简化，可靠性得到提高，控制性能也得以提高。

内含主控量力反馈的电液比例元件可适应多种控制输入方式，是其控制性能上的重要特点。这种力反馈型比例元件的控制输入电信号，最终被转化为作用于先导阀芯上的控制输入力信号。因此，将电—机械转换器替代成其他形式的输入信号—力转换器件，即能实现诸如手动调节、机械凸轮控制、油压控制等多种输入控制方式。图 1-2 给出了四种典型输入控制装置的简图。内含主控量反馈的新型比例元件（如力反馈、电反馈等），常具有多功能的技术适应性。例如带力反馈的流量控制技术，不仅适用于各类节流调节，而且同样适用于各类容积式流量调节元件（如液压泵、液压马达等）。

而新近开发的伺服比例阀，其特点是频响比一般比例阀高，可靠性比伺服阀高，详见第 9 章 9.7 节。

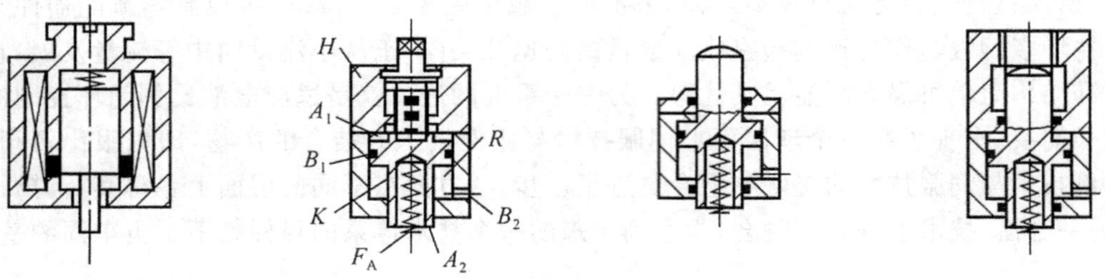

图 1-2　典型输入控制装置

1.3.2　原理特点

图 1-3 给出了电液比例控制阀的原理框图。由图可见，高性能比例阀一般都内含主控制参量的反馈闭环。这种反馈闭环可以是主控制参量的机械或液压的力反馈，也可以是主控制参量的电反馈。

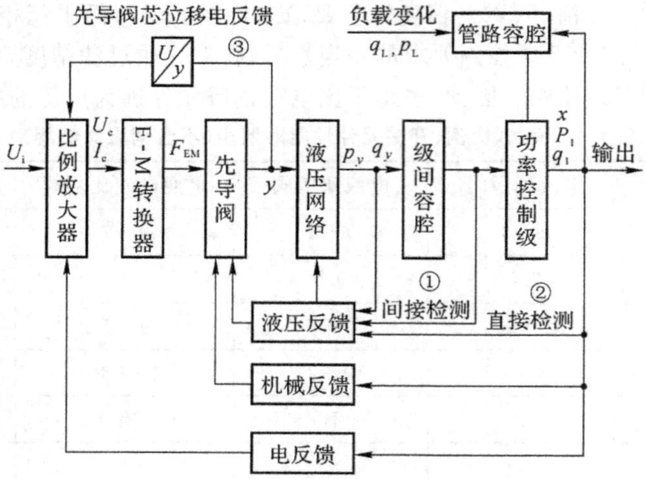

图 1-3　电液比例阀原理框图

目前市场上提供的比例阀，除了占主导地位的力反馈和电反馈外，形式众多，实际上包括了比例技术发展四个阶段中开发的各种类型。早期开发的比例阀多沿用工业液压阀的传统控制原理，一般不内含主控制参量反馈闭环。多仅含局部小闭环，如图 1-3 所示，在性能上与现代比例阀有较大差别。

值得指出的是，就电—机械转换器而言，目前市场上既有耐高压比例电磁铁，又有其衔铁腔只能承受一般回油背压的低压比例电磁铁；有单向比例电磁铁，也有双向极化式比例电磁铁。

1.3.3　结构特点

早期的比例阀多为用比例电磁铁替代传统工业液压阀的调节手柄而成。20 世纪 80 年代发展的比例阀，具有一些重要特点。

（1）与插装阀结合，开发出各种不同功能和规格的二通插装式比例阀，插孔符合 ISO 和国标。二通插装型开关和比例控制元件具有结构上的兼容特性。现今，三通插装式比例阀也已大量涌现。

(2)生产批量较大的比例压力阀、比例方向阀，常与开关阀通用主阀阀体(有的甚至通用先导阀体)，有利于生产管理和标准化设计，也将给原有液压系统的技术改造带来方便。

(3)力反馈型比例元件可以配用多种控制输入方式(如图 1-2 所示)；不同的输入单元具有统一的联接尺寸。

(4)比例泵的恒压、恒流、压力流量复合等多种功能控制块，多采用组合叠加方式，便于在基泵上进行控制功能的增减组合。

(5)控制放大器、电磁铁和比例阀，以及测量放大器、电磁铁和比例阀组合成一体，即电液一体化式结构，给系统设计和运行带来诸多便利。更进一步，比例阀与动力油源与执行机构组合，形成机电液一体化结构。这是当代机械工业及工程控制系统发展的重要特征。机电液一体化的框图如图 1-4 所示。

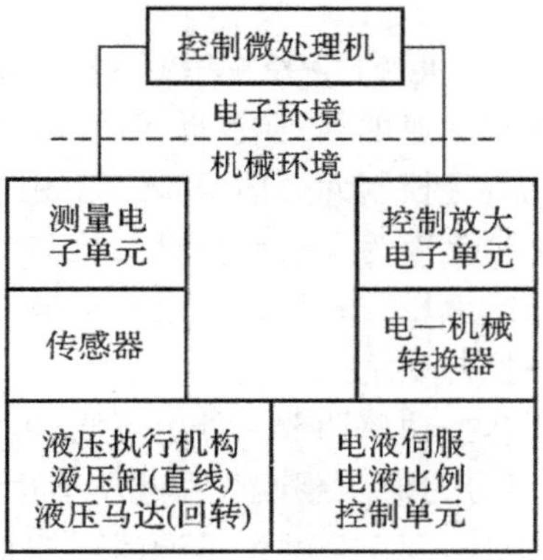

图 1-4　机电一体化框图

1.4　比例控制系统的构成、分类及特点

1.4.1　比例控制系统的构成与分类

电液比例控制系统，由电子放大及校正单元、电液比例控制单元(含电机械转换器在内的比例阀、电液比例变量泵及变量马达)、动力执行单元及动力源、工程负载及信号检测反馈处理单元所组成，如图 1-5 所示。

系统的指令及放大单元，多采用电子设备。电—机械转换器往往采用比例电磁铁，它的功能是将放大器输出的控制电流或电压信号，转换为机械量的控制信号——力(力矩)或位移(转角)。液压转换及放大器件是比例阀、比例泵及马达，实际上是一个功率放大单元。液压执行元件通常是液压缸或液压马达，其输出参数只能是位移、速度、加速度和力，或者转角、角速度、角加速度和转矩。系统可通过设置液压(压力和流量)和机械参数中间变量检测反馈闭环，或通过动力执行单元输出参数检测反馈闭环，来改善其稳态控制精度和动态品质。信号处理单元可采用模拟电子电路、数字式微处理芯片或微型计算机来实现。数字式集成电路在精度、可靠性、稳定性等项均占优势，其成本也越来越低廉，故应用日益广泛。

从整个电液比例控制系统来看，存在着两类检测反馈闭环。一类是动力执行单元输出参

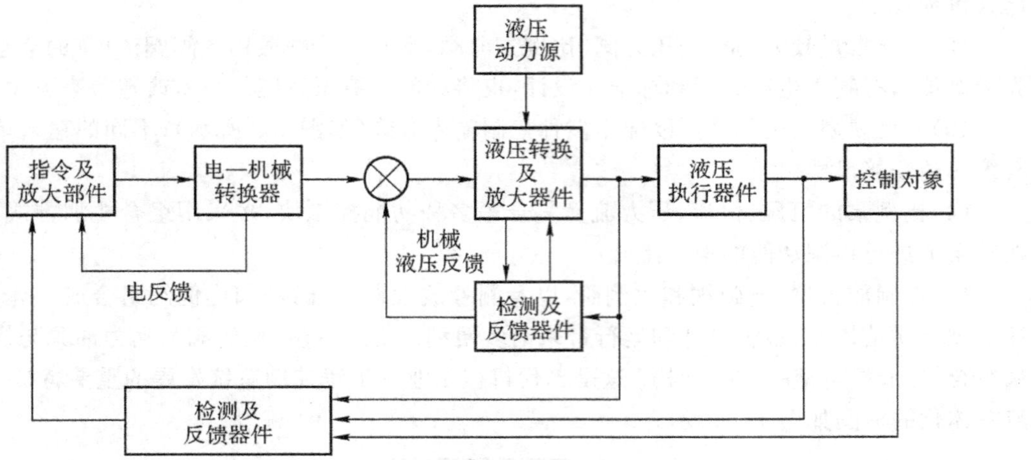

图 1-5 电液比例控制系统的技术构成

数(如压力、力、力矩、位移、速度和加速度等)检测反馈闭环,设置这种反馈闭环的系统,就是通常所说的闭环控制系统。第二类是控制元件内部,对整个控制系统而言只是中间参量的小闭环。仅设置这类反馈闭环,不论是否为主控制参量的检测反馈,也不论是采用电信号反馈到指令及放大器,还是采用机械或液压方式反馈到电—机械转换器的输出端,对整个控制系统而言,均属于通常所指的开环控制系统。

与传统的液压控制系统相似,按功率调节元件的不同,可将比例控制系统分为节流控制系统和容积控制系统。后者又可分为液压泵调节和液压马达调节。

节流控制的优点是动态响应快,利用公共恒压油源可控制不同执行元件(三通调速阀构成的负载适应系统除外),但功率损失较大。容积控制方式的突出优点是节能。事实上,现代容积控制多是通过电液节流控制元件,对液压泵或马达的排量参数(倾角或偏心量)进行控制而实现的。

如果按被控参数的不同来分类,则可将电液比例控制系统分为:

(1)位置(或转角)控制系统;

(2)速度(或转速)控制系统;

(3)加速度(或角加速度)控制系统;

(4)压力(或压差)控制系统;

(5)力(或力矩)控制系统;

(6)其他参数控制系统。

1.4.2 比例控制系统的基本特点

电液比例控制系统是联系微电子技术与工程功率系统的接口。就其本质而言,乃是电子—液压—机械(E/H/M)放大转换系统。这种转换既可以是电模拟量转换为机械模拟量(EA/MA),也可以是电数字量转换为机械模拟量(ED/MA),还可以是电数字量转换为机械数字量(ED/MD)。构成不同形式转换时,系统的具体构成有所差别,但仍是微电子技术与工程功率系统之间的接口。电液比例系统,介于电液伺服系统与开关控制系统之间。从控制特性看,更接近于伺服系统,特别是使用伺服比例阀的系统;从抗污染性、可靠性和经济性看，更接近于开关系统。就系统本身而言既可以是开环的，也可以是闭环的。人们往往对其动态特性提出要求。因而，比例控制系统的设计，与开关控制液压系统有所差别，但也不能完全按伺服系统进行，应根据具体要求有所侧重。这其中，应注意组成比例控制系统的电液比例控制元件的某些特点。例如，比例元件一般存在零位死区，而新近出现的伺服比例阀就没有零位死区；比例阀在系统中不仅要像伺服阀那样在小信号下工作，而且往往也要在大信号下工作，等等。

下面从工程应用的角度，来看一看电液比例控制系统的特点。

1. 可明显地简化液压系统，实现复杂程序控制

通过输入信号按预定规律的变化，连续成比例地调节受控工作机械作用力或力矩、往返速度或转速、位移或转角等，是比例控制技术的基本功能。这一基本功能，不仅改善了系统的控制性能，而且大为简化了液压系统，降低了费用，提高了可靠性。图 1-6 所示为分别采用传统控制阀与比例阀时压力控制回路的对比。图 1-7 所示为流量控制回路的对比。从图 1-7 中可以看到，使用比例阀在简化油路的同时，还能使控制特性，特别是过渡过程特性得到改善。图 1-8 所示为采用复合功能的比例阀，代替常规控制阀的系统简化情况。在同样的控制流量(530 L/min)与控制功率(90 kW)下，控制阀块重量可从使用常规阀时的 200kg 下降到使用比例复合阀时的 42 kg。

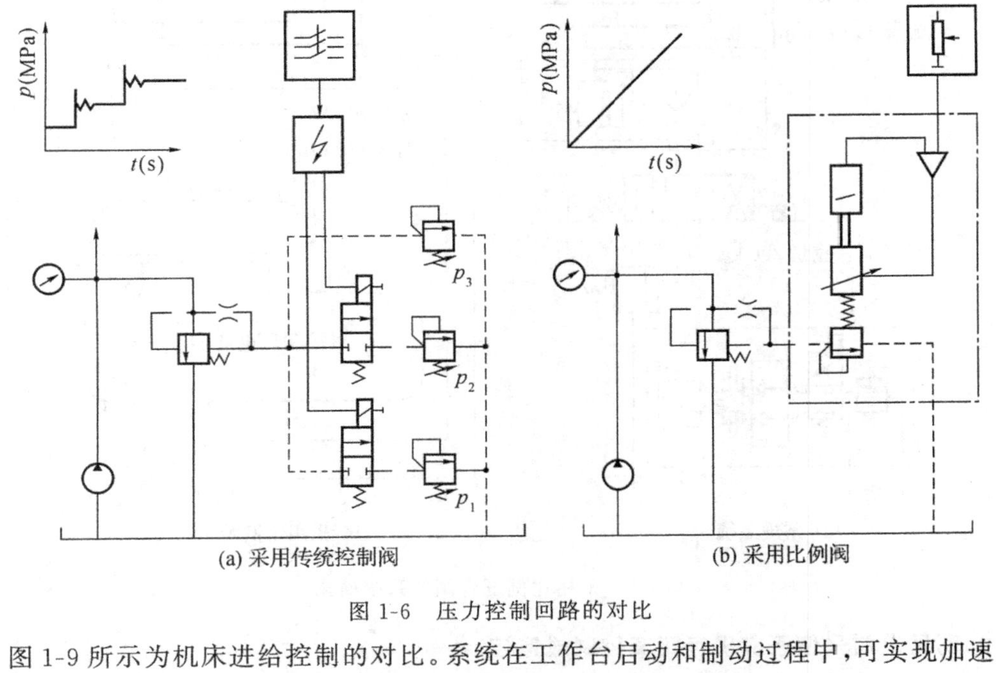

图 1-6　压力控制回路的对比

图 1-9 所示为机床进给控制的对比。系统在工作台启动和制动过程中，可实现加速和减速工况。为实现 6 挡速度控制，图(a)采用了三组三位四通电磁阀和 6 个节流阀；为达到三级压力控制，需要一个三位四通电磁阀和三个压力先导阀。而达到同样的性能要求，图(b)只需一个电液比例方向阀和一个比例溢流阀，可使系统得以显著简化。值得一提的是，采用比例控制时，可在电控制器中预设斜坡函数，即使系统中运动件质量很大，也能实现精确而无冲击的加速或减速，不但改善了控制过程品质，还可缩短工作循环时间。

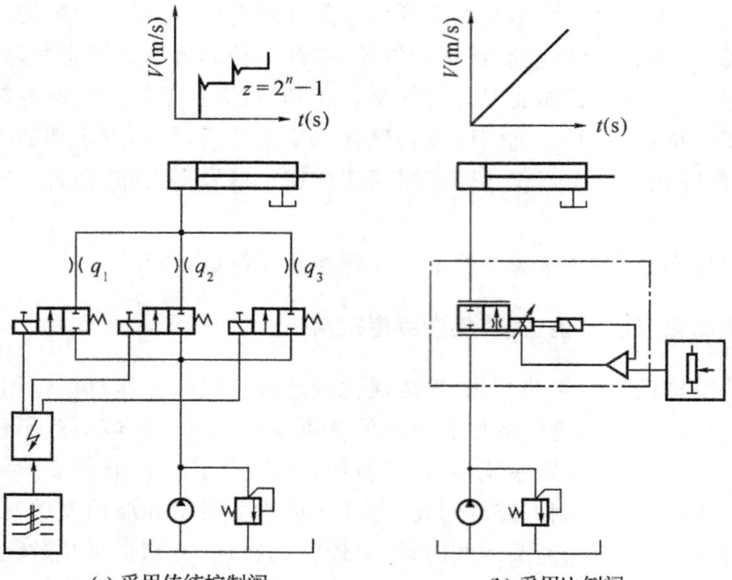

(a) 采用传统控制阀　　(b) 采用比例阀

图 1-7　流量控制回路的对比

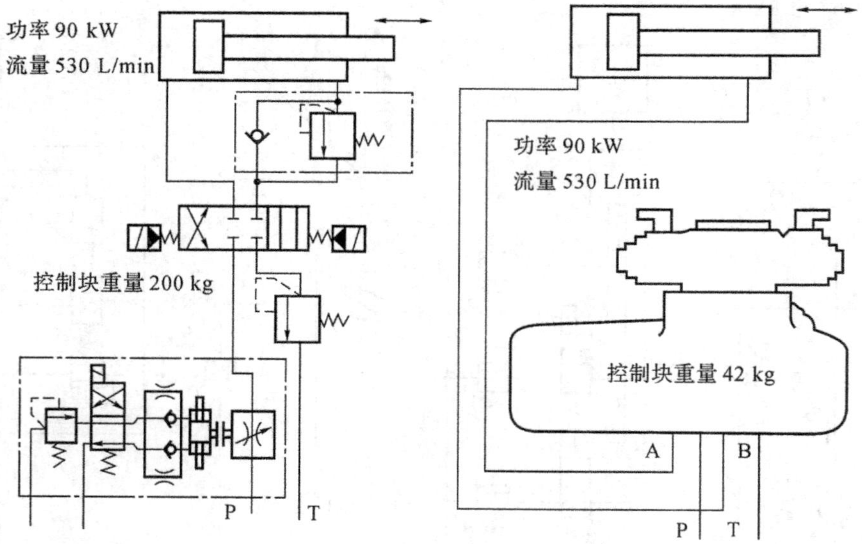

(a) 常规系统　　(b) 采用比例阀

图 1-8　采用比例复合阀的系统简化

2. 利用电信号便于实现远距离控制或遥控

采用电液比例控制系统不但可实现远距离有线或无线控制，也可改善主机的设计柔性，并且可以实现多通道并行控制。例如，工程机械中的多路阀通常必须集中设置在操纵室，以便与操纵连杆相联接。这就使得每一受控液压缸或马达的连接管路延长，增加了系统的复杂性，也增加了管路损失，对动态特性也很不利。采用比例阀代替手动多路阀，有可能将阀布置在最合适的位置，提高了主机总体设计的柔性，对减少管路损失和改善操作特性，也十分有

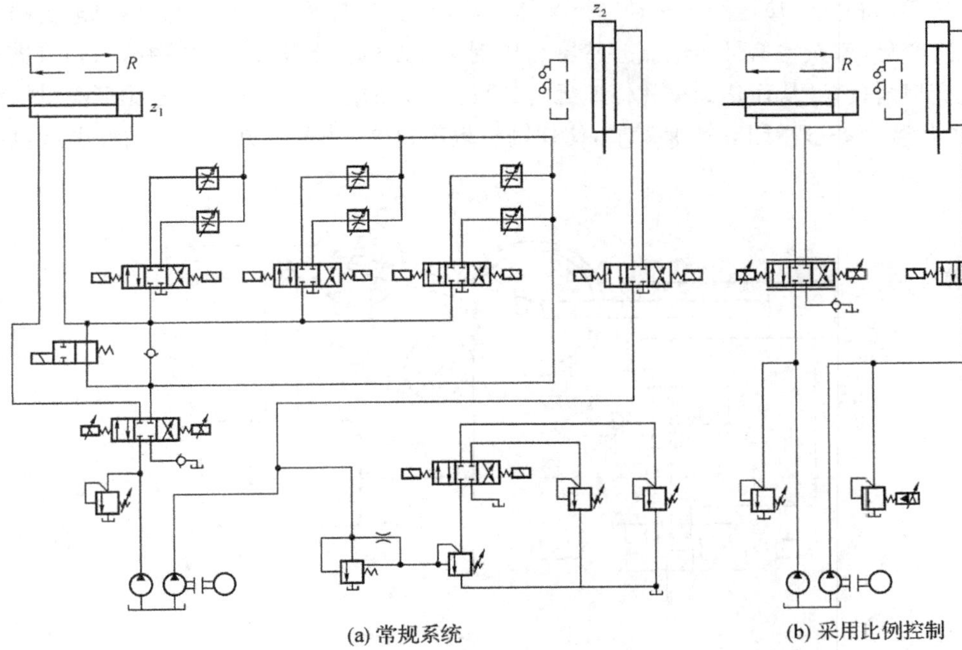

图 1-9　机床进给系统的对比

利。而且还可设计为移动式或多个电控操纵站，以适应不同场合的工程操作要求，或者实现多裕度安全控制。

图 1-10 所示的关节式云梯系统，可由在车篮上的工作人员自己操作电控器，以实现所需空间位置的精细远控。工程上在用吊车对接巨型管道时，也需要这种操作人员手持电控器离开驾驶台进行近地远控的系统。

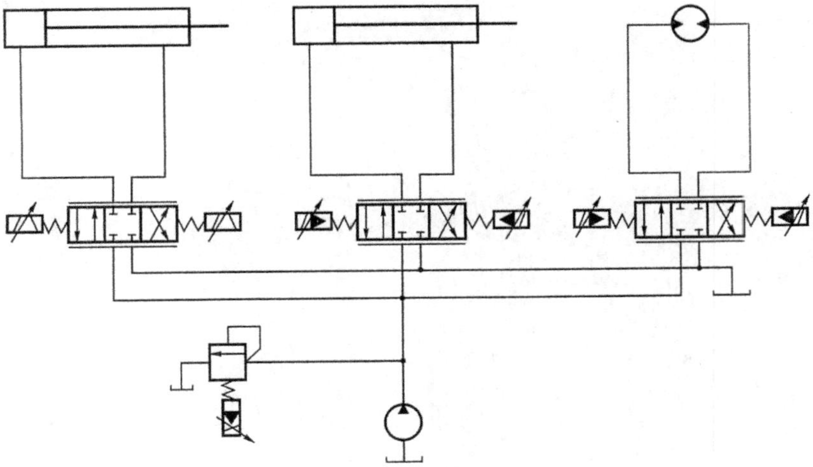

图 1-10　关节式云梯系统

3. 利用反馈提高控制精度或实现特定的控制目标

图 1-11 所示为圆盘切割机负载敏感恒速控制系统。锯片旋转由感应电机 M 驱动，切割

进给由比例调速阀控制液压缸的运动速度来实现。当切割负荷增大或减小时，感应电机的相电流也随之变化，该误差信号经电流互感器和比例阀控制放大器实现反馈控制，以调整进给速度和改变切削负荷，从而达到锯片恒速运行的目标。该系统由于采用了电液比例流量控制阀，实现了负载功率敏感闭环恒速调节，使切割机效率提高，并可避免由于过载而引起设备故障。

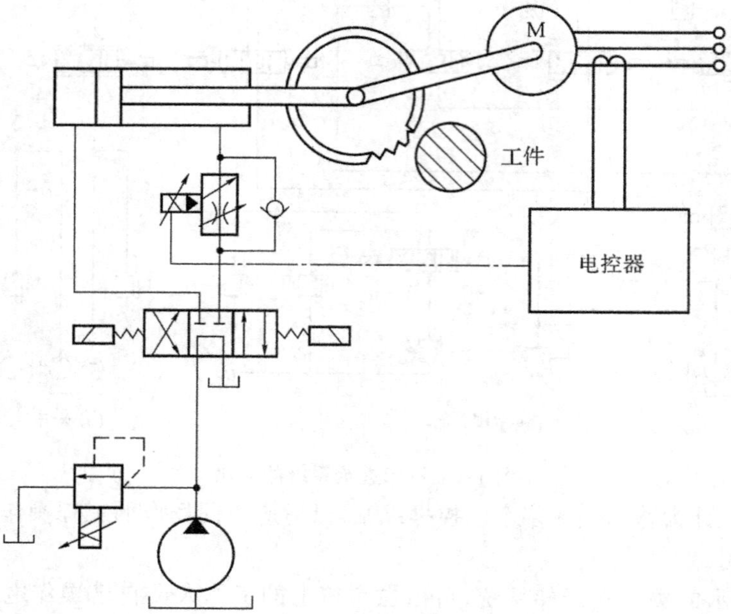

图 1-11 圆盘切割机负载敏感恒速控制系统

第 2 章

压力与流量

电液比例控制系统是联系微电子技术与工程功率系统的接口，其核心部分是利用流体作为工作介质，来实现能量传递和控制的流体传动及控制技术。本书所研究的实用电液比例技术，工作介质只是液体，其最基本的变量是压力与流量。从工程应用的角度，深入了解这两个参量的含义、特性及其与系统的关系，对正确设计和应用包括电液比例控制系统在内的各种液压系统，是十分重要的。

2.1 压力

2.1.1 压力容腔中的压力公式

1. 油液的可压缩性

一封闭容腔中压力为 p 时体积为 V 的液体，压力加大为 $p+\Delta p$ 时，体积为 $V-\Delta V$。油液的压缩性用压缩系数 β，即在单位压力变化下的体积相对变化量来表示，有

$$\beta=-\frac{1}{\Delta p}\left(\frac{\Delta V}{V}\right)$$

图 2-1　油液的可压缩性

一般考虑到由于压力增大时体积减小，因此上式右边需加一负号，以使压缩系数为正。液体体积压缩系数的倒数，称为体积弹性模量 E。若略去负号，则弹性模量为

$$E=\frac{1}{\beta}=\frac{V\cdot\Delta p}{\Delta V}$$

由此，得到稳态封闭容腔中压力的基本公式：

$$\Delta p=\frac{E\cdot\Delta V}{V} \tag{2-1}$$

式中：V 为封闭容腔的总容积；ΔV 为容腔中压力发生 Δp 变化时，容积的变化量。

显然在这个封闭容腔中，液体由于受压而产生压力（其程度由弹性模量、总容积等制约）

的原理,实际上是液压传动技术的根基。显而易见,封闭容腔中如果仅仅只是充满液体,而无外界的作用力,其中的液体除了受一般略去不计的重力之外,是不会产生压力的。正是由于在封闭容腔中的液体受(外部)作用力,而且常伴随不应忽略的体积有所减少,才产生压力(这里应该有两层意思:首先油液要将执行机构的几何容腔 V 充满,其次,要补充由于油液压缩而减少的那部分体积)。这种情况在液压传动系统中也是一个基本现象。例如工作液体在充满执行机构(例如液压缸)的工作容腔之前,系统一般建立不起什么压力,只有工作液体充满执行机构工作容腔,推动执行机构克服外界负载时,系统才建立起由外界负载所决定的压力(当然系统压力往往由像溢流阀这类压力阀来加以限制)。也正由于这个缘故,我们有理由将一般封闭容腔的压力公式,在一定条件下,拓展应用于液压系统的压力容腔。而在一般的教材和技术书籍中,往往在得出液体的体积弹性模量公式(其变型就是式(2-1))后,总有类似这样的一些话:"液压油的可压缩性对在动态下工作的液压系统来说影响极大;但当液压系统在静态(稳态)下工作时,一般可以不予考虑。"从本章后面的分析与实例可以明显看到,这是一种不恰当的说法,其对液压技术工作者来说可能是一种误导。

2. 液压系统动态封闭容腔中的压力公式

上述由稳态封闭容腔导出的压力基本公式,可拓展到适用于液压传动系统中处于流动状态的动态封闭容腔(如图 2-2 所示)。对于拓展了的概念,应用时应注意以下几点。

(1)动态封闭容腔的界面是以集中参数为依据而不按分布参数考虑的。动态封闭容腔的界面是液压泵、液压马达、液压缸等的工作腔,以及管路内壁面、阀口、节流器等。例如图 2-2 所示系统,在图示工况下,液压泵的压油腔加上从压油腔到方向阀阀口、压力阀进口的相应管道内壁面,形成第一个封闭容腔;从方向阀口到节流阀口的管道内壁面形成第二个封闭容腔;从节流阀口到液压缸的管道内壁面加上液压缸无杆腔,形成第三个封闭容腔;从液压缸有杆腔加上从液压缸到方向阀回油阀口的管道内壁面,形成第四个封闭容腔;方向阀口至油箱液面的管道内壁面形成第五个封闭容腔。

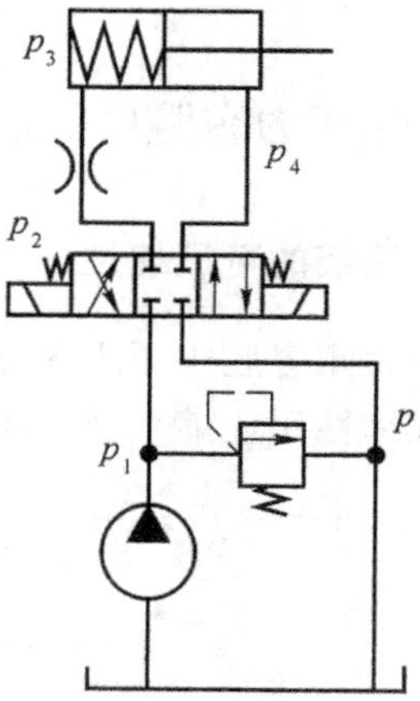

图 2-2　液压系统压力区的划分

(2)在一个动态封闭容腔中,压力处处相等,即一个封闭容腔为同一压力区。如在图 2-2 所示系统中可区分为 p_1,p_2,p_3,p_4,p_5 等 5 个压力区。

(3)在实际运行的液压系统中,ΔV 的含义从"压力区(封闭容腔)油液总变化量"拓展为"流进与流出压力区(动态封闭容腔)液流流量之差"。由于流量为 $\Delta q=\dfrac{\Delta V}{\Delta T}$,所以液压系统中动态封闭容腔压力的基本公式应为

$$\Delta p=\frac{E_e \cdot \Delta q}{V}\Delta T \tag{2-2}$$

这个增量表达式可改写成

$$p(t)=\frac{E_e(t)}{V}\int_0^t \sum q \cdot \mathrm{d}t \tag{2-3}$$

式中:Δp—— 在 ΔT 时间内动态封闭容腔压力的变化值;

Δq，$\sum q$—— 在 ΔT 时间内流进与流出动态封闭容腔（压力区）液流流量之差；

V—— 动态封闭容腔（压力区）的总容积；

E_e—— 有效体积弹性模量。

这里所谓的动态封闭容腔就是通常概念上的压力容腔。实际上，式(2-2)和式(2-3)就是压力容腔流量连续性方程的变化形式（参见第 15 章 15.3 节）。

$$\frac{V}{E}\times p=\sum q$$

式中：V—— 压力容腔（压力区）的总容积；

E—— 有效体积弹性模量；

$\sum q$—— 流进与流出压力容腔（压力区）液流流量之差。

式(2-2)和式(2-3)与 ISO 组织推荐的"油压缩性造成的压力梯度"计算公式也是一致的，即有

$$\frac{\mathrm{d}p}{\mathrm{d}t}=\frac{q_V k_s}{V}$$

式中：k_s 为有效体积弹性模量；q_V 为流进流出压力容腔的流量差。

可见，式(2-2)和式(2-3)是反映动态封闭容腔中压力与流量，以及容腔容积、有效体积弹性模量之间的基本关系式，它适用于所有的液压系统，不论是高频响的伺服系统，还是一般的开关系统。后面所列的成功与失败实例，可以帮助人们从正反两个方面来理解这个含义。

另外，还有一个容易被忽视的问题是，一般只是将管道的容积计算到动态封闭容腔的总容积中，而没有顾及压力波在管道内部的传递时间所产生的影响。对此，根据最新的研究成果，附录 2-3 给出了一个是否属于"长管路系统"，即要否考虑管道动特性影响的判据。

3. 有效体积弹性模量

在决定压力变化值的三个基本因素中，压力区总容积 V 和 Δq（在 ΔT 时间内流进与流出压力容腔（压力区）液流流量之差）这两项的影响比较直观，而有效体积弹性模量这一项，由于影响因素较多又不大直观，常被人们忽视。

实际上，有效体积弹性模量（亦称表观体积弹性模量，简称有效弹性模量）并不等于从手册上直接查到的流体体积弹性模量的物理值。例如，水的体积弹性模量为 2100 MPa，矿物油的体积弹性模量范围约为 1400～2000 MPa。液体的体积弹性模量，由于液体内渗入了不溶解气体和包容它的固体壁面（如管道、阀体等）的弹性，而比其物理值低。在利用上述基本公式分析液压系统动态特性时，真正有用的并非是工作液体体积弹性模量的物理值，而是在内含气体和管道、壁面的弹性条件下，实际表现出来的体积弹性模量，这就是我们所说的有效体积弹性模量。

工作液体的有效体积弹性模量，可用下列近似公式估算：

$$\frac{1}{E_e}=\frac{1}{E_c}+\frac{1}{E_l}+\frac{V_g}{V}\frac{1}{E_g} \tag{2-4}$$

式中：E_c——管道等形成压力区的固定容器的弹性模量；

E_l——液体体积弹性模量物理值；

V_g——油中所含气体容积；

E_g——近似为气体的绝热弹性模量。

由 $E_g=\frac{C_p}{C_V}\times p$，对于空气有 $E_g=1.4p$，其中 C_p/C_V 是定压比热容与定容比热容之比。

气体容积 V_g 由重量法等求得百分比含量来推定。

容器体积弹性模量 E_c 难以精确计算，常用决定液压系统容器体积弹性模量的主要部分，即管壁的弹性模量来代替。其近似计算公式为

$$E_c=\frac{T}{D}\times E_p$$

式中：E_p——管子材料弹性模量；

T，D——管子壁厚和内径。

高压软管的弹性模量很低，一般只在 700～3500 MPa 之间。

以下举例说明有效体积弹性模量的计算。

设工作油压为 3MPa，工作液体含有 1%空气，管道内径为壁厚的 6 倍。此时有

$$E_c=\frac{1}{6}\times(2.1\times10^5)=3.5\times10^4(\text{MPa})$$

由式(2-4)得

$$\frac{1}{E_e}=\frac{1}{3.5\times10^4}+\frac{1}{1.5\times10^3}+\frac{0.01}{1.4\times3}=3.076\times10^{-3}$$

$$E_e=325\ \text{MPa}$$

当压力为 30MPa，并有 1%空气混入时，则

$$E_e=1077.5\ \text{MPa}$$

而无空气混入时

$$E_e=1449\ \text{MPa}$$

由此可看出混入 1%空气所引起的有效弹性模量的下降程度，并可看出，压力较高时，混入空气对有效弹性模量的影响较小。在常压下，液压系统中矿物油内混入的空气量可达 10%～20%。但随着压力上升，一部分混入的气体将溶解于液体中，不再对液体的有效弹性模量产生明显的影响。

图 2-3 所示为内含 H-LP36 矿物油、长度均为 3m 的 $\phi30\times4$mm 钢管和通径为 30mm 的高压软管在 25℃油温下的有效体积弹性模量的实测曲线图。由图可见，在液压系统的工作压力范围内，特别是在 10 MPa 以下的工况，即使在钢管管路内，工作液体的有效体积弹性模量受压力变化的影响也不可忽视。压力大于 10 MPa 以后，有效体积弹性模量的变化趋于平缓，可近似取为常数。高压软管管壁的柔性使工作液体的有效体积弹性模量下降很多。

另外，还要注意到油液体积弹性模量物理值 E_l 本身的特性。图 2-4 所示为实测某矿物油得到的真实绝热体积弹性模量(近似等于 E_l)和压力、温度之间的关系。其规律具有代表性，即液体弹性模量随压力的升高而增高，随温度的升高而降低。

总结起来说，影响工作液体有效体积弹性的主要因素有：

(1)油液中混入的空气量；

(2)管道材料和管壁厚度；

(3)油温；

(4)液压系统工作油压。

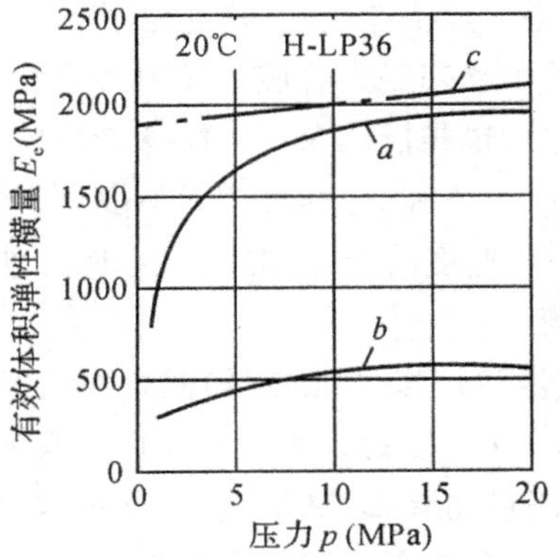

图 2-3 管道内矿物油的有效体积弹性模量的实测曲线

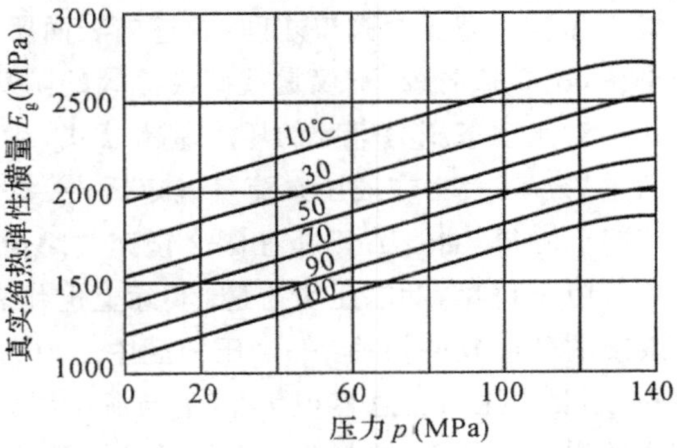

图 2-4 矿物油 H-LP36 的真实体积弹性模量

因此，在对液压元件和系统进行动态分析时，必须对工作液体的物理弹性模量进行必要修正，得到有效弹性模量 E_e。同时，还要考虑到油温与系统工作油压对 E_e 的影响。否则，动态分析结果将会有很大的误差。

2.1.2 溢流阀阶跃响应特性实验的启示

图 2-5(a)所示是进行溢流阀阶跃响应特性试验的液压油路图，测试主系统由液压泵 1、安全阀 3、快速开关阀 2 和被试溢流阀 4 组成。快速开关阀的开关动作由辅助系统控制。测试时，首先使泵的流量与被试阀的试验流量相符。安全阀调到适当的高压，以保证在试验过程中其溢流口没有油液滴出。由于主系统有效容腔小(试验装置中阀件组件直接接在泵的出口，管路极短)，适当改变辅助系统液压泵流量的大小和控制压力的高低，在主系统及被试阀都不作任何变动的情况下，可以得到如图 2-5(b)所示的典型测试结果。其中曲线 J 折算出的压力飞升速率为 3800 MPa/s(ISO 有关标准规定的 A,B,C 级飞升速率分别为 3000～4000 MPa/s，600～800 MPa/s，120～160 MPa/s，曲线 J 在 A 级范围内)，曲线 K 的飞升速率为 700 MPa/s(在 B 级范围内)，曲线 L 的飞升速率为 40 MPa/s(低于 C 级)。

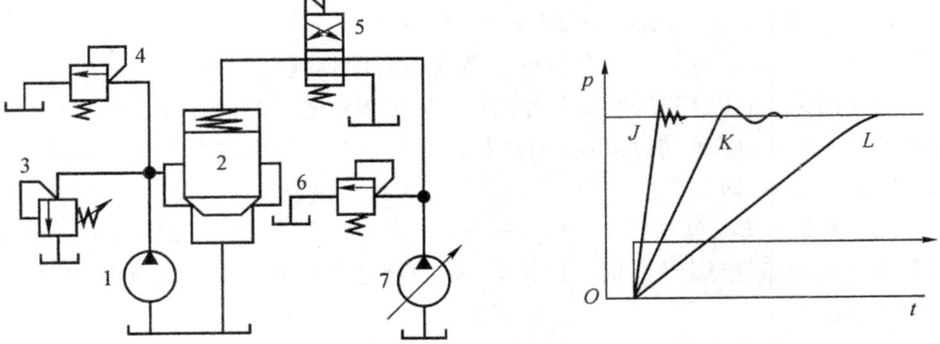

(a) 测试油路原理图

(b) 测试结果曲线

图 2-5 溢流阀阶跃响应特性测试油路图

有人会问，在这 J,K,L 三条曲线中，到底哪一条曲线代表了被试阀的阶跃响应特性？应该讲，不是哪一条曲线，而是 3 条曲线都表示被试阀的阶跃响应特性，只是它们的相应试验条件不同。从工程意义上讲，实际上它们代表了由泵 1 压油腔、安全阀进油腔、快速开关阀阀口和被试溢流阀阀口之间，管壁内表面所构成的整个动态压力容腔的压力飞升特性。也就是说，这 3 条曲线，不仅是被试溢流阀的阶跃响应特性，也是液压泵 1 的阶跃响应特性。

对照动态压力容腔的压力基本公式，在上述试验中，V 和 E_e 都可认为不变，起影响作用的是 Δq，其大小在液压泵流量确定后，主要受阀 2 关闭速度的影响：曲线 J 在阀 2 快速关闭情况下测得，曲线 L 则是在阀 2 慢速关闭情况下测得。

由上可见，动态压力容腔（实际上也代表了被试溢流阀以及油源泵）的响应特性与液压系统的环境条件相关。一个压力区中压力的变化（Δp）除了压力区内液压元件本身的特性之外，还要受压力区总容积 V、流进与流出压力区油液流量之差 Δq 和油液、管道等组合的有效体积弹性模量 E_e 的制约。人们已经注意到在国外的一些液压公司的产品样本上，在给出泵的阶跃响应特性时，常注明是在泵出口管径和管长的某具体数据情况下测得的，实际上就是给出试验时泵出口压力区容腔的大小。从另一个角度讲，元件出厂时标明的动态特性数据或曲线，在具体应用系统中，若反映出动态特性有所变化（例如变差），是完全可能的，因为系统的环境条件与厂家的试验条件通常是不一致的。

在 ISO 的相关标准及国家标准 GB 8105—87 中，有关压力飞升速率被区分为三个等级以及元件阶跃响应特性的可比性、应在相同压力飞升速率等级下实现的规定，是在工程上可操作的科学的方法（参见附录 2-1）。

2.1.3 冷连轧机工作辊弯曲凸度控制系统油源流量的主动计算

该系统是个典型的阀（伺服阀）控缸系统（图略），客户要求进行有关压缩流效应和二次变形对系统稳定性影响的理论分析。在压力伺服机构中，实际上出现的许多不稳定现象都是由于压力介质的压缩性所引起的。这种压缩性表现为介质在一定温度下压力变化引起的密度变化。油源设计时，考虑到这一情况，按压力基本公式进行如下的计算。

已知油源系统压力容腔为 3550cm^3（相当于 20mm 内径、长 11.3m 的圆管所包容的容积），油的体积弹性模量 $E=1250$ MPa，根据稳态容腔压力基本公式，当压力变化为 $\Delta p=20$ MPa 时，容积油液体积变化量为

$$\Delta V=-3550\times 20/1250=-56.8\ (\text{cm}^3)$$

（相当于 20mm 内径、长 18.1cm 圆管所包容的容积）

根据上述结果，再用容腔压力基本公式来计算油源流量。如果 $\Delta p=200$ MPa 的压力变化是发生在 $\Delta T=0.015$ 秒的时间内，则计算出来的产生上述压缩体积的油液流量将达到 $\Delta q=227$ L/min 之多，即

$$\Delta q=V\Delta p/(E\Delta T)=3550\times 20\times 60/(1250\times 0.015\times 1000)=227.2\ (\text{L/min})$$

如泵阀的出口直连液压缸，则可以认为 Δq 为流进封闭容腔的泵的流量减去液压缸活塞移动的体积。

这也可以直接用动态压力容腔压力公式计算：

$$\Delta q=\frac{\Delta p\cdot V}{E_e\cdot\Delta T}=\frac{3550\times 20\times 60}{1250\times 0.015\times 1000}=227.2\ (\text{L/min})$$

如果不进行上述计算，按常规计算的油源流量，就达不到所要求的快速升压特性（相关计算参见第 14 章 14.4 节）。

2.1.4　某锻造操作机油路失败实例

在图 2-6 所示的简化原理图中，并联的 3 个电液换向阀，分别用于控制钳头回转马达、夹紧液压缸和操作机整车进退马达。在大型锻件锻打时，3 个电液换向阀都回中位（夹紧缸配有蓄能器保压，保证钳头夹紧），通过电路联动，此时电磁溢流阀 2 卸荷，以节约能耗并降低系统发热。当任何一个电液换向阀离开中位，电气联动使阀 1 失电，系统起压。该系统现场调试的问题是，联动严重滞后，失去可操作性。例如，当按下钳头回转按钮时，钳头不是立即回转，而是过一小段时间再动作，与汽锤的上下锤击等动作不协调，险些出大事故；整车前进、后退的操作也是如此。

这里的关键问题是系统压力上升速率达不到联动的要求，设计时未进行快速性（动态响应）计算；在进行现场应急处理时，无法改变管路的总容积 V 和油源的供油流量，而是采取在溢流阀主阀芯头部加垫片，限制主阀最大开口度，以加快压力上升速率（增大动态压力容腔压力基本公式中的 Δq）加以解决。当然这是治标不治本，虽然解决了可操作性，但由于提高了卸荷压力，使系统发热情况变差。解决问题还要靠通过计算、控制总容积并配用合适的油源流量。

这里就引出一个非常重要的结论：并不是只有频率响应要求高的系统才存在动态特性问题，而是所有液压系统都存在动态特性问题（由动态封闭容腔压力基本公式反映的压力飞升速率问题），只是高低不同有差别；在系统设计时，必须用基本压力公式进行核算。前面的冷连轧机工作棍弯曲凸度控制系统，就是一个主动进行设计的例子。

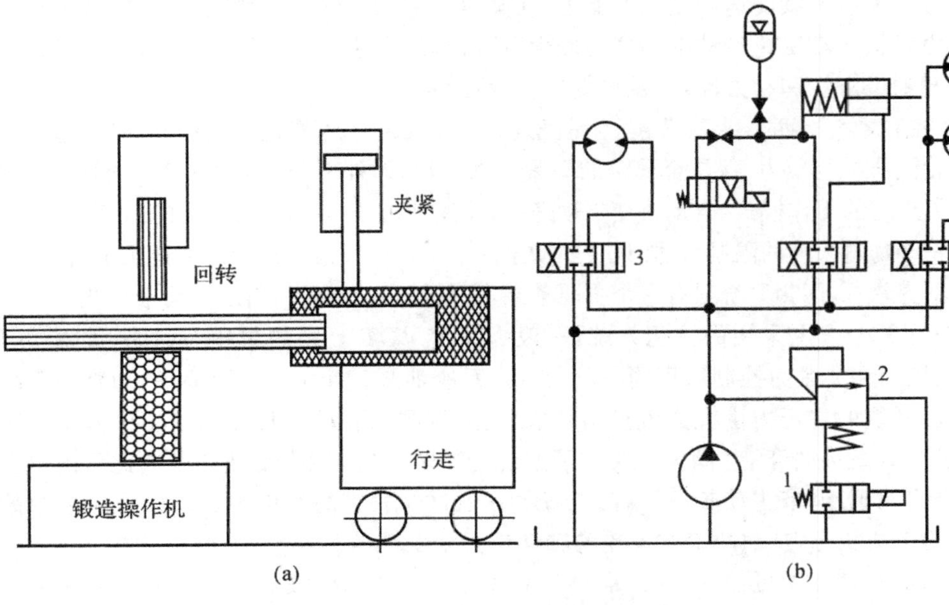

图 2-6　某大型锻造操作机示意图和简化油路图

2.1.5 材料试验机的压力精确控制系统

图 2-7 所示为材料试验机的压力精确控制系统，实际上也是动态封闭容腔压力基本公式工程应用的实例。改变进入容腔的流量，就可方便地调节其压力。这也回答了流量阀可不可以用来调节工作压力的问题。从液压桥路的角度看，这是一个可变液阻（1 号电液比例节流阀）在前，固定液阻（2 号固定节流孔）在后的 C 型半桥。动态封闭容腔中的压力就是液桥的输出压力。利用比例阀电控器的预置功能，通过改变比例节流阀的输入电信号，就可精确地控制 C 桥的输出，即试验机压力容腔的压力。

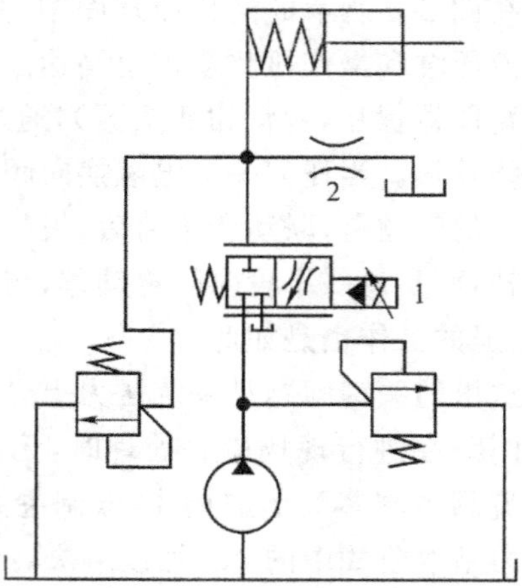

图 2-7 材料试验机压力控制简化油路图

2.1.6 汽车无级变速传动液压系统原理

无级变速传动（Continuously Variable Transmission，CVT）是汽车的一种理想传动方式，它可以实现发动机与外界负荷的最佳匹配，提高车辆动力性和驾驶平稳性，减轻驾驶疲劳，增强了行车安全性。

金属带式无级变速传动既保留了有级机械自动变速传动结构简单的优点，亦具有液力机械变速传动无级连续变速和变矩的能力。在其速比变化范围内，消除了有级机械自动变速传动和液力机械自动变速传动中挡位的概念，使汽车的变速更加平稳和迅速，可确保汽车获得更好的燃油经济性和动力性，以及更低的排放污染。

CVT 控制系统有两个主要任务，一是把发动机输出功率可靠地传递给驱动轮，这可通过控制从动轮液压缸的压力、保持金属带的夹紧力来实现；另外一个就是根据汽车的运行条件，按照驾驶员选定的工作模式，自动改变传动速比，使发动机维持在理想的工作点。实际上，速比的改变受一些物理条件的限制，比如说主驱动泵的最大压力及最大流量。在这点上，液压回路的设计就不容忽视，因为系统只有一个主驱动泵，主动轮和从动轮所需压力均来自此。

当前 CVT 轿车上采用的液压系统，一般为荷兰 VDT 公司的单压力回路，如图 2-8 所示，即速比控制和夹紧力控制采用同一压力源。系统油泵直接由发动机驱动，为整个系统提供液压油。系统的主压力由夹紧力控制阀（比例溢流阀）调节，它直接作用在从动轮液压缸内。在速比一定的条件下，它的大小决定了系统传递转矩的能力。变速器的速比是由速比控制阀（电磁比例阀）调节主动轮液压缸内的压力，通过金属带的约束与从动轮液压缸内的压力达到新的平衡状态，从而改变主动轮的轴向位置来实现的。

为了保证对速比的可控性（速比最小为 0.4 左右），主动轮液压缸工作面积应为从动轮液压缸工作面积的 1.7～2 倍，随具体参数变化略有不同。这种结构的液压回路，由于结构简单，控制阀数量比较少（只需要两个阀），控制变量减少，因而具有较大的实用价值。但是因为主、从动轮液压缸工作面积相差比较大，不便于结构布置，而且高速旋转时，由于液体离心力作用，将产生较大的离心动压，影响速比的精确控制。

VDT 系统通过控制从动轮压力 p_s 来防止带滑移，通过控制主动轮压力 p_P 来改变速

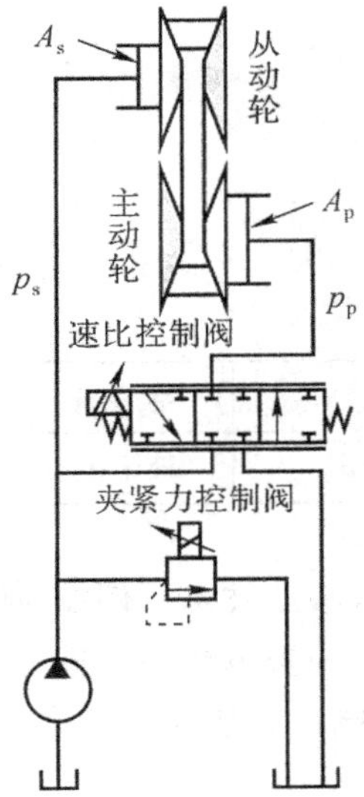

图 2-8　VDT 公司液压系统

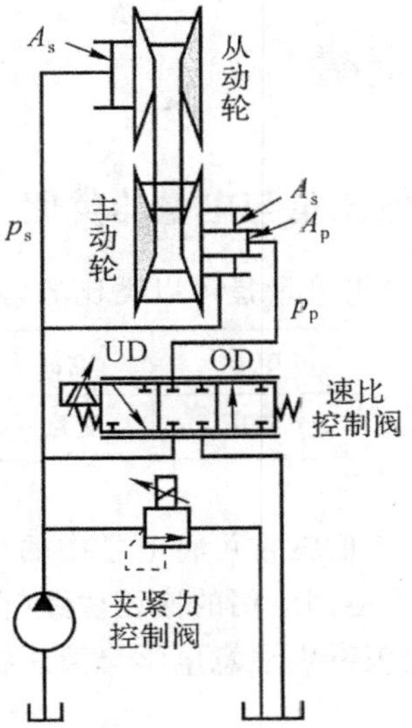

图 2-9　DPC 液压系统

比。但是 p_P 下降过快容易导致带滑移，为了获得最低的速比，主动轮夹紧力应尽可能大，以保证对带滑移的可靠操纵，但实际上，由于经济原因，通常是在从动轮侧测量压力，因此很难保证最小的主动轮夹紧力。

基于这种思想，新型的 DPC 型 CVT 液压系统原理如图 2-9 所示。首先对主动轮液压缸进行结构设计，在保证夹紧力控制的前提下使得主、从动液压缸的工作面积相等，从而避免了主、从动轮液压缸由于工作尺寸不相等带来的离心动压。其次，对整个液压回路进行设计，把从动轮回路和主动轮液压缸相连通，这样可在主动轮侧由从动轮液压缸压力 p_s 产生一个补偿夹紧力。该系统仍采用定量齿轮泵对系统供油，比例溢流阀控制从动轮的夹紧力，比例换向阀控制主动轮的传动比。这种改进的 CVT 液压系统又称之为双主动轮液压缸系统(Double Primary Cylinder，DPC)。

与 VDT 液压系统相比，这种新设计的 DPC 液压系统具有以下优点：

(1)DPC 系统可以补充主压力 p_P，即使主动轮压力 p_P 突然急剧下降，主动轮仍有夹紧力，金属带不会滑移；而在 VDT 系统中，当主动轮压力 p_p 突然急剧下降时，金属带很容易滑移。

(2)换向阀切换到右边，即超速挡(OD)时，VDT 和新设计的液压回路都能使从动轮回路的油源转向主动轮回路，但 DPC 系统还有部分油源不需要克服换向阀结构的限制而直接进入主动轮液压缸，这样就潜在地改善了加速性能。

(3)当换向阀切换到左边，即低速挡(UD)时，VDT 系统中的主动轮回路再也不能向主动轮液压缸供油了，而 DPC 系统可部分消除这种现象，流回油箱的流量也比 VDT 的要少，换低挡使性能得到了改善。

从以上的分析可以看到，无论是 VDT 还是 DPC 系统，主动轮液压缸的压力都是通过比例方向节流阀加以控制。当比例方向阀处于右位，即向封闭容腔输入一定体积油液时，液压缸压力升高，实现超速挡；当比例方向阀处于左位，即从封闭容腔放出一定体积油液时，液压缸压力降低，实现低速挡。

2.2 流量

2.2.1 液压量与电量的类比

液压量与电量是可以类比的，其对应关系如下：

电学	电流 I	电压 V	电阻 R
液压	流量 q_V	压力（压降、压差）p	液阻 R

据此，人们常常可将电学中的很多概念和若干规律引入液压技术。例如，现今已广泛在液压技术中得到应用的液压桥路（全桥与半桥），就可引用惠斯登电桥理论进行分析。在这种引用中，应该特别注意电学与液压技术的差别。在电学中，电流 I 与电压 V 之间是简单的线性关系，即

$$I=V/R$$

而在液压技术中，流过液阻的流量 q_V 与液阻前后的压差 Δp 之间的关系就比较复杂，其通用表达式为

$$q_V=KA\Delta p^m \tag{2-5}$$

式中：K——系数，与液阻的过流通道形状和液体性质有关；

A——过流断面积；

m——指数，与液阻结构形式有关。对于细长孔，$m=1$；对于薄壁孔，$m=0.5$；在一般情况下介于两者之间。因此，压差与流量之间具有非线性关系，见图 2-10。这是电与液比拟中的主要差别。

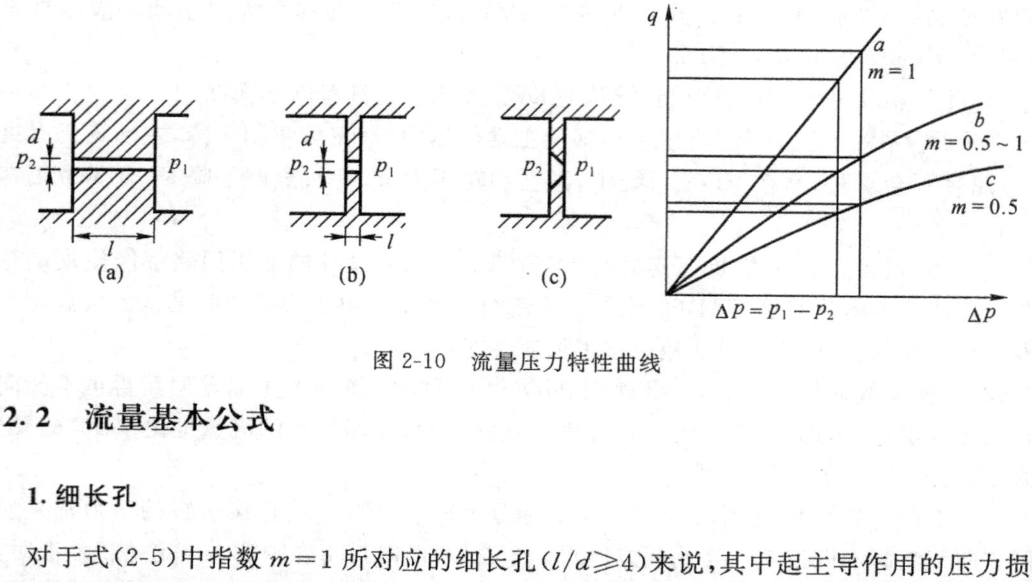

图 2-10 流量压力特性曲线

2.2.2 流量基本公式

1. 细长孔

对于式（2-5）中指数 $m=1$ 所对应的细长孔（$l/d\geqslant 4$）来说，其中起主导作用的压力损失不是局部阻力损失，而是沿程阻力损失。它是由油液黏性摩擦引起的，因此受油温变化的影响较大，一般很少作为液阻应用于液压元件和系统中。

细长管内流动状态为层流，其流量计算公式可表示为

$$q_V=\frac{\pi d^4\Delta p}{128\mu l}\ (\mathrm{m^3/s}) \tag{2-6}$$

式中：l——管长，m；

d——管子内径，m；

μ——液体的动力黏度，$\mathrm{N\cdot s/m^2}$；

Δp——压差，$\mathrm{N/m^2}$(Pa)。

式(2-6)同样适用于计算层流状态下液压管道内的流量，但接头、弯头等局部阻力损失需另行计算。

2. 控制阀口、节流孔与液阻

为了减少由于油温变化对控制精度带来的影响，提高控制性能，在液压技术中几乎所有的阀口、节流孔、液阻都做成薄刃型结构($l/d\leqslant 0.5$)。此时的压力损失以局部压力损失为主，几乎不存在沿程阻力损失成分，因而与油液黏度变化无关，即其控制特性不受油温变化的影响。流量公式为

$$q_V=\alpha\cdot A\cdot\sqrt{\frac{2}{\rho}\cdot\Delta p}\quad (\mathrm{m^3/s}) \tag{2-7}$$

式中：α——流量系数；

A——阀口通流面积，$\mathrm{m^2}$；

ρ——液体密度，$\mathrm{kg/m^3}$，(液压油的 P 在 700～900 之间)；

Δp——阀口前后压差，$\mathrm{N/m^2}$(Pa)。

在液压技术领域，各种控制阀口、节流孔以及液阻，从本质上讲都是一种液阻(又称流阻)。对这些不同形式但均为薄刃型的液阻来说，其流量系数与雷诺数之间有相似的关系曲线；在层流区，流量系数 α 与雷诺数 Re 相关；在紊流区，α 与 Re 无关，为某一常数。图 2-11、图 2-12 及图 2-13 所示分别为典型先导阀口、固定液阻及主阀口的流量系数。

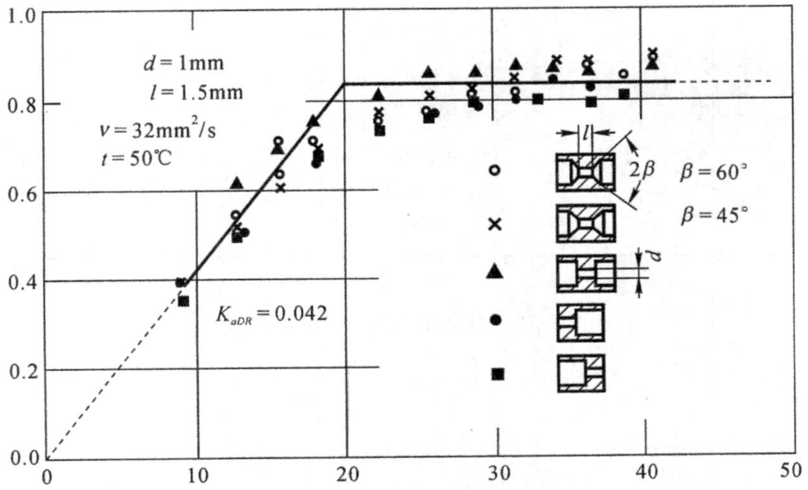

图 2-11　固定液阻的流量系数

(a)矩形 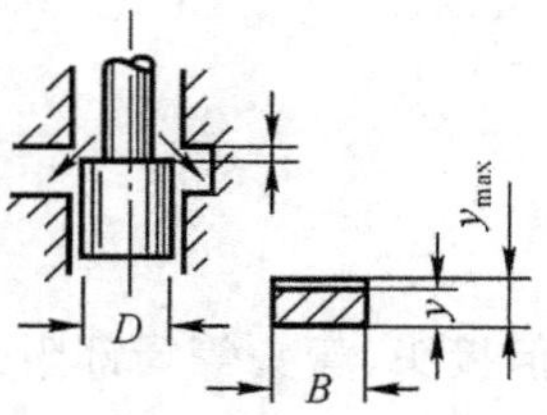	$A_d(y)=nBy$ $[A_d(y)=\pi Dy]$ $K_{aD}=0.072$ $\alpha_{D\max}=0.72$ $R_{eG}=100$	
(b)圆形 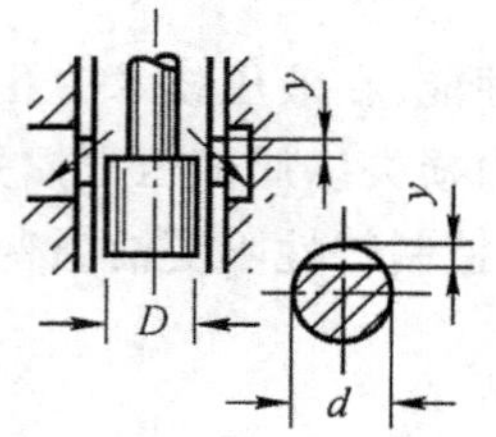	$A_d(y)\approx\frac{y^2(16d-13y)}{12\sqrt{dy-y^2}}$ $K_{aD}=0.0514$ $\alpha_{D\max}=0.72$ $R_{eG}=196$	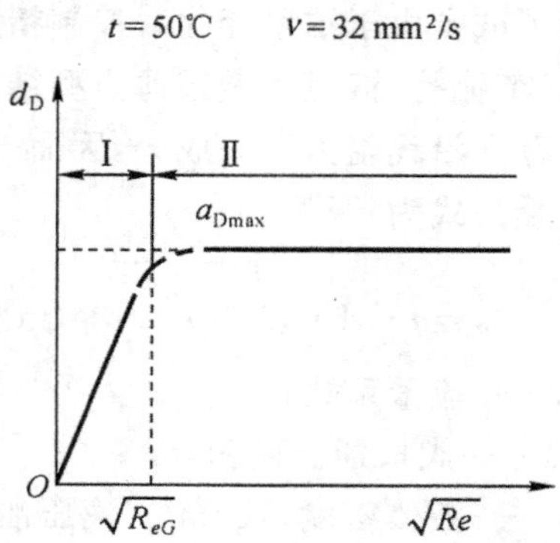 (e) I—层流　II—紊流
(c)三角形 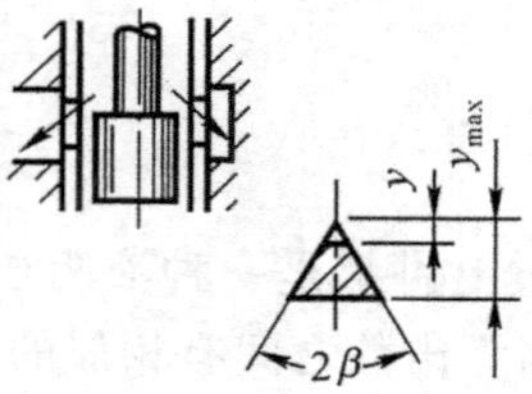	$A_d(y)=ny^2\tan\beta$ $K_{aD}=0.020$ $\begin{pmatrix}2\beta=29° \\ A_{max}=9.89mm^2\end{pmatrix}$ $\alpha_{D\max}=0.75$ $R_{eG}=1400$	
(d)锥形 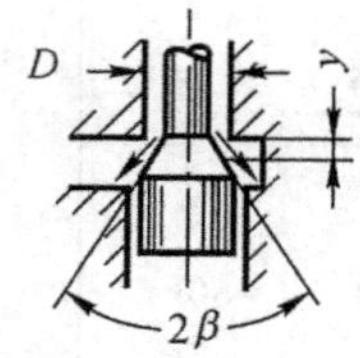	$A_d(y)\approx\pi y\sin\beta$ $(D=\frac{y}{2}\sin\beta)$ $K_{aD}=0.044$ $\begin{pmatrix}\beta=20° \\ D=5.1mm\end{pmatrix}$ $\alpha_{D\max}=0.68$ $R_{eG}=239$	

图 2-12　典型先导阀口的流量系数

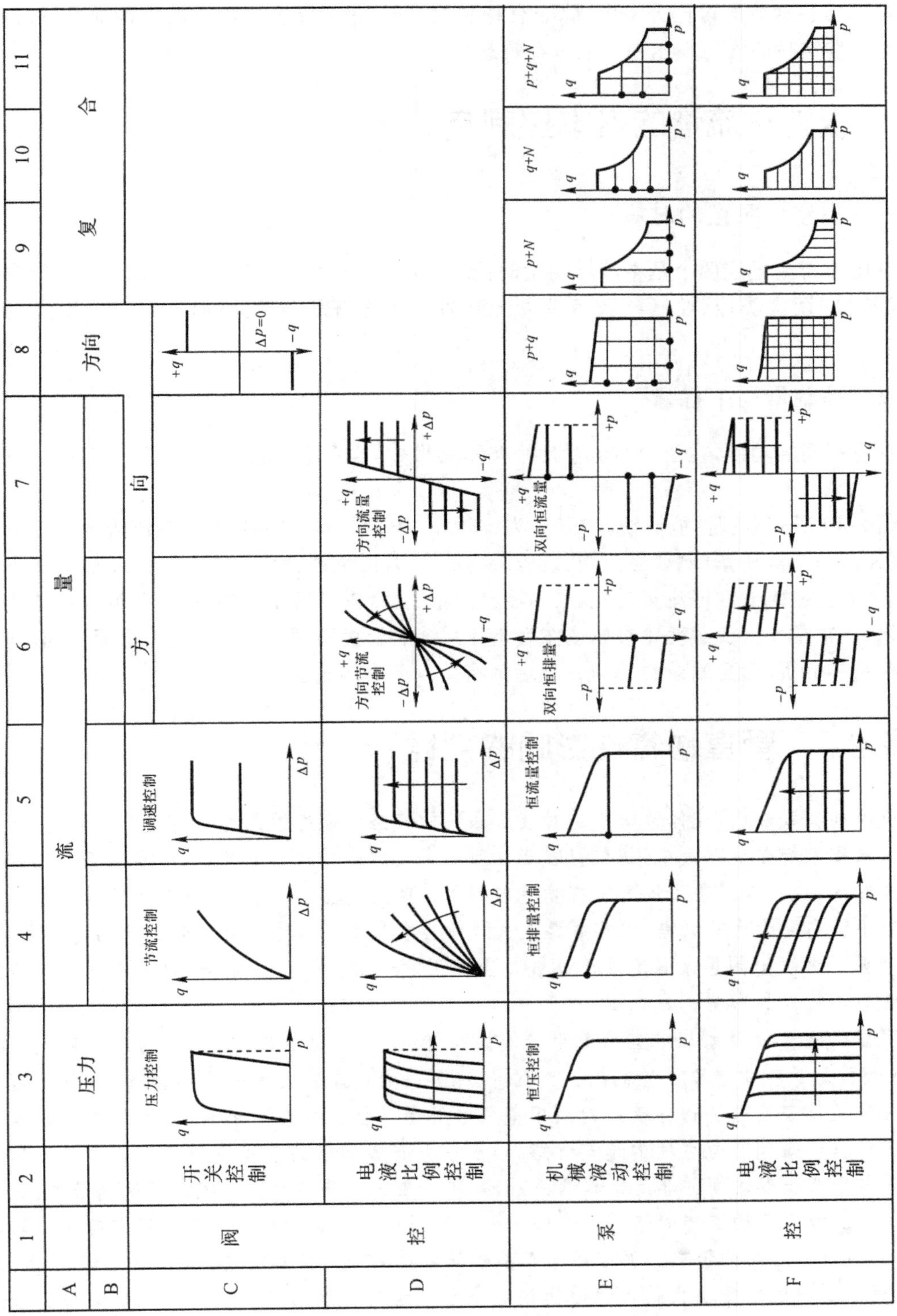

图 2-13　泵控与阀控的对应关系

在本书各章节的讨论分析中，除非有特别的说明，一般压力与流量的关系都可按式(2-7)计算。在实际的液压技术中一般也都是这样。

2.3 压力与流量的基本控制方式

2.3.1 阀控与泵控的对应

对压力与流量这两个基本液压变量的控制，从原理上可区分为阀控(节流控制)与泵控(容积控制)两大类；从控制参数多少可区分为单功能与复合功能等，其对应关系参见图2-13。

2.3.2 控制量与干扰量

对应不同的功能，在压力与流量两个基本参数中，当一个是控制量时，另一个常是干扰量。

图2-13所列典型性能曲线，均以p为x轴，q为y轴。对单一功能的控制阀或液压泵来说，只控制一个液压量(例如溢流阀、恒压泵的压力p，流量阀、恒流泵的流量q)，而另一个液压变量(如溢流阀的溢流流量、恒压泵的输出流量、流量阀前后压差的变化、恒流泵负载压力的变化)便常常作为负载变化参数或作为闭环系统的干扰量。但是，这不能一概而论，必须具体情况具体分析，参见附录2-1，以及以后的有关章节中的论述。

附录2-1 管道动特性影响的判据

理论和实践表明，流体传输管道对液压系统的静态和动态性能都有着显著的影响。而在传统的液压系统分析理论中，往往将管路作为一个集中参数对象来处理，即只考虑其液阻和容腔效应的影响，而忽略了压力波在管道内部传递时间的影响。这种方法在处理大多数工程问题时不会引起太大的误差，但在管路较长或响应较快的系统中则会导致较大的分析误差，为此需要一个理论判据来确定液压系统是否属于“长管路系统”的范畴，也就是说是否需要考虑管路动特性的影响。

下面以液压伺服系统中应用最为普遍的阀控缸系统(如图2-14所示)为例说明这一问题。在阀控缸系统中管路被控制阀分为两部分，其一是阀与缸之间的连接管路。以往的理论和实践经验均表明这一部分管路对液压伺服系统动态性能的影响很大，若按集中参数模型考虑应尽量缩短阀与缸之间的连接管路，而应用分布参数管路模型进行分析的结果表明系统频宽与管路长度之间并非严格单调关系，存在一最佳管路参数使系统频响达到最高。其二是阀与液压源之间的连接管路。对这部分管路的影响一般只考虑液阻效应而忽略管路动态(即压力波传递时间的影响。而应用分布参数管路模型进行仿真的结果(如图2-15所示)表明：只有当压力波在管道内的传递时间远远小于不考虑管路动态特性时阀控缸系统的阶跃响应时间的情况下，采用集中参数模型分析管路影响才是可靠的，否则将引起较大的分析误差。这一结论可以用如下不等式表达：

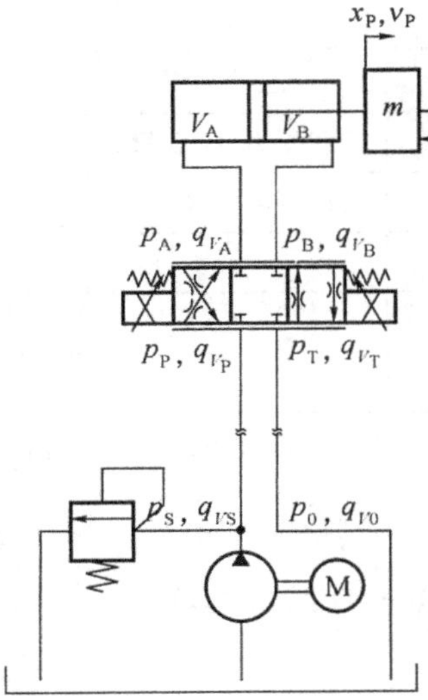

图 2-14　考虑管路效应的阀控缸液压系统

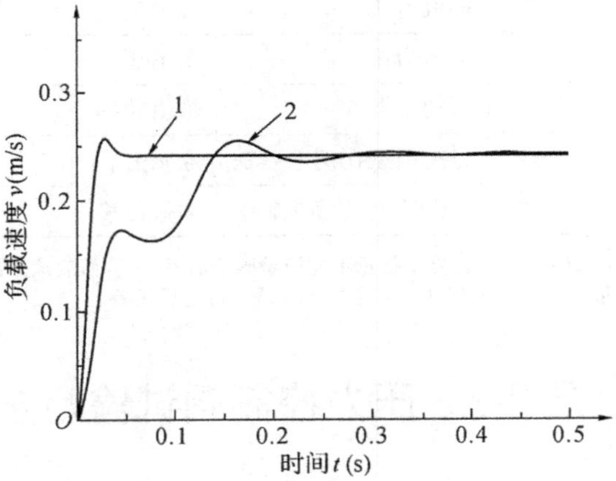

1. 不考虑管路动特性　2. 考虑管路动特性(管长 50m)

图 2-15　管路动态特性对阀控缸系统阶跃响应的影响

$$\frac{2l}{c} \leqslant t_r = k\omega_n = k\sqrt{\frac{4EA^2}{mV}}$$

式中：c——压力波传递速度；

l——管道长度；

t_r——不考虑管路动特性时阀控缸系统的阶跃响应时间；

ω_n——不考虑管路动特性时阀控缸系统的固有频率；

A——液压缸有效作用面积；

m——负载质量；

V——液压缸有效容积；

k——与阶跃信号(阀口开度)相关的常数。

附录 2-2　主要电液控制器件的输出控制量与主要干扰量对应参考表

	器件	输出控制量	主要干扰量
01	比例溢流阀	阀的进口压力	溢流流量
02	比例减压阀	阀的出口压力	进口压力变化，阀的流量
03	比例节流阀	阀芯轴向位移或周向转角	液动力
04	比例调速阀	输出流量	阀前后压差，液动力
05	比例方向节流阀	阀芯轴向位移或周向转角，液流方向	液动力
06	比例方向流量阀	输出流量，液流方向	阀前后压差，液动力
07	恒排量泵	泵的排量	

续表

	器件	输出控制量	主要干扰量
08	恒流量泵	泵的流量	负载压力,原动机转速
09	恒压力泵	泵的压力	负载所需流量变化
10	恒功率泵	输出功率	
11	力控制型比例电磁铁	电磁力	
12	位置调节型比例电磁铁	动铁位移	

注:节流阀主要干扰量不应该是阀口前后压差,而应该是液动力;而从阀的功能来看,使用节流阀的工程目的是控制流量,所以,一般误认为其主要干扰是阀口前后压差。

附录2-3 压力控制阀试验方法GB 8105—87(摘录)

3.1.1.2 被试阀与试验回路相关部分所组成的表观容积刚度,应保证压力梯度在下列的给定值范围之内:

A. 3000～4000 MPa/s;

B. 600～800 MPa/s;

C. 120～160 MPa/s。

4.1.3 流量阶跃压力响应特性试验

……然后迅速关闭阀3,使密闭回路中产生一个按3.1.1.2中所选用的压力梯度。

……阀3的关闭时间不得大于被试阀响应时间的10%,最大不超过10ms。

油的压缩性造成的压力梯度,可根据表达式$\frac{dp}{dt}=\frac{q_s k_s}{V}$算出,至少应为所测梯度的10倍。

第3章

滑阀上的作用力

在研究滑阀上的作用力时，一般只研究作为运动件的控制阀芯受到的机械的、液压的以及电磁的等各种作用力，而不研究传递到阀体、机座、安装基础上的各种作用力，尽管后者有时也会给一个工程系统带来重要影响。这些作用力基本上可以区分为控制力、反馈力和干扰力。后者还往往表现出一定的随机性或不稳定性，如摩擦力、卡紧力、径向不平衡力、液动力等，成为分析研究的热点。干扰力也是一般所谓“液压阀上的作用力”的真正研究重点。值得注意的是，任何事物都具有两面性，在某种情况下，如果处理得当，一些干扰力也可以从正面加以利用。

本章主要涉及液动力与卡紧力。而且仅仅讨论一些与工程实践紧密相关的内容。从液压元件流场仿真角度对液动力的深入研究，参见本书第 18 章“液压元件流场仿真和液动力”。

3.1 稳态液动力

3.1.1 稳态液动力的概念

稳态液动力(又称伯努利力)可以理解为是液流进出阀腔时由于液流改变方向而给阀芯的反作用力，是一种液流力。或者说，液流流入阀腔和通过阀的控制窗口时，由于流速变化导致液流动量的变化而产生的作用在阀芯上液流力，即液流改变方向，给阀芯的反作用力，如图 3-1 所示。

根据这样的理解，由图 3-1 可见，例如 P→B 流向，液流进入阀腔是沿半径方向，因而不会产生液动力。只有当液流以一定的射流角流出阀腔进入 B 口时，才产生液动力。同理，在 A→T 流向，液流从 A 口进入阀腔，将产生液动力，而从阀腔进入 T 口，就不会产生液动力。

关于液动力的作用方向，对于如图 3-1 所示的具有完整阀腔的控制阀，不论在理论上还是在实践上都是统一、明确的，即朝向将控制阀口关小的方向。如图 3-1 所示，进出阀腔的两部分液动力方向相同，都朝左，朝着关小阀口方向。

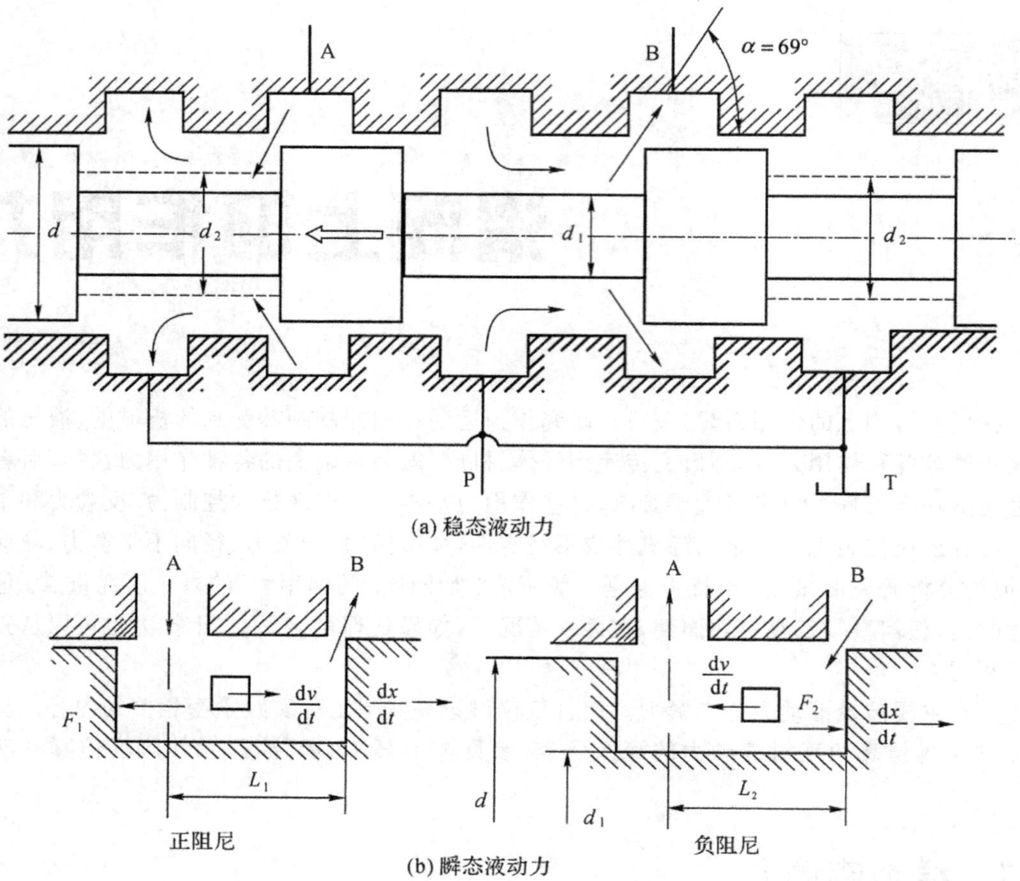

(a) 稳态液动力

(b) 瞬态液动力

图 3-1 稳态液动力与瞬态液动力

3.1.2 稳态液动力的计算公式

1. 稳态液动力的基本计算公式

稳态液动力的基本计算公式为

$$F=\rho qv\cos\alpha \tag{3-1}$$

此式表明，液动力与液流动量有关，与射流角 α 有关。根据经典数据，当射流角 $\alpha=69°$时液动力最小。而形成 69°射流角的基础条件是，在保证一定径向间隙时，阀口所在的阀芯台肩端面处，必须保持锐角，即 4 处阀口对应的阀芯台肩端面处，都必须保持 90°，不能像常规杆件那样在外周台肩处倒角。

经过一定的换算，还可以得到下面另外两种计算液动力的表达式，有助于加深对液动力的了解。

2. 与控制窗口的面积梯度、压力降和阀芯的位移有关的表达式

与控制窗口的面积梯度、压力降和阀芯的位移有关的稳态液动力的表达式为

$$F=K_1Wx\Delta p \tag{3-2}$$

式中：x 为阀芯的轴向行程；W 为阀口的周向开度（俗称阀口面积梯度）。

由于此力决定于阀芯位置，作用与定位弹簧相似，所以可以将稳态液动力理解为定位弹簧。

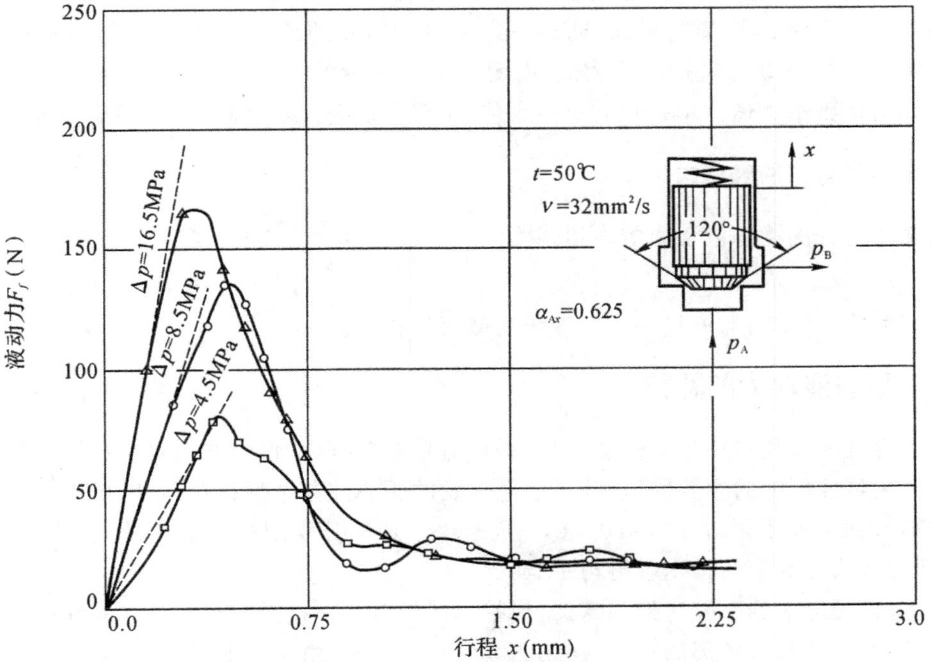

(a) 全周阀口

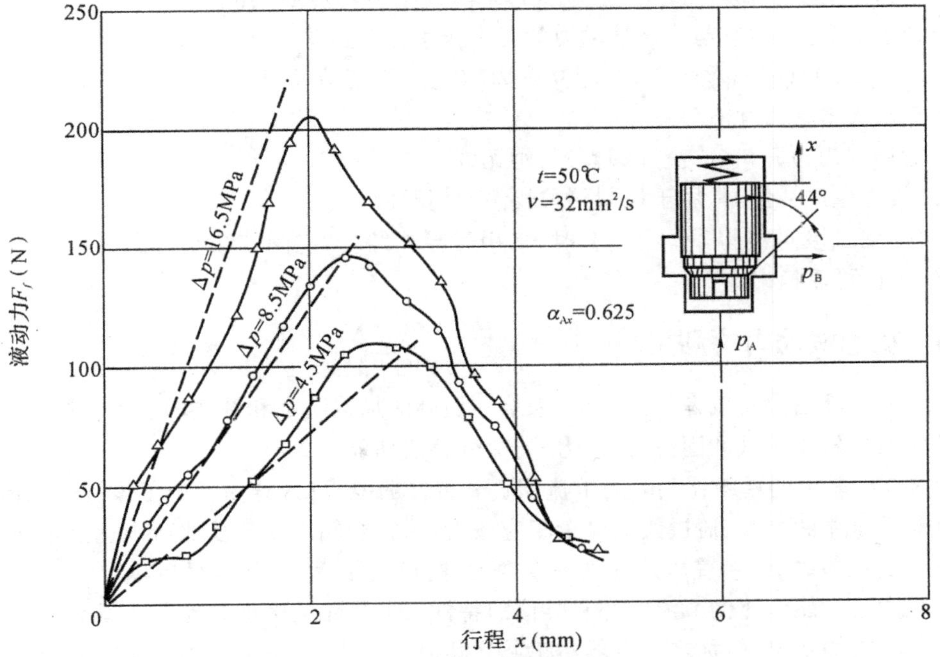

(b) 非全周阀口

图 3-2　二通插装式阀芯液动力实测曲线

对于式(3-2),参见图3-2,必须注意到:

(1)液动力有一个极大值,并不是阀芯位移越大液动力越大。

(2)不同阀口造型时,极大值对应的位移绝对值差别很大。

图3-2(a)所示的全周阀口,其通过一定流量所需要的最大开口量比较小,阀芯行程在不到0.4mm时,液动力就达到最大值;而图3-2(b)所示的为非全周阀口,阀芯行程到2mm时的液动力才到最大值。不过总有个最大值,不能仅从公式看,液动力总是与x成正比。

3. 与功率有关的表达式

与功率有关的稳态液动力的表达式为

$$F=K_2 q\sqrt{\Delta p} \tag{3-3}$$

此式表明,液动力与通过阀口的液压功率直接相关。

3.1.3 稳态液动力的补偿

液动力是液压技术中包括弹性模量、阀口流量系数、非线性等在内对精确设计和系统性能优化产生负面影响的主要因素。除了已经提及的阀芯控制边保持锐角外,历来的大量研究至今大部分还是处于采取结构措施,在一定条件下加以补偿削弱。这些措施主要有下列几点,详细请参阅一般液压技术教材与手册:

(1)多排径向对称小孔作控制窗口,代替全周阀口——损失了小开口时的线性度。

(2)增加阀芯两端颈部的直径(参见图3-1的d_2)——由于环形通道减小,对于大流量产生一个压力降(流经环形通道时将产生压力降,大小与环形通道液流流速的平方成正比)反作用于阀芯的凸肩上,它与稳态液动力的对中作用方向相反。

当$(d^2-{d_1}^2)/(d^2-d_2^2)=4$时,能补偿掉50%的稳态液动力。但这个措施,

- 只在大流量时才有效;
- 对局部周边开口(非全周阀口)的阀无效。

(3)负力窗口补偿,常用于控制要求较高的伺服阀。

(4)采用二级阀结构——大流量时,采用先导式结构,主阀芯液动力由大推力的液压力等克服,确保可靠换向。

3.1.4 稳态液动力的利用

与一般将液动力看成是一种干扰,采取一切办法加以防范和补偿的思路不同,这里所讨论的是所谓自然功率域和固有(液动力)的负载补偿功能。

图3-3所表示的单级比例方向节流阀负载特性曲线,可区分为两个区段。开始阶段,随着阀口前后压差的增大,通过阀的流量相应增大,这符合阀口流量公式所表达的规律。但是,在大于一定压差之后,随着压差的进一步增大,阀口流量反而下降,最后稳定在一定的数值上。不同中位机能的比例节流阀都有类似的特性。这是无需附加其他装置就能达到有一定自我保护功能的功率域,称之为自然功率域。其原因很明显,是由作用在阀芯上的液动力与输入的控制电磁力以及相关弹簧力共同作用的结果。具体来说,在大于一定压差之后,它是由增大了的液动力克服控制电磁力,使控制阀口轴向开度有所减小所致。

图3-4表示的特性,是有意识地、主动地在电磁力、弹簧力与液动力的相互关系上做文

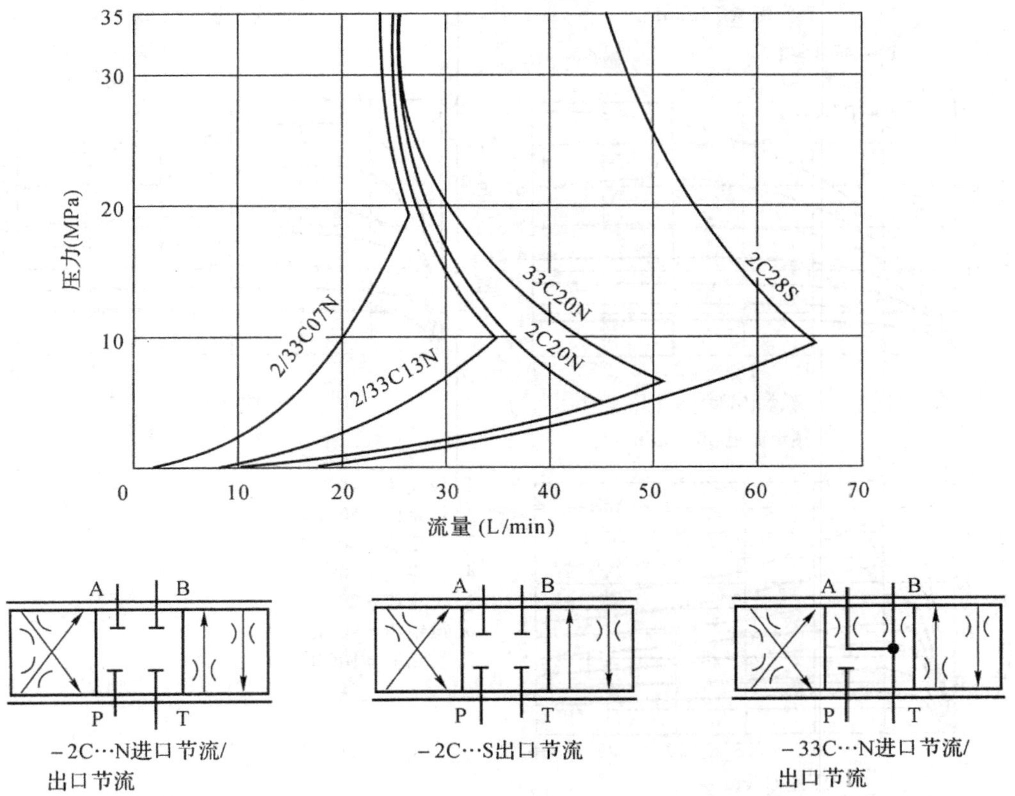

图 3-3　由液动力引起的带位移电反馈单级节流阀 KFDG4 V-3 的自然功率域

章，使得单级比例方向节流阀，在不加二通压力补偿器或其他电反馈情况下，接近或达到负载补偿功能，即比例方向节流阀的输出流量只与输入信号相关，而基本与阀口压差无关，这就是所谓的"液动力负载补偿功能"。图 3-4 所示的曲线情况是：图(a)为 6 通径阀，3 组曲线之间的差别在于额定流量不同(有关额定流量的定义，参见第 9 章比例方向流量阀)，此外的阀芯直径、阀芯最大行程等都一样。每一组内部 7 条曲线之间的差别，在于输入信号数值不同(如图(a)曲线旁所注)。从图(a)可见，额定流量为 7 L/min 的一组曲线，控制信号较大的 6 和 7 两条曲线属于"欠补偿"，而额定流量为 30 L/min 的一组曲线，都程度不同地属于"过补偿"。图(b)所示的额定流量为 30 L/min 的一组曲线，达到了最为理想的补偿，只是"最小工作压差"较大(参见第 8 章)。

这里值得一提的是，对于一般的电磁阀而言，在电磁力、弹簧力与液动力之间的平衡设计中，首要的任务是要保证换向位置的可靠性。某公司曾对两个厂家生产的普通电磁阀进行过流量可靠性对比试验(有意使通过电磁阀的流量为额定流量的 1 倍甚至 2 倍，这在工程实践中是有可能出现的，主要是因为考虑到系统设计人员对所设计系统运行循环中每一个环节的压力、流量参数不一定有确切的了解，特别是对所谓没有什么动态特性要求或要求不高的系统)发现，B 厂的电磁阀在过流量试验过程中，当通过流量增大到超过额定流量不到一倍时，在输入信号不变的情况下，电磁阀突然自行换向(例如从 P→A 流向换成 P→B 方向)。这从工程实践角度看，是一个非常危险的局面，有可能给整个设备的运行带来灾难性的后果。而 A 厂的电磁阀在相同条件下，包括进一步增大通过流量，始终不会出现自行换向的问

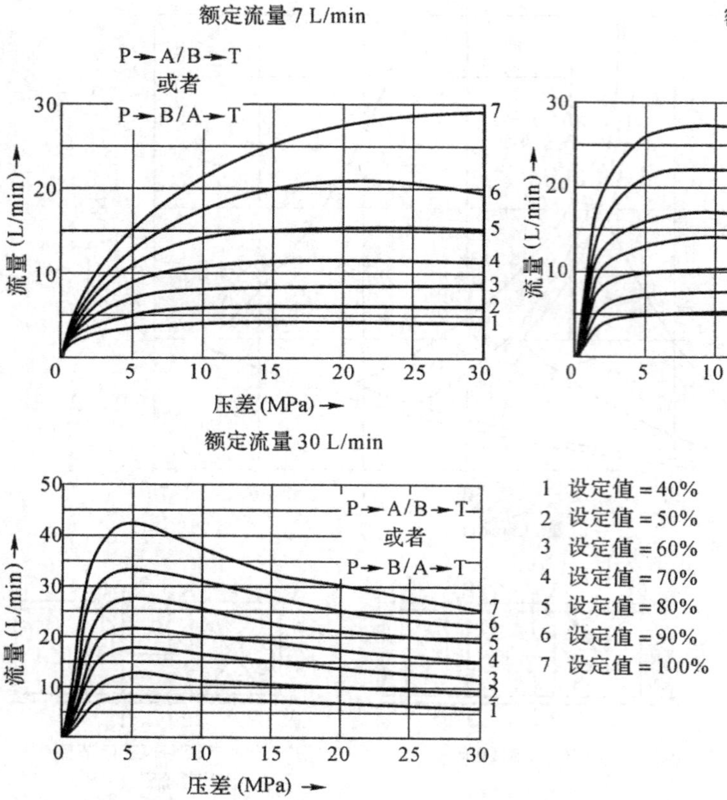

(a) 6通径的电液比例方向节流阀

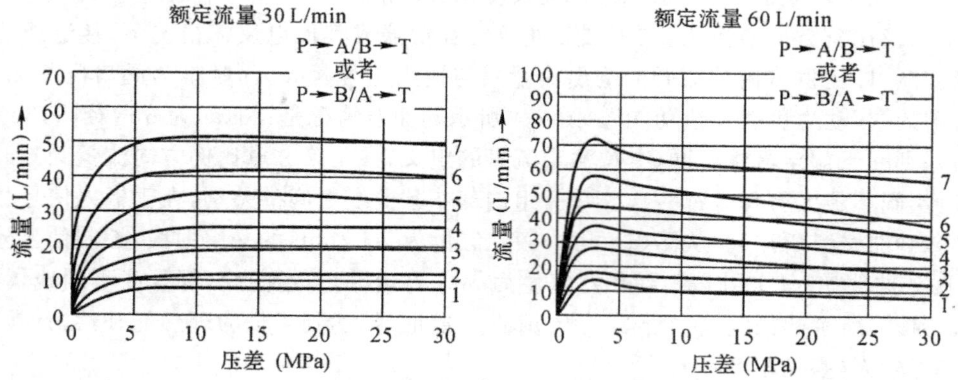

(b) 10通径的电液比例方向节流阀

图 3-4 具有负载补偿功能的单级比例方向节流阀

题。这就引出了可靠性设计的一个新的侧面，即在用户可能不合理使用元件时，也要尽量避免产生像这种自行换向的事故。

3.2 瞬态液动力

除稳态液动力外，作用在阀芯上液流力还有瞬态液动力。所谓瞬态液动力，是因滑阀开口变化引起流经滑阀液流速度变化，而导致环形流道中液体的动量变化而产生的液动力。或者说，是在非稳态和瞬态情况下，由于流经阀腔的流量的不稳定，流体的加速度所产生的液动力。

当阀腔中液流被加速时，必对阀芯台肩端面产生反作用力。假设只是在流程 L 内的液体被加速，则对于图 3-1(b)左图所示情况，阀芯施加于液流的外力为

$$F_0=M\frac{dv}{dt}=\rho L_1 A\frac{d(q/A)}{dt}=\rho L_1\frac{dq}{dt}$$

经过整理，最后得到对应于左图(从阀腔出流)的瞬态液动力表达式为

$$F_1=L_1 c_0 w\sqrt{2\rho\Delta p}\frac{dx}{dt}$$

和对应于右图(液流进入阀腔)的瞬态液动力表达式为

$$F_2=-L_2 c_0 w\sqrt{2\rho\Delta p}\frac{dx}{dt}$$

式中：c_0——流量系数；

w——阀口面积梯度；

Δp——阀口前后压差。

可见，图 3-1(b)的左图表示了一个正阻尼力，右图表示了一个负阻尼力(即通过阀口，流出阀腔的液流使阀稳定，而流入阀腔的液流使阀不稳定)。如果是在如图 3-1(a)所示的理想四边滑阀中，两阀口的流量相等、压降也相等，则只有在 $L_1-L_2\geqslant 0$ 时，才能避免负阻尼作用。

瞬态液动力一般只在工作频响比较高的伺服阀动态特性分析中加以考虑。

3.3 摩擦力与液压卡紧力

3.3.1 液压卡紧力成因与计算公式

摩擦力是使液压阀特性产生滞环和死区的主要因素之一。当阀芯的径向力完全平衡，阀芯与阀体孔完全同心且无锥度而四周间隙均布时，两层液体之间仅存在称为纯牛顿流体剪切力引起的摩擦力，其数值是非常小的。但在工程上，阀体孔与阀芯总会产生一定的形状误差与变形，两者也不可能绝对同心与无锥度，因此，不可避免地会出现阀芯上径向液压力分布的不均匀，从而将阀芯推向一侧，形成数值相当可观的液压卡紧力与摩擦力。

径向不平衡液压力引起的卡紧力的近似表达式为

$$p_k=\alpha L d\Delta p$$

式中：α——系数；

L——阀芯配合长度；

d——阀芯直径；

Δp——配合间隙长度上两端压差。

液压卡紧力的成因，除了由于阀芯、阀套间的不同心与锥度造成径向液压力不平衡外，还有一个值得注意的原因是油液的污染。

3.3.2 消除液压卡紧力的措施

在消除液压卡紧力的措施中，有一个所谓顺锥与倒锥的现象值得引起注意。如图 3-5 所示，图(a)为倒锥(注意流向与锥度两个因素的相对关系)，液压侧向力使偏心距加大，当液压

侧向力足够大时，阀芯将紧贴在孔壁上，产生液压卡紧现象。图(b)所示为顺锥情况，此时，液压侧向力使偏心距减小，阀芯自动定心，不会出现液压卡紧现象。除了阀芯设计之外，在低摩擦液压缸的设计中，往往也利用顺锥现象进行活塞外形设计。

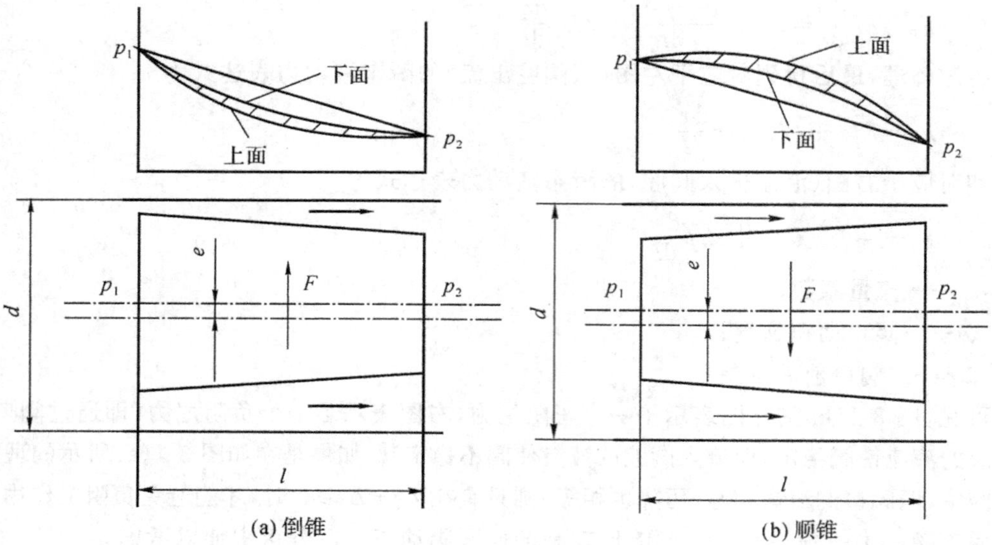

图 3-5 顺锥与倒锥

此外，减弱或消除卡紧力的办法中，主要的还有：

(1)提高加工精度。

(2)阀芯上开均压槽。

(3)减小配合长度(保证密封要求前提下)。

(4)对于伺服阀和比例阀，作为基本措施是在控制信号中叠加颤振信号(叠加在直流控制信号中的高频(50～100 Hz)小振幅交流信号，用于减小摩擦力及磁滞所造成的滞环，并有利于消除卡涩现象。参见第 4 章电控器和第 5 章电—机械转换器)。值得注意的是，加工工艺水平较高的厂家生产的比例阀，颤振信号的幅值与频率一般已经设定，不留现场调节机构，可以保证其性能。而加工工艺水平低下的厂家生产的比例阀，由于形状误差带很宽，性能一致性较差，所以，经常需要对颤振信号的幅值与频率个别地进行适当调整，这会给用户带来不便。

第4章

比例控制放大器与检测反馈系统

比例控制放大器是一种用来对比例电磁铁提供特定性能电流，并对电液比例阀或电液比例控制系统进行开环或闭环调节的电子装置。它是电液比例控制元件或系统的重要组成单元。

检测反馈系统也是电液比例元件或系统中的组成单元之一。它是元件内部闭环或系统闭环控制中必不可少的部分。在闭环控制中，它检测出实际控制量，并通过反馈与设定值相比较。两者在比例系统中的地位，参见图 1-5。

4.1 比例控制放大器概述

在电液比例控制系统中，对比例控制放大器一般有以下要求：

(1)良好的稳态控制特性；

(2)动态响应快，频带宽；

(3)功率放大级的功耗小；

(4)抗干扰能力强，有很好的稳定性和可靠性；

(5)较强的控制功能；

(6)标准化，规范化。

4.1.1 典型构成

根据电—机械转换器的类别和受控对象的不同技术要求，比例控制放大器的原理、构成和参数各不相同。随着电子技术的发展，放大器的元件、线路以及结构也不断改善。图 4-1 所示是比例控制放大器的典型构成。它一般由电源、输入接口、信号处理、调节器、前置放大级、功率放大级、测量放大电路等部分组成。

4.1.2 分类

比例控制放大器根据受控对象、功率级工作原理等的不同，可有多种分类方式。常见的有以下几种类型。

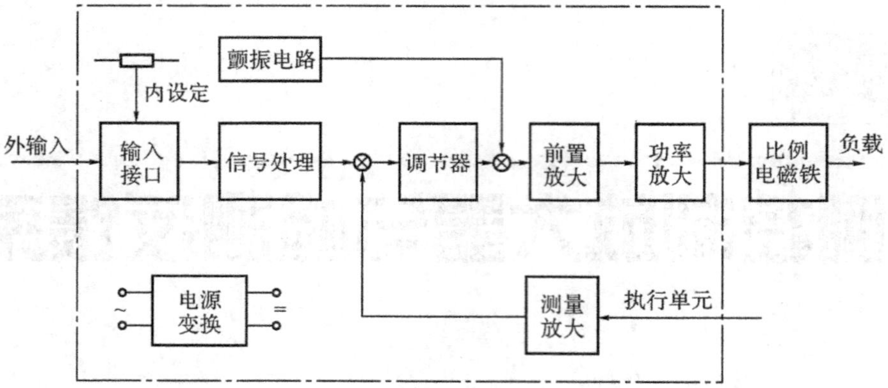

图 4-1 比例控制放大器的典型构成

1. 单路和双路比例控制放大器

单路比例控制放大器，用来控制单个比例电磁铁驱动工作的比例阀，如比例流量阀、压力阀、单电磁铁二位（三位）比例方向阀等。双路比例控制放大器主要用来控制双电磁铁驱动工作的三位比例方向阀等。双路比例控制放大器工作时，始终只让其中一个比例电磁铁通电，这是三位比例方向阀工作所要求的。因此，它与下述的双通道比例控制放大器是完全不同的。

2. 单通道、双通道和多通道比例控制放大器

单通道比例控制放大器，就是上述的单路比例控制放大器，只能控制一个比例电磁铁。对于某些比例阀，如比例压力流量复合阀、多路比例阀等，需要两个或两个以上比例电磁铁同时工作，这时就需要配置相应数量的单通道比例控制放大器。为减少比例控制放大器的数量，增加集中控制功能，将两个或两个以上比例控制放大器集中在一块标准的控制板上，就构成了双通道或多通道比例控制放大器。因此，双通道或多通道比例控制放大器能同时单独控制两个或两个以上比例电磁铁。当然，双通道或多通道比例控制放大器并不是两个或多个单通道比例控制放大器的简单组合，而是在结构上作了有机调整组合而成的，如公用电源等。

3. 电反馈和不带电反馈比例控制放大器

电反馈比例控制放大器用来控制电反馈比例阀，也可作为某些闭环控制系统的控制器。不带电反馈比例控制放大器用来控制不带电反馈的比例阀，不能作为闭环控制系统的控制器。两者在电路结构上的最大区别是，前者设置有测量放大电路、反馈比较电路和调节器，但不一定有颤振信号发生器；后者没有测放电路、反馈单元和调节器，但一般有颤振信号发生器。

4. 模拟式功率级和开关式功率级比例控制放大器

这是根据功率级不同的工作原理加以区分的。模拟式比例控制放大器属于连续电压控制式，功放管工作在线性放大区，比例电磁铁控制线圈两端的电压为连续的直流电压，因而功耗较大。开关式比例控制放大器的功放管工作在截止或饱和区，即开关状态，比例电磁铁控制线圈两端电压为脉冲电压，因而功耗很小。开关式比例控制放大器又可分为脉宽调制（PWM）、脉频调制（PFM）、脉幅调制（PAM）、脉码调制（PCM）、脉数调制（PNM）等多种形式，但常用的主要是 PWM 式。

5. 单向和双向比例控制放大器

这是根据所控比例电磁铁的类型而分的。单向比例控制放大器就是通常所称的比例控制放大器，用来控制普通单向比例电磁铁。双向比例控制放大器用来控制双向比例电磁铁。单向与双向这两种比例电磁铁的不同(双向比例电磁铁常制成带主、副两对线圈)，决定了与之相适应的比例控制放大器需要采用不同的功率放大级线路。

6. 恒压式和恒流式比例控制放大器

这是按比例电磁铁控制线圈上需要恒定的信号不同所作的区分。与恒压式相比，恒流式能抑制负载阻抗热特性的影响，且有较优的动态特性，因而比例控制放大器大多采用恒流式结构。

7. 模拟式处理单元或数字式处理单元比例放大器

这是按信号处理单元所采用的电路性质分类的。传统的比例放大器对输入信号的处理是采用运算放大器所构成的模拟电路实现的。该方法的优点是可靠性高，缺点是硬件电路复杂、灵活性差。随着数字器件不断发展，比例放大器中引入了微处理器单元。首先通过模数转换单元对外部输入的模拟量信号进行采样，将其转换为数字量信号；其次由运行于微处理器上的软件完成对该数字信号的实时处理；最后将处理完毕的数字量信号由数字量输出端口直接输出给功率级或者通过数模转换单元转换为模拟量后输出给功率驱动级，具体输出何种信号由采用的功率级形式决定。这种放大器的优点是数据处理单元的灵活性好，可通过软件实现较为复杂的信号处理任务，而无需改变硬件电路。另外，数字式比例放大器除了提供传统的模拟量接口和数字量接口以外，还可以提供各种总线接口如 485 总线接口及 CAN 总线接口等等，这一特点符合电控系统的网络化趋势。其缺点是稳定性不容易做好，一旦由于外部干扰导致程序跑飞或复位，将会造成严重的错误输出。尽管如此，只要通过合理的设计，软硬件系统是可以最大限度地减少故障率的，因此，比例放大器的数字化是必然趋势。

4.2　比例控制放大器主要电路的构成、原理及功能

比例控制放大器的电路构成应满足前述对比例控制放大器的六点要求。图 4-2 所示是一双路电反馈比例控制放大器的结构框图。当然，其他类型的比例控制放大器在结构上与图 4-2 有一定差别，尤其是信号处理单元，常需要根据系统要求进行专门设计；另外，根据使用要求，也常省略某些单元，以简化结构，降低成本，提高可靠性。但电路的基本构成还是类似于图 4-1。下面对比例控制放大器各主要组成部分的构成、原理及功能作一介绍。

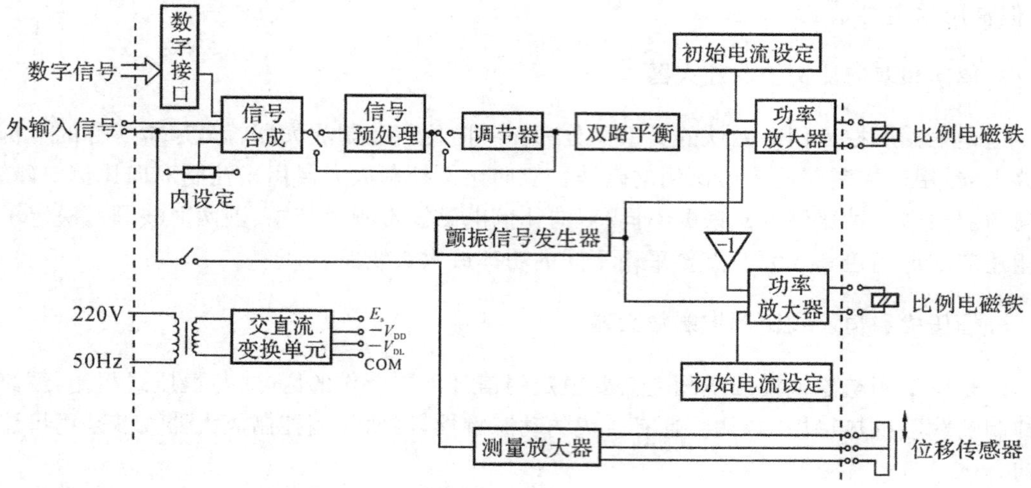

图 4-2 双路电反馈比例控制放大器结构框图

4.2.1 电源电路

比例控制放大器电源电路的主要作用是:从标准电源中获得和分离出比例控制放大器正常工作所需的各种直流稳定电源,并且当电网电压、负载电流及环境温度在允许范围内变化时,保证输出直流电压的稳定性。同时,还兼具电源电压极性反接,过流、短路自保护自恢复等非熔断式保护功能,以保证比例控制放大器的工作可靠性。

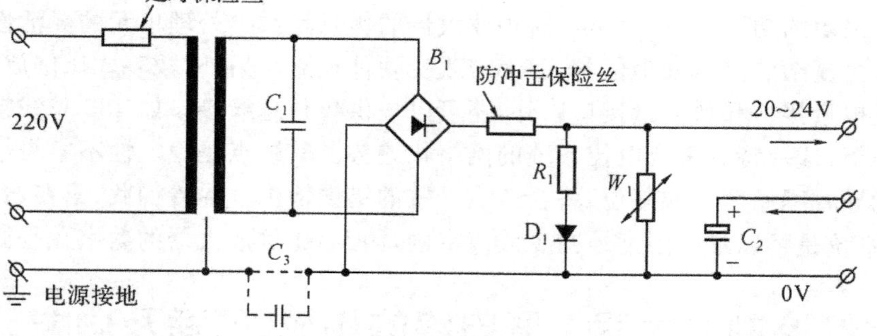

图 4-3 电源供给装置

电源电路一般包括滤波、稳压和过载保护等部分。电源可用 220V、50Hz 交流电源或 $24V_{eff}$标准全波整流电源或 24V 直流电源。当用 220V 交流电源时,一般附带配置电源供给装置。该装置由变压器、桥式整流电路等组成,如图 4-3 所示。它将交流电网电压(220V、50Hz)变换成未经滤波的指定值全波整流电压($24V_{eff}$),再输给比例控制放大器插板。比例控制放大器将输入电压进行滤波和稳压处理,产生比例放大器中信号处理单元所需要的各种规格的稳定电压。有的比例控制放大器(大多为国内生产)的电源电路,也包括整流部分,当用 220V、50Hz 交流电源时,只需外接一变压器即可。

为了给运算放大器提供正常工作所需要的正负对称的稳定电源($\pm V_C$),稳压电路的设计方案通常有如下两种:其一是通过模拟电路产生新的参考点,得到以新参考点为基准零点的正负电源;其二是通过开关电源技术将输入的正电压转换为相同幅值的负电压,参考零点不变(与输入的正电压相同)。第一种方式的优点是所得到的正负电源纹波小,缺点是转换效率低,电源器件发热比较严重。另外,由于参考零点发生变化,与外部器件的电气接口需要特别注意。第二种方式的优点是转换效率高,电源器件发热小,几乎可以不考虑散热问题,且由于参考零点不变,与外部电信号的接口比较方便,共模干扰小。

图 4-4(a)所示是典型的模拟式稳压电源电路。该电路采用三端稳压器构成稳压电路,输出电压$+V_C$。进而通过电阻分压产生一参考电压($+V_C/2$),此参考电压输入由运算放大器和一对互补型功率放大元件构成的电压跟随器的正相端,电压跟随器输出电压($+V_C/2$)就是比例放大器运算单元所需的参考零点。采用这种电源电路的比例放大器的指令信号地与电源地是不同的,一般称之为虚地。

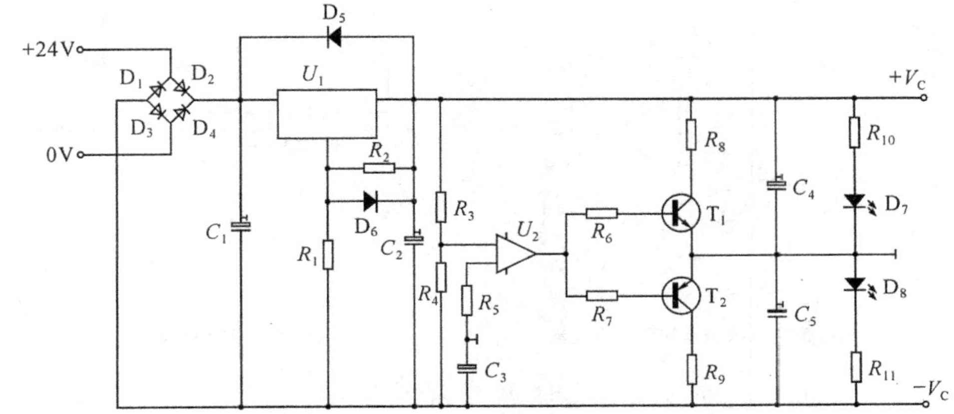

(a) 模拟式稳压电路

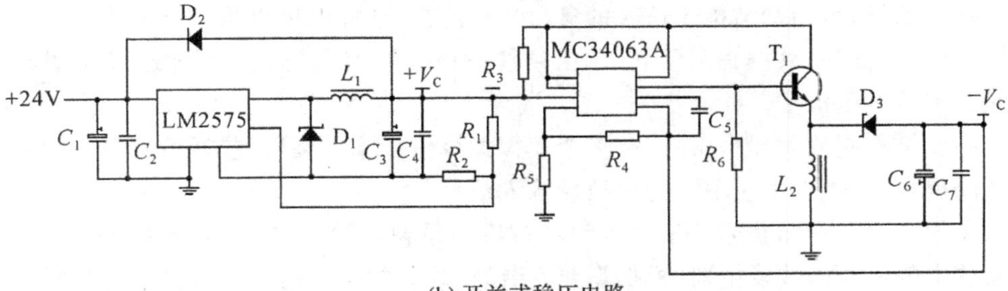

(b) 开关式稳压电路

图 4-4　稳压电源电路

图 4-4(b)所示是一个典型的开关式稳压电源电路。该电路首先采用一个开关稳压器产生正电压$+V_C$,进而由一个基于开关方式工作的 DC/DC 变换电路,将正电压转换为大小相等的负电压$-V_C$。上述电路产生的正负电源提供给比例放大器中的运算单元。因此,采用开关式稳压电路的比例放大器的指令信号地与电源地是相同的,一般称之为实地。

4.2.2 输入接口单元

为了满足各种外设需要，增强适应性，比例控制放大器一般具有多种输入接口。

1. 模拟量输入接口

最简单的模拟量输入接口就是利用手调电位器输入控制电信号，即手动输入。常用安装在面板上的多圈电位器来调节，在对比例控制放大器或比例控制系统进行调试时使用。图4-5(a)所示为一带电压跟随器的电位器P。移动触头可取出 $0\sim u_R$ 之间的任意值 u_1。接入电压跟随器，可减小负载效应对其线性度的影响。

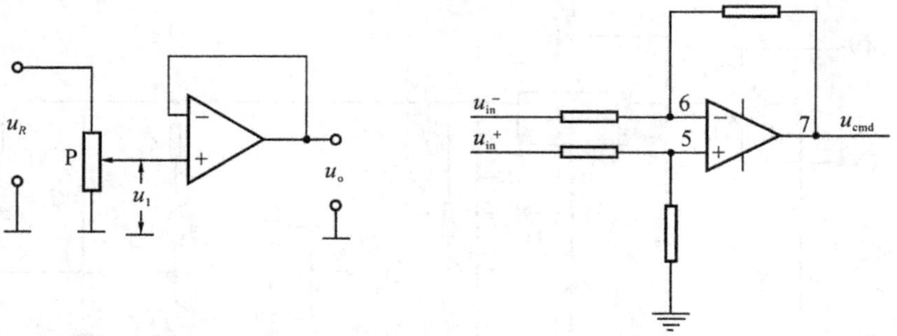

(a) 带电压跟随器的输入电位器　　(b) 差分输入电路

图 4-5　模拟量输入电路

比例放大器内部的模拟量接口电路一般采用差分输入方式，如图4-5(b)所示。正相端接入指令信号，负相端与指令信号的参考地相连接。这样就可以消除指令信号与比例放大器内部参考地之间的共模信号干扰，但必须注意该共模信号的幅度不能超过比例放大器运算单元的正负电压范围。

在比例控制放大器中，往往有多个模拟指令信号输入接口，包括输入电压信号接口和输入电流信号接口，以适应不同的模拟量输入信号。

模拟控制(指令)信号一般由外设通过模拟量输入接口输入，也可通过安装在比例控制放大器中的信号函数发生器(根据需要安装)实现。常见的信号函数发生器有周期性函数发生器，如正弦波发生器、三角波发生器、锯齿波发生器等，和非周期性函数发生器，以满足不同工况的要求。

此外，电反馈比例控制放大器还有反馈模拟信号输入接口，接受来自位移传感器、压力传感器、流量传感器等的反馈检测信号，构成位移、压力、流量等电反馈闭环控制回路。

2. 数字量输入接口

为了满足数字控制的需要，有的比例控制放大器还具有数字接口。图4-6所示为一简化的四位数字输入接口单元。图中 $D_1\sim D_4$ 为四位数字输入口，电位器 $P_1\sim P_4$ 用来调定数字量经D/A转换后对应的模拟量值。

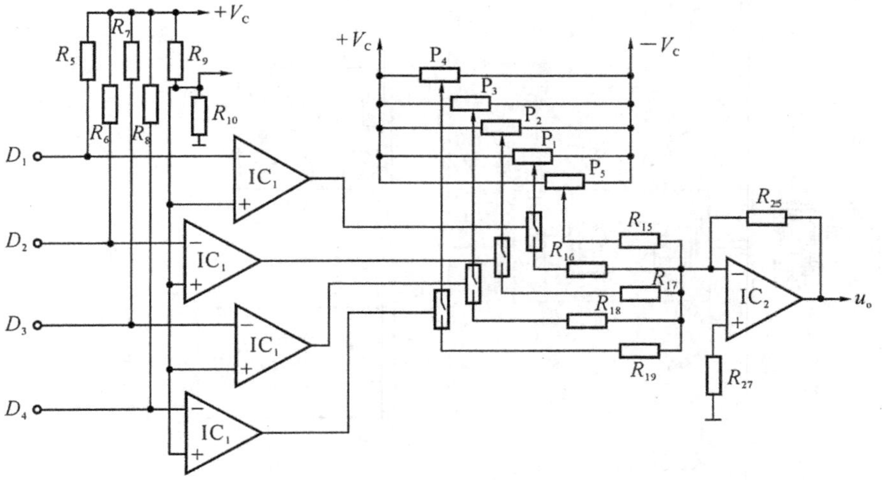

图 4-6　四位数字输入接口

3. 遥控接口

一些特殊用途的比例控制放大器还具有遥控接口。比例控制放大器内含超高频调频接收单元(遥控接口),可接受来自发射器的无线电控制命令,经处理后去控制比例电磁铁,以实现无线遥控。无线电液控制器主要由编码模块、解码模块和射频发射和接收模块这三个功能模块组成,如图 4-7 所示。编码模块将操作人员的按键信息(开关信号)、摇杆信号(模拟信号)读入,并进行编码处理,然后将编码后的信息传送到射频发送模块,经由射频发射模块以无线电波的形式将控制信息发射出去。射频接收模块将发射端的发射控制信息接收下来,然后通过对控制信息的解码(包括检验和纠错),得到控制信号,最后通过一般的驱动电路控制比例阀或电磁开关阀。

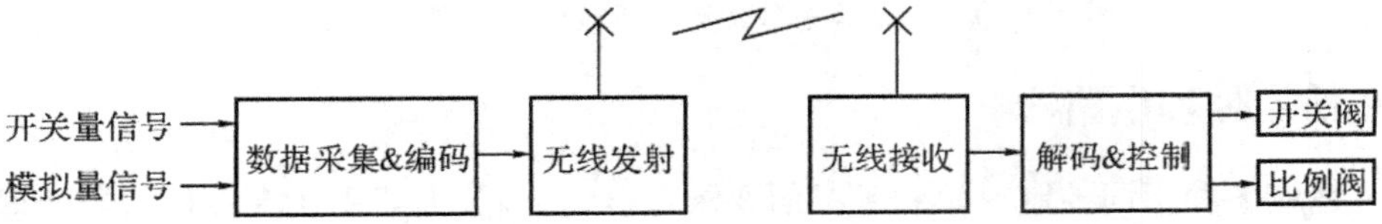

图 4-7　无线遥控接口

4. 总线接口

在一些具有较多比例阀的电液控制系统中,为了简化控制线路,提高与计算机的直接接口能力和信息交互能力,在比例放大板上集成了总线接口,常见的有 485 总线接口和 CAN 总线接口。通过总线接口,可以将所有的比例放大器作为从机挂在同一条总线上,由一个微处理器单元作为总线主机。主机与从机通过总线通信传递控制和工作状态等信息。具有总线接口的比例控制放大器通常是基于纯数字电路的结构实现。基于 CAN 总线的行走机械电液比例控制系统框图如图 4-8 所示。

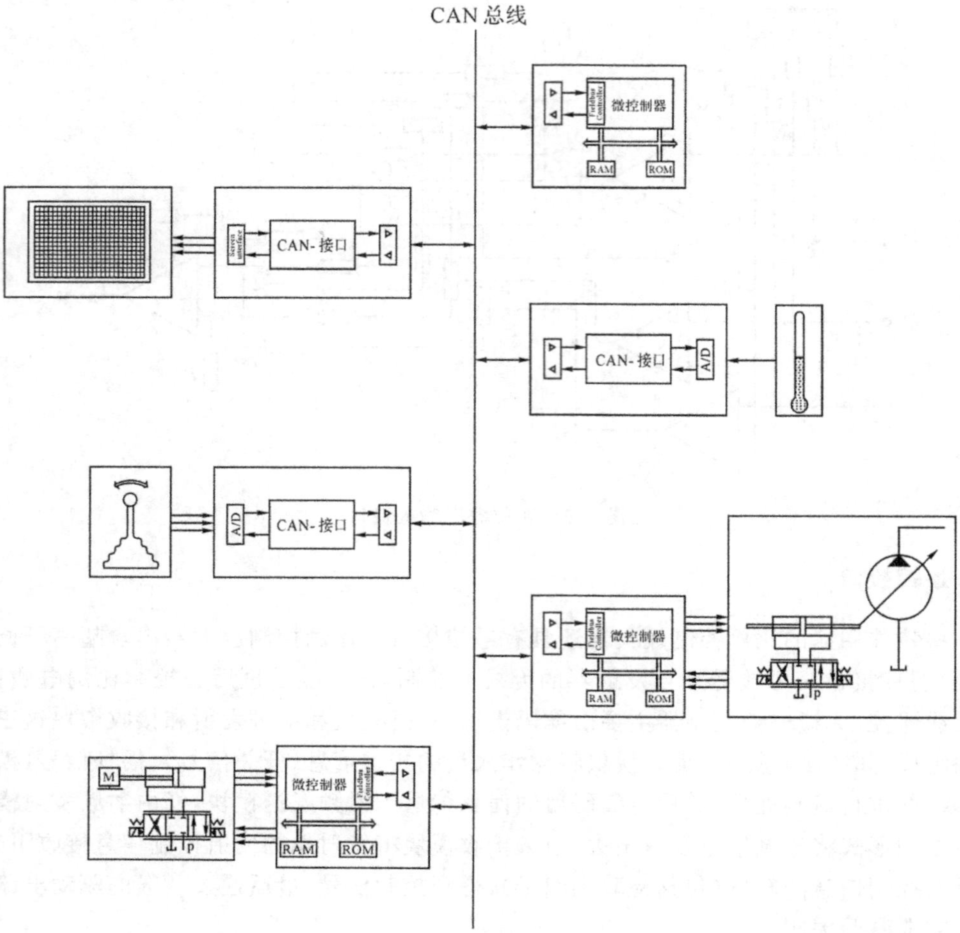

图 4-8 基于CAN总线的行走机械电液比例控制系统

4.2.3 信号处理电路

为了适应各种不同控制对象和工况的要求，比例控制放大器中还有各种信号处理电路，用来对输入指令信号进行相应的处理。最常见的有斜坡信号发生器、阶跃函数发生器、双路平衡电路、初始电流设定电路等。

1. 斜坡信号发生器

以一个设定值阶跃作为输入信号，斜坡信号发生器产生一个缓慢上升或下降的输出信号，输出信号的变化速率可通过电位器调节。以实现被控系统工作压力或运动速度等的无冲击过渡，满足系统控制的缓冲要求。

如图 4-9 所示，在输入阶跃信号情况下，由于电容 C 充电的阻滞作用，可使输出电压缓慢而连续地变化。调节可变电阻 R 能改变输出电压的斜率。斜坡预调时间与 100%额定输入电信号相对应的设定值(输入阶跃信号)相关。当输入信号设定值仅为额定值的某个比值时，其斜坡调整时间亦为相应预调最大斜坡时间的相应比值。

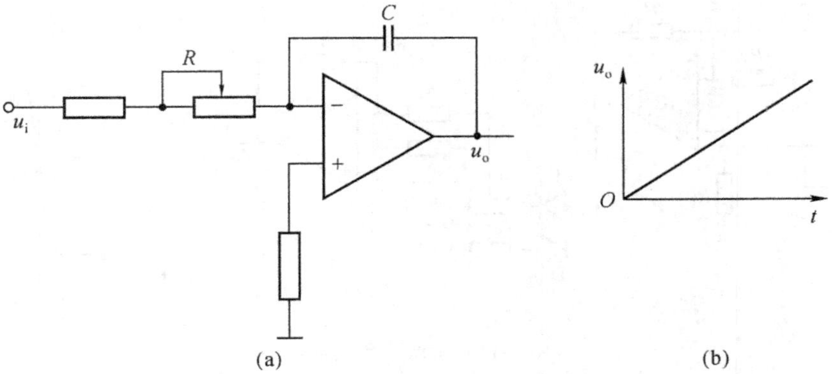

图 4-9　斜坡信号发生器

图 4-10 所示是常见的一种阶跃信号斜坡转换电路，用来分别调节两个斜坡函数的速率。适用于被控系统压力(速度)上升和下降速率需各自独立调节的场合。输出幅值的调节可通过改变 u_i 实现。

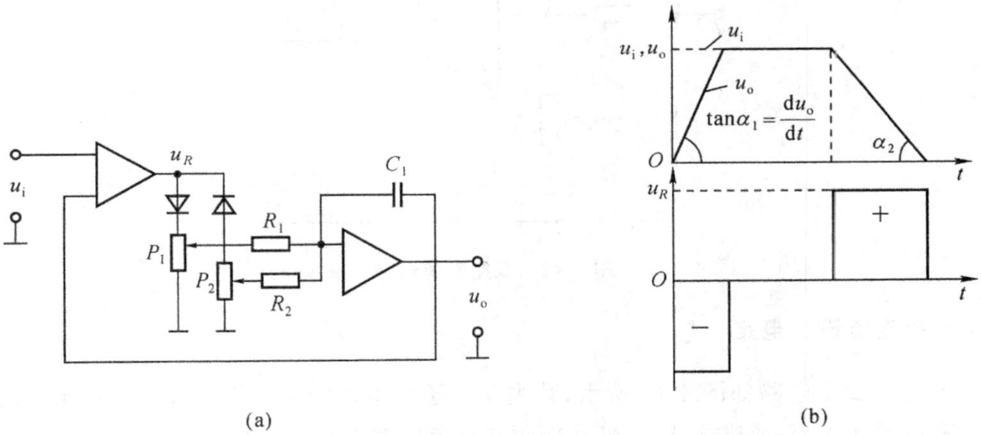

图 4-10　两个斜坡速率分别可调的斜坡发生器

2. 阶跃函数发生器

阶跃函数发生器的输入输出特性如图 4-11(b)所示。它的输出信号经放大后，给比例电磁铁一个阶跃电流，使比例阀阀芯快速越过零位死区，即削弱或排除比例阀阀芯正遮盖的影响，适应零区控制特性的要求。在控制三位型比例方向阀的比例控制放大器中，一般有阶跃函数发生器。

图 4-11 所示是阶跃函数发生器的原理图。阶跃函数发生器，在设定值电压大于一个较小的电压值 u_l 时，产生一个恒定的输出信号，其大小可由 P_1 和 P_2 调定。当设定值电压小于 u_l 时，输出信号为零。

3. 双路平衡电路

在双路比例控制放大器中，为了使两个比例电磁铁分别正常动作，且在两个比例电磁铁参数有所不同的情况下仍能得到对称的控制特性，常采用双路平衡电路，如图 4-12 所示。调

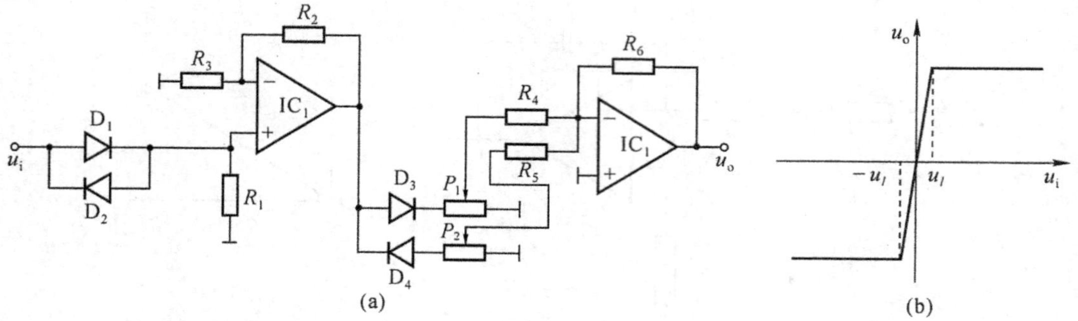

图 4-11 阶跃函数发生器

节电位器 P,使 B 路比例电磁铁控制通道的增益与 A 路比例电磁铁控制通道的增益相同,同时使 B 路控制信号反相,保证比例电磁铁 A 和 B 实现差动工作。

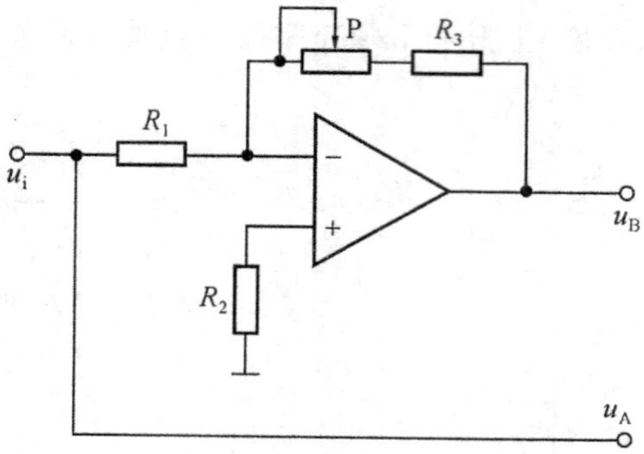

图 4-12 双路平衡电路

4. 初始电流设定电路

初始电流设定电路如图 4-13 所示,其主要用于产生比例电磁铁的预激磁电流,调整比例阀的零位死区大小,或避开死区,使比例阀在设定值输入时从起始位置迅速启动。

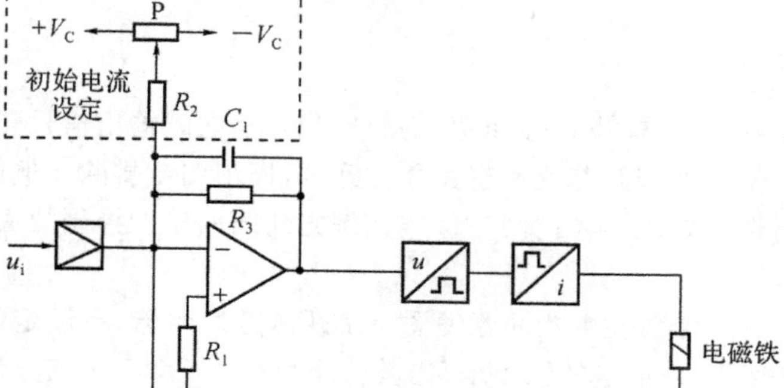

图 4-13 初始电流设定电路

4.2.4 调节器

调节器是电反馈比例控制放大器中的一个组成单元，其用途为改善电反馈闭环控制比例阀或系统的稳态和动态品质；使控制比例阀或系统稳定并达到一定的控制精度；对干扰起抑制作用；使动态特性得到提高。

调节器常按使用要求构成不同的调节特性。常用的调节器有 P,I,D 型及其组合。

1. P 调节器

P 调节器具有比例调节特性，即输出量与输入量成比例。如图 4-14 所示，输出量为

$$u_o=-\frac{R_1}{R_0}u_i=-K_P u_i \tag{4-1}$$

式中：$K_P=R_1/R_0$ 为比例增益(或称放大系数)。

P 调节器的优点是结构简单，调整容易，对调节量的变化响应快，但始终存在一个和放大系数相关的调节偏差(静差)。调节器的比例增益 K_P 越大，静差越小，调节精度越高；但若 K_P 过大，会使系统产生自激振荡。

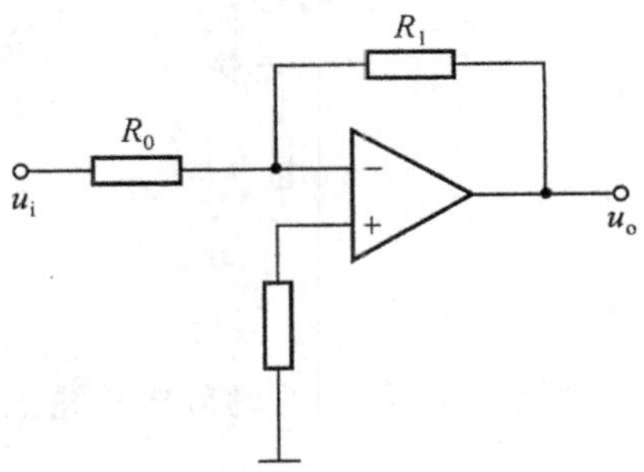

图 4-14　P 调节器

2. I 调节器

如图 4-15 所示，I 调节器的输出量为输入量对时间的积分，即

$$u_o=-\frac{1}{T_I}\int_0^t u_i\mathrm{d}t \tag{4-2}$$

式中：$T_I=R_0C$ 为积分时间常数，表示积分速度的大小。T_I 越大，积分速度越慢，积分作用越弱；反之亦然。

积分环节的特点在于只要输入量不为零，输出量就不断地变化，直到输入量为零，输出电压才保持在某一数值上。因此，I 调节器原则上能完全消除任何调节偏差。但 I 调节器需要较长的调整时间，当调节量变化时，反应很慢，且有可能出现较大的超调。

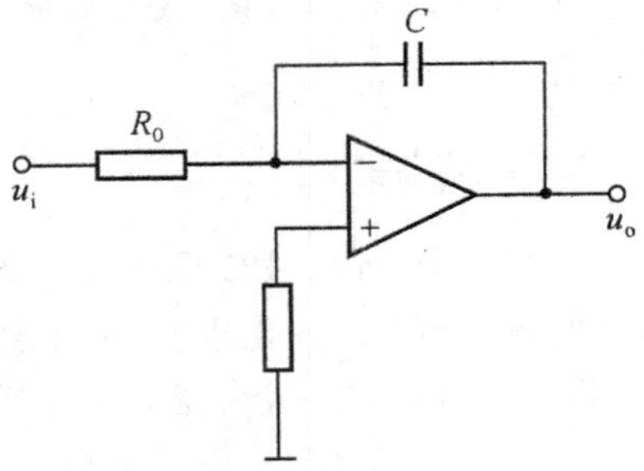

图 4-15　I 调节器

3. PI 调节器

如图 4-16 所示。PI 调节器综合了 P 调节器的快速性和 I 调节器的精确性的优点。输出量为

$$u_o=-K_P(u_i+\frac{1}{T_I}\int u_i\mathrm{d}t) \tag{4-3}$$

式中：$K_P=R_1/R_0$；$T_I=R_1C$。

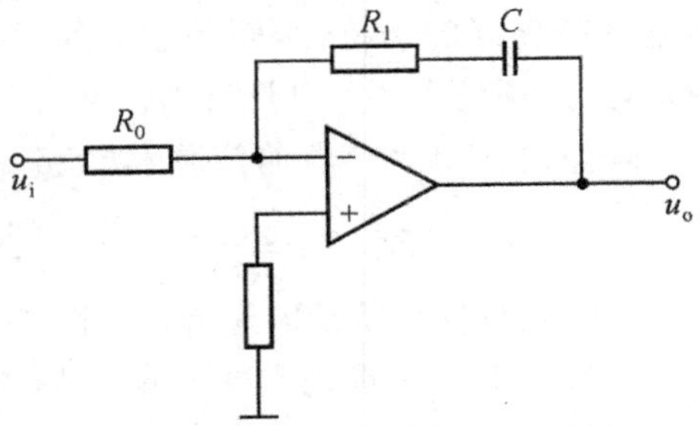

图 4-16　PI 调节器

PI 调节器的特点是既能快速地抑制干扰量，又能进行精确的调整，消除静差。但对于惯性较大的对象，PI 调节器就不能及时克服扰动的影

响，以致造成较大的动态偏差和较长的调节时间。

4. D 调节器

D 调节器只对有变化的输入量产生反应，对固定不变的输入，不会有微分作用输出，因此不能克服静差。通常只能与其他类型调节器配合使用。

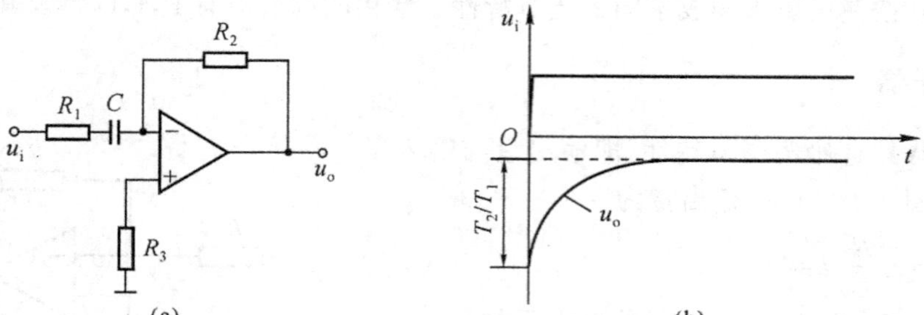

图 4-17 微分调节电路

如图 4-17 所示的调节器是纯微分环节和惯性环节的组合。其传递函数为

$$W(s)=-\frac{T_2 s}{1+T_1 s} \tag{4-4}$$

式中：$T_1=R_1C$，$T_2=R_2C$。

在调节器中加入微分作用，在调节偏差尚不大时，根据偏差变化的趋势，提前给出较大的调节动作。由于调节及时，就可以大大减小系统的动态偏差及调节时间，使动态品质得到改善。但若微分作用过强，或对象惯性较小，微分作用反而会使动态品质变坏，甚至使系统不能稳定。

5. PD 调节器

如图 4-18 所示，PD 调节器中的微分部分影响到调节偏差的变化速度，可加速调节过程。但 PD 调节器存在一个静态调节偏差。

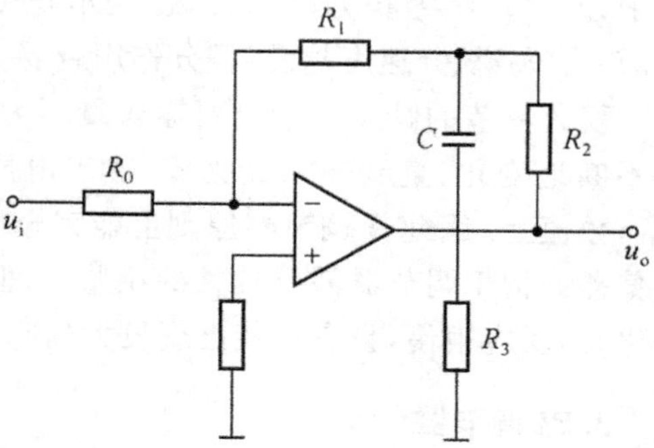

图 4-18 PD 调节器

6. PID 调节器

PID 调节器综合了三种控制类型的特性，不但具有良好的动特性，而且能消除静态控制偏差，是用得较多的一种调节器。

理想的 PID 调节器的传递函数为

$$W(s)=K_P\left(1+\frac{1}{T_I s}+T_D s\right) \tag{4-5}$$

其对数幅频特性和阶跃响应特性如图 4-19 中实线所示。

调整量的变化首先取决于输入值的变化速度 du_1/dt 值（D 部分），其次在微分作用时间之后调整量回到与比例部分相对应的值，然后根据 I 部分的值进行变化。

实际的 PID 调节器，由于运算放大器的开环增益为有限值，输出不可能无限增大，积分作用呈饱和特性，同时需限制微分输出的大小，使调节器具有饱和的微分特性。故其传递函

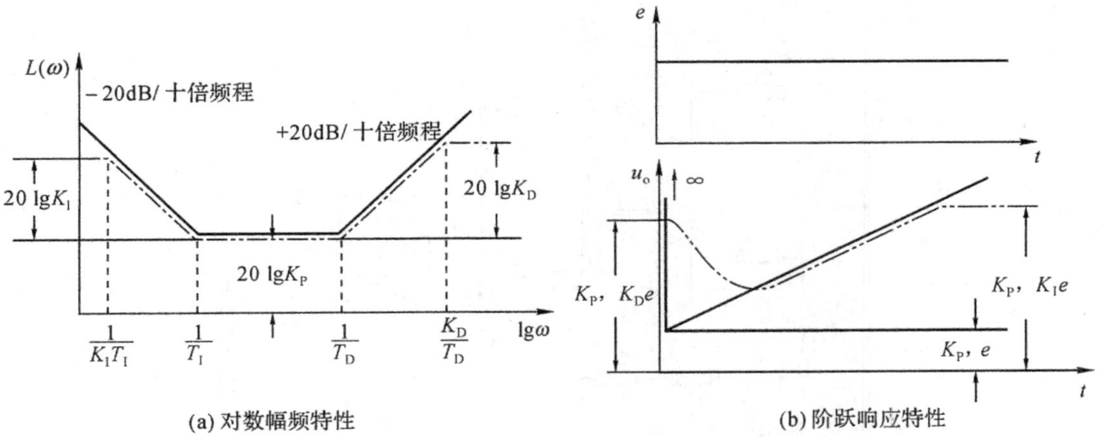

图 4-19　PID 调节器特性

数可写成以下标准形式：

$$W(s)=K_P\frac{1+\frac{1}{T_I s}+T_D s}{1+\frac{1}{K_I T_I s}+\frac{T_D}{K_D}s} \tag{4-6}$$

最大静差(调节精度)为

$$\varepsilon=1/(K_I\cdot K_P) \tag{4-7}$$

式中：K_I 为 PI 调节器的积分增益，是 PI 调节器较 P 调节器精度($1/K_P$)增加的倍数，即表示 PI 调节器消除静差的能力。故一般都希望 K_I 尽量大些。由于目前集成运算放大器的开环增益可达到 10^5 以上，因此，K_I 可达 $10^4\sim10^5$。

K_D 为微分增益，它是在阶跃输入瞬间，PD 调节器总增益与 P 部分增益之比值，表示微分输出幅度的大小。K_D 越大，微分部分输出的幅度越大，微分作用越强。但若 K_D 太大，容易引入高频干扰信号，因此一般限制在 5～30 范围内，且不可调。

实际 PID 调节器的对数幅频特性曲线和阶跃响应特性如图 4-19 中的双点划线所示。

利用运算放大器可方便地构成 PID 调节器，图 4-20 所示是单运放构成的 PID 调节器。图4-21所示是实际应用较多的串并联混合式 PID 运算电路。由于三个运算电路并联连接，避

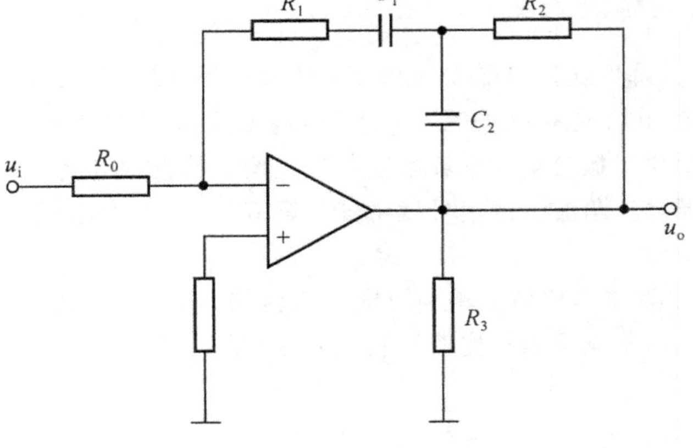

图 4-20　单运算放大器的 PID 调节器

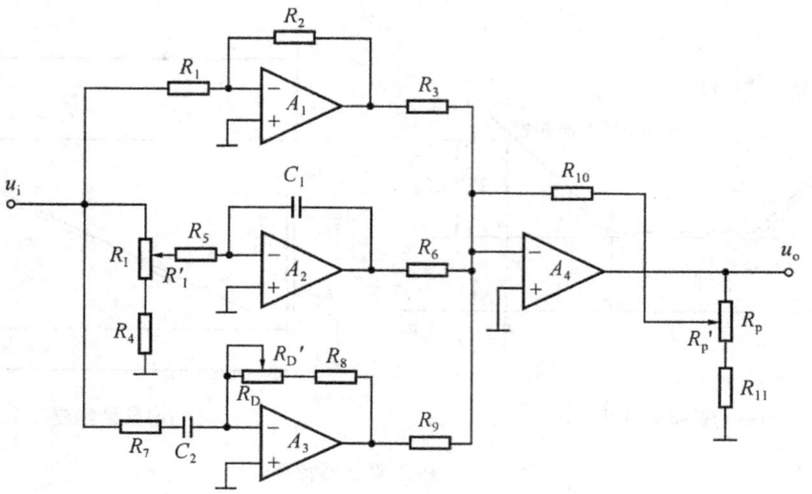

图 4-21 串并联混合式 PID 运算电路

免了级间误差累积放大，对保证精度有利；同时，可消除 K_P，T_I，T_D 各参数间的相互干扰。该调节器的传递函数为

$$W(s)=K_P(1+\frac{1}{T_I s}+\frac{T_D s}{1+\frac{T_D s}{K_D}}) \tag{4-8}$$

$$K_P=\frac{R_{10}}{R}(\frac{R_P+R_{11}}{R_P'+R_{11}}) \tag{4-9}$$

$$T_I=(\frac{R_I+R_4}{R_I'+R_4})R_5C_1 \tag{4-10}$$

$$T_D=(R_D'+R_8)C_2 \tag{4-11}$$

$$K_D=\frac{R_D'+R_8}{R_7} \tag{4-12}$$

式中：R_P，R_I，R_D 为电位器最大阻值；R_P'，R_I'，R_D' 为电位器变阻值；$R=R_1=R_2=R_3=R_6=R_9$。

在此调节器电路中，如果 T_D 变化，K_D 也相应发生变化。由于 K_D 受高频干扰信号的影响不能取得太大，T_D 变化范围也就被相应地限定了。

4.2.5 颤振信号发生器

下章将要提到，为降低比例电磁铁的摩擦滞环，往往采用在控制信号上叠加颤振信号的方法。在工程实用上，由于受机械加工工艺水平的限制而带来的性能不一致性，往往还要求比例控制放大器能提供颤振分量频率和幅度可独立调节的控制电流。图 4-22 所示就是这种频率和幅值分别可调的三角波颤振信号发生器。调节 P_1，可改变颤振信号的频率；调节 P_2，可改变颤振信号的幅值。

颤振信号的波形除频率和幅值单独可调的三角波外，常见的还有频率固定(200Hz 左右)幅值可调的矩形波(多见于国外比例控制放大器)等。

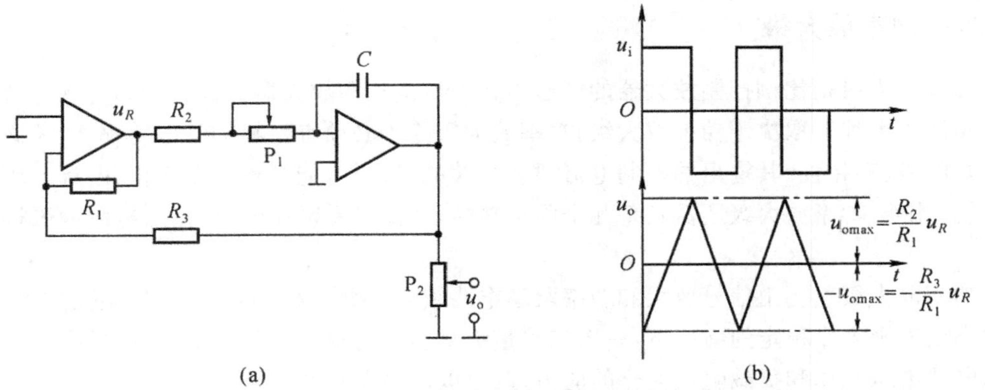

图 4-22　三角波颤振信号发生器

4.2.6　测量放大电路

在位移电反馈比例控制放大器中，为了通过装在比例阀上的位移传感器构成电反馈闭环，往往附加有与传感器匹配的测量放大电路。同时，为了保证电反馈比例阀工作的可靠性，还常常带有传感器电缆故障识别装置。

常用的电感式或差动变压器式位移传感器多采用调制—解调测量放大电路，一般为调幅型。包括振荡器、放大器、相敏检波和低通滤波器(解调器)等部分。振荡器提供频率和幅值稳定的载波激励高频电压，调制过程常通过传感器本身实现。被调制于高频载波信号上的被测信号经解调器解调(相敏检波和低通滤波)后放大输出。调制—解调型测量放大电路的优点是漂移小、抗干扰能力强。

图 4-23(a)所示是差动变压器式位移传感器测放电路。振荡器产生高频载波信号经差动变压器耦合到两对称的副边。当衔铁芯处于中位时，由于电路对称，经二极管 D_1,D_2 检波和 R_1C_1,R_2C_2 滤波后所得的电压幅值 U_{S1} 和 U_{S2} 相等，差动放大器 A 的输出电压 u_o 为零。当衔铁偏差中位时，输出电压值与位移量 x 成正比。

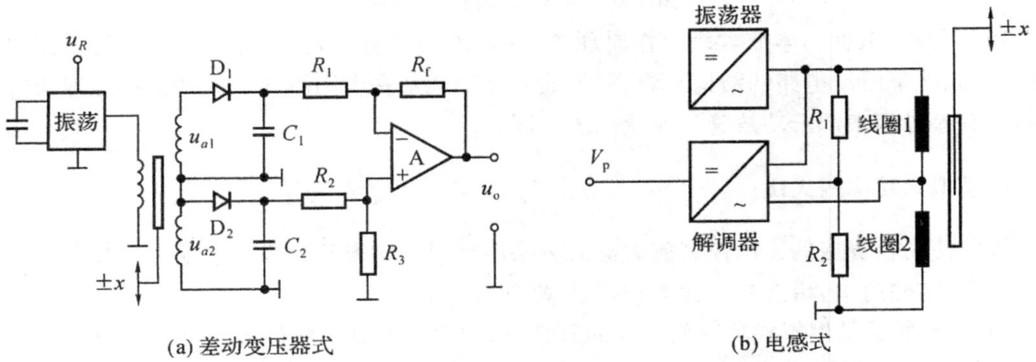

图 4-23　调制—解调型测量放大电路

电感式位移传感器测量放大电路与差动变压器式类似，只是输入端改成了由振荡器激励的，由电感测量半桥和一组附加电阻半桥组成的交流电桥，如图 4-23(b)所示。

4.2.7 功率放大级

功率放大级是比例控制放大器的核心单元。比例控制放大器的稳态和动态性能及其工作可靠性很大程度取决于功率放大级。功率放大级除了必须有足够的输出功率外，还必须具有良好的静、动特性。其输出的控制电流要有足够的稳定性，能抵抗温度变化、电源电压变化的干扰。此外，功率放大级还需具备几个附加功能，如能接受颤振信号、输出电流能采样和监视等。

功率放大级主要由信号放大和功率驱动电路组成。图 4-24 所示是它的典型结构。在保证功率放大级工作稳定的前提下，一般应尽量提高前向通道电压放大倍数，以提高输出电流抵抗电源电压波动和负载阻抗变化的能力，改善电流动态特性。

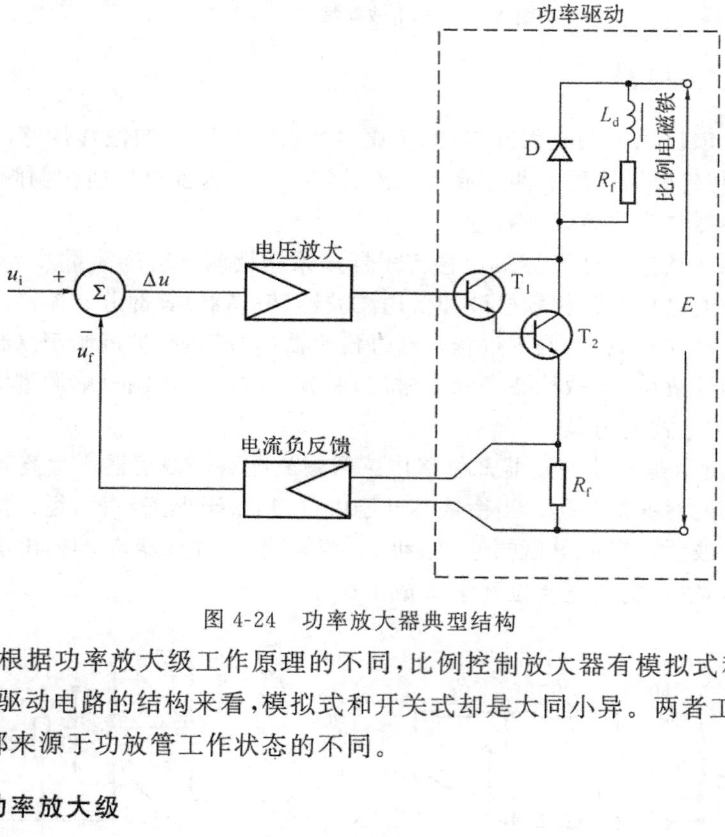

图 4-24 功率放大器典型结构

如前所述，根据功率放大级工作原理的不同，比例控制放大器有模拟式和开关式之分。实际上，以功率驱动电路的结构来看，模拟式和开关式却是大同小异。两者工作原理和特性上的所有差异都来源于功放管工作状态的不同。

1. 模拟式功率放大级

目前使用较普遍的比例控制放大器大多采用模拟式功率放大级。这种功率放大级技术比较成熟，结构简单，稳态控制性能较好，但功耗较大。

图 4-25 所示是模拟式功率放大级的原理图，它本质上是一线性放大电路。叠加在控制信号上的颤振信号，依靠一频率和幅值可独立调节的颤振信号发生器产生，此信号经功率放大级放大，可得到频率和幅值单独可调的颤振电流。后面将要提到，由于传统的脉宽调制式(PWM)比例控制放大器(开关式功率放大级)，其颤振分量的频率和幅值不可单独调节。因此，与开关式相比，模拟式比例控制放大器具有较优的稳态控制性能，适用于对控制性能要求较高的系统。

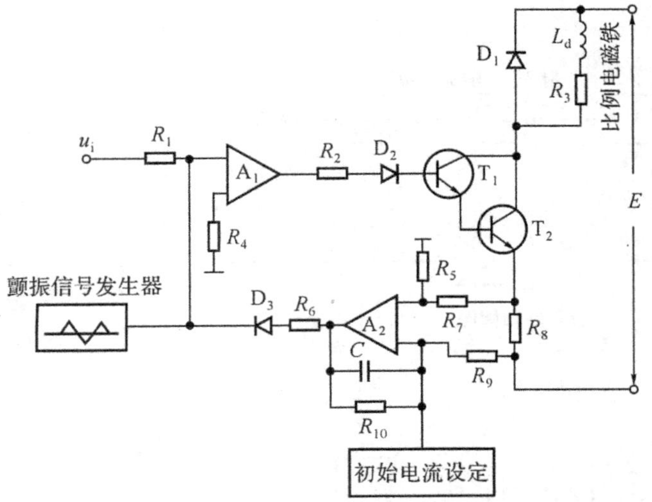

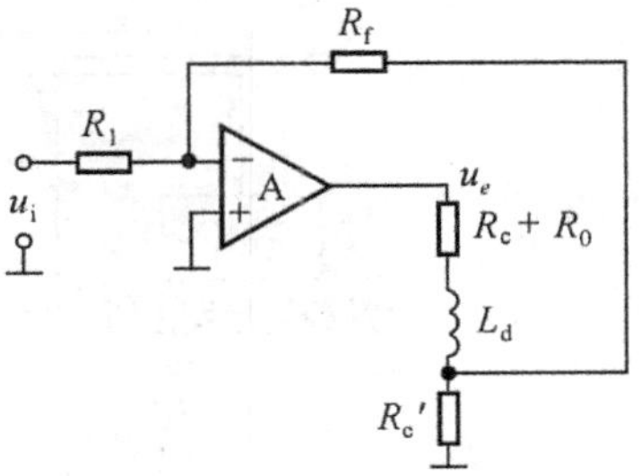

图 4-25　模拟式比例控制放大器功率放大级电路

模拟式功率放大级的主要缺点是电功率利用率低。它的功放管工作在线性区，在非额定电流工况下，功放管的功耗很大，最大值通常发生在 $1/2i_N$（额定电流）附近，效率低于 50%。较大的功耗，降低了电功率利用率，加重了电源变压器、大功率整流、放大元件的负载，提高了对大功率管的性能指标要求，增加了散热装置体积，不但增加成本，而且不利于小型集成化。另外，由于发热量大，降低了在高温环境下工作的可靠性。

2. 开关式功率放大级

为了降低功放管功耗，提高电功率利用率，缓解由于功耗大引起的一系列不良影响，比例控制放大器还采用开关式功率放大级。开关式功率放大级用开关放大技术，使功放管始终工作在饱和区或截止区，使功放管的功耗大为降低，电路板的热负荷相应减小，散热装置体积得以缩小。因此，开关式功率放大级是一种节能电路。开关式功率放大级有脉宽调制、脉频调制、脉幅调制、脉码调制等多种方式，以脉宽调制（PWM）式最为常用。

图 4-26(a)，(b)分别是脉宽调制功率放大级的结构框图和原理图。这种功率放大级由脉宽调制器、功率驱动电路、电流负反馈单元、电流调节器等组成。

其基本工作原理是：当输入电压 $u_i \leqslant 0$ 时，A_1 正向饱和，A_2 负向饱和，功率驱动电路各功放管截止，输出电流 $i=0$。

当 $u_i>0$ 时，u_i 与反馈信号 u_f 相比较，其差值经电流调节器 A_1 运算放大后输给脉宽调制器，脉宽调制器将电流调节器输出的连续信号转换成脉冲宽度与其大小成比例的脉冲信号，该脉冲信号经功率驱动电路功率放大，在比例电磁铁线圈两端产生与之同相的脉冲电压 u_s。当开关频率远高于比例电磁铁线圈的截止频率时，由于比例电磁铁线圈的电感对电流信号的滤波作用，在线圈上就可得到平均值与脉宽成比例的、带有交流纹波分量的直流电流。与此同时，输出电流经采样电阻 R_f 检测、滤波及放大，反馈到输入端，构成输出电流平均值的闭环调节。此闭环削弱了前向放大环节的非线性、增益变化、负载阻抗变化以及电源电压波动对输出电流的影响。

在图 4-26(b)所示的原理图中，A_3，A_4 构成三角波调制信号发生器，A_2 为比较器，它与

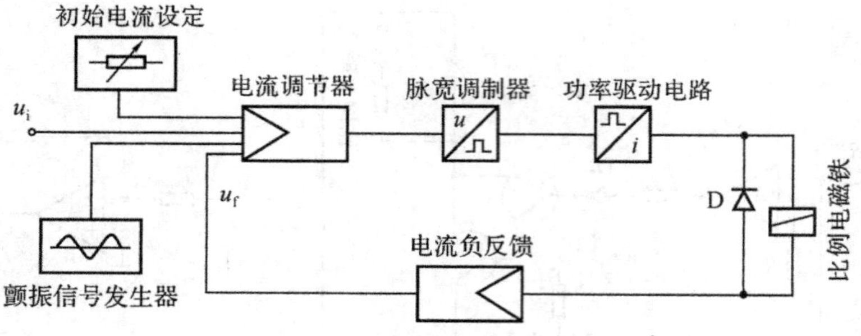

(a) 结构框图

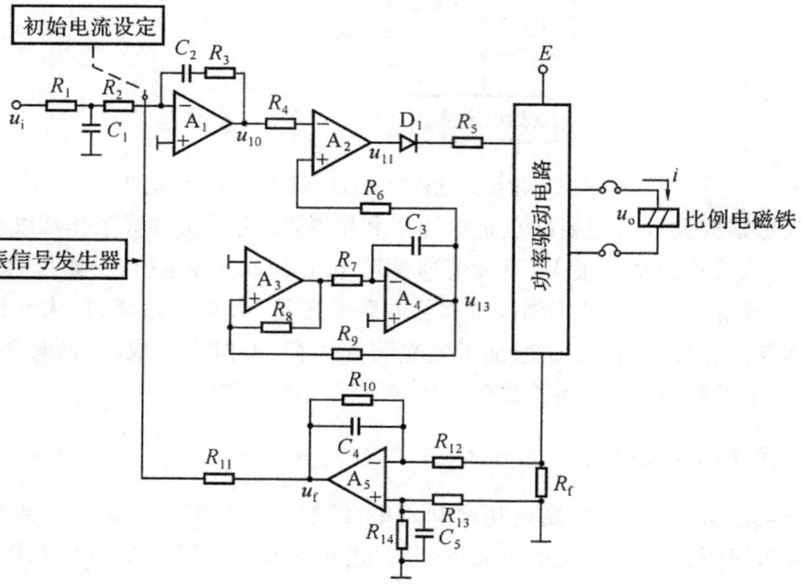

(b) 电路原理简图

图 4-26 脉宽调制式功率放大级

调制波发生器组成脉宽调制器，将连续变化信号转换成脉宽调制信号。A_5 组成一具有滤波作用的差动电压放大电路，用于对电流采样信号进行综合、滤波和放大，构成电流负反馈。图 4-27 给出了上述电路的理想工作波形。

如上所述，开关式功率放大级的输出电流带有频率与调制波相同的交流纹波分量，这是它区别于模拟式功率放大级的重要特征之一。稳态输出电流的纹波特性也是衡量开关式功率放大级稳态特性的重要技术指标。

传统的开关式功率放大级通常为低频脉宽调制式，开关频率较低（200Hz 左右），与颤振信号频率（50～250Hz）接近，因而无法像模拟式那样用独立的波形发生器产生颤振电流。低频脉宽调制式功率放大级输出电流的固有纹波虽然有颤振效果，但由于其频率与调制波频率相同，其幅值与负载时间常数、调制波频率、电源电压以及输入信号大小等成函数关系，频率与幅度相互牵连，不可独立调节，故稳态控制性能较差。其适用于环境温度较高、控制性能要求较低的场合。

为解决上述低频脉宽调制式颤振分量频率和幅度不可独立调节的问题，目前开关式功

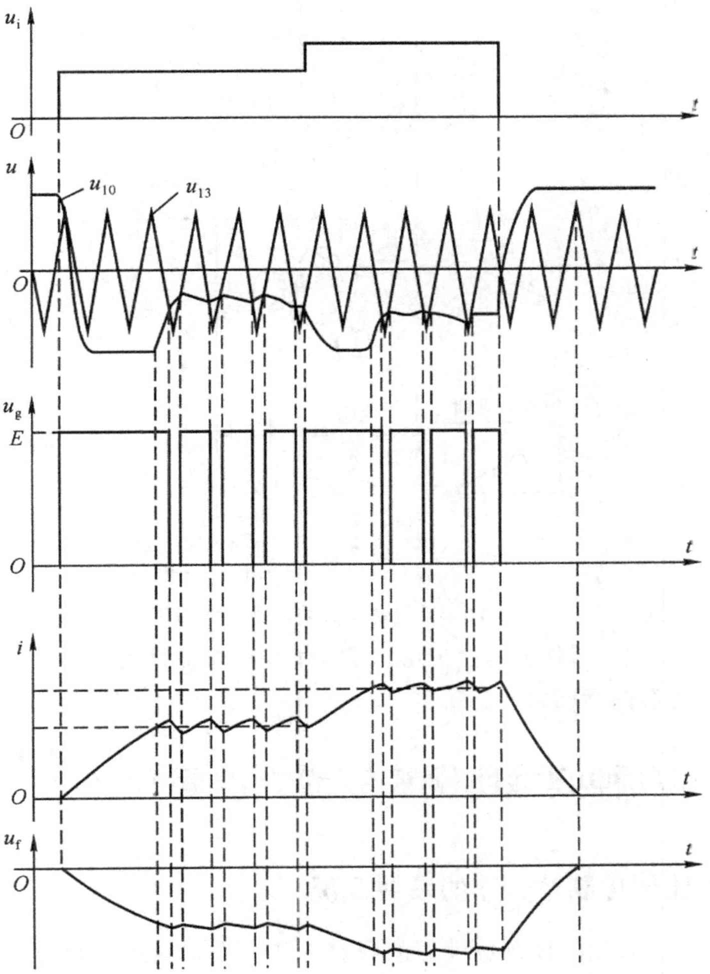

图 4-27　脉宽调制式功率放大级理想工作波形

率放大级采用了高频脉宽调制技术，调制波频率达到 10^3 Hz 量级。提高开关频率，还可减小线圈电流纹波幅度以及开关特性的延迟时间对线圈电流的影响，但开关频率的提高受到一定限制。当开关频率太高，以至于功放管的开关过渡过程时间占开关周期显著分量时，功放管的动态功耗较大，有悖于开关式功率放大级功耗低这一特有的优势。

3. 快速型功率放大级

在传统的模拟式和开关式功率驱动电路中，线圈电流的衰减速度缓慢，影响了它控制的比例电磁铁的动态频宽，不能满足动态性能要求较高的电液比例控制系统的要求。

如图 4-28 所示的快速型功率放大级，是在功率放大级中用反接卸荷式功率驱动电路代替传统的功率驱动电路。其基本原理是：在电流衰减时控制线路将比例电磁铁供电电源反接到线圈两端，以加快电流衰减速度。这种反接卸荷式功率驱动电路，在未对供电电源、大功率整流元件及大功率功放管提出特殊要求的前提下，显著提高了比例电磁铁线圈电流的衰减速度，从而提高了比例电磁铁的动态频宽。

另一种快速型功率放大级，采用双极性电源代替传统的单极性电源，同样显著改善了比

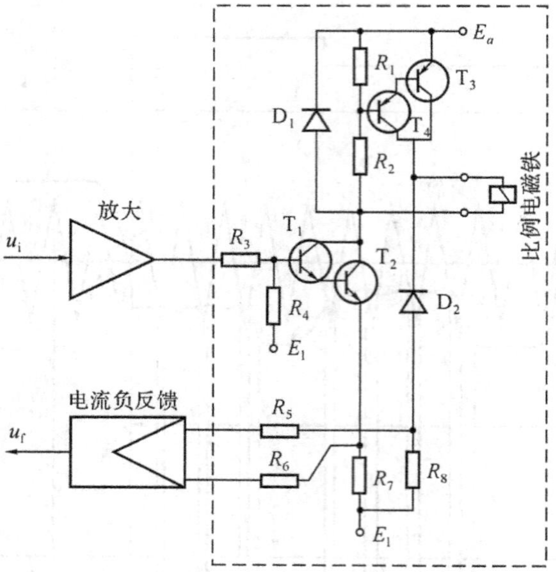

图 4-28 反接卸荷式功率驱动电路

例电磁铁输出的阶跃响应特性。但由于增加了一组变压器绕组及整流、滤波电路，增大了电源体积，且不利于电源的标准化。

4.3 国内外几种典型比例控制放大器简介

4.3.1 国内外比例控制放大器的发展概况

国外较早开始了对比例控制放大器的研究工作。许多液压件制造厂家，如 Rexroth，Vickers，Towler，Bosch，bso，Herion，Binder，Schultz，Moog，油研等公司，均有规格齐全的系列化产品应市，Rexroth，Vickers 过去生产的比例控制放大器大多为模拟式和低频开关式，现在逐步转向高频开关式；Bosch 大多为快速型，以高频开关式为主；Binder 则有很好的规范化；Moog 还提供具有遥控功能的 Moog ndl 系列比例控制放大器；日本的油研 EH 系列比例阀将比例控制放大器集成在位移传感器插座上，外加液晶显示，构成内置式比例控制放大器，体积小、成本低。

在国内，随着电液比例控制技术的迅速发展，对比例控制放大器也展开了一系列开发研究工作。一系列通用型单向及双向模拟式、开关式和快速型比例控制放大器研制成功，并投入小批量生产。其中的快速型是一种颇有应用和发展前途的比例控制放大器。它采用高频开关放大技术和新颖的反接卸荷功率驱动电路，显著改善了比例电磁铁的动态性能，解决了传统低频开关式颤振信号频率和幅度不可独立调节等问题，控制性能良好。同时，与模拟式相比，其功耗小，减小了散热装置体积，降低了对大功率元件的要求，成本低，可靠性好。

综观国内外比例控制放大器的研究和生产现状，目前比例控制放大器的主要特点和发展趋势体现在以下几个方面：

(1)开关式比例控制放大器应用领域日趋广泛，尤其是大功率控制场合，模拟式有被开关式代替的趋势。这是由于以开关放大原理工作的功率放大级易做成高频响结构，功耗小，易于小型化、集成化。

(2)在开关式中，最常用的是脉宽调制型，其中高频开关式比传统的跃频开关式有更好的稳态控制性能，因此，高频开关式将占主导地位。

(3)快速型(高频响型)和普通型比例控制放大器将并存，以满足不同控制系统的要求。

(4)输入接口多样化，增强适应性和自动化程度，便于控制。除通常的模拟量输入接口外，还带有数字接口、逻辑开关等，可直接与微机或可编程控制器联接，或受微机或可编程控制器控制，甚至还有遥控功能。

(5)比例控制放大器本身集成化、智能化；比例控制放大器、传感器、测量放大电路和液压元件一体化。开关式放大原理应用的意义不仅在于提高了电功率利用率，还使得大功率控制元件可以集成在单片器件内，使比例控制放大器的体积大为减小，同时还可以使用微处理机(单片机)等构成带智能型比例控制放大器，使之结构更简单，功能更强，性能价格比更高。

(6)标准化、系列化、商品化。标准化主要指电源的标准化、输入信号的标准化和印刷电路板及连接插座的标准化。

4.3.2　几种常用比例控制放大器简介

1. Rexroth VT3000-S-30(不带反馈双路)比例控制放大器

该比例控制放大器用以控制不带电反馈的先导式双电磁铁比例方向阀。结构框图如图 4-29 所示。

如图 4-29 所示，放大器插板上设置了用于调节设定值的四个电位器 $R_1 \sim R_4$，并由相应的继电器 $K_1 \sim K_4$ 导通。只 $R_1 \sim R_4$ 导通后，将在斜坡发生器的入口产生一阶跃电压信号。斜坡发生器①把阶跃上升的输入信号转变成缓慢上升的输出信号，上升时间(斜率)通过电位器 R_8 调节。斜坡发生器①的输出信号送至加法器③及阶跃函数发生器②。在阶跃函数发生器②的出口产生一阶跃函数，它和斜坡发生器①的输出信号在加法器⑧内相加。阶跃函数发生器是用来使阀芯快速越过零位死区。加法器③的输出信号作用于由电流调节器④、脉宽调制器⑤、功率驱动级⑥组成的两组输出末级。当比例控制放大器入口输入正设定值时，电磁铁 B 动作；反之，电磁铁 A 动作。继电器 K_6 用来实现方向转换；继电器 K_5 的导通，可切除斜坡信号发生器。

下面举例说明怎样利用比例控制放大器和比例方向阀实现液压缸平稳启动、减速及在一定位置停止的控制。

图 4-30 所示为液压缸的速度—时间流程图和比例控制放大器中电位器 $R_1 \sim R_4$ 与继电器 $K_1 \sim K_4$ 的接线图。通过工作触点①，给液压缸以启动指令。K_1，K_2 同时吸上，由于触点的串联联接方式，使只有经过 K_2，R_2 上的信号起作用。快进速度用 R_2 设定。液压缸按照 R_8 调定的斜坡时间加速，直至达到 R_2 调定的速度。运动至终端开关②时，常闭触点②断开，K_2 释放，R_1 起作用，液压缸减速至低速。最后，开关⑧使 K_1 释放，液压缸减速至静止状态。用常开触点④使缸反向动作，快速及慢速分别由 R_4 和 R_3 预先调定。返回过程与上述前进过程相当。液压缸的加速和减速过程具有相同的加速和减速值。

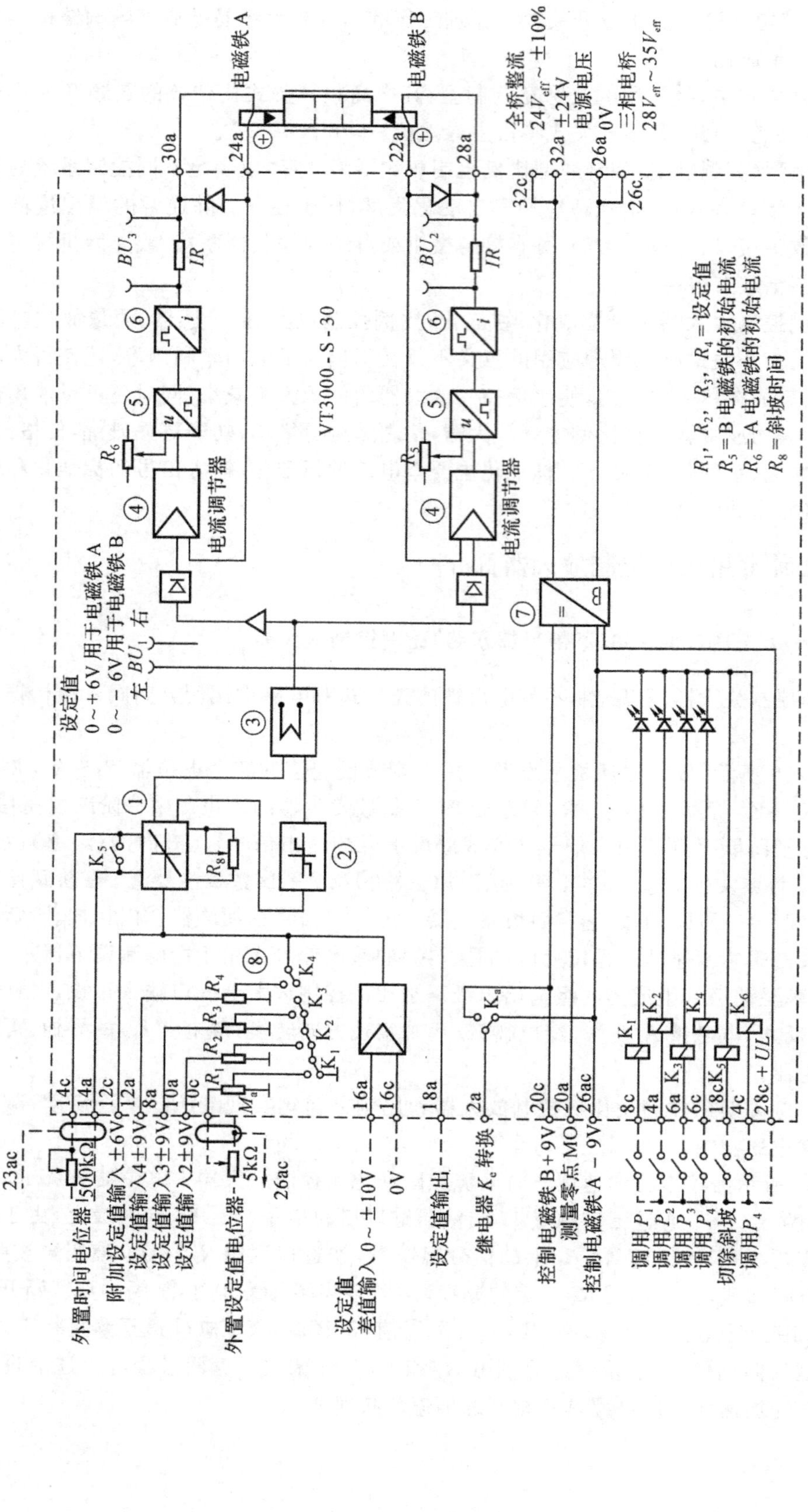

图 4-29 Rexroth VT3000-S-30 放大器

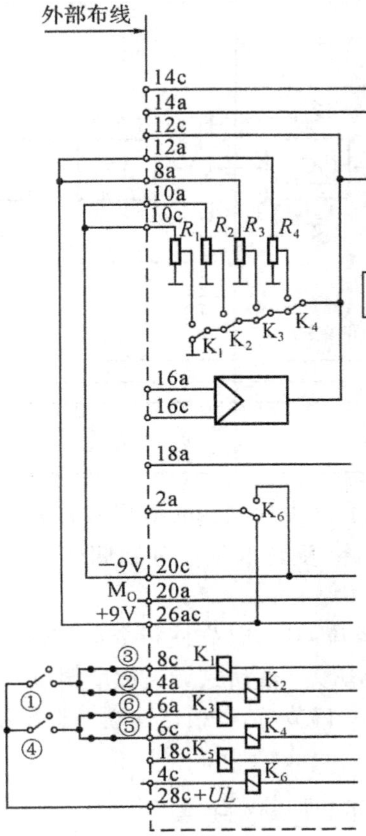

(a) 放大器线图

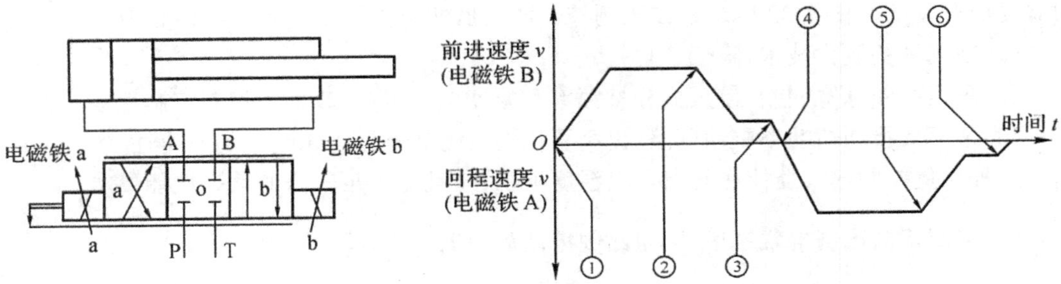

(b) 速度—时间流程图

图 4-30　液压缸的速度—时间流程图及放大器接线图

2. Vickers EEA-PAM-118-A/B-30（带反馈单路）比例控制放大器

这是 Vickers 公司带反馈控制比例放大器的一种，用来控制电反馈比例溢流阀。图 4-31 是其结构框图。

如图 4-31 所示，比例控制放大器的反馈线路构成了比例电磁铁衔铁位置电反馈闭环，电磁铁衔铁行程正比于电指令输入信号。电磁铁衔铁行程用一位移传感器检测。在线路板上，改变焊接桥路（M_4A，M_4B），可以使电路带斜坡和不带斜坡，当带有斜坡时，压力上升和

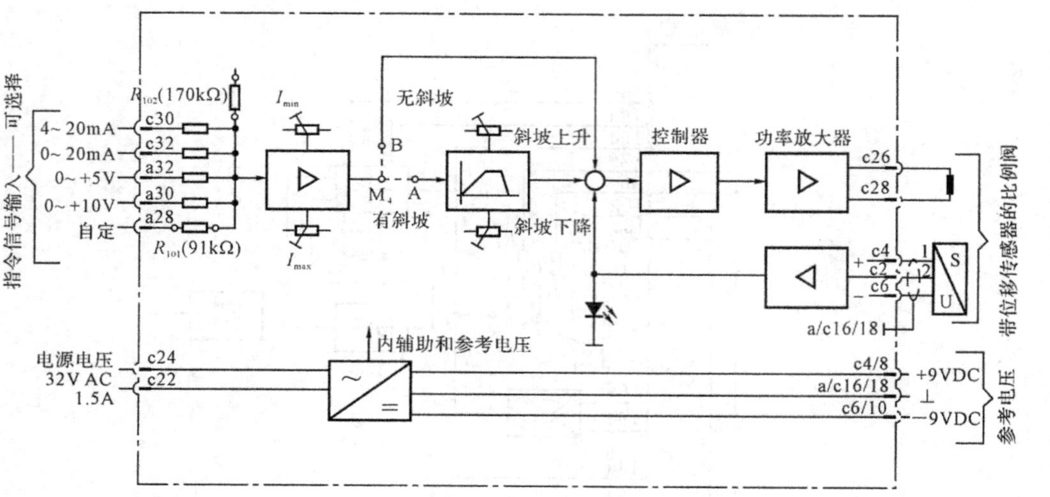

图 4-31 Vickers EEA-PAM-118-A/B-30 放大器

下降速度可以用“斜坡上升”和“斜坡下降”旋转电位器分别调节。控制器就是通常使用的PID 调节器。功率放大级采用模拟式结构。

当用该比例控制放大器控制比例溢流阀时，首先使指令信号输入为零，调节“I_{min}”电位器直到压力发生变化并得到所需的最小压力。然后进行灵敏度调节，给一 100%指令输入信号，用“I_{max}”电位器建立所需的最大压力。调节后，复校已建立的最低压力。最后调定斜坡函数，使压力变化速率满足使用要求。

3. BKT-12 带反馈快速开关式双路比例控制放大器

这是浙江大学流体传动及控制研究所为适应比例控制技术向高动态、高精度方向发展的需要而开发的。图 4-32 所示是该比例控制放大器的结构框图。其主要特点为：

(1)采用开关放大技术，降低了功耗；

(2)采用高频脉宽调制，使颤振分量频率和幅度单独可调，改善了稳态控制性能；

(3)采用反接卸荷功率驱动电路，提高了比例电磁铁电流动态响应的快速性。

这种比例控制放大器能在较高环境温度下工作，且能满足较高的动态性能要求。

4.(控制双向比例电磁铁用)双向比例控制放大器

双向比例控制放大器用于控制下章所述的耐高压双向极化式比例电磁铁。该电磁铁的主线圈电流需双向流动，副线圈则需用恒流源供电，以产生激磁磁场。末级功放部分，也需设置双路平衡电路，以调节正、反向工作电流，使其完全对称或达到所需的不对称。其余部分与前述的(单向)比例控制放大器相同。

5. Rexroth VT5041 型压力流量功率复合控制变量泵模拟放大器

该模拟放大器为标准型欧洲制式插接电器板，与一个带位移电反馈的比例阀控制的变量泵配合使用，可通过电路实现恒压、恒流和恒功率的复合控制功能，从而简化了变量泵的机械结构，且使得控制参数和控制性能的调节更加方便和灵活。图 4-33 所示是该比例控制放大器的结构框图。其工作原理如下所述：

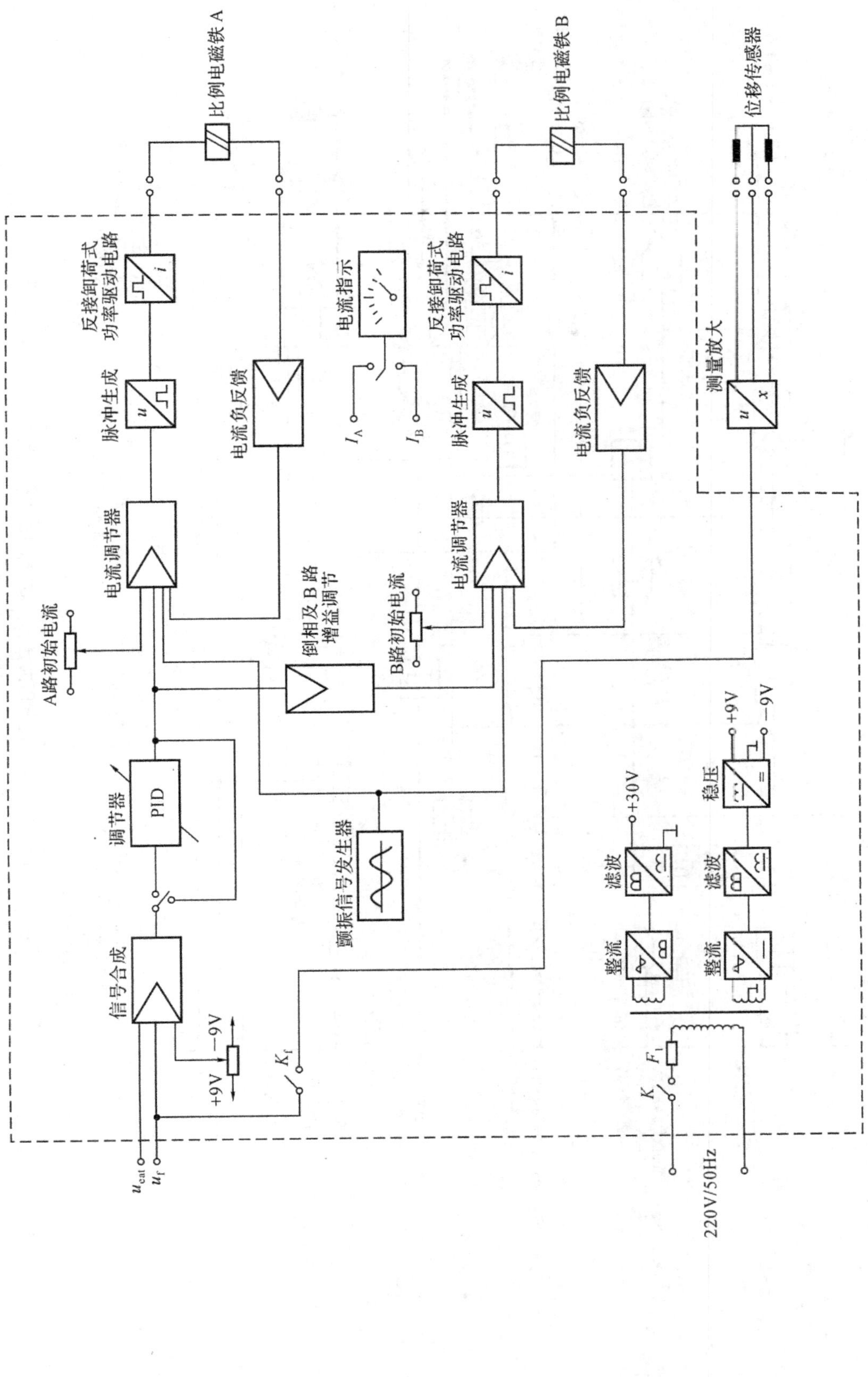

图 4-32　BKT-12 快速开关式带反馈放大器

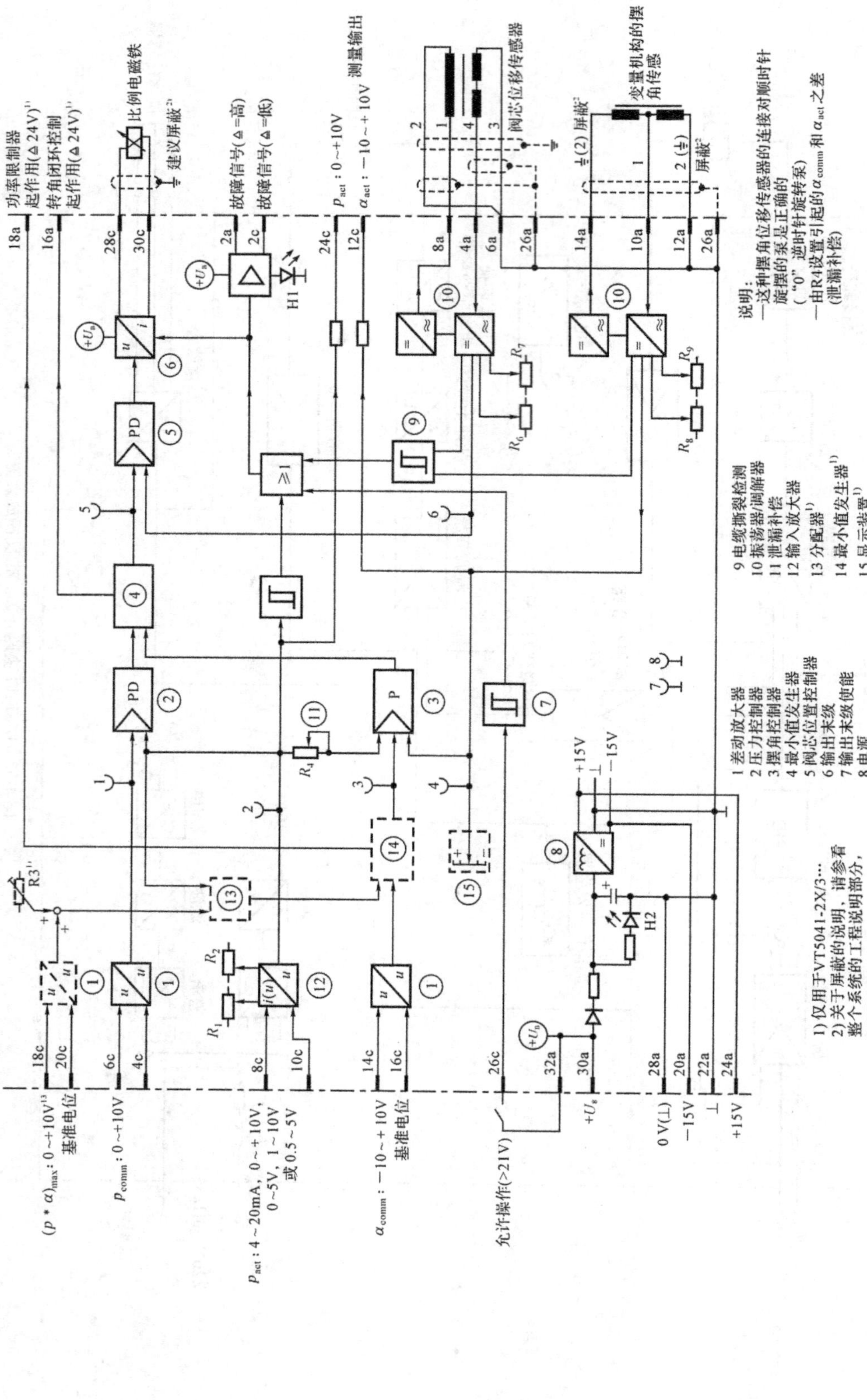

图 4-33 功率流量压力复合控制电液比例放大器

该电路具有独立的恒功率、恒压力、恒排量设定值输入端口。通过一个压力传感器检测压力的实际值，变量机构的摆角实际值由一个安装在泵上的位移传感器获得。压力及摆角的实际值经传感器接口单元(10 和 12)处理并放大后与设定值一起输入闭环调节单元(3 和 2)进行 PID 运算，运算结果输入最小值发生器(4)。最小值发生器的输出值作为带位移电反馈比例阀的闭环控制电路输入值，这样就确保变量泵的排量调节总是与所需流量最小的控制功能相适应。例如，当满足恒功率设定值和恒压设定值所需要的流量大于恒流量设定值时，控制器自动选择恒流量调节单元作为当前控制器，自动调整泵的排量使其与恒流量设定值相适应。

该电路对恒功率的控制是通过排量闭环调节器(3)间接实现的，原理如下：恒功率设定值与压力的实测值一起输入除法器(13)，除法器(13)的输出值即为满足恒功率条件所要求的排量。此排量设定值与外部输入的恒排量设定值一起输入最小值发生器(14)，最小值发生器选择其中较小的一个设定值作为排量闭环调节器(3)的输入值。这样就确保了变量泵输出排量总是被限制在恒功率设定值所要求的范围内。

另外，该放大器具有阀芯位移传感器接口电路(10)、阀芯位移闭环调节器(5)及比例电磁铁驱动电路(6)，因此适用于与带位移电反馈比例伺服阀一起配合对变量泵的排量进行控制。

放大器有一个故障信息输出口，当出现错误时(例如电缆断裂或压力管道破裂)，放大器会相应地发出一个“错误”信号，同时 LED“H_1”会点亮，并且使比例阀输出端口失效。如果使能端口没有允许操作信号，允许操作信号识别器(7)也会发出一个“错误”信号使比例阀输出端口失效。当比例阀输出端口处于失效状态时，弹簧把阀芯推到一个由机械机构决定的极限位置，这个错误只能通过允许操作信号复位或断开电源来解决。

在摆角的闭环控制系统中，由压力引起的泵的泄漏，可通过一个具有相应设置的补偿电位计(11)进行补偿。

6. Rexroth VT-VSPD-1 型数字式双路不带位移电反馈比例放大器

该放大器的核心部分是一个高性能的微控制器，通过其中的程序实现模拟式比例放大器中信号处理电路的所有功能，同时还对比例电磁铁的电流进行闭环调节。图 4-34 所示是其功能框图。

该放大器的基本特征如下：

(1)适用于不带电位移反馈比例阀的控制；

(2)采用一个功能强大的微型控制器实现信号处理和输出电流控制；

(3)通过 485 串行接口对放大器进行配置和参数设置；

(4)程序内预置各种适用类型的阀参数，通过串口接口选择受控阀的型号；

(5)设定值的输入可根据实际需要选定电压或电流；

(6)采用开关型电源作为内部电源；

(7)频率、零位、阶跃信号、输出电流特性曲线的定义均可通过串口自由设定；

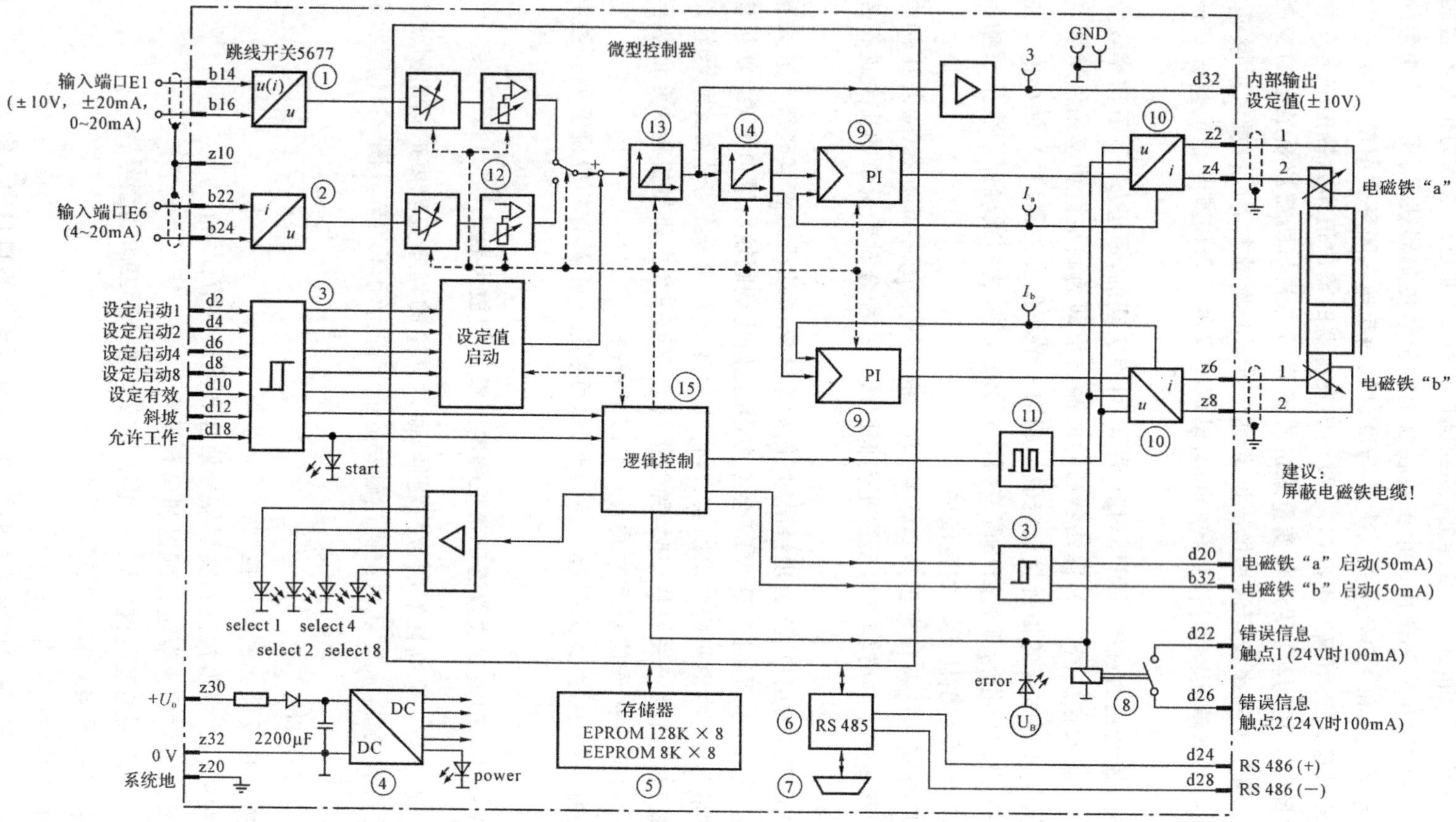

1 U/U 或 I/U 转换器(跳线开关)
2 I/U 转换器
3 电平转换器
4 开关型电源
5 程序和数据储存器
6 串行接口
7 前MDSM插头
8 故障输出继电器
9 PI电流控制器(软件)
10 输出端口
11 可调脉冲发生器
12 输入匹配，增益和偏差(软件)
13 斜坡发生器(软件)
14 特性曲线生成器(软件)
15 控制(软件)

测量口：
1，2，4 未配置
3 内部设定值
I_a 电磁铁“a”电流
I_b 电磁铁“b”电流
GND 基准电位(0V)

图 4-34 基于数字微处理器的不带电位移反馈比例放大器

(8)四个二进制代码的输入信号用来启动来自记忆体的参数设置(设定值),该存储器最多可存储 16 套参数;

(9)特性曲线生成器和脉冲信号发生器在选择阀时自动进行编程。

7. Rexroth VT-VRPD-1 型数字式双路带位移电反馈比例放大器

该放大器的核心部分是一个高性能的微控制器,通过其中的程序实现模拟式比例放大器中信号处理电路的所有功能,而对比例电磁铁的电流进行闭环调节部分的功能仍然采用模拟电路实现。图 4-35 是其功能框图。

该比例放大器的基本特征如下:

(1)适用于控制带位置电反馈的比例阀;

(2)通过 485 串行接口对放大器进行配置和参数设置;

(3)采用一个功能强大的微型控制器实现信号处理任务;

(4)程序内预置各种适用类型的阀参数,通过串口接口选择受控阀的型号;

(5)设定值的输入可根据实际需要选定电压或电流,电压输入为差分输入;

(6)设定值输入可进行增益及偏置调节;

(7)内部电源为开关电源;

(8)四个二进制代码的输入信号用来启动来自记忆体的参数设置(设定值),该存储器最多可存储 16 套参数。

4.3.3 专用比例控制放大器

电液比例控制技术之所以能广泛应用于各种不同要求的传动与控制系统,比例控制放大器的灵活性是一个重要的因素。对前述通用型比例控制放大器略加改造,就可衍生出满足各种不同控制系统特殊要求的专用放大器,这其中的改造工作,主要是在通用型比例控制放大器的信号处理部分。下面以液压电梯专用比例控制放大器为例略加说明。

液压电梯是载人升降设备,而人对加速度是很敏感的。为了使人乘坐液压电梯时有足够的舒适感,系统设计时就要对电梯的起动和停止加速度变化提出严格的要求。

如果用比例流量阀来控制电梯的运行速度,则要对比例控制放大器输出的控制电流随时间的变化规律作出符合起动和靠层舒适感要求的规定。一般在通用型比例控制放大器的信号处理部分,置入电梯曲线发生器来满足这一要求。在具体实施上,首先,将通用型比例控制放大器中的斜坡信号发生器、阶跃函数发生器等替换成电梯曲线发生器;其次,加上初始恒流环节,用来设定比例电磁铁的预置电流,克服死区,保证起动平滑。经过这样的改造,就构成一典型的液压电梯用比例控制放大器。其信号处理单元就将阶跃信号变换成规定形状的速度曲线输出。图 4-36 所示为典型的电梯运行速度和加速度曲线。

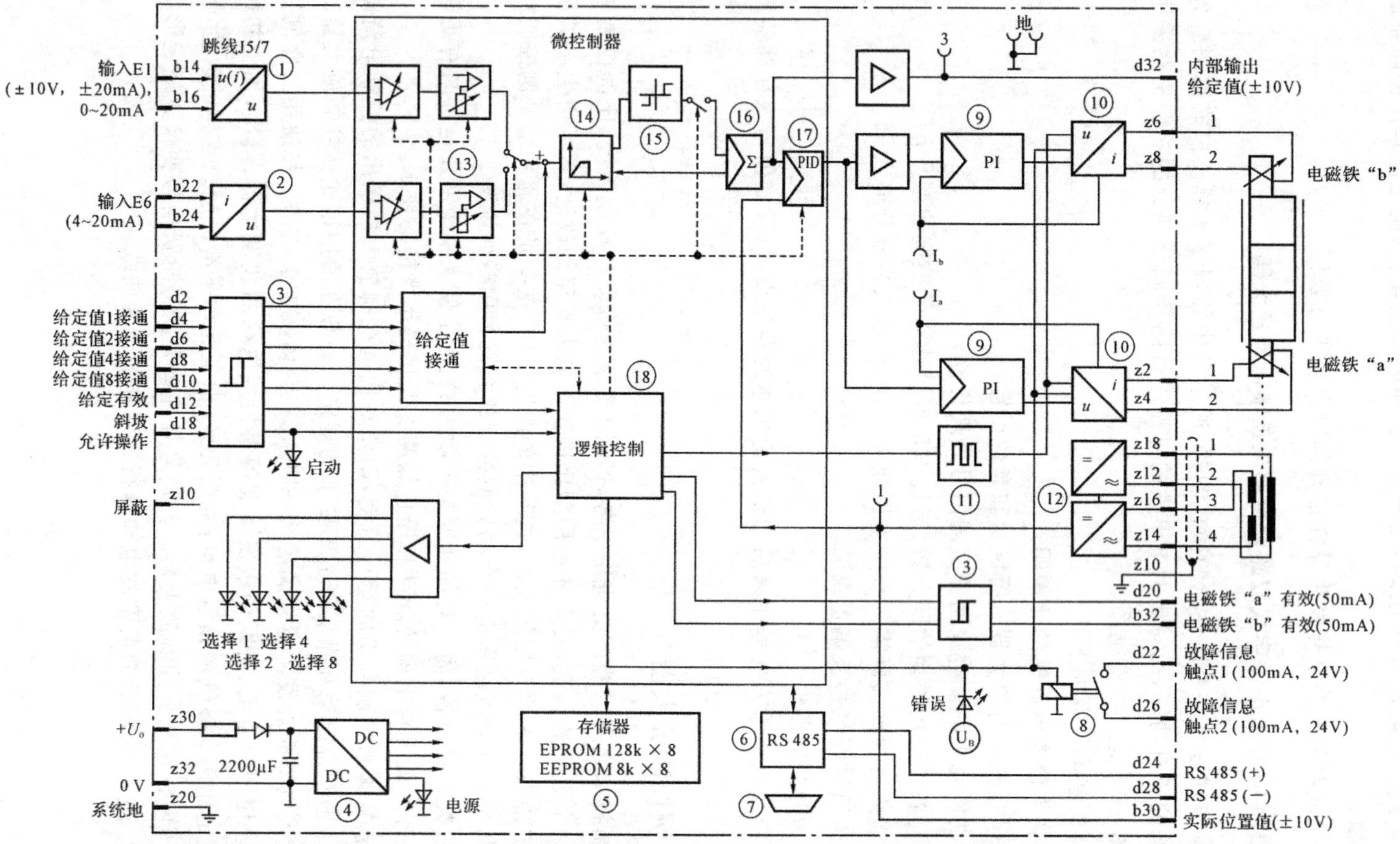

1 U/U 或 I/U 变换器(跳线)
2 I/U 变换器
3 电平变换器
4 开关电源
5 程序和数据存储器
6 串行口
7 MDSM插头
8 故障输出继电器
9 PI电流调节器
10 输出级
11 可调脉冲发生器
12 调制器/解调器
13 输入匹配，增益和偏置(软件)
14 斜坡发生器(软件)
15 阶跃函数发生器(软件)
16 加法器(软件)
17 PID控制器(软件)
18 控制(软件)

测量插座：
1 实际值
3 内部给定值
I_a 电磁铁“a”电流
I_b 电磁铁“b”电流
GND 基准电位(0V)

图 4-35 基于数字微处理器的带电位移反馈比例放大器

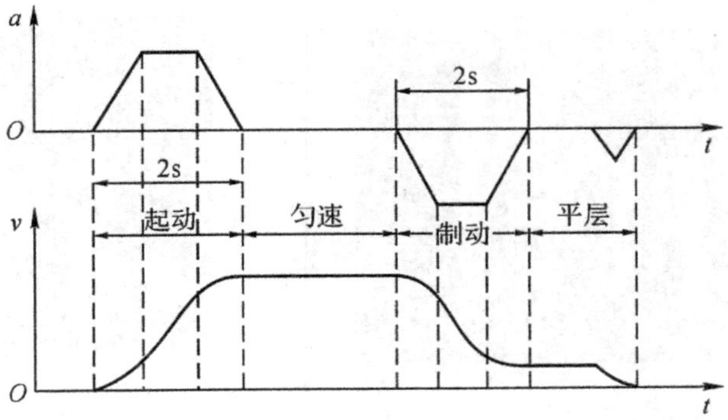

图 4-36　电梯运行速度与加速度曲线

4.4　比例控制放大器的使用

4.4.1　电源

一般地，比例控制放大器既能使用 220V、50Hz 交流电源（配置图 4-3 所示的电源供给装置等），也能使用过程控制及工业仪表电气控制柜内的公用标准 $24V_{\mathrm{eff}}$全波整流单极性直流电源。对车辆等行走机械中使用的比例控制放大器，一般采用 12V 蓄电池直流电源。

4.4.2　规格及连接插座

比例控制放大器按其结构形式分为板式、盒式、插头式和集成式四种类型，如图 4-37 所示。

板式比例控制放大器主要应用于工业电控系统中，其特点是性能好、控制参数可调但需要安装机箱。其印刷电路板的幅面已标准化。EURO（欧罗卡）印刷电路板幅面规格为 160mm×100mm，配用符合德国工业标准 DIN41612 的 D32 型插座或 F32 型插座（见图 4-38）和相应的电路板保持架。由于比例阀功能相差很大，因此与 D32/F32 插座相配的放大器插头各引脚的含义随放大器功能的不同而变化。在接线时必须按样本或其他技术资料查明各引脚的含义。

盒式比例控制放大器主要应用于行走机械，有保护外壳，可防水、防尘，其控制参数也可通过电位器调整。

插头式比例控制放大器结构紧凑，但功能较弱。一般不带位移控制，可调整参数少。

集成式比例放大器是与比例阀做成一体化的，主要用于工业控制系统，其控制参数在出厂时均已根据阀的特性调整完毕，用户一般不能调整。

4.4.3　输入信号

工业仪表和过程控制中信号传输主要采用电压传输和电流传输两种。比例控制放大器也同样，一般能接受控制源的标准电压及电流控制信号。常用的标准信号有：0～±5V，0～±10V 和 0～20mA，4～20mA 等。当然，比例控制放大器也可引用其内部的参考电压（±9V，±10V 等）作为输入电压控制信号。

(a) 板式放大器

(b) 盒式放大器

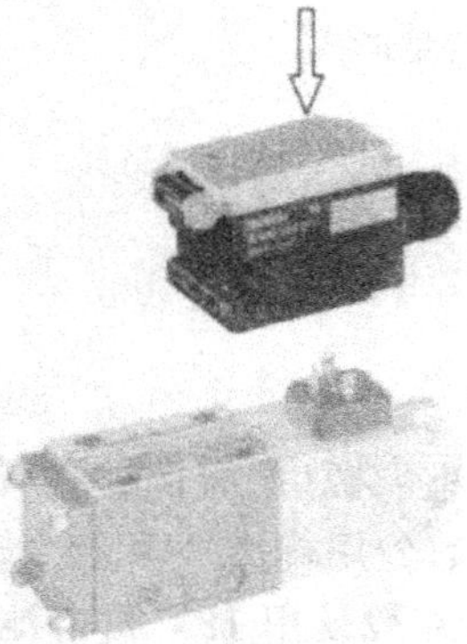

(c) 插头式放大器

(d) 集成式放大器

图 4-37

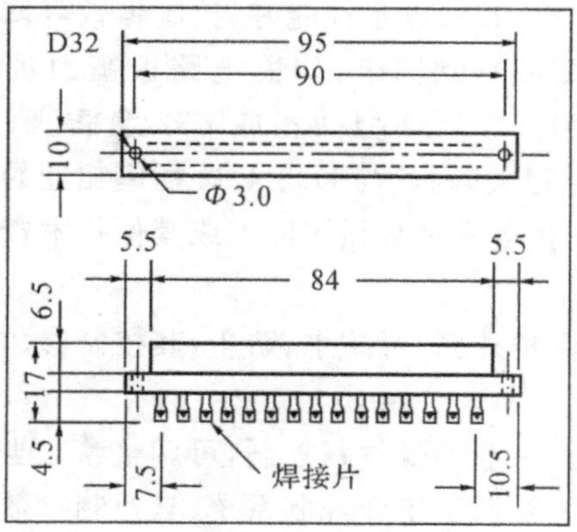

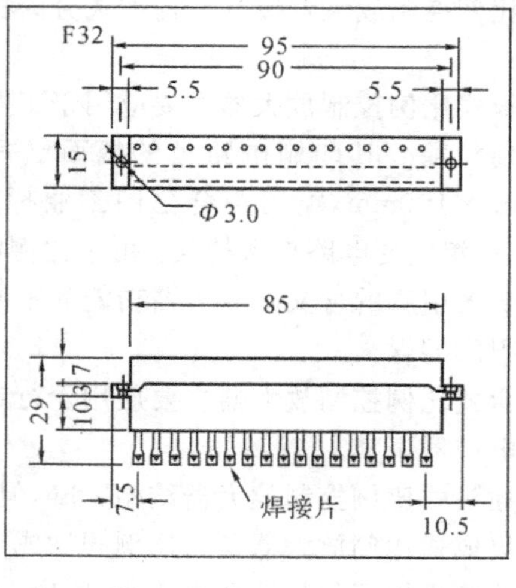

图 4-38　D32 和 F32 型插座

4.4.4　接线与安装

在接线与安装时应注意以下几点：

(1)只能在断电时拔插头。

(2)一些比例放大器的内部测量零点比电源电压的 0V 高出一内部参考电压(例如＋9V

等)，此时测量零点不得与电源电压的 0V 相连接。而另一些比例放大器的内部参考零点与电源 0V 是相同的，此时可以将设定值输入端子的负相端直接与电源地相连接。因此，使用前必须确认放大器内部参考地与电源地线是否共地。即使是共地的情况，也应该考虑到放大器供电线路上的压损导致放大器参考地与电源地之间有可能具有一定的压差，如果存在这种现象，信号源的地线与设定值输入端子的负相端应直接相连。

(3)电感式位移传感器的接地端不得与电源电压的 0V 相连接，传感器的电缆必须屏蔽且长度不得超过 60m(就 100 pF/m 电缆而言)。

(4)放大器必须离各种无线电设备 1m 以上。

(5)如果附近有扩散电信号装置和感应电压的可能性，则输入信号应采用屏蔽电缆。

(6)电磁铁导线不应靠近动力线敷设。印刷线路板不应直接装在功率继电器旁，否则感应电压的峰值可能引起集成电路损坏。

(7)只能用电流<1mA 的触点进行设定值的切换。

(8)放大器滤波电容如果由于空间位置所限，不能装在印刷电路板上，则必须尽可能靠近印刷电路板安装(≤0.5m)。

(9)诸如直流 24V 的电源，电容器(滤波电容)及连到比例电磁铁的功率输送线的截面必须大于等于 $0.75mm^2$。

4.4.5　调整

比例控制放大器在安装后一般进行如下现场调节。

(1)初始检查。按电路图检查接线，确保电源电压在容许的范围内，且输出级已被接通。

(2)零位调整。由于大多数放大器存在一调节死区，就是说当输入信号在调节死区范围内时，输出电流信号始终为零。因此，当输入信号为零时调节零位电位器是没有效果的。正确的方法是由 0V 开始逐渐增加输入信号，观测比例电磁铁两端电压，当其产生跳变时说明输入信号已越过零位调节死区，此时保持输入信号不变调节零位电位器，直到比例阀所控制的物理量(如压力、流量或执行器速度)达到所需的最小值即可。对压力阀用放大器，调节调零电位器，直到压力发生变化并得到所需的最小压力。对节流、流量阀用放大器，调节调零电位器，直到执行机构有明显的运动，然后反向旋转电位器，直到执行机构刚好停止为止。对方向阀用放大器，通过调整调零电位器，使控制机构在两个操纵方向的运动对称。

(3)灵敏度调整。在零位调整完毕以后，将比例放大器的输入设置值信号增加至信号源所能提供的最大值(一般是±10V 或 20mA)，然后调节灵敏度电位器，使比例阀所控制的物理量(如压力、流量或执行器速度)达到所需要的最大值即可。对控制比例压力阀的放大器，通过调整灵敏度电位器，可使阀建立所需的最大压力。对比例节流阀、流量阀和比例方向阀而言，可调定所需的阀的最大控制开度，即执行机构的最大速度。

(4)斜坡。通过调整斜坡信号发生器电位器，调节斜坡时间，即压力或流量的变化率，直到达到所要求的平稳度为止。

通常，对比例控制放大器而言，除零位(初始设定值)、灵敏度(p_{max}，q_{max})和斜坡时间可在现场进行必要的调整外，其他诸如颤振信号幅值、频率、调节器参数等在出厂时均已调整好，不应在现场再次调整，以免引起故障。

4.4.6 检查正确运行情况

比例控制放大器备有一些测量点，用来让用户检测其运行情况是否正常，有的还用各种指示灯显示其工作运行情况。常见的测量点有电源电压测量点、控制（参考）电压测量点、设定值电压测量点、电磁铁电流测量点、阀芯开度测量点等。

4.5 检测反馈系统

在电液比例控制系统或内含反馈的电液比例控制元件中，流量、压力、位移、转角等常通过传感器件予以检测，经处理放大后成为反馈信号，构成系统或元件内部的闭环。从物理量检测到构成反馈信号，即为检测反馈系统。

4.5.1 基本结构

图 4-39 所示是检测反馈系统的基本构成框图。由图可知，它主要由两部分组成：一是传感器或检测转换器件，用来对实际值进行检测，并将被测量转换成电量或其他非电量；另一部分是信号处理与放大单元，用来对转换后的电量或非电量进行处理和放大，使之成为可以与系统的控制输入量进行比较的物理量，以构成闭环系统或元件内部的局部闭环。

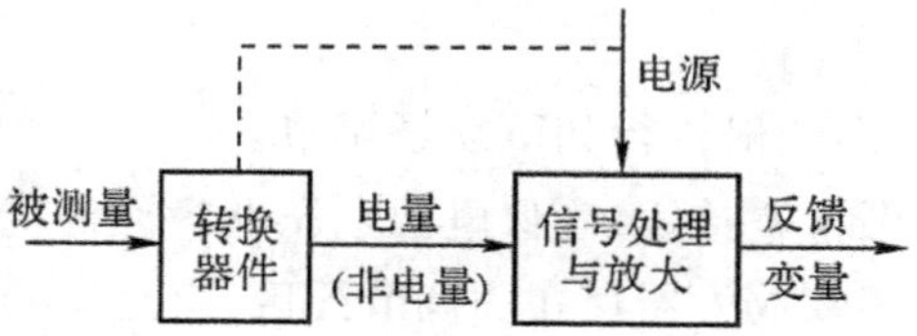

图 4-39 检测反馈系统的基本组成

众所周知，控制系统所能达到的精度不可能比实际值检测的精度高，因而传感器件（检测装置）的精度应比系统或元件所要求的高数倍至十数倍。与对传感器件的精度要求相适应，对信号处理和放大单元也应有相应的技术限制。

实际值的检测可以是数字式的，也可以是模拟式的，从而信号处理和放大部分也有相应的区别。

4.5.2 常用传感器件简介

这里主要介绍可单独对系统或元件的位移（转角）、速度、压力、流量等进行检测的传感器件，其输出一般可转化为电量。

1. 位移（转角）传感器件

在电液比例控制系统或元件中，常用的位移传感器有长度电位器、电感式位移传感器、液压缸用位移传感器、光栅等；常用的转角传感器有环形电位器、旋转变压器、光电编码盘等。

(1)绕线式长度电位器。其功能是将位移信号直接转换成模拟电压量输出。结构简单，尺寸小，可测得较大的位移，但其位移—电压特性受负载电阻的影响，存在摩擦和磨损。

(2)电感式位移传感器。图 4-40 所示是电感式位移传感器的结构。传感器的两螺线管形电感线圈被差动连接成交流测量电桥的一对相邻桥臂,另两个桥臂则由外接电阻组成。当衔铁偏离中间位置向左或向右移动时,两线圈的电感量发生差动变化,电桥失去平衡。当衔铁位移在一定范围内时,电桥输出电压 u_{sg} 的幅值大小与位移量成正比,其相位与衔铁移动的方向有关。

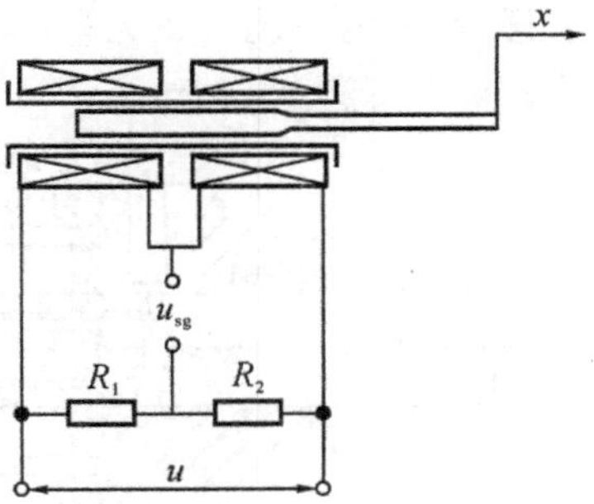

图 4-40　电感式位移传感器

电感式位移传感器配用调制—解调型测量放大电路。测量放大电路有集成在传感器上的,也有包含在比例控制放大器内,或单独配置的. 以满足不同的使用场合。

在通常的电感式位移传感器衔铁腔上配置一耐高压非导磁不锈钢隔套,成为耐高压位移传感器,可用于高压状态下的位移检测。

电感式位移传感器动杆与耐压管之间不接触,为非接触式检测器件,具有寿命长、精度高的特点,常用于各种位移电反馈式比例阀。

(3)差动变压器式位移传感器。在位移电反馈比例阀中应用较多的还有差动变压器式位移传感器,其外形与电感式位移传感器非常相似,只是它有三个线圈,即初级励磁线圈和两个相对于初级线圈对称布置的次级线圈,其结构原理如图 4-41 所示。

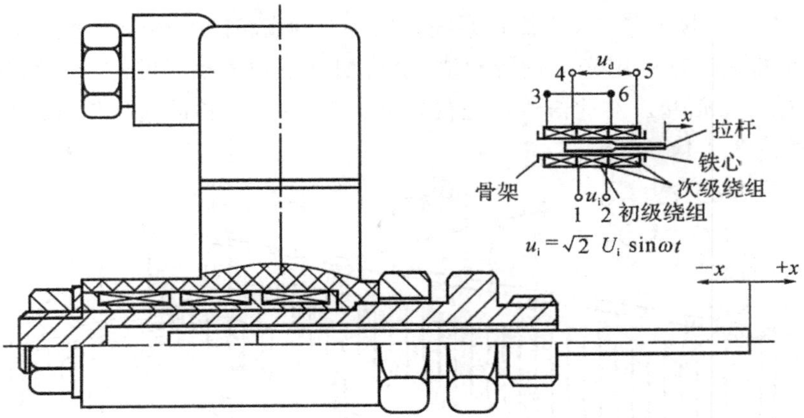

图 4-41　差动变压器式位移传感器

当在差动变压器初级线圈上加上高频励磁电压时,初级线圈中的励磁电流通过电磁场耦合,在次级线圈上感应出交流电压。由于两个次级线圈极性相反地相互连接,因而当衔铁处于中间位置时,两个次级线圈的感应电压大小相等、相位相反,传感器输出信号电压为零。当铁芯偏离中点时,由于初级线圈和两个次级线圈之间的互感不相等,相应的感应电压也发生差别。因而这种传感器输出信号电压与铁芯相对于中点位置的位移量成正比。

差动变压器式位移传感器亦配用载频调制—解调型测量放大器。它也为非接触式传感器,且可做成耐高压形式。

(4)组装在液压缸中的位移传感器。液压缸的工作行程有的很长,要测量它的位移,一般传感器或者不适用,或者精度不高。图 4-42 表示一种组装在液压缸中的感应式位移传感器和超声波位移传感器。它将测量系统插装在液压缸的压力腔中。根据不同的液压缸结构和活塞直径，测量系统的最大量程，感应式可达 1000mm，超声波式可达 2500mm，超声波数字式的分辨率可达到 0.1mm。

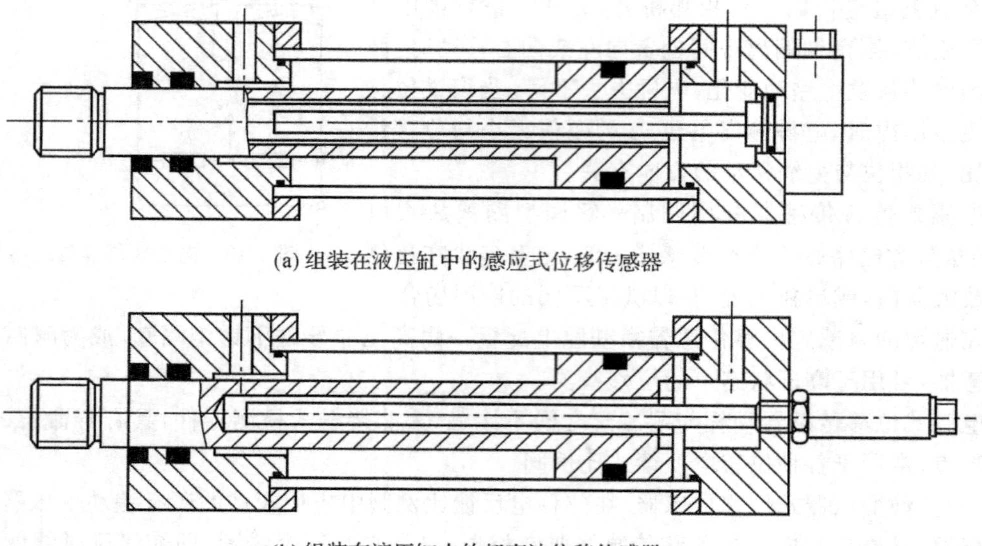

(a) 组装在液压缸中的感应式位移传感器

(b) 组装在液压缸中的超声波位移传感器

图 4-42 液压缸位移传感器

(5)光栅(NC 光电数字式长度测量系统)。这是一种高精度位移传感器。如图 4-43 所示，对量尺上设计的光栅刻度用光电进行扫描，量尺相对于扫描单元的运动，周期性触发光电管，产生近似的正弦信号。对此信号再进行处理，产生反映位移的电压信号，量程一般为 10～1000mm，精度为 $\pm 1 \sim 10\mu m$。

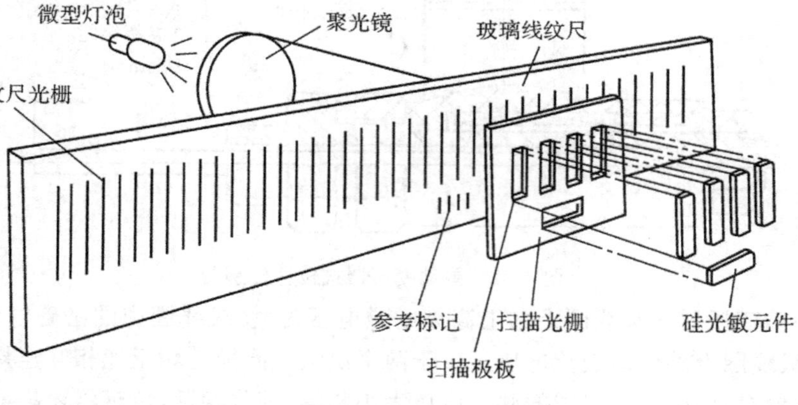

图 4-43 光栅

(6)环形电位器。这种电位器有绕线式的，也有导电塑料式等。转角以模拟量电压形式测得。工作原理与长度电位器相仿。

(7)线性旋转变压器和自整角机。线性旋转变压器是一种精密度较高的非接触式角位移一电压转换器。它有定子和转子两个部件，其上各绕有相互垂直的一对绕组，绕组接线如图 4-44 所示。

当 R_3R_4 上加上交流励磁电压 $u(t)=U\sin\omega t$ 时，其输出电压为

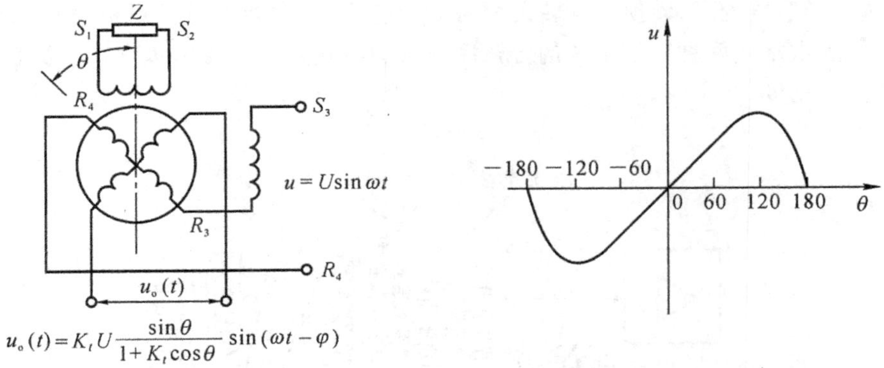

(a) 原理图　　(b) 角位移—电压转换特性

图 4-44　线性旋转变压器

$$\bar{u}_o=\sqrt{2}K_tU\frac{\sin\theta}{1+K_t\cos\theta}$$

式中：K_t——电压转换系数，等于转子绕组与定子绕组的匝数比。

线性旋转变压器可在±60°范围内保证其转换特性的非线性度不超过 0.1%。

旋转变压器还具有向量分解和合成功能，可作为回转式电液控制系统中输入输出角位移的偏差检测元件，分辨能力可达±5′～±10′，原理如图 4-45 所示。

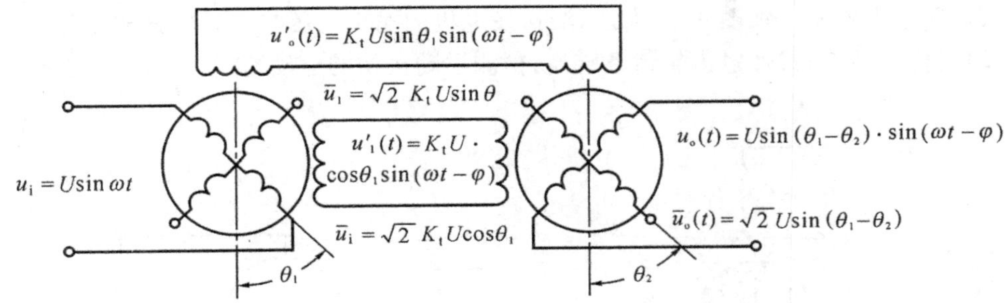

图 4-45　用于转角偏差检测的旋转变压器

自整角机是传统的转角检测元件，整个检测系统由一发送机和一控制变压器组成。其结构和工作原理与上述旋转变压器转角偏差检测系统相似，所不同的只是其转子只有一个绕组，而定子由三个轴线互成 120°夹角的星形联接绕组组成，如图 4-46 所示。

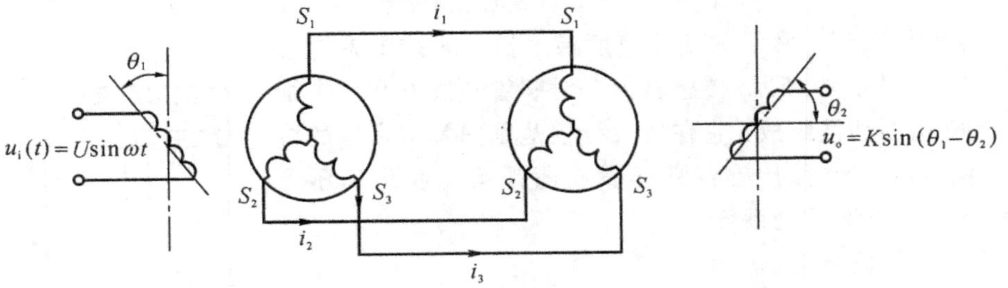

图 4-46　自整角机角位移偏差检测系统

(8)光电编码盘。如图 4-47 所示，驱动轴带动代码盘旋转，代码盘上制有明暗相同的孔格，另有一与其对应的固定不动的光栅盘。由光线发生器发射的信号光为接收器(光电管)接收，再通过电子装置处理，转换成与转角相对应的电信号。每转脉冲数可达 5000 个。测量方式分模拟式和数字式两种。模拟式的分辨率通常为测量范围的 10^{-3} 及 10^{-4}，数字式可达到相当高的测量精度。

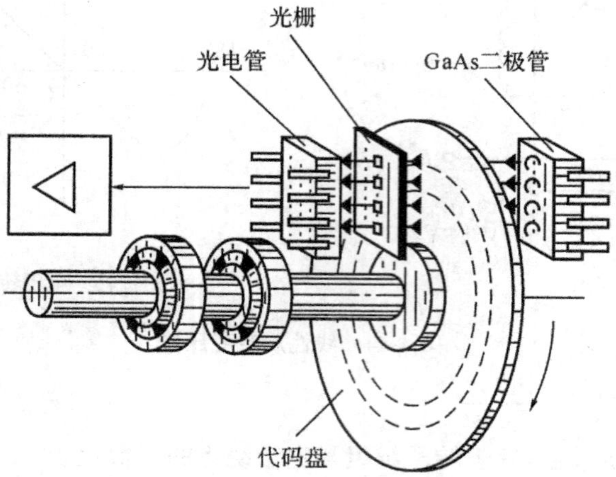

图 4-47　光电编码盘

2. 速度传感器件

(1)测速发电机。如图 4-48 所示，测速发电机的输出电压与转子转速成正比，可用来检测转动机构的转速，或通过齿轮齿条转换，检测平动机构的运动速度。一般分交流和直流两类。

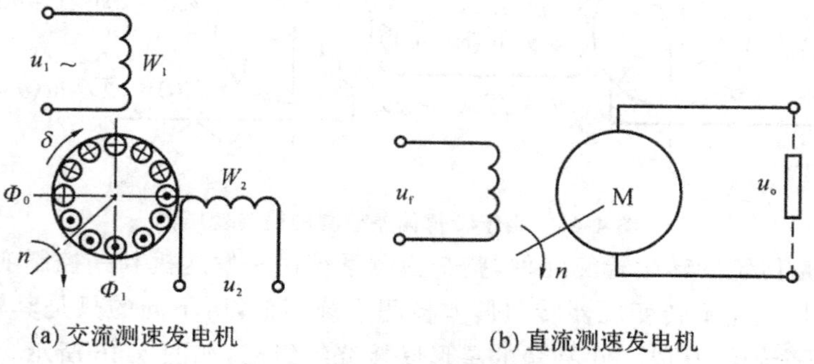

图 4-48　交流和直流测速发电机原理图

(2)速度传感器。常见的线性速度传感器大多按电磁感应原理设计。如图 4-49 所示，传感器由一对螺管式线圈和一个细长形永久磁钢的动铁组成。它在较大行程范围内具有良好的线性，并可像电感式位移传感器那样做成衔铁运动腔耐高压形式，特别适用于电液控制系统。

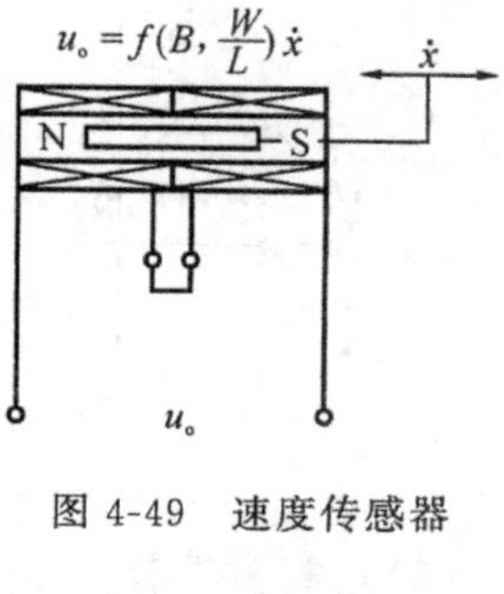

图 4-49　速度传感器

其输出电压信号为

$$u_o = K_t \dot{x}$$

式中：K_t 为转换系数，是磁通密度、线圈匝数和导线长度的函数。

3. 压力传感器件

(1)电阻应变式压力传感器。电阻应变式压力传感器(见图 4-50)采用椭圆形截面弹簧管作为压力敏感弹性元件，其内腔充满待测压力介质。沿其横截面四周，均匀粘贴 4～8 片电阻应变片(见图 4-50(a))组成惠斯登电桥(见图 4-50(b))。

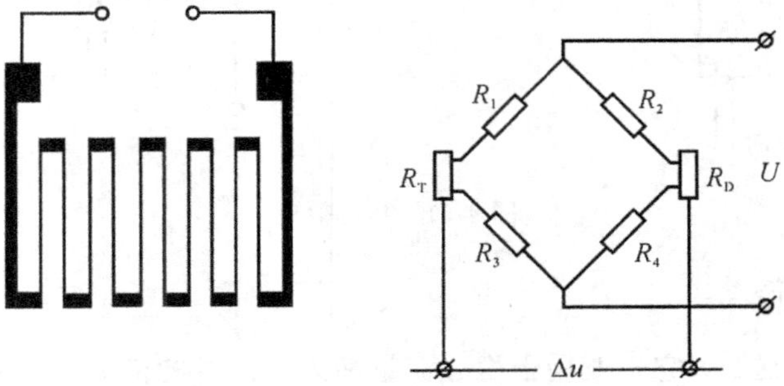

(a) 电阻应变片　　(b) 测量电桥

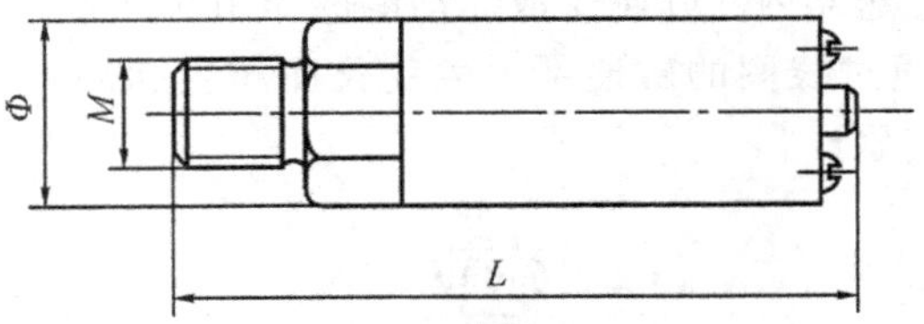

(c) 压力传感器外形

图 4-50　电阻应变式压力传感器

在无载状态下，桥路某一对角顶点上加上额定桥路电压，在另一对角顶点上信号输出接近于零，电桥处于平衡状态。当其内腔受到压力作用时，椭圆形截面发生变化，致使电阻应变片阻值发生变化，电桥平衡状态受到破坏，在某一对角顶点上便可得到与压力成正比的电压信号输出。为减小温度对传感器性能的影响，在电桥电路内增加了温度零点漂移补偿电阻 R_T 及平衡电阻 R_D。

应变式压力传感器结构简单、强度高、输出大，测量范围从 0～100 MPa 以上，精度一般在±0.2%～±0.5%，能在 300～400m 范围内正常工作，频率范围达数千赫兹，压力变化根据频率范围能在 ms 和更低的时间数量级上测得。

(2)压电式压力传感器。压电式压力传感器的工作原理建立在石英晶体的压电效应上。对一个石英晶体，若在直角坐标三个方向中的一个方向上施加一作用力，则在垂直加载面表面上将产生电荷，这就是压电效应(见图 4-51)。利用这一特性，可制成以电荷量或电压量作为输出的力、加速度和压力传感器。由于晶体的内阻抗极高，为了将高内阻的电荷信号源转换成低内阻的电压源，使输出电压正比于输入电荷，需配置专用的电荷放大器。

压电式压力传感器的测压范围很广(100 Pa～100 MPa)，工作频带很宽($10\sim2\times10^5$Hz)，且输出电压没有明显的力和压力变化引起的时间延迟，特别适合测量压力的动态过程，并可在高温环境下工作。

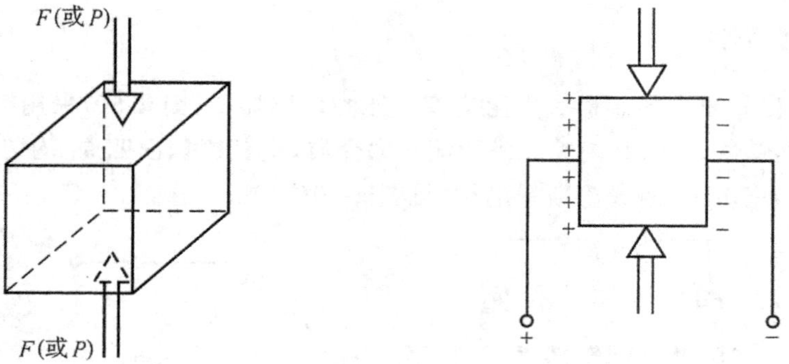

图 4-51　压电效应

4. 流量传感器件

(1)涡轮流量变送器。它一般用于稳态流量和累计流量的检测。其结构如图 4-52 所示。它主要由壳体组件、叶轮组件、前后导向架组件、压紧圈和带放大器的磁电感应转换器所组成。当液体流过变送器时，变送器内的叶轮受液体动能的作用而旋转，叶轮周期性地改变磁电感应系统中的磁阻值，使通过线圈的磁通量发生变化而产生脉冲电信号，经放大器放大后，送至二次仪表进行显示或累计。

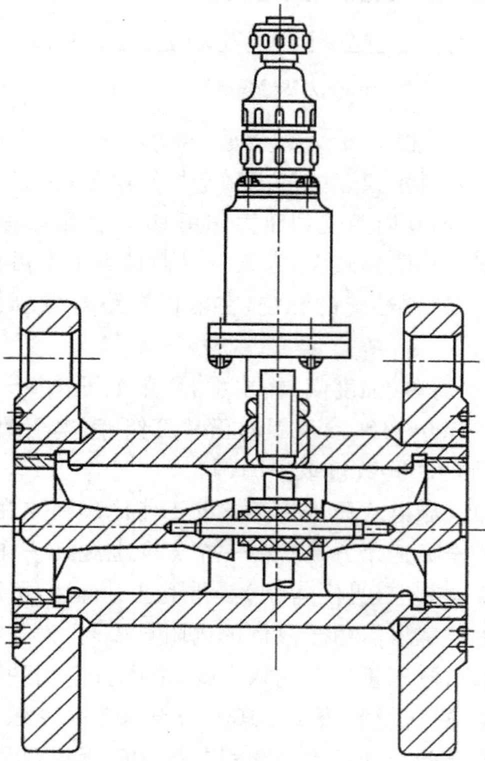

图 4-52　涡轮流量变送器

在测量范围内，叶轮的转速可看成与流量成正比，而信号脉冲数则与叶轮的转速成正比，故当测得频率 f 和某一时间内的脉冲总数 N 后，分别除以仪表常数 ζ(次/L)，便可求得

瞬时稳态流量 Q(L/min)和总量 V(L)为

$$Q=\frac{f}{\zeta} \tag{4-15}$$

$$V=\frac{N}{\xi} \tag{4-16}$$

变送器应水平安装，其进出口处前后的直管段长度应不小于 $20D_g$ 和 $15D_g$(D_g 为变送器的通径)，且液流方向应与变送器标牌上指示流向的箭头相符，并需注意油液的过滤。

为了使用方便和提高抗干扰能力，前置放大器安装在磁电感应转换器接头内，将变送器的信号直接放大后输出，可远距离输送，以推动配套仪表工作。

(2)动态流量传感器。图 4-53 所示是二通插装式动态流量传感器的原理图。它通过特殊的阀口设计，使阀芯输出位移和流量成线性关系，然后通过位移传感器将位移信号转换成电信号。

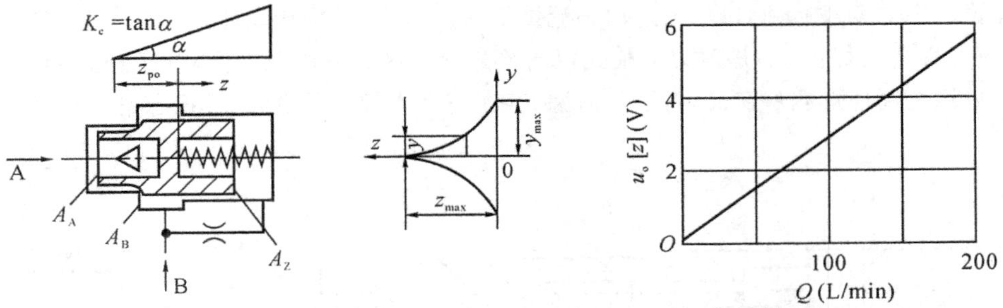

(a) 动态流量计原理图　　(b) 流量传感器的实测 Q-z 特性

图 4-53　动态流量传感器

特殊阀口的阀口曲线方程为

$$y=\frac{y_{\max}\sqrt{\dfrac{K_s z_{s0}}{\alpha_A A_Z}}}{\dfrac{K_s z_{s0}}{\alpha_A A_Z}+\dfrac{\partial\Delta p}{\partial z}z}\left[1-\frac{\dfrac{\partial\Delta p}{\partial z}z}{2\left(\dfrac{K_s z_{s0}}{\alpha_A A_Z}+\dfrac{\partial\Delta p}{\partial z}\right)z}\right] \tag{4-17}$$

式中：$y_{\max}=\dfrac{K_{QZ}\sqrt{\rho}}{2n\alpha_{DZ}\sqrt{\dfrac{2K_s Z_{s0}}{\alpha_A A_Z}}}$　(4-18)

$$K_{sf}=\frac{2\alpha_{DZ}^2 A(z_N)\Delta p_N\cos\beta_s}{z_N} \tag{4-19}$$

K_{sf}——稳态液动力位移刚度；

$$\frac{\partial\Delta p}{\partial z}=\frac{K_s+K_{sf}}{\alpha_A A_Z} \tag{4-20}$$

$\dfrac{\partial\Delta p}{\partial z}$——传感器的位移压差系数；

n——传感器流量检测阀口的个数；

K_s——阀芯回程弹簧刚度；

z_{s0}——阀芯位于零位时的弹簧预压缩量；

$\alpha_A=A_A/A_Z$——阀芯面积比；

z_N——额定流量时的阀芯位移；

Δp_N——额定流量时的压差；

$A(z_N)$——额定流量时的通流面积；

β_s——出流角度；

α_{DZ}——阀口流量系数；

ρ——流体介质密度。

动态流量传感器可以用来测量系统的动态流量，也可作为比例阀的内部流量反馈器件，且能在高压下工作。试验证明，这种动态流量传感器的线性度在1%之内，其特性几乎不受出口压力的影响。

(3)双向流量计。在有些液压系统中，为能测得两个方向的流量，需用双向流量传感器。图4-54所示就是双向流量计的两种典型结构。(a)是三通插装式的双向流量计。传感器阀芯采用了单弹簧对中方案，测量阀口与上述动态流量传感器一样，需特殊设计。其优点是零位泄漏较低，小流量性能较好。(b)是薄刃平板式双向流量计。阀芯采用双弹簧对中结构，调整比较方便。它采用全周环形测量窗口，有零位泄漏，存在一小流量不灵敏区，且稳态精度不高。

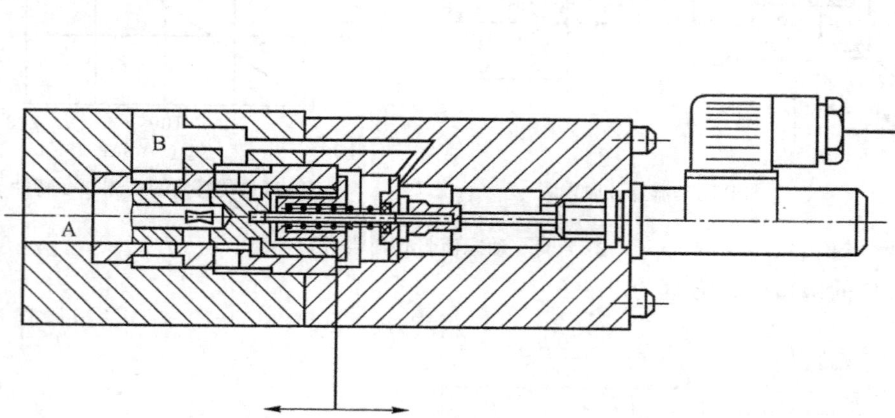

(a) 三通插装式

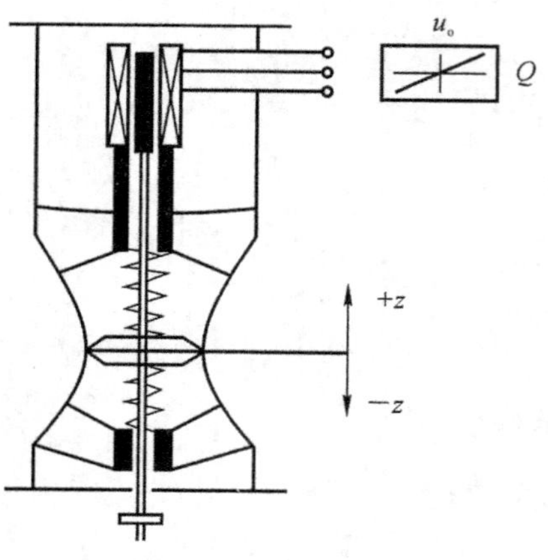

(b) 薄刃平板式

图 4-54　双向流量传感器的典型结构

4.5.3　检测反馈电路

从传感器出来的信号，一般不能直接作为检测反馈系统中的反馈信号，通常还需对它进行处理和放大，使其转换成能与输入控制量相比较的电压信号。这种转换过程是由检测反馈电路完成的。检测反馈电路一般包括测量放大电路和匹配放大器两部分。

1. 测量放大电路

对于不同的传感器件，需要有相应的测量放大电路。最常见的测量放大电路有电荷放大器，电桥测量信号的直流放大电路，调制—解调型测量放大电路，电压跟随器（阻抗变换器）等。其中调制—解调型测量放大电路和电压跟随器在比例控制放大器电路部分已作介绍。调制—解调型测量放大电路主要用于交流测量电桥、电容和电感式传感器件的信号处理和放大；电压跟随器可用来减小电位器式位移（转角）传感器负载效应对其线性度的影响。

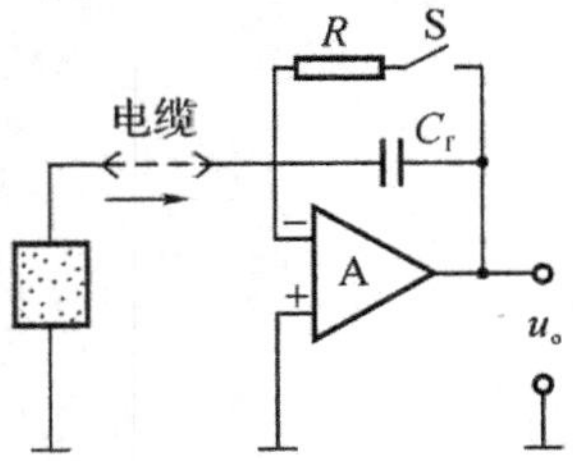

图 4-55　电荷放大器电路

（1）电荷放大器。这是指与压电式传感器相匹配的前置放大电路。它能将高内阻的电荷信号源转换为低内阻的电压源，而使输出电压正比于输入电荷。通常其输入阻抗高达 10^{10}～$10^{12}\Omega$，输出阻抗低于数十欧姆。

图 4-55 所示是电荷放大器的基本电路。由图可知，放大器的输出电压

$$u_o \approx u_{of} \approx \frac{q}{C_f} \tag{4-23}$$

式中：C_f——反馈电容；

U_{of}——反馈电容两端的充电电压。

可见，电荷放大器的输出电压只与输入电荷量和反馈电容值有关，而与运放的增益 A 和电缆阻抗无关。而且 C_f 越小，输出电压就越高。C_f 往往做成可选择方式，一般在 100～10000 pF 之间。图中电阻 R 和开关 S 起复零作用。

（2）直流电桥测量放大电路。它主要是与根据电桥原理工作的传感器件配用的，图 4-56 所示是其原理图。在实际工作中，电桥由一精密直流稳压电源供给激励电压 u_R。电桥输出电压的额定值一般仅在激励电压的 1‰以下，为几个 mV 的量级，因此必须通过差动式直流电压放大电路放大，使其输出电压 u_o 的额定值达到足够的数值。直流电桥的各臂材质和安装位置相同，

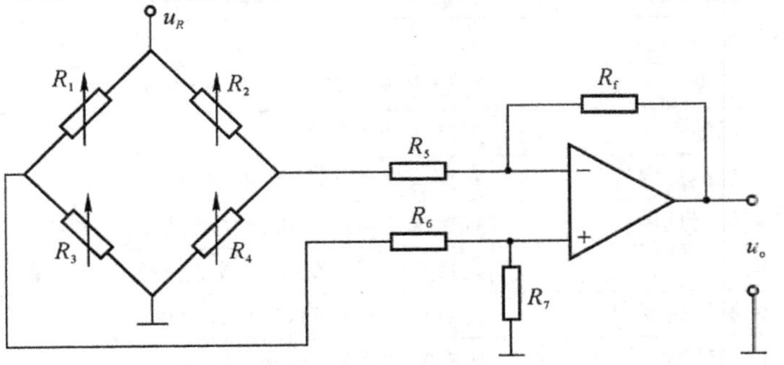

图 4-56　直流电桥测量信号的放大电路

故其温漂可以忽略。主要漂移来自放大电路中的电阻元件和运放本身。当采用灵敏度较高的电桥时，就可采用增益较低的放大电路，这对减小输出电压漂移和提高测量精度是有利的。

2. 匹配放大器

经测量放大电路处理和放大的传感器检测信号，一般还不能直接作为反馈信号，尚需进一步变换，才能与输入控制（指令）信号相比较，构成检测反馈系统的反馈通道。匹配放大器的任务是将测量放大电路的输出信号变换成能与输入控制信号相比较的反馈信号。它一般具有电压变换、电位移动、相位配合三大功能。基本结构如图 4-57 所示。

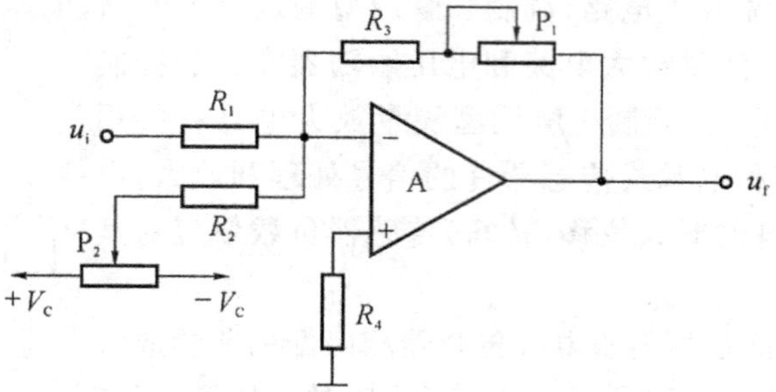

图 4-57 匹配放大器

通过电位器 P_1 将测量放大电路的输出电压 u_i 调整为与闭环控制系统输入控制信号相当的电压值。电位器 P_2 是调零电位器，可将 u_i 的“零点”作相应调整，以满足与输入控制信号相比较的需要。运放 A 还起到反相作用，以构成负反馈信号。

4.5.4 比例阀内部常见的检测反馈形式

为了改善和提高比例阀的静、动态特性，在阀内部也常采用多种检测反馈方式。除电反馈形式外，其余均是通过阀内位移、流量、压力间的转换构成阀内部的检测反馈。

电反馈比例阀是将阀内阀芯的位移、阀控制的流量和压力等物理量通过各自相应的传感器检测转化成电信号，反馈至比例控制放大器，构成闭环控制。这是一种最完整的比例阀内部检测反馈闭环形式，包含了比例阀中所有的组成环节。各种电反馈比例阀的具体结构和工作原理将在以后各章分别介绍。

表 4-1 比例阀内部的检测反馈形式

检测反馈形式	典型应用场合
级间位移反馈	先导比例节流阀，先导比例方向节流阀
位移—力反馈	先导比例节流阀、流量阀、方向节流阀
流量—力反馈	先导比例流量阀
间接压力检测反馈	直控式比例压力阀，间接检测式比例压力阀
直接压力检测反馈	直控式比例压力阀，直接检测式比例庄力阀
动压反馈	直接检测式比例压力阀，先导比例节流阀、流量阀
压力—流量转换反馈	先导比例流量阀，先导式比例方向流量阀
压力—位移转换	所有液压半桥或全桥的可控单元

比例阀内其他检测反馈形式很多。常见的有位移间的转换和级间位置反馈、位移—力反馈、流量—位移转换和流量—位移—力反馈、间接压力检测和直接压力检测反馈、动压反馈、压力—位移转换、压力—流量转换等等。在比例阀中，有采用其中一种检测反馈形式的，也有同时采用几种检测反馈形式的，这在以后几章中均有具体介绍。表 4-1 给出了各种检测反馈形式在比例阀中的应用情况。

4.5.5　检测反馈系统的选择

如前所述，为了构成系统或元件的闭环控制，需配置检测反馈系统。该系统必须能将有关值转化成电信号。这就要用到位移（转角）、速度（转速）、压力、流量等传感器件。对于每一种被测的物理量，都可以用几种不同的检测方式。因此，必须根据检测范围、精度要求、寿命、环境条件等选择合适的方法。

在选择检测反馈系统时，一般要注意以下几点：

(1)控制精度不可能比检测反馈系统能达到的精度高。因此，选择检测反馈系统的精度至少应为希望控制精度的 5 倍。

(2)检测反馈系统的灵敏度（或传递函数）和零点，在任何工况下应保持不变。

(3)检测反馈系统的输出，要能无延迟跟随被测值的变化。

(4)检测反馈系统的传感器件与运动部件（或传动装置）间须刚性连接，不应存在间隙。

(5)检测反馈系统的布置，应能直接测到控制量，而不受其他物理效应的影响，输出电信号不受邻近强电元件的干扰。

第5章

比例电磁铁

比例电磁铁作为电液比例控制元件的电—机械转换器件，其功能是将比例控制放大器输给的电流信号转换成力或位移。比例电磁铁推力大，结构简单，对油质要求不高，维护方便，成本低廉，衔铁腔可做成耐高压结构，是电液比例控制技术中应用最广泛的电—机械转换器件，比例电磁铁的特性及工作可靠性，对电液比例控制系统和元件具有十分重要的影响，是电液比例控制技术关键部件之一。

电液比例控制技术对比例电磁铁提出了一定的要求，主要有：

(1)水平的位移—力特性，即在比例电磁铁有效工作行程内，当线圈电流一定时，其输出力保持恒定。

(2)稳态电流—力特性具有良好的线性度，较小的死区及滞回。

(3)阶跃响应快，频响高。

5.1 比例电磁铁的结构、工作原理及分类

5.1.1 典型结构和工作原理

尽管国内外比例电磁铁品种繁多，但其基本结构和原理大体相同。图 5-1(a)所示为 20 世纪 70 年代末发展起来的耐高压比例电磁铁的典型结构。它一般为湿式直流电磁铁。与普通直流电磁铁相比，由于结构上的特殊设计，使之形成特殊形式的磁路，从而使它获得的基本吸力特性——水平位移—力特性与普通直流电磁铁的吸力特性有着原则区别(如图 5-1(b)所示)。

从图 5-1 可知，典型的耐高压比例电磁铁主要由衔铁、导套、极靴、壳体、线圈、推杆等组成。导套前后两段由导磁材料制成，中间用一段非导磁材料(隔磁环)焊接。导套具有足够的耐压强度，可承受 35MPa 的静压力。导套前段和极靴组合，形成带锥型端部的盆型极靴，其相对尺寸决定了比例电磁铁稳态特性曲线的形状。导套和壳体之间配置同心螺线管式控制线圈。衔铁前端装有推杆，用以输出力或位移；后端装有由弹簧和调节螺钉组成的调零机构，可在一定范围内对比例电磁铁特性曲线进行调整。

当给比例电磁铁控制线圈一定电流时，在线圈电流控制磁势的作用下，形成两条磁路(如图 5-2 所示)，一条磁路 Φ_1 由前端盖盆形极靴底部，沿轴向工作气隙，进入衔铁，穿过导套后段和导磁外壳回到前端盖极靴。另一磁路 Φ_2 经盆形极靴锥形周边(导套前段)，径向穿

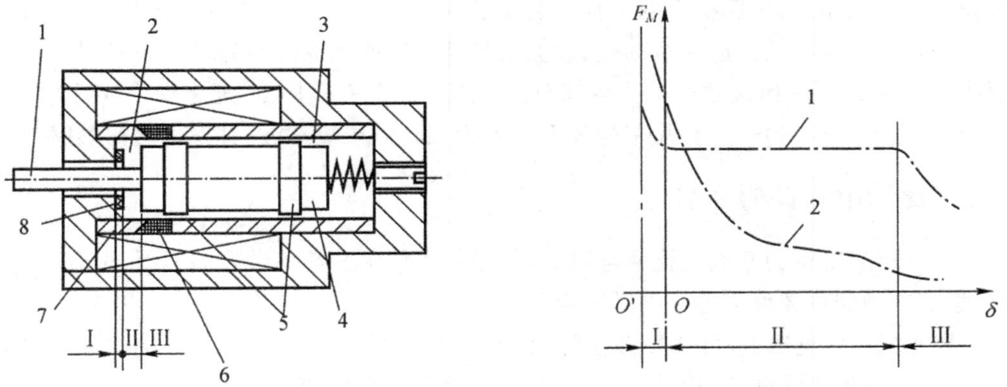

(a) 基本结构　　　　(b) 位移—力特性

1. 推杆　2. 工作气隙　3. 非工体气隙　4. 衔铁　5. 轴承环　6. 隔磁环　7. 导套　8. 限位片

1. 比例电磁铁　2. 普通直流电磁铁

Ⅰ——吸合区　　Ⅱ——工作行程区　　Ⅲ——空行程区

图 5-1　耐高压直流比例电磁铁的结构和特性

过工作气隙进入衔铁，而后与 Φ_1 相汇合。这种特殊形式磁路的形成，主要是由于采用了隔磁环节结构，构成了一带锥形周边的盆形极靴。因此，盆口部位几何形状及尺寸，需要经过优化设计和试验研究才能决定。由于电磁作用，磁通 Φ_1 产生了通常的端面力 F_{M1}，磁通 Φ_2 则产生了一定数量的附加轴向力 F_{M2}(如图 5-2(b)所示)，两者的综合，就得到了整个比例电磁铁的输出力 F_M。在工作区域内，电磁力 F_M，相对于衔铁位移基本呈水平力特性关系。

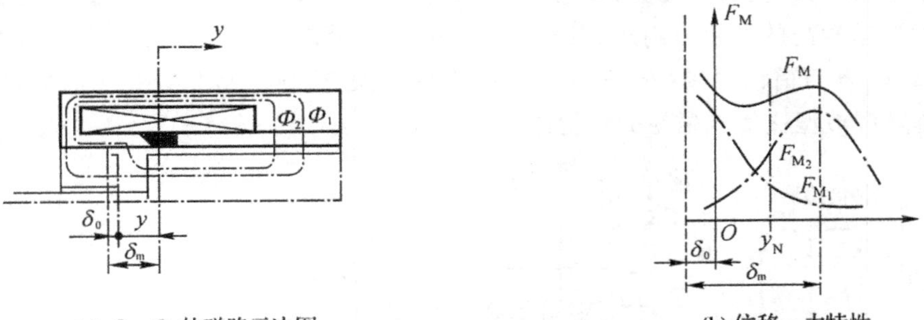

(a) Φ_1，Φ_2 的磁路示决图　　　　(b) 位移—力特性

图 5-2　比例电磁铁磁路及位移—力特性

由图 5-1(*b*)可知，在比例电磁铁衔铁的整个行程区内，位移—力特性并不全是水平特性。它可以分为三个区段。在工作气隙接近于零的区段，输出力急剧上升，称为吸合区Ⅰ，这一行程区段不能正常工作。因此，在结构上用加限位片的方法将其排除，使衔铁不能移动到该区段内。当工作气隙过大时，电磁铁输出力明显下降，称为空行程区Ⅲ，这一区段虽然也不能正常工作，但有时是需要的，例如用于直接控制式比例方向阀中的比例电磁铁，当通电的比例电磁铁工作在工作行程区时，相应的不通电的比例电磁铁则处于空行程Ⅲ区段。除吸合区Ⅰ和空行程区Ⅲ外，具有近似水平位移—力特性的区段，称为工作区。工作区的长度与比例电磁铁的类型等有关。

衔铁与导套之间的摩擦力，往往可以采用在控制电流信号里叠加一定频率的交流信号，即加所谓颤振信号的办法，使其得到明显降低。颤振信号在衔铁里产生一个与控制信号相比幅值较小的附加振动，使摩擦力的干扰影响明显减小。实验表明，颤振信号对减小材料磁滞带来的滞环也同样有效。应注意的是，颤振信号幅值以能消除滞环的影响为限，其频率则受弹簧质量系统的惯性和铁磁材料的涡流损耗的限制。工程实用上，通常取 $i_D=\pm(0.075\sim0.125)i_N$，$f_D=50\sim250\text{Hz}$。颤振信号波形一般为三角波或矩形波，其发生电路参阅前章。

5.1.2 比例电磁铁的分类

以上节所述结构为基础的比例电磁铁，根据使用情况和调节参数的不同，可分为力控制型、行程控制型和位置调节型三种基本应用类型。

力控制型比例电磁铁直接输出力，它的工作行程较短，一般用在比例阀的先导控制级上。在工作区内，具有水平的位移—力特性，即其输出力只与输入电流成比例，而与位移无关。

行程控制型比例电磁铁是由力控制型比例电磁铁与负载弹簧共同工作而形成的。电磁铁的输出力，通过弹簧转换成输出位移。即行程控制型比例电磁铁实现了电流—力—位移的线性转换。这种类型的比例电磁铁，输出量是与电流成比例的位移，其工作行程较大，多用在直接控制型比例阀上。行程控制型比例电磁铁与力控制型比例电磁铁结构完全相同，只有使用条件的区别，因此它们的控制特性曲线是一致的，都具有水平的位移—力特性和线性的电流—力特性。

上述比较电磁铁的衔铁位置如果通过位移传感器检测，构成位置电反馈闭环，就形成了位置调节型比例电磁铁。位置调节型比例电磁铁的衔铁位置或由其推动的阀芯位置，通过一闭环调节回路进行调节。只要电磁铁运行在允许的工作区域内，其衔铁就保持与输入电信号相对应的位置不变，而与所受反力无关，即它的负载刚度很大。这类位置调节型比例电磁铁多用于控制精度要求较高的直接控制式比例阀上。在结构上，除了衔铁的一端接上位移传感器（位移传感器的动杆与衔铁固接）外，其余与力控制型，行程控制型比例电磁铁是相同的。图 5-3 所示是位置调节型比例电磁铁的结构图。

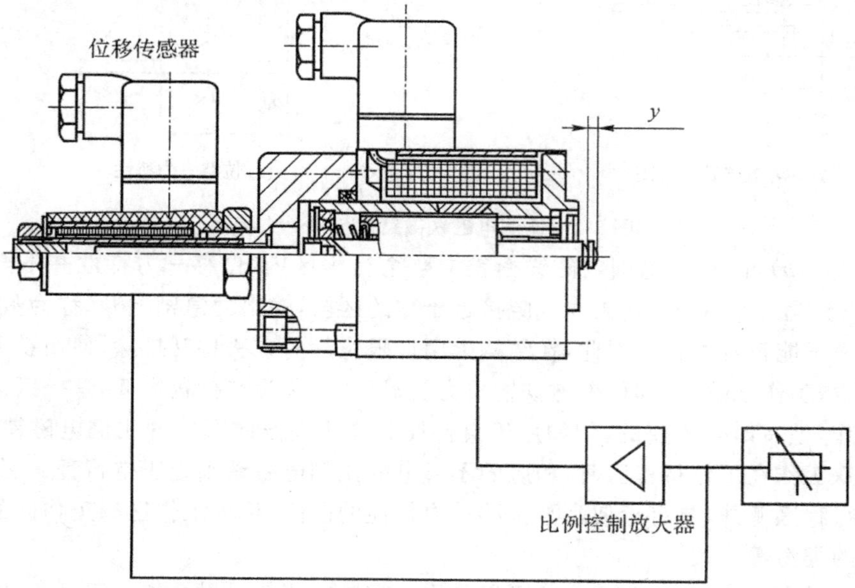

图 5-3 位置调节型比例电磁铁

从结构上讲，比例电磁铁除了耐高压形式外，还有不耐高压的形式。不耐高压的比例电磁铁一般只能承受溢流阀、方向阀等的回油腔压力。由于结构比较简单，仍有不少电液比例阀配用这类电磁铁。

为了适应各种不同形式比例阀的需要，满足不同的使用场合和一些特殊工况要求，除了上述普通比例电磁铁外，常见的其他形式有双向极化式耐高压比例电磁铁、插装阀式比例电磁铁、旋转比例电磁铁(角位移式)、防爆比例电磁铁、内装集成比例放大器式比例电磁铁等。

5.1.3　国内外比例电磁铁的发展概况

图 5-4 表示的是早期使用的螺管式比例电磁铁。这类比例电磁铁的衔铁头部一般有两种形式：锥头(图 5-4(a))和平头(图 5-4(b))。其位移—力特性曲线各不相同。锥形电磁铁吸力较大，位移—力特性曲线的水平特性较差；平头电磁铁吸力较小，位移—力特性曲线的水平特性较好。为了得到足够的电磁力，并与早期的比例阀相匹配，这类比例电磁铁的外形尺寸都比较大。随着比例电磁铁的结构、材料、工艺等的不断改进和比例技术的发展，这类早期大尺寸比例电磁铁已逐渐被淘汰，被图 5-1(a)所示的典型结构所替代。这种典型结构比例电磁铁，尺寸较小，输出力较大，且按外形端面尺寸和安装尺寸的不同，其大小已规格化，以满足不同比例阀的要求。目前的比例电磁铁，一般有四种不同的规格，其外形端面尺寸分别为 25×25(mm)(025 型)，35×35(mm)(035 型)，45×45(mm)(045 型)，60×60(mm)(060 型)，并有相应标准的螺孔安装连接尺寸，如图 5-5 所示。其额定输出力一般分别为 20N，55N，75N，150N 左右。比例电磁铁供电电压一般有 24V 直流和 12V 直流两种，后者多用于车辆。

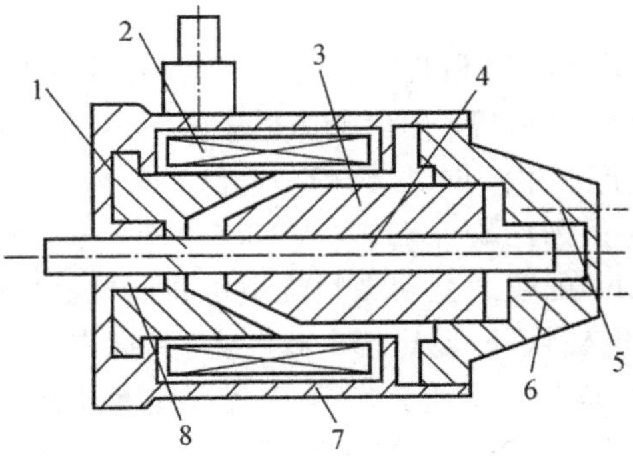

(a)

1. 档铁　2. 线圈　3. 衔铁　4. 推杆　5. 放气阀
6. 手调螺钉　7. 壳体　8. 滑动轴承

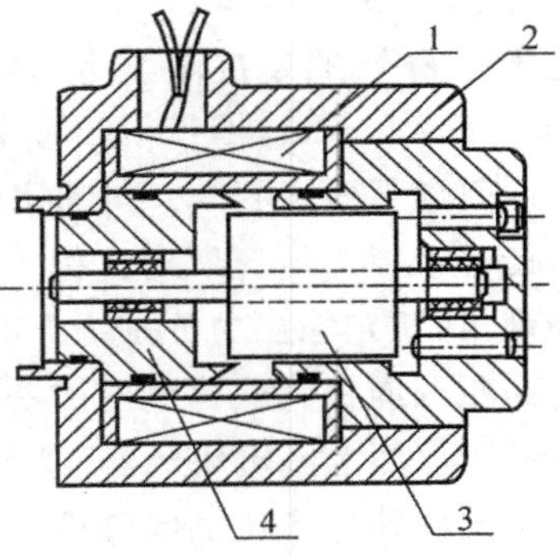

(b)

1. 线圈　2. 壳体　3. 衔铁　4. 挡铁

图 5-4　早期比例电磁铁

在图 5-1(a)典型结构的基础上，国内外各生产厂家在保证比例电磁铁外型端面尺寸和螺孔安装连接尺寸不变的前提下，对结构作了一系列的改进，以进一步提高比例电磁铁的性能。图 5-6 给出了其他的一些结构形式。与图 5-1(a)相比较，可以看出，最明显的区别在于衔铁运动件的支承方式，由典型结构的两个与导套相吻合的轴承环支承，改进成为与衔铁推杆相配合的两个滑动轴承支承，这样可减小衔铁运动的摩擦力，提高比例电磁铁的性能与可靠性。另外，图 5-6 所示的比例电磁铁，其端部(与比例阀相连部分)均有一凸缘，有利于电磁铁

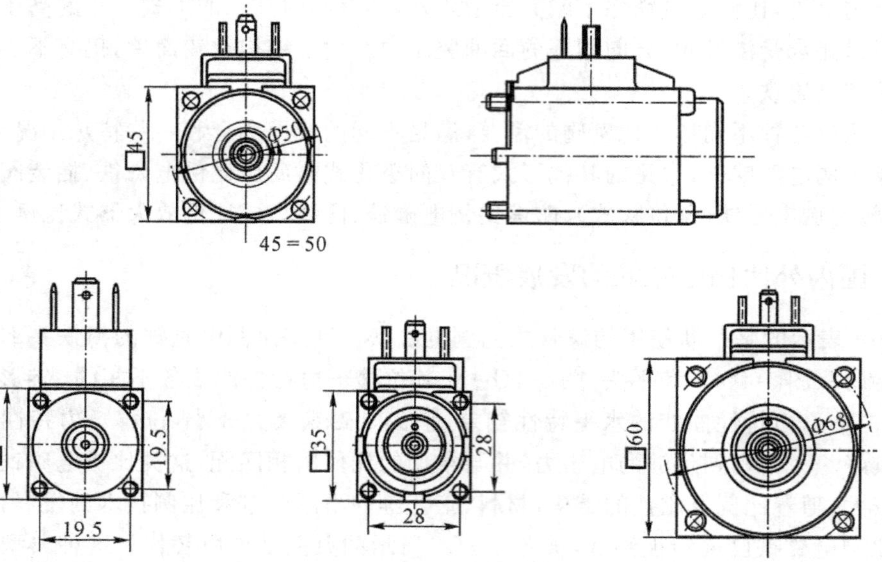

图 5-5　比例电磁铁端面外形和安装尺寸

在阀体中的定位，使衔铁推杆与比例阀阀芯保证正确对中。有的比例电磁铁在其尾部还有手动应急装置，使得在控制线路发生故障致使比例电磁铁突然断电时，能依靠手动，使比例阀不失控。这些新型结构的比例电磁铁，由于其更优良的性能和工作可靠性，正在不断替代图 5-1(a)所示的典型结构的比例电磁铁，得到越来越广泛的应用。图 5-6(d)是可更换线圈的最新结构，少量几个芯部与几个线圈的更换组合，可形成众多规格，从而降低从设计、制造、销售、维修全寿命周期成本。

比例电磁铁的发展较早起步于国外，特别是西德和日本。生产厂家主要有 Magnet Schultz，bso，Binder，Rexroth，Bosch，Vickers，油研等。国内上海机床电器三厂和安阳机床电器厂引进了西德 bso 公司的比例电磁铁生产技术。同时，国内一些研究机构，如浙江大学流体传动及控制研究所对比例电磁铁作了一系列的研究工作，从 1982 年起，先后开发出了三种规格(额定输出力分别为 55N，70N，145N)的普通型和高频响型耐高压比例电磁铁，以及耐高压双向极化式比例电磁铁，旋转比例电磁铁，防爆比例电磁铁等，并推广了有关技术，一些厂家(如上海机床电器三厂，宁波水表厂电液比例阀分厂等)开始小批量生产。

由于国内外生产比例电磁铁的厂家很多，尽管比例电磁铁的端面外形尺寸和螺孔安装尺寸基本上标准化，但不同厂家的比例电磁铁，在结构上仍有所区别。因此，即使是同一规格(如图 5-5 所示)的比例电磁铁，生产厂家不同，也不能相互简单地替代，而必须十分注意它们之间的区别。这些区别主要表现在：

(1)壳体长度尺寸有所不同，连接螺栓长度必须与之匹配；

(2)端部形式有平面的，也有凸缘的；

(3)“O”型密封圈安装尺寸、位置不一致；

(4)衔铁推杆有长有短；

(5)电磁铁尾部弹簧的刚度、作用(如复位作用，调零作用等)及弹簧力方向各异。

由于这些差异，就必须改变与之相连接的比例阀的某些结构及参数，才能使两种不同结构的比例电磁铁互相替换。

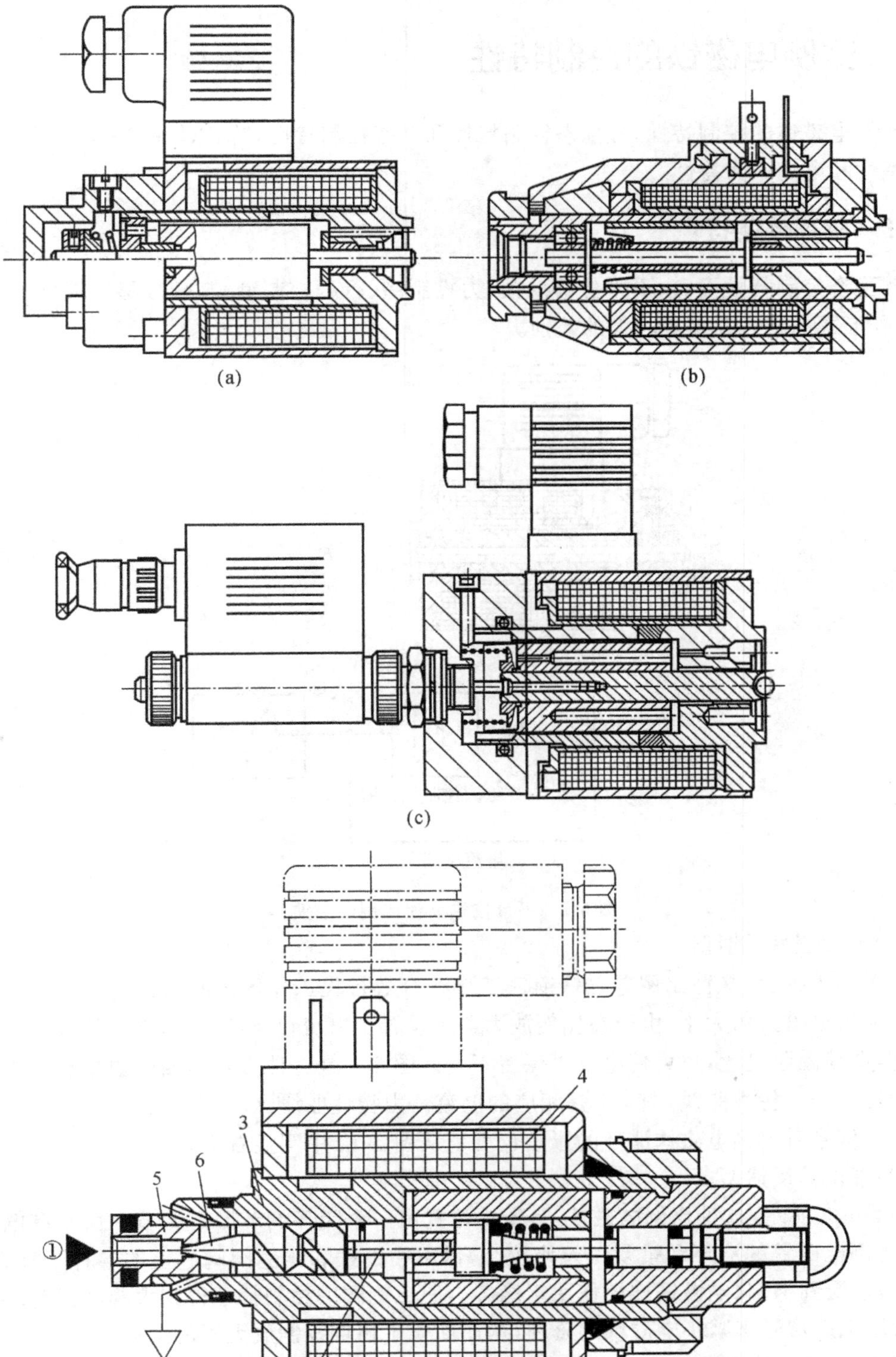

图 5-6 一些比例电磁铁结构简图

5.2 比例电磁铁的控制特性

比例电磁铁的控制特性，分稳态控制特性和动态控制特性。稳态控制特性，主要指位移—力特性和电流—力持性。

5.2.1 稳态控制特性

就稳态控制特性而言，不带位移反馈(力控制型、行程控制型)与带位移反馈(位置调节型)两种形式的特性存在着较大的差别。

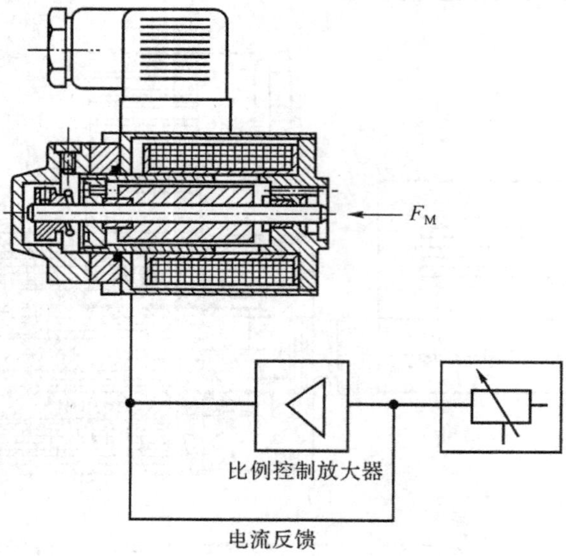

图 5-7 不带位移反馈比例电磁铁

(1)不带位移反馈型

如图 5-7 所示，这种比例电磁铁衔铁工作在有效行程工作区内时，改变控制线圈电流，可调节输出电磁力的大小。由于在比例放大器中设置了电流负反馈环节，在电流设定值恒定不变时，即使磁阻变化，也可使电磁力保持不变。图 5-8 是这种形式的四个规格比例电磁铁的典型位移—力特性曲线，图 5-9 是相应的电流—力特性曲线。

颤振信号对比例电磁铁滞环的影响也可以从图 5-10 中明显看出。

(2)带位移反馈型

如图 5-3 所示，这种比例电磁铁，其衔铁位置由一个闭环调节回路调节。由于有电反馈环节，比例电磁铁的滞环和重复误差均较小，作用在衔铁和比例阀阀芯上的各种干扰力(如液动等)也受到抑制(电磁铁推杆作用于阀芯)，使比例阀的控制特性得到大幅度提高。另外，已无需用颤振信号来减小电磁铁的磁环，从而简化了比例控制放大器的结构。

图 5-11 是带位移反馈型的三种规格比例电磁铁在不同线圈电流下的典型位移—力特性曲线。由于这种比例电磁铁实现了位移电反馈闭环，因此，当输入控制电信号一定时，不管与负载相匹配的比例电磁铁输出电磁力如何变化，其控制输出位移仍保持不变，如图5-12

$a=1.2i_N$； $b=i_N$； $c=0.8i_N$； $d=0.6i_N$； $e=0.4i_N$； $f=0.2i_N$。

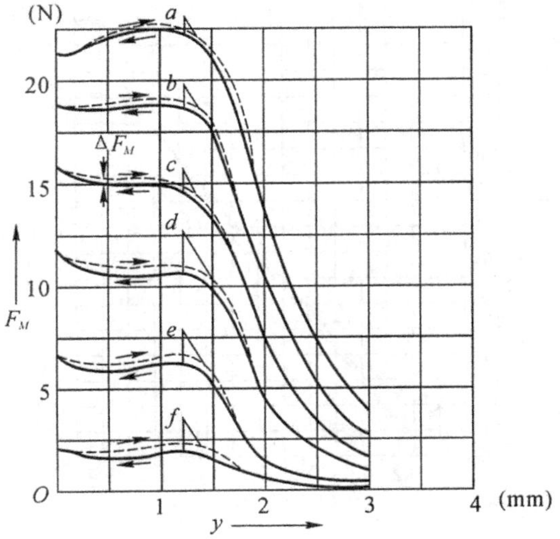

(a) 025型

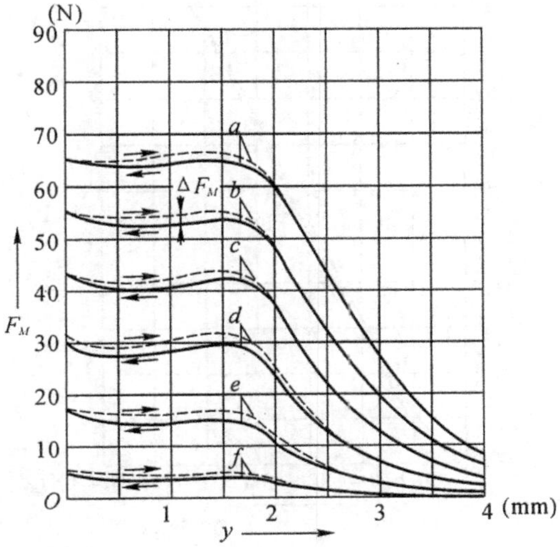

(b) 035型

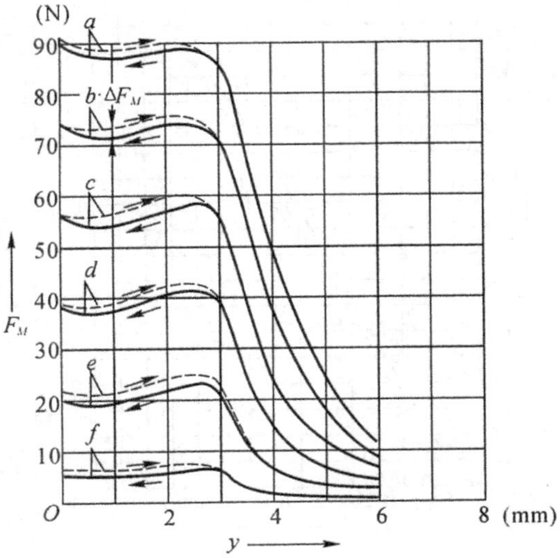

(c) 045型

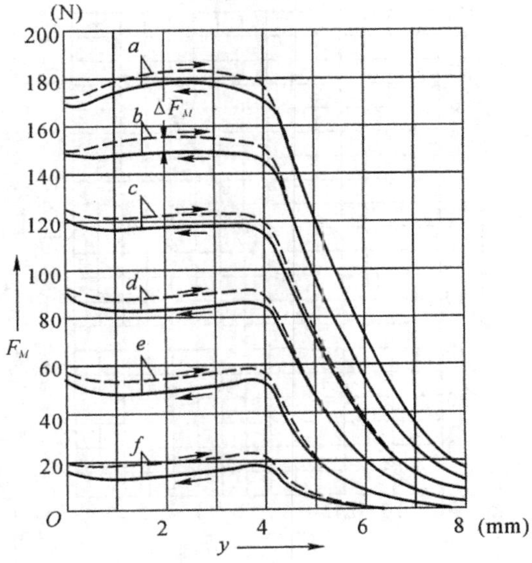

(d) 060型

图 5-8 不带位移反馈比例电磁铁位移—力特性

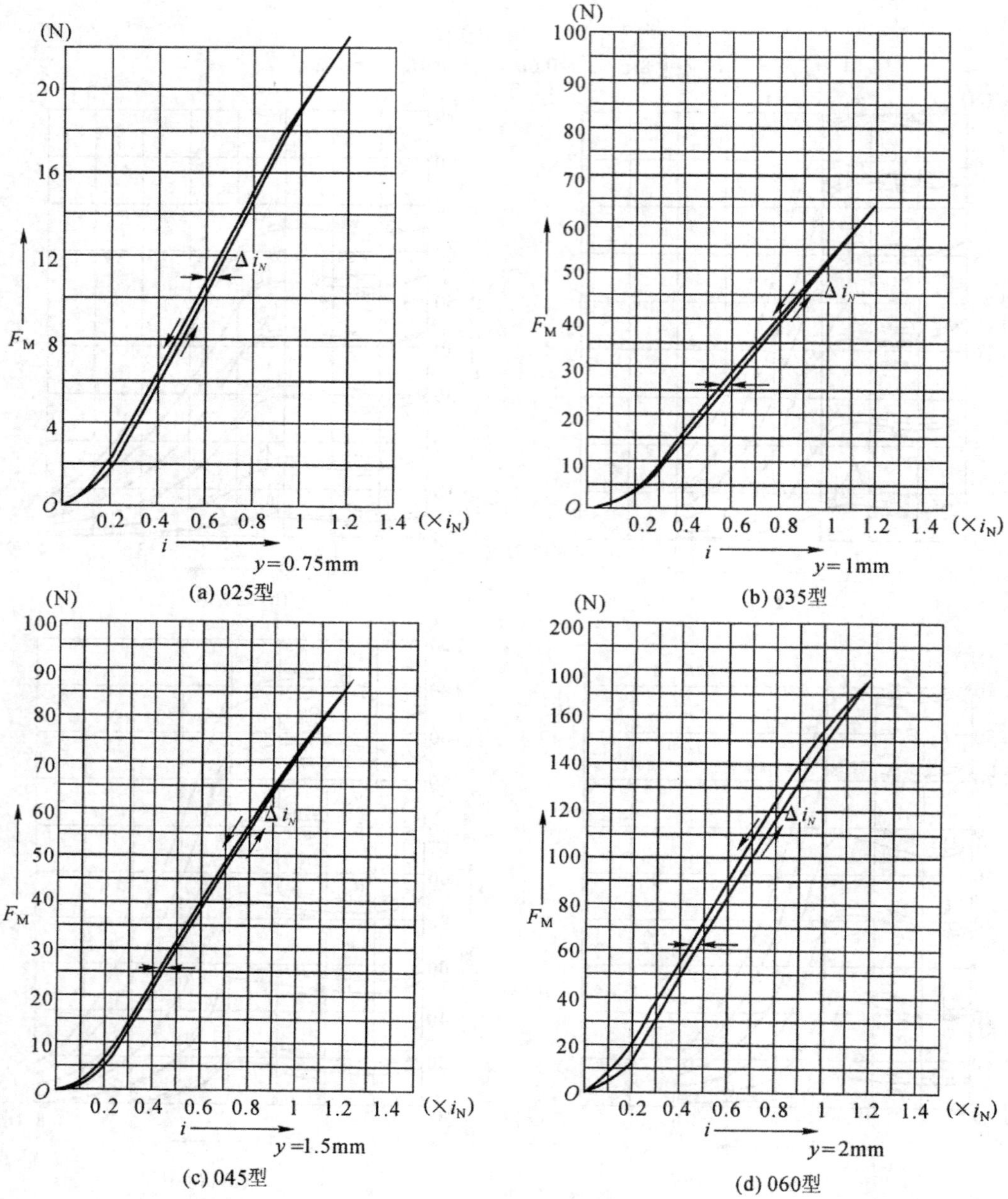

(a) 025型 (b) 035型 (c) 045型 (d) 060型

图 5-9 不带位移反馈比例电磁铁电流—力特性

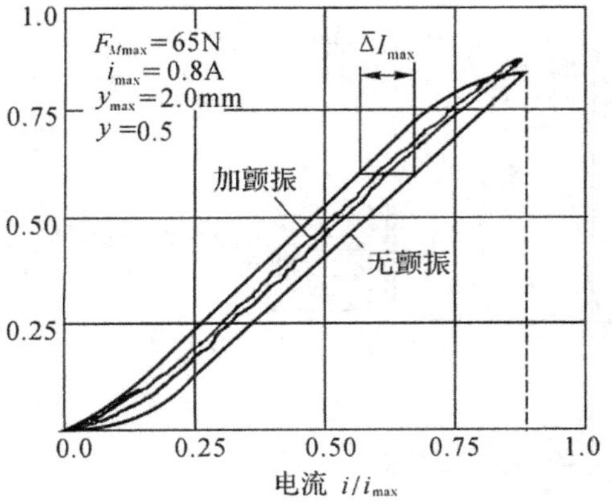

图 5-10　颤振信号对比例电磁铁滞环的影响

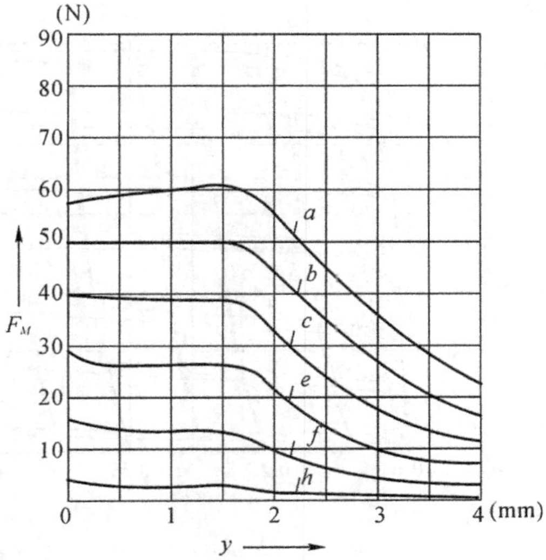

(a) 035型

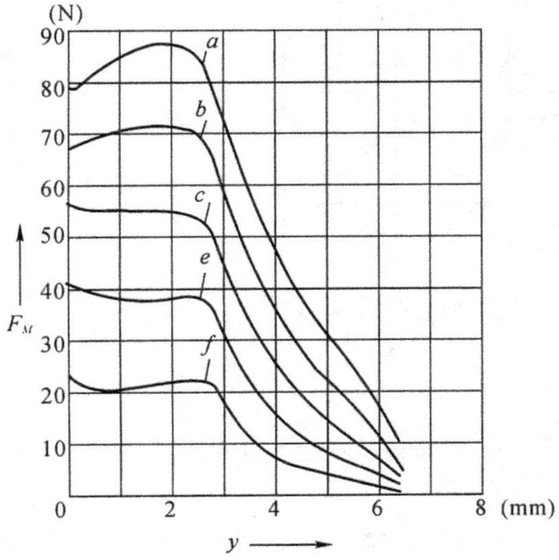

(b) 045型

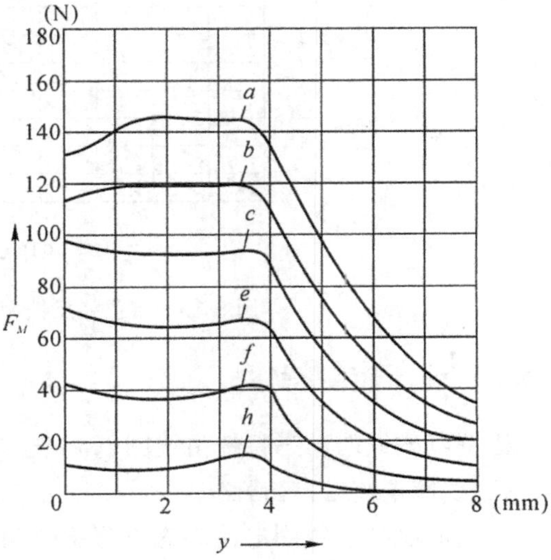

(c) 060型

$a=1.2i_N$；　$b=i_N$；　$c=0.8i_N$；　$e=0.6i_N$；　$f=0.4i_N$；　$h=0.2i_N$

图 5-11　带位移反馈型比例电磁铁位移—力特性

所示。从图 5-12 中可以看出，它具有很高的定位精度，负载刚度很高，抗干扰能力强。图5-13 所示是这种比例电磁铁的稳态控制特性，图中①表示其零位可以调节，以达到零位平衡。由图可知，这种比例电磁铁有很好的线性度和较小的滞回。

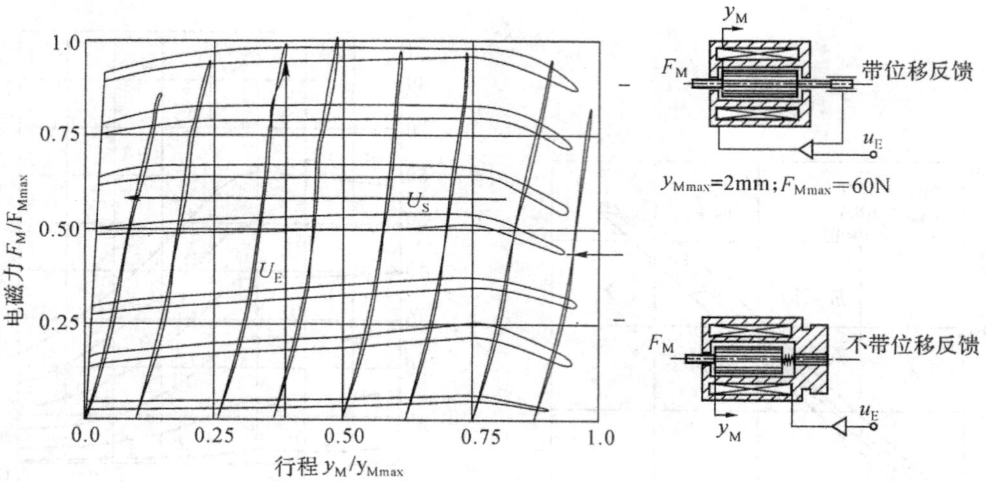

图 5-12 带与不带位移反馈比例电磁铁负载特性

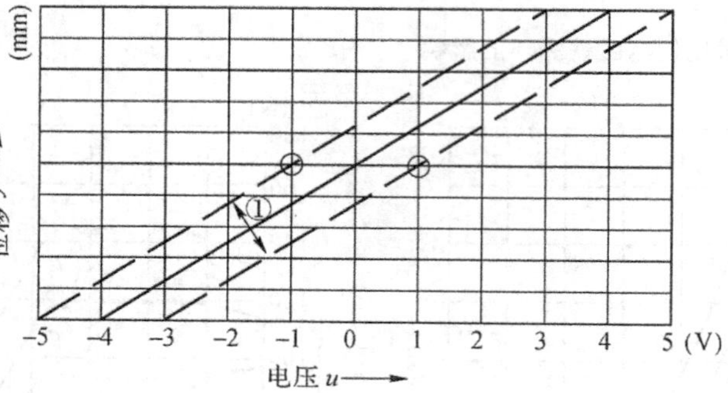

图 5-13 带位移反馈型比例电磁铁稳态控制特性

5.2.2 动态控制特性

比例电磁铁的动态特性由线圈电流，电磁吸力及衔铁位移的过渡过程特性决定。

(1)线圈电流动态特性

比例电磁铁的线圈电流动态过程不仅与线圈动态电感有关，而且还受衔铁运动速度的影响。衔铁运动速度对电流动态过程的影响表现为，衔铁的运动引起比例电磁铁内部磁通变化，从而在线圈中感应出极性与电流变化方向相反的运动反电动势，阻碍了电流的变化。线圈电流动态过程用微分方程表示为

$$u_s(t)=L_d\frac{\mathrm{d}i(t)}{\mathrm{d}t}+i(t)R_s+K_v\frac{\mathrm{d}y(t)}{\mathrm{d}t} \tag{5-1}$$

式中：K_v——速度反电动势系数；

R_s——线圈和比例控制放大器内阻；

L_d——线圈动态电感。

比例电磁铁线圈是一铁芯感抗元件，动态过程所表现的电感特性不仅受材料的磁化特性的影响，还受动态过程的涡流效应影响。因此，L_d 和 K_v 均为多因素影响参数。当比例电磁铁的磁路结构已经确定时，L_d，K_v 主要取决于软磁材料的磁化特性、动态过程的涡流效应和

衔铁位置。

(2)输出力动态特性

当比例电磁铁工作在线性区时，其输出力的动态过程主要有以下几个特征。

① 电磁滞回：主要由软磁材料动态磁化特性的滞回引起。表现为电流往复变化时，相同电流对应的电磁吸力不同。

② 摩擦滞回：主要受衔铁与导套的偏心及摩擦系数的影响。偏心产生了径向磁卡紧力，增加了摩擦滞回。

③ 纯时间延迟：表现为动态吸力的变化滞后于电流的变化。

因此动态输出力可以表示为

$$F_{\mathrm{d}}(t)=K_{Fi}i(t-\tau_{\mathrm{d}})-f_{\mathrm{M}}\mathrm{sgn}\left[\frac{\mathrm{d}i(t)}{\mathrm{d}t}\right]+F_{\mathrm{r}} \tag{5-2}$$

式中：K_{Fi}——电流力增益；

τ_{d}——纯延迟时间；

f_{M}——电磁滞回力；

F_{r}——库仑摩擦力。

同样，K_{Fi}，τ_{d}，f_{M} 也受软磁材料的动态磁化特性、衔铁位置及动态过程的涡流效应影响。

(3)位移动态特性。

位移响应由下式决定

$$F_{\mathrm{d}}(t)=m\,\frac{\mathrm{d}^2y(t)}{\mathrm{d}t}+c\,\frac{\mathrm{d}y(t)}{\mathrm{d}t}+K_{\mathrm{s}}y(t) \tag{5-3}$$

其中，m，c，K_{s} 分别为与比例电磁铁相关的二阶系统的等效质量、阻尼系数及弹簧刚度。

5.2.3　动态控制特性的改善

如上所述，为改善比例电磁铁的稳态特性，在要求较高的场合可使用位置调节型比例电磁铁。然而比例电磁铁动态性能则不同，虽然采用位移电反馈闭环，在一定程度上能提高其动态性能，但比例电磁铁本身的动态指标决定了这一方式的有效性有一定限度。从比例电磁铁本身看，线圈电感较大，电磁惯性较大。另外，由于比例电磁铁的控制器件是比例控制放大器，两者存在一个匹配问题，而两者的界面元件就是比例电磁铁控制线圈。因此，其线圈电磁参数直接影响到比例电磁铁的动态性能及比例控制放大器、比例电磁铁的工作可靠性。为了提高比例电磁铁的动态性能，在保证稳态性能和可靠性的前提下，应尽可能采用较少的线圈匝数和较大的电流值，同时对线圈电磁参数进行优化设计。另外，采用电流负反馈的恒流型比例控制放大器，并且对比例控制放大器的功率驱动电路加以改进，如采用电阻法，高低压驱动法，“二极管＋电阻”续流法等。特别是采用第 4 章所述的反接卸荷式功率驱动电路，并对所控制的比例电磁铁线圈电磁参数进行优化，可以使其动态性能得到大幅度的提高。

5.2.4 比例电磁铁的性能测试

图 5-14 所示为比例电磁铁测试系统的结构原理图。它包括控制及检测、记录两大部分。如图所示，比例电磁铁电磁力 F_M 由与衔铁刚性连接的应变式力传感器检测，衔铁位移通过测试装置的螺旋机构调节，并通过螺旋机构本身检测或由比例电磁铁所带的位移传感器检测(图示为位置调节型比例电磁铁)，线圈电流或控制电压分别从比例控制放大器测得。

当模拟负载(质量弹簧系统)时，可用图 5-14 中的虚线框内部分代替相应的测试装置部分。

5.3 耐高压双向极化式比例电磁铁

图 5-15 所示是耐高压双向极化式比例电磁铁的结构原理图。这种电磁铁采用左右对称的平头—盆形动铁式结构。线圈采用恒流源供给电流，激磁线圈通以一恒定激磁电流后产生极化磁场；控制线圈通电后便可在衔铁上得到与控制电流的方向和数值相对应的输出力。此电磁铁的输出力可双向连续控制，无零位死区。由于采用特殊的盆口尺寸关系，保证了控制电流与输出力之间的比例特性。改变激磁电流的数值，可改变电流—力特性的增益大小及特性曲线形状。该电磁铁把极化式原理和合理匹配的平头—盆形动铁式结构结合在一起，保证了该电磁铁在磁化曲线的最佳区域工作。因此，不但消除了零位死区，而且特性线性度好，滞环小。由于磁路的电感小，磁滞小，因而电磁铁的动态响应高。这种电磁铁还保持了单向比例电磁铁的功率重量比大，结构简单，运行可靠等优点。

5.3.1 比例电磁铁的运行

为了保持比例电磁铁能正常工作，必须注意以下几点：

(1)与先导级配合的比例电磁铁，其工作行程一般相当小，限制在比例电磁铁的有效工作行程内。在设置比例电磁铁的工作点时，不但应使它的整个工作行程处于比例电磁铁的水平吸力区段，而且要使它处于水平吸力区段中的最佳部位。因此，在设计与之相配合的先导级时，最好先测出该比例电磁铁的位移—力特性曲线，根据曲线确定最佳工作区段的衔铁具体位置尺寸，据此再设计先导级的有关尺寸，以保证比例电磁铁的工作点最佳。

(2)比例电磁铁一般多为湿式直流电磁铁，但要特别注意衔铁腔是否耐高压及耐高压的程度。耐高压型一般能承受 35MPa 静压，但有的只能承受 26MPa 静压，如 BINDER 公司的 02 型比例电磁铁。不耐高压型一般只能承受溢流阀、方向阀等的回油腔压力。

(3)比例电磁铁的衔铁总行程包括工作行程和空行程。一般地，工作行程和空行程相等，各为衔铁总行程的二分之一。如衔铁行程为(3+3)mm，表示工作行程 3mm，空行程 3mm，即以电磁铁推杆全部推出位置为起始点，将推杆向里推 3mm 为水平吸力的工作区，再向里 3mm 为非工作区。对于比例电磁铁，有时非工作区的存在是必要的。例如与直接作用式比例方向阀配用的两个比例电磁铁，就必须存在非工作区，当其中一个工作在工作区时，另一个则运行于非工作区(空行程区)。

(4)比例电磁铁端头必须有放气螺钉。在液压系统开动之后正常运行之前，给电磁铁放气，以排除阀和比例电磁铁中的空气。否则滞留在电磁铁中的空气使比例阀不能可靠运行。

(5)为了保证静压平衡，衔铁前后腔有油液通道沟通。此油液通道断面大小要适当，在保

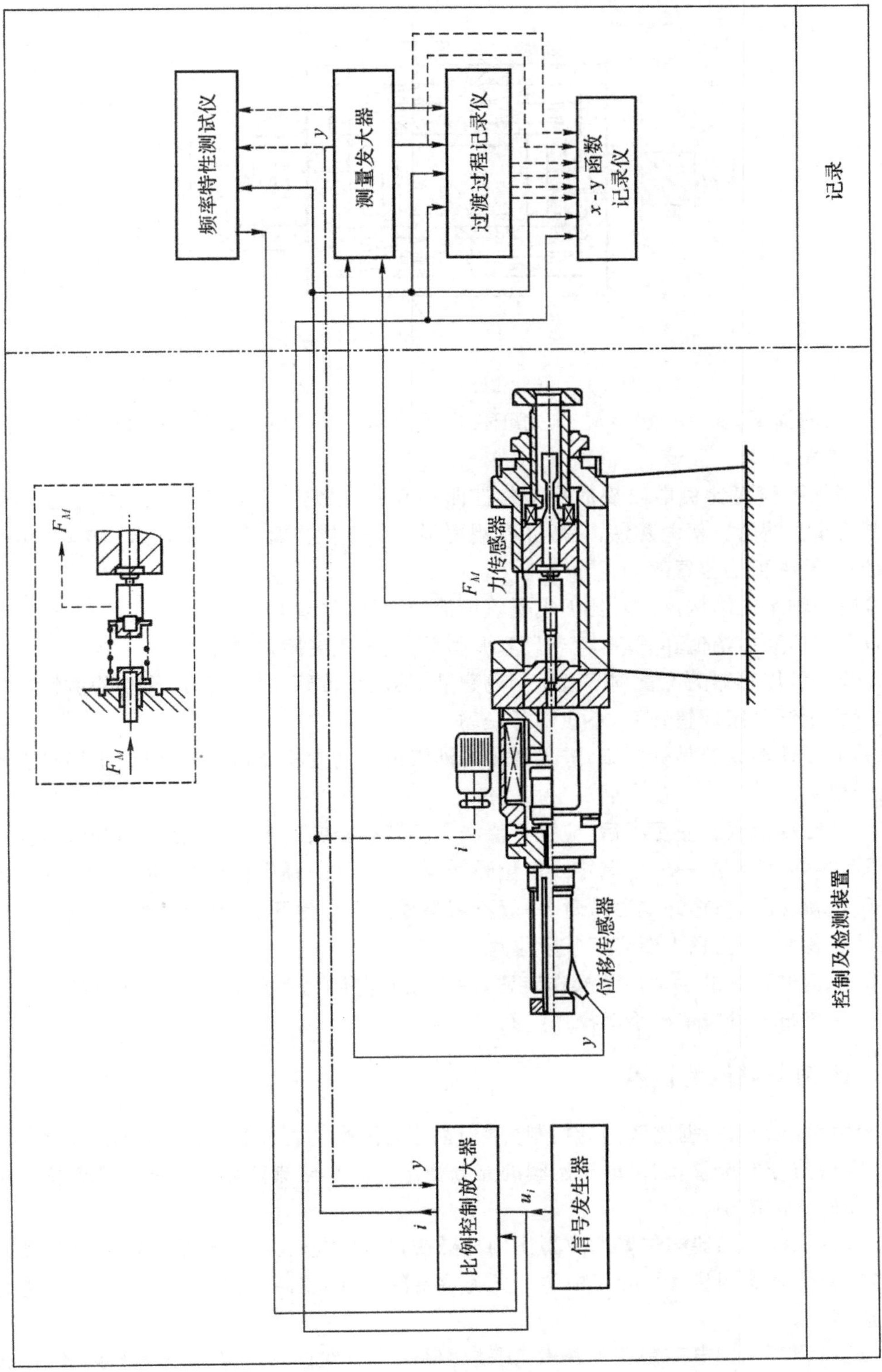

图 5-14　比例电磁铁测试系统结构原理图

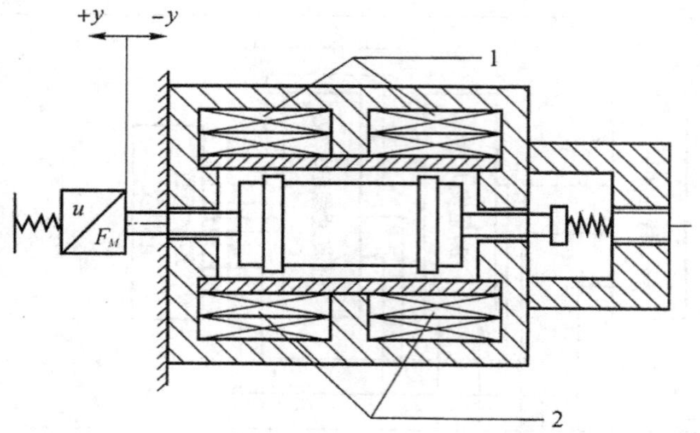

图 5-15 极化式耐高压双向比例电磁铁

证快速性的前提下，要有一定阻尼。但对于带电反馈闭环的比例电磁铁，可取消液压阻尼，以提高其快速性。

(6)调零弹簧对比例电磁铁的稳态特性曲线有明显影响，其刚度和预压缩量应选择适当。没有调零弹簧的比例电磁铁，一般亦有刚度很小的复位弹簧，以保证在未通电时，电磁铁衔铁能处于某种极端位置。

(7)衔铁轴承的结构形式对比例电磁铁的滞回有明显影响。

(8)颤振信号的幅值和频率，生产厂家调整后，用户不要随意调整。

(9)带位移传感器的位置调节型比例电磁铁，其位移传感器的电感线圈与检测铁杆头的相对位置由生产厂家调整好后，不应随意变动。

(10)电磁铁衔铁腔易受污染，进入其中的油液需经内置粗滤器。运行时应定期检查此粗滤器是否堵塞。

(11)电磁铁衔铁腔受污染后，应进行清洗。拆卸电磁铁的步骤一般为：拆开电磁铁后盖(或尾部调零弹簧装置)→取出调零或复位弹簧及相应附件→取出衔铁→取出限位片。清洗各部件后重新装配。在拆卸电磁铁时，一般不需将线圈部分拆开，否则易擦伤线圈接头处，弄断导线。在装配时，注意不要忘记装限位片。

(12)比例电磁铁的手动应急操作装置，用来在断电或比例控制放大器故障时的紧急切换操作。系统布置时应留出手动操作空间。

5.3.2 比例电磁铁的调整

一般由生产厂家根据比例阀的控制要求，通过比例控制放大器对比例电磁铁进行调整。

(1)颤振信号的调整，在保证比例阀的充分稳定性和小电流信号区的良好稳态特性的前提下，使滞回尽可能小。

(2)对带位移传感器的位置调节型比例电磁铁，通过调整位移传感器线圈对测量动杆的相对位置，使传感器测量动杆处于中位。更为重要的是，必须使衔铁的运动始终处于传感器的测量范围内。

(3)通过调节比例电磁铁调零弹簧，调整比例阀先导级的零位及比例阀的死区，以获得满意的比例阀控制特性。

5.4　旋转电磁铁

这里主要指有限角位移旋转电磁铁，分单向和双向两种形式。

图 5-16 所示是原西德生产的单向旋转电磁铁的一种典型结构原理图。其特点是转子、定子分别由三片导磁钢片叠合而成，定子通过销钉与壳体相连；转子通过半月形孔与输出轴相连。机壳、定子、转子和转轴构成磁路。其功能原理是，当有电流通过线圈时，转子便向定子对中方向旋转。由于对定、转子齿进行了特殊设计，当转子齿快要与定子齿对中时，能保证一定的力矩。但这种电磁铁只能单向旋转，转角—力矩特性曲线水平段较短。

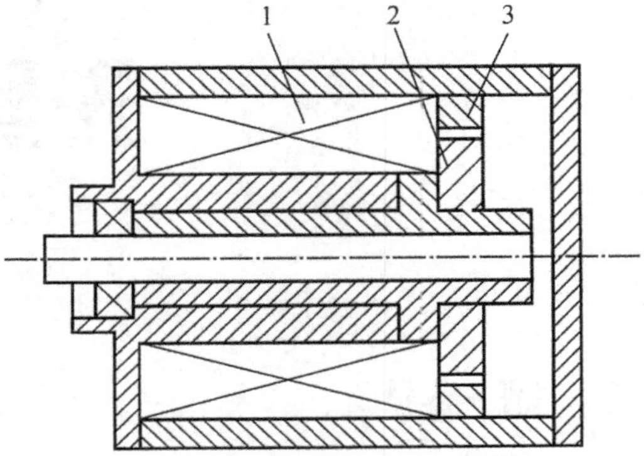

1. 线圈　2. 转子　3. 定子

图 5-16　单向旋转电磁铁

图 5-17(a)所示是双向旋转电磁铁的结构原理图。定、转子左右对称布置，定子齿及转子齿采用特殊的结构设计，使得当转子齿快要与定子齿重合时仍能维持一定的力矩(从理论上讲，当用普通的圆弧形齿，定子与转子重合时，力矩为零)。当转子转动时，其工作气隙处于变长度和变面积两种情况并存状态。这种双向旋转电磁铁的结构简单、紧凑。除定、转子要特殊加工外，其余零件的工艺性较好。这种旋转电磁铁的转角范围较大(±5°或更大些)，转角—力矩特性曲线水平段较长，并且定、转子之间的初始位置也可以方便地进行调节。为了保证非工作气隙的对称性，采用了导磁衬套结构。图 5-17(b)所示是双向旋转电磁铁的端部形状，定子与转子之间的圆柱面形成工作气隙。这种双向旋转电磁铁能实现双向连续比例控制。

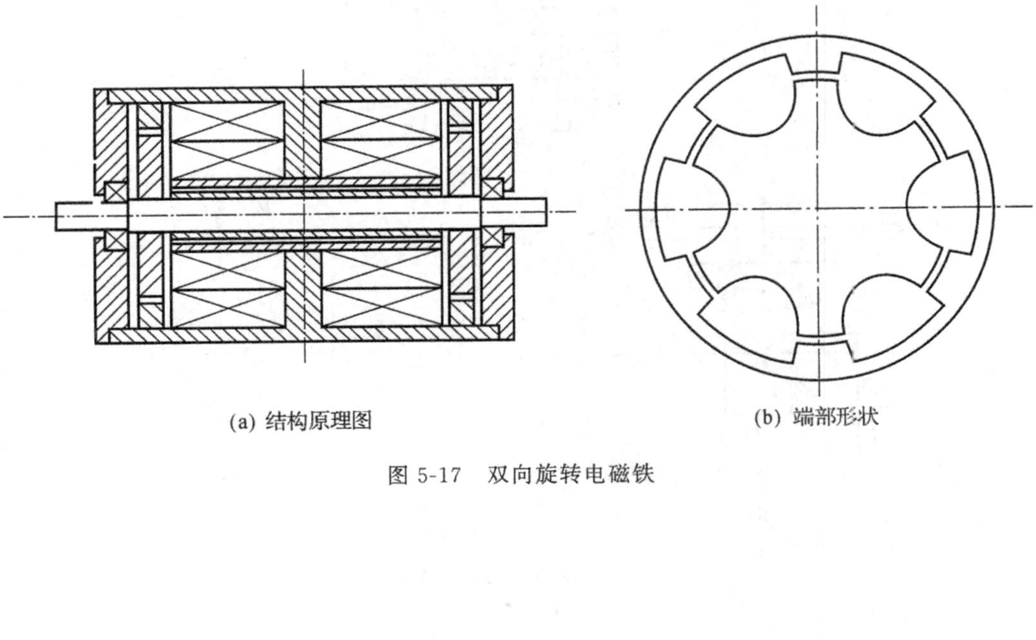

(a) 结构原理图　(b) 端部形状

图 5-17　双向旋转电磁铁

第 6 章

先导控制液压桥路

6.1 概　述

6.1.1　液桥与电桥的类比

图 6-1 表示一个负遮盖（正开口）四边控制滑阀的等效可变液阻网络，及其与电桥类比的示意图。在这里，可参照惠斯登电桥原理，得出液压桥路的概念。在恒压源供油 p_0＝常数和回油压力 p_R＝常数（通常令 $p_R=0$）的条件下，液桥的两个液阻（控制阀口）控制一个排油腔（即液压缸的一个控制腔），y 为外加控制信号。照图示方向的双线箭头表示 R_1，R_4 的阀口

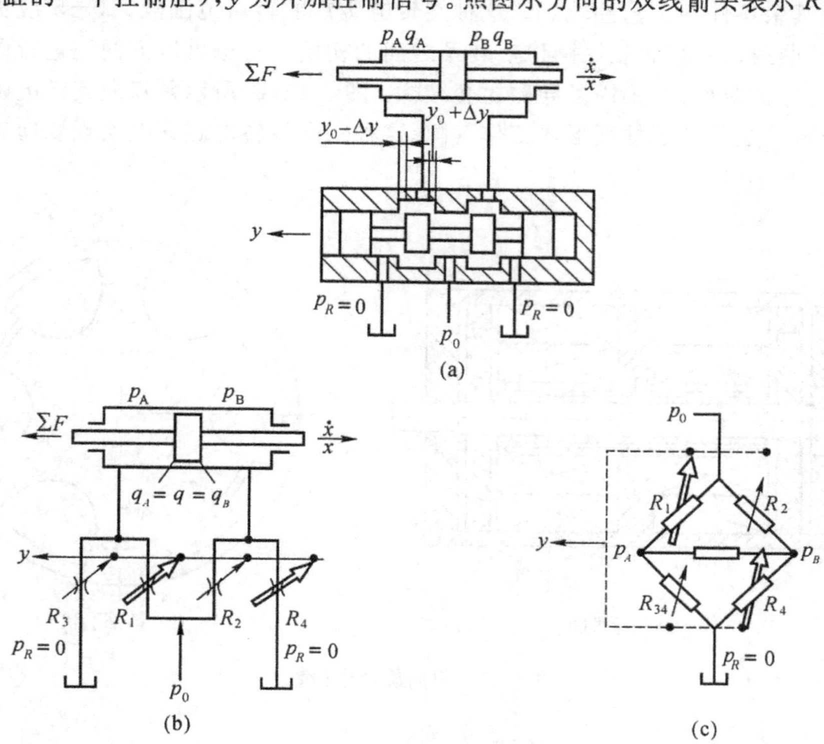

图 6-1　液桥和电桥的类比

开度增加而液阻减小，单线箭头表示 R_2，R_3 的开度减小而液阻增大。由图可见，负遮盖的四边控制滑阀是一个四臂可变的液压全桥。

如第 2 章所述，液压量与电量有如表 6-1 所示的类比关系。

表 6-1

电学	电流 I　电压 V　电阻 R	$I=\frac{V}{R}$
液压	流量 q　压力 p^*　液阻 R	$q=\alpha\cdot A\cdot\sqrt{\frac{2}{\rho}}\cdot\sqrt{\Delta p}$

只要注意电量与液压量类比中的差别，熟悉电工技术的人们就可对比理解液压桥路，反之亦然。

6.1.2　液桥的基本功能

从四边控制阀引出的全桥，是一个恒压源供油的，以阀口开口量（阀芯位移的函数）为输入变量，以左右两个半桥的分压力 p_A 和 p_B 之差为输出变量的位移—压差转换器。当活塞上诸力平衡，而速度为零时，液桥只起压力转换器作用；当活塞上诸力平衡但获得一个稳定速度 $\dot{x}$ 时，则两个半桥还要输出流量 $q=\pm A\dot{x}$，于是液桥还起功率放大作用。在比例控制元件内部的先导液桥，同样兼有这两种作用。但就其对功率级稳态工况的控制性能而言，先导液桥主要是一个恒压源供油的位移—压力转换器。

6.1.3　液压半桥

由液桥概念，很自然地可从液压全桥引出液压半桥。液压半桥多用于液压控制器件的先导控制油路，故常称为先导液压半桥。图 6-2 为溢流阀的先导液压半桥。图中 R_1 为固定液阻，R_3 为某种形式的先导阀口，A 腔是功率级主阀的敏感腔（V_x），$\sum F$ 是主阀另一端面上液压力和弹簧力、液动力、摩擦力等的合力。该半桥就是单臂可变的液压半桥。与油液输入

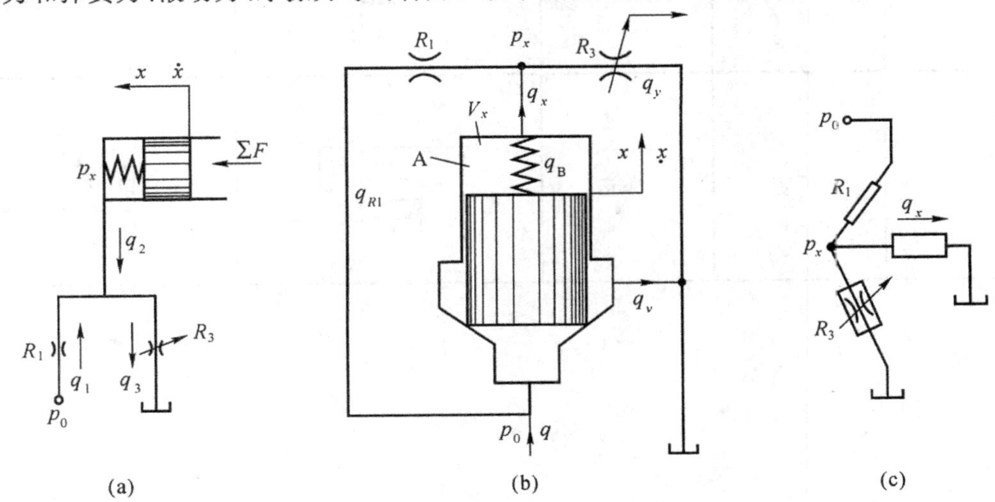

图 6-2　溢流阀的先导液压半桥

的高压侧相连的 R_1 为输入液阻，与低压侧相连的 R_3 为输出液阻。

与液压全桥一样，液压半桥的基本功能为：稳态时，起位移—压差转换器作用；动态时（控制变化过程）起转换器与功率放大器的双重作用。

由于在电液比例控制技术中，多应用液压半桥，以下仅对液压半桥的特性及工程应用加以讨论。

6.2 基本液压半桥

6.2.1 半桥的基本类型

液压半桥是一个实用意义较大的桥路，从工程实用出发，可将液压半桥归纳为三种基本类型（见表 6-2）：A 型，输入与输出均为可变液阻，且受同一输入控制信号的差动联控；B 型，输入为固定液阻，输出为受输入信号控制的可变液阻；C 型，与 B 型相反，输入为可变液阻，输出为固定液阻。表 6-3 所示是满足三种基本类型可变液阻、固定液阻及其配置的结构图。

表 6-2 液压半桥的基本类型

类型	输入液阻	输出液阻	原理图	符号
A	可变	可变	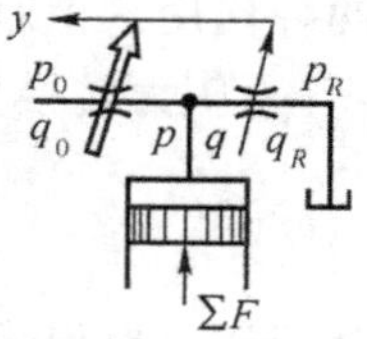	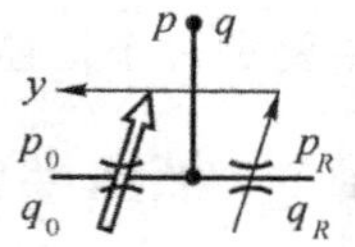
B	固定	可变	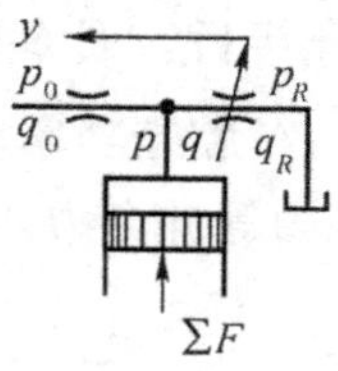	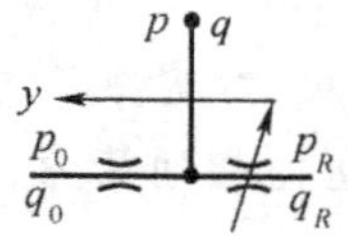
C	可变	固定	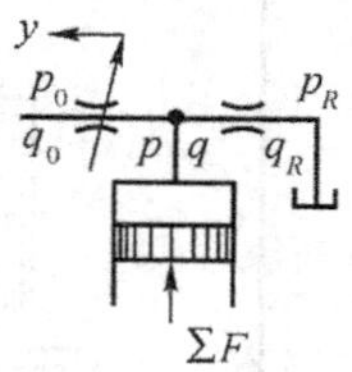	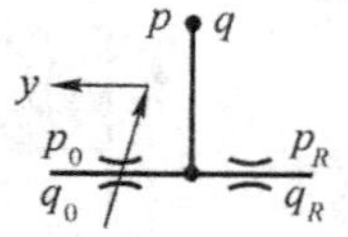

表 6-3　三种基本液压半桥的原理图

A	B	C
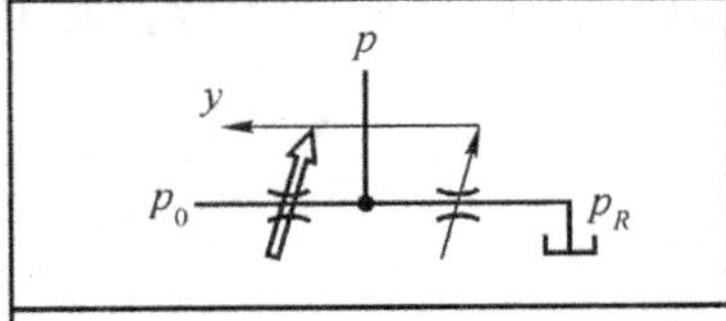	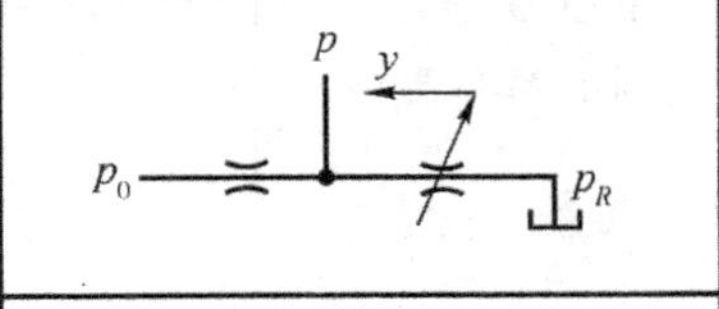	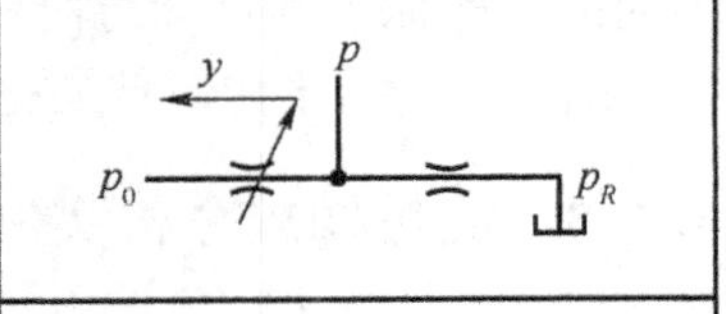
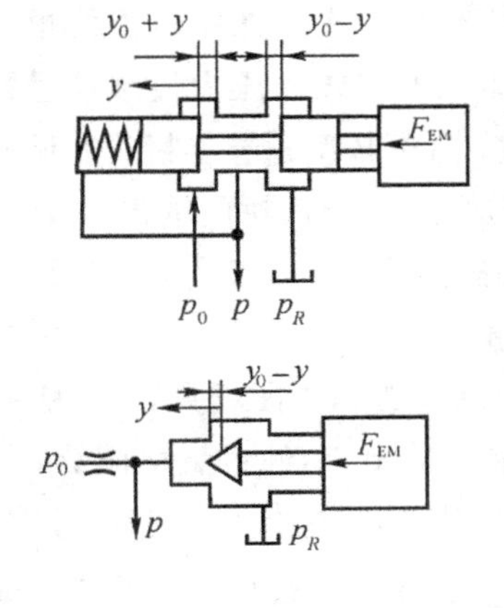	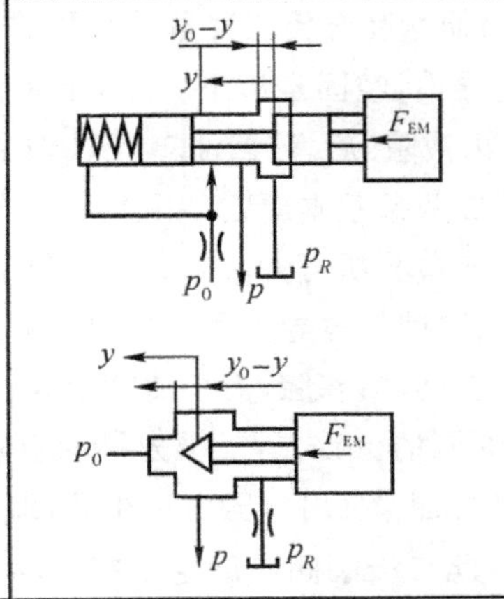	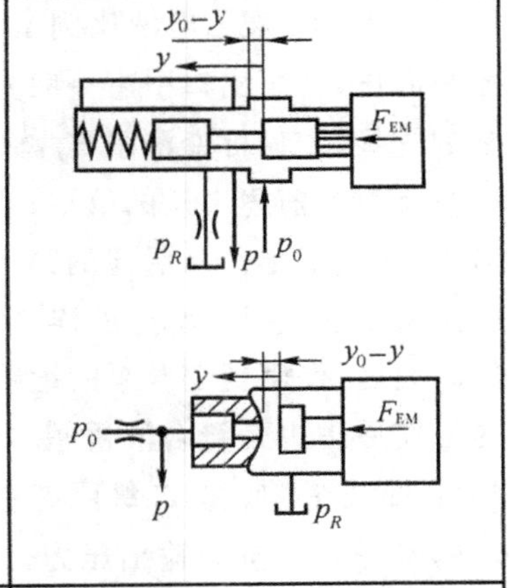
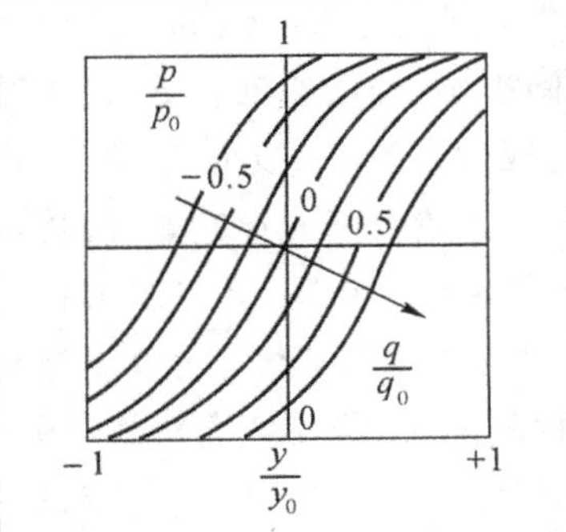	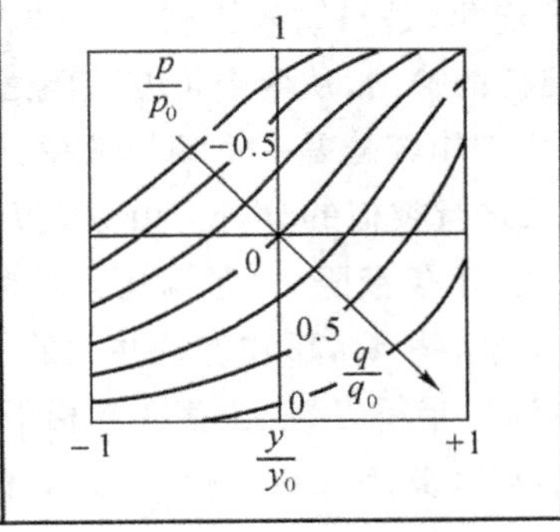	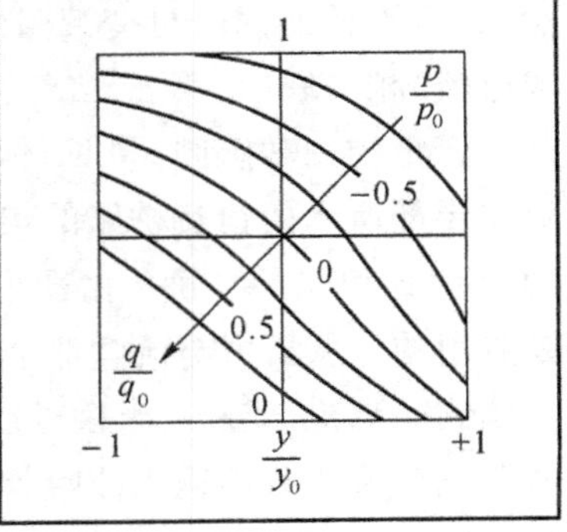

6.2.2　半桥构成的基本原则

先导液桥是由液阻构成的无源网络，因此需要外部(来自主控制级或外部油源)压力源供油。就半桥本身构成而言，可归纳为以下基本原则：

(1)两个液阻中，至少有一个可变液阻(液阻可看成是多个液阻并串联后的当量液阻)；

(2)可变液阻的变化必须受先导输入控制信号的控制(输入控制信号可以是手动、电液比例、电动、液动和机动等多种方式)；

(3)从两个液阻之间引出先导半桥的输出控制信号；

(4)液压半桥可以是并联的；

(5)液压半桥可以是多级的；在多级半桥中，前一级半桥的输出，往往就是次级液桥的输入。

液阻回路和液桥特性的分析研究，对液压元件和系统的分析与综合具有显著的作用。具体说来，引入液压桥路主要作用有两条：第一，利用基本桥路的典型无因次特性曲线，可方便地对实际系统的基本特性进行估算；第二，运用桥路构成的基本原则和 6.6 节讨论的先导液阻工作点分析，可方便地对实际系统（已有系统或新设计的系统）进行原理与特性的定性分析。先导液桥的主要控制对象是各种控制阀和变量液压泵，尽管这些对象的控制系统可以有不同的工作原理和设计窍门，但都必须符合液桥构成的一些基本原则，否则或不能正常工作，或特性很差，不能满足工程控制的基本要求。

6.2.3 液桥构成分析实例

图 11-11 表示电液比例压力流量复合控制变量叶片泵的工作原理图。图中右侧为恒压控制部份，从泵出口引有一股先导油，经固定液阻 R_1（输入液阻），和受输入压力控制信号控制的先导阀口（可变液阻 Y_p，输出液阻）后，流回油箱。R_1 与 Y_p 构成 B 型先导半桥。显见此液桥是符合前述半桥的第一、第二两条基本原则。根据第三条原则，先导液桥的输出必从 R_1 与 Y_p 之间引出。从后述的第 6.6 节分析可知，R_2 不仅是个动态阻尼液阻，而且是个起级间动压反馈的液阻，经 R_2 的连接油路就是先导液桥的输出。此输出控制信号，经二级阀（阀 5）的放大后，作用到变量泵的敏感腔（大活塞腔，而小活塞腔为恒通高压）。由图可见，此二级阀的工作原理也是符合液桥基本原则的。首先，二级先导油引自泵的出口，经可变液阻 X_1 与 X_2 后回油箱。其次，二级阀芯右端面与泵出口压力油相通，即恒通高压；左端为控制敏感腔，作用着先导液桥的输出压力，由此二级阀阀芯产生轴向位移，X_1 与 X_2 构成 A 型半桥。显然，二级液桥的两个可变液阻的变化，是与输入控制信号（电液比例压力先导级的输入电压或电流）相关联的。第三，二级液桥的输出，从两个可变液阻之间引出，经动态液阻 R_3 进入叶片泵变量控制敏感腔。可见，恒压控制部分是一个两级液桥，前级为 B 型，二级为 A 型。可以对左半部所示的恒流桥路的构成进行类似的分析。由液阻 R_1 与流量控制先导阀口 Y_q 构成的也是 B 型先导半桥。由图可见，不仅液阻 R_1 是与压力控制先导液桥共用，其二级液桥也是共用的。从压力与流量两个先导液桥看，形式上是并联的。并联的先导液桥，在由 p 半桥过渡到 q 半桥，或由 q 半桥过渡到 p 半桥时，往往存在互相干扰的问题，需要认真对待。图示两个先导液桥共用输入液阻 R_1，以及共用二级液桥，当然简化了结构，但给性能优化带来一定的困难。

6.2.4 对先导控制液桥的要求

在电液比例技术中，广泛采用先导液桥，特别是液压半桥。为了有助于对液桥特性的分析和理解，从比例控制的一般要求出发，对先导液桥提出以下几点要求：

（1）可变液阻的控制力要小，先导级移动部件具有较小的惯性，才能保证较高的灵敏度；

（2）先导液桥的控制流量要小，才能减小控制功率的消耗；

（3）固定液阻和可变液阻都应采用对小流量敏感的结构，同时要兼顾有适当的通流面积，以防止阻塞；

（4）液桥的输出压力 p_X 和对排油腔的流量 q_X 应与控制信号 Y 呈足够近似的线性关系和较大的增益；

（5）在比例电磁铁、先导级和功率级之间必须设置反馈回路，才能提高控制元件的稳定性和控制精度；先导级的结构和液阻网络的组成，应考虑建立机械、液压反馈的可能性，当然也可采用电反馈方式。

6.3 典型的无因次特性

6.3.1 三种基本半桥的特性曲线

表 6-3 的下部是三种基本液压半桥的无因次特性曲线。它们都是按照滑阀全周阀口特性给出的。滑阀阀口为全周时，其通流断面积与 y 成线性关系。如果采用圆孔阀口或者锥阀口，其通流面积与 y 为非线性关系，则上述图形应加以修正。

液压半桥特性曲线，描述了外加控制信号 y 和受控制排油腔的液压参数 p 及 q 三者之间的函数关系。三者的任一个都可以作为参变量，而其他两个作为自变量和因变量。表 6-3 的曲线图只表示了以 q 为参变量时，$p=f(y)$ 的无因次特性。当然，其他两种特性曲线，可以从上图导出。

液压半桥的边界条件为 p_0 及 p_R。恒压供油时，$p_0=$常数，通常令 $p_R=0$，则两个串联液阻的压力降之和为 p_0。若规定流入排油腔的流量 q 为正值，则 A 型的流量表达式为

$$q=B[(y_0+y)\sqrt{p_0-p}-(y_0-y)\sqrt{p}] \tag{6-1}$$

式中：$B=\alpha_D\pi d\sqrt{\frac{2}{\rho}}$，而 $B(y_0\pm y)$ 为相应的液导。

为了便于比较不同类型的液桥特性，用无次参数描绘曲线。规定以阀口预开量 y_0 为阀口开度的参考量；以恒压供油压力 p_0 为控制压力的参数量；控制流量的参考量 A 型以 $q_{maxA}=2By_0\sqrt{p_0}$ 为准，B 和 C 型 $q_{maxB或C}=By_0\sqrt{p_0}$ 为准，这是因为 A 型的最大通流能力本来就是 B 型和 C 型的大一倍。

A 型的特性曲线簇方程为

$$\frac{q_A}{q_{maxA}}=\frac{1}{2}\left(1+\frac{y}{y_0}\right)\sqrt{1-\frac{p}{p_0}}-\frac{1}{2}\left(1-\frac{y}{y_0}\right)\sqrt{\frac{p}{p_0}} \tag{6-2}$$

表 6-3 中所示的变量变化范围为

参数量	$-q_{max}\leqslant q\leqslant +q_{max}$	$-1\leqslant \frac{q}{q_{max}}\leqslant +1$
自变量	$-y_0\leqslant y\leqslant +y_0$	$-1\leqslant \frac{y}{y_0}\leqslant +1$
因变量	$0\leqslant p\leqslant p_0$	$0\leqslant \frac{p}{p_0}\leqslant +1$

上述范围亦适用于 B 和 C 型。

若令 B 型或 C 型的固定液阻和可变液阻的流量表达式写成：

$$q_{1B}=C\sqrt{p_0-p},\qquad q_{2B}=B(y_0-y)\sqrt{p}$$

$$q_{1C}=B(y_0-y)\sqrt{p_0-p},\qquad q_{2C}=\sqrt{p}$$

并且假设 $C=By_0$，则 B 型的控制流量有下列表达式：

$$q_B=C\sqrt{p_0-p}-B(y_0-y)\sqrt{p} \tag{6-3}$$

$$\frac{q_B}{q_{maxB}}=\sqrt{1-\frac{p}{p_0}}(1-\frac{y}{y_0})\sqrt{\frac{p}{p_0}} \tag{6-4}$$

而 C 型有下列两式：

$$q_C=B(y_0-y)\sqrt{p_0-p}-C\ \sqrt{p} \tag{6-5}$$

$$\frac{q_C}{q_{maxC}}=(1-\frac{y}{y_0})\sqrt{1-\frac{p}{p_0}}\sqrt{\frac{p}{p_0}} \tag{6-6}$$

在表 6-3 所示的曲线中，最重要的是以$\frac{q}{q_0}=0$为参变量的一根曲线，它表示排油腔无流量进出，也就是功率级已处于某一平衡位置的一系列稳定工况。这是一切控制阀或变量泵控制活塞的最常用的稳态工况。以控制阀为例，它的全部稳态调节范围都应落在这根曲线上。如果控制信号从一个稳定值变到另一个稳定值，则经过短暂的过渡过程（此时运行于$\frac{q}{q_0}\neq 0$曲线上）后，在这根曲线上，应该从原先的工况点转移到另一个工况点。至于其他各根曲线均为$\frac{q}{q_0}\neq 0$，一般可以用来描述一个受控活塞的速度控制特性，对于各类控制阀则可在评价其动态特性时应用。

应该指出，上述讨论的前提是：恒压源供油，无泄漏，无摩擦和不考虑液体的可压缩性，所以是理想的液压半桥。

6.3.2 压力增益和流量增益

现在进一步讨论$\frac{q}{q_{max}}=0$的一根$\frac{p}{p_0}=f(\frac{y}{y_0})$曲线。若令任一 y_i 值为相对零点，表示先导级和功率级都处于某一平衡位置。当有一增量 Δp 时，对应于 y_i 和 p_i 值必随之获得一增益 Δp。故该曲线上各点的斜度$\left.\frac{\partial p}{\partial y}\right|_{q=0}$，反映 p 随 y 变化的灵敏度，也就是反映先导液桥在控制信号增长时，所提供的使功率级偏离平衡位置的操纵力的增长程度。以 A 型为例，虽然曲线各点斜率不等，但曲线在 $y=0$，$p=\frac{p_0}{2}$附近有一相当宽广的线性范围，所以选择该点的斜率作为特征参数，并定义为该液桥的压力增益 e_0。根据式(6-1)可求得 A 型的压力增益为

$$e_{0A}=\left.\frac{\partial p}{\partial y}\right|_{\substack{q=0\\y=0}}=\frac{p_0}{y_0} \tag{6-7}$$

由式(6-3)可求得 B 型的压力增益为

$$e_{0B}=\frac{1}{2}\frac{p_0}{y_0}=\frac{1}{2}e_{0A} \tag{6-8}$$

双边控制阀的灵敏度是单边控制阀的一倍（C 型图形是 B 型的镜像，以后均按 B 型讨论）。

利用表 6-3 中的曲线簇，可以作出以$\frac{p}{p_0}$为参变量，$\frac{q}{q_{max}}=f(\frac{y}{y_0})$的一簇无因次曲线。其中，$p=\frac{p_0}{2}$的一根曲线在 $y=0$ 处的斜率，称为流量增益 C_0。

$$C_{0A}=\left.\frac{\partial q}{\partial y}\right|_{\substack{p=\frac{p_0}{2}\\y=0}}=B\ \sqrt{2p_0} \tag{6-9}$$

$$C_{0B}=\frac{\sqrt{2p_0}}{2}B=\frac{1}{2}C_{0A} \tag{6-10}$$

A 型的流量增益也是 B 型的 2 倍，参看图 6-3。

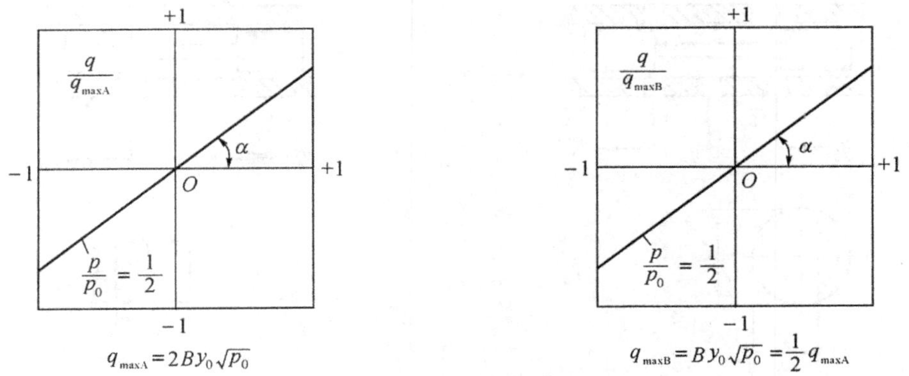

图 6-3　A 型和 B 型液压半桥的流量增益特性

先导液桥的流量增益反映了在一个假想的初始工况（$y=0$，$y=\frac{p_0}{2}$）下，随着控制信号的增长，液桥所能提供的使功率级偏离平衡位置的流量的增长程度。

必须指出，液桥特征参数——压力增益和流量增益都是在 $y=0$ 点求得的。在动态分析时，要用到$\frac{\partial p}{\partial y}$，$\frac{\partial q}{\partial y}$这些函数，并且也使用压力增益和流量增益的名称，其绝对值并不等于 $y=0$ 点的液桥特性参数，而是 $y\neq 0$ 某一工况点相应的斜率。但是，在允许近似的条件下，人们常采用恒定的压力增益和流量增益，通常就以特性参数来表示。

A 型半桥具有对称性好、线性度高和增量大的优点，但要控制双边的轴向尺寸精度，工艺上要求较高，B 型半桥工艺要求较低，应用较普遍。

6.4　滑阀式先导级

采用滑阀作为电液比例控制元件的先导级具有很多优点，如移动时的导向条件好，运动副有粘性摩擦，容易利用端面作为反馈力的作用面，稳定性好而噪声低，工艺性好，采用非全周阀口容易构成小的通流断面，而且阀口无冲击等等。其不足之处是尺寸和质量略大，经向间隙中有少量泄漏，必须控制轴向尺寸和考虑零位调整的方便性。

先导级的控制流量一般较小（在各类阀中，不大于 2L/min），所以先导滑阀均不采用全周阀口，而采用对称布置的圆孔或长方孔等非全周阀口。圆孔的工艺性最好，但阀口面积增益是非线性的；长方孔阀口的面积增益为常数，但工艺性差。

6.4.1　阀口特性曲线

图 6-4 表示圆孔和长方孔阀口通流面积随阀口实际开口量 y 的变化情况。令 $A=\frac{\pi}{4}d^2$ 表示圆孔面积，$A(y)$表示弓形面积，可得

$$\frac{A(y)}{A}=\frac{1}{\pi}\left[\arccos\left(1-\frac{2y}{d}\right)-2\left(1-\frac{2y}{d}\right)\sqrt{\frac{y}{d}-\left(\frac{y}{d}\right)^2}\right] \tag{6-11}$$

可利用上式作出$\frac{A(y)}{A}=f\left(\frac{y}{d}\right)$的无因次曲线，见图 6-5。由图可见，弓形面积在 $0.19<\frac{y}{d}<$

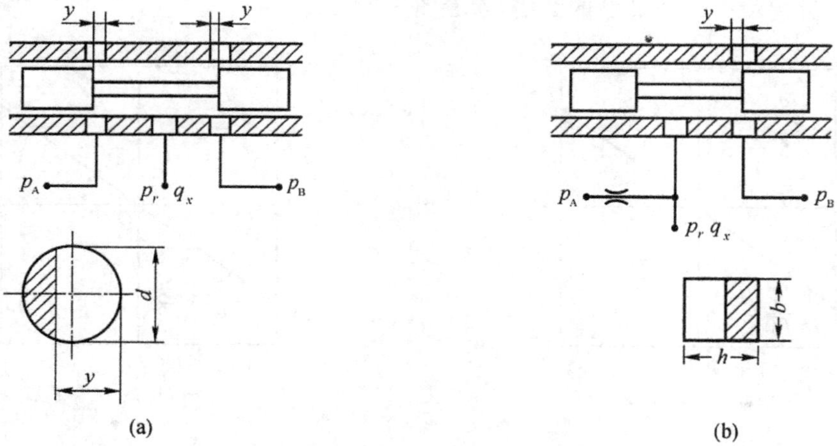

图 6-4 圆孔和长方孔阀口通流面积

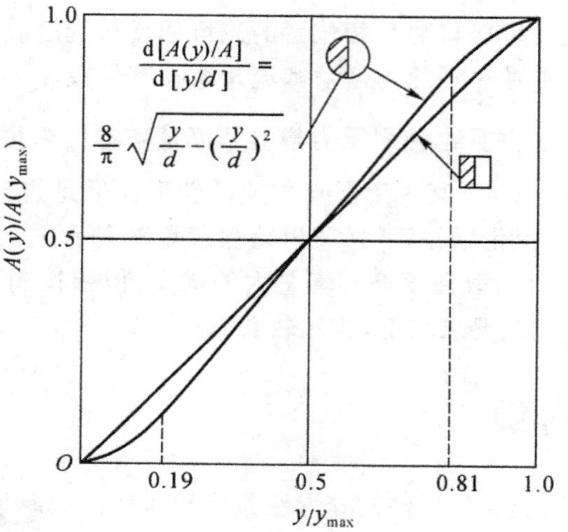

图 6-5 阀口面积增益特性

0.81 范围内，比长方形面积增益略高，但在$\frac{y}{d}=0$ 和$\frac{y}{d}=1$ 的附近，增益很小。所以，圆形阀口在打开(或关闭)的瞬间，只有较小的流量增益。

由式(6-11)可导出以下有关参数：

弓形面积增益

$$\frac{dA(y)}{dy}=2d\sqrt{\frac{y}{d}-(\frac{y}{d})^2}=2\sqrt{y(d-y)} \tag{6-12}$$

式(6-12)是阀口增益的组成部分。

阀口流量增益

$$K_{qy}=\frac{\partial q_y}{\partial y}\bigg|_{\Delta p=常数}=\alpha_D\sqrt{\frac{2}{\rho}\Delta p_0}\frac{dA(y)}{dy} \tag{6-13}$$

圆孔阀口的压力增益

$$K_{py}=\frac{\partial\Delta p}{\partial y}\bigg|_{q_y=常数}=\left[\frac{q_{y_0}}{\partial_{D}\sqrt{\dfrac{2}{\rho}}}\right]^2\left[\frac{-2}{A^3(y)}\right]\frac{dA(y)}{dy} \tag{6-14}$$

令 $$q_{max}=\alpha_D A\cdot\sqrt{\frac{2}{\rho}\cdot\Delta p_{max}} \tag{6-15}$$

可得 $$\frac{q_y}{q_{ymax}}=\frac{A(y)}{A}\sqrt{\frac{\Delta p}{\Delta p_{max}}} \tag{6-16}$$

根据此式作出单个圆孔的无因次特性曲线，如图 6-6 所示。

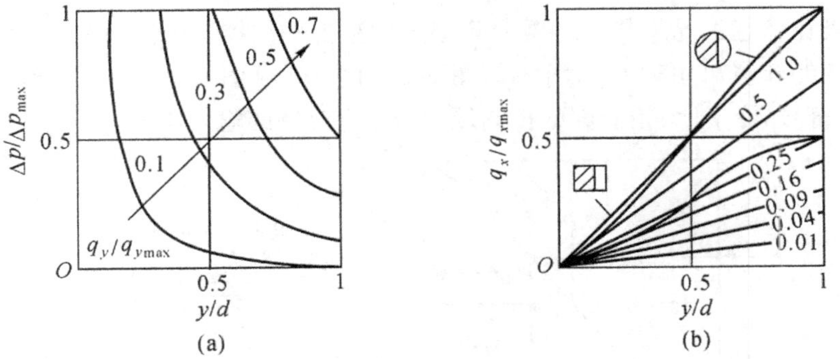

图 6-6　圆孔阀口的无因次特性

图(a)表示线性阀口的无因次特性乃是一簇曲线，可以代表滑阀的全周阀口或长方形阀口的特性。所以，按式(6-16)作出的单个圆孔的特性曲线，实际上是上述线性阀口特性的修正曲线。修正时只要偏移相应的横坐标，使之符合$\frac{A(y)}{A}$与$\frac{y}{d}$的非线性关系即可。

单个阀口的无因次特性曲线上各点的斜率，就是不同工况时阀口的压力增益和流量增益的无因次值。动态分析时可加以利用，设计时可用以选择不同工况的开度。但是，单个阀口的无因次特性和特性参数，并不等同于先导液压半桥的有关特性及参数，切不可将两者相混。因为前者的 q_y 或 Δp 为输出变量，而后者以 q_x 或 p_x 为输出变量，尽管两者是有联系的。

6.4.2　滑阀式先导液桥特性曲线的修正

6.3 节讨论先导液桥的无因次特性及其特性参数时，是以全周阀口为例的。长方形阀口的无因次特性，与全周阀口完全相同。若为圆形阀口，则需要加以修正，或变换坐标$\frac{y}{y_0}$为$\frac{A(y)}{A(y_0)}$。后一种方法较为简便，只要利用圆孔阀口的面积与位移的关系曲线，就可以把液桥特性曲线和阀口特性曲线联系起来。

如图 6-7 所示，设先导滑阀的起始工作位置是常开位置，圆孔阀口的开口量为 y_0，相应的通流面积为 $A(y_0)$。控制信号 y 输入以后，通流面积变为 $A(y_0-y)$。将控制信号以 $A(y)$ 代之，将无因次曲线的横坐标改等成$\frac{A(y)}{A(y_0)}$，便可根据长方形阀口的无因次特性进行修正，得到圆形阀口的无因次特性。

在比例控制元件的设计过程中，利用无因次特性曲线及诺模图方法，可以选择给定工况

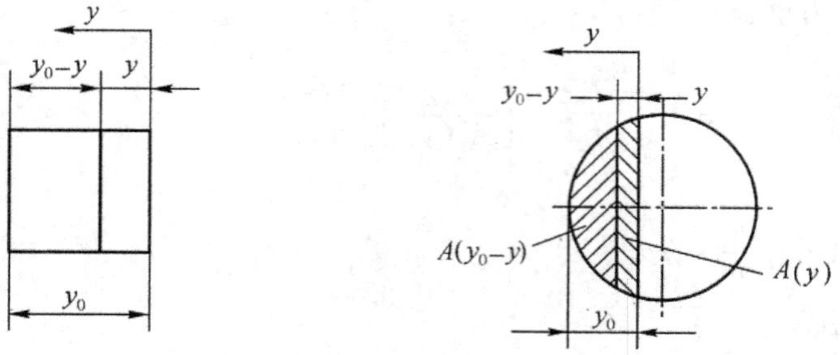

图 6-7 常开阀口 y_0，y 和通流面积的关系

的开度、增益及估计工作范围，计算或预测元件的静态特性，现举例如下：

设功率级在稳态工况Ⅰ与Ⅱ时要求B型先导液桥提供控制腔压力 $p_{x\,\mathrm{I}}$，$p_{x\,\mathrm{II}}$。先导级的位移范围和控制流量可由表 6-3，图 6-5，图 6-6(a)求得，见图 6-8。该图沿用已规定过的定义，但统一了符号，令 p_x 为控制腔的控制压力，p_A 为液桥的输入压力。

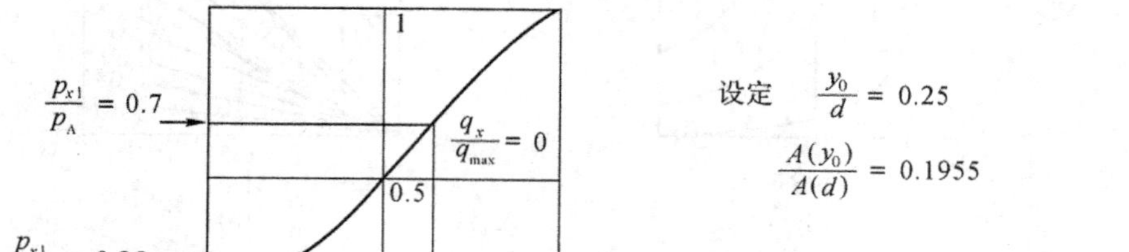

图 6-8 利用阀口无因次特性推算阀口的工作范围

若设计时选定 $y_0/d=0.25$，则上述两个工况都将在小开度而控制流量很小。很明显，选择的 y_0 不同，则得到的结果也不一样。

圆孔阀口A型半桥的无因次特性曲线簇，也可利用表 6-3 和图 6-3，但 y/y_0 均需用 $A(y)/A(y_0)$代替。值得注意的是，已介绍的A型半桥是由两个预开口量为 y_0 的可变液阻构成的。如果先导阀由两个零遮盖的可变液阻构成，阀芯向任一方向移动时，只有一个阀口打开，另一阀口关闭。这种先导级的无因次特性曲线，只是单个阀口特性的叠加，见图 6-9。

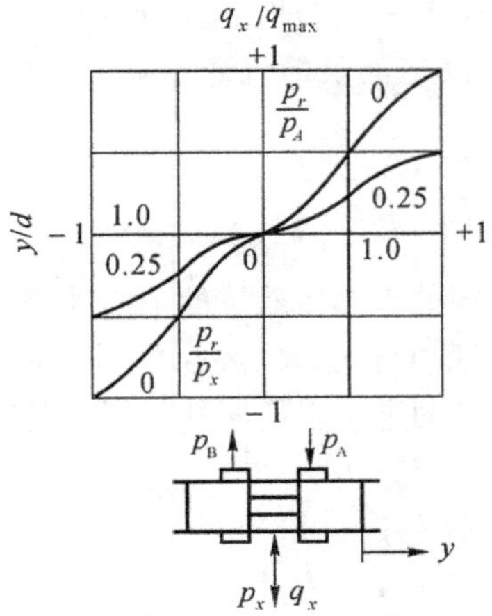

图 6-9　圆孔阀口零遮盖先导滑阀的无因次特性

6.5　锥阀式先导级

现有的压力控制阀，采用锥阀作先导级的占大多数。锥阀的优点是关闭时密封性好，加工方便；但是锥阀阀芯的导向条件差，增加导向结构又使尺寸和重量增大。单个锥阀相当于单边控制阀，只能用于单臂可变液压半桥，通常是 B 型。

锥阀阀口的通流断面是一个圆台表面，是阀芯位移 y 的非线性函数。锥阀阀口通流面积的无因次数学表达式为

$$\frac{y}{A_{ymax}}=\frac{y}{y_{max}}\left(\frac{\frac{d}{y_{max}}-\frac{\sin 2\beta}{2}-\frac{y}{y_{max}}}{\frac{d}{y_{max}}-\frac{\sin 2\beta}{2}}\right) \tag{6-17}$$

相应的面积增益表达式为

$$\frac{dA(y)}{dy}=\pi d\sin\beta\left(1-\sin 2\beta-\frac{y}{d}\right) \tag{6-18}$$

由式可见，y_{max}值不同，面积增益也因之而异。但与圆孔阀口先导滑阀相比，在小开度范围的面积增益总是比较大，即使锥阀的实际工况将 y_{max}取得很小，其相对面积增益亦大于 1。

锥阀阀口的流量增益$\frac{\partial q_y}{\partial y}$和压力增益$\frac{\partial \Delta p}{\partial y}$的表达式，可参照式(6-13)和式(6-14)，其形式相同，只是面积增益以式(6-18)代入。

6.6　先导液桥中的液阻

先导液桥常用的可变液阻有滑阀、锥阀和喷嘴挡板三类。它们的共同优点是，结构和工艺上容易构成可变的小通流断面，改变通流断面的控制力和调节行程都较小。从液阻特性来看，滑阀、锥阀和喷嘴挡板三者都属于锐边节流孔型。流量公式按式(2-7)，阀口流量系数见图 2-12。

先导液桥中的固定液阻，最常用的是短管型节流器。理论上推荐采用薄壁锐缘孔口，着

眼于其流量系数在较大程度上不受黏度或油温变化的影响。从工艺性出发，采用圆柱形节流孔尤为普遍。与可变液阻一样，固定液阻的流量压降关系按式(2-7)计算，其流量系数见图2-11。

6.6.1 固定液阻的工作点

如图6-10所示，液阻R_3可能处于先导液桥的不同部位，如图(a)所示情形，先导流量通过R_3；如图(b)所示情形，先导流量不通过R_3，根据液阻流量公式(2-7)，可绘得图6-11所示的Δp与q关系曲线。图中表示了固定液阻的两种不同工况，用正弦信号表示q_R，Δp的变化情况。

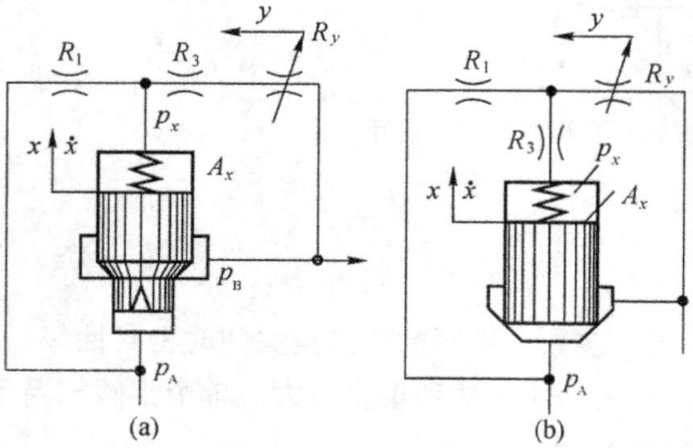

图6-10 动态液阻R_3的位置

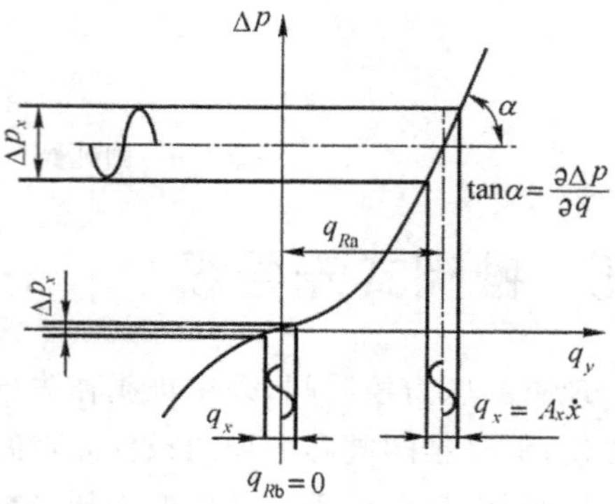

图6-11 固定液阻的工作点

若固定液阻工作在零流量附近，则流量压差增益很小；而在如图(a)所示情形下工作时，其流量压差动态增益较大。故在用作阻尼液阻时，导入稳定流量即可使固定液阻工作于图(a)位置以提高增益。

6.6.2 动态阻尼

比例控制阀被控参数可能因为负载的突然变化，或系统工作循环而产生急剧变化。此时，阀的功率级位移，将对脉冲或阶跃信号作出响应，先导液桥也将承受一个主阀速度所产生的流量$q_x=A_x\dot{x}$。由于一般阀芯运动时只有很小的阻尼系数，因而很容易引起主阀和先导阀的振荡。为了加强阻尼作用，在先导液桥上附加动态阻尼液阻，或利用液阻两侧压力对先导阀运动进行动压反馈。

如前所述，动态液阻的设置位置对动态阻尼效果影响很大，由图6-11中可知，图6-10所示的两种动态液阻在相同动态流量$q_x=A_x\dot{x}$下所引起的压差变化幅度是大不相同的，显然图(a)的阻尼效果较好。

值得注意的是，参照先导液桥构成的基本原则，图6-10(a)中动态液阻R_3与可变液阻R_y串联成当量可变液阻，其增益则低于未串入动态液阻R_3时R_y本身的增益。可见，图(a)的布置动态阻尼效果好，但影响了稳态特性；图6-10(b)所示布置的动态阻尼效果差些，但它对稳定特性不产生影响。

6.6.3 动压反馈

仅利用动态液阻的压差使主阀芯运动获得阻尼的方案，还不能对先导阀起反馈作用。一种新型压力阀采用了压差负反馈方案，见图 7-15。由于先导滑阀差动面积上的液压力，与推杆上液压力直接进行比较，故为直接检测反馈；动态时，液阻 R_3 两侧压力分别作用于先导阀芯的两端，于是构成动压差一力反馈。先导阀芯的力平衡方程为

$$\text{稳态}\quad F_{EM}=a_0(p_1-p_y)+(a_1-a_2)p_y+F_{sy}+F_{fy}=a_0p_1+F_{sy}+F_{fy} \tag{6-19}$$

$$\text{动态}\quad F_{EM}=a_0(p_1-p_y)+a_1p_y-a_2p_x+F_{sy}+F_{fy}=a_0p_1-a_2(p_x-p_y)+F_{sy}+F_{fy} \tag{6-20}$$

比较两式可知，动压负反馈将使先导阀口关小，这就进一步加强了动态阻尼作用，并在先导级和功率级之间，建立了级间速度反馈联系。这种动压反馈方式，大大提高了压力阀的稳定性。图 11-11 中 R_2，也在先导压力阀与二级阀 5 之间实现动压负反馈。

6.7　液压半桥实例

在液压阀与液压泵的先导控制油路中，几乎到处可见各种形式的液压桥路，尤其是液压半桥。但在实际油路中的液压桥路的表现形式，及其运行条件，又往往与本章前几节讨论的情况不尽一致。本节列举若干半桥实例，进一步介绍半桥的实际应用，以利于对控制器件工作原理和特性的综合与分析。

6.7.1　A 型半桥

图 6-12 所示为电液比例节流阀工作原理图。结构原理上有两个特点：一是内含位移力反馈闭环；二是先导控制油路采用增益较高的 A 型半桥。两可变液阻的变化，同受输入控制信号 y 的控制。液阻 R_3 实现了先导级与主级之间的动压反馈。

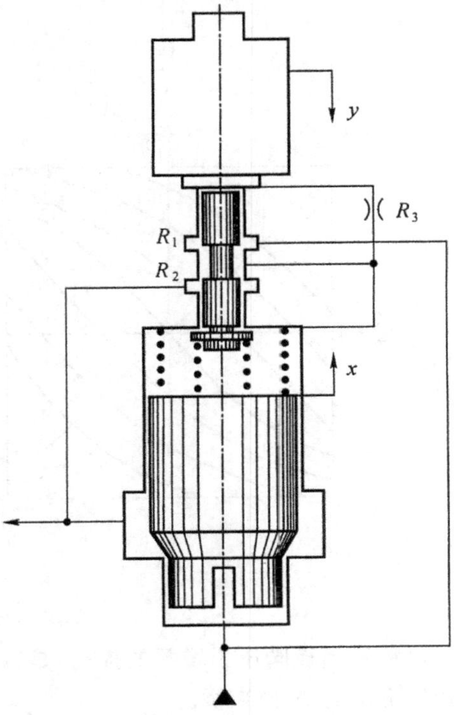

图 6-12　A 型半桥的比例节流阀

6.7.2　B 型半桥

(1)输入液阻串联

图 7-10 所示为传统先导式比例溢流阀，由图可见，与输入信号相关连的为可变液阻，即先导阀口 R_y。由于液桥的控制信号从液阻⑥与 R_y 之间引出，根据液桥构成的基本原理可知，液阻⑤与液阻⑥串联而成输入固定液阻。

从结构上考虑，当用一只固定液阻其孔径太小，而容易引起阻塞，就可用两只甚至多只液阻串联的方式。

(2)先导流量稳定器

图 7-22 所示的电液比例减压阀，先导控制油引自阀的进口，并在先导油路中设置了流量稳定器。此流量稳定器的阀芯端面与阀套上的

一排周向小孔 R_2，构成了受固定节流孔 R_1 前后压差变化和弹簧力共同制约的可变液阻。其干扰输入是减压阀进口(即液阻 R_1 进口)压力的变化，当进口压力升高时，流量稳定器阀芯就向关小 R_2 通流面积方向移动，从而增大输出液阻阻值，使此 B 型半桥的输出压力，即作用于弹簧腔的压力升高，从而使固定液阻 R_1 前后的压差保持不足。其进一步的分析参见第 7 章。

(3)并联 B 型半桥

图 6-13 所示为双喷嘴挡板式先导级，它是两个 B 型半桥的并联。并联 B 型半桥的特性曲线是两个 B 型半桥特性曲线的综合，具有良好的对称性和线性。与单喷嘴挡板的典型 B 型半桥特性相比，其压力增益增加一倍而流量增益相同。并联 B 型半桥的参数 q_1 就是单个 B 型半桥的输出流量 q_x，但是 p_L 却是两个 B 型半桥输出压力 p_{x1} 与 p_{x2} 之差。

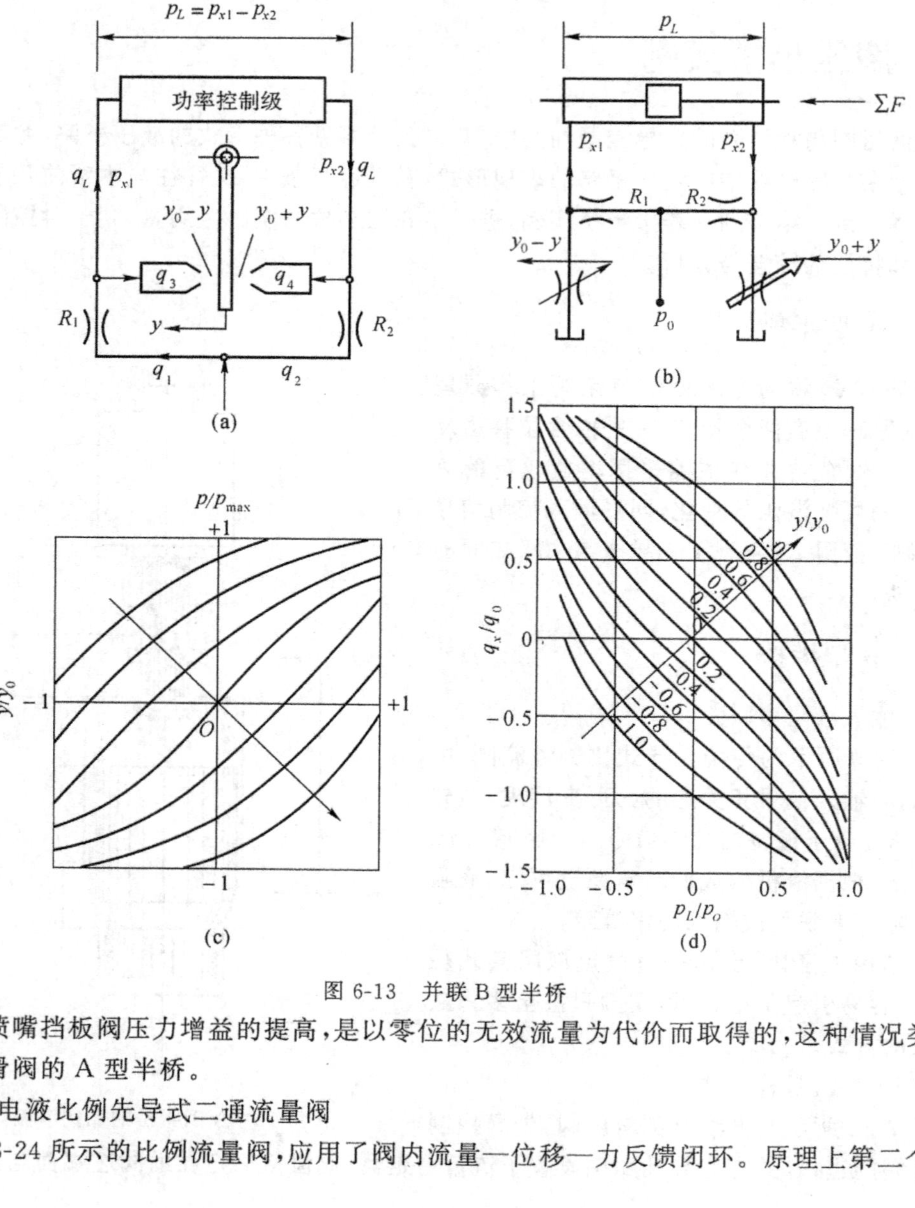

图 6-13 并联 B 型半桥

双喷嘴挡板阀压力增益的提高，是以零位的无效流量为代价而取得的，这种情况类似于预开口滑阀的 A 型半桥。

(4)电液比例先导式二通流量阀

图 8-24 所示的比例流量阀，应用了阀内流量—位移—力反馈闭环。原理上第二个特点

是，通过液阻 R_3 实现了先导级与主阀之间的动压负反馈。就其先导控制油路而言，是典型的B 型半桥，可变液阻 R_y 受输入信号的控制。

如图示，先导液桥的回油引至负载之前。可见，当负载发生变化时，液桥的工作压差就改变，从而影响液桥的压力增益（式(6-8)）和流量增益（式(6-10)）。如果将过了先导阀口的先导控制油直接引回油箱，则能保持液桥的工作压差为常数。

(5)电液比例三通流量阀

(6)特殊的 B 型半桥

图 6-14 所示是用来测定二通插装阀开启和关闭特性的试验油路。试验系统为定压供油，控制腔压力由二位二通电磁阀切换，关闭时 $p_x=p_A$，开启时，$p_x=p_V=0$。它的先导液阻网络中，R_V 相当于 B 型半桥的固定液阻，二路二通电磁阀相当于只有开关作用的可变液阻，R_s 为动态液阻。

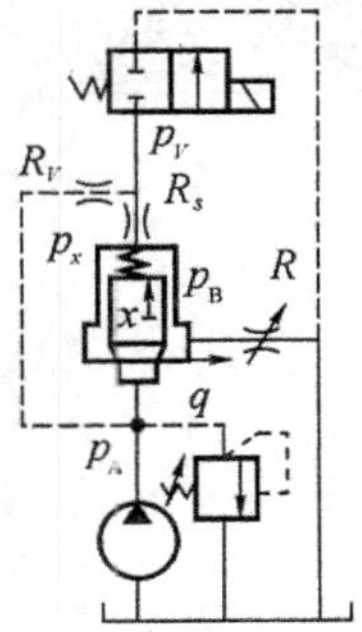

图 6-14　可变阻尼

第 7 章

压力阀与比例压力阀

随着电液比例控制技术的发展，对应常规液压控制阀，一般都有相应的电液比例阀。在压力阀范畴的电液控制阀中，最常见的是比例溢流阀与比例减压阀两大类。由于本章所涉及的一些重要内容还与常规的压力阀密切相关，所以，定名为压力阀与比例压力阀。

7.1 压力阀的类型

不论是单功能阀，还是复合功能和容积控制中的压力控制件，都可以从不同的角度进行分类。

按功能可分为溢流阀、减压阀等；

按功率大小可分为直控（直动、直接作用）式、先导式；

按控制原理可分为直接检测式、间接检测式；

按反馈方式可分为普通式（不带电反馈）、压力电反馈式、位移电反馈式；

按结构形式可分为滑阀式、锥阀式、喷嘴挡板式、（盖板）插装式、螺纹插装式。

表 7-1 给出的是比例压力阀的基本分类。表 7-2 给出了先导式比例压力阀的基本类型。

在下面的各节中，将主要从功能与特性的工程实用角度，考察各种形式阀件的设计原则、性能特点、适用范围和系统应用等相关问题。

表 7-1　电液比例压力阀的基本分类

<table>
<tr><td rowspan="6">电液比例压力阀</td><td rowspan="2">电液比例溢流阀</td><td colspan="2">直动式比例溢流阀</td><td>一般直接称直动式比例溢流阀为电液比例压力阀，因为它既可以做先导式比例溢流阀的先导级也可以做先导式比例减压阀的先导级，并根据它是否带电反馈决定先导式阀是否带电反馈；还用于恒压泵等变量泵控制系统</td></tr>
<tr><td colspan="2">先导式比例溢流阀</td><td>多配置手调直动式压力阀作为安全阀。当比例阀输入电信号为零时，可起卸荷阀的作用</td></tr>
<tr><td rowspan="4">电液比例减压阀</td><td rowspan="2">二通减压阀</td><td>直动式</td><td>不常见</td></tr>
<tr><td>先导式</td><td>新型结构的先导油引自减压阀的进口，并加先导流量稳定器（定流量阀）</td></tr>
<tr><td rowspan="2">三通减压阀</td><td>直动式</td><td>常以双联形式作为比例方向节流阀特别是比例多路阀的先导级，并常以构件形式用于汽车自动变速箱等控制系统中</td></tr>
<tr><td>先导式</td><td>新型结构的先导油引自减压阀的进口</td></tr>
</table>

表 7-2　先导式比例压力阀的基本类型

溢流阀			
(a)	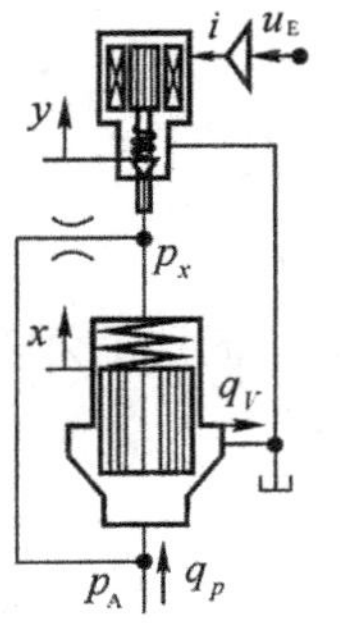	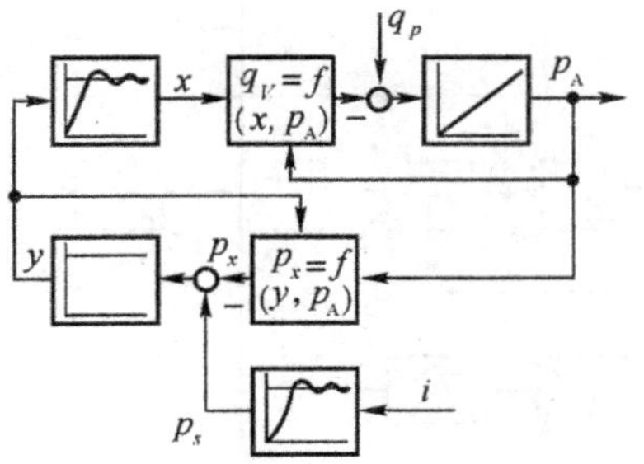	间接压力检测
(b)	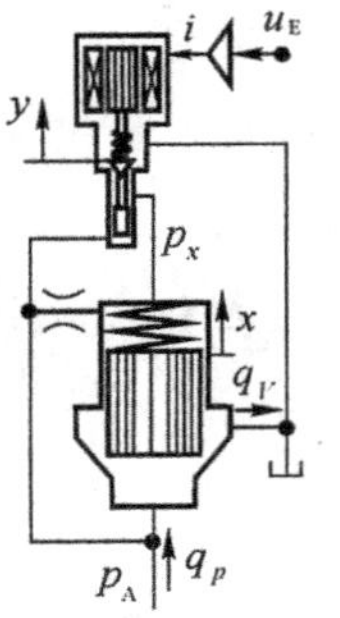	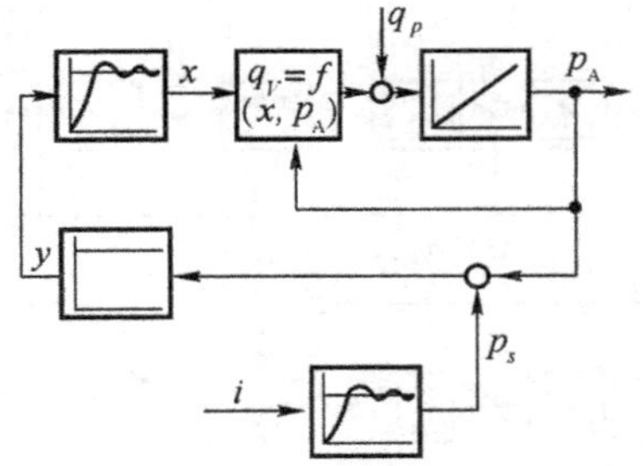	直接压力检测
(c)	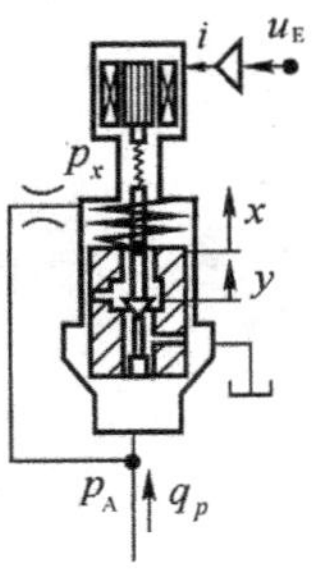	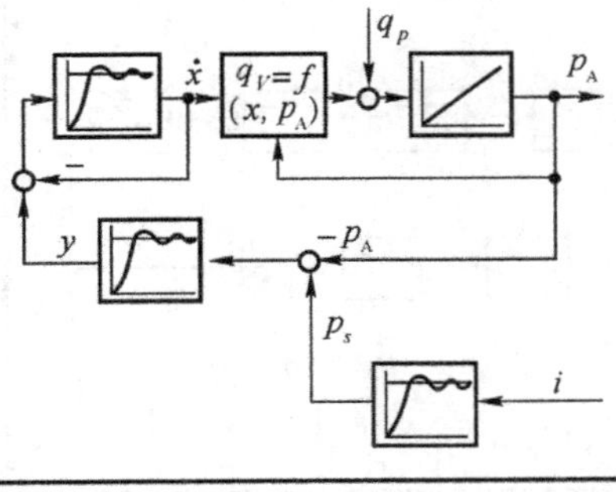	直接压力检测和位置随动
(d)	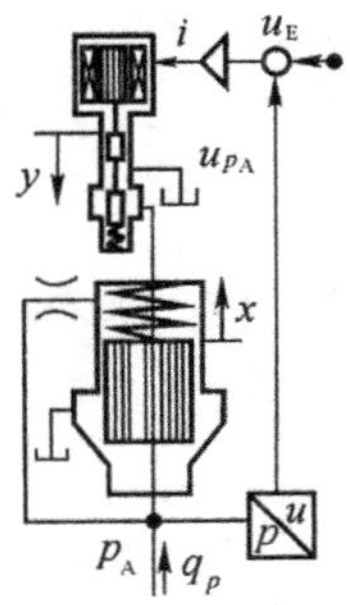	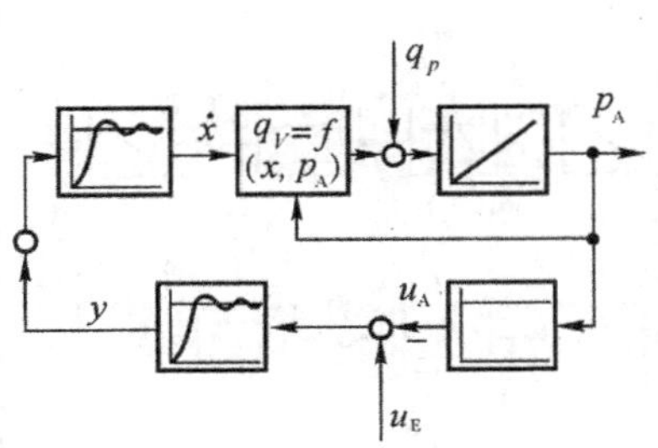	压力电检测

续表

<table>
<tr><th colspan="3">减　　压　　阀</th></tr>
<tr><td>(a)
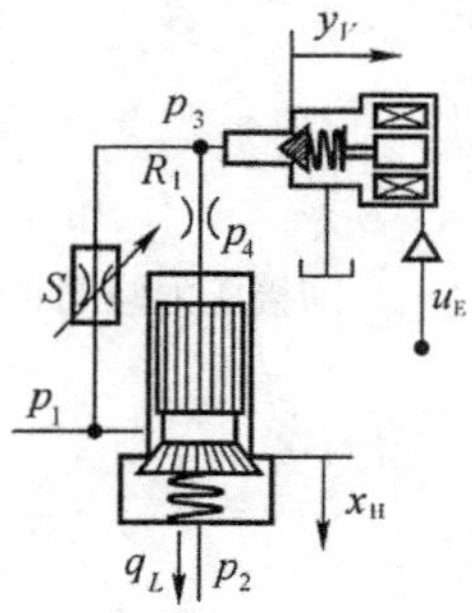
</td><td>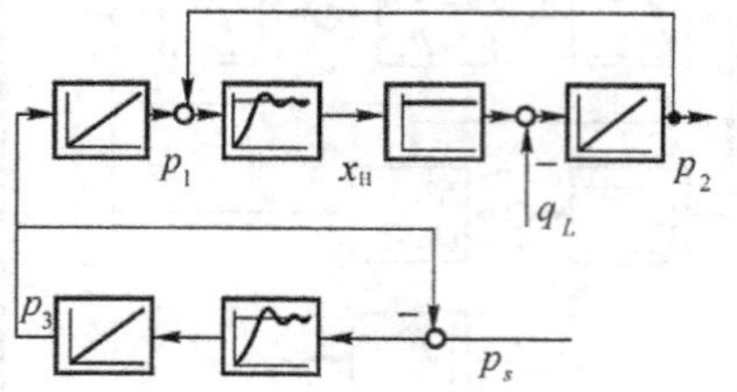
</td><td>间接压力检测
(进口引油)</td></tr>
<tr><td>(b)
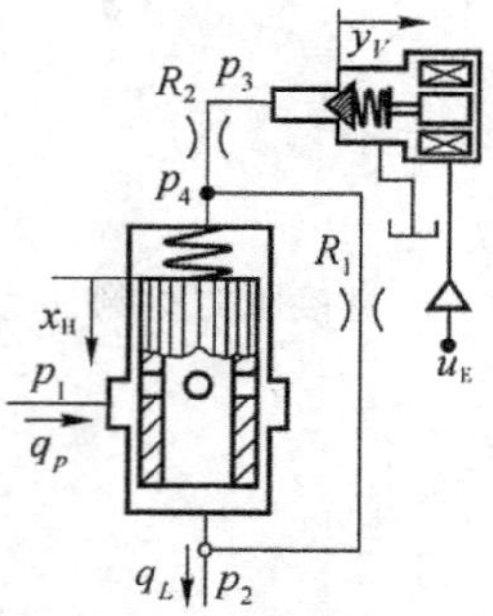
</td><td>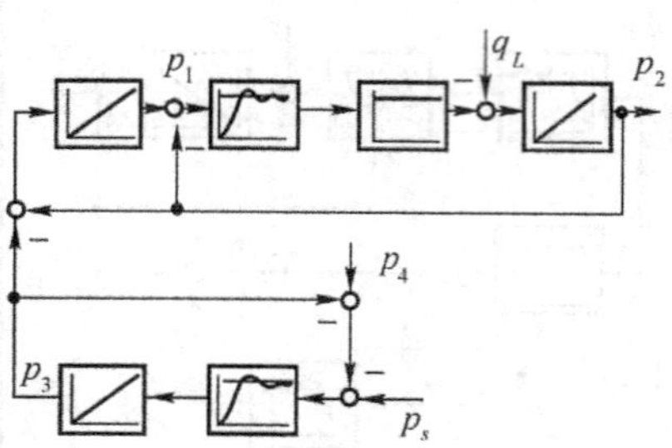
</td><td>间接压力检测
(出口引油)</td></tr>
<tr><td>(c)
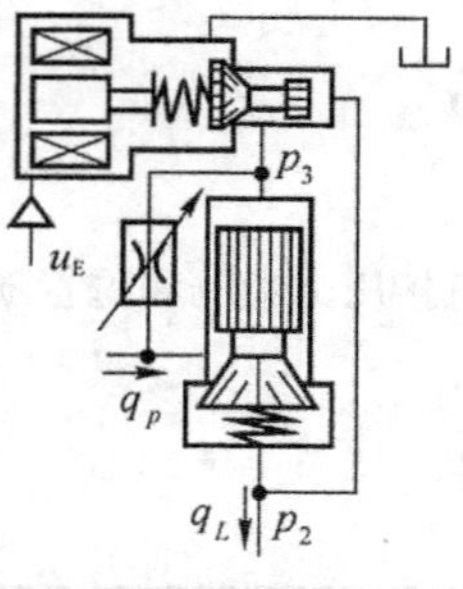
</td><td>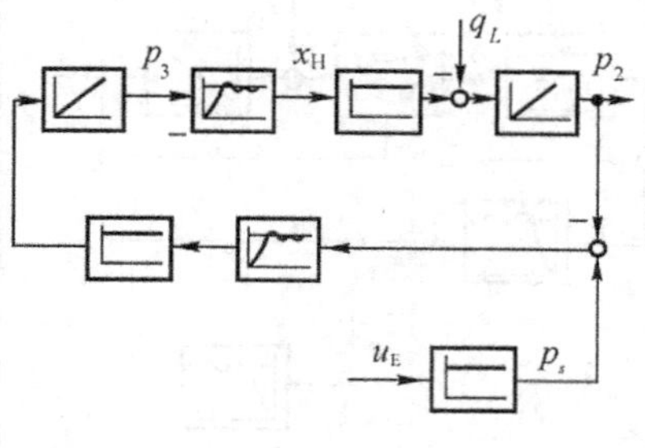
</td><td>直接压力检测</td></tr>
<tr><td>(d)
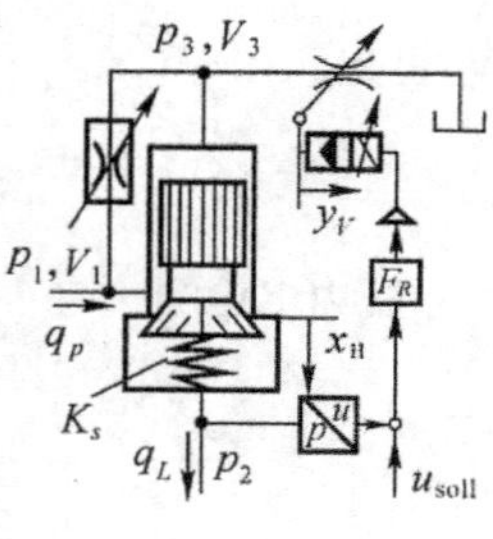
</td><td>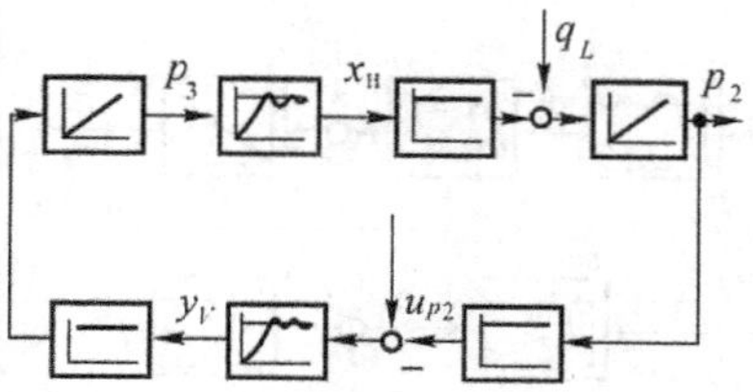
</td><td>压力电检测</td></tr>
</table>

7.2　溢流阀的功能特性与典型结构

比例溢流阀的结构，基本上与常规手动调节溢流阀相同。两者的主要不同点在于，比例阀中用比例电磁铁取代常规阀中的调压弹簧调节装置。在先导式比例溢流阀中，还常配有手调安全阀。

7.2.1　溢流阀的基本功能

常规溢流阀的基本功能可归纳为以下几点。

(1)定压：稳定系统压力；与节流或调速元件配合，实现阀控系统流量调节。

(2)安全保护：保护液压系统不过载。

(3)卸荷：当液压系统不需要压力油时，油液通过主阀口低压流回油箱。

对比例阀而言，其控制功能较常规阀有明显的增强，在系统中不但可稳定系统压力为一定值，而且可根据工况要求无级地快速改变系统压力。比例阀不用加二位二通电磁阀就具备了卸荷功能。更进一步，比例溢流阀还可以根据需要构成闭环压力反馈控制。在与其他控制器件构成复合控制方面，例如塑机行业常见的 pq 阀(压力控制与流量控制的组合)等，也显出其结构紧凑、控制便利等优越性。

7.2.2　直接作用式比例溢流阀

如表 7-1 所示，直接作用式比例溢流阀具有多重功能。图 7-1、图 7-2 和图 7-3 所示分别为不带与带电反馈的两种基本类型。图 7-2 所示的结构与常规结构相似，比例电磁铁的输出推力通过弹簧传递给阀芯。而在图 7-1 的结构中，比例电磁铁的推杆直接推动阀芯使其与输入电信号成比例的电磁力与阀座孔口处的轴向液压力相平衡。关键点在于电磁铁具有水平吸力特性，即在给定电流后，动铁(以及由它直接推动的阀芯)可以在工作行程内(例如

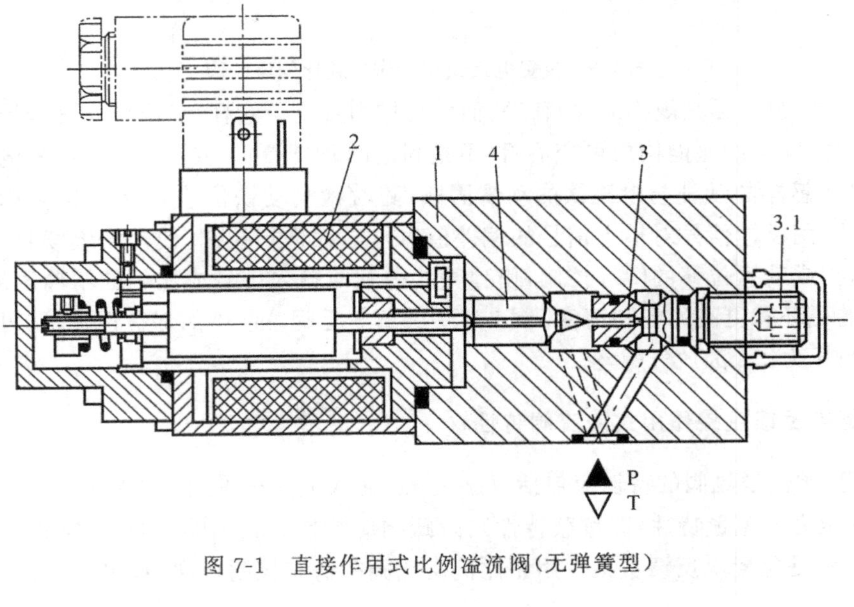

图 7-1　直接作用式比例溢流阀(无弹簧型)

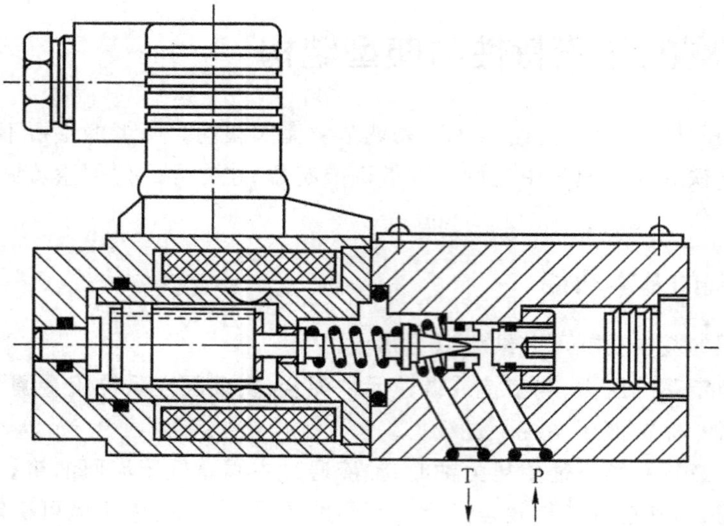

图 7-2 直接作用式比例溢流阀(有弹簧型)

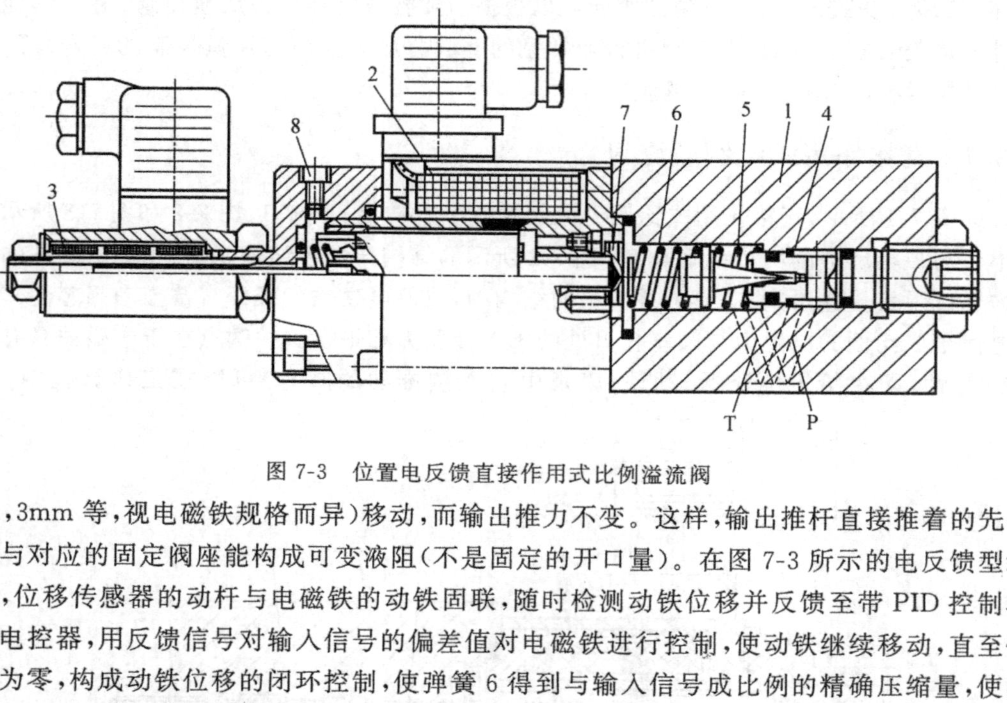

图 7-3 位置电反馈直接作用式比例溢流阀

2mm，3mm 等，视电磁铁规格而异)移动，而输出推力不变。这样，输出推杆直接推着的先导阀芯与对应的固定阀座能构成可变液阻(不是固定的开口量)。在图 7-3 所示的电反馈型结构中，位移传感器的动杆与电磁铁的动铁固联，随时检测动铁位移并反馈至带 PID 控制单元的电控器，用反馈信号对输入信号的偏差值对电磁铁进行控制，使动铁继续移动，直至偏差值为零，构成动铁位移的闭环控制，使弹簧 6 得到与输入信号成比例的精确压缩量，使阀达到更小的磁环和更高的控制精度。图 7-3 中弹簧 5 是阀芯前端的保护性弹簧，可降低零电流时的卸荷压力。8 为放气螺丝。

1. 位置电反馈直接作用式溢流阀特性

按常规，比例溢流阀的特性应包括：I-p 特性(输入电流—输出压力特性，即控制特性)、p-q_V 特性(压力—流量特性，即负载特性)、阶跃响应特性和频率响应特性，如图 7-16 所示。而图 7-4 所示是位置电反馈直接作用型比例溢流阀的稳态控制特性。对照图 7-16、图 7-1、图

7-2、图 7-3、图 7-4 及相关样本资料，可以分析得出若干要点。

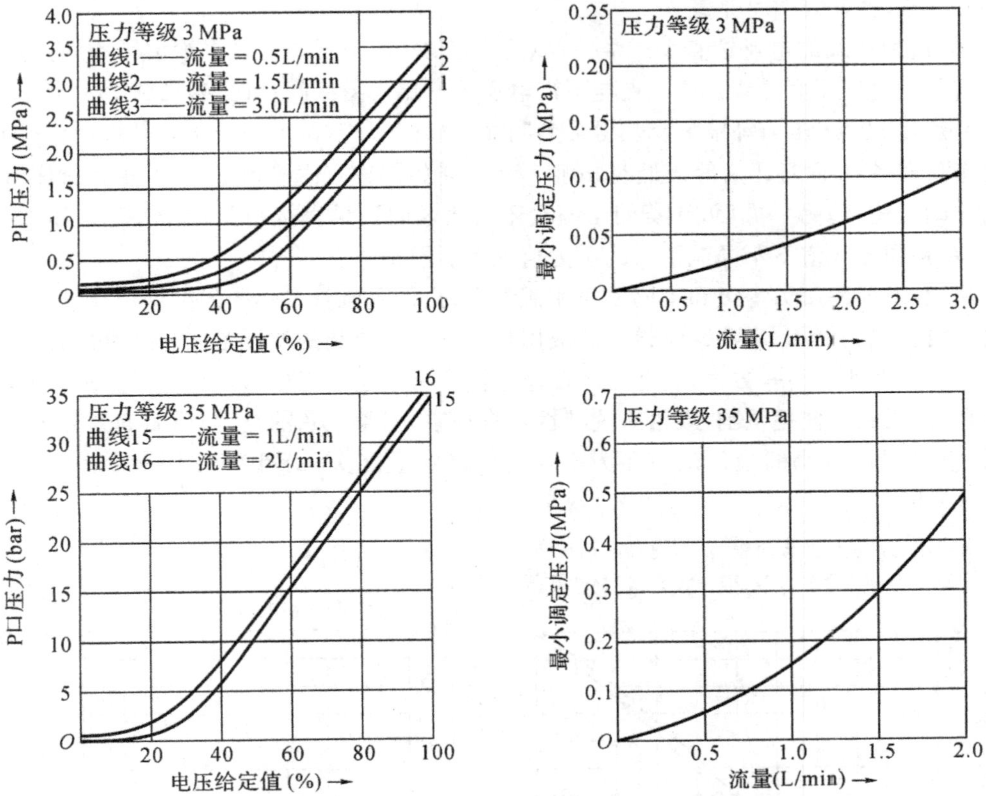

图 7-4　位置电反馈直动式比例溢流阀控制特性和最低调节压力

(1)阀可区分为例如 4，8，18，20，25，31.5，35(MPa)等不同的压力等级。这一点对于满足不同用户要求、提高控制精度和运行可靠性是至关重要的。如图 7-4 所示，一般比例阀的控制特性，都有约 20%～25%的零位死区。例如对于最高使用压力为 8MPa 的系统(参见图 7-6)，如果选用 31.5MPa 压力等级的溢流阀，则其有效控制电流仅为 152mA，只占整个控制范围的 25%左右；如果选用 10MPa 压力等级的溢流阀，则其有效控制电流可达 480mA，并留有一定的余地。与此相类似，对于比例节流阀、比例流量阀和比例方向节流阀和比例方向流量阀等控制器件，就存在合理的流量分级的问题。这一点，对于比例系统用户很重要，也是元件生产厂家服务于用户、提高社会效益所必须努力而为的。如果上述例子是用于特殊系统，或者是有一定批量的系统，经供求双方协定，可以考虑设定 8MPa 的压力等级，使其有效控制电流达到 600mA。

(2)比例阀不同压力等级的工程实现不能像传统压力阀那样，用更换不同刚度的调压弹簧实现，而是依靠改变阀口孔径来达到。由于不同压力等级的阀外形尺寸相同，加上不同规格比例电磁铁的最大输出力不是成倍地增大，所以不同压力等级的溢流阀，常采用相近甚至相同规格的比例电磁铁。这样，这类比例阀不同等级的最大调节压力，就只能依靠改变阀孔(对先导式而言为先导阀孔)的直径来达到。像图 7-1 所示的直动式阀，电磁铁推杆与阀芯之间干脆就没有弹簧，改变阀座孔直径实现不同压力等级的方案就是唯一的。另外，请认真思考一下，在图 7-2 的结构中，更换不同刚度的弹簧，能否实现不同的压力等级？这根弹簧到底起什么作用？像图7-3所示的位置电反馈直动式溢流阀的动铁推杆与阀芯之间，是否可以像图7-1那样，也省去中间弹簧6？

(3)这种形式的电反馈直动式溢流阀(见图7-4)，每个压力等级里给出了不同流量下的输入信号—输出压力曲线。这一点与不带电反馈的比例溢流阀特性(参见图7-5)有所不同。这一区别在30bar压力等级上反映得最为明显。如前所述，对于一个压力等级，有一个确定的阀座孔直径d，而且压力等级低时，d值较大。在相同输入信号值下，一方面弹簧座有一个精确的确定位置；另一方面，弹簧的压缩量还与通过的流量直接相关，流量越大，压力越高。所以，在相同输入值下不同流量时的压力值就有所差别。

(4)在不同的压力等级和不同的溢流流量下，比例溢流阀有不同的最低调节压力。这一点往往被忽视。例如，有些系统设计者或用户常提出溢流阀的调压范围要从零压开始，这显然是不尽合理的。另一方面，有些生产厂家不注意考核这个指标，以至于最低(最小)调节压力过高，或限制了使用范围，或给系统特性带来损害。值得注意的是，与后面的先导式溢流阀不同，直动式溢流阀的最低调节压力不仅与溢流流量相关，而且与压力等级有关(参见图7-4、图7-5)。

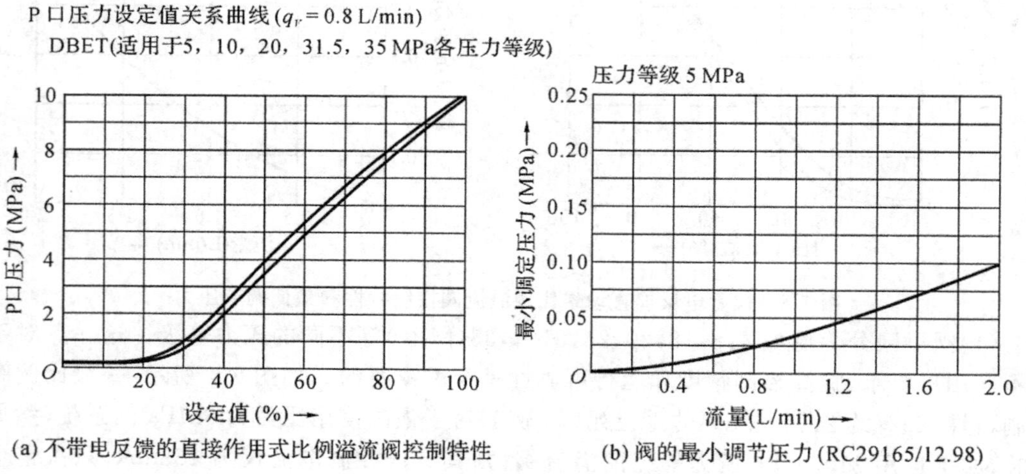

(a) 不带电反馈的直接作用式比例溢流阀控制特性　　(b) 阀的最小调节压力(RC29165/12.98)

图7-5　不带电反馈的比例溢流阀特性

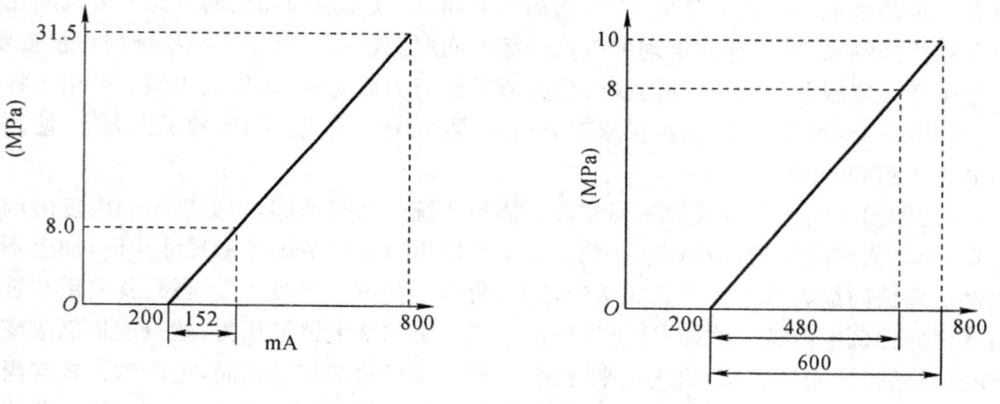

图7-6　溢流阀压力的合理分级

2. 直接作用式溢流阀特性的分析结果

根据图 7-7 溢流阀原理图和相关结构，经过分析和简化，可以得到以下的主要结果。图 7-8 是其传递函数框图。实际的溢流阀在阀口前后可能设置 R_1 或 R_R，或者两者兼有，或全不设置。同时，还存在带或不带位置电反馈的不同方案。这些情况，都应在传递函数框图中增减相关项。例如，不带衔铁位移电反馈时，就应去掉 Δy_1 至 Δu_1 之间的 K_{xy}项。分析结果的主要结论有：

（1）直动式比例溢流阀可以简化为一个典型的三阶系统，其开环传递函数为

$$G(s)=\frac{k_{s1}/(k_{s2}+\alpha_0 R_G k_{qy})}{(\frac{s^2}{w_{sm}^2}+\frac{2\zeta_{sm}}{w_{sm}}s+1)} \tag{7-1}$$

（2）这种阀的响应特性受到两个方面的制约，即衔铁组件质量和等效弹簧刚度将决定二阶环节的固有频率，而管路容腔的大小将决定一阶环节的折转频率。

（3）开环放大系数中包括弹簧刚度、液阻配置、阀口参数，均为设计时要选择的主要参数。

（4）阀的稳态特性方程为

$$\Delta p_e=\frac{k_1 k_{qp}}{\alpha_0 G_0}\Delta i+\frac{k_{s2}+\alpha_0 R_G k_{qy}}{\alpha_0 G_0 k_G k_{py}}(\Delta q_p-\Delta q_L) \tag{7-2}$$

由于多数系数都与阀口变量的非线性函数有关，再加上液动力的干扰作用，因此，其控制特性、压力流量特性都会有一定的非线性误差。

（5）带位移电反馈时，将使二阶环节的固有频率提高，增益下降。直控式比例溢流阀的传递函数中不带积分环节，是一个典型的有差系统。无论是信号输入，还是干扰输入，都会引起稳态误差，即使带位移电反馈也不能避免。但是电反馈方案使稳态精度提高，稳定裕度增加，改善了动静态特性。

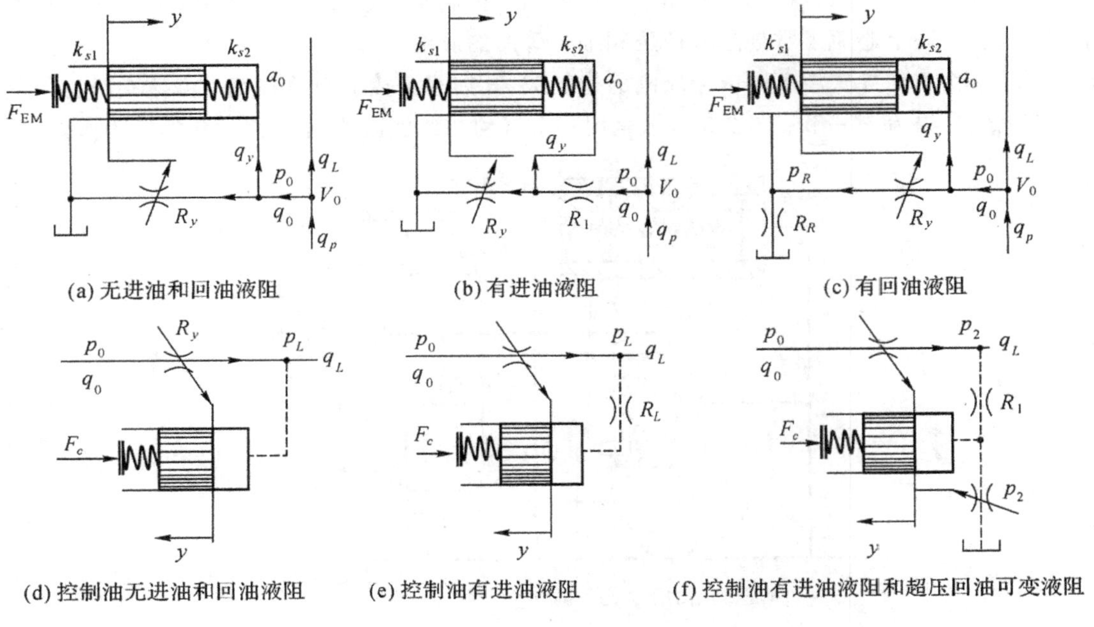

图 7-7　直控式溢流阀与减压阀原理图

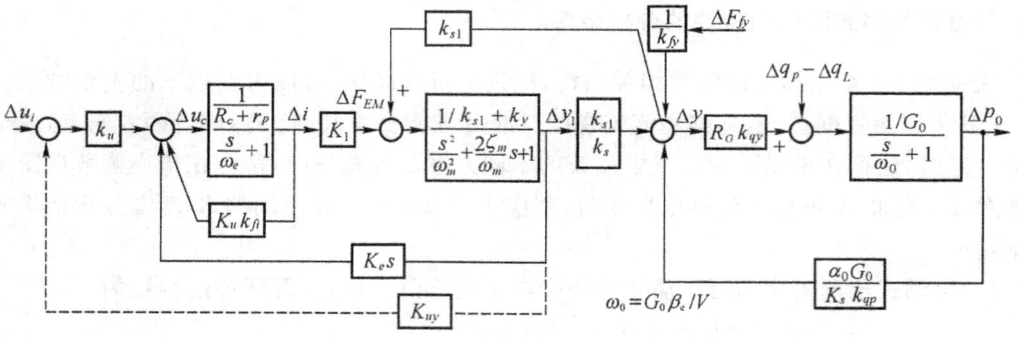

(a) 直控式比例压力阀的传递函数框图

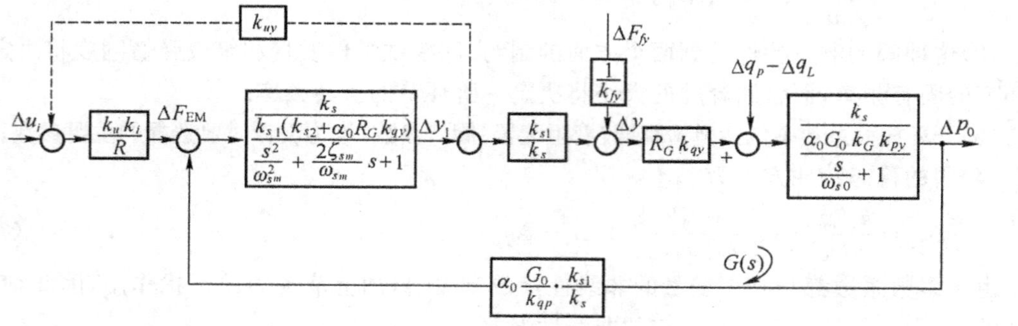

(b) (a)图的简化

图 7-8　直控式比例溢流阀的传递函数框图

3. 直接作用式比例溢流阀使用特点

(1)可单独作为压力控制器件用于开环或闭环控制系统。在系统中阀直接安装在被控元件或装置上,完全避免了常规远程调压阀细长管路的影响。

(2)常作为先导式溢流阀或减压阀的先导级。其油路连接上与单独作为溢流阀时有所差别,参见先导溢流阀一节。图 7-9 所示是用一个直动式比例溢流阀 1(称为比例压力阀,参见

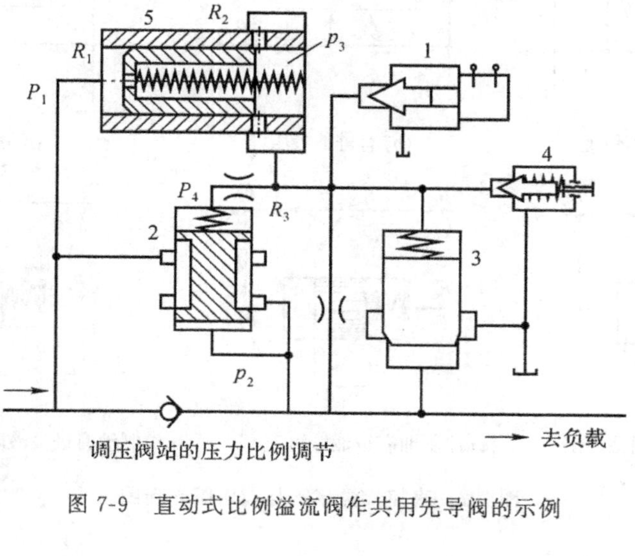

图 7-9　直动式比例溢流阀作共用先导阀的示例

表 7-1)作为一个常规减压阀 2 和一个常规溢流阀 3 公用先导级的组合控制单元，这种组合单元起到了电液比例先导式三通减压阀的作用，用于某钢铁连铸设备的调压站。通过调节比例压力阀的电流，改变减压阀的输出压力 p_2。由于比例压力阀调节线性好，范围宽，重复精度高，保证了连铸坯材质量的稳定。减压阀出口配置的并联溢流阀 3，同样受比例压力阀的控制，其手调安全阀 4 设定压力略高于减压阀的输出压力。并联的溢流阀用于保护系统，免遭由于负载突变或比例电磁铁上异常尖峰电压引起的压力突然升高之害。

(3)常作为容积比例控制的压力控制元件，参见第 11 章比例控制液压泵。

7.2.3　传统(间接检测)型先导式比例溢流阀

从检测反馈原理的角度，可以将先导式溢流阀区分为传统的系统压力间接检测型(如图 7-10 所示)和新型的系统压力直接检测型(如图 7-15 所示)两大类。传统先导式溢流阀原理上所谓的间接检测，是指与输入信号相比较的不是所要控制的系统压力，而是经过先导液阻之后的中间压力。所谓的系统压力直接检测，指的是与输入信号相比较的正是所要控制的系统压力。这种原理性的区别将给阀的特性带来明显影响。

1. 先导式比例溢流阀的典型结构

(1)图 7-10 所示结构的主要特点

1) 先导液桥中 5,6 两个液阻为液桥输出点以前的串联液阻，串联的主要目的是可以加大单个液阻的直径，以提高加工精度，并防止污染物堵塞；

2) 液阻 7 为在半桥输出油路上对稳态特性无影响、阻尼效果较弱的动态阻尼液阻；

3) 配置(局部放大部分)手调安全阀 13，是避免受到突然干扰时输入电信号突然升高的不利影响，和突然停电时的应急控制阀芯运动；

4) 12 处为先导油单独引回油箱的接口，这是这种比例阀的特殊点，主要点是若将先导回油引回主回油口，主回油的压力波动易使阀运行失稳；

5) 先导阀中，采用电磁铁推杆直接推动(参见直动式比例溢流阀一节的分析)；

6) 总体结构上，先导阀芯轴线与主阀芯轴线垂直布置。

(2)图 7-11 所示典型结构的主要特点

主阀为滑阀结构，主阀体采用方向阀阀体；先导阀芯与主阀芯在同一条水平轴线上，主要用于小通径(6 与 10)阀。图中还表示了附加手动应急推杆、防止阀芯周向旋转的插销(油液切向流动对非全周阀口可能产生转动力矩)。

(3)图 7-12 所示典型结构的主要特点

先导级带电反馈，主阀为插装阀结构。先导阀芯与主阀芯轴线相互平行，与图 7-10 结构相比便于主阀检修。

2. 先导式比例溢流阀的若干特性

图 7-10(b)表示了先导式比例溢流阀的负载特性和最低调节压力特性，其控制特性与图 7-5(a)表示的直动式比例溢流阀相似。从这些特性曲线和阀的结构，可以引出下述几个值得加以研究的问题。

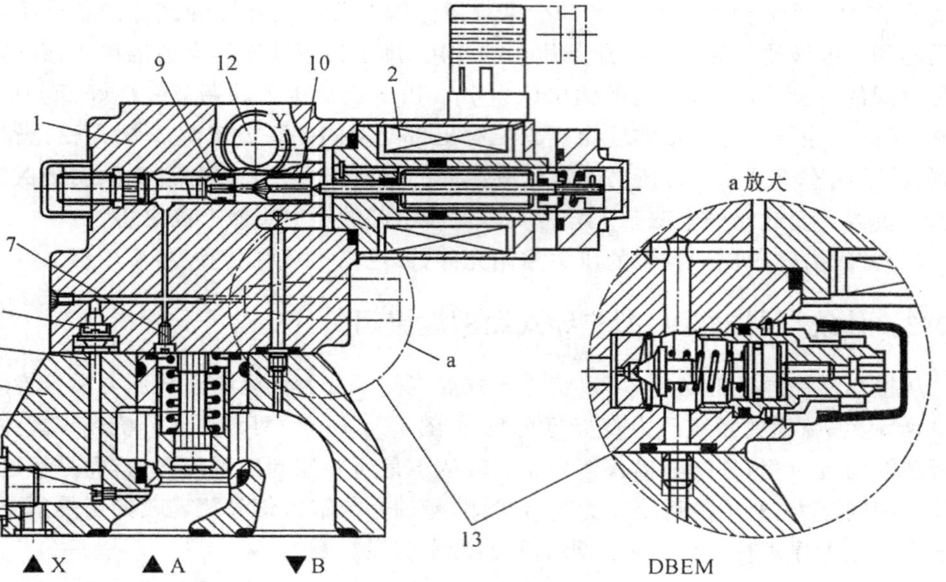

(a) 典型结构

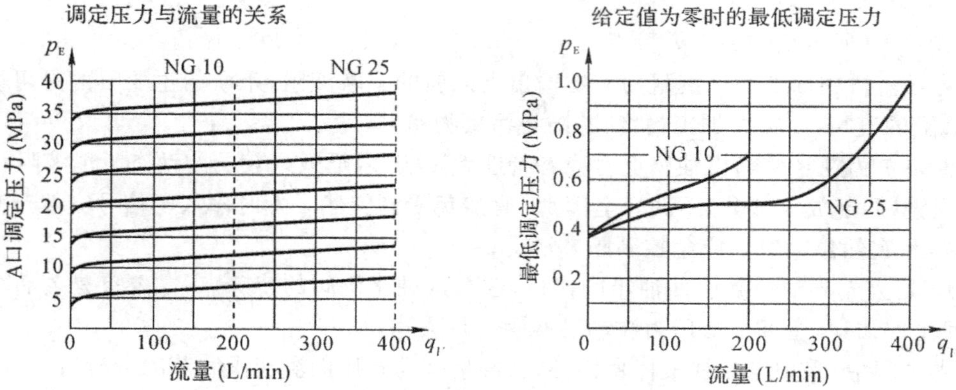

(b) 负载特性与最低调节压力特性

图 7-10 先导式比例溢流阀典型结构之一

(1)导阀与主阀功能上的分工。从液桥的角度看,主阀敏感腔(主阀上部弹簧腔)是先导液桥的控制对象,依靠先导液桥的输出压力与流量对主阀的工况进行控制;从在系统中的实际功能看,先导阀主要承担调节系统压力,主阀主要承受调节系统多余流量的功能。实际上,各种不同流量规格的溢流阀(比例溢流阀也如此),都是用同一种控制流量仅 2L/min 左右的直动式阀作先导级。正因为如此,图 7-5(a)所示控制特性曲线,既适用于先导级,也适用于不同流量规格的先导式溢流阀。

(2)与直动式阀一样,每一种流量规格的阀,都区分不同的压力等级。如前所述,这既可提高其调节精度,又可提高运行可靠性。

(3)与直动式阀一样,控制特性一般有占总调节范围 20%左右的零位死区。这是所有单向调节电液比例阀的共同特点。这是有别于伺服阀、伺服比例阀,使比例阀对抗各种因素引起的零漂而中位可靠停留并降低比例阀成本所必需的。当然,零位死区也给阀用于除速度闭

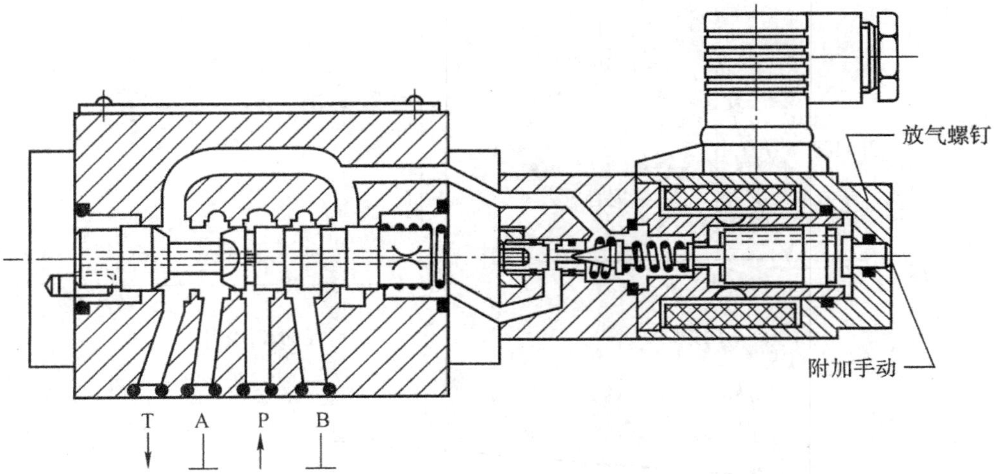

图 7-11　先导式比例溢流阀典型结构之二

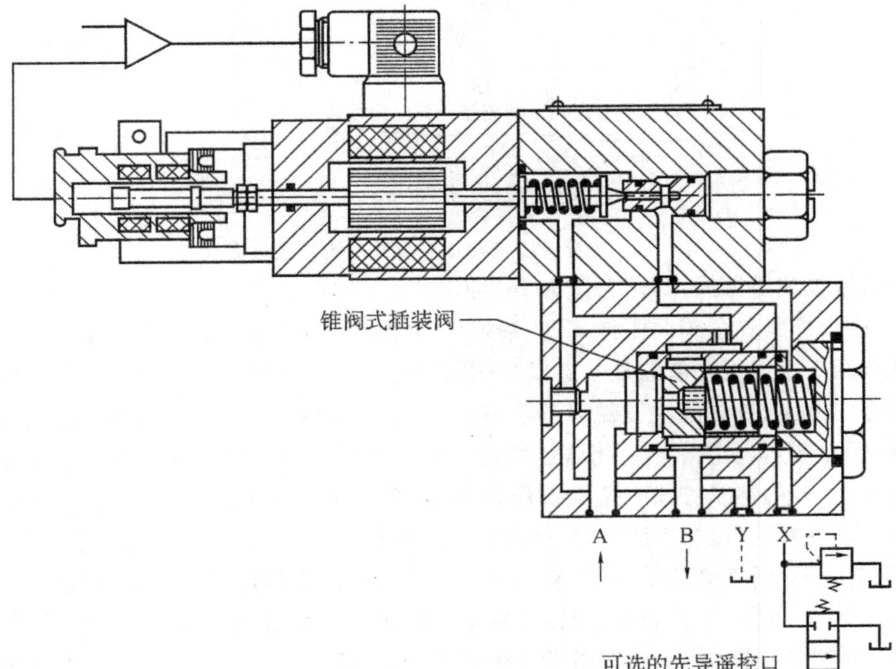

图 7-12　先导式比例溢流阀典型结构之三

环以外的其他闭环系统，带来一定的技术难度。

3. 负载特性与功率域

(1)溢流阀负载特性的几种表示方式(见图 7-13)

1) 启闭特性。这是以往行业标准规定的对溢流阀质量的一个检验项目。测试系统很简单(参见图 2-5，其中阀 2 常闭)，泵流量调为被试溢流阀的额定流量，泵出口管路上只并联装有系统安全阀 3 与被试溢流阀 4。首先关闭安全阀，将被试溢流阀压力调到额定值(全部

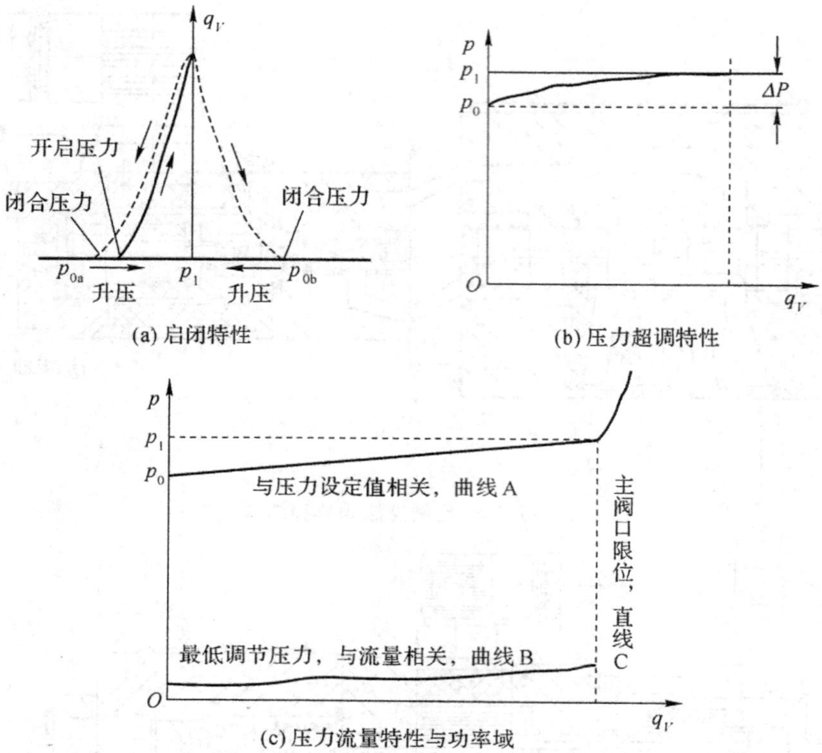

图 7-13 先导式溢流阀负载特性的不同表示方式

额定流量通过被试溢流阀，其压力值为 p_1，即以 p_1 为调定值，参见图 7-13）。然后，全部打开安全阀，再逐步拧紧安全阀调压弹簧，使系统压力逐步升高。当系统压力快达到但还未达到被试溢流阀调定压力值之前的某一定值时（开启压力 p_{0a}），溢流阀已经开始少量溢流。随着安全阀压力的升高，被试阀溢流流量逐步增大，直至安全阀全部关闭，全部额定流量通过被试溢流阀，压力到达调定值 p_1。闭合压力的测试过程为：在安全阀完全关闭，全部流量通过被试溢流阀状态下，逐步拧松安全阀调压弹簧，使系统压力慢慢降低，此时被试溢流阀的溢流量也逐步减少，直到比开启压力略低的某一定值（闭合压力 p_{0b}）时，被试阀才全部关闭。以往，对不同类型、不同规格的溢流阀，都有区分产品等级的具体启闭压力考核数据。

2）压力超调。试验系统同上，但以被试溢流阀刚刚开始溢流的压力值为阀的调定值，即以 p_0 为调定值（参见图 7-13）。当阀通过额定流量时，系统压力将升高到 p_1。两者的差值就是阀的压力超调 Δp。

3）流量压力特性。在设定好溢流阀的调定值（实际上为 p_0）后，记录下随着溢流流量增加系统压力的升高，直至溢流阀主阀口几何限位为止的曲线 A——流量压力特性。

通过以上的介绍，如果暂时不考虑其他因素，可以看到，这 3 种表示方式要说明的问题是一样的，即都说明溢流流量对系统压力的影响程度。其差别主要在于，图(b)与图(c)是以溢流量最小时的压力为溢流阀的设定压力，而图(a)则以溢流量最大时的压力为溢流阀的设定压力。其次，在启闭特性中区分了开启特性与闭合特性。实际上，开启特性曲线与闭合特性曲线表现的是滞环特性，以(b)和(c)两种方式，同样可以得到，只是没有像启闭特性那样以具体指标形式提出。可见，不应该将这 3 种表示方式理解成溢流阀的 3 个特性。

(2)溢流阀的功率域

将表示溢流阀负载特性的压力流量特性曲线和最低调节压力与流量关系曲线，画在一张图上，就可以得到溢流阀的功率域图形(图 7-13(c))。图中由曲线 A、曲线 B、主阀口限位直线 C 和纵坐标所包围的区域，就是溢流阀的功率域。

1) 很显然，压力流量特性曲线与具体的压力调定值相关，并受溢流流量的影响(曲线 A)。

2) 最低调节压力曲线仅与溢流流量相关，而与压力调定值(曲线 A)无关。这一点与直动式溢流阀有所差别。对于先导式溢流阀，最小流量时的最低调节压力不等于零。

3) 关于主阀口限位线。从溢流阀的基本工作原理看，可以讲先导式阀控制压力的功能主要取决于先导阀，通过溢流流量的功能在主阀，即主阀口这个可变液阻用来适应溢流流量的变化。随着溢流流量的增大，开始阶段阀口轴向开度还能不断增大。进而，当阀开口度的增大不能与溢流流量增大相适应时，最低调节压力与系统压力就较明显提高。最后，当开口度达到几何极限，主阀口这个可变液阻变成固定液阻时，溢流阀就失去了溢流稳压功能。可见，只要在图示的功率域范围内的任何点上，溢流阀都能起到其溢流稳压的作用。

4) 功率域概念有其重要的现实意义。按传统溢流阀额定流量的概念，国内产品 10 通径高压溢流阀的额定流量一般为 40 L/min。而图 7-10(b)表明，按功率域概念，10 通径溢流阀可以用到 200 L/m，是额定流量的 5 倍，最大流量时的最低调节压力 0.7MPa。对于不少系统而言，较高的最低调节压力或许并不会影响系统的工作特性，或者可以采取其他措施降低。这样，最大溢流量 200 L/m 的系统就可选用 10 通径的溢流阀，而按传统额定流量的概念，可能就要选 32 通径，甚至更大规格的阀。可见，引入溢流阀功率域概念，就能充分发挥阀的控制作用，又使阀的尺寸大为减小。

综上所述，可将溢流阀功率域定义为溢流阀能起溢流稳压功能的正常工作区域，由阀的压力流量特性曲线(上限 A)、阀的最低调节压力线(下限 B)和阀的最大流量限位线(右限 C)所包容。

(3)溢流阀的流量压力特性的特殊应用

如图 7-14 所示，当 q_{V1}不变时，对具有不同压力流量特性的溢流阀，分别有确定不变的 p 值(p_1, p_2, p_3)。也就是说，对任何一个溢流阀而言，只要其溢流流量不变，其所稳定的系统压力就是一个不变的确定值。

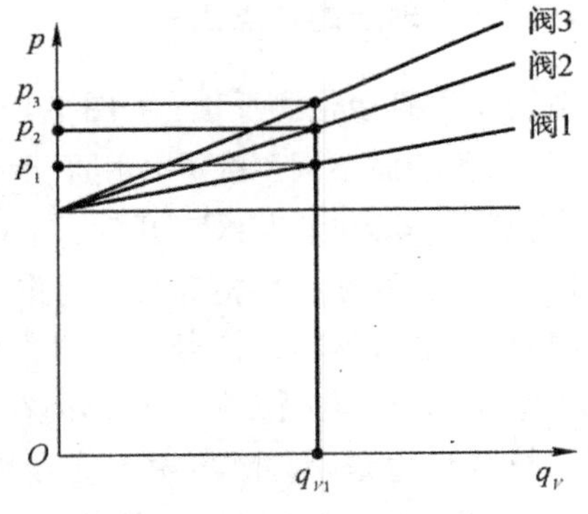

图 7-14　溢流阀流量压力特性的特殊应用例

在一些机构中，例如 Rexroth 公司的出口压力补偿器中，就利用这个特性来使一定的溢流阀所稳定的压力不变。其前提条件是，通过各种技术手段使通过溢流阀的流量不变。这往往可以利用 B 型半桥原理，设计出在进口压力变化情况下，保持流量不变的一些实用控制器件。

4. 配手动安全装置

如图 7-10 所示，为配置手动安全阀；如图 7-11 所示，配置手动应急推杆，以备在紧急情况时避免系统产生不应有的高压，从而保护系统。

7.2.4　直接检测式比例溢流阀

直接检测式比例溢流阀的差异点主要在先导级，参见图 7-15。这种阀最显著的特点是其 p-q_V 特性曲线较间接检测式有较大改善，溢流流量变化对设定压力的干扰基本被抑制，图 7-16 是其典型特性曲线。其次，是稳定性好，基本消除长期无法解决的压力阀啸叫现象。这些优良特性的获得，是由于其工作原理较常规阀有了突破。

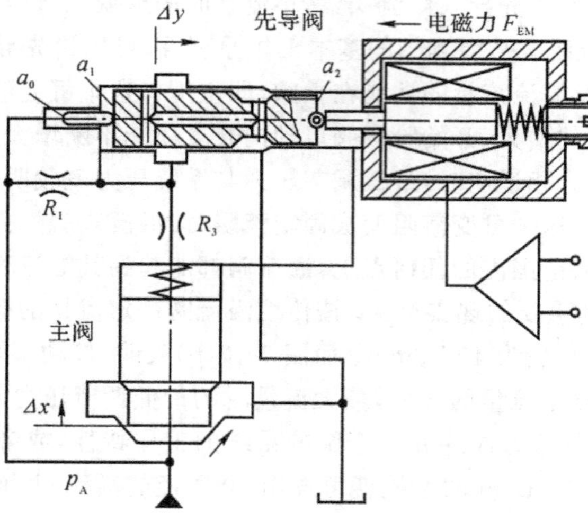

图 7-15　直接检测式溢流阀油路原理图

1. 控制原理上的特点之一

系统压力直接检测反馈。如图 7-15 所示，面积为 a_0 的反馈推杆和面积差为 a_1-a_2 的差动滑阀，在各端面不同压力的作用下，产生向右的液压力。此液压力与比例电磁铁推力 F_{EM} 比较，决定了阀芯位置与阀口开度。由于 $a_0=a_1-a_2$，稳态时 F_{EM} 直接与 a_0p_A 进行比较，构成直接检测反馈，故称直接检测式。通俗地讲，溢流阀在系统中的作用就是在排出系统多余流量的同时，能维持与输入信号相对应的系统压力不变。在图 7-15 中，溢流阀所企图维持的压力 p_A，就是与输入电磁力相比较作用在 a_0 上的压力。而图 7-17(a)所示的传统溢流阀，系统希望维持的压力是 p_A，而与输入信号相比较的压力不是 p_A 却是过了液阻 R_1 之后的压力 p_Y。这一情况，在表 7-2 溢流阀部分的(a)与(b)两栏中，用信号流图进行了对比。对于图7-15 所示的直接检测型，阀的输出变量 p_A 通过反馈推杆对先导液桥输入 y 构成了负反馈，阀在本质上是一个闭环系统。因此，阀的干扰输入影响得到充分抑制，主阀与先导阀稳态液动力的影响大为降低，从而大大提高了稳态进度，具有很小的调压偏差。

2. 控制原理上的特点之二

引入级间动压反馈。这里指的是油路上配有液阻 R_3，形成了先导阀与主阀之间的动压反馈。在稳态时，先导滑阀两端(a_1 与 a_2)压力相等；动态时，液阻 R_3 上有压降，滑阀两端压力不相等，产生附加液压力，此负反馈力帮助 F_{EM}操作阀芯移动，其构成的级间动压负反馈作用比单采用一个动态液阻的效果强得多，阀的稳定性大为提高。

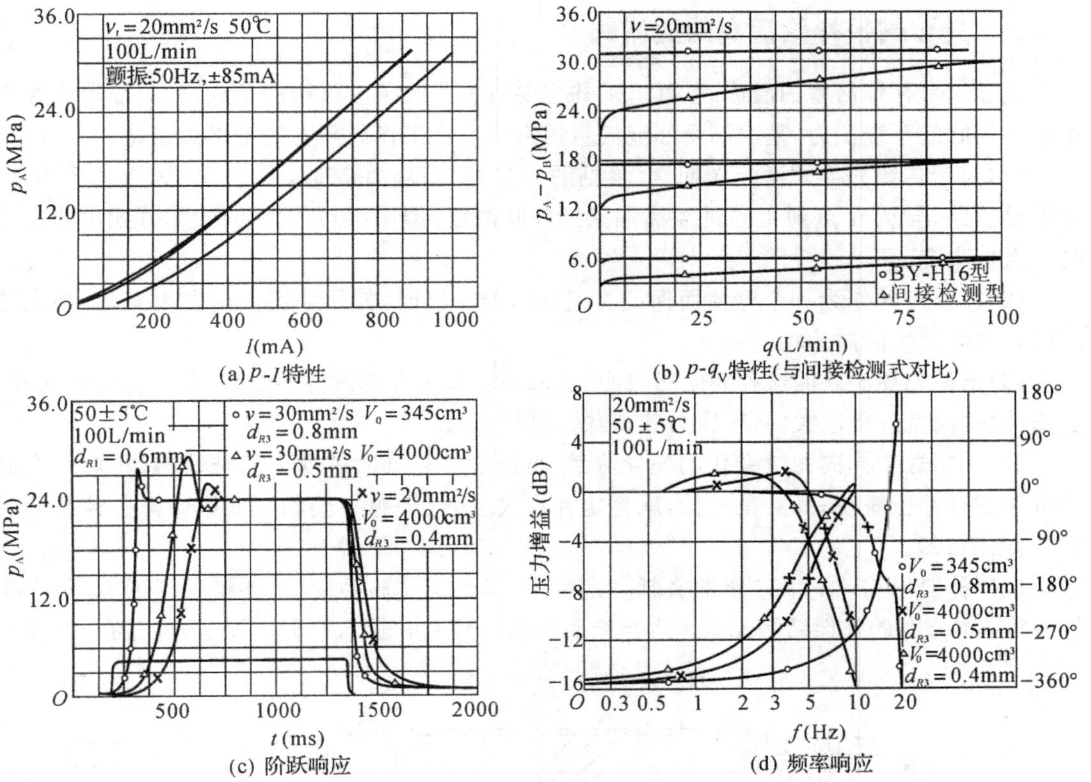

图 7-16　直接检测式比例溢流阀的特性曲线

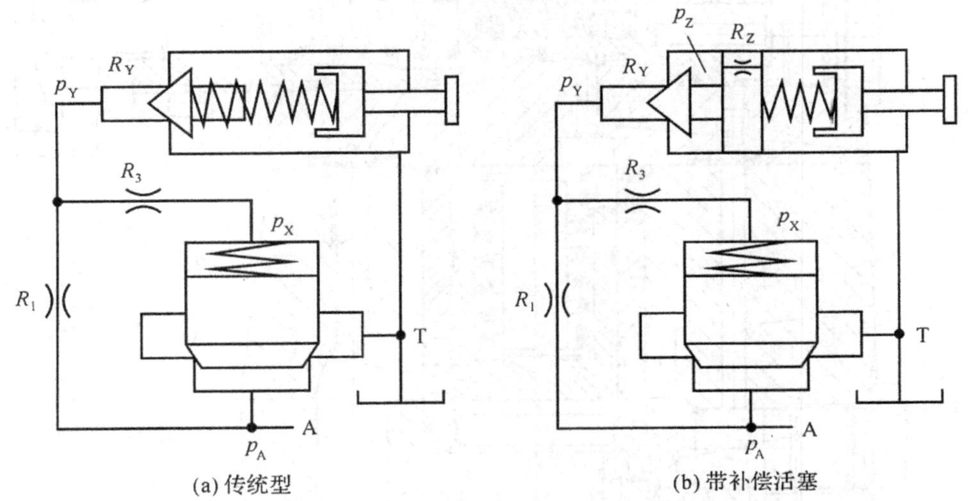

图 7-17　先导阀带补偿活塞型与传统型油路原理图的对照

3. 控制原理上的特点之三

阀的响应性能可调。这是由于差动滑阀端面对动态液阻 R_3 上的压降有转换放大作用，故调整液阻尺寸即可很方便地调节阀的响应性能指标。

7.2.5 先导阀带补偿活塞的溢流阀

先导阀带补偿活塞的溢流阀，其追求的主要目标是改善溢流阀的负载特性，即溢流阀工作时所控制的系统压力，基本不受液流流量的影响。在工作原理上的基本思路是：

(1)对于传统先导式溢流阀而言(参见图 7-17(a))，从油路基本原理看，从 A 点到 T 点的先导油路，与从 A 点到 T 点的溢流油路是并联油路。因而，两条油路流量的分配由两条油路的阻抗决定。

(2)在溢流阀作为一个整体而保证溢流稳压的功能时，如果溢流流量发生变化，则先导流量必然会发生同向的相应变化。

(3)正是先导流量的这种同向相应变化，成为引起压力流量特性曲线(负载特性曲线)的上翘(随着溢流流量增大，系统压力升高)的主要原因。

(4)利用这个同向相应变化的先导流量，可以设计先导阀芯受力的补偿机构，对压力流量特性进行补偿矫正；既然是补偿，就肯定存在欠补偿、理想补偿和过补偿这样三种补偿后果(见图 7-19)。

这种补偿思路，如 1984 年的文献[61]所示，得到了实验的验证，并经受了近 20 年产品的考验。本方案的补偿结构原始原理与产品结构，分别如图 7-17(b)和图 7-18 所示。简要说

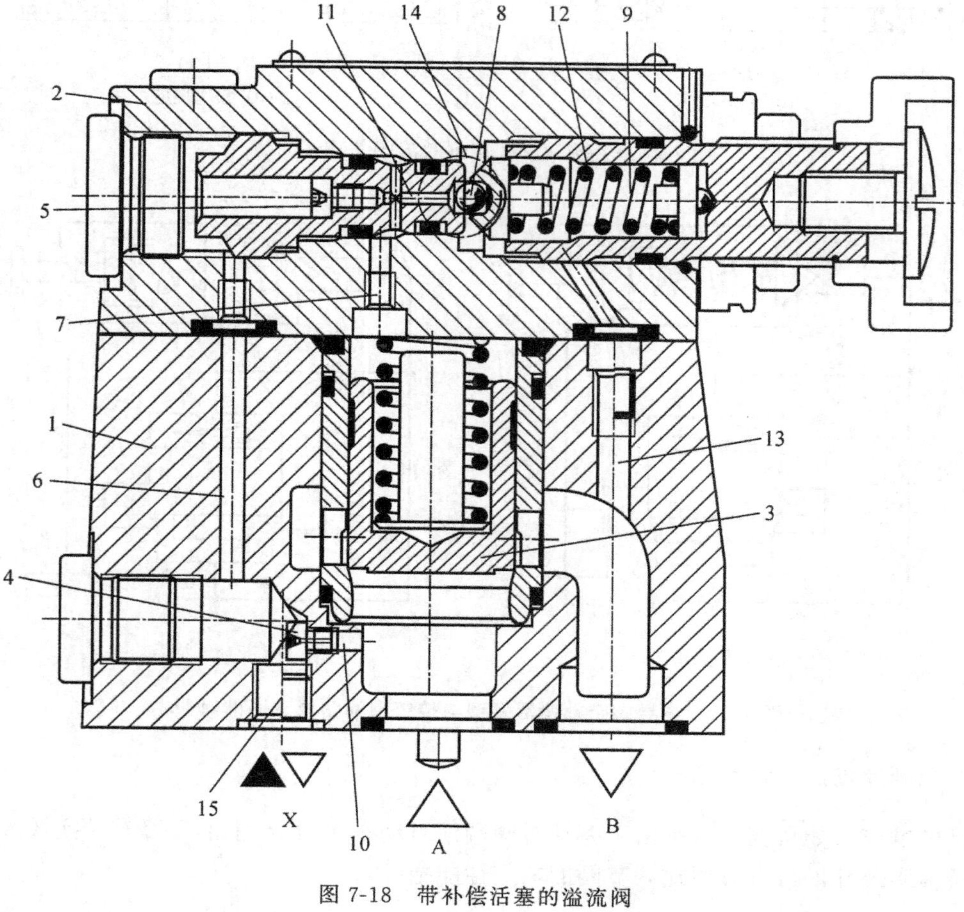

图 7-18 带补偿活塞的溢流阀

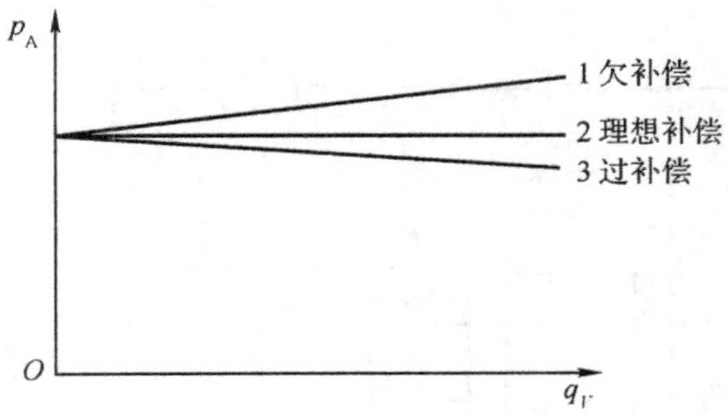

图 7-19　带补偿活塞溢流阀的三种补偿状态

来，其补偿结构的原理流程是：经过先导阀口（液阻 R_Y）的先导油流，还需经过补偿液阻（在原始原理图上为液阻 R_Z，在产品上是先导阀芯与先导阀套之间的环形间隙）后，才引回溢流阀回油口。先导油流在补偿液阻上产生的压降作用于先导阀芯，从而按同向相应原则，改变了先导阀口的开度，实现了特性补偿。

7.3　先导式比例减压阀的功能与典型结构

传统减压阀的功能，是将进口压力减低到调定的出口压力值，进口压力在一定范围内变化时，保持调定的出口压力值不变。比例减压阀的功能与此基本相同，只是由于具有采用电液比例控制后的若干特点，给改善系统特性带来新的途径。这里应该注意的是，通常所讲的比例减压阀，一般指定值减压阀，即受控参数是比进口压力低的阀出口压力，而专门用途的定差减压阀（维持阀进出口压差为常值，主要作为压力补偿器，与节流阀串联构成流量阀）与定比减压阀（进出口压力之比为常值，少见，曾作为串联双级叶片泵的级间压力分配器），不在讨论范围之内。

从功能特点看，比例减压阀主要有二通型与三通型之分；从结构特点看，有直动式与先导式的差别（参见表 7-1）。

7.3.1　先导式二通减压阀特点

(1)运行在支路上：通常运行在与主油路并联完成辅助动作的支路上。

(2)阀口常开：改进型的为常闭，但一来信号就全开（出口未达到调定值时全开）。

(3)控制信号来自出口：在加先导流量稳定器的阀中，先导油引自阀的进口。

(4)输出必有反馈：这点可用来判断是否减压阀及减压阀设计、制造上的问题。

(5)先导油外卸。

(6)稳态工作时，一般主流量为 0。

7.3.2　传统间接检测式（控制油引自阀的出口）

图 7-20 所示是传统先导式减压阀的原理图。由图可见，这种减压阀有如下特点：

(1)先导控制油引自阀的出口，与减压阀的符号图完全一致；

(2)与输入信号相比较的并不是期望的控制参量——阀的出口压力 p_2，而是经过先导液桥输入液阻 R_1 之后的压力。因而，传统减压阀属于压力间接检测式压力阀；

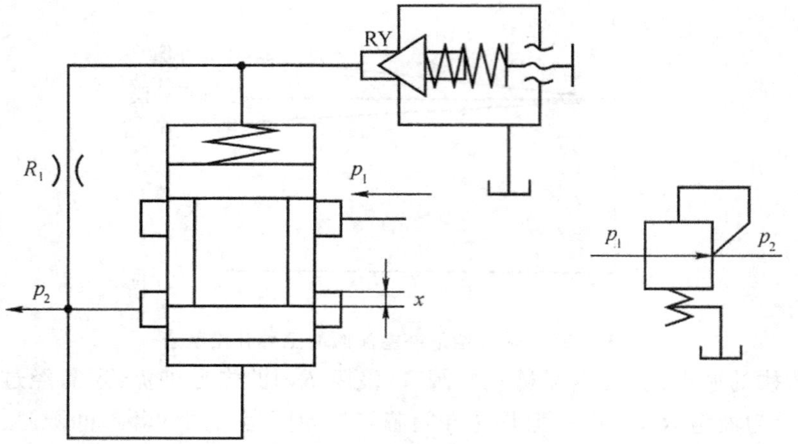

图 7-20　传统先导式减压阀原理图

(3)主阀为常开式,即不加输入控制信号时,主阀口全开,不起减压作用。

压力间接检测的控制原理,决定了这种阀具有较大的稳态调压偏差和较低的响应速度。此外,与后面介绍的三通减压阀相比,当负载腔压力反弹时,无法消除压力峰值,容易引起事故。

7.3.3　带先导流量稳定器的比例减压阀

1. 基本特点与原理

这种阀的典型结构,见图 7-21。其工作原理参见图 7-9,略去图中并联的 3 与 4 组成的溢流阀,就是这里讨论的先导式减压阀。这种阀在结构原理上的基本特征有:第一,与传统方式相反,先导控制油不是引自主阀的出口,而是引自主阀的进口;第二,在先导油路上设置了先导流量稳定器。

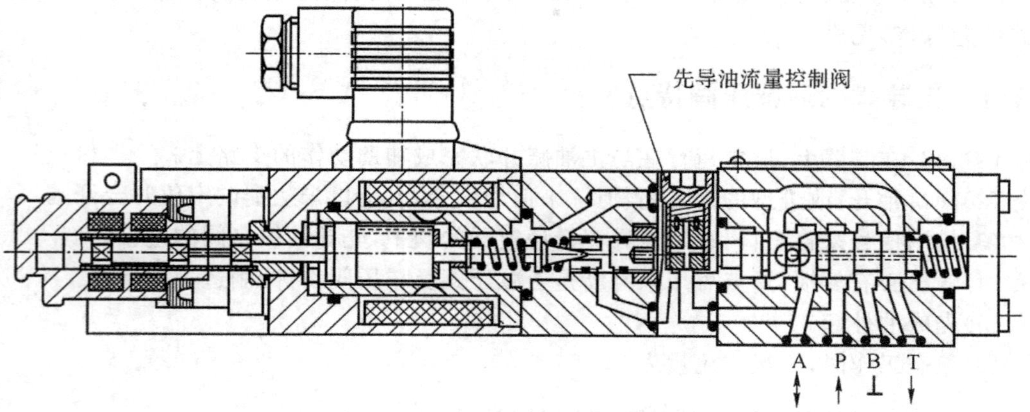

图 7-21　带先导流量稳定器的比例减压阀

这种原理性的安排主要解决减压阀进口压力变化时,其出口调定压力基本不受影响这个稳态特性的主要矛盾。其基本思路可以归纳为:

(1)从主阀受力平衡来看,只要保证在干扰作用下,上腔压力 p_4 不变,出口压力 p_2 就可不变(略去主阀液动力的影响,注意:正常工作时主阀流量基本为零)。

(2)在先导阀给定值不变时,要保证 p_4 不受外界干扰,则从图 7-14 溢流阀流量压力特性的特殊应用例可知,只要通过先导阀的流量保持不变就行。

(3)先导流量稳定器的作用,就是在主阀进口压力变化的情况下,保证流过先导阀的流量不变,从而保证主阀的输出压力不受干扰。

2. 先导流量稳定器的控制原理

从油路图可见,先导流量稳定器实际上是一个按 B 型液压半桥运作的定流量阀。阀芯前端的小孔 R_1,为 B 半桥的固定液阻;阀套后部径向小孔与阀芯后端部,构成 B 半桥的可变液阻。假设,由于主回路工作的需要,进口压力 p_1 升高。这时先导流量稳定器 1 的阀芯,在升高的 p_1 压力作用下离开原来的平衡位置而向右移动,从而关小作为后可变液阻的阀套径向小孔的开度,使液桥的输出压力,实际上也就是作为 B 桥前固定液阻 R_1 之后的阀芯内腔压力 p_3 随之升高。结构设计时,可以做到内腔压力 p_3 的升高与 p_1 相比略有滞后而幅值基本相等,使固定液阻 R_1 前后的压差 p_1-p_3,在进口压力升高时,基本同步地保持不变,从而使先导流量保持不变。

3. 性能改善

对这种阀进行传递函数分析,也得到其性能有所改善的结论:

(1)在信号输入时,阀带有积分环节,是 I 型无差系统,故能提高精度;

(2)在干扰输入时,阀可近似为一阶环节,故稳定性得到提高,但仍有压力超调;

(3)先导阀稳态液动力的影响显著减小;

(4)主阀弹簧腔压缩效应构成的等效弹簧刚度,远比主阀等效弹簧刚度为大,使主阀芯固有频率得以提高。

7.3.4　带先导流量稳定器和消除反向压力峰值机构的比例减压阀

这种 REXROTH 公司的产品(见图 7-22,RD29178/11.98),除了配置先导流量稳定器之外,还设置了消除来自负载腔的压力峰值对系统正常运行的影响的机构,从而增强了系统的安全可靠性。

1. 先导油路

从主阀进口 B 引来先导控制油,经通道 6 进入先导流量稳定器 9,后经通道 7 进入主阀上部弹簧腔,最后到达先导阀阀座 10 的阀座孔。可以将整个先导流量稳定器视为先导 B 型半桥的前液阻,阀座 10 与先导阀芯构成后可变液阻。通过比例电磁铁 2 的输入信号,B 桥给出输出信号,控制主阀上部弹簧腔压力,从而改变阀的输出口 A 处的压力。输出压力作用于主阀芯的端面,作为反馈力。

2. 消除反向压力峰值的机理

由结构原理图可见,此阀为主阀口常开式减压阀。当阀的出口压力达到与输入信号相对应的调定值时,主阀芯向上移动,基本关闭主阀口。当由于负载快速往回运动,从而在阀的出油口 A 引起高压时,与此对应,如果在配套放大器的设定电位器上,预调了一个较低的压力

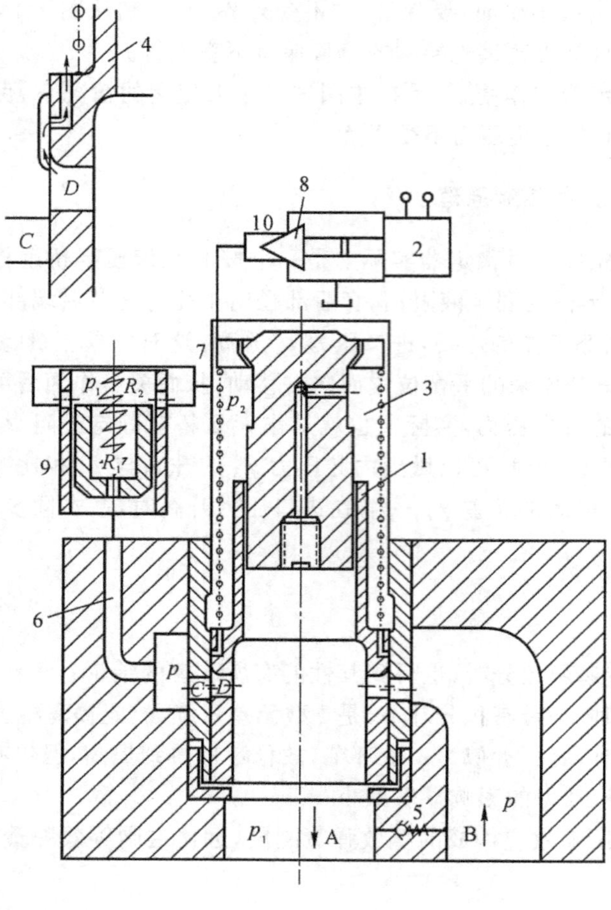

图 7-22

值，则通过电磁铁的作用，这个预调低压可以很快在主阀弹簧腔出现。这样一来，主阀芯就在底端上较高的 A 通道压力与弹簧腔预调低压所形成的较大压差作用下，快速往上运动，关闭从 A 到 B 的通口。与此同时，打开 A 腔到弹簧腔的周边通路（参见局部放大示意图），从而削除了由于负载制动、或反向快速返回等引起的 A 腔压力峰值（从 A 到 B 的大规格单向阀来不及打开）。接下来，才是返回的主流量冲开单向阀，从 A 通道流回 B 通道。

3. 特性曲线

图 7-23 所示是这种减压阀的典型特性曲线。由图可见其特性：

(1)与溢流阀一样，输入输出特性曲线（控制特性），区分为 5，10，20，31.5MPa 等不同的压力等级；

(2)虽然阀为间接检测式，但由于具有先导油引自进口并设置先导流量稳定器等结构原理特点，其流量压力特性（负载特性）已接近图 7-25 所示的直接检测式。与溢流阀相反，由于主阀芯往阀口开大方向移动时弹簧力减少，因而，流量压力特性曲线的变化趋势与溢流阀相反，即随着主流量的增加，减压压力减小。

(3)与溢流阀一样，存在与通过主阀口流量（与溢流阀相反，此流量为通往负载的流量）相关的最低调节压力。由于与前述相同的原因，此最低调节压力的变化趋势，也与溢流阀正

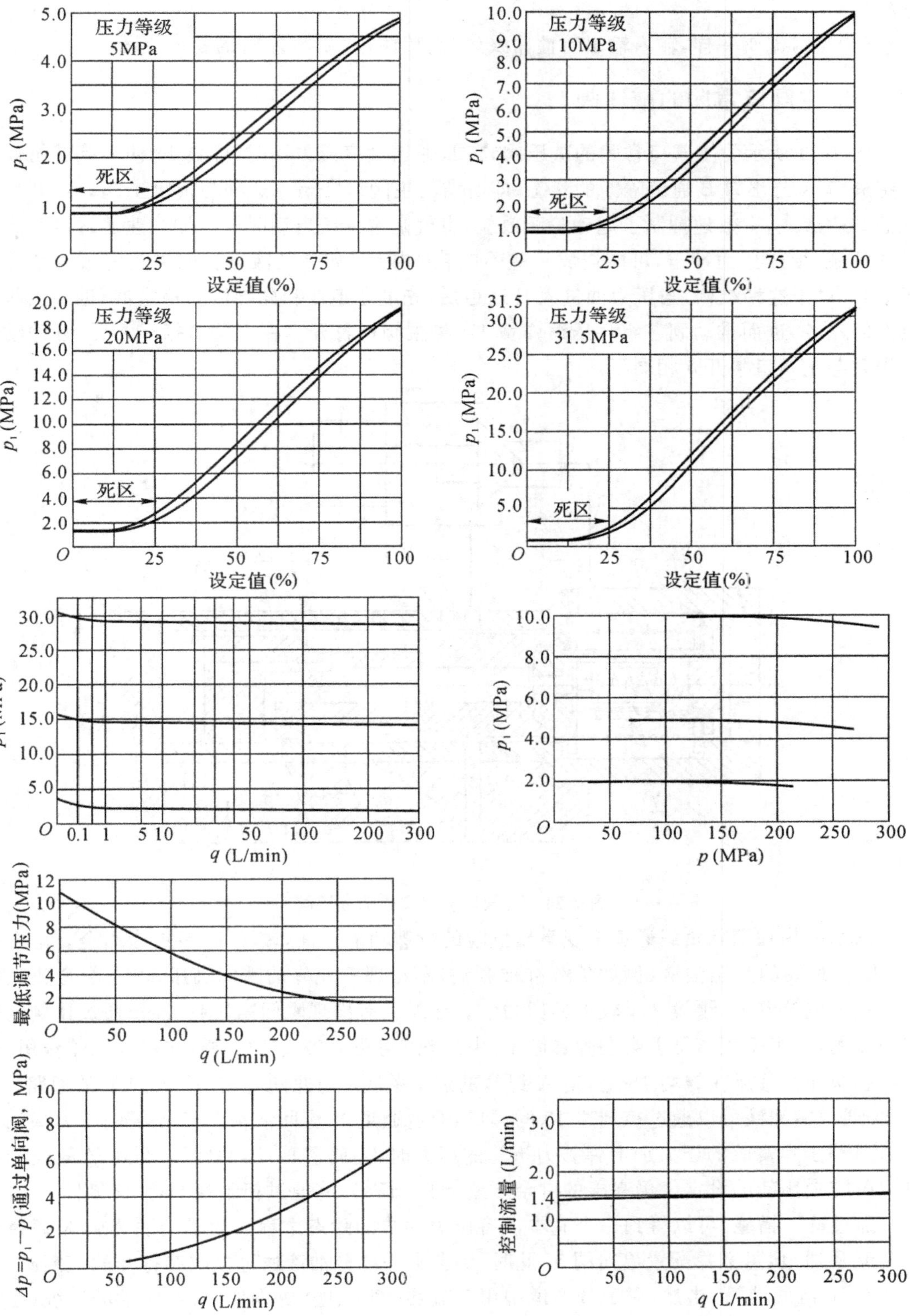

图 7-23　带先导流量稳定器和消除反向压力峰值机构的比例减压阀的特性曲线

好相反。

(4)与溢流阀一样,输入输出特性曲线(控制特性)有25%左右的零位死区。

7.3.5 主阀口常闭的减压阀

图7-24所示为主阀口常闭的减压阀,在B通道没有压力油时,弹簧17使主阀芯组件处于将进口A与出口B通道隔断的状态,即所谓的主阀口常闭。这种与传统主阀口常开型相反的结构形式,有效地抑制了起动阶跃效应,也就是主系统启动时压力油快速通过常开阀口通往负载,形成压力冲击,可能造成一些不应有的故障(如夹紧液压缸的夹头将被夹紧件压坏等)。对于这种结构,当压力油进入B通道后,先经通道8和先导流量稳定器,进到主阀芯组件的左腔,进而推动阀芯组件压缩弹簧17,将主阀口打开。在主阀口打开之后,各种动作过程就与主阀口常开式相同了。

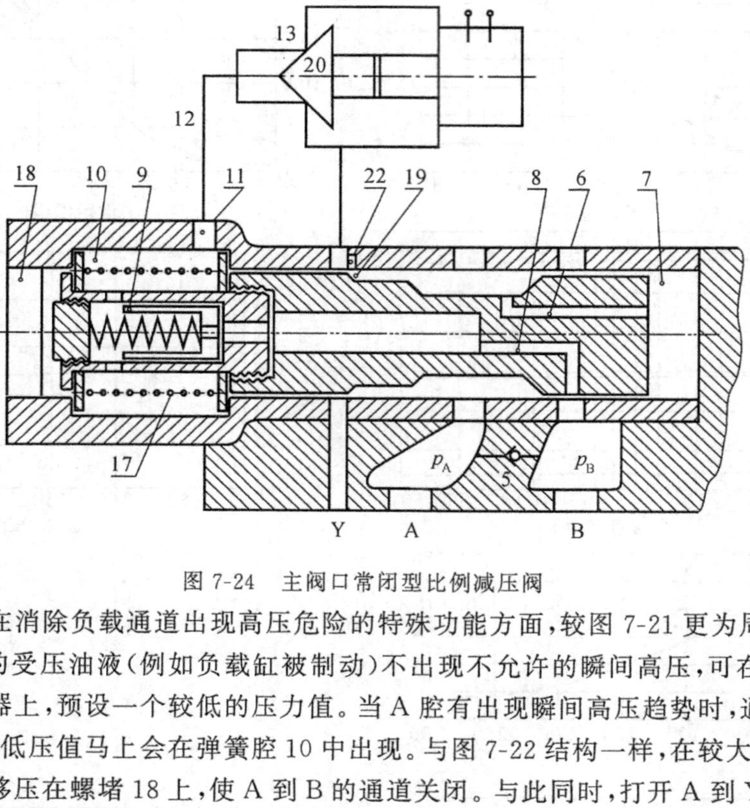

图7-24 主阀口常闭型比例减压阀

图示结构在消除负载通道出现高压危险的特殊功能方面,较图7-21更为周全。由图可见,为使A腔的受压油液(例如负载缸被制动)不出现不允许的瞬间高压,可在配套放大器的设定值电位器上,预设一个较低的压力值。当A腔有出现瞬间高压趋势时,通过比例电磁铁的作用,这个低压值马上会在弹簧腔10中出现。与图7-22结构一样,在较大压差作用下,主阀芯快速左移压在螺堵18上,使A到B的通道关闭。与此同时,打开A到Y的通路。此时,A通道的油液可以通过控制边19的阀口,通过通道Y流回油箱。当A腔的压力降低到数值上等于弹簧腔的压力加上弹簧力折算的压力时,主阀芯移动,关闭从A到Y的控制阀口。A腔中比新的设定值仍高出的剩余压差(约1MPa),将通过精细控制孔22卸除。

通过这一措施,可以得到一个基本没有压力冲击的瞬态过程。为了使油液从A通道自由流道B通道,可选择配置单向阀5。此时,仍会有一部分油液通过主阀芯打开的控制阀口,从A经Y流回油箱。当然,对于B通道中用节流器(例如比例方向阀)节流制动的系统,在油液经单向阀5从A流向B的同时,通过并联的Y通道进入油箱的那一部分油液是失控的,将影响A通道负载的制动过程。同样,当对A通道实施溢流控制时,这个从A到Y的第三通道也是不适合的。这种对反向压力峰值的削除，更为合理使用的结构，可以参见三通型减压阀。

7.3.6 直接检测先导式比例减压阀

图 7-25 所示为直接检测式比例减压阀原理图。与图 7-15 所示直接检测式溢流阀相似，原理上的基本特点是：第一，被控参数直接检测反馈控制；第二，先导级与主级之间的级间动压反馈。图 7-26 所示是这种减压阀的特性曲线，其稳态调压偏差在 1.1％以下。

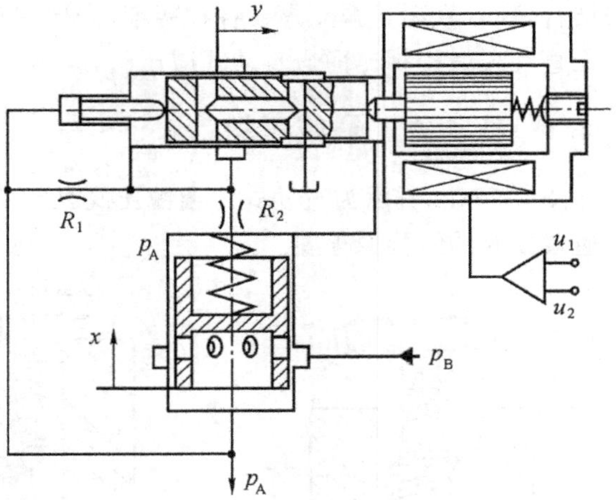

图 7-25 直接检测式比例减压阀

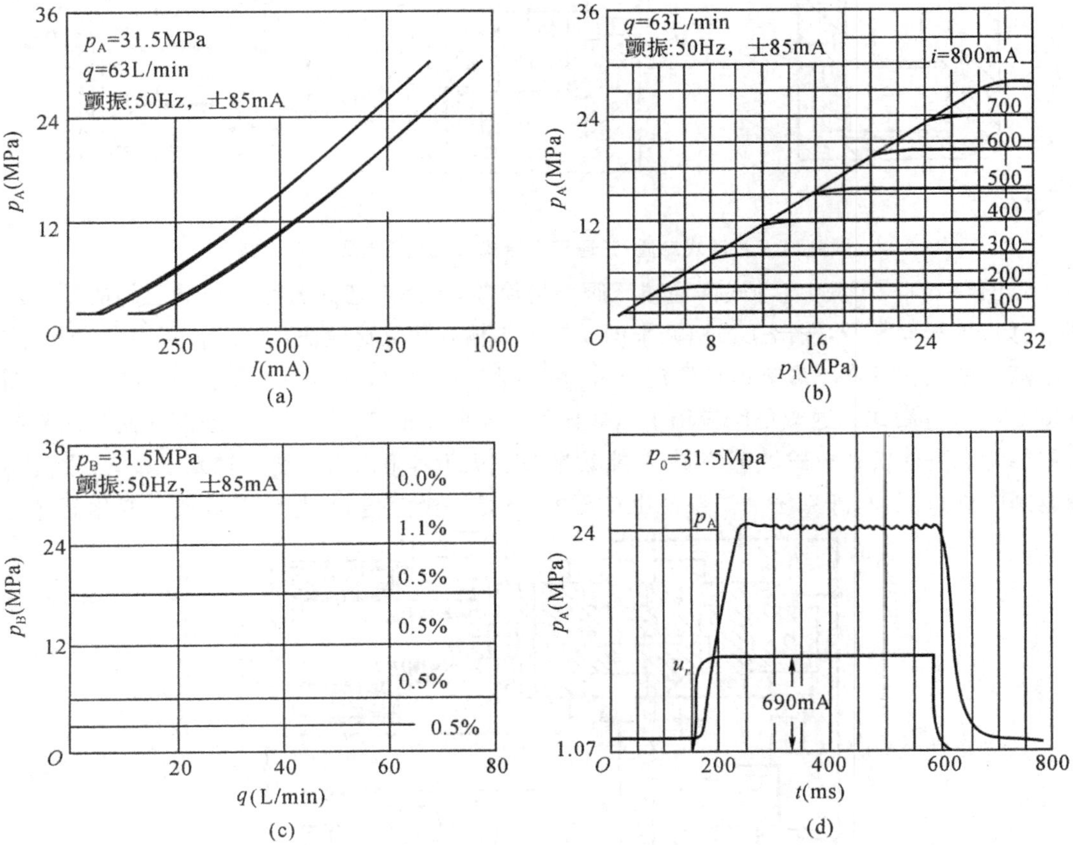

图 7-26 直接检测式比例减压阀特性曲线

7.4 直动式减压阀

直动式减压阀在传统的液压传动系统中比较少见，随着液压技术与电子技术的不断紧密结合，现今直动式减压阀在各种精细、先导控制系统中，得到越来越多的应用。相比之下，三通直动式减压阀比两通直动式减压阀，应用面更广。

7.4.1 直动式二通减压阀

图 7-27(a)所示为直动式二通减压阀，(b)所示为先导式二通减压阀，(c)所示为直动式三通减压阀的结构原理图。

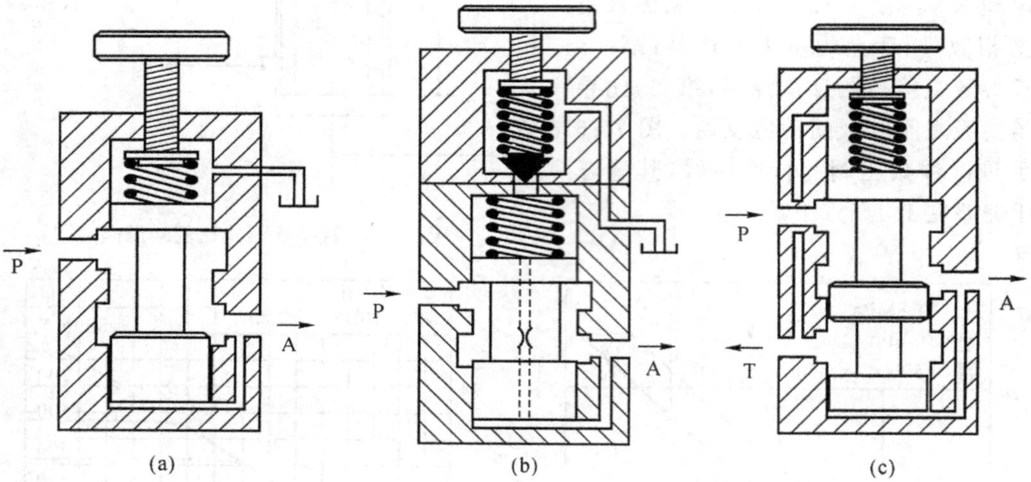

图 7-27 直动式二通、三通和先导式二通减压阀原理对比图

由图 7-27(a)可见，直动式两通减压阀结构简单，原理上还是遵循常规减压阀的基本原则，例如：主阀口常开，输出压力引回来的反馈力与输入信号比较决定阀口位置，进口压力在一定范围内变化基本不影响出口调定压力，在正常工作位置，阀口基本没有流量通过等。图 7-28 表示了直动式二通减压阀应用于三通比例调速阀中的情况。应用三通调速阀控制系统的重要特点是能实现负载敏感控制，节能效果明显优于其他阀控系统。在系统中，三通比例调速阀的进口压力，即系统油源泵的出口压力，不是一个定值，而是随着负载的变化而变化

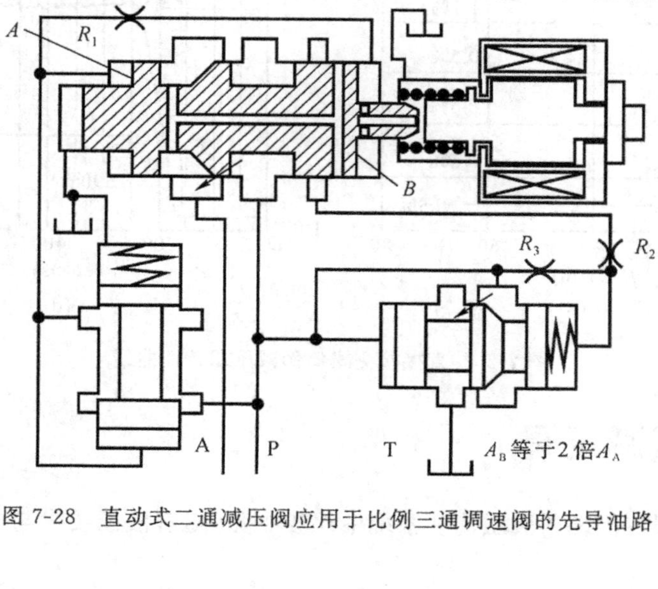

图 7-28 直动式二通减压阀应用于比例三通调速阀的先导油路

的。这对于三通比例调速阀的关键部件——比例节流阀来说，却带来先导液桥工作压力随工况变化的不利影响。如图所示，在比例节流阀先导油路进口，串联进一个直动式二通减压阀，以保证在系统压力作比较大变化情况下，液桥的工作压力基本不受影响，就是减压阀的出口压力。

如前所述，二通减压阀在实用上存在的主要问题之一，是无法处理负载腔压力高于调定值时的压力冲击。这个缺陷正是引出三通减压阀的重要原因。

7.4.2　直动式三通减压阀

1. 基本工作原理

参见图 7-27 与图 7-29，三通减压阀的三个油口分别是一次压力油口 P(减压阀进口)、二次压力油口 A(减压阀出口)和一般通油箱的回油口 T。从功能上看，P 到 A 为减压阀，A 到 T 为溢流阀。P 到 A 的基本工作原理与二通减压阀相同，主要的优势是 A 到 T 的卸压功能，和与此紧密相关的抗压力冲击能力，这正是二通减压阀存在的主要问题。相比之下，上几节介绍的二通减压阀配置消除反向压力峰值机构，就显得复杂，而且只适用于电液比例控制减压阀，一般手调阀还不解决问题。

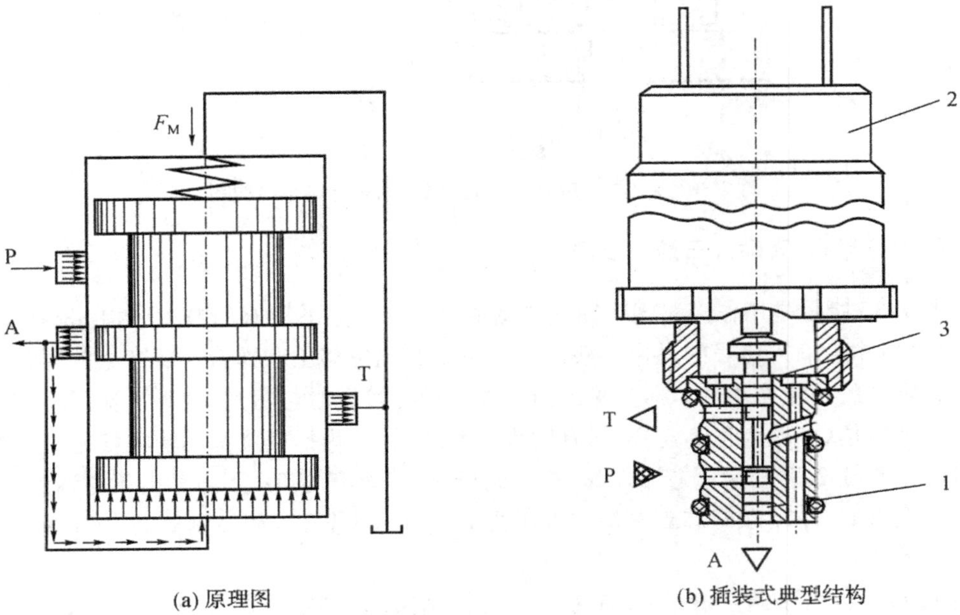

(a) 原理图　　(b) 插装式典型结构

图 7-29　直动式三通减压阀原理与插装式典型结构图

图 7-29 所示为单个直动式减压阀的原理图，和插装式比例减压阀的典型结构。这个插装阀主要用作电液比例多路阀等的先导控制。图 7-30 所示的双比例减压阀，主要用作电液比例换向阀的先导级。图 7-31 所示为双比例减压阀的特性曲线，其中图(b)中零流量所对应的压力 2，4，6，8，10MPa 为压力调定值。

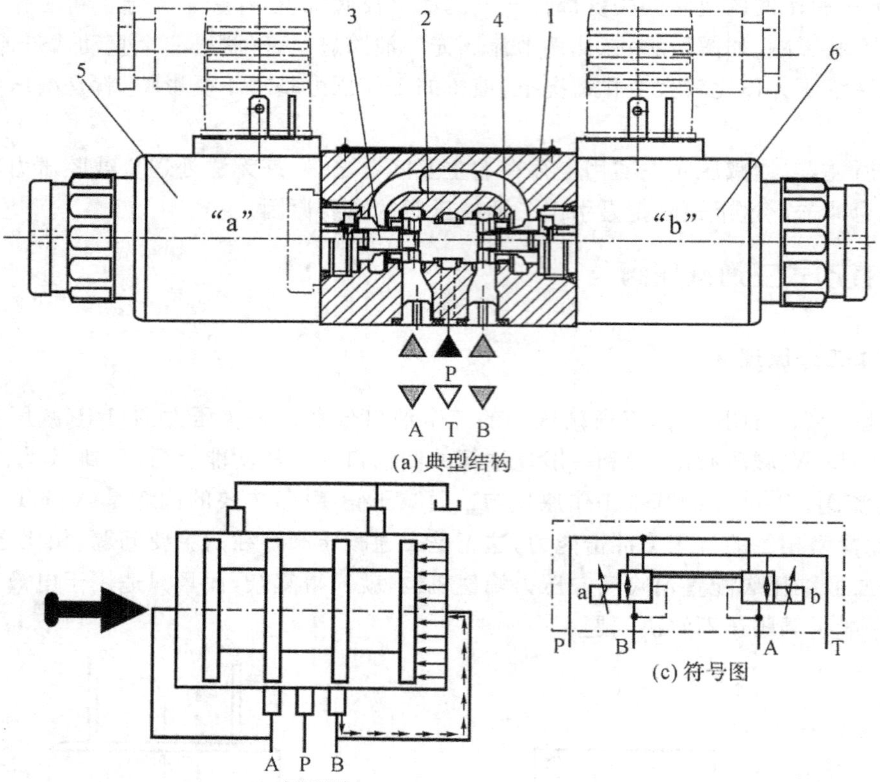

(a) 典型结构

(b) 原理图

(c) 符号图

图 7-30 双作用直动式三通减压阀原理与典型结构图

2. 手动先导阀(直动式三通减压阀)

如图 7-32 所示是用作多路阀手动先导阀的直动式三通减压阀的典型结构。推杆 5 的轴向位移量,与作为输入信号的操作手柄摆角成正比。此位移压缩弹簧 3 所产生的弹簧力(扣除复位弹簧 6 的相应作用力),即为输入力。在无信号输入时,在弹簧 3 和 6 作用下,A 口基本处于机械零位(一般为正遮盖)。当有输入信号时,转变为推杆位移的输入信号,经过阀套 4、弹簧 3 和阀杆 2,将控制阀芯 1 左移,打开阀口 A,油液流向负载。当输出压力达到与输入信号相对应值时,作用在阀芯 1 左端的液压力克服输入弹簧力,使控制阀芯 1 右移,A 恢复零位。

当 A 口压力高于调定值时,反馈液压力将控制阀芯右移,打开 A 到 T 的阀口,使 A 口压力降低到与输入信号相对应。当反向流动时,控制阀芯可以右移至 A 口全开。之所以能实现 A 到 T 的压力调整以及 A 到 T 的流通,关键在于在输入信号不变即阀套 4 的轴向位置不变时,与控制阀芯 1 紧连的阀杆 2,在控制阀芯左端面液压力作用下,可以克服输入弹簧力进入推杆 5 的中心空腔(结构上,控制阀芯右移的最大值 N 略大于阀口 A 的轴向最大开度)。

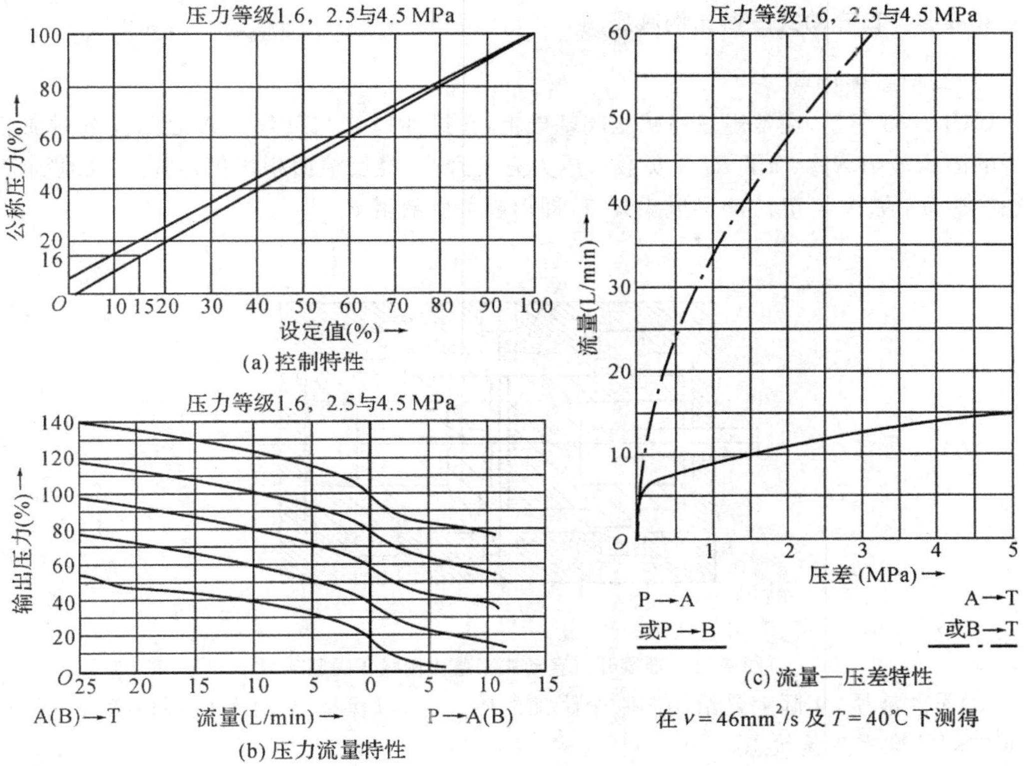

图 7-31　直动式比例减压阀特性曲线

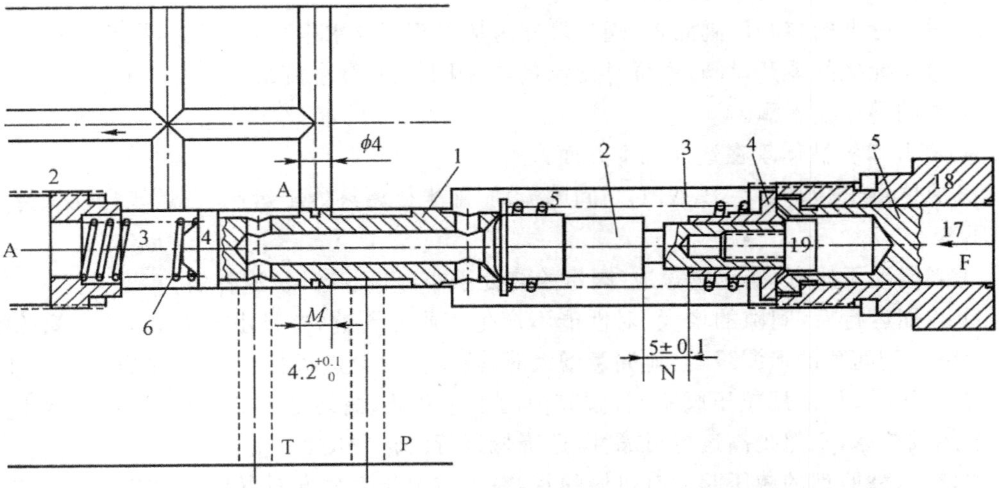

图 7-32　手动直动式比例减压阀原理图

3. 三通液动比例减压阀(用于液压泵速度敏感控制的 DA 阀)

见本书第 11 章液压泵。

4. 准零开口直动式三通比例减压阀

(1)结构原理特点

如图 7-33 所示，在常规三通减压阀基础上，在进油口 P 与负载口 A 之间设置附加液压半桥的固定液阻 R_1。加了 R_1 使负载口压力有所升高，经反馈面积作用，阀芯比无附加液桥时往左微动，在 A 与 T 之间形成小开口，即形成可变液阻 R_2。

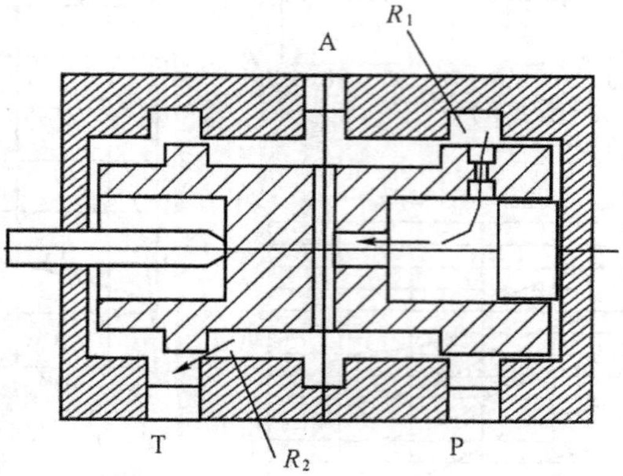

图 7-33 准零开口直动式三通比例减压阀原理图

(2)设此液桥，实际上是给阀芯一个附加的输入力，以保持 A 到 T 的阀口微开，形成 P，A，T 之间的准零遮盖状态。

(3)准字体现在

1) 本阀机械结构，实际为正遮盖；

2) 对于标准的零开口阀而言，阀口尺寸为加工精度要求很高的真正的零遮盖；

3) 对于标准的零开口阀，中位时无流量，本阀中位有微小流量；

4) 本阀不存在零飘。

(4)零开口特性体现在这样几个方面：

1) 液体由于始终存在 P，A，T 之间的流动，即半桥始终处于运作状态，能自动保持负载压力不变；

2) 当遇到干扰时，能无遮盖地(阀口始终处于小开口状态)快速补偿；

3) 长期运行后，间隙的增大，对性能不产生实质性影响，这是由于 P，A，T 之间的液桥流量始终大于间隙的泄漏量，当泄漏量增大时，液桥能自动进行补偿，使总泄漏量基本不变；

4) 工作时，与常规减压阀不同，阀腔内的工作介质，始终处于流动态(尽管流量小)，不至于过热或结冰，不但提高运行可靠性，还降低运行维护费用。

此外，这种原理的减压阀没有机械弹簧，在可靠性长寿命方面也具有优势。

7.5 先导式三通减压阀

与传统直动式阀与先导式阀的关系一样，对于大流量场合，必须使用先导式阀。先导式三通减压阀从满足功能要求的角度讲，至少可以有两种结构模式。第一种，就是图 7-9 所示的用一个比例压力阀去控制并联的大规格溢流阀和减压阀的组合模式。这是一种经济实用的解决办法，缺点就是整个功能块体积较大。第二种，就是专用阀，如图 7-34 所示为一种典型结构。

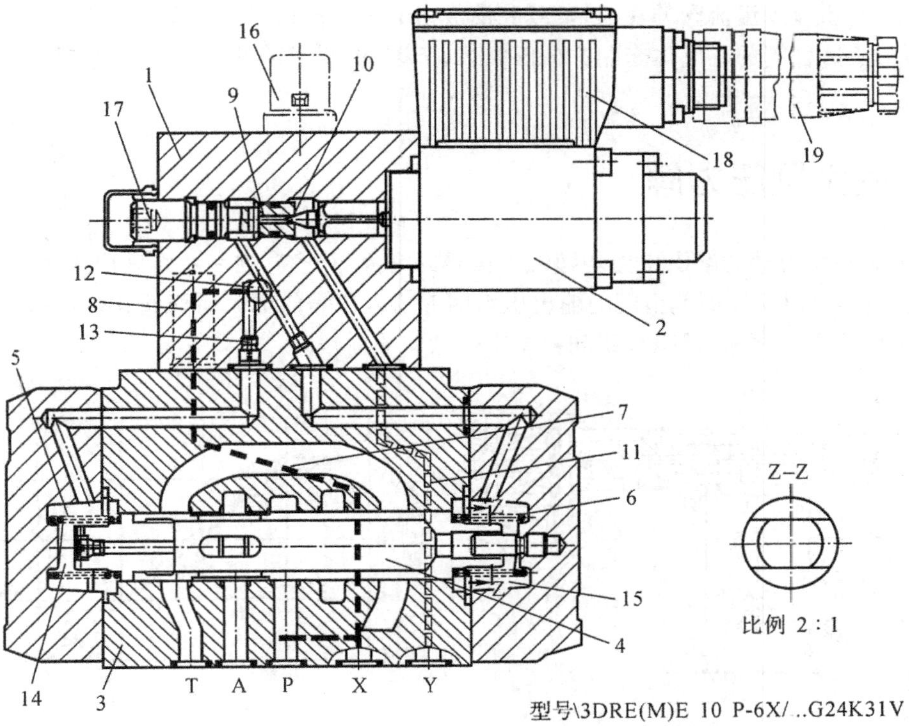

图 7-34　先导式三通比例减压阀的典型结构

这种阀 A 口区分 5，10，20，31.5MPa 等压力等级，最大流量可达 300L/min。如图7-34和图 7-35 所示的这种阀的工作机制可以描述如下。

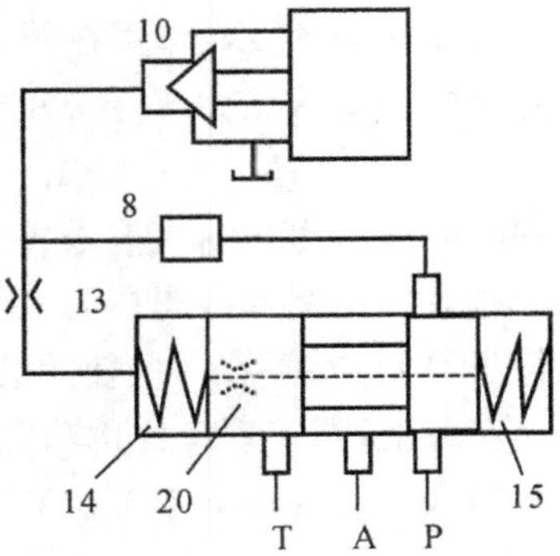

图 7-35　先导式三通减压阀原理图

(1)当 P 口失压时，主阀芯在 5，6 对中弹簧作用下处于中位，P，A，T 三个油口相互封闭。

(2)当 P 口起压，先导控制油通过钻孔通道 7、液阻 13 进入弹簧腔 14(油液进一步流向 A 口以及主阀芯右弹簧腔 15，由于液阻 14 的存在，主阀芯左端压力高于右端压力)，推动主阀芯向右移动，打开 P 口至 A 口的通道。

(3)A 口打开之后，A 口的压力油通过主阀芯内部通道引到主阀芯右侧弹簧腔 15(主阀芯内部通道始终保持弹簧腔 15 与 A 口相通)。在 A 口压力未达到比例电磁铁的调定值之前，由于 P 到 A 之间还存在一条从 P 经过先导流量稳定器 8、液阻 13、主阀芯左端部液阻 20 到 A 口的并联油路，所以，主阀芯左端压力高于右端压力，主阀芯一直维持 P 到 A 打开的状态。

(4)当 A 口压力达到设定值时，先导阀口 10 开启，先导液桥正常工作。此时，主阀左弹簧腔压力降低，由于主阀芯左端部液阻 20 的存在，主阀芯右端压力等于 A 口压力。因此，在两端压差作用下，主阀芯左移，基本关闭负载口 A 口(此时，先导液桥正常运作，可视为由先导流量稳定器 8 与先导阀口构成的 B 半桥)。

(5)当A口的压力超过先导阀的设定压力时，主阀芯进一步左移，打开A到T的阀口，将A口压力限定到设定值。同样，如果负载口A出现反向流动时，负载口的高压，使A—T口进一步开大，起到溢流阀的功能，负载腔油液由A－T阀口流回油箱。

(6)由于这种阀的主阀体套用方向阀阀体，所以，有些通道是闲置的，分析其工作过程时须留意。

7.6 反比例压力阀

常规比例压力阀的输出压力均随输入信号的增大而升高。在一些特殊应用场合，却需要反比例特性。所谓反比例是指阀的输出压力随着输入信号的增大而降低。图7-36所示是反比例三通减压阀的原理、试验系统和控制特性的实验曲线。

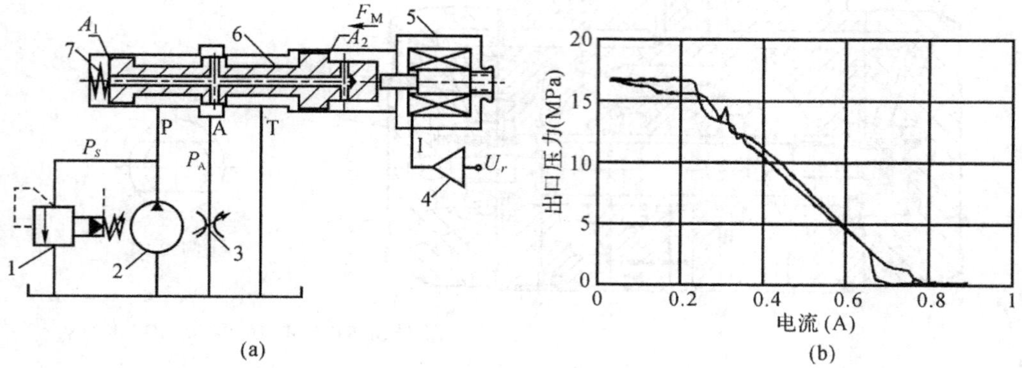

图7-36 反比例减压阀以及控制特性试验曲线

如图7-36所示，作用在阀芯上的主要作用力有向右作用的弹簧力F_F、向左作用于差动阀芯上的出口液压力$F_Y=\Delta A=(A_2-A_1)P_A$、向左作用的输入电磁力$F_M$，从而得到

$$p_A=(F_F-F_M)/(A_2-A_1)$$

即阀的输出压力与输入信号成反比例。

这种反比例减压阀在输入电磁力为零时，在弹簧力作用下，主阀口P到A全开，A口压力等于P口压力，在一些使用场合可以起到失效保险功能。

实际上，要实现反比例功能，归纳起来大体有三种可取的方案：

(1)液压方案，如本节。其基本的原理是将一般与输入力相对抗的反馈液压力，反转过来，变成与输入力同方向，然后由弹簧力来平衡这两者的合力，实现反比例。

(2)电磁铁方案，即改变电磁铁的结构，使其具有反比例特性(开关型电磁铁中也常见这种功能结构)。其基本点是改变工作气隙的位置，使得通电后与阀芯固连的动铁运动反向与阀口关闭反向相反，实现反比例特性，参见图7-37。

(3)电子方案。反比例特性在电控器中实现，这在微电子技术迅猛发展的今天，其实现较之其他两种方案而言是轻而易举的。

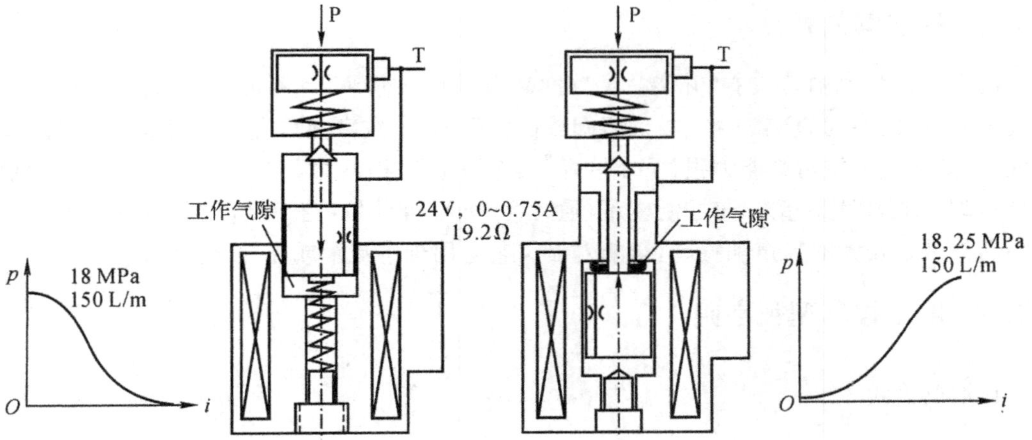

图 7-37　反比例先导溢流阀

7.7　数字阀

用数字量进行控制并具有数字量输出响应特性的阀称为数字阀。由于数字技术与计算机控制的不断发展与普及，以及数字控制固有的控制方便灵活、抗干扰能力强、元器件及系统结构简单等优点，数字阀具有一定的优势。但它也存在一些不足之处。

7.7.1　数字阀的分类

数字量控制的主要方法有五种，即脉宽调制(PWM)、脉频调制(PFM)、脉数调制(PNM)、脉码调制(PCM)和脉幅调制(PAM)，如图 7-38 所示。

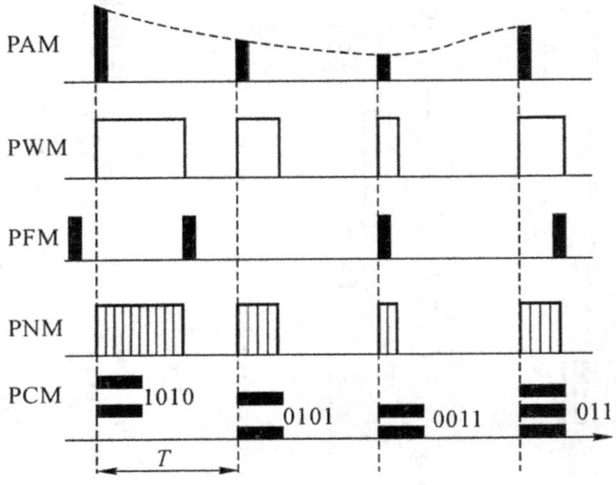

图 7-38　数字量控制形式

数字阀最常用的控制方法有脉宽调制型和由脉数调制演变而来的增量控制(步进)型两种，脉码调制在气动控制中有所应用。由于数控技术应用范围愈来愈广，分类也愈加困难。有些控制阀虽由数字信号控制，但其输出响应特性仍为模拟式，此类阀不属于数字阀范畴。

7.7.2 数字阀的特点

数字阀的控制信号只有“开”和“关”(即高电平和低电平)两种状态,因而与计算机连接比较方便,可以不用D/A转换。与伺服阀或比例阀相比,数字阀具有结构简单、工艺性好、价格低廉、抗干扰及抗污染能力强、重复性好、工作稳定可靠、放大器功耗小等优点。但增量型有分辨率限制,PWM型方向控制较难(通常为单通道控制),控制流量通常较小,且由于其开关动作带来较大的噪声和振动,影响寿命。它适用于小流量或先导级控制。

7.7.3 增量控制型数字阀

1. 控制方式

增量控制型数字阀是由步进电动机作为电—机械转换器进行控制的阀。它是在脉数调制(PNM)信号中,使其每个采样周期时的控制脉冲数在前一个采样周期时脉冲数的基础上增加或减少一定的脉冲数,从而达到需要的幅值,因而称为增量控制型。由于增量型没有零位,因此它必须附加闭环控制或带有零位检测装置。增量控制型数字阀实际上也可以是数控型伺服阀或比例阀,因为其输出不具有严格的数字量特征,只是电—机械转换器采用了较为特殊的步进电动机而已。

图7-39所示为增量控制型数字阀的输入和输出信号波形。由图可见,阀的输出与输入脉冲数成正比,输出响应速度与输入脉冲频率成正比。对应于步进电动机的步距角,阀的输出量有一定的分辨率,它直接决定了阀的最高控制精度。

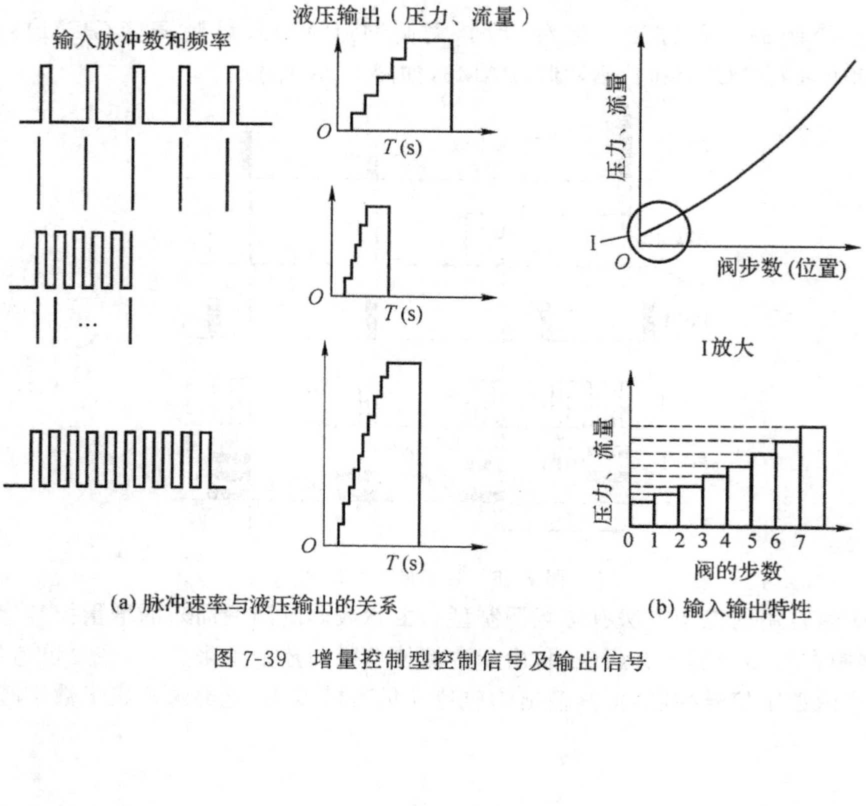

(a) 脉冲速率与液压输出的关系　　(b) 输入输出特性

图7-39 增量控制型控制信号及输出信号

2. 工作原理与结构特点

图 7-40 所示为一种增量控制型数字压力阀的结构示意图。它由步进电动机驱动，通过偏心轮将角位移转换成直线位移，改变弹簧的压缩量，从而改变阀的控制压力。

也可以通过螺母丝杆将步进电动机输出的角位移转换成阀芯或挡板的直线位移，从而控制阀的输出流量。

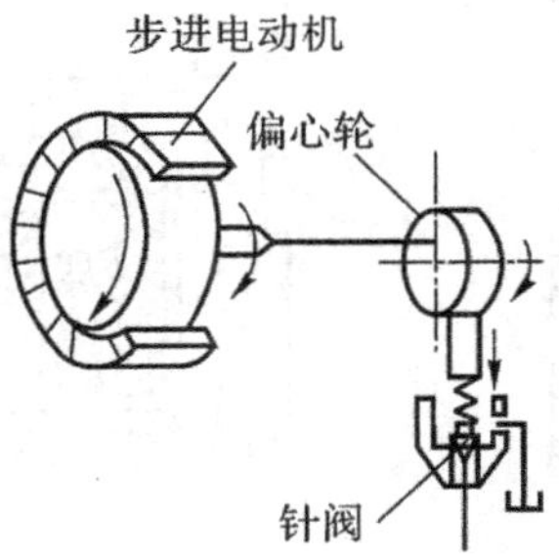

图 7-40　增量控制型数字压力阀

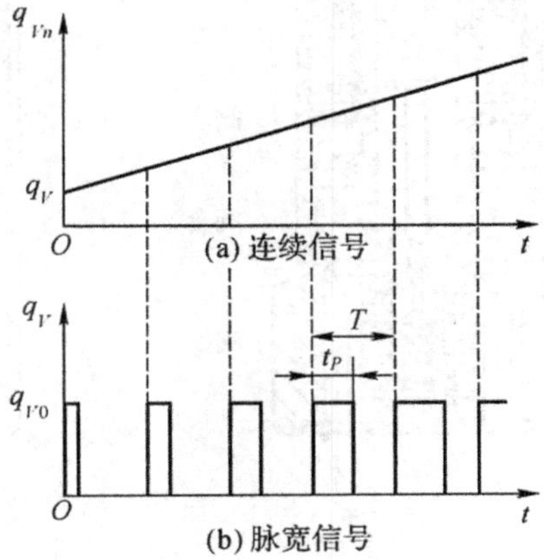

图 7-41　信号的脉宽调制

7.7.4　脉宽调制型数字网

1. 控制方式

脉宽调制信号是一种具有固定频率、不同有效脉冲宽度的信号，如图 7-41 所示。由于阀芯的响应只有“开”和“关”两种状态，因而也称高速开关阀，或称 ON-OFF 阀。有效脉宽时间 t_p 对采样周期 T 的比值称为脉宽占空比，即

$$\text{脉宽占空比}=\frac{t_p}{T} \tag{7-3}$$

用它来表征该采样周期时输入信号的幅值，相当于平均电流与峰值电流的比值。若用于控制数字流量阀，则对应的输出平均流量为

$$\bar{q}_V=\frac{t_p}{T}q_{V_N}=\frac{t_p}{T}C_d A\sqrt{\frac{2\Delta p}{\rho}} \tag{7-4}$$

式中：q_{V_N}——额定流量。

2. 工作原理与结构特点

图 7-42 所示为一种高速开关阀结构原理图。图(a)所示为二位三通阀，图(b)所示为二位二通常闭型，图(c)所示为二位二通常通型，它们都是锥阀结构，用开关型电磁铁控制，工作于开和关两种状态，通过改变控制信号的有效脉宽来改变阀的控制流量。

其中二位三通阀中，上部为 P 口，中部为 A 口，下部为 T 口。当电磁铁不通电时，阀芯被复位弹簧向上推，A 口与 T 口通，与 P 口断开；当电磁铁通电时，阀芯被衔铁向下推，A 口与 P 口通，与 T 口断开。所以可以控制 A 口的进出流量。

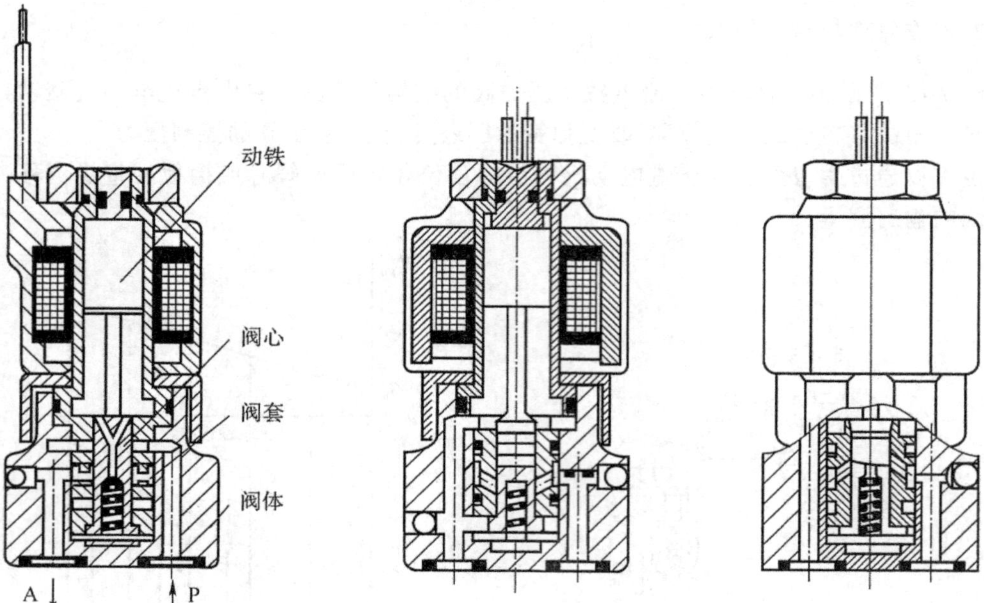

(a) 二位三通 (b) 常闭型二位二通 (c) 常开型二位二通

图 7-42 高速开关阀原理图

高速开关阀的响应时间通常在几毫秒级,若用压电晶体等特殊材料做电—机械转换器,则阀的响应时间不到1ms。当选择合适的控制信号频率时,阀口通断引起的流量或压力波动经主阀或系统执行元件衰减,不至于影响系统的输出,系统将按平均流量或压力工作。

7.7.5 性能指标

数字阀的性能指标既与阀本身的性能有关,也与控制信号与放大器的结构以及与主机的匹配有关,是一项综合指标。

1. 静态特性

数字阀的静态特性可用输入的脉冲数或脉宽占空比与输出流量或压力之间的关系式或曲线表示。数字阀的优点之一是重复性好,重复精度高,滞环很小。图 7-43 所示为增量式数字阀的静态特性(控制特性)曲线,其中图(a)为压力阀特性曲线,图(b)为流量阀特性曲线,图(c)为方向流量阀特性曲线(实际由两只数字阀组成)。由图同样可得到阀的死区、线性度、滞环及额定值等静态指标。选用步距角较小的步进电动机或采取分频等措施可提高阀的分辨率,从而提高阀的控制精度。

图 7-44 所示为脉宽调制型数字阀的静态特性(控制特性)曲线。由图可见,控制信号太小时不足以驱动阀芯,太大时又使阀始终处于吸合状态,因而有起始脉宽和终止脉宽限制。起始脉宽对应死区,终止脉宽对应饱和区,两者决定了阀实际的工作区域。必要时可以用控制软件或放大器的硬件结构消除死区或饱和区。当采样周期较小时,最大可控流量也小,相当于分辨率提高。

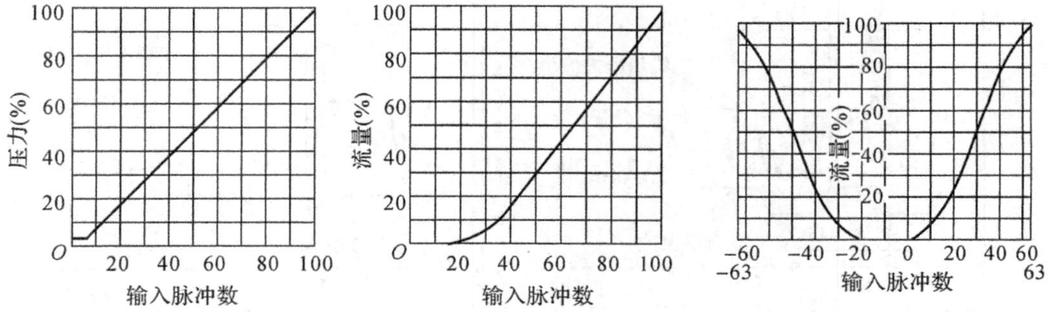

(a) 压力阀特性　(b) 流量阀特性　(c) 方向流量阀特性

图 7-43　增量式数字阀的静态特性曲线

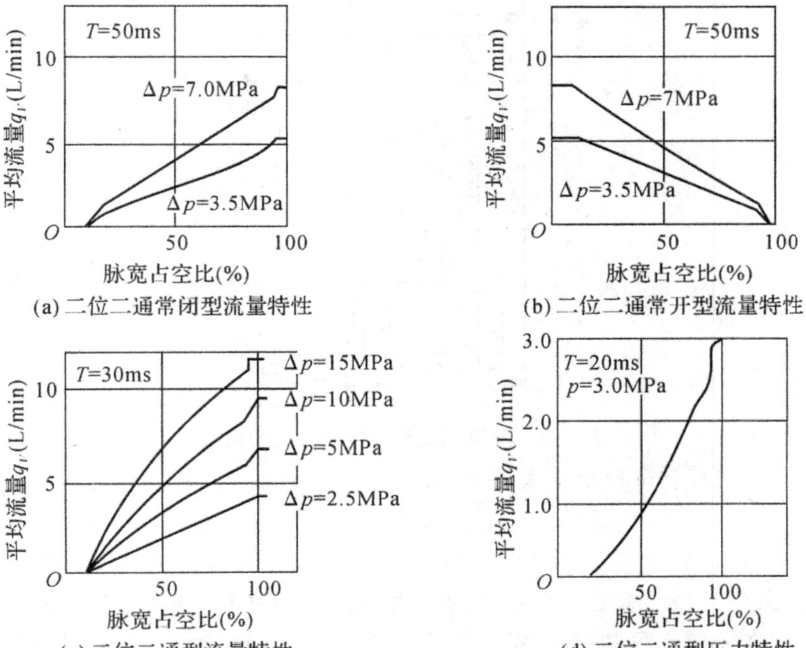

(a) 二位二通常闭型流量特性　(b) 二位二通常开型流量特性

(c) 二位二通型流量特性　(d) 二位二通型压力特性

图 7-44　脉宽调制型数字阀的静态特性曲线

2. 动态特性

增量型数字阀的动态特性与输入信号的控制规律密切相关。图 7-45 所示为增量型数字压力阀的阶跃特性曲线，可见用程序优化控制时可得到良好的动态性能。

脉宽调制型数字阀的动态特性可用它的切换时间来衡量。由于阀芯的位移较难测量，可用控制电流波形的转折点得到阀芯的切换时间。图 7-46 所示为脉宽调制型数字阀的响应曲线，其动态指标是最小开启时间 T_{on}和最小关闭时间 T_{off}。一般通过调整复位弹簧使两者相等。当阀芯完全开启或完全关闭时，电流波形产生一个拐点，由此可判定阀芯是否到达全开或全关位置，从而得到其切换时间。不同脉宽信号控制时，动态指标也不同。

为了提高数字阀的动态响应，对于增量型可采用高、低压过激驱动和抑制电路以提高其开和关的速度；对于脉宽调制型可采用压电晶体等特殊材料制作其电—机械转换器，但它的

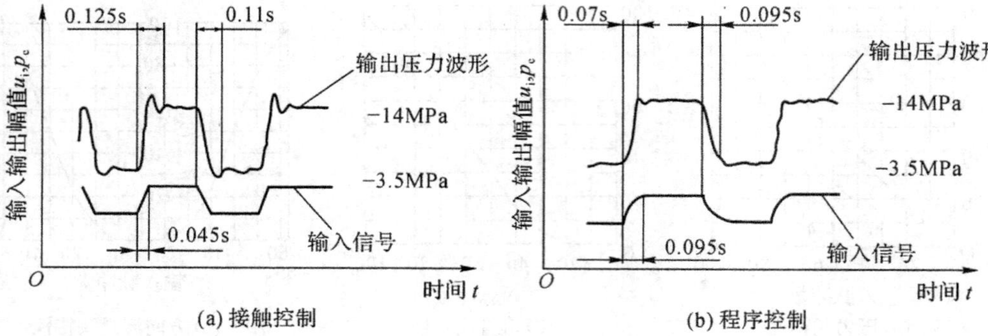

图 7-45 增量型数字压力阀的阶跃特性曲线

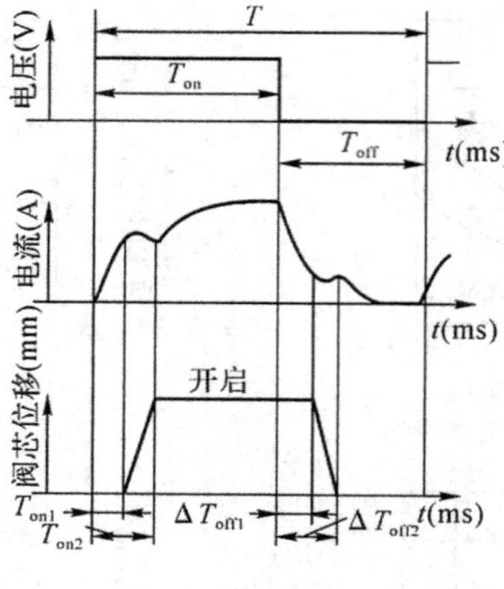

图 7-46 脉宽调制型数字阀的响应曲线

输出流量更小,而电控功率要求更大。

7.7.6 应用

数字阀的出现至今已有二十多年了,但它的发展速度不快,应用范围也不太大。主要原因是,增量型存在分辨率限制;而 PWM 型主要受两个方面制约:一是控制流量小且只能单通道控制,在要求较大流量或方向控制时难以实现;二是有较大的振动和噪声,影响可靠性和使用环境。相反,具有数字量输入特性的数控电液伺服阀或比例阀克服了这些缺点。

目前数字阀主要用于先导控制和中小流量控制场合,如电液比例阀的先导级、汽车燃油量控制等。美国在农机上利用四个 PWM 型数字阀集成,依靠程序控制实现液压缸的方向控制和差动控制等功能,灵活多变。但其控制精度和动态响应速度均较低。另外在气动伺服或比例控制中数字阀应用也较多。

附录 7-1　几种溢流阀弹簧功能的对比

<table>
<tr><th></th><th>图号</th><th>结构</th><th colspan="2">类型</th><th>说　明</th></tr>
<tr><td>1</td><td>图 7-18
RE25802</td><td>先导，有调压弹簧</td><td colspan="2">手动调节阀</td><td>调压弹簧，必需。改变压力等级，可通过更换不同刚度的调压弹簧实现（保留阀座孔径不变，工艺性好）</td></tr>
<tr><td>2</td><td>图 7-2
Bosch</td><td>直动，有传力弹簧</td><td rowspan="4">电液比例阀</td><td rowspan="3">不带电反馈</td><td>传力弹簧（主要起到将电磁铁输出力传给先导阀芯，像例 3 可以没有此弹簧）。由于电磁铁最大推力有限，一般不同压力等级（含不同流量规格）的压力阀用同一规格的电磁铁，所以，不同压力等级的实现，是依靠改变先导阀阀座孔径来实现。</td></tr>
<tr><td>3</td><td>图 7-1
RD29165
/12.98</td><td>直动
无弹簧</td><td rowspan="2">无弹簧（电磁铁输出力直接传给阀芯）。关键点在于电磁铁输出推杆直接推着的先导阀芯与对应的阀座，能构成可变液阻。其基本原理是比例电磁铁具有水平推力特性，即在给定电流后，动铁（以及由它直接推动的阀芯）可以在工作行程内移动（例如 2mm，3mm 等视电磁铁规格而异），而输出推力不变</td></tr>
<tr><td>4</td><td>图 7-10</td><td>先导
无先导弹簧</td></tr>
<tr><td>5</td><td>图 7-3
RD29166
/03.93</td><td>直动，有调压弹簧</td><td>位置电反馈</td><td>调压弹簧，必需（电磁铁动铁位置闭环，用于精确确定动铁位置，即精确改变弹簧变形量）</td></tr>
</table>

附录 7-2　溢流阀功率域上、下、右三条极限曲线的含义及主要影响因素（参见图 7-13）

	上限	下限	右限
极限线含义	阀的压力流量特性曲线	阀的最低调节压力线	阀的最大流量限位线
相关液压参数	与压力设定值和溢流量相关	与溢流量相关，与压力设定值无关	主阀口机械限位
主要影响因素	除调节压力外，先导阀造型、弹簧设计、压力检测方式等影响此特性	与主阀弹簧、主阀造型、主阀出口尺寸以及回油管路阻力相关	主阀口机械限位

附录 7-3 比例溢流阀的若干共性问题

<table>
<tr><td rowspan="2">不同压力等级的实现</td><td colspan="2">首先，比例压力阀中的弹簧与手调压力阀的调压弹簧功能不同，仅仅是个传力弹簧（在有些结构中就没有此传力弹簧）；其次，不同压力等级的比例压力阀所用比例电磁铁规格相同；所以比例压力阀不同压力等级的实现是依靠改变先导阀孔直径来实现。</td></tr>
<tr><td colspan="2">这一款同样适用于减压阀。</td></tr>
<tr><td rowspan="7">选用溢流阀的原则与注意事项</td><td rowspan="2">利用功率域曲线选择流量规格</td><td>功率域的上限与压力设定值和溢流流量相关；下限仅与溢流流量相关，为阀的最低可调节压力（这两条曲线在产品样本中一般是分别用两个图画的）；最大流量线受主阀口最大开口限制。将溢流阀流量与压力参数选择在功率域范围里，阀都能起到溢流阀稳压、排出多余流量的作用。</td></tr>
<tr><td>只要最低调节压力能满足要求，应尽量将溢流流量值用大。</td></tr>
<tr><td rowspan="2">压力控制的高分辨率原则</td><td>实际最大压力值尽量与最大控制电信号相对应。如图 7-6 所示，例如对于使用压力在 8MPa 以下的系统，如果选用 31.5MPa 压力等级的压力阀，则其有效控制电流为 152mA（此为举例，各种阀的起始电流是千差万别的），仅占整个控制范围的 25%。当然，也不可能像右图那样用足 600mA，只能是尽可能提高使用比例。</td></tr>
<tr><td>这条原则同样适用于所有控制阀、液压泵、液压马达。</td></tr>
<tr><td rowspan="2">动态特性与应用系统的实际情况相关</td><td>• 溢流阀的时域阶跃响应特性（压力飞升速率），实际上是与液压系统中阀所在的动态封闭容腔的特性相关的。动态封闭容腔在 ΔT 时间里的压力飞升速率可表示为
$$\frac{\Delta p}{\Delta T}=\frac{E_e\cdot\Delta q}{V}$$
式中：Δq 为压力区（封闭容腔）油液总变化量；V 为压力区的总容积；E_e 为有效体积弹性模量。影响有效体积弹性模量的因素：
$$\frac{1}{E_e}=\frac{1}{E_c}+\frac{1}{E_l}+\frac{V_g}{V}\cdot\frac{1}{E_g}$$
式中 4 个 E——E_e，E_c，E_l，E_g 依次分别为有效、管道、油液、气体的体积弹性模量；V_g 的影响是区分油液中溶解和混入空气（油液中的空气含量对有效体积弹性模量进而对压力飞升速率有很大影响）。
• 溢流阀的频率响应特性，除了与阀所在封闭容腔的 V，Δq，E_e 三大因素相关外，还与实际使用时（或者阀做实验时）的输入信号幅值相关，一般样本中给出 5%和 100%两个极限情况下的曲线，实际应用时可根据实际信号幅值范围在对数坐标上用内插法进行估计。</td></tr>
<tr><td>上述动态封闭容腔压力基本公式是普遍适用的，不论是频响很高的伺服系统还是传统的开关控制系统，都应注意动态封闭容腔（液压系统中的一个压力区）压力变化速率对系统功能的影响。</td></tr>
<tr><td>用其所能的 80%～90%</td><td>从运行可靠性和提高液压器件使用寿命角度考虑，一般不应该让器件运行在样本所标示的极限参数上，而以极限参数的 80%～90%为好。</td></tr>
</table>

附录 7-4 三通减压阀用于精细控制示例——双级三通减压阀的输出压力作为溢流阀调压弹簧的控制压力

这种比例压力阀是先导控制式，它由主阀和比例先导阀组成(如图 7-47 所示)。其基本点是：第一，液阻 3 与先导阀 4 组成 B 型半桥对主阀进行控制；第二，双级三通减压阀有效排除负载等的干扰，对先导阀调节弹簧进行精细调节。

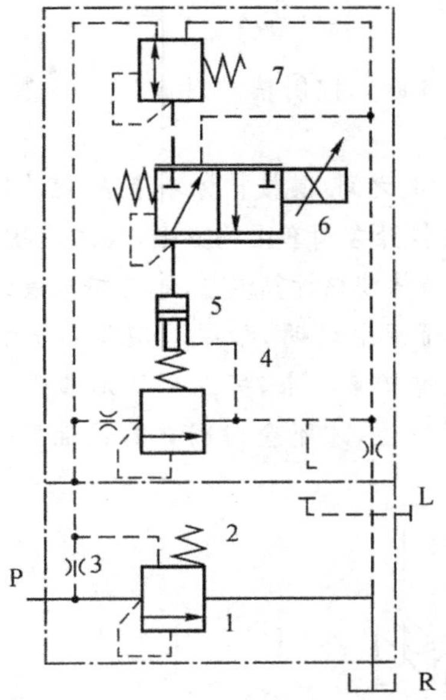

图 7-47 三通减压阀示例

其具体调节原理说明如下：

主阀主要包括柱塞 1，它可以在阀体的柱塞孔中自由地滑动。根据不同的型号，当柱塞在柱塞孔中到达预定的工作位置(节流位置)时，它就可以打开或关闭 P 至 R 之间的主通道。

柱塞的工作位置由控制液阻 3 的压差来达到，这个压差使柱塞 1 克服回位弹簧 2 的作用力而移动，直到压差和回位弹簧力达到平衡时，柱塞便停留在这一工作位置上。

先导阀中最重要的部件，是先导溢流阀 4 和比例减压阀 6。比例减压阀 6 通过一个比例电控的输出压力对柱塞 5 加载，从而决定了阀 4 的调节压力。这个调节压力作为液阻 3 之后的背压，用于平衡 P 与 R 之间，或 P 与 L 之间的总压差。与这个调节压力成比例的流经 3 和 4 的控制油流量(约 0.6 至 0.8 L/min)，进而在液阻 3 处产生确定阀芯 1 工作位置所需要的压力降。减压阀的前置级 7 的作用是：使比例减压阀 6 进口处的压力成为一个恒定的，可精密控制的较低压力。因此，对阀 4 控制压力(阀 4 为液控阀)进行电子比例控制时，主阀中柱塞 1 的工作位置也随着进行了比例调节。

附录 7-5 插装式比例阀过流窗口计算模型

如图 7-48 所示，插装式比例阀有两种基本结构模式，非全周过流窗口开在阀芯上（见图(a)）和非全周过流窗口开在阀套上见图(b)）。对于过流窗口开在阀芯上的结构，从窗口出来的液流要经过两个环形通道进入控制阀板的通道。第一个环形通道在阀芯外周与阀套内沉割槽之间，其过流断面校核时的计算流量近似为

$$q_n=\frac{1}{2N}\times q_N$$

式中：q_n——阀的最大控制量（与最大控制信号对应）；

N——阀套上通油孔数。

第二个环形流道在阀套与插孔之间，其校核计算流量，应为阀最大控制流量的二分之一。

对于图(b)所示的将控制窗口开在阀套上的方案，其过流状况要比前一种方案通畅，不存在第一个环形流道，第二个环形通道的校核计算流量，也是按阀最大控制流量的二分之一。

值得留意的是，插装阀断面图上表明，如果对应于最大控制信号的过流窗口面积为 A 的话，则其余过流断面的面积，包括第一个，第二个环形通道，阀板中阀进口断面(d_s)和出口断面(d_4)，都要保证达到 3.5A 以上，才不会对阀口的线性控制产生限流等干扰。

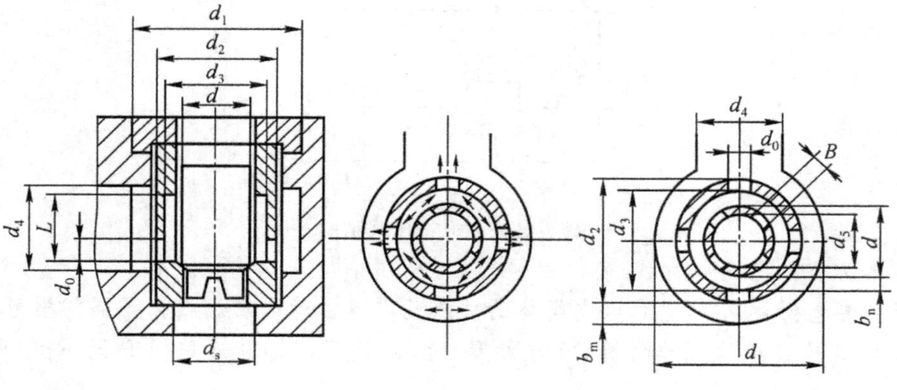

(a) 非全周过流控制窗口开在阀芯上的方案

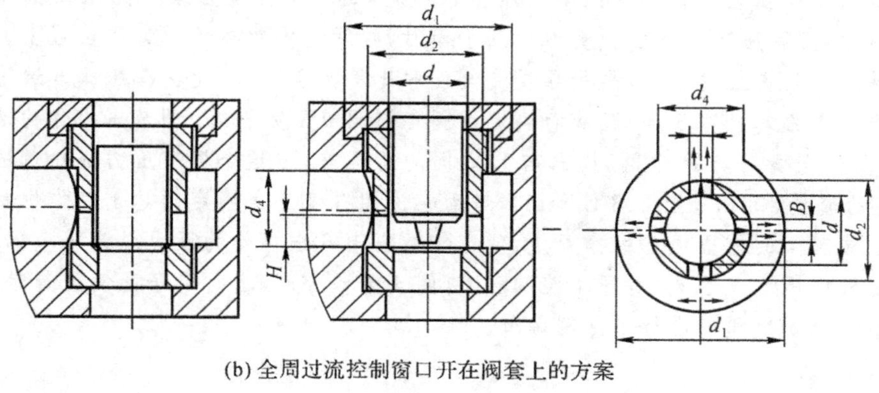

(b) 全周过流控制窗口开在阀套上的方案

图 7-48 插装式比例阀结构

第 8 章

电流比例流量控制阀

8.1 节流控制的基本原理及分类

8.1.1 基本原理

对于节流调速系统中的执行元件，液压缸或液压马达的运动速度（角速度）和位移（转角）的控制，可采用流量控制阀来实现。对于液压缸的速度和位移控制有

$$v=\frac{q}{A};\ x=\frac{1}{A}\int_0^t q\mathrm{d}t \tag{8-1}$$

对于液压马达的转速和转角控制有

$$\omega=\frac{q}{V};\ \theta=\frac{1}{V}\int_0^t q\mathrm{d}t \tag{8-2}$$

式中：q——流量；

A——液压缸的作用面积；

V——单位转角排量。

流量控制阀是在一定的工作压差 Δp 下，通过阀口（节流口）通流面积 $A(x)$ 的改变来实现对流量 q 的控制，遵照阀口的流量公式：

$$q=\alpha_D A(x)\sqrt{\frac{2}{\rho}\Delta p} \tag{8-3}$$

通常，节流口均采用薄刃锐边结构，阀口的液体流动状态大多为紊流工况，故流量系数 α_D 可以近似为常数。此时，流量 q 与通流面积 $A(x)$ 及节流口前后的压力降 Δp 有关。

8.1.2 分类

电液比例流量阀，从广义上讲，它不仅包括本章讨论的，与传统阀中流量阀相对应，用来控制单向流动液流流量的比例阀，而且还包括第 9 章将介绍的电液比例方向阀。在比例阀中，后者与开关型方向阀有着根本性的差别，它实际上是电液比例方向流量阀，本质上还是用于控制流量的，只不过它随控制电信号的正负极性变化而改变液流的方向（P→A 或 P→B）。为了便于循序渐进地深入讨论，本书参照常规分两章来介绍。读者不难从中找到其工作原理上的对应关系，和工程应用上的交叉与替代。

根据受控的物理量的不同，一般意义上的比例流量阀又可细分为比例节流阀与比例流

量阀两大类。后者俗称比例调速阀，它有二通型及三通型之分。依据电—机械转换器对功率级控制方式的不同，一般意义上的比例流量阀可分为直接作用式及先导控制式；同时，根据阀内是否含反馈闭环以及内含何种反馈控制方式，流量阀又可分为若干种不同的类型。图8-1所示为比例流量控制阀的分类简图。

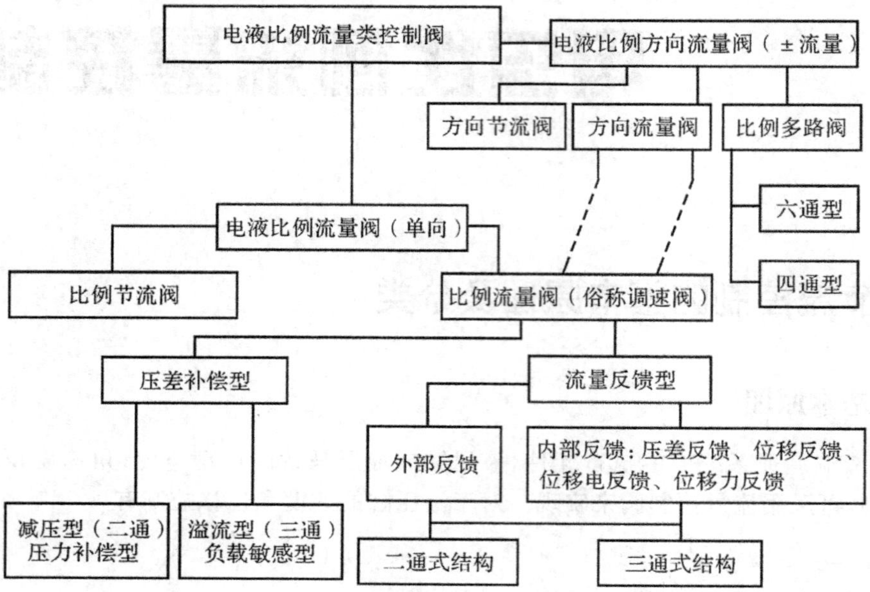

图 8-1 电流比例流量阀分类简图

8.2 电液比例节流阀

节流阀是最简单的流量阀。自来水龙头(阀门)，就是一种简易节流阀。节流阀的受控参数并不是流量，而是主阀芯的轴向位移或转角。因此，与输入电信号成比例的是电液节流阀阀芯的轴向位移或周向转角，而阀的控制流量不仅与输入电信号有关，还是阀口工作压差 Δp 的函数。所以，相同规格，相同阀芯直径的阀，采用不同的窗口造型，可获得不同的输入信号与输出流量的函数关系。

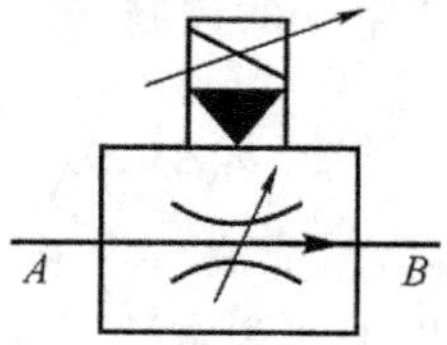

图 8-2 电液比例节流阀符号

图 8-2 所示是电液比例节流阀的符号图。电液比例节流阀，按其对功率级的控制方式，可分为直接作用式(简称单级比例节流阀)和先导控制式。

8.2.1 单级比例节流阀

采用伺服电机代替手动节流阀的调节机构，即可构成单级比例节流阀。这种方式的比例节流阀，结构复杂、成本高，目前市场上所见不多。常见的单级比例节流阀阀芯的轴向位移 x 与输入电信号成正比。根据阀内是否含反馈控制，它可分为普通型和位置—电反馈型两种基本形式。

1. 普通型单级比例节流阀

普通型单级比例节流阀，由力调节型比例电磁铁直接驱动节流阀阀芯，阀芯采用弹簧支承及液压力平衡的结构，其工作原理如图 8-3 所示。如果忽略电磁铁和阀芯运动时所受的摩擦阻力及液压卡紧力，则其稳态平衡方程如下：

$$K_I(I-I_a)-K_y y=K_{sy}(y_0+y)+F_f \tag{8-4}$$

式中：K_I，K_y——电磁铁的电流力增益和位移力增益；

I，I_a——控制电流及起始电流；

K_{sy}，y_0——复位弹簧刚度及预压缩量；

F_f——稳态液动力。

一般情况下 $K_y \ll K_{sy}$，因此上式可改写为

$$y=\frac{K_I(I-I_a)-F_f}{K_y+K_{sy}}-y_0 \tag{8-5}$$

若不计液动力 F_f，则阀芯位移 y 与输入控制电流成正比。实际上，稳态液动力的变化是影响阀的稳态负载特性的主要因素。

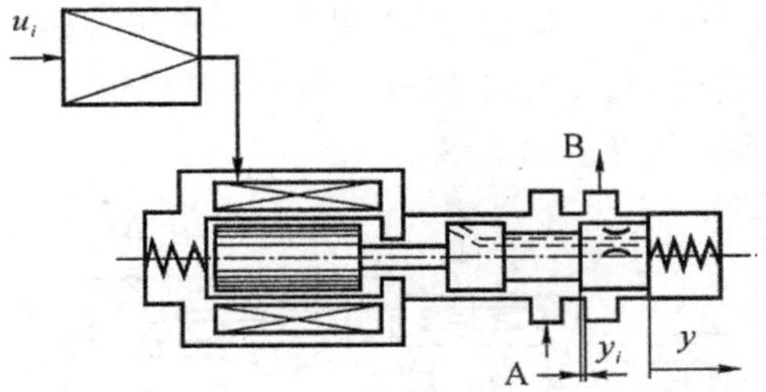

(a) 工作原理图

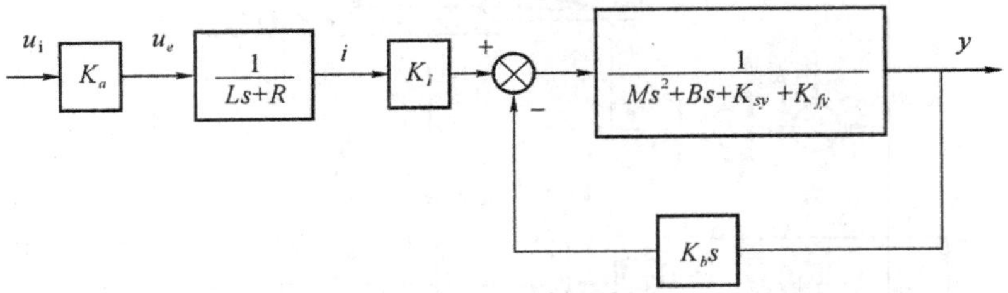

(b) 传递函数框图

图 8-3　普通型单级比例节流阀原理及传递函数框图

单级比例节流阀的传递函数可简化成：

$$G(s)=\frac{K_{a_i}}{(Ls+R)(Ms^2+Bs+K)} \tag{8-6}$$

式中：K_{a_i}——比例放大器及电磁铁总的放大系数；

L，R——电磁铁线圈的电感与电阻；

B，M——阀芯与电磁铁中的衔铁的动态阻尼系数与质量；

K——液动力刚度 K_{fy} 与弹簧刚度 K_{sy} 之和。

图 8-3(b)所示的框图表明，该系统由比例电磁铁电感线圈的一阶环节和阀芯、衔铁等构成弹簧质量系统的二阶环节所组成。这里，一阶环节是限制阀的动态性能提高的主要因

素。此外，阀芯位移是开环控制，因此它抗干扰能力较差，即阀芯位移调节刚性较低。但该类阀结构简单，成本低廉，适宜于低压、小流量的液压控制系统。

2. 位置—电反馈型单级比例节流阀

为了提高比例节流阀的位移调节刚性，提高阀抵抗液压卡紧力、液动力及摩擦力等干扰的能力，以获得令人满意的稳态控制精度，近年来，市场上出现了采用内含阀芯位移检测反馈闭环的电反馈比例节流阀。图 8-4 所示为这类阀的典型实例。在该结构中，带位移传感器的行程调节型比例电磁铁，直接驱动节流阀芯运动。阶梯型阀芯实现轴向液压力平衡。其初始位置由复位弹簧支承。输入的电磁力克服弹簧力和液动力，使阀口开启，控制由 A 口流向 B 口的流量。如果阀口压降能保持为定值，则输出流量与输入信号成某一函数关系，此函数取决于阀口的几何形状。

图 8-4 表明，在外界干扰力发生变化的瞬间，阀芯位移将偏离调定值，由位移传感器检测到的阀芯位移信号，经测量放大器的调制、放大、解调，反馈至比例放大器输入端，与输入信号相比较，其偏差值经诸如 PID 调节器、比例放大器的调节作用，改变了比例电磁铁的输出电磁力，使阀芯位移迅速回复至原定的调定值。将图 8-4(b)与图 8-3 的传递函数相比较，不难发现，在电反馈阀的前向通道上串联 PID 调节器，构成一阶无差系统，使阀的稳态性能，仅取决于位移传感器的精度，只要在比例电磁铁的功率域内，电反馈闭环控制将始终保证阀芯输出位移与输入电压信号成正比关系。

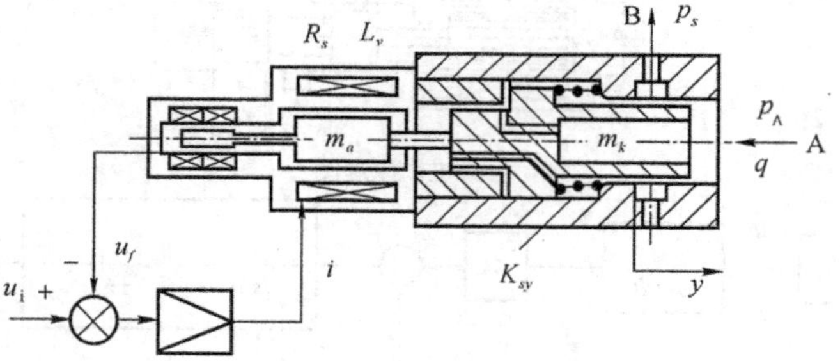

(a) 工作原理图

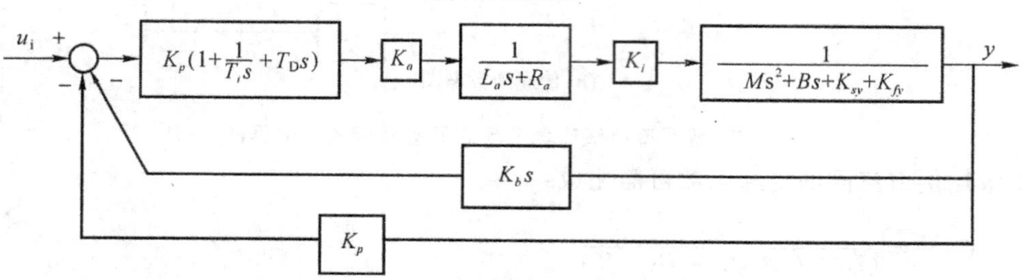

(b) 传递函数框图

图 8-4　电反馈单级比例节流阀原理及传递函数框图

由于直动式比例节流阀的输出功率，受到比例电磁铁的限制，因而直动式电反馈比例节流阀也只能是小通径的。在工程应用中，大于 10 通径的比例节流阀，一般就需要采用先导控制型方案。

8.2.2　先导式比例节流阀

在先导式比例节流阀中，比例电磁铁通过先导液桥，对主阀的位移实现比例控制。由于先导级的液压放大作用，这种阀可以实现对高压大流量液流的控制。为了使先导级液桥正常工作，需要有一定的最低工作压差，当先导油为内供时，其最低工作压差要比单级控制阀略高。此外，对于大于 32 通径的大流量比例节流阀，有时需三级控制。

先导式比例节流阀的先导级，一般为滑阀形式。它的主级可以是二通插装阀，或是滑阀结构。二通插装阀具有通流量大，动态响应快，标准化程度高的优点。因此，大于 16 通径的阀，大多采用二通插装阀结构。

根据阀内所含的反馈方式不同，先导式比例节流阀又可分为位移—力反馈、三级控制和位移—电反馈等三种类型。

1. 位移—力反馈型先导式比例节流阀

该类阀的结构原理及工作框图，如图 8-5 所示。它由比例放大器、比例电磁铁、先导级及主级等四部分组成。固定液阻 R_1 与先导阀口组成 B 型液压半桥，先导阀芯与主阀芯之间由反馈弹簧耦合。

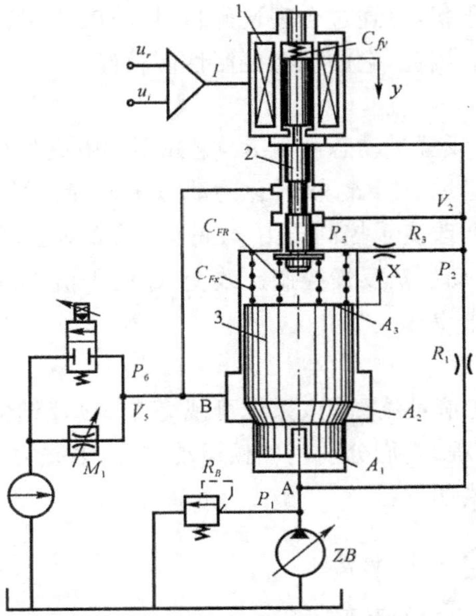

图 8-5　位移—力反馈型比例节流阀原理图

(1)阀的工作原理

当阀的输入电信号为零时，先导阀芯在反馈弹簧预压缩力的作用下，处于图示位置，即先导控制阀口为负开口，先导油液没有流动。因而，主阀上腔的压力 p_3 与进口压力 p_1 相等。由于弹簧力和主阀芯上下面积差的原因，主阀口处于关闭状态。无论进口压力 p_1 有多高、均没有主流量从 A 口流向 B 口。

当阀输入一个足够大的电信号时，电磁力克服反馈弹簧的预压缩力，推动先导阀芯下移 y，先导阀口打开，先导液流经过固定液阻 R_1、先导阀口至主阀出口，因此，主阀上腔的控制

压力 p_3 低于进口压力 p_1，在压差 p_1-p_3 的作用下，主阀芯有一位移 x，阀口开启。与此同时，主阀芯位移经反馈弹簧转化为反馈力，作用在先导阀芯上，与输入电磁力相平衡，使先导阀芯稳定在某一平衡点上，使输出主阀芯位移与输入电信号成比例。这就构成阀内主阀芯位移—力反馈的闭环控制。

(2)阀的稳态特性分析

根据先导阀芯的稳态受力方程式，可推导出主阀位移 x 的近似表达式：

$$x=\frac{F_M-F_{sy}}{K_f}-(x_{f_0}+y_d) \tag{8-7}$$

式中：F_M——电磁力；

F_{sy}——先导阀的稳态液动力；

K_f,x_{f_0}——反馈弹簧刚度及预压缩量；

y_d——先导阀口负开口量。

式(8-7)表明，如果忽略先导阀的稳态液动力，主阀的位移仅与输入电磁力成正比，与负载变化、电磁铁行程以及主阀的液动力几乎无关。在工程应用中，由于先导阀的稳态流量较小，它的稳态液动力可以忽略不计。

由阀的工作原理可知，主阀的液动力和摩擦力干扰受到位移—力反馈闭环的抑制。而先导阀芯和衔铁上的摩擦力干扰，可通过合理选配材料、精确的加工及借助于叠加在主控制电流上的颤振信号加以约束。因此，它的稳态控制性能较好。

(3)液阻 R_3 的作用

在主级与先导阀之间，设置了动态液阻 R_3，它并不影响阀的稳态性能。而当主阀芯运动时，产生的动态流量 $A_x x$，经过液阻 R_3 被转化为动态压差，此附加压差作用在先导阀芯的两端，调整了先导阀口的开度，改变了控制压力 p_3 的值，从而对主阀的运动产生明显的动态阻尼作用，构成级间的速度—动压负反馈控制。改变 R_3 的阻值，可以获得不同的动态特性，其最佳值可通过仿真及实验求得。

(4)动态信号流图

图 8-6 所示是阀的动态信号流图。该系统可视为带 PD 反馈的闭环控制系统。在信号流图中，每一节点代表一个方程。它们分别用牛顿运动方程、电磁力方程、伯努利流体方程和连续性方程描述。其基本形式如下：

$$p_i(t)=\frac{E_i(p)}{V_i}\int_0^t\sum_{i=1}^{n}q_i\mathrm{d}t+p_i(0) \tag{8-8}$$

式中：$p_i(0),p_i(t)$——容腔的初始及瞬时压力；

V_i,q_i——容腔体积及瞬时流量；

$E_i(p)$——油液的弹性模量。

$$M_i\ddot{x}_i+D_i\dot{x}_i+K_ix_i+C=0 \tag{8-9}$$

$$q_j=\alpha_{DJ}A(J)\sqrt{\frac{2}{\rho}\Delta p_i} \tag{8-10}$$

根据此信号流图，利用数值积分法，使用有关的专用程序，就可求得阀的时域特性及频域特性。

此阀的优点在于，结构简单、紧凑，原理新颖，具有较好的稳、动态性能。因此，其性能价

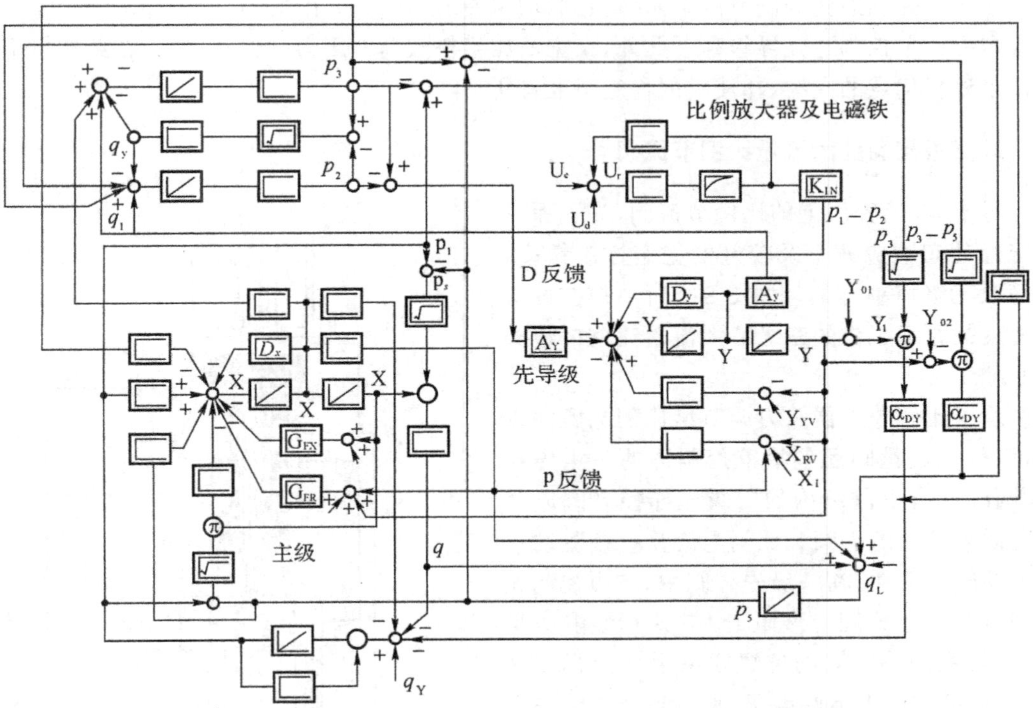

图 8-6　位移 — 力反馈比例节流阀的动态信号流图

格比高，而且阀的稳定性好。

如果用双控制边滑阀来取代图 8-5 方案中的单控制边先导阀，就可构成如图 8-7 所示双控制边先导级的位移—力反馈型比例节流阀。由先导阀双控制边构成了 A 型液压半桥，其压力—位移增益$\frac{\partial p}{\partial y}$为 B 型液压半桥的两倍。因此，含 A 型液压半桥的比例节流阀的静、动态性能均优于单控制边的节流阀。特别是它的工作频宽是后者的 2 倍。图 8-7 所示是两者稳态负载特性的对比曲线，其中虚线为单控制边阀的性能曲线，实线为双控制边阀的性能曲线。

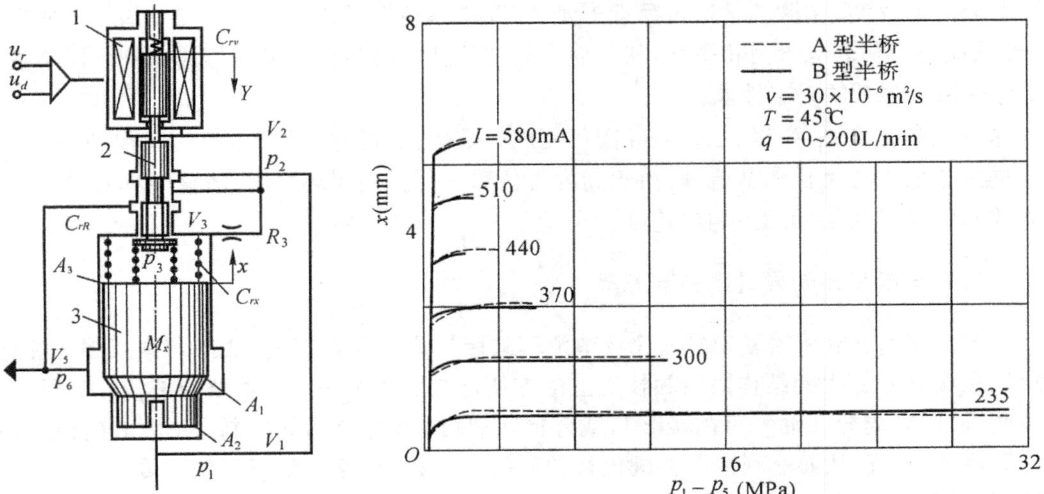

图 8-7　双边先导控制型比例节流阀的稳态负载特性曲线

由于双控制边先导阀有两个阀口，它们均需要适当修磨。因此，它的先导级加工及调试的成本要比单控制边先导级高。此外，A 型液压半桥较高的压力—位移增益，在给比例节流阀带来许多优点的同时，却使阀的稳定裕度有所下降。

2. 三级控制型大流量比例节流阀

对于 32 通径以上的比例节流阀，为了保持一定的动态响应速率及较好的稳态控制精度，可采取三级控制方案。如图 8-8 所示是按位移—力反馈原理工作的三级特大流量比例节流阀的原理。

除了比例放大器及力调节型比例电磁铁以外，该类大流量阀还包括单控制边的一级先导阀、两级同心滑阀结构的二级先导控制阀以及二通插装结构的主阀。比例电磁铁直接驱动一级先导阀芯运动。在一级先导阀中，单边控制先导阀口与前置式固定液阻 R_1 组成 B 型液压半桥，它与主阀芯之间的位置联系由反馈弹簧来实现。一级阀芯上下端静压力平衡。第二级先导阀的环形面积 A_x 为二级受控面积。一级先导阀芯与二级先导阀芯之间采用了位置随动结构，即运用级间位置负反馈原理。这种形式的二级先导阀的位移 x，近似地等于一级阀芯的位移 y，它们均受到比例电磁铁有效行程的限制。二级阀芯的双控制边阀口，组成 A 型液压半桥，有效地调节主阀上腔的压力 p_x，从而实现对主阀芯行程 z 的控制。主阀芯又通过反馈弹簧，将其位移转换成作用于一级先导阀芯下的反馈力，此反馈力与输入电磁力相平衡，从而使主阀芯位移始终与输入电信号成比例。固定液阻 R_2，R_3 用来改善阀的动态性能。

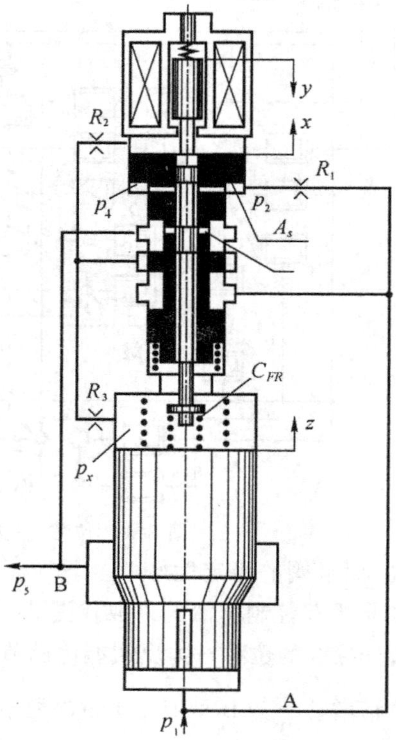

图 8-8 三级控制型大流量比例节流阀结构原理

这种阀的优点是，一级、二级先导阀可制成标准单元，用它们与不同的功率级匹配，可构成不同规格的大流量比例节流阀。由于阀内含位移—力反馈闭环控制，故该阀具有较理想的稳态控制特性及较快的动态响应速度。

3. 位移—电反馈先导式比例节流阀

图 8-9 表示了电反馈型先导式比例节流阀的结构原理及其控制框图。与力反馈型相比，电反馈型阀具有更大的结构柔性和校正上的方便。阀的主级采用二通插装结构。先导油引自主阀进口 A，先导回油 y 可内接 B 口或外接回油箱。先导阀为双控制边形式，它控制着主阀上腔压力 p_z 值，从而达到控制主阀位移的目的。主阀芯位移经耐高压位移传感器检测，并反馈至比例放大器的输入端。放大器及比例电磁铁的非线性，以及先导级与主阀的液动力、摩擦力等的干扰，均由电反馈大闭环所抑制。只要位移传感器的精度足够高，阀的稳态精度

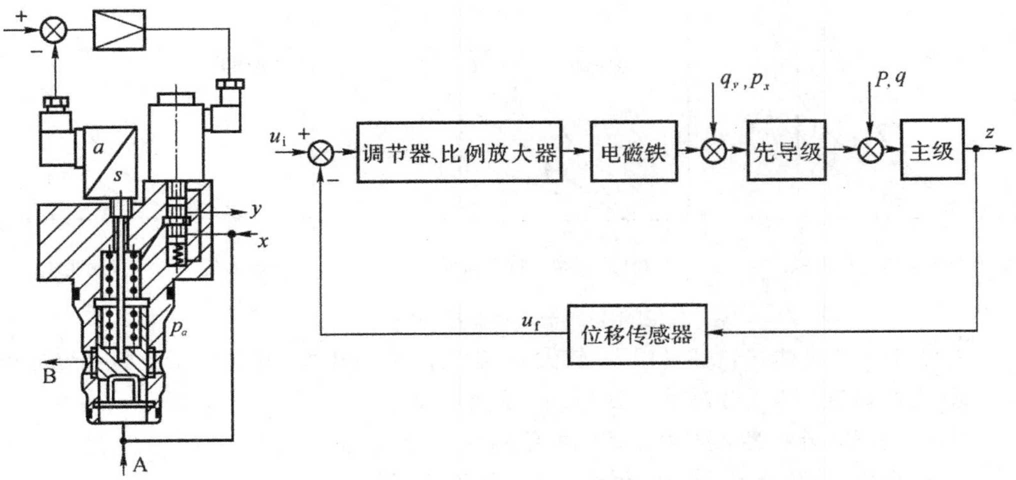

(a) 结构原理图　　(b) 控制原理图

图 8-9　位移—电反馈型先导式比例节流阀

就可达到相当高的水平。此外,由于电信号处理方便,故动态校正可采用多种方式。

电反馈型先导式比例节流阀与电反馈型单级比例节流阀的区别,仅在于前者内含液压放大单元,其反馈信号直接取自功率级。

8.2.3　比例节流阀的基本特性分析

上述各类比例节流阀,尽管在结构和控制原理上有所不同,但仍然可以用相同的外特性项目及相应标准对其进行性能考核。在工程应用上,基本外特性为四项,即稳态控制特性、稳态负载特性(通常用等位移特性表征)、阶跃响应特性以及频率响应特性(详细可参阅第 14 章)。下面简要地讨论比例节流阀的基本特性。

1. 阀口形状对稳态控制特性曲线的影响

在比例节流阀中,阀芯位移是输入电信号的单调函数。图 8-10 所示是比例节流阀的稳态控制特性曲线。横坐标为输入电流或电压信号,纵坐标为功率级阀芯位移。阀芯位移与阀口工作压差及其几何形状几乎无关,仅与输入信号成比例关系。实际上,比例电磁铁的电流—力特性以及弹簧、液动力等的非线性均是影响控制特性线性度的因素。

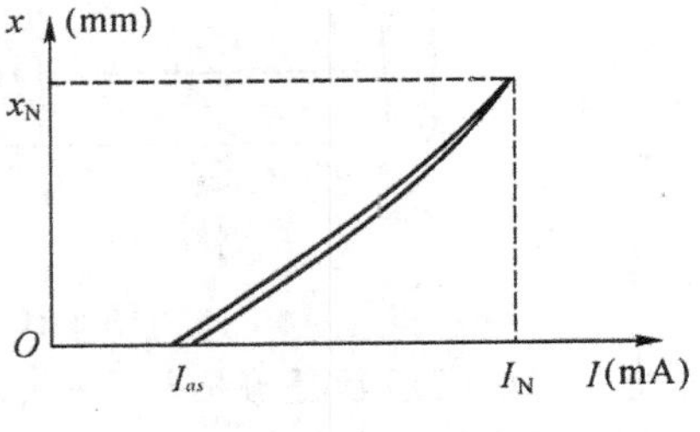

图 8-10　稳态控制特性(I-x)

2. 阀口形状对输出流量的影响

图 8-11 所示是阀口形状分别为三角形、矩形及双矩形的比例节流阀,在阀口工作压差为三种不同恒定值时,其输出流量与输入电信号的关系曲线簇。曲线表明,比例节流阀的输出流量曲线增益不仅与输入信号、阀口工作压差有关,而且还受阀口几何形状的影响。

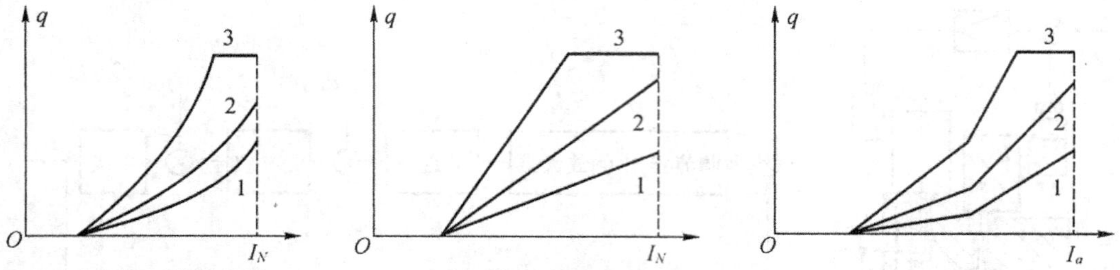

(a) 三角形阀口特性曲线 (b) 矩形阀口特性曲线 (c) 双矩形阀口特性曲线

图 8-11 流量稳态控制特性

图 8-11 中的 3 号曲线，在阀口开度较大时，出现水平饱和段。这是由于试验系统油源流量的限制，在阀口压差及开度较大时所出现的限流现象。

此外，一些基本外特性参数可由控制曲线中获得。例如最大位移、起始电流、最小工作压差、最高工作压力、公称流量、滞环、重复精度以及线性度等。

3. 抗负载干扰能力的评价

比例节流阀的抗负载干扰能力，即稳态负载特性，可由它的等位移特性来评价。随着阀口压降的增大，若节流阀阀芯位移 x 变化愈小，则其调节刚度 $\frac{\Delta p}{\Delta x}$ 就愈大，即抗干扰能力愈强。如图 8-12 所示，除了等位移特性 x-Δp 外，还可以用 q-Δp 来补充表征比例节流阀稳态负载特性，图示曲线来自一内含反馈闭环的比例节流阀。由图可见，该阀阀芯位移几乎不受阀口压降变化的影响。另外，在输入信号较大时，由于油源流量的限制，系统全部油液经节流阀口流向负载。此时，系统溢流阀不起调压作用，系统压力取决于油液流过比例节流阀阀口所造成的压降，因而节流阀工作压差不可能提高到 Δp_{max}，致使等位移曲线簇呈宝塔形。

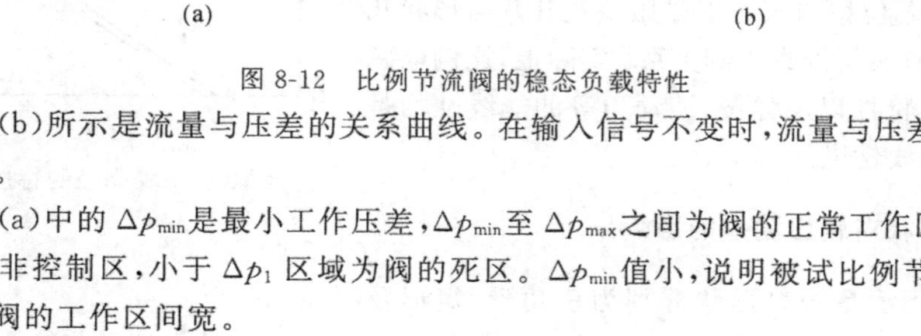

(a) (b)

图 8-12 比例节流阀的稳态负载特性

图 8-12(b)所示是流量与压差的关系曲线。在输入信号不变时，流量与压差的关系按指数规律变化。

图 8-12(a)中的 Δp_{min} 是最小工作压差，Δp_{min} 至 Δp_{max} 之间为阀的正常工作区间。Δp_1 与 Δp_{min} 区间为非控制区，小于 Δp_1 区域为阀的死区。Δp_{min} 值小，说明被试比例节流阀的压差小，能耗低，阀的工作区间宽。

4. 输入信号阶跃响应特性

阀的阶跃响应特性，通常包括输入信号阶跃响应和负载压力阶跃响应特性，而在工程实用上，比例节流阀一般只考察输入信号阶跃响应特性。它的典型的输入信号阶跃响应特性曲线如图 8-13 所示。该曲线表明，输入比例节流阀的电压信号在零至某一调定值之间作阶跃变化瞬间，比例节流阀阀芯位移的响应过程。阀的过渡过程时间短，说明阀的动态响应快。阀的瞬时超调量，也必须符合设计要求。

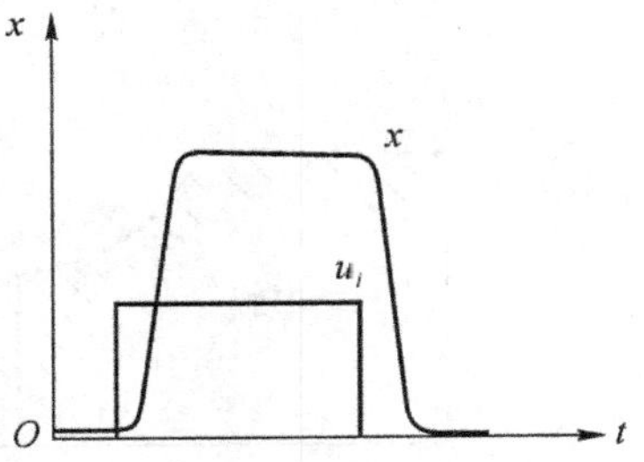

图 8-13　比例节流阀的输入阶跃响应特性

阀的响应时间与输入信号阶跃幅值有关。在输入信号幅值相同时，阀的过渡过程时间，又与阀口的工作压差有关，工作压差低，阀的动态响应块。此外，动态响应特性还受试验台有关管道容腔体积的影响。管道容腔小，阀的动态响应也较快。

5. 频率响应特性

比例节流阀的动态特性，除了用上述的时域特性来考核外，还可用频域特性来评价。图 8-14 是某一比例节流阀的频率响应特性曲线，又称波德图。图中被试阀在某种工况下的幅频宽 $f_{-3\text{dB}}$ 为 10Hz，相频宽 $f_{-90°}$ 为 8Hz。

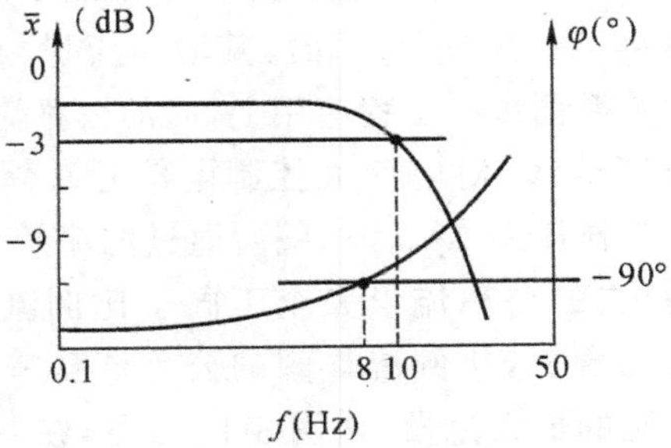

图 8-14　频率响应特性

阀的频宽不仅与输入正弦波信号的幅值有关，还与系统压力、试验系统容腔大小有关。因此，在比较比例阀的频宽时，必须注意测试用的试验台压力飞升速率等级、运行工况及输入信号幅值大小。目前，比例节流阀幅频宽大约在 3～20Hz 左右。

8.2.4　比例节流阀的选用原则

1. 最低工作压差选择

由于比例节流阀只能在高于其最小工作压差条件下正常工作，因此，选用比例节流阀时，应使其最小工作压差，低于系统的最小工作压力。同时，为使与节流阀并联的系统溢流阀正常工作，系统的油泵流量，应大于节流阀在系统中的实际最大控制流量。

2. 阀的功率域

比例节流阀在阀口压差及窗口开度均较大时，可通过几倍于其公称流量的油液，但实际上，它存在一个在一定工作压力下制约最大流量的功率域。特别是单级比例节流阀更为敏感。

图 8-15 所示为比例节流阀的功率域示意图。在使用比例节流阀时，要尽量避免超越阀的功率域，否则，比例节流阀的阀芯位移将会出现如图 8-16 所示的饱和现象，从而使阀丧失了比例控制特性。特别是不带位移传感器的单级比例节流阀，在较大压差 Δp 作用下，这种

直控阀的流量大到功率界限时，稳态液动力会自动将阀口关小，通过阀口的流量不会随着压差的增加而增加，存在着一种“自然”的功率域现象。

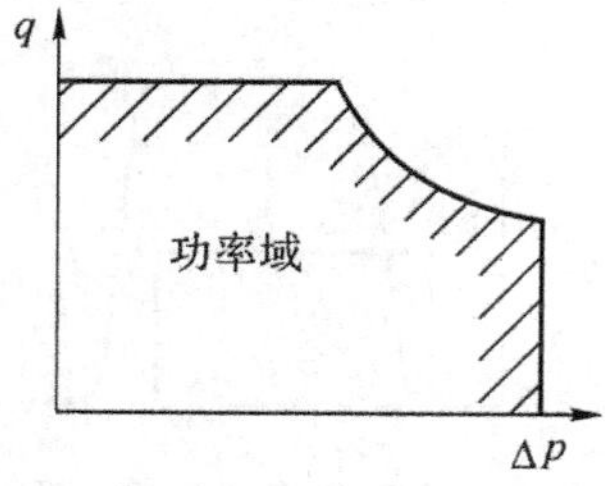

图 8-15 比例节流阀的功率域示意图

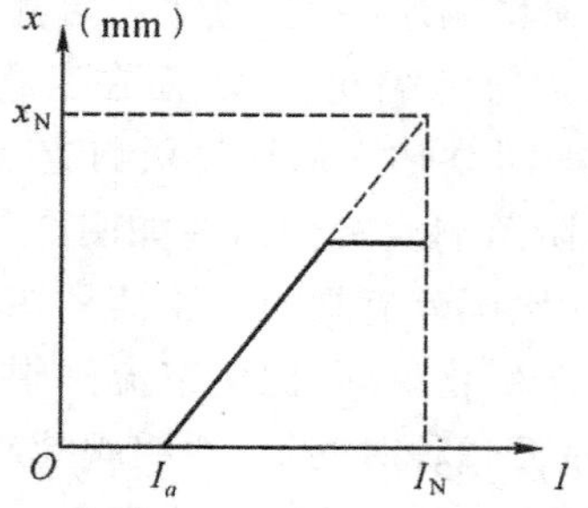

图 8-16 超过功率域工况的稳态控制特性曲线

3. 如何选择比例节流阀的公称流量

图 8-17 所示是比例节流阀在阀口工作压差为最小工作压差 $\Delta p_{\min}$时，其输出流量与输入电信号的关系曲线。工程应用上，阀的公称流量系指阀口开度最大（对应最大控制电信号）、阀口压差为最小工作压差 $\Delta p_{\min}$时，阀所通过的流量。值得注意的是，它的公称流量完全不同于比例流量阀公称流量的含义，比例流量阀的公称流量一般为阀所能控制的最大流量。由图 8-11 可见，在一定压力范围内，阀口压差增大时，节流阀控制流量将比公称流量大得多，最大可达 2～4 倍。因此，在设计定压比例控制系统时，不能简单地将系统执行机构空载快速时所需的最大流量，作为节流阀的公称流量来选择比例节流阀。正确的选用原则应该是，根据重载，即阀口压降为最低工作压差时，执行机构所需要的流量作为公称流量的相近值，来选择比例节流阀。这样，在工作过程中，比例节流阀的可调节电信号范围宽，调节分辨率高。在相应的调节范围内，滞回也小。这一点，与比例方向阀类似，可参见本书第 9 章 9.4 节。

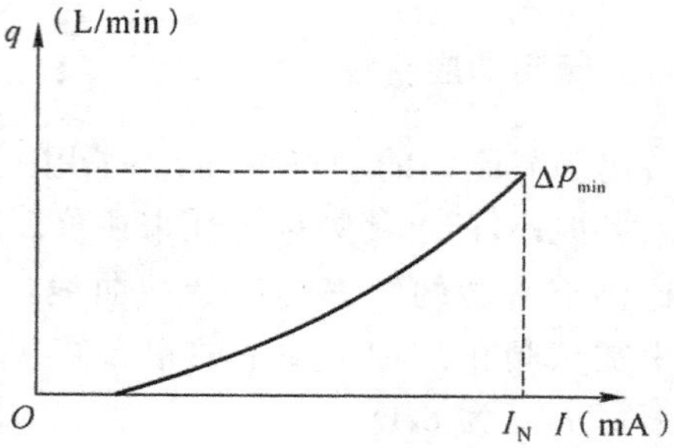

图 8-17 比例节流阀的 I-q 特性

4. 比例节流阀的应用特点

在节流调速系统中，人们往往喜欢选用比例调速阀。但是，在某些场合，比例节流阀也很有竞争力。比例调速阀最大输出流量是公称流量；而比例节流阀则不然，它可通过几倍于公称流量的液流。所以，对于要求空载时快速、重载时低速的系统，使用比例节流阀显然有其独特的优点。

在主机系统本身含速度或位置反馈闭环控制以及负载变化不大的场合，采用比例节流阀就显得比较经济、合理。

此外，比例节流阀具有结构简单、成本低、动态响应快、稳定裕度大及可靠性好等特点。这就是比例节流阀在一般工程系统中得到广泛应用的原因。

8.3 电液二通比例流量阀

如前所述，按照对外连接油口数目不同，可将电液比例流量阀分为二通型和三通型。其中，按基本原理可以区分为传统负载检测补偿型，和新的流量检测反馈型，如图 8-18 所示。

根据二通型电液比例流量阀的控制原理来分，它有传统减压节流型、流量一力反馈型和流量一电反馈型等三种主要形式。下面分别讨论它们的工作原理及其主要特点。

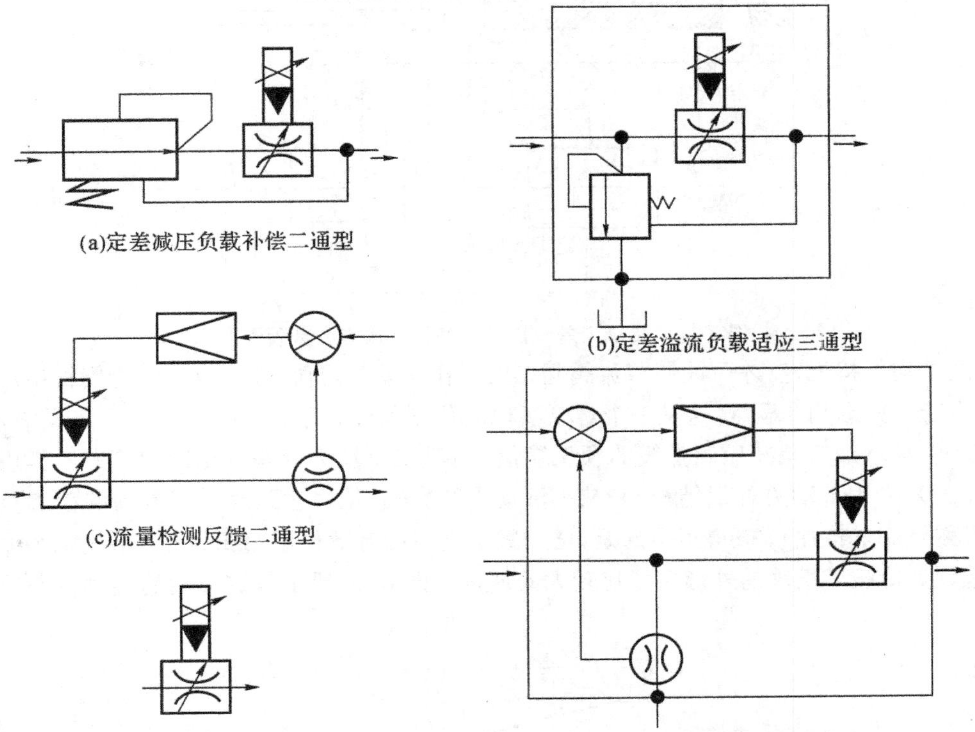

(a)定差减压负载补偿二通型

(b)定差溢流负载适应三通型

(c)流量检测反馈二通型

(d)流量检测反馈三通型

(e)节流阀

图 8-18　电液比例流量阀的基本类型

8.3.1 传统减压节流型二通比例流量阀

自从 19 世纪中叶英国工程师弗利明·詹金(Fleeming Jenkin)发明了第一台减压节流型流量阀，一百多年来，这种流量阀在结构上发生了许多变化，但其基本原理却一直沿用至今，如图 8-19 所示。它的基本点是，由定差减压阀对节流阀口前后的压力变化进行补偿，使节流阀口压差近似保持为定值，从而实现输入信号对于流量的单调控制。

1. 工作原理及稳态特性分析

根据减压阀芯受力平衡方程，可得到节流阀口的工作压差为

$$p_2-p_3=\frac{1}{A_3}[k_1(x_0+x)-k_s(x_1-x)(p_1-p_2)]$$

方括号内第一项是弹簧力，第二项是液动力。由式可见，在各种工况下，只有上述两项作

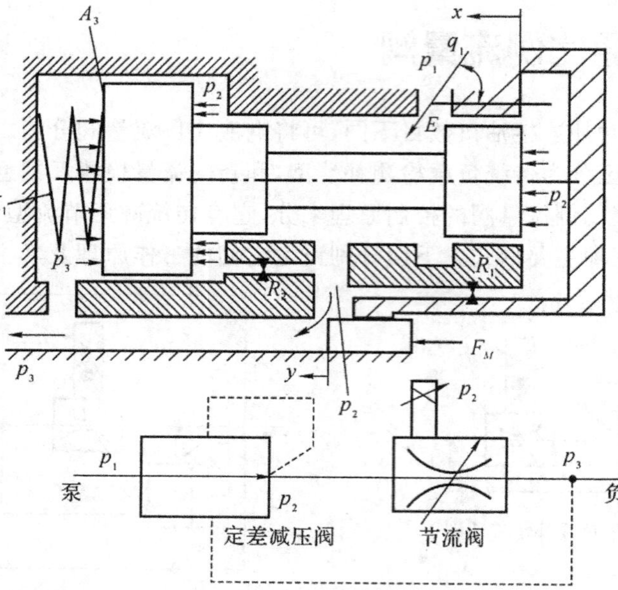

图 8-19 传统定差减压负载补偿二通型流量阀原理

用力之差均保持恒定，才可能使节流阀阀口的工作压差为定值，才能保证流量阀输出流量不受压力变化的影响。显然，这是一个难以实现的苛刻条件。为了减小压差 p_2-p_3 的波动，其措施之一是增加定差减压阀弹簧的预压缩量 x_0；其二是增大定差减压阀阀芯有效作用面积 A_3；其三是采用液动力补偿结构，来减小液动力的影响，从而达到改善流量阀的稳态负载特性(俗称等流量特性)。值得指出的是，增大减压阀芯的有效作用面积 A_3，结果使整个体积变大，这就是传统流量阀的外形尺寸比较大的原因。图 8-20 所示是这类阀的典型稳态负载特性。

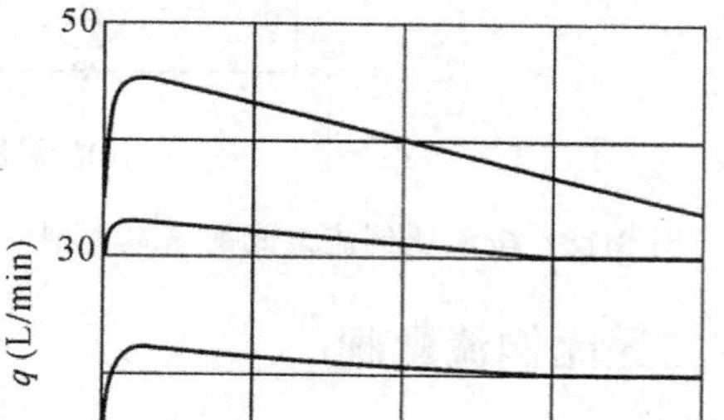

图 8-20 传统流量阀的稳态负载特性

进一步考察阀的工作原理，可以看到这种依靠定差减压阀实现的负载压力补偿是依靠改变补偿阀口(液流进入定差减压阀补偿阀口的 E 处)的压差来实现的。表 8-1 的数值示例，是假设阀用于定压系统的进油调速，油源压力不变，只是负载压力发生变化的情况。而且假定节流阀两端压力处于理想状态，即始终为 0.5MPa。从数值示例可见，当负载压力 p_3 由先前的 14MPa 降低到 6MPa 时，定压系统多余的 8MPa 压力全部消耗在补偿阀口上，使油液发热。

☞**自学参考**：先假定如果补偿功能不起作用，则将使节流阀阀口压差(p_2-p_3)增大，这是不希望出现的情况。现在看补偿功能起作用时的分解动作过程：由于节流阀的隔压作用，首先感受到负载降低(负载敏感)的是定差减压阀(又名压力补偿器)阀芯左边的大面积 A_3，在失去原先的受力平衡条件下，阀芯自动左移，关小负载补偿阀口，从而使补偿阀口后的压力 p_2 降低，直至 p_2-p_3 维持在原定的 0.5MPa，补偿阀芯就保持在新的平衡位置上。多出来的 8MPa 就由于补偿阀口关小，压力损失增大，以发热的形式流失，且使油温升高。

表 8-1　传统二通型流量阀负载压力补偿原理的数值示例(单位 MPa)

	p_1	p_1-p_2	p_2	p_2-p_3	p_3
负载较大时	15	0.5	14.5	0.5	14
负载降低时	15	8.5	6.5	0.5	6

2. 负载阶跃响应特性分析

传统型比例流量阀的负载阶跃响应特性与稳态负载特性一样，主要也取决于具有压力补偿作用的定差减压阀。

在下面经过线性化处理后的简化分析中假设：比例节流阀的输入信号一定，即节流阀口开度不变；定差减压阀出口处没有设置 R_1 和 R_2 液阻；流量阀进口压力 p_1 不变；只有阀的出口压力 p_3 发生阶跃式变化。这样，可得到图 8-21 所示的简化方框图。由图可知，由于稳态液动力系数 $K_{sp} \ll A_3$(减压阀芯有效作用面积)，因此，反馈增益(A_3-K_{sp})>0，即始终为负反馈。在开环系统的三个环节中，通常滞后环节的频率 ω_r 及超前环节的 ω_a 都比二阶振荡环节的 ω_x 高。因此，起主导作用的是二阶振荡环节。与直动式溢流阀相类似，没有附加阻尼 R_1、R_2 时的对数幅频特性穿越斜率为－2，所以很难保证工作的稳定性。

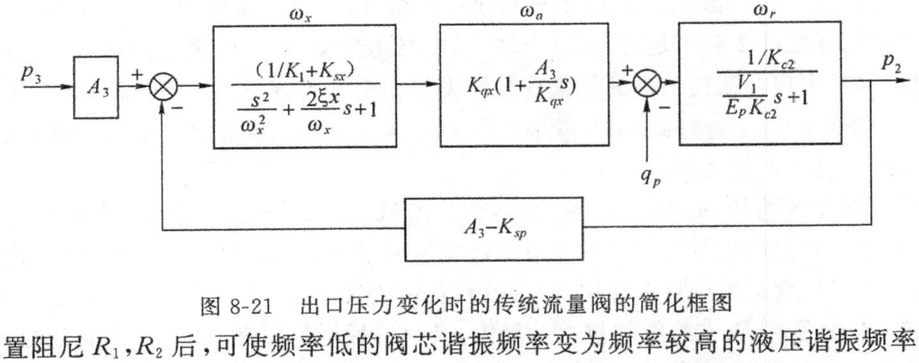

图 8-21　出口压力变化时的传统流量阀的简化框图

设置阻尼 R_1，R_2 后，可使频率低的阀芯谐振频率变为频率较高的液压谐振频率。并且增加了一个起主导作用的低频滞后环节，可使阀的工作稳定性得到保证。

由图可知，当流量阀出口压力 p_3 变化时，节流阀进口压力会作出增加或减小的响应，以补偿工作压差的变动。但是，当出口压力阶跃变化时，例如负载压力突然下降，由于减压阀芯响应滞后，使节流阀阀口的压差突然增大，因而造成通过的流量急剧上升，其超调量峰值可达调定值的100%以上。这是负载压力阶跃响应的流量阶跃。另外，减压阀的初始位置常为减压阀口处于全开状态，基本不起减压作用。当突然投入工作的瞬间，节流阀阀口受到全压差作用；加上减压阀芯从原始状态进入工作位置时，阀芯快速左移，将其左端弹簧腔油液排出，这实际上是一种泵效应。这里阀口压差的瞬间增大加上阀芯左移的泵效应，其瞬时超调流量就更大。这就是所谓的传统流量阀的起动阶跃效应。这里所说的两种阶跃(阶跃响应流量阶跃和起动流量阶跃)是传统型流量阀的一个重要缺点。所以，不能为了保证稳定性而使减压阀的响应太慢，即R_1，R_2的阻尼孔不能取得太小。此外，减压阀的预开口量不宜过大，以免加剧上述流量超调造成的"起动阶跃"现象。图8-22所示为传统型流量阀的负载阶跃响应特性。从图8-22可以看到，在出现流量阶跃的同时，进口压力p_1也发生了相应的先快速下降后上升的现象，并不像人们常认为的那样保持不变。这是一个在定压供油系统中普遍存在而且非常重要的现象，但常常未引起注意。利用第2章的动态封闭容腔压力公式，可以帮助理解这个过程。问题是在工程实践中，应该注意它带来的影响，必要时应采取例如加蓄能器等措施，来加以避免或削弱。

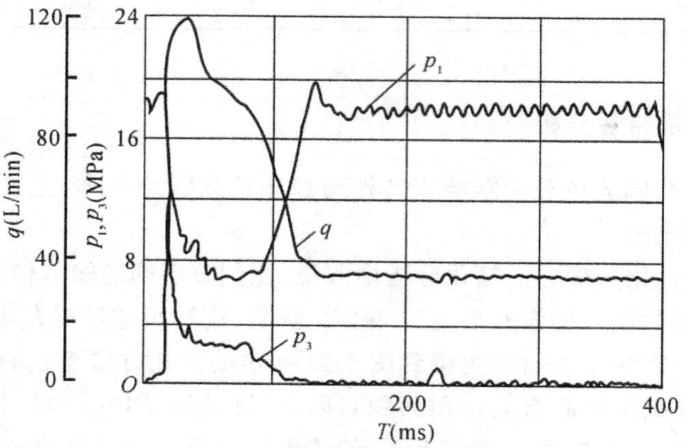

图8-22 传统流量阀的负载阶跃响应特性

总之，传统减压节流型流量阀，由于其基本上能起到负载补偿作用，使控制流量基本只与输入信号相关。加上结构简单，便于与其他构件组合，至今仍然得到广泛的应用。使用中，必须注意到其存在的主要不足方面。这大体有：在稳态方面，由于主要受液动力的干扰，补偿特性受到影响；实现补偿而消耗的能量使系统发热。在动态方面，存在负载阶跃响应的流量阶跃和起动流量阶跃。这些缺陷，尽管有时可以通过相关的系统设计加以弥补或减弱，但终归会对系统性能产生负面影响。

附带应该提到的是，如图8-23所示，传统二通流量阀在历史上实际上有两种结构原理模式，即常见的先减压后节流形式与先节流后减压的形式。在历史上由于两者所达到的一般性能相近，为了减少从生产直至使用、维护的品种和资源消耗，后者早已退出技术市场。但在20世纪90年代后期，在多路阀的技术发展中，借用了后者的原理，加上其他部分的创新，形成了抗流量饱和多路阀(参见第10章)。

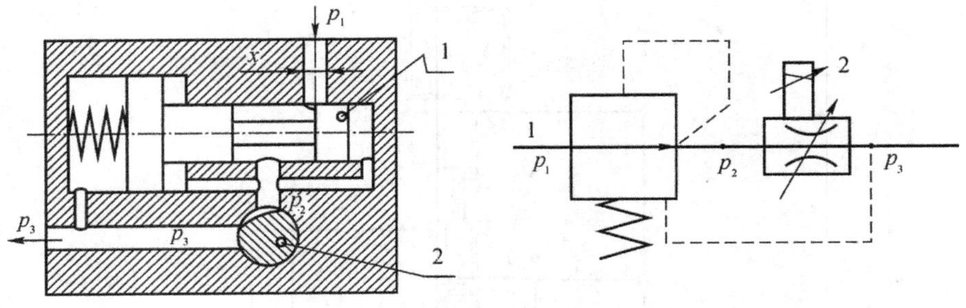

(a)先减压后节流型式

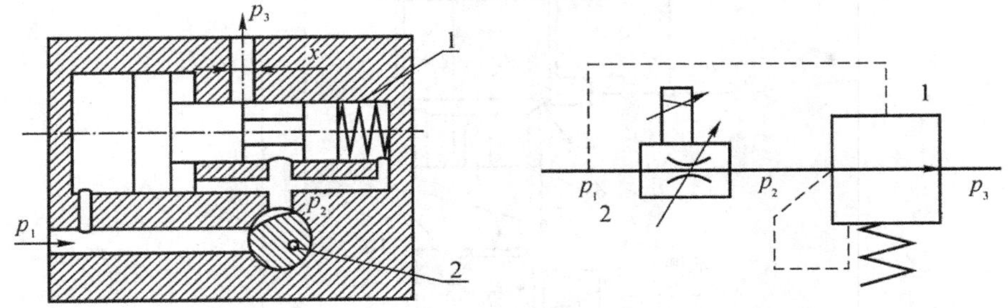

(b)先节流后减压型式

图 8-23　传统二通流量阀的两种结构形式

8.3.2　流量—力反馈型二通比例流量阀

20 世纪 80 年代初期，由浙江大学路甬祥博士发明的流量—位移—力反馈二通电液比例流量阀方案，突破了沿用多年的定差减压阀加节流器的传统原理，采用阀内流量—位移—力反馈闭环控制及级间动压反馈原理，克服了传统流量阀的负载压力阶跃起动流量超调大、抗负载变化流量调节刚性差、体积大而且频响低等缺陷，大幅度提高了比例流量阀的静、动态性能，在对流量稳态控制精度要求高和有一定动态要求的场合，得到了特殊的应用。它与插装阀技术结合，还用于大流量场合。它在工作原理与技术结构上的突破，在主控制量检测反馈等创新设计思路上，给同行以启迪。

图 8-24 所示是流量—力反馈型二通比例流量阀的结构原理及工作框图。该阀由比例放大器，耐高压力调节型比例电磁铁，单控制边的先导滑阀，二通插装结构的调节器及流量传感器等五个部分组成。固定液阻 R_1 与先导阀可变阀口构成 B 型液压半桥。

1. 工作原理

在无输入电信号时，先导阀芯在反馈弹簧（刚度 C_{FR}）作用下，先导阀口处于关闭位置。由此，调节器阀芯的两端油压相等。由于阀芯面积差和复位弹簧（刚度 C_{FX}）的作用，无论流量阀进口压力有多高，调节器阀口均处于关闭状态。此时，没有油液通过比例流量阀。也就是说，在无输入信号时，该阀能实现可靠的自锁。

当输入一足够大的电信号时，开始阶段先导阀芯在电磁力作用下快速移动，使先导阀口开启到最大开度；先导控制油经固定液阻 R_1，先导阀口，流至流量传感器的前端，经其检测后流往负载。由于先导阀口的迅速开启，调节器控制腔油压 p_2 急速降低（暂不考虑动态阻尼液阻 R_4），在 p_1-p_2 压差作用下，调节器阀芯移动，使其阀口开启。流过的主流量同样为流

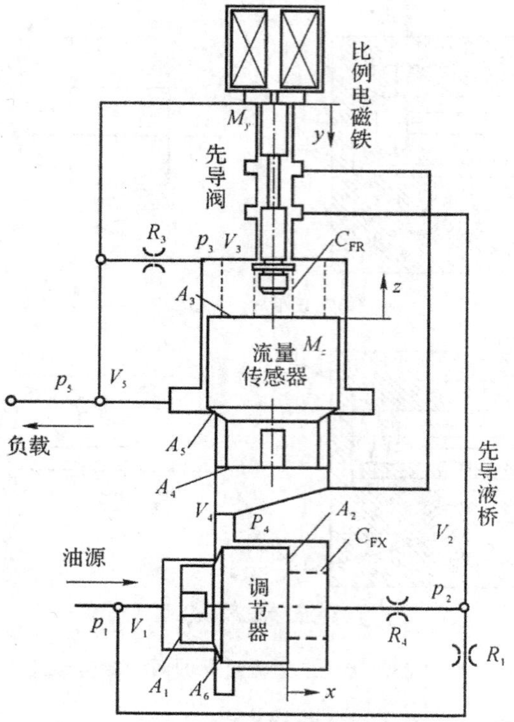

(a) 油路原理图

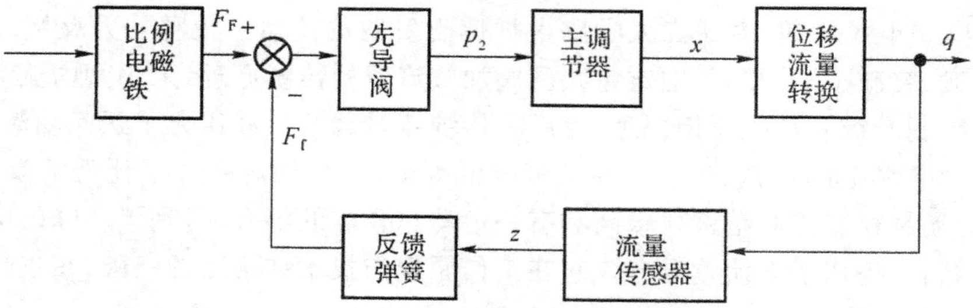

(b) 工作原理框图

图 8-24　流量—位移—力反馈型电液比例流量阀

量传感器所检测。此时，流量传感器将流量值转换为行程 z，并通过反馈弹簧(刚度 C_{FR})进一步将行程 z 转换为作用在先导阀芯上的弹簧力。此弹簧力与输入电磁力相平衡，从而调整了先导阀口的开度及控制压力 p_2，保证阀运行在某一稳定的工作点上，最终使比例流量阀输出流量与输入电信号成比例关系。

当系统出现干扰信号时，例如负载压力 p_5 升高，流过调节器和流量传感器的体积流量就有减少的趋势。这时，流量传感器的行程，就往减少的方向偏移，造成反馈弹簧力减少。由于输入电磁力不变，则先导阀口略有开大，促使先导控制半桥工况发生变化，即降低了输出压力 p_2，进而使调节器的阀口开度略有增大，使通过阀口的体积流量有所增大，进而流量传感器行程，就有可能回复或接近于与输入电信号相对应的调定值。最后，输出流量也恢复至调定值附近。由其他干扰引起的实际流量与调定值之间发生偏差时，阀内也自动完成与上述相似的流量—位移—力反馈的调节过程，从而保证该流量阀具有较好的稳态负载特性。

液阻 R_3 构成主级与先导级之间的动压负反馈控制，有力地改善了该阀的动态性能。

2. 稳态特性分析

首先，考察一下阀的输入输出特性。参见图 8-24，根据流量传感器位移及流量增益方程，可导出阀的输出流量的表达式：

$$q=\frac{K_{IM}}{K_{qz}C_{FR}}I-\left(\frac{C_{FR}\cdot z_0-F_{SY}}{C_{FR}}\right)K_{qz}$$

式中：K_{IM}——电流一力增益；

K_{qz}——流量传感器的位移流量增益；

F_{SY}——先导阀的稳态液动力；

C_{FR}，z_0——反馈弹簧刚度及预压缩量。

上式表明，除了自变量 I（电流）和液动力 F_{SY}外，其余参数均为常数。由于先导流量仅为 1～2L/min，其液动力也非常小。因此，阀的输出流量与输入电流基本上成正比关系。而实际上，输出流量曲线的线性度，与电磁力—电流曲线的线性度、流量传感器的阀口几何造型以及先导阀液动力的变化有关。线性度一般控制在 5%以下。

其次，研究阀的稳态负载特性。流量阀阀口的工作压差—流量偏差公式可表示如下：

$$\frac{\Delta q}{\Delta p}\approx-\frac{K_{qz}}{C_{FR}}\cdot\Delta F_{SY}$$

上式表明，阀的稳态负载特性与先导阀的稳态液动力变化率有关。如前所述，先导阀的稳态控制流量较小，其液动力变化率也不大。因此，在高压大流量工况时，该流量阀的等流量精度要比传统流量阀高。而先导级的液动力、摩擦力的干扰，在小流量工况下变得相对明显。所以，小流量区（即小输入电信号工况）的等流量精度就与传统阀相当。改善的途径是，采用具有液动力补偿作用的先导阀结构，增加反馈弹簧刚度，采用变增益流量传感器，即小流量区段流量传感器具有较低的流量位移增益 K_{qz}；在中、大流量区，它具有较大的 K_{qz}。如图 8-25 所示为双增益阀的流量—阀芯位移特性曲线。这类阀的稳态负载特性如图 8-26 所示。

3. 动态特性分析

比例流量阀常常在大信号范围内进行调节，系统内含有诸如液动力、牛顿摩擦力以及与容腔压力有关的弹性模量等非线性因素。在进行阀的动态性能计算时，都必须加以考察。但是在对阀的动态性能进行定性分析时，就要忽略非线性因素的影响，以便于利用线性化理论建立起传递函数方框图。图 8-27 所示为流量—位移—力反馈型比例流量阀的简化方框图。这里由于主要是考察流量阀部分的特性，而略去了比例放大器及比例电磁铁对阀性能的影响。所以，可用电磁力输入信号 F_M 来表示输入单元的传递函数。在方框图中，有

K_3——先导阀芯的稳态液动力系数；

K_y，K_z——分别为先导阀、流量传感器的弹簧与液动力刚度之和；

K_{qy}，K_{qz}——先导阀口与流量传感器阀口的流量—位移增益；

A——各阀芯相应的受压面积；

B，M——黏性摩擦系数及运动体质量；

C_{FR}——反馈弹簧刚度；

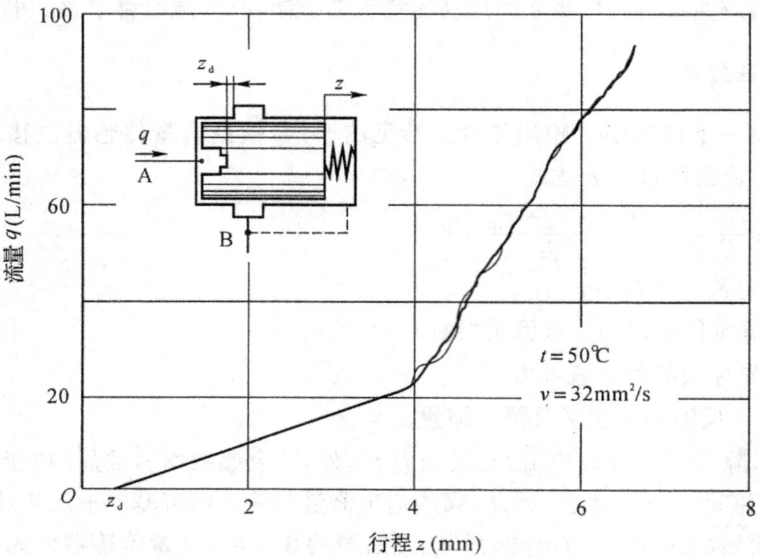

图 8-25　双增益阀口的流量—位移曲线

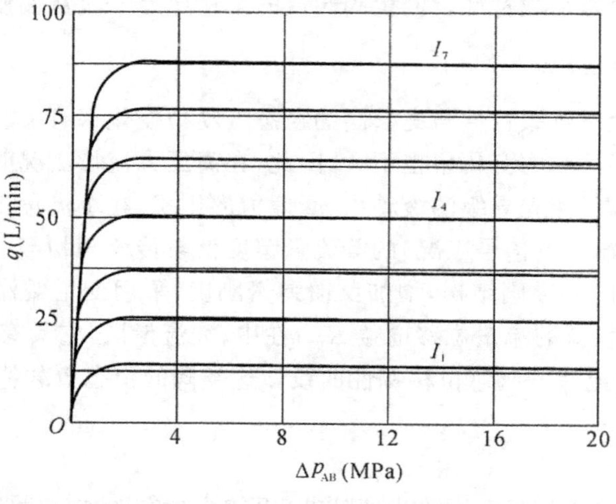

图 8-26　流量位移力反馈型比例流量阀的稳态负载特性

E——流体弹性模量。

由传递函数的简化方框图可知，该系统属于多输入系统。当然，p_1，p_5 及输入电信号 F_M 可以是常数或变量。这要根据所讨论的具体工况而定。例如，当讨论输入电信号阶跃响应时，通常设 p_1 和 p_5 为常数，而 F_M 发生瞬时阶跃变化。若考察负载阶跃响应特性时，则 p_1 及 F_M 为常数，p_5 发生阶跃变化。

在对方框图进行简化的过程中，注意到从下述具体情况分析中得到的结论：

(1)先导阀、调节器及流量传感器本身均是一个典型的质量—弹簧阻尼系统。其机械谐振频率高达数十至上百赫兹。当其他环节的频率低于该值时，阀芯的机械谐振频率实际上不起主导作用。此外，阀芯本身的黏性摩擦系数比较小，也可略去。

(2)调节器阀芯运动的主导转折频率 ω_v，一般在 10Hz 以下。它反映了先导液桥对调节器运动的速度负反馈，使主阀传递函数中一阶因子处于主导地位。

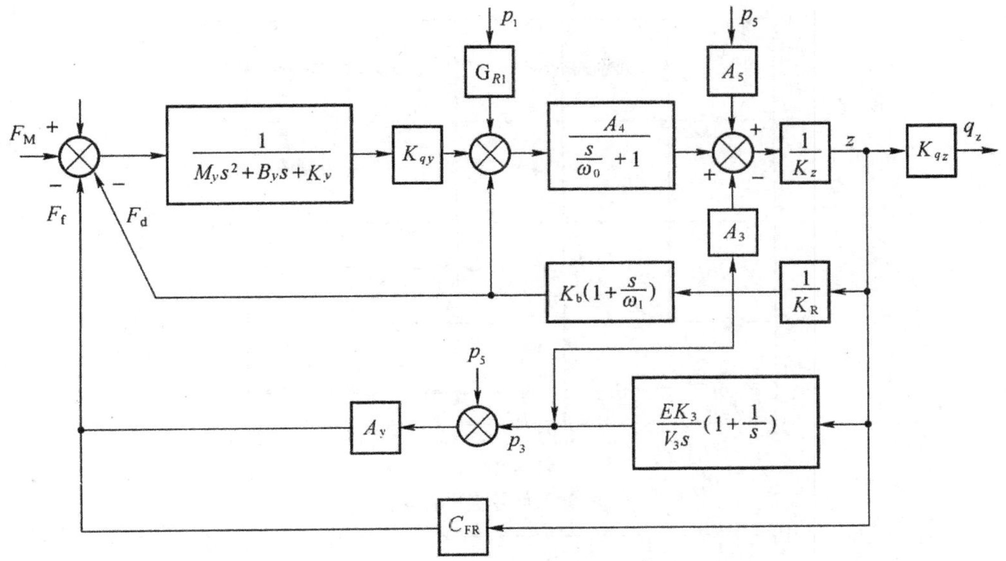

图 8-27　流量位移力反馈型二通比例流量阀简化方框图

(3)调节器阀芯与压力腔共同作用时的等效固有频率 ω_0，只有数赫兹，故它对阀的动态特性影响较大。

(4)作用在先导阀节点上的反馈增益 C_{FR}是阀的反馈弹簧刚度。它是位移—力反馈闭环通道的反馈增益，C_{FR}愈大，则阀的闭环控制精度愈高。

(5)由动态阻尼 R_3 所产生的动压反馈力 $A_y(p_3-p_5)$，使先导阀口获得附加的启闭力，这就加强了动态阻尼的作用，并在先导级与功率级之间，建立了速度反馈联系，改善了阀的动态性能。

在无输入信号或阀的工作压差为零的工况下，阀中二通插装结构的调节器及流量传感器均处于关闭状态。所以，在负载压力阶跃变化的过程中，通过阀口的输出流量没有明显的超调，克服了传统流量阀所固有的负载压力阶跃时的流量瞬时超调现象。如图 8-28 所示是该类阀的时域特性曲线。

流量—位移—力反馈型比例流量阀结构紧凑，25 通径阀的重量只有相对应传统流量阀的 1/4 左右。而且成本低、性能价格比高。特别是与二通插装阀技术相结合，能适应各种流量规格的要求。这类阀还可兼容液压、机械、手动等多种输入方式，适应性强。

8.3.3　流量—电反馈型二通比例流量阀

为了减少比例放大器及比例电磁铁性能对流量阀特性的影响，克服力反馈方案校正参数范围不够宽的不足，可采用流量—电反馈方案。图 8-29 所示为由力反馈方案演变而来的电反馈流量阀原理图。由图可知，在流量传感器上增置了作为检测反馈元件的位移传感器，两者组成一动态流量计。通过特殊的设计，使流量计阀芯位移与通过流量计的流量成正比。因而，可用位移传感器的位移信号来表征阀的输出流量值。

对照图 8-24 与图 8-29 可以看到，在力反馈形式中流量传感器位于调节器下游，而在电反馈形式中，流量传感器处于调节器的上游。当然在这两种形式中，先导液桥的输出都是用于控制调节器。两种形式的第二个差别在于，级间动压反馈的实现不同。前者在流量传感器

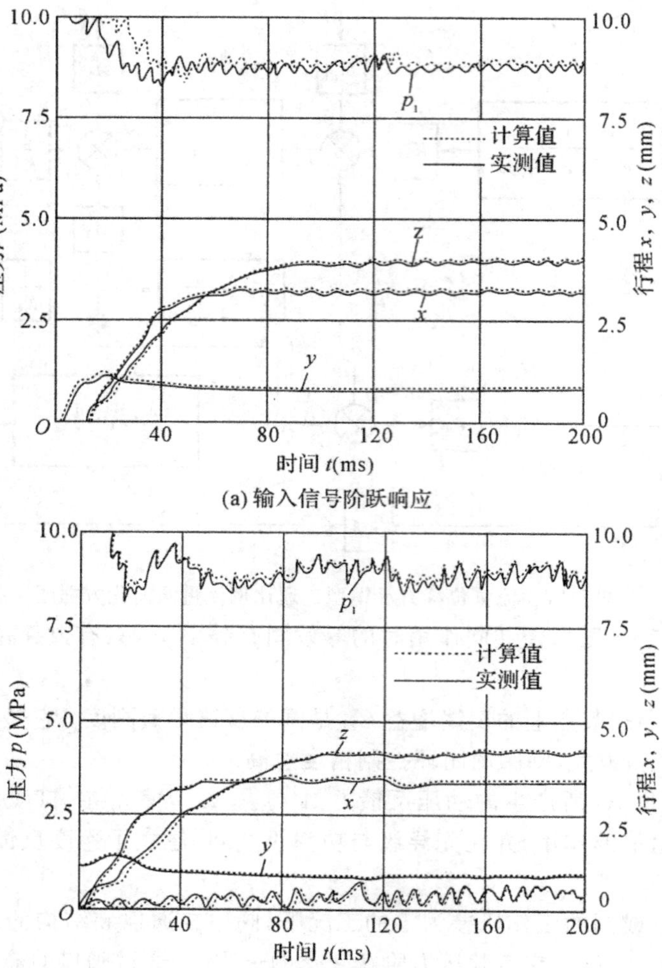

(a) 输入信号阶跃响应

(b) 负载阶跃响应

图 8-28 Lu 阀时域特性

与先导阀之间,后者在调节器与先导阀之间。第三个差别是显而易见的,即在前者流量—位移—力反馈通过支承于流量传感器与先导阀芯之间的反馈弹簧实现,在后者处于主调节器与先导阀芯之间的弱弹簧不再是反馈弹簧,它主要起先导阀芯的支承作用,电反馈通过位移传感器实现。当然,由于均采用相同的先导级及插装式主阀结构,所以两者在结构上有很好的兼容性。

现在考察这种阀的稳态负载特性。设调节器具有 n 个顶角为 90°的三角形控制窗口,则该流量阀的输出流量为

$$q=\alpha_{DX}\cdot n\cdot x^2\sqrt{\frac{2}{\rho}(p_1-p_2)}$$

$$q=k_{qu}\cdot u_i$$

经整理得

$$x^2=\frac{k_{qu}}{k_{DX}}\cdot\frac{u_i}{\sqrt{p_1-p_2}}$$

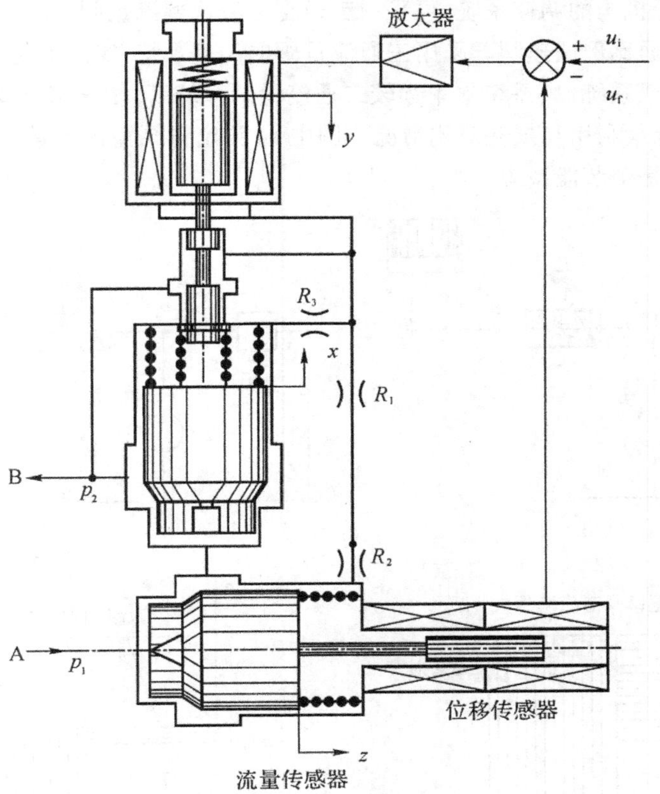

图 8-29　LU 电反馈阀二通流量阀

式中：K_{qu}——电压—流量增益；

x——调节器阀芯位移；

K_{DX}——流量系数　$K_{DX}=\alpha_{DX}n(2/\rho)^{1/2}$。

当输入电压 u_i 为某调定值，而阀口压差（p_1-p_2）变化时，所引起的流量变化趋势由流量计检测，经电控器处理并通过比例电磁铁输出电磁力的调整和先导液桥的作用，使调节器阀芯位移 x 按上述公式的规律作相应的调整，以保持动态流量计所检测的流量与预定值 $K_{qu}u_i$ 相一致，构成了流量电反馈闭环控制。

由于比例放大器、比例电磁铁、先导阀及主阀上的干扰均在大闭环控制之内，因而，这种流量阀的调节刚度大，抗干扰能力强。输出流量仅是输入电压信号的单调函数。当然，它的控制精度还取决于动态流量计本身的精度。阀的动态性能同样可以用各种电校正手段来优化。

8.4　电液三通比例流量阀

前述的比例节流阀及二通比例流量阀，在定压系统中，可对执行机构的速度和位置进行较精细的比例控制。特别是运行于慢速工进工况时，更能体现它们的优点。然而，在中、高压液压系统中，使用这两类阀均存在着较大的节流损失，尤其是运行于空载工况。而且阀口节流损失的能量大部份转化为热能，使液压系统的温度升高。为了获得较高的系统效率，对于定量泵供给单执行机构的调速系统，可采用三通型电液比例流量阀。这类阀具有 P，A，T 三个主油口，俗称三通比例调速阀。采用三通流量阀的调速系统，实际上是一种负载压力适应系统，或称负载敏感系统。其系统效率远较二通流量阀系统高。图 8-30 分别给出了二通及三通流量阀系统的能量利用与损耗对比情况。图中 q_P 为定量泵输出流量，三通阀系统的能量利用率要高得多，是个节能系统。

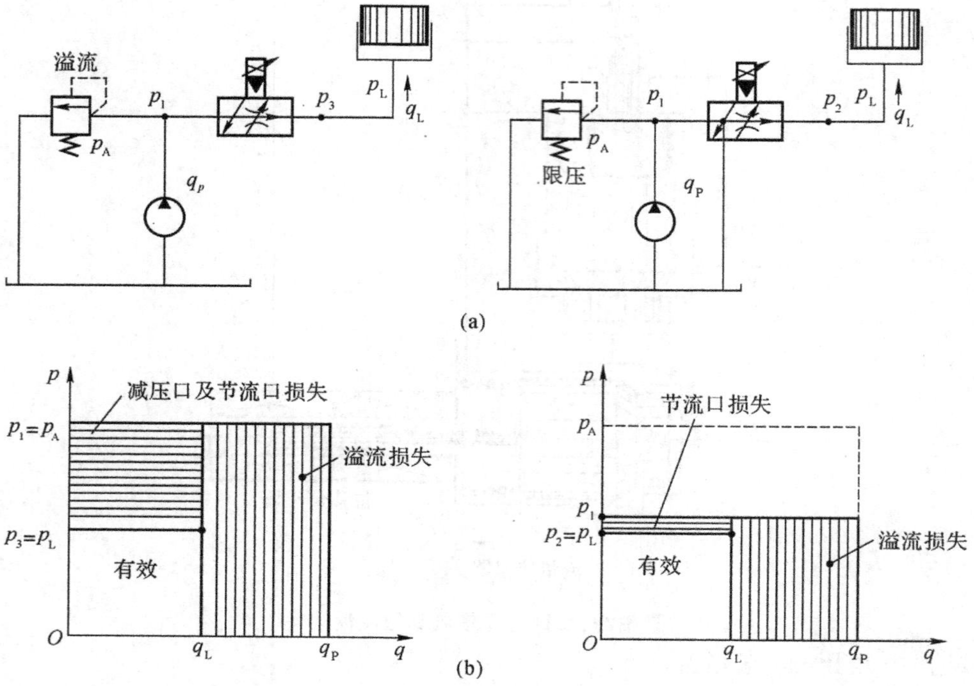

图 8-30 二通三通比例流量阀能量特性

☞**自学参考**：绘制能量利用与损失对比图时假设，两个系统一样，定量泵输出流量为 q_p，负载所需要的流量都为 q_L，负载所需压力都为 p_L。而用二通流量阀时，系统的溢流压力为 p_A；用三通流量阀时，系统安全压力为 p_A。请留意，这种假设与实际的系统运行情况相去甚远。首先，q_P 应该是比系统所需最大流量略大一些(最后往往由泵的规格决定)，而系统在一个工作循环过程中各时段所需的流量，往往不是固定不变。其次，同理，在一个工作循环过程中各时段所需的压力，一般也是变化的。所以，这类对比图，更多的是一种概念上的对比。例如在这里说明，三通阀系统是一种负载适应系统，系统压力(泵出口压力)仅比负载高一个节流阀的阀口压降；而二通阀系统，不论负载压力高或低，系统压力总是由溢流阀保持为定值。而对一个具体的工程系统，就要加上其他条件和选择的可能性(例如泵控)，进行具体的综合分析，决定采用何种系统。

三通比例流量阀，按其控制原理可分为传统的定差溢流型、力反馈型、电反馈型和流量压力复合控制型等。由于近 10 多年来，以传统定差溢流型原理为基础引申出来的控制器件，在工业、车辆等领域得到广泛应用，所以，本书重点介绍传统定差溢流型以及典型变型。

8.4.1 定差溢流型三通比例流量阀

这种阀是在传统三通调速阀基础上发展而来的。其工作原理如图 8-31 所示。它由比例节流阀、定差溢流阀及限压先导阀 RY 组成。其中比例节流阀与定差溢流阀并联安置。作为压力补偿器的定差溢流阀，保持节流阀口的工作压差近似为一定值，使三通比例流量阀的输出流量仅与输入电信号成比例，而与负载压力变化几乎无关。限压先导阀（先暂时将比例压力阀看成符号图所示的手调压力阀）是为防止系统超载而设置的。

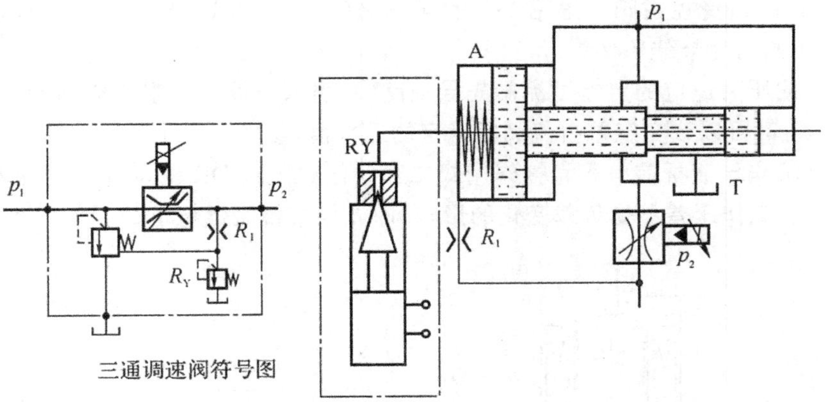

图 8-31 定差溢流型三通比例流量阀

它的工作原理是，当输入信号为零时，节流阀芯在复位弹簧作用下，关闭节流阀阀口，没有流量流向负载，来自液压泵的油液全部经并联的溢流阀阀口流回油箱。一般来说，溢流阀的最低卸荷压力在 0.3～0.6MPa 左右。此时，系统只有低压的溢流损失，而没有节流能耗。

当输入足够的电信号时（指大于克服零位死区所需），节流阀口打开，主流量经节阀口流往负载。由于定差溢流阀的压力补偿作用，使节流阀口的工作压差为定值，故通过节流口的主流量与输入电信号成比例，而系统多余的油液经溢流阀口回油箱。由此，三通阀系统有一个重要的性能特点。由于使节流阀阀口压差基本保持为常数的定差溢流阀，是与主油路并联的，即流往负载的液流并没有在定差溢流阀上产生压降。所以，三通阀进口的压力（实际上就是泵的出口压力），仅比负载压力高一个节流阀口压差。这就是所谓的负载适应，或者称功率适应。

> ☞**自学参考**：三通阀进口的压力实际上就是泵的出口压力，这是三通阀使用的两个基本限制条件决定的：第一，只能设置于泵的出口；第二，只能去控制一个执行器。这两个限制条件，在比例方向阀系统使用三通阀时也要遵守。但要注意，在 4 通多路阀实现压力补偿时，有个变通的适应多执行器并联的网络方案，详见第 10 章多路阀。

当输入信号不变，负载压力突然升高时，定差溢流阀大腔压力也升高，溢流阀口随之关小，系统压力 p_1 也升高。这就调节了节流阀口的压差为定值。因而，通过节流阀口的流量也基本不变。其稳态控制方程以及要保持节流阀口为常数的条件，与二通流量阀基本相同。保持阀口压差的主要干扰量，仍然是随工况变化的阀口液动力，所以也只能是近似的。

8.4.2 定差溢流型三通流量阀的若干变型

1. 塑机用喷嘴挡板式三通流量阀

参见图 8-32，此阀应用于塑料注射机，在工作原理上有如下特点：

(1)比例节流阀采用机械零位可调的喷嘴挡板为先导级；

(2)节流阀的先导级采用 B 型半桥(固定液阻 R_4 在前，喷嘴挡板为可变液阻，液桥输出的敏感腔为 B 腔)，受控主阀芯采用 1/2 的面积比(即 $A_B=2A_A$，与单向变量控制缸两腔的面积比规律相同)，为最佳比例；

(3)在负载压力适应的定差溢流阀先导油路中，引入由固定液阻构成的特殊 B 桥，变换液阻 R_2 或 R_3，都可以改变定差溢流阀所稳定的压差值(参见下一小节)；

(4)节流阀先导液桥前串入直接作用式二通定值减压阀 DR，以造成先导液桥有利的工作环境：液桥总工作压差不受负载变化的影响，即先导液桥增益稳定。

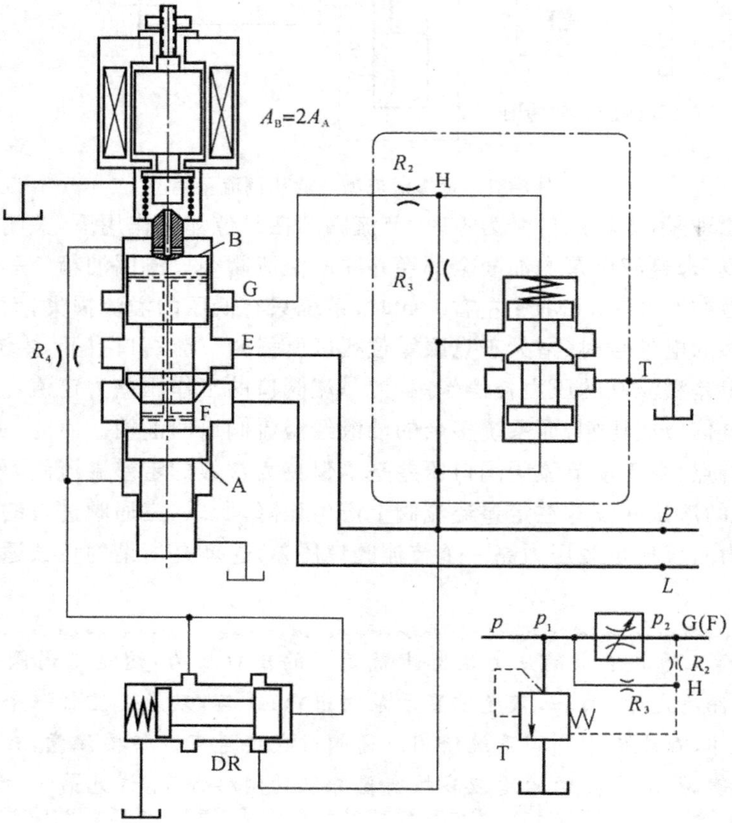

图 8-32 塑机用三通流量阀

☞**自学参考**：阅读图 8-32 时请注意，当喷嘴挡板有输入信号时，在液桥运作情况下，节流阀阀芯下移，打开 E，F 之间的节流阀口，主液流从 P(E)流向 L(F)。此时(只要节流口打开其起节流作用)，通过阀芯内部钻孔，使 G 与 F 沟通，即 G 点就是 E 点，就是 L。

2. 关于定差溢流型的压差可调

图 8-32 所示三通流量阀中节流阀口压差可调的原理如图 8-33 所示。这里，由固定液阻 R_3 和 R_2 组成特殊的 B 型半桥，改变 R_3 或 R_2，都可以改变压差。这一原理，同样适用于对第 9 章图 9-36 的分析。图 9-36 中的 R_1、阀 3 相当于这里的 R_3 与 R_2。

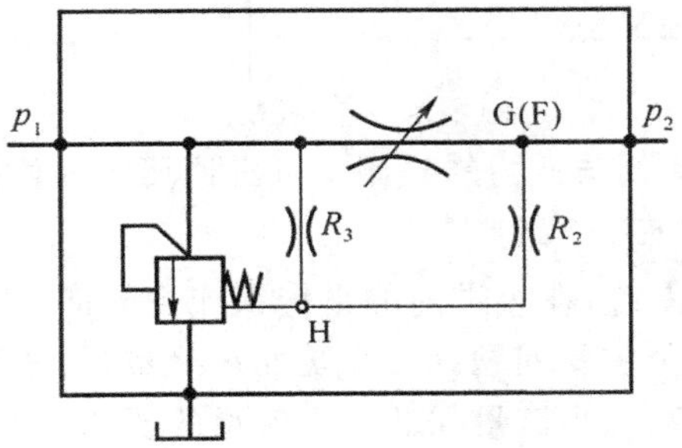

图 8-33　压差可调方案

☞**自学参考**：与图 8-31 对照可以明显看到两者的差别，即一般情况下，只是将节流阀之后的压力引回定差溢流阀的弹簧腔；而这里，为了利用 B 型半桥来调节阀口压差，由于液桥是无源网络就要在其两端加上油压，即从 P 口引入压力油。显然，B 桥的流向是 P→R_3→R_1→G，即不是一般地将 G 点压力引回，而是有一股控制油从节流阀口前经 R_3、R_2 流向节流阀口后的 G 点。从定差溢流阀阀芯受力平衡分析可以得出，这样的布局，定差溢流阀同样能够适应负载的变化而使节流阀阀口压差大体维持为常数，而且当调整 R_3 或 R_2 的阻值时，可以适当调整阀口压差。其代价主要是损失 1L/min 左右的控制油流量。

3. 单路稳流阀——三通流量阀的特例之一

在行走机械液压系统中，常见单路稳流阀、优先阀等，其基本原理多与三通流量阀相同或相似。图 8-34 所示的单路稳流阀，实际上就是用定差溢流阀 M 来稳定节流孔 R 两端的压差，使得在负载压力变化时，通往负载 *A* 的这一路流量保持稳定，而泵的出口压力仅比负载压力略高，多余流量流回油箱。先导阀 RY 是作为系统安全阀的先导阀，当系统压力达到 RY 的调定值时，R_1 与 RY 组成的 B 型液桥起作用，R_1，RY 和 M 一起形成起安全阀作用的溢流阀，即此时 M 阀由定差溢流阀转换为溢流阀主阀的功能，液阻 R 两端的压差不再保持常数。只要系统压力低于 RY 的调定值，M 重新恢复为定差溢流阀。该阀可以通过更换 *R* 直径的大小，来改变稳定的流量值。

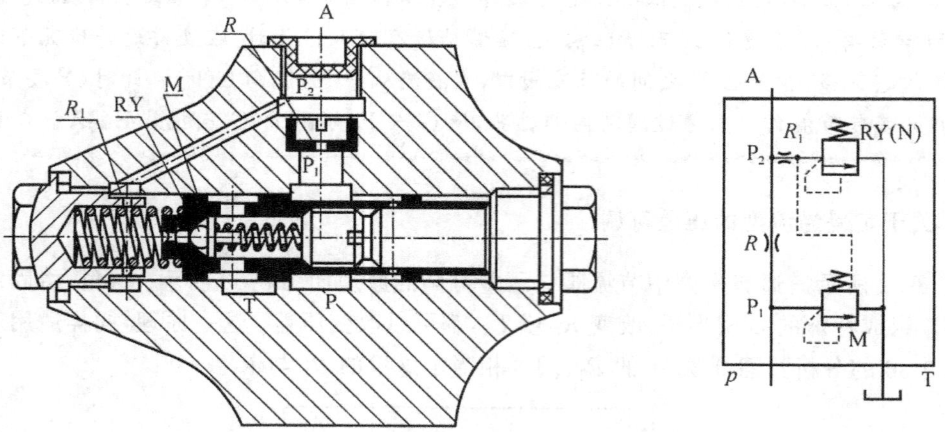

图 8-34 单路稳流阀

4. 带优先阀的流量放大阀与压力转换阀——三通压力补偿器特例二(带三通压力补偿器的方向流量阀与液控卸荷阀)

ZL50 轮式装载机液压系统,在改进前的系统组成中转向、工作装置和动力换挡变速器是 3 个独立的系统,存在两个主要问题:(1)系统发热严重,转速高时,转向齿轮泵多余流量溢流;工作装置泵不能适应高压小流量和低压大流量的要求;(2)行走机构与液压系统匹配不合理,在掘起、牵引共同工作的最大负荷工况下,柴油机输出功率仅为 85%~90%。

改进后的新系统有以下特点:

(1)用带有优先阀的流量放大阀,解决优先保证转向液压系统流量,并使转向液压系统和工作装置液压系统有可能合流;

(2)在此基础上,压力转换阀实现转向系统多余流量卸荷回油箱(对应工作装置系统高压小流量),或与工作装置液压系统合流(对应工作装置液压系统低压大流量)的要求。

参见图 8-35,这个系统的基本工作原理为:

(1)带优先阀的流量放大阀,原理上是配三通压力补偿器(优先阀)的方向流量阀。

(2)所谓优先,就是根据流量放大阀(方向流量阀)的开度(可变节流口),优先保证输往转向系统的流量,多余流量通往压力转换阀(或者直接回油箱,或者与控制系统油液合流进入工作装置)。

(3)优先阀原理上应该就是定差溢流阀,与常规三通流量阀有所不同的是其 P_2 口流量有可能合流到工作系统。在常规三通流量阀中,出了 P_2 口压力降为零压,而在优先阀中当工作系统压力低于阀 7 所调的 12MPa 时,合流到工作系统。当工作系统压力高于阀 7 所调的 12MPa 时,直接回油箱。应注意的是 P_2 口的压力是随转向系统负载压力的变化而变化的。

(4)从原理上分析,原理图上 P_1 与 P_3 之间不应该有压差。优先阀(定差溢流阀)所稳定的是 P_1 与 P_4,即换向阀阀口前后的压差。(从压力换向阀的分析可以了解到,当 P_2 压力等于 12MPa 时,P_2 油路就卸荷。只有低于 12MPa 时,P_2 油路的油液才引到工作装置油路。这样,P_2 油路的情况与常规三通阀回油箱确有差别,但总还是不高,不至于也不可能高于 P_1)

(5)压力换向阀原理上是外(他)控式卸荷阀,外控压力低(低于 12MPa)不卸荷,实现合流(低压大流量);外控压力达到卸荷压力(12MPa),优先阀来的液压油卸荷,不合流(实现高压小流量)。

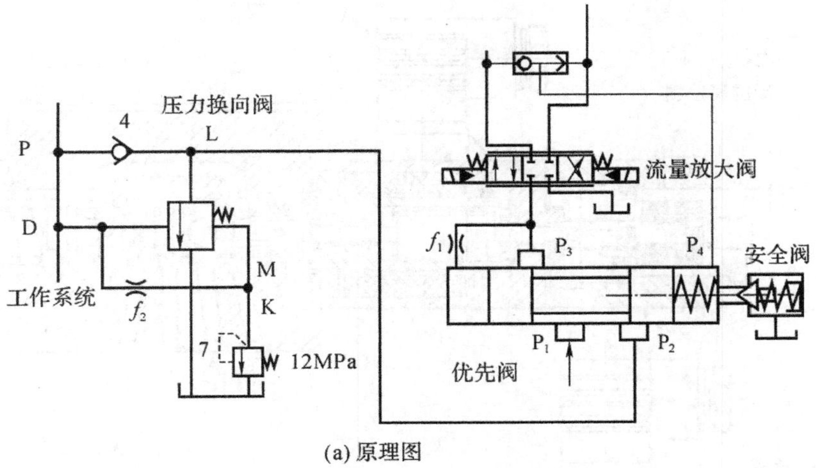

(a) 原理图

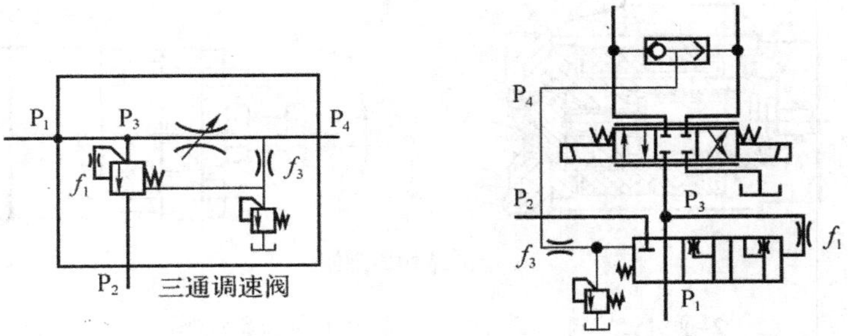

(b) 优先阀原理　(c) 同比原理图

图 8-35　带优先阀的流量放大阀与压力转换阀

5. Bosch 二通三通流量阀

图 8-36 所示的 Bosch 流量阀有如下的几个特点：

(1)10 通径及以下的阀，都采用方向阀阀体为基础的方向阀式结构(Bosch 的压力阀、方向阀也都是采用方向阀式结构)；

(2)压力补偿器阀芯、节流阀阀芯与比例电磁铁推杆同在一条轴线上；

(3)同一结构，启用不同阀口，既可以用作二通流量阀，也可用作三通流量阀。

☞**自学参考**：读图时注意，压力补偿器阀芯与节流阀阀芯是两体的，比例电磁铁推杆只推动节流阀阀芯。无输入电流时，节流阀阀芯依靠弹簧保持在左端位置；补偿器阀芯依靠弹簧保持在最靠左位置。节流口前后的压力分别作用于补偿阀芯的左、右端面上。节流阀有一定的正遮盖，当输入足够电流时，阀口打开。此时，补偿器阀芯在压差作用下右移至合适位置。作为三通流量阀时，系统多余流量从图示 P 口流回油箱，主流量沿 A→T→B 流向负载。

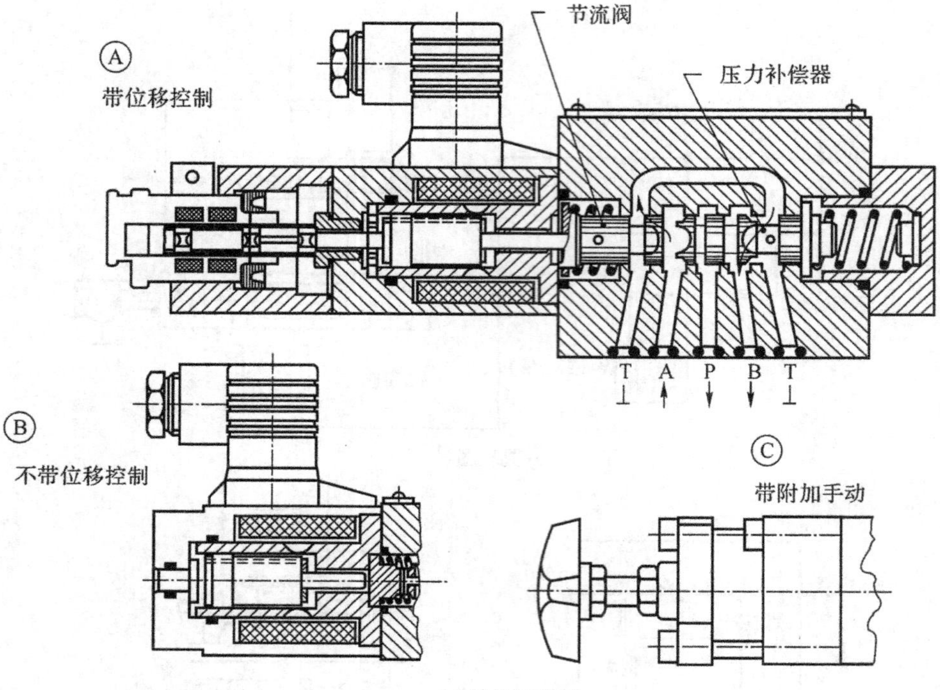

(a) 结构原理图

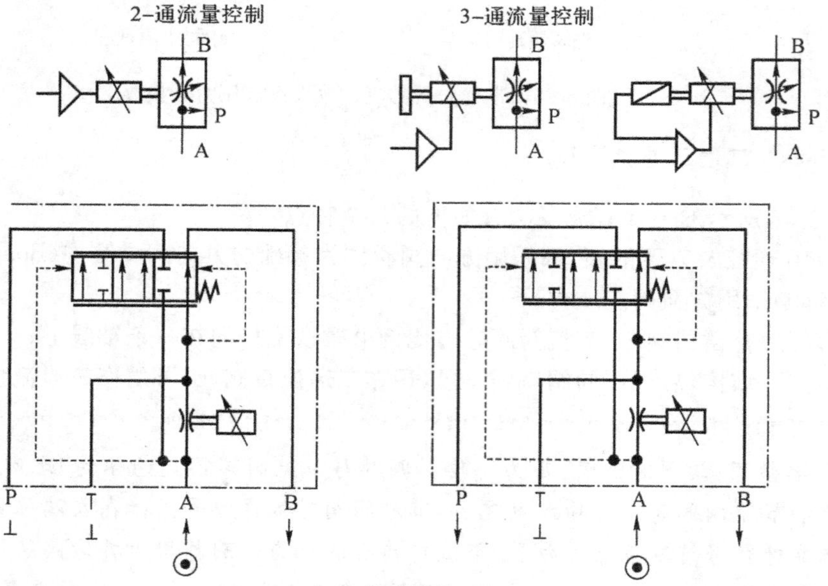

(b) 图形符号

图 8-36 Bosch 的二通与三通流量阀

8.5 电液比例压力流量复合控制阀

近些年来，电液比例压力流量复合控制阀，在塑料机械系统中得到了广泛的应用。图 8-37 为其原理图（并参阅图 8-31）。由图可知，该阀就是前面介绍的定差溢流型三通比例流量阀基础上，增加一个比例压力先导级而成。该复合阀既可对输出流量进行比例控制，又能为系统压力实现比例调节。当然，两参数的比例调节是在不同工况下实现的。这类阀有时被称为 pq 阀、双比例阀或节能阀。

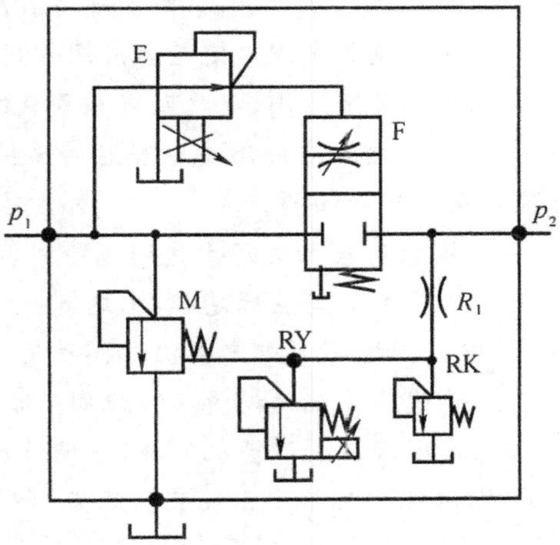

图 8-37　压力流量复合控制阀

参照图 8-37，复合阀的工作原理是，当系统处于调节流量工况时，首先给比例压力先导阀 RY 输入一恒定的额定电信号，系统压力在低于比例压力先导阀的额定压力范围内变化时，比例压力先导阀关闭。显然，复合阀的压力阀在此工况中只起限压阀作用。比例节流阀阀口的恒定压差，由溢流阀主级来保证。因此，通过比例节流阀阀口的流量与输入电信号（在图 8-37 中，用比例减压阀 E 来调节节流阀 F 的过流面积，所以输入电信号是指输给比例减压阀 E 的电流信号）成比例。该工况中的复合阀实现了溢流节流型三通比例流量阀的控制功能。

当系统进入保压工况时，一方面给比例节流阀输入一个保证它有一固定阀口开度的电信号。另一方面，若在此时调节比例压力先导阀的输入电信号，就可得到与之成比例的系统保压压力。在此工况，复合阀具有比例溢流阀的控制功能。若以手调压力先导阀取代比例压力先导阀，就可构成带手调压力先导级的比例复合阀。

由于比例压力流量复合阀，同时具有压力阀及流量阀的功能。因此，在工程应用中必须注意下列几点：

（1）进行压力调节时，溢流量太少会导致系统压力不稳定。因而，阀工作时要保证适量的溢流量。

（2）与三通比例流量阀类似，复合阀的回油 T 口必须直接与油箱相连。以获得最低的背压，否则会引起最小调节压力值的提高。

（3）在工程实用上，阀中一般都配置有手调限压先导阀（图 8-37 中的阀 RK）当系统压力达到限压压力时，先导阀 RK 就与定差溢流阀 M 构成先导式溢流阀，限制了系统最高压力，起到保护系统的作用。这种功能就使得在含有各种三通型流量阀或 pq 阀的系统中，可不用单独设置大规格的系统溢流阀。

☞**自学参考**：(参见图 8-31 与图 8-37)：

(1)当系统压力没有达到定差溢流阀先导阀调定的安全压力时，

1) 先导阀不打开，系统实现负载压力适应；

2) 溢流阀主阀起定差溢流阀作用(保持节流阀两端压差为常数)；

3) 调节节流阀，以改变进入负载的流量；

4) 系统的多余流量以当时的系统压力(而不是先导阀限定的高压)从打开的溢流阀阀口排回油箱。

(2)只有当系统压力达到先导阀调定压力时，

1) 先导阀与主阀芯配合，起到一般溢流阀的作用；

2) 此时，不再起定差溢流阀作用；

3) 进入系统的流量由节流阀开口度和阀口压差决定。

pq 阀常用于注塑机系统，当调节压力时，节流阀常给出最大输入信号；当调节流量时，溢流阀常给出系统安全压力。即对 p 与 q 的调节，不是数学概念上的完全同时。

8.6 电液比例控制流量阀的工程应用

由于大多数电液比例控制系统主要进行稳态设计，仅对动态要求进行必要的校核，所以，这里对流量阀工程应用中满足稳态设计要求的几个问题进行分析。

(1)从系统构成的角度看，电液比例二通流量阀在系统中可以形成进油调速、回油调速，也可以是旁路调速；而三通流量阀，只能安装于泵的出口控制单个执行器；而且对一个系统而言，两种模式不能兼得。

(2)由图 8-38(b)可知(参见图 8-20 和图 8-26)，二通流量阀存在一个最小工作压差问题。这个最小工作压差的数值，随着给定信号的增大而有所增大，如图中的 AB 线所示。在余下的倒三角形 ABC 区中，没有达到进行负载压力补偿作需要的最小压差。在实践上，这个区域实际上是节流调速区，即流量阀(调速阀)仅仅起到节流阀的作用。在进行系统设计时，一般将最大输入信号(I_1)所对应的最小工作压差(从 A 到 D)作为依据。即最小负载压力必须大于二通流量阀的最小工作压差。另外，先导式(如图 8-26 所示)的最小工作压差，数值上要比直动式的大一些。

(3)对于三通流量阀，其稳态负载特性如图 8-38(c)所示，横坐标不是节流阀前后的压差，而是阀的进口压力(即泵的出口压力)或负载压力。图中小于 p_{si} 的区域，是全溢流区域(即全部液流通过 T 口回油箱)，大于 p_{si} 的区域为调速区间。p_{si} 值愈小，表明阀的卸荷压力低，能耗小，流量阀的调速区间就愈宽。在工程实践上，往往更要注意的是尽可能降低三通流量阀 T 口至油箱之间的压降，以免产生误动作(如果回油压力达到或超过阀的 p_{si} 值，则三通流量阀有可能在无输入信号时，就有流量输出)。

(4)为兼顾小流量区的控制精度与最大可控流量，应考虑采用如图 8-25 所示的双增益阀口造型。

(5)有关二通流量阀与三通流量阀的若干比较，请参见表 9-3。

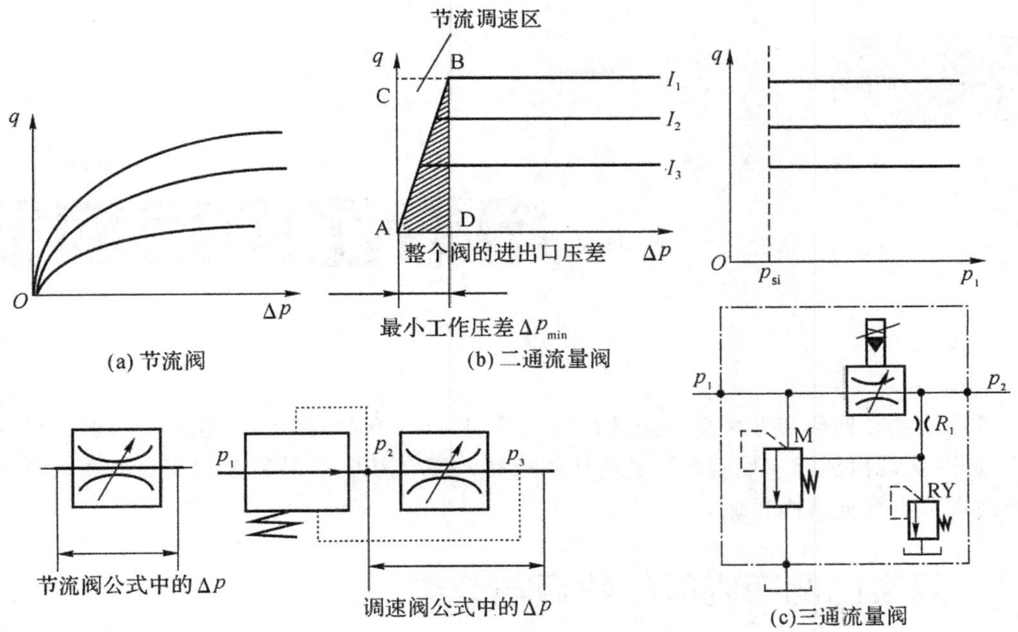

图 8-38　二通与三通流量阀的稳态负载特性

第9章

电液比例方向阀

电液比例方向阀与开关型方向阀最大的差别在于，前者能按输入电信号的正负和数值大小，同时实现液流方向控制和流量的比例控制。其结构形式，特别是滑阀式往往又与开关型方向阀或电液伺服阀相似。

9.1 电液比例方向阀的特点与分类

9.1.1 电液比例方向阀的特点

电液伺服阀也是一种能按输入电信号控制液流方向和流量大小的电液控制阀。与它相比，常规的电液比例方向阀(暂不包括 20 世纪 90 年代末开始发展起来的电液伺服比例阀)具有下列特点(参见第 1 章表 1-2)：

(1)电—机械转换器的输入功率较大，通常要比电液伺服阀大一到两个数量级。这是提高其运行可靠性的技术措施之一。

(2)有较大的(10%～30%额定控制电流)零位(中位)死区，这是为了降低阀的制造成本而作出的选择，这也是比例方向阀特性的重要特点。它给比例方向阀应用于位置闭环、力闭环带来一定的困难。但这种正遮盖的阀结构，在无输入信号时，即使是在开环回路中，也能保证中位可靠锁定，不会像伺服阀系统那样容易产生特性零漂。

(3)设计电液比例方向阀时，选定的额定工作压差比电液伺服阀(通常单阀口压降为 3.5MPa)低一个数量级，比开关型电液换向阀略高或相当，单阀口压降约在 0.25 至0.8MPa 之间。因此，采用电液比例方向阀的系统，其能耗和温升，将远比采用电液伺服阀的系统为低。当然，阀的外形尺寸较电液伺服阀大，但不少比例方向阀的阀体，直接套用开关型方向阀的阀体，它们的底板连接尺寸符合国际标准。

(4)滑阀配合间隙仅与开关型方向阀相当，因此，液压油的过滤精度要求，比电液伺服阀低。

(5)电液比例方向阀的滞环、重复精度以及线性度等稳态控制特性，与电液伺服阀相比，已达到基本相当的水平；当然，其动态特性要比伺服阀低，−3dB 幅频宽一般在 3～30Hz。

(6)可以根据系统的控制要求，像开关型方向阀那样，采用不同的滑阀中位机能。

此外，电液比例方向阀既可用于开环系统，也可用于闭环系统。它和电液伺服阀的使用工况不同，往往在较大的参数调节范围内运行，而且中位死区较大。因此，设计、仿真时，不能像伺服阀那样，简单地按在零位附近线性化处理的原则，应充分考虑非线性因素的影响，而且要同时考虑时域和频域的动态特性。

9.1.2 电液比例方向阀的分类

参见图 8-1，电液比例方向阀按其对流量的控制方式，可分为节流控制型与流量控制型两大类。前者与比例节流阀相当，其受控参数是功率级阀芯的轴向位移或阀口开度，输出流量受负载压力和供油压力变化的影响；后者与比例流量阀相当，它由比例方向阀和定差减压阀或定差溢流阀组成压力补偿型比例方向流量阀。此外，还有内含各种形式流量检测反馈闭环的流量反馈型电液比例方向阀。其受控流量只取决于输入电信号，而与供油压力、负载压力及回油压力的变化无关。

根据结构形式，比例方向阀还可以分为四边滑阀式、二通插装式或三通插装式。

按照对功率级控制方式来分，比例方向阀又可以分为直接控制式（单级阀）和先导控制式。

从基本工作原理角度来看，比例多路阀也属于比例方向阀范畴。但由于应用领域的特殊性，给多路阀带来了一些结构与性能上的特点，为叙述方便，将电液比例多路阀单独列一章进行讨论。

9.2 直接控制式比例方向节流阀

直接控制式比例方向节流阀的结构原理特征，是由电—机械转换器直接驱动功率级阀芯运动。常见的有普通型与位置—电反馈型两种形式。

9.2.1 普通型直控式比例方向节流阀

图 9-1 所示是普通型直控式比例方向节流阀的典型结构，采用可更换线圈的比例电磁铁，放大器外置式（对比：图 9-4 所示为带内置式放大器的比例阀）。该阀采用双弹簧机械对中的四边滑阀结构。与伺服阀不同的是，它的四条控制边设有较大的正遮盖量 x_d，端弹簧具有一定的安装预压缩量。因此，阀的稳态控制特性具有较大的中位（零位）死区，其起始电流往往可达额定电流的 15%～30%。若忽略摩擦力，其起始电流为

$$I_a=\pm\left[\frac{K_{sx}(x_0+x_d)}{K_i}+I_{am}\right] \tag{9-1}$$

式中：I_a，I_{am}——分别为比例方向阀、比例电磁铁的起始电流；

K_i——电磁铁的电流力增益；

x_d——阀口遮盖量；

K_{sx}，x_0——定位弹簧刚度与预压缩量。

比例电磁铁的电磁力必须克服弹簧力、摩擦力和功率级液动力，才能控制阀芯移动。可见，阀芯的位移和阀的功率域，都受到比例电磁铁的有效行程及其电磁力的限制。因此，它只适宜于流量不大、压差较小的场合使用。同时，阀的稳定性在很大程度上取决于它的负载特性。阀的负载—位移偏差方程为

$$\Delta x=-\frac{1}{K_{fx}}\Delta F_f \tag{9-2}$$

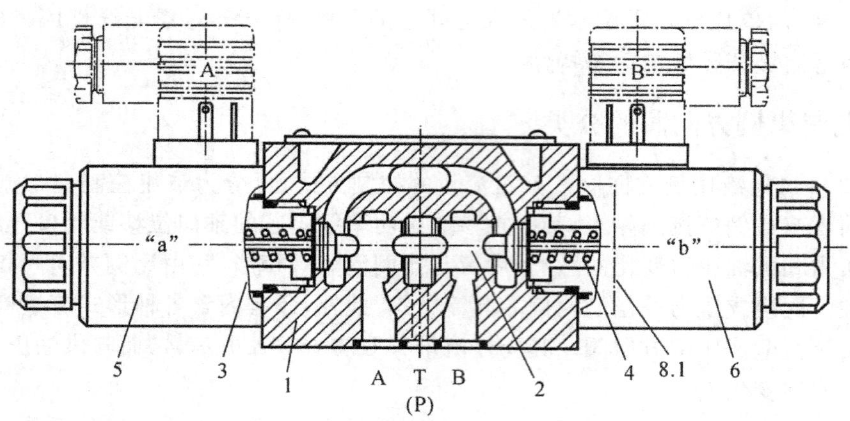

图 9-1 普通型直接作用式比例方向节流阀

$$F_f=K_{fx}x(p_1-p_2) \tag{9-3}$$

式中：F_f，ΔF_f——稳态液动力及其偏差；

Δx——阀芯位移偏差；

K_{fx}——稳态液动力刚度

式(9-3)表明，稳态液动力是影响直控式比例方向节流阀等位移偏差的主要因素。在输入电信号恒定，而阀口工作压差增大时，液动力就增大，阀芯位移 x 将会出现负偏差。高压大流量工况更甚，严重时，会使方向阀口关闭(参见图 3-3)。例如，在定压供油的单级阀控马达系统中，存在着由稳态液动力的压力增益引起的正反馈回路。这类系统的稳定准则为 $K_{sx}>K_{fx}$，即必须使定位弹簧刚度大于稳态液动力刚度。

9.2.2 位移—电反馈直控式比例方向节流阀

为了提高单级比例方向节流阀的控制精度，往往采用图 9-2 和图 9-3 所示的位移—电反馈方案。图示结构，采用电感式位移传感器，来检测阀芯位移(即衔铁的位移)作为实际值，反馈至放大器的输入端，纳入闭环回路中，使阀芯的位置偏差不断得到校正。这种位置调节闭环，使阀芯对各种非线性干扰，例如液动力变化、油液污染引起摩擦力变化等的影响不敏感，而且能快速、准确地跟踪预调设定值。这种电反馈回路，一般设置 PID 调节器进行电校

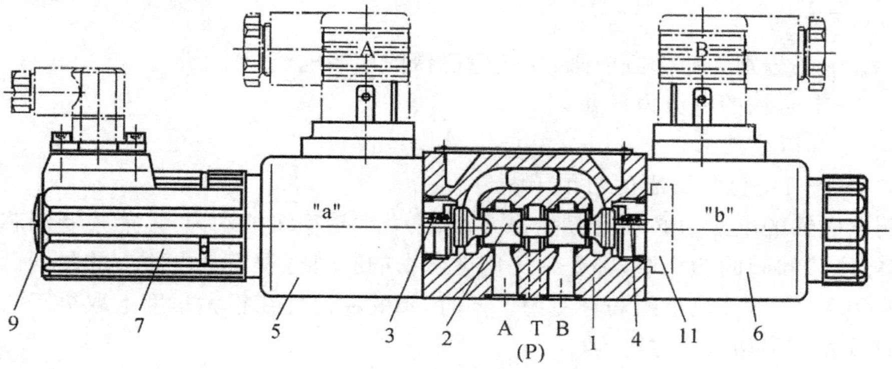

图 9-2 位移—电反馈直接作用式比例方向节流阀——双电磁铁结构

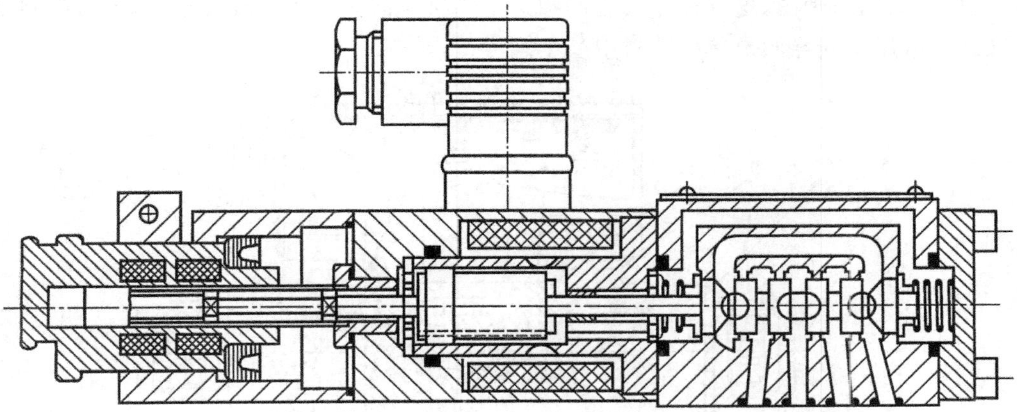

图 9-3　位移—电反馈直接作用式比例方向节流阀——单电磁铁结构

正，以提高阀的控制特性。但当干扰过于严重时，这种闭环的作用还是有限的。图 3-3 表示由液动力引起直动式节流阀的功率极限图。曲线表明，超过一定压差范围内(最大流量与额定流量之比从 3.7 减小到 2.3，额定流量小者比值高)随着阀口压差的增大，尽管有电反馈，流量还是反而减少，这是液动力超过驱动力所至。

这系统是一个对指令输入的一阶无差系统(I 型系统)，其位置无差(位置输入 $U(t)=p$)为零，速度误差 $e_v(\infty)$为

$$e_v(\infty)=\frac{V}{K_1K_2K_3^2}\to 0 \tag{9-4}$$

式中：K_1——PID 调节器总增益；

K_2——除 K_1 外的前向通道增益；

K_3——反馈增益。

因此，阀的稳态性能主要由位移传感器的性能所决定。PID 参数的合理选择是提高阀的静、动态性能的关键。线性度、滞环和重复精度等稳态控制特性，一般可控制在 1%以内。

这种位置调节闭环的重要特征是：与输入电信号成比例的仅仅是比例电磁铁的衔铁位置，而没有对由此引起的控制流量或受控压力进行直接检测和反馈。这就使得这种位置调节闭环，无论用于何种比例阀中，都可采用批量生产的检测反馈电子器件。

此外，采用这种比例电磁铁衔铁位置调节闭环的电液比例阀，可运行于开环或闭环调节系统。

9.3　先导式比例方向节流阀

对高压大流量液流实现比例控制，必须采用先导式二级或多级比例方向节流阀。由于阀内含有一级或二级液压功率放大，足以克服主阀芯上的液动力干扰，在负载变化时具有较高的稳定裕度。在这类阀中，先导级与主级之间的耦合形式有：减压型(溢流型)先导式＋主阀弹簧定位型；级间机械位置反馈型；级间位移—力反馈型和级间位移—电反馈型。

9.3.1　先导压力控制型比例方向节流阀

先导溢流型和先导减压型二级比例方向节流阀，是这类阀的常见形式。图 9-4 所示是先

导减压型的结构原理图。这种先导式比例阀的主要组成部分有比例放大器、两个力控制型比例电磁铁、减压型先导阀及单弹簧对中型主阀。

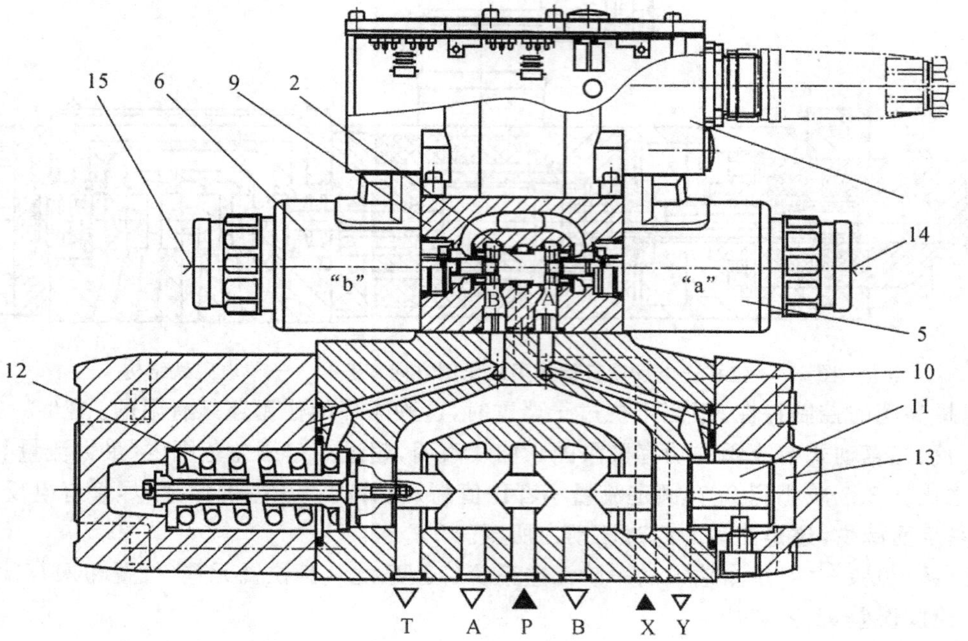

图 9-4　先导减压型二级比例方向节流阀

(1)这种方向阀的工作原理为:来自比例放大器的输入电信号,在比例电磁铁 6 中按比例地转化为作用在先导阀芯上的力,与这个作用力相对应的,在先导阀 9 的出口 A 或 B,得到一个压力 p_c。此控制压力作用在主阀芯 11 的端面上,形成液压力。该液压力克服弹簧 12 推动主阀芯移动,直至液压力与弹簧力、液动力达到平衡为止。主阀芯位移的大小,即相应的阀口轴向开度的大小,取决于作用在主阀芯端面上的先导控制油压的高低。因此,就实现了主阀阀口轴向开度(主阀芯位移)与输入电信号之间的比例控制关系。

工程上,一般可采用减压阀或溢流阀得到先导控制压力(可参见图 9-5)。用减压阀作为先导级的优点在于,不必像先导溢流阀那样持续不断地耗费先导控制油。作为先导级的双向直动式三通比例减压阀的工作原理和相关特性,见第 7 章 7.4 节直接作用式比例减压阀内容。

(2)根据系统要求,先导控制油可以是内供,也可以是外供。外供时的控制油压力一般在 10MPa 以下。内供时,当先导油的压力高于 10MPa 时,就必须考虑在先导油进口处加一片先导减压阀块,使先导油在进口处的压力低于 10MPa。否则,会导致三通比例减压阀阀口的压力—位移增益太高,而使先导阀的工作稳定性变差。因此,用户在订货时必须注明先导油是内供或外供。

(3)主阀的工作原理是:当电磁铁失电时,主阀芯两端容腔与先导控制油相通。主阀芯在定位弹簧 12 的作用下处于中位(参阅图 9-4)。给电磁铁 6 输入一电信号,在主阀左腔体内产生与输入信号相对应的液压力,这个液压力通过固定在阀芯上的连杆,克服弹簧 12 的弹簧力使闭芯向右移动,从而实现主阀芯轴向位移与输入信号成比例。在图 9-4 所示结构中,弹簧 12 有预压缩量,它可保证在相同输入信号时,左右两个方向上阀芯移动量相等。此外,弹

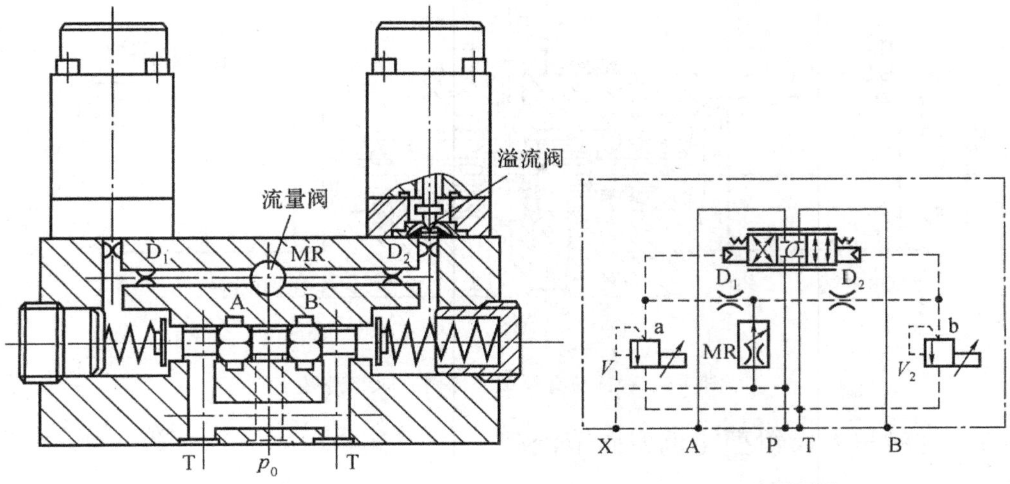

(a) 结构图　　(b) 原理图

图 9-5　先导溢流控制型比例方向节流阀

簧座的悬置方式有利于滞环的减小。单弹簧结构除了简化结构、优化对称性等优点外，也为主阀芯配置位移传感器、形成电反馈闭环控制方案提供了方便。

(4)有需要时，可在先导阀输出口设置固定液阻，以减小阀的动态超调及提高阀的动态稳定性。由于主阀的定位弹簧 12 的刚度比较大，因而阀的阶跃响应及频率响应均比较快。

(5)在这种结构形式中，先导级输出压力与主阀芯位移之间无反馈联系，为开环控制。因此，主阀芯位移必然受到液动力、摩擦力等干扰力的影响。其优点是，制造和装配无特殊要求，通用性好，调整方便。

(6)在图 9-4 所示结构中，为防止由于非全周阀口可能受到周向分力而使主阀芯在轴向位移时附带产生轴向转动，主阀芯右端轴向槽口中设置了防转螺钉。

(7)图 9-5 给出了先导溢流控制型比例方向节流阀的工作原理图。先导油经定值流量控制阀 MR 和一对固定液阻 D_1 和 D_2 供给，故先导流量几乎不变，通常在 1～2 L/min 左右。

该阀工作比较平稳，但响应速度较低，在工作过程中始终要损失先导控制流量。

9.3.2　级间位置反馈型比例方向节流阀

级间位置反馈型比例方向节流阀的一种结构如图 9-6 所示。其基本结构为双级四边滑阀型，先导阀芯同心地置于主阀芯中心部，借弹簧杆对中。主阀芯沉割槽中加工有两组对应的先导控制进油孔和回油孔，并有一对斜孔通向主阀芯端面环形控制容腔。主级与先导级间采用位置反馈闭环，是典型的位置随动系统。

当输入信号为零时，先导阀芯在弹簧杆作用下居中，主阀芯也处于中位，而环形容腔压力相等。若右电磁铁通电，电磁力克服弹簧杆的弹簧力推动先导阀芯向左移动，主阀芯右端控制腔压力升高，左腔通回油。因此，主阀芯在液压力作用下向左运动，直至主阀芯上的四组先导油孔重新与先导阀的四控制边对准为止。可见，主阀芯位移近似等于先导阀芯的位移，其阀口的开度与输入电信号成比例。与其他形式的先导控制比例方向节流阀相比，其外形尺寸要紧凑得多，而且加工方便。其缺点是，主阀芯位移受比例电磁铁行程的限制，其控制分辨率难以提高。因此，它仅适用于中、小流量的液压系统。其性能与位移一力反馈控制方式的阀相当。

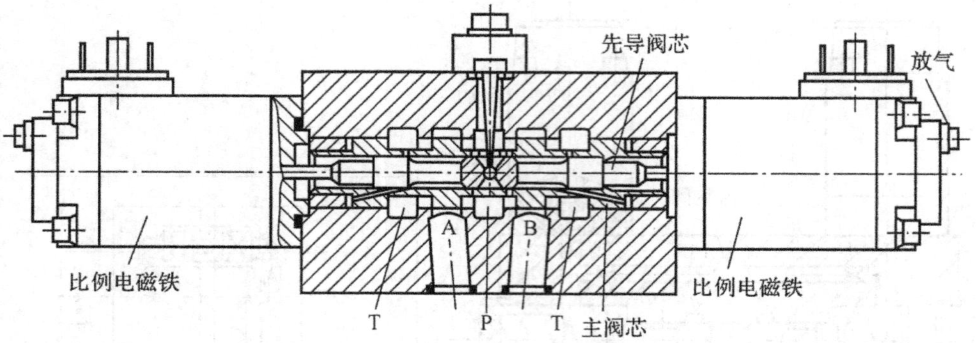

图 9-6 级间位置反馈型比例方向节流阀

9.3.3 位移—力反馈型比例方向节流阀

位移—力反馈型比例方向节流阀的典型结构及原理如图 9-7 所示。其先导级由一对单控制边滑阀组成，它们由置于左右两端的比例电磁铁分别推动，并与一对位于主阀芯中心孔内的后置固定液阻构成一对单臂(C 型)液压半桥。四边滑阀结构的主阀芯，采用双弹簧机械对中，阀芯中部固定连接一反馈弹簧杆，反馈弹簧杆顶端球头被两个先导阀芯平端夹持。

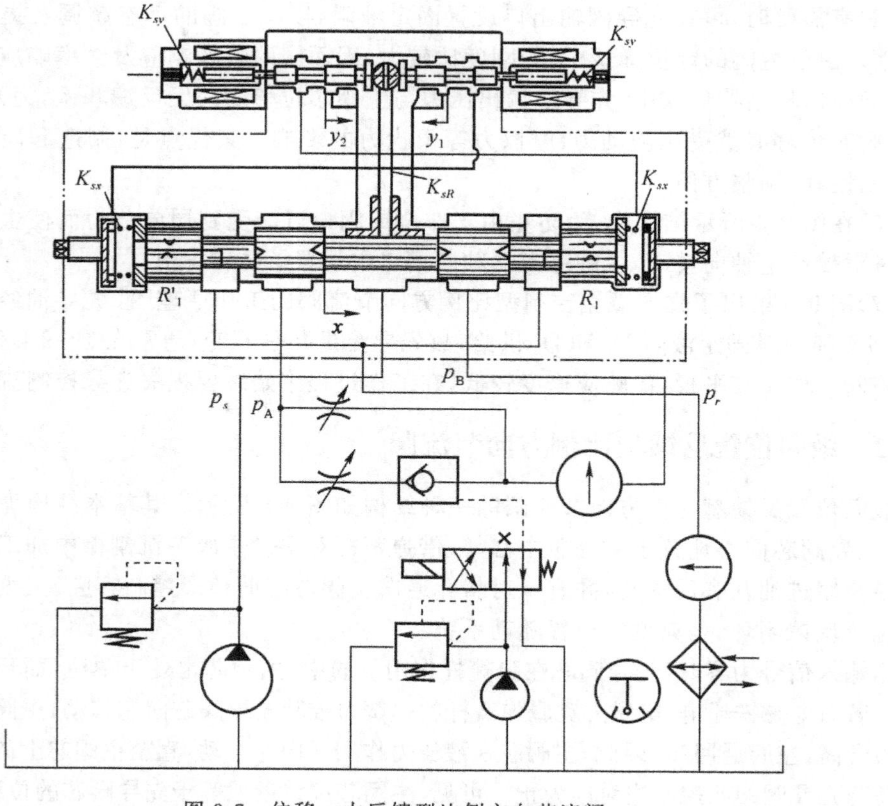

图 9-7 位移—力反馈型比例方向节流阀

在无输入信号时，先导阀芯居中，主阀芯两端容腔与油箱相通，在主弹簧作用下居中。若右电磁铁得电，电磁力克服反馈杆弹簧力使先导阀芯向左偏移，右边的先导阀口打开，先导流量经先导阀口和主阀左端固定液阻回油箱。先导油压作用于主阀左端，推动主阀芯右移，打开 P→B 油口。主阀芯位移经反馈杆转换为弹簧力，反馈至右先导阀芯上，与电磁力平衡，构成了阀内位移—力反馈闭环控制，即输出主阀芯位移与输入电信号成比例。由于主阀芯的稳态液动力、摩擦力均受到该反馈闭环的抑制，因而，这类阀具有良好的稳态控制特性。

与此类似的还有以喷嘴挡板为先导级的位移—力反馈型比例方向节流阀，图 9-8 所示为其结构原理图。它采用力矩马达作为电—机械转换器，由衔铁、反馈弹簧杆及挡板构成一个整体组件。当向力矩马达输入电流时，衔铁在电磁力矩作用下克服弹簧管弹性反力发生偏转，带动挡板偏移。于是，由前置固定液阻和双喷嘴挡板组成的先导液桥，输出控制压力去推动主阀芯移动，并带动反馈弹簧杆变形，所产生的反馈力直接参与力矩马达衔铁的力平衡，使挡板又回复到中位附近。主阀芯的位移通过反馈杆的作用，使阀实现位移—力反馈的闭环控制。在平衡状态时，每一输入电流与主阀芯的一个位置相对应；改变输入电流的大小和极性，就能连续、成比例地控制输出流量的大小和方向。

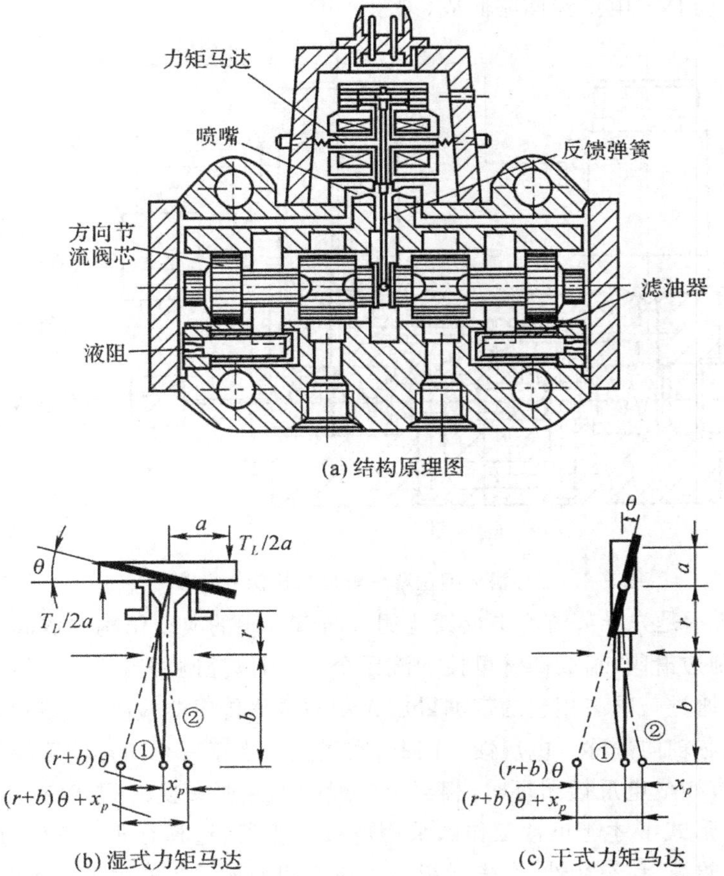

图 9-8　以喷嘴挡板为先导级的力反馈比例方向节流阀

该结构与电液伺服阀的不同点是，它采用直径较大的喷嘴孔径；主阀芯和阀体直接配合而省略了阀套；主阀控制边均设有一定的遮盖量。为了保护先导级，在两固定液阻前各设一滤油器。该阀要求系统过滤精度为 15～25μm（与一般液压系统油质清洁度相当）。在这种结构中，力反馈回路抑制了主阀上液动力、摩擦力的干扰，因而阀具有良好的稳态控制性能极快的动态响应特性，只是它的结构比较复杂。

9.3.4 位移—电反馈型比例方向节流阀

位移—力反馈型先导比例方向节流阀的不足之处是，比例放大器的非线性、电—机械转换器的磁滞效应、先导级的液动力、摩擦力等的干扰，均在位移—力反馈闭环控制之外，因而它的滞环特性只能达到3%左右。为了进一步提高阀的稳态控制精度，一般可采用主阀芯位移—电反馈方案。电反馈方案的突出优点是，反馈增益调节十分方便，并可采用PID或状态反馈校正，以改善其稳、动态特性。由于微电子集成技术的发展，近年来已出现比例阀、位移传感器和测量放大器集成一体的机电液一体化器件，不仅结构紧凑，使用方便，其可靠性和寿命以及成本均能满足工业使用要求。

在结构上，主阀芯位移—电反馈方案，与前述各种比例方向节流阀有很好的兼容性。

(1)先导溢流型电反馈结构就是在前述先导溢流型二级比例方向节流阀(见图 9-5)基础上，增设主阀芯位移—电反馈回路而成(见图 9-9)。

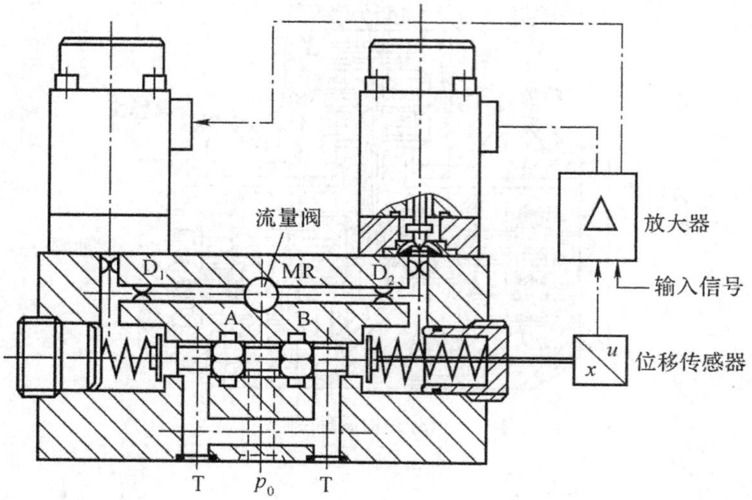

图 9-9　先导溢流型位移—电反馈比例方向节流阀

(2)图 9-10 所示是先导节流型电反馈比例方向节流阀的典型结构。该阀的先导级相当于一负遮盖四控制边滑阀，组成四臂可控的液压全桥。用以控制相当于双作用液压缸的主阀芯。主阀芯位移又通过与阀芯相连的带测量放大器的位移传感器检测，反馈到比例放大器的输入端，构成主阀芯轴向位移—电反馈。因此，实质上相当于一个闭环位置控制系统。

这类阀在没有构成电反馈闭环时，相当于一般的电液开关换向阀，没有比例控制性能。因此，必须在闭环形式下才能正常工作。采用电校正手段，选择合理的PID参数构成调节器，使阀具有优良的稳、动态特性。在先导级与主级之间加入适当的固定液阻(图中未表示)，可进一步提高阀的稳定性。

良好的先导阀控制特性是整个阀的工作基础。先导阀实际上构成了由两个A型半桥组成的液压全桥控制回路。与其他形式的液阻回路相比，它的压力增益最高，这意味着它对主阀芯两端控制容腔压降的控制灵敏度相当高。此外，先导级的流量增益越大，它对主阀两端控制腔的流量控制，也就越灵敏。这些因素，均有利于提高阀的控制精度。但必须注意到，在

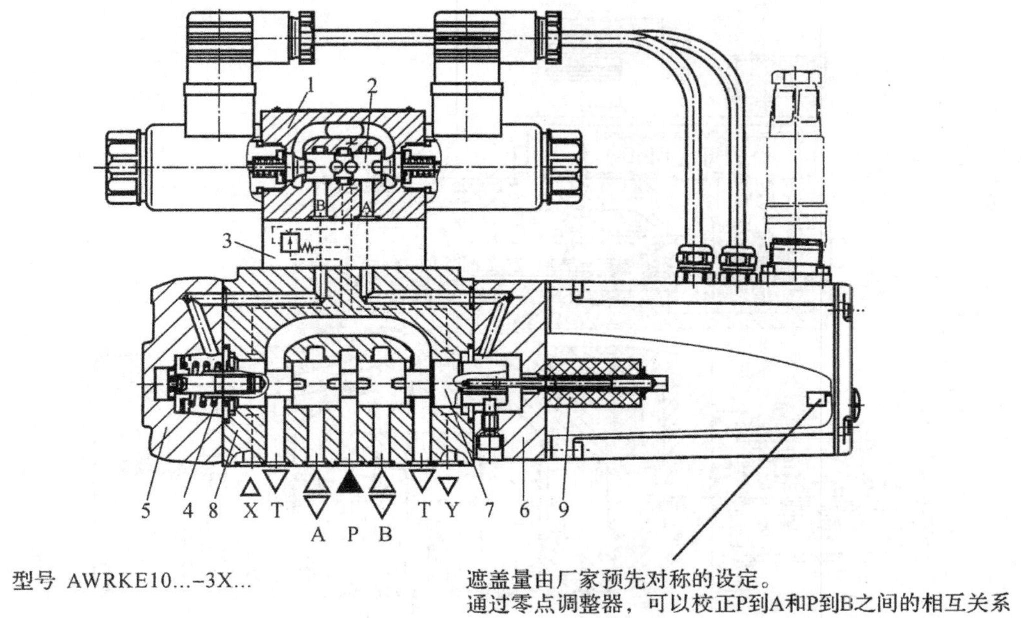

图 9-10　先导节流型电反馈比例方向节流阀结构图

提高阀的控制性能的同时，要通过合理地设计先导阀的控制阀口，获得适当的压力增益、流量增益，以提高整个阀的稳定裕度，使阀在各种工况点，均能正常工作。这是先导节流型电反馈比例方向节流阀设计的关键点之一。

在工程应用中，电反馈比例方向节流阀采用方向节流阀作为先导阀，有其特点。这类先导阀，在主阀的稳态工作点上，基本处于零位；而不像三通比例减压阀那样，在输出控制油压与输入电磁力之间存在反馈比较关系。实际上，在主阀芯位置—电反馈闭环条件下，可以降低对比例电磁铁控制特性的要求，甚至可用开关直流电磁铁来替代。

(3)双级电反馈结构是以电反馈直接作用式比例方向节流阀作先导级，与带阀芯位置检测反馈的主级结合，可构成像 Vickers，Bosch 等液压公司的双级电反馈比例方向节流阀，图 9-11 所示是其典型结构。

图 9-11 所示是一种单电磁铁控制型双级电反馈比例方向节流阀结构原理图。

由上面三种先导式电反馈方案来看，有几个问题需要注意。

(1)就比例方向节流阀的先导阀形式而言，常见的有双减压阀型、双溢流阀型、脉冲调制型和方向节流阀型等。从基本工作原理来看，在设置主阀芯位移—电反馈闭环控制功能时，一般多采用方向节流阀或溢流阀为先导级。而主阀没有位移—电反馈的普通形式，则多选用减压阀作先导阀；应该注意的是，在没有主阀芯位移电反馈条件下，一般不能采用比例方向节流阀作先导级。从特性角度讲，方向节流型先导级的动态响应要比减压型、溢流型先导级快。

(2)在双级电反馈方案中，主阀芯的位置电反馈，使阀芯能对抗干扰力变化(诸如油污染引起的摩擦力增大、液动力变化等)，快速、准确地跟踪预调的输入电信号。附加的先导级位移—电反馈的作用，在于提高阀的运行可靠性以及优化整体阀的动态品质。

(3)在先导控制油内供、系统压力较高时，与先导减压型比例方向节流阀一样，方向节流

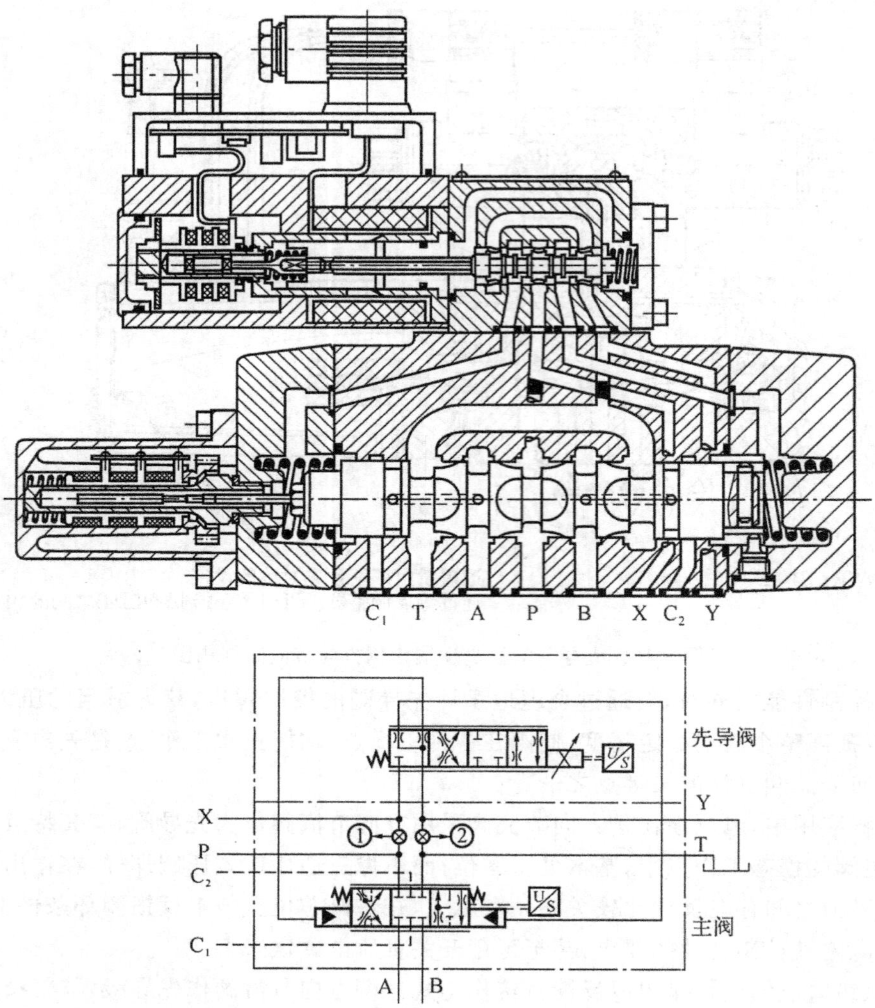

图 9-11 单电磁铁控制双级电反馈比例方向节流阀结构原理与图形符号

型电反馈比例方向节流阀，最好在先导阀之前加先导定值减压阀。分析表明，在未加先导定值减压阀时，整体阀的稳定性随着供油压力的增大而变差，稳定性最差点即为阀的最高调定压力点，因为此时的先导级压力增益最高。实验研究表明，通过先导级阀口及弹簧的优化设计，PID 调节器参数的合理匹配，不加减压阀块，阀也能稳定运行在 31.5MPa 的工作点上。但是，此点的稳定裕度较小，而且还以牺牲低压工况的性能为代价。因此，当系统压力高于 10MPa 时，最好加一先导定值减压阀。当先导控制油为外供时，其外供油压以 5MPa 左右为宜。

(4)电反馈方案阀的控制精度并不是在任何时候都比其他形式好，这还取决于使用环境以及具体的液压系统。例如，Rexroth 公司的试验表明，4WRE10 电反馈型直接作用式比例方向阀，其阀芯位移重复精度为 0.01mm(总行程为 4mm)，在油温变化时(从 20℃→70℃)，位移传感器及连杆的温漂导致阀芯位置漂移量为 0.03～0.04mm。而不带电反馈的 4WRZ10 先导式比例方向节流阀，重复精度为 0.06～0.07mm(总行程 5.5mm)，主阀芯位置却没有温漂。

9.4　比例方向节流阀的设计与工程应用

比例方向节流阀，其结构简单、对介质清洁度无特殊要求、制造成本低、可简化液压系统以及能耗低等特点，已成为电液比例控制系统中应用最广泛的基础元件之一。尽管各类比例方向节流阀在结构形式上各有千秋，但是它们在主阀设计及阀的工程应用方面，还是有不少共同之处的。

本节将讨论的问题，本质上都与比例节流阀的阀口是非全周阀口相关联。

9.4.1　控制阀口设计

比例方向节流阀的主控制阀芯与普通开关方向阀不同，通常将其薄刃型节流口设计成非全周阀口，且有三角形、矩形及半圆形等多种形式。其中，以三角形居多，但半圆形工艺性最好。为了提高小输入信号时的流量分辨率，控制切口可以在圆周方向错位，并设计较长的阀芯行程。图 9-12 所示是错位阀口的展开图。

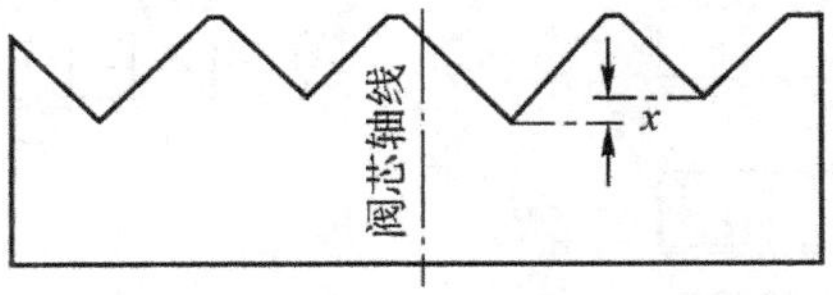

图 9-12　由阀芯圆周方向上控制切口错位和较长的阀芯行程获得较好的分辨率

9.4.2　滑阀机能与中间过渡形式

与伺服阀不同，而与开关方向阀相似，比例方向节流阀也存在二位、三位的滑阀机能（参见图 9-13，RC29055/11.99，图 9-1 所示不带电反馈型结构）。这些滑阀机能的选择原则，也与开关方向阀类似，其中位带节流符号的通路，通流面积一般为阀口额定通流面积的 3%。

由于阀芯的轴向位置是无级调节的，即其中间位置是连续的。但通过特殊设计，可以制成特殊的多位控制，如图 9-13 的 W3 型。图 9-14 是一种多位控制的示例。图中阀的工作原理是，对应于小电流信号时，比例阀打开两个节流口 P→A 与 B→T，它可以对负载的下降速度进行控制。在行程终端再回到低值指令信号时，可使循环的工作部分得到最大的推力，用于压紧或夹紧工序。为保证当指令斜坡信号增大到最大指令信号 40%时，液压缸得以在伸出的方向上加速，比例方向阀则进入第四个位置。在该位置上，B 到 T 油路关闭，强迫油液通过起平衡器作用的溢流阀流向 P 口，液压缸平稳地进入差动工作状态。信号从 40%到 100%，液压缸速度可以进行比例调节。当指令信号低于 40%时，比例阀的小孔节流特性，提供平稳的制动功能。

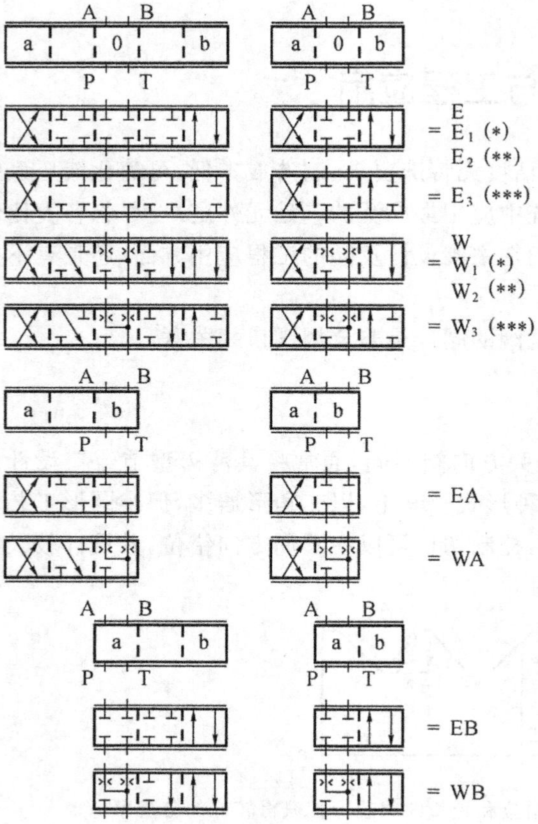

图 9-13 滑阀机能与中间过渡形式示例

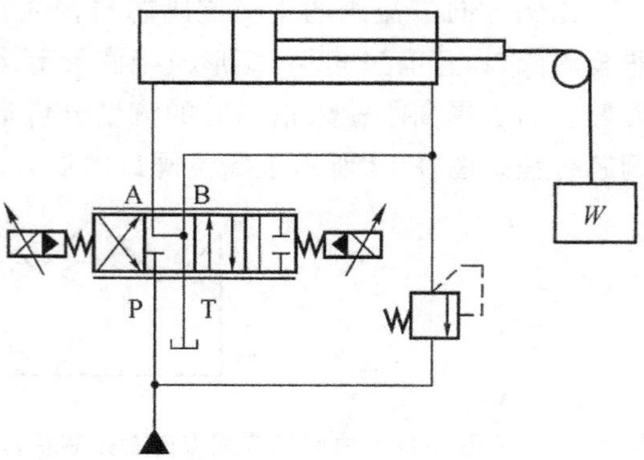

图 9-14 比例方向阀的特殊多位控制

9.4.3 非对称型节流阀口

普通对称型比例方向阀 P→A,B→T 及 P→B,A→T 等阀口在相同输入信号下,阀口的通流面积均是相等的,这种阀芯有很好的减速制动特性。

由于比例方向节流阀的阀口为非全周阀口,所以可以设计成非对称阀口,如图 9-13 和表 9-1 所示。下面是几种典型对称型与非对称阀芯的应用示例。

表 9-1 非对称节流阀口示例(Rexroth)

流向	各滑阀机能时阀口通流面积		
	(*)E_1,W_1	(**)E_2,W_2	(***)E_3,W_3
P→A	S	$1/2S$	S
B→T	$1/2S$	S	封闭
P→B	$1/2S$	S	S
A→T	S	$1/2S$	S

1. 非对称 E_1 型阀芯

图 9-15 所示为单出杆液压缸的控制系统,假设活塞与活塞杆面积比 $A_K:A_R=2:1$,该

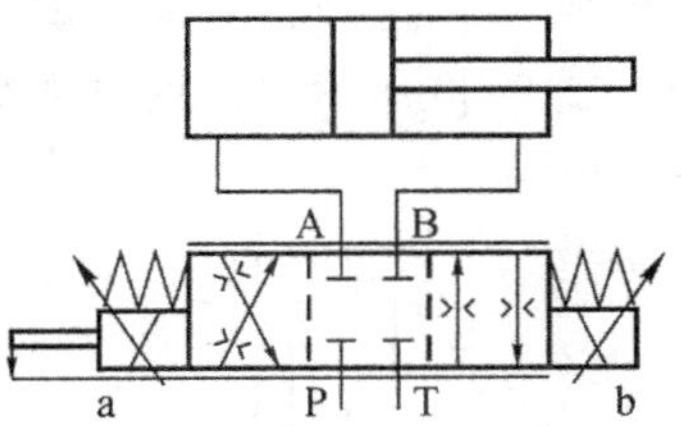

图 9-15　E_1 型阀芯用于单出杆液压缸

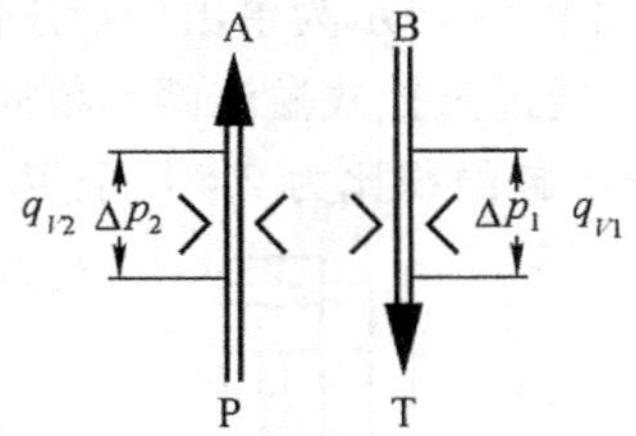

图 9-16　流量与压差的关系

系统可选用节流面积比为 2∶1 的(E_1 型)比例方向节流阀。我们用图 9-16 来说明这种关系。图中节流器的符号代表比例方向节流阀的阀口，由流量公式可知

$$\frac{q_{V1}}{q_{V2}}=\sqrt{\frac{\Delta p_1}{\Delta p_2}} \tag{9-5}$$

当 $q_{V1}=2q_{V2}$时，如果采用对称型阀口，则

$$\frac{\Delta p_1}{\Delta p_2}=\frac{q_{V1}^2}{q_{V2}^2};\quad \Delta p_1=4\Delta p_2$$

这关系式表明，在采用等面积阀口时，要使 P→A 通道的流量增加一倍，其压差就要等于原来的 4 倍。对于单出杆且面积比为 2∶1 的液压缸，如果 P→A，B→T 的节流口面积相同的话，则形成压差比为 4∶1。假如为了制动一质量力，若要求有杆活塞腔施加一个比驱动压力高 0.25 倍的反力，从上述关系式可知，这一要求难以满足。若选用 E_1 型阀芯，或者过流面积比倒过来的 E_2 型阀芯，就可以达到这类要求。

2. 非对称 E_3(W_3)型阀芯

对于面积比为 2∶1 的液压缸，若想用较简单的方法实现差动控制，可选用 E_3 型或 W_3 型阀芯的比例方向节流阀。配合使用的单向阀，可加工在阀板上。图 9-17 所示是它的控制回路。

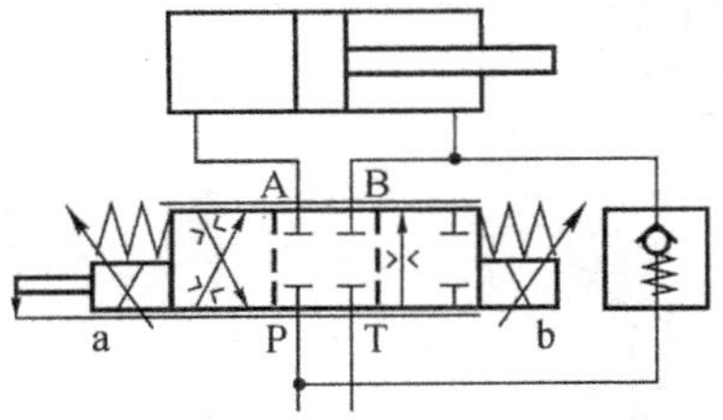

图 9-17　E_3 型阀芯用单出杆液压缸

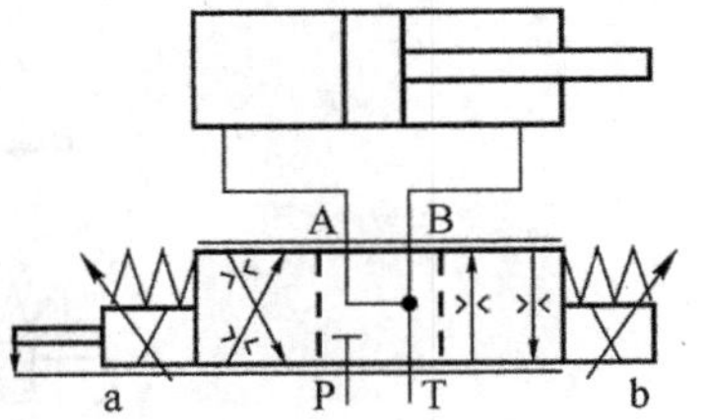

图 9-18　W 型阀芯配用单出杆液压缸

3. 对称 W 型阀芯

在一个面积比接近 1∶1 的单出杆液压缸油路中，若配用 W 型阀芯，则其中位泄漏，可阻止无负载时缸的微小位移。中位时，W 型阀芯由 A 和 B 到 T，有 3%公称过流断面积大小的节流通道，如图 9-18 所示。

4. W_1 与 W_2 型阀芯

这种阀芯，一方面与 E_1 型一样，阀口过流面积比为 2∶1，以适应面积比 2∶1 的液压缸。另一方面，又同 W 型阀芯一样，中位时，由 A 和 B 到 T 有 3%公称过流断面积大小的节

流开口。图 9-19 所示为单出杆液压缸(面积比接近 2∶1)配用 W_1 型阀芯,采用重力平衡的垂直布置。通过直控式溢流阀和单向阀来实现重力平衡。图 9-20 所示也采用重力平衡的垂直布置,液压缸面积比为 2∶1,配用 W_1 型阀芯,实现差动控制。

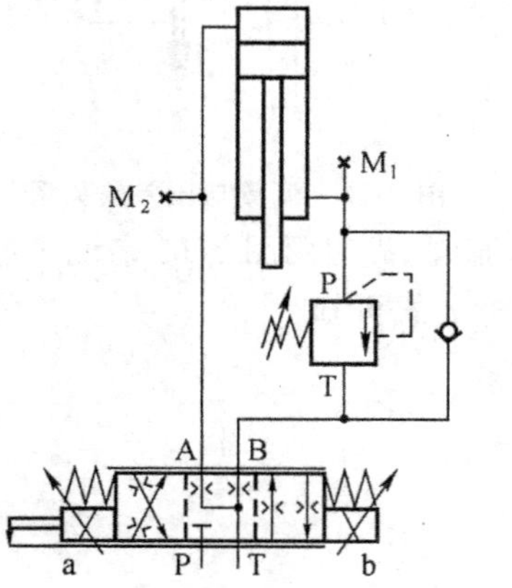

图 9-19 W_1 型阀芯应用示例一

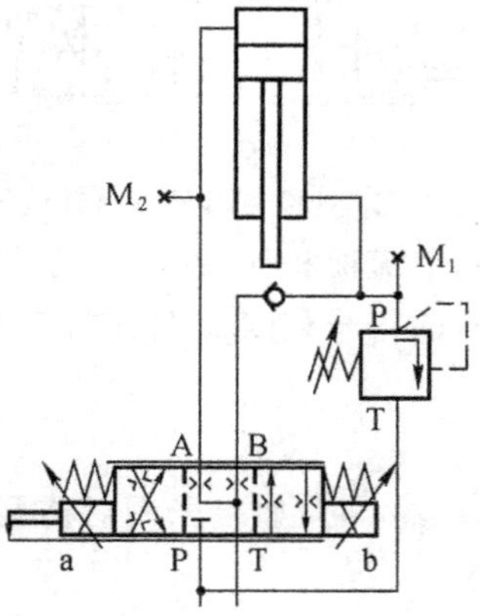

图 9-20 W_1 型阀芯应用示例二

9.4.4 无泄漏的比例方向节流阀系统

由于单出杆液压缸的进、出口容腔压力比关系,无泄漏闭锁方案只能用一双联单向阀来实现。图 9-21 所示就是它的实例,它对液压缸的两个运动方向实现无泄漏液压锁方案。这里需注意的是,如果压力比超过面积比,则会导致液压缸运动不连续。此时,就需将液控单向阀改用外控方式,而不是如图 9-20 所示的控制油来自另一侧油路。

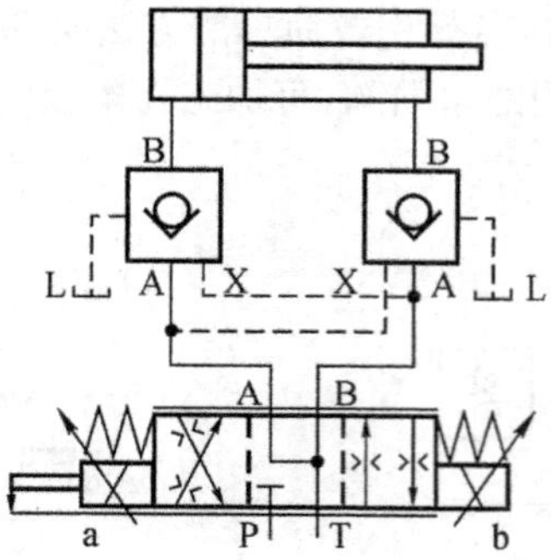

图 9-21 比例方向节流阀配液压锁的方案

9.4.5 比例方向节流阀的 I-q_V 特性

1. 输出—输入关系

对比例方向节流阀而言,与输入信号成比例的输出控制量不是流量;对最常用的滑阀,也不是功率级阀芯的整个过流面积($A=XW$),而只是功率级阀芯的轴向位移。

2. 流量公式

$$q_V=\alpha \cdot X \cdot W\sqrt{\frac{2}{\rho}\Delta p} \tag{9-6}$$

式中：X——滑阀阀口的轴向开度；

W——阀芯周向开口量。

值得注意的第一点是：滑阀阀口的轴向开度 X，数值上等于与输入信号成比例的阀芯轴向位移 X_0 减去阀口遮盖量 δ，而不直接等于阀芯的轴向位移。但由于在比例阀中，与阀口最大开度相比 δ 所占比重较小，常将 X 近似为阀芯轴向位移量。

值得注意的第二点是：在输入信号保持不变情况下，通过比例节流阀的流量，还受到控制阀口前后压差的影响。

3. 比例方向节流阀的 I-q_V 特性

图 9-22 所示的是 Rexroth 公司 6 通径电反馈比例方向节流阀(RC29061/09.00，原理图见图 9-2)的三组控制特性曲线族。图中标明，这 3 组特性曲线的名义流量分别为 8 L/min，16 L/min，32 L/min。应该注意到，这三种不同名义流量所代表的比例方向节流阀，不仅外形及联接尺寸相同，就连阀芯直径都一样，其差别仅在于阀口周向开度不同，也就是流量公式(9-6)中的 W 不同。亦即改变阀芯控制台肩处阀口槽(例如常用的三角槽)数量和大小，使阀在同一控制信号下(即相同的阀芯轴向行程)，获得不同的过流面积。如当控制槽尺寸及轴向位置相同，而槽数比为 1∶2∶4 的三支相同直径的阀芯，在同样的输入电信号条件下，就可获得上述三种不同名义流量的阀。

联系式(9-6)来阅读图 9-22 时，请注意：

(1)不同名义流量的三组曲线族之间的差别，是由非全周阀口的周向开度 W 不同引起的。

(2)每一组曲线族内部 5 条曲线之间的差别，是由阀口压差 Δp 不同引起的。注意：图中的 Δp＝进油压力 p_P－负载压力 p_L－回油压力 p_T，也就是 P→A 加上 B→T 两个阀口的实际工作压差。

(3)每一组曲线的横坐标，是输入信号的百分比数值，也就是代表了阀芯轴向移动的距离 X_0。如前所述，严格说来，由于比例阀(不包括伺服比例阀)一般都有零位死区，阀芯必须首先越过正遮盖量 δ，然后才打开阀口。所以，X_0 要减去正遮盖量 δ 之后，才是阀口的轴向开度 X。但在一般的分析中，不去区分 X_0 与 X 的差别。

(4)非常需要注意的是：在比例方向节流阀中名义流量的含义。与常规开关式方向阀定义最大通过流量为额定流量的概念不同，在比例方向节流阀中，将最低压差时(一般约定为 Δp＝1 MPa 时)与最大输入信号对应的流量，称为阀的额定流量。三组特性曲线族中，100%给定值时最下面一条表示 Δp＝1 MPa 的曲线所对应的流量值，就是额定流量，数值上尽管有所出入，但基本相符。

作出这种约定的背景，主要是比例方向节流阀阀口过流面积设计，需要遵循一定的规则。首先，要保证非控制阀口的任何过流断面，都不会由于限流作用而影响控制阀口对液流的精确控制，让比例控制真正起作用，以尽量保持输出与输入的线性比例关系。其次，在工作

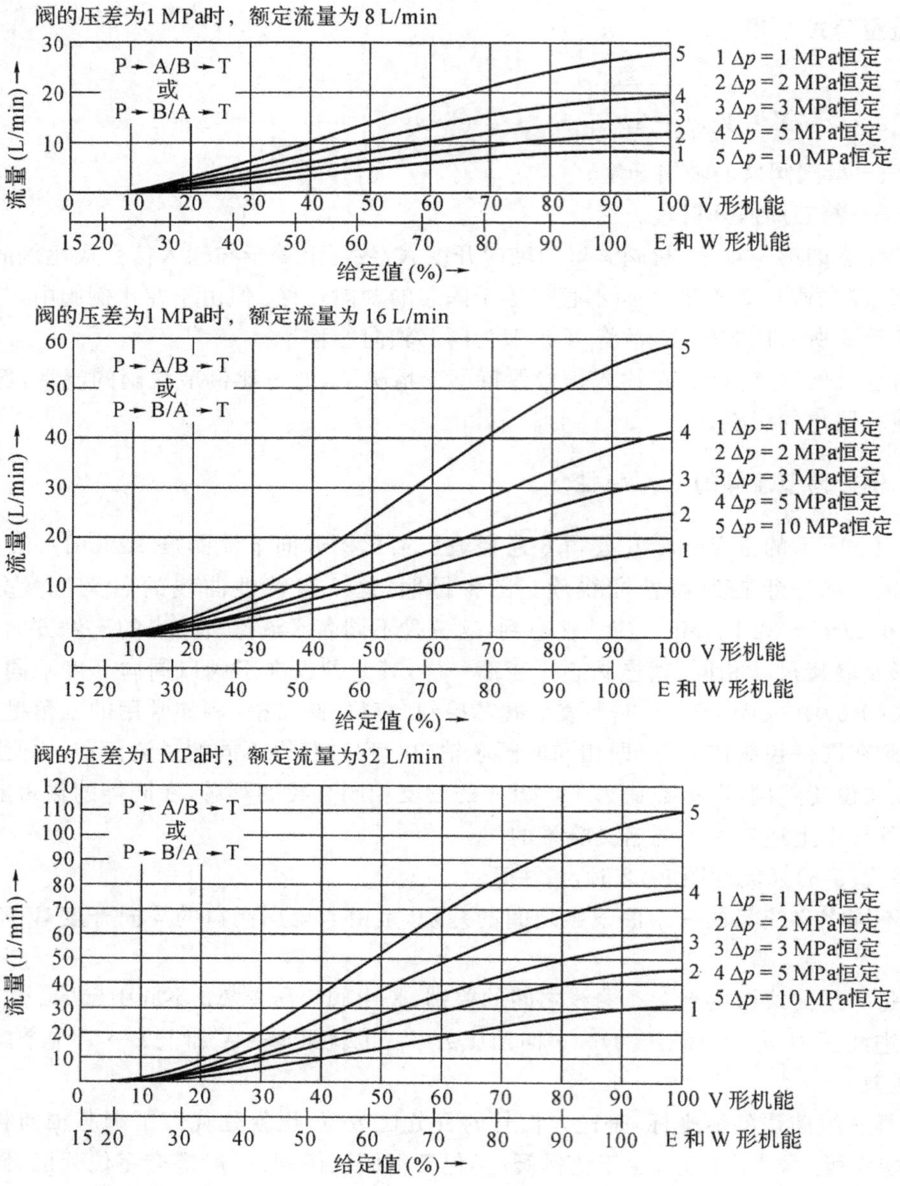

图 9-22 比例方向节流阀的控制特性

过程中，比例阀口的压差将根据系统要求作比较大的变化；就是在这种情况下，仍然必须满足控制阀口独立控制的基本条件。表 9-2 从几个方面具体列出了相关背景的对比。

表 9-2　比例方向阀与开关方向阀的三项对比表

	开关方向阀	比例方向阀
过流断面积设计原则	各处(包括安装板、阀内等各过流腔道和阀口)过流面积相等	非控制阀口各处过流面积(包括安装板、阀内等各过流腔道)应为控制阀口最大面积(与最大控制信号对应)的 3～4 倍
工作过程阀口工作压差变化	变化不大	根据系统要求,例如在工进与快进工况,一般变化很大,因而通过流量变化也较大
额定流量的含义	最大通过流量	最低压差时(一般约定为 Δp＝1MPa 时)与最大输入信号对应的流量

9.4.6　用控制特性曲线选用比例方向节流阀的示例

试选用合适的比例方向节流阀,已知条件为:设定系统压力为 12 MPa,工进负载压力为 11 MPa,工进速度范围对应流量为 5～20 L/min;快进负载压力为 6 MPa,快进速度范围对应流量为 60～150 L/min。

通常容易犯的错误是:像普通方向阀那样,以最大流量 150 L/min 作为公称流量来选比例方向阀。据此,如图 9-23 那样,选用阀压降为 1 MPa、公称流量为 150 L/min 的比例节流阀。这样的选择,形式上是能满足系统的要求,但从图中可见:快进时,对应于压差 6 MPa,流量 q_V＝150 L/min 仅利用额定电流的 66%;流量 q_V＝60 L/min 仅利用额定电流的 48%;这样一来,调节范围仅达额定电流的 18%。

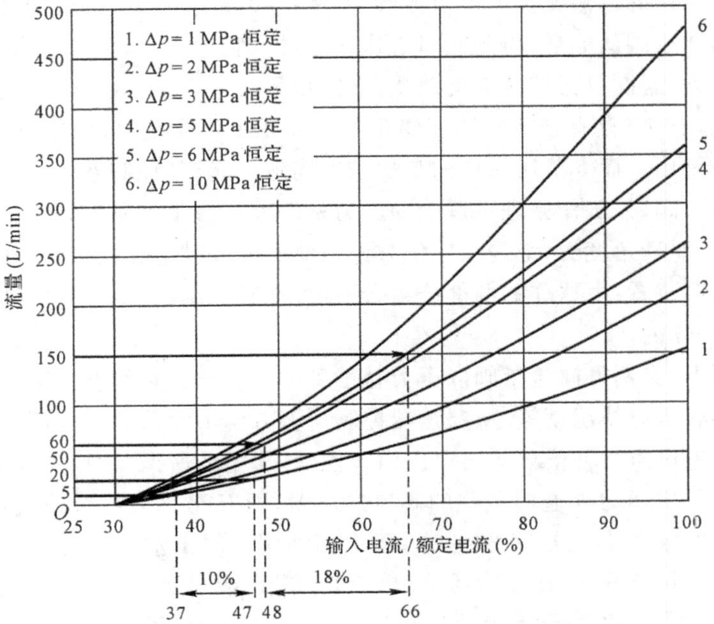

图 9-23　公称流量 150L/min 对应的控制特性曲线族

工进时,对工进速度的调节也只达到总调节范围的 10%(20 L/min 时为 47%额定电流,5 L/min 时为 37%额定电流)。

总体而言,假如阀的滞环为 1%～3%,而对应调节范围为 10%的情况,则其滞环相当于

10%～30%。显然,很难用这样差的分辨率来进行控制。

正确的原则是:使最大流量尽量接近于与100%额定电流相对应,即尽可能大地利用阀芯行程,以扩大调节范围、提高控制性能。

按此原则,就选择了如图9-24所示的阀压降为1 MPa、公称流量为64 L/min的比例节流阀。相应的调节范围分别达到32%(快进)和27%(工进),可调范围很大,有一个较好的分辨率。同时,重复精度造成的偏差当然也很小。

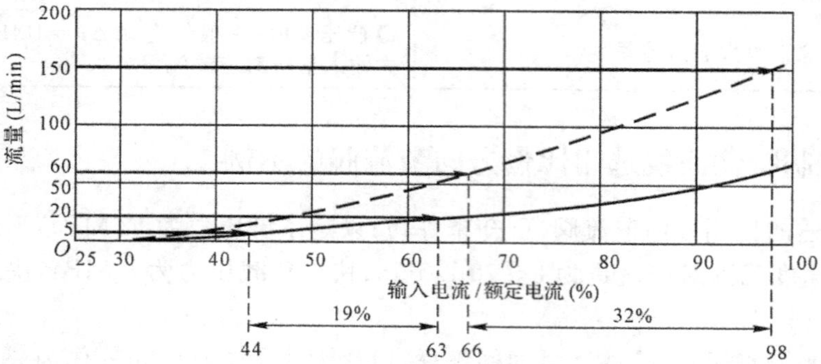

图9-24 公称充量为64 L/min对应的控制特性曲线族

9.5 比例方向流量阀

前面几节所讨论的电液比例方向节流阀,其受控参数是主阀芯的轴向位移(近似为主阀口轴向开度),而通过阀的流量,将随阀口工作压差的变化而变化;负载压力的变化以及供油压力的变化,都会引起阀口工作压差的改变。在定压系统中,当输入电信号调定不变时,负载压力升高,流量就减小;只有当负载压力变化不大或几乎不变化时,比例方向节流阀才能起到流量控制器的作用。而本节所讨论的是比例方向流量阀,其控制参量是通过阀的流量。

比例方向流量阀,按工作原理可以分为压力补偿型和流量检测反馈型两大类。无论是哪一种类型,从工作原理角度看,都是在比例方向节流阀的基础上,或者加上压力补偿器,或者加上流量检测反馈装置,由这样的两部分组合而成。在具体结构上,这样的两部分,可以是分立的,也可以是一体的。

在工程实用上,比例方向流量阀以压力补偿型居多。压力补偿型又可分为定差减压型、定差溢流型和负载压力补偿型等。从补偿器控制比例方向节流阀的不同阀口的角度,压力补偿器又可区分为进口压力补偿器与出口压力补偿器。这里的所谓"进口补偿器",是指补偿器控制比例方向阀中将压力油通向负载的阀口的压差,即P至A(或B)进油阀口的压差为常数。所谓"出口补偿器",是指控制B(或A)至T回油阀口的压差为常数。从补偿器相对于比例方向节流阀的相对位置,也比较容易分出:串联(减压型)或并联(溢流型)于节流阀进油侧P口前的为进口补偿器;串联于节流阀负载口一侧的为出口补偿器。

流量检测反馈型,也有流量—压力反馈,流量—力反馈及流量—电反馈等多种形式。

9.5.1 定差减压型电液比例方向流量阀

常规的定差减压型补偿器,串联于节流阀进油口之前,控制自比例方向节流阀进口,至负载前腔 A 或 B 之间的阀口压差。减压阀弹簧支承端的压力，通过梭阀（高压优先梭阀）或阀芯的特殊结构，按换向工作位置的不同，而与 A 腔或 B 腔相沟通，从而实现 P 至 A 或 P 至 B 之间的压力补偿作用。

1. 进口减压型压力补偿原理及其修正

（1）补偿原理

如图 9-25 所示为典型的定差减压型进口压力补偿器（二通进口压力补偿器）在系统中的工作原理。减压补偿器阀芯（多种名称：定差减压阀阀芯，减压阀阀芯，减压阀芯，补偿器阀芯，补偿阀芯，补偿器）弹簧支承端，作用着补偿压力 p_2，依靠梭阀进行换向切换（即此补偿压力 p_2 是来自该时刻压力较高的负载 A 腔，还是来自压力较高的 B 腔，由高压优先梭阀 3 来选择）。减压阀芯上的受力平衡方程为

$$(p_1-p_2)A_K=K(x_0-x)-F_S$$

式中：F_S——作用在减压阀芯上的液动力；

A_K——减压阀芯控制端面积；

x_0，x——分别为弹簧预压缩量和阀芯位移。

$$\Delta p=p_1-p_2=\frac{K(x_0-x)-F_S}{A_K} \tag{9-7}$$

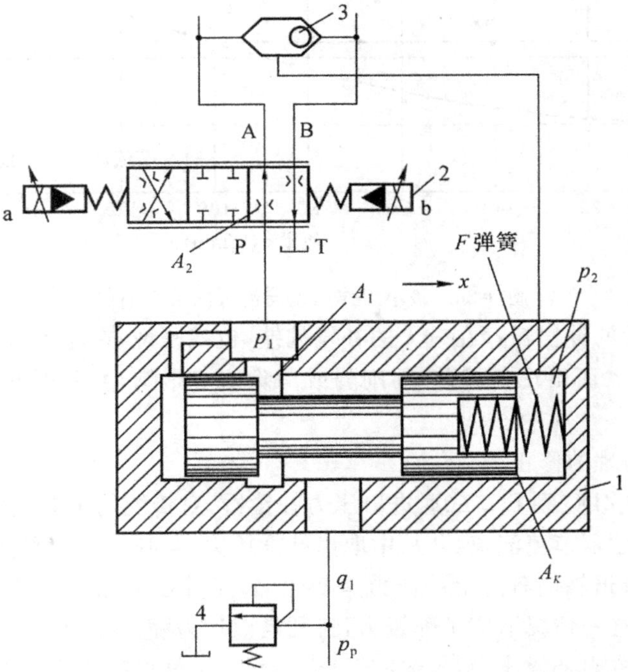

图 9-25　进口定差减压型进口压力补偿器原理图

（2）对这种补偿方式存在问题的简要分析

由式（9-7）可见，当工况变化时，只有在弹簧预压缩量相当大，且液动力变化不大时，经过补偿后方向节流阀阀口的压差 Δp 才能基本保持为常数。这种情况，与由单向的比例节流阀经定差减压阀补偿后，形成流量阀的结果是相同的。

实际上，稳态液动力的变化比较复杂，一般为正比于所通过的流量和阀口的压差(参见第3章)。因而，当整个比例方向流量阀的压差增大时，减压阀所控制的Δp将出现负偏差，在高压大流量工况下更甚。在输入电信号不变时，随着总压差的增大，通过比例方向阀的流量有减少的趋势。

定差减压阀的压力补偿，是基于忽略弹簧力变化、液动力随工况变化所带来的影响，而使工作阀口压降近似保持为常数的传统原理。在应用中要注意以下两个问题：

第一，当不考虑弹簧力的变化和略去稳态液动力时，可得$\Delta p = p_1 - p_2 = F_X/A_K$。这里，只要外加压差$p_1 - p_2 > F_X/A_K$时，补偿器就能正常工作。但是随着通过的流量增大，阀中的液流阻力也增大，此时只有相应增大外部压差，才能实现压力补偿功能。外部压差与流量的这种关系如图9-26所示(图中$\Delta p_{min} = p_P - p_2$)。这里，就是说在不同流量时，存在不同的最小工作压差Δp_{min}。只有整个方向流量阀阀口压差，大于最小工作压差，比例方向阀才进入调速区(通过阀的流量与整个方向流量阀阀口压差$p_P - p_2$无关)，否则就在节流区工作，形式上存在的定差补偿器不起压力补偿作用，这个阀仍然只是比例方向节流阀。

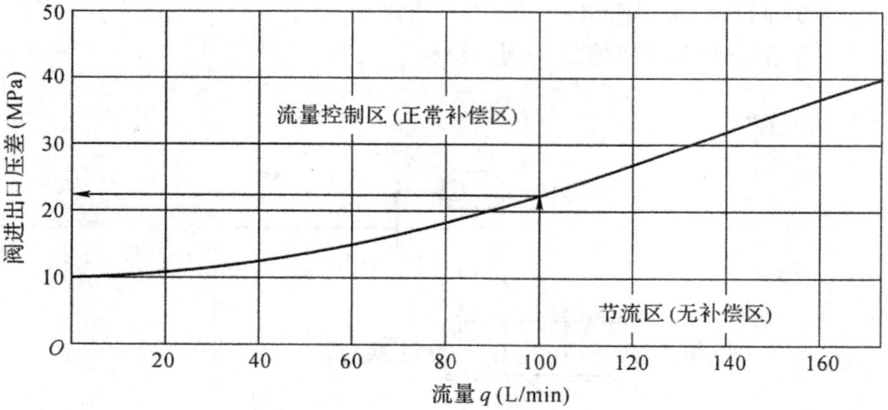

图9-26 最小工作压差与流量的关系曲线

第二，传统原理的补偿器存在较大的补偿偏差，也就是说，在输入信号不变时，工作流量随着外部压差的增大而出现负偏差，要削弱或消除这一影响，可采用下面介绍的ZDC型P口压力补偿器。

(3)定差补偿原理的修正

图9-27所示的ZDC型P口二通进口压力补偿器，对传统的定差减压原理进行修正。其基本方法是加长补偿器节流流道，并从中取出补偿压力，与弹簧力相平衡。补偿器在某一工况下工作时，节流流道轴向各点上的压力是变化的；而且在工况变化时，流道中各点压力变化程度又不相同。这一情况适应了弹簧力，特别是液动力随工况而变化的趋势。因此，从节流流道中适当位置取出补偿压力，来适应工况的变化，很好地补偿弹簧力、液动力的干扰，使工作阀口前后的压差保持为常数。只要合理地给出流道长度，选择合适的取压点，可以获得较满意的压力补偿效果。这种方法，也称测压点补偿法。

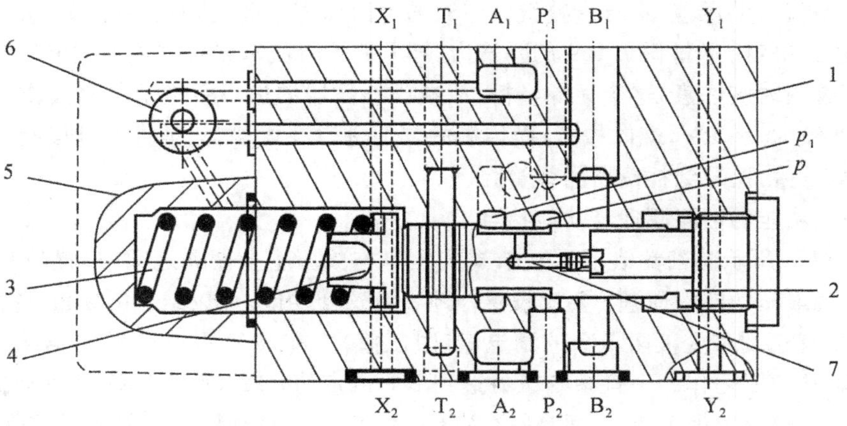

图 9-27 二通型测压点补偿原理图

2. 进口减压型压力补偿器的压差可调和限压功能

(1)节流口压差可调缘由和油路原理

首先要说明,为什么要使节流口压差在一定范围内可调。从基本流量公式可见,对于进行了压力补偿的比例方向流量阀,由于节流阀口压差基本不变,则对应于最大控制电流的最大控制流量就是一个确定值。这样,用户不可能对它进行调整。这对于很多工程系统来讲,是非常不合理的。例如,有时为了提高设备的生产率,需要增大最大流量;有时,由于产品品种或型号改变,需要总体上降低运作速度而保持原有的分辨率,这就要求降低(与最大控制信号对应的)最大流量。

图 9-28(a)所示的油路,就是一种使进口定差减压型补偿器节流口压差可以在小范围调节的油路。显然,这是在标准二通定差减压型补偿器基础上,将取压的梭阀与定差减压阀之间的取压油路,通过增加液阻 R_1、直动式压力阀 RY(可变液阻的功能),构成一个 B 型半

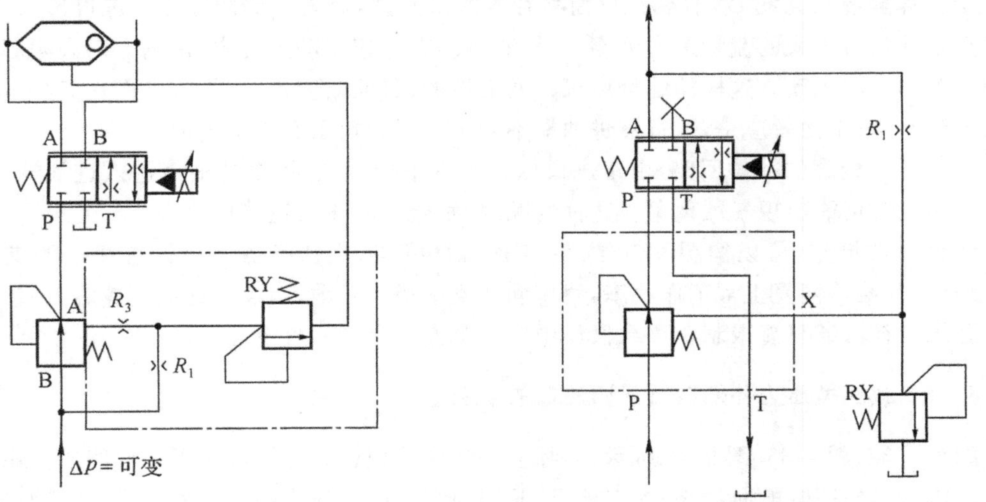

(a) Δp 可调原理　　(b) 限压功能原理

图 9-28 减压型压力补偿器(二通进口压力补偿器)压差可调和限压功能原理

桥的油路。节流口的压差，不再由补偿器弹簧的预压缩力所确定，而主要由 R_1 与 RY 组成的半桥输出压力决定。通过调节 RY 的弹簧力（即 RY 的阻值），就可方便地调节节流阀口的压差。这里，看图时应注意，这个无源半桥，从减压补偿器的进口引进了压力油作为先导控制油。控制油经 R_1 和 RY，流向梭阀；而传统的二通进口补偿器，只是将经过梭阀选择的较高一侧的负载压力，引导到补偿器的弹簧腔。

(2)限压功能的油路原理与功能特点

图 9-28(b)所示的油路表明了在节流阀出口与减压型补偿器之间，布置另一种 B 型半桥油路，实现限压功能的原理。要比较感性地了解这个功能，可以结合图 9-25 进行分析。在负载压力没有达到可变液阻 RY 的调定值（限压值）之前，RY 阀口未开启，半桥不起作用，按补偿器正常功能运作。一旦系统压力达到 RY 调定值，RY 口开启，就使补偿器弹簧腔的压力不再随负载的变化而变化，而是一个定值。也就是说，负载压力被限制了，不可能进一步升高。这一点与后面的三通压力补偿器的限压功能，在原理与动作上，是有一些差别。这里仅仅起到附加的限压作用，是一种保险功能，系统多余流量还是要通过并联的溢流阀（见图 9-25中的 4）溢回油箱，并不像三通压力补偿器增加限压功能后，可以省去并联的溢流阀。

3. 进口减压型压力补偿器的局限性及其补救措施

局限性主要是不能单独用于存在负负载（或称超越负载，就是负载在一定工况能依靠自重或惯性不受进油压力控制而自行移动）的系统。如图 9-29 所示，在减速制动过程中，特别是当减速制动压力高于由弹簧设定的节流阀口压差时，配置在进口的减压型压力补偿器不能正常工作。

这里分别讨论带有梭阀和不带梭阀两种情况。对于带有梭阀的补偿回路，在减速过程中，由于出油侧 B 的压力高于进油侧 A 的压力，与弹簧腔相通的压力油，不再来自进油侧 A，而是出油侧 B。进油侧 A 压力原本是代表负载压力，当它有降低趋势时，照说补偿阀口应该有所关小去企图维持节流阀口压差不变。现在的情况反而是，由于 B 侧压力高于 A 侧，进入补偿器弹簧腔较高的 B 侧压力，反而将补偿阀口开大，提高了比例方向阀进口压力，使得有比正常补偿时更大的流量进入 A 侧。另一方面，在减速制动过程中，比例方向阀阀芯则是向阀口关小方向运动。这样的综合后果是两面性的：负面效应是，比例方向阀阀口（P 至 A）失去控制作用；正面效应是，执行器进油端不会由于形成负压而发生气蚀。

对于不带梭阀的补偿回路，由于进口压差基本不变，没有更多的油液进入进油端，在传动装置中就有可能出现气蚀现象。这种情况，特别会给液压马达造成危害。

作为补救措施，可以像图 9-30 或 9-31 所示的那样，在执行器出口设置相应的支撑装置，使进口补偿器恢复正常工作状态，使传动装置平稳地制动。当没有这类支撑装置时，进口减压型压力补偿器只能限制在负载仅作用在一个方向上的系统中使用。

4. 进口减压型压力补偿器置于回油口的示例

如图 9-32、图 9-33、图 9-34 所示，实际上是将减压型压力补偿器置于一种例如依靠自重回程的单作用柱塞缸的回油路，控制 A 至 T 回油阀口压差的示例。所以，对补偿器而言，它的功能与常规的进口减压型补偿器是一样，仍然是先减压后节流的模式，可以按进口补偿器来处理。进行回程补偿时，A 口视为进油口，控制 A 至 T 阀口的压差为常数。图 9-32 所示为

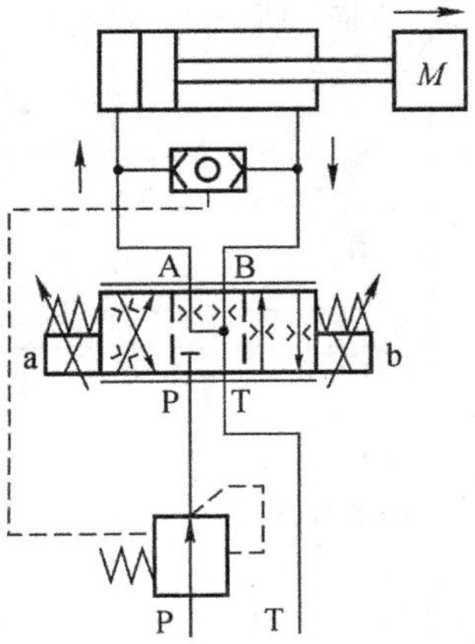

图 9-29　进口减压型压力补偿器

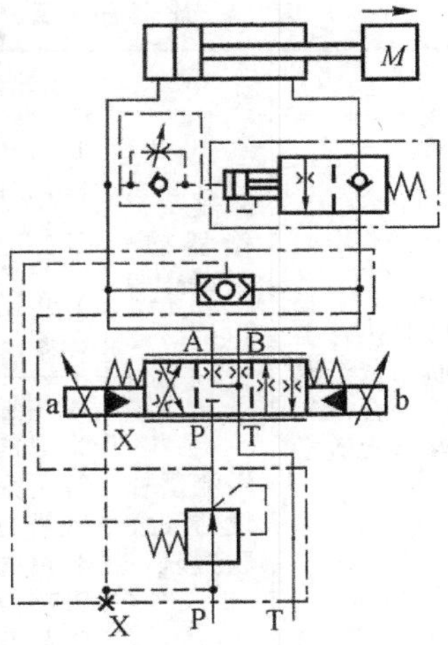

图 9-30　起支撑作用的制动阀

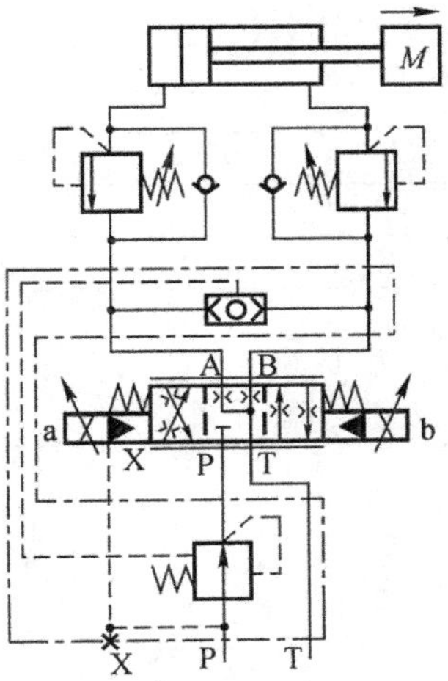

图 9-31　起支撑作用分压力阀

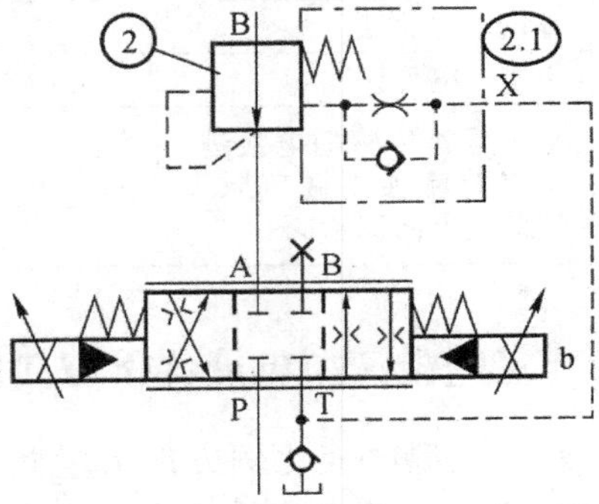

图 9-32　减压型补偿器用于回油控制

常规情况，压差 $\Delta p=0.8\mathrm{MPa}$；图 9-33 所示为从定差减压阀出口引入液压半桥，节流口压差 $\Delta p=1.5\sim1.8\mathrm{MPa}$；图 9-34 所示为从定差减压阀前引入液压半桥，节流口压差可调。

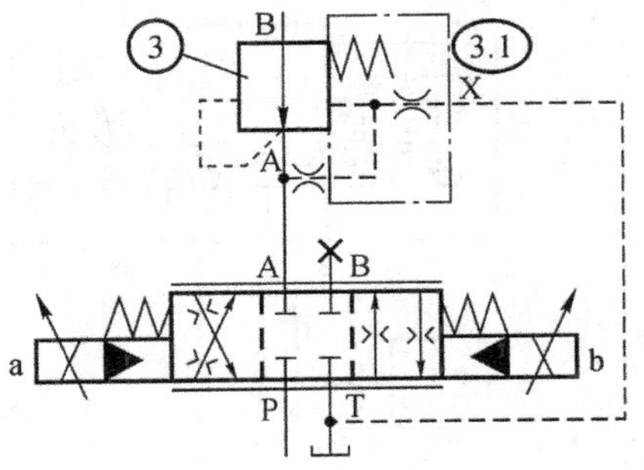

图 9-33　减压补偿器用于回油口

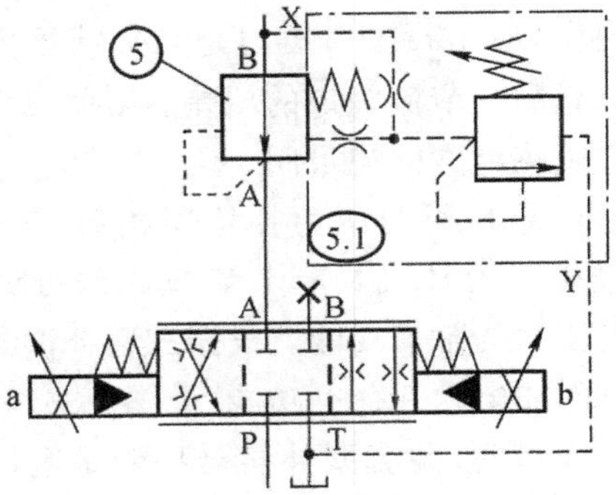

图 9-34　减压补偿器用于回油口，Δp 可调

表 9-3 比例方向阀的压力补偿和流量检测反馈类型性能特点表

			进油口补偿(控制 P→A(B))	出(回)油口补偿(控制 B(A)→T)
压力补偿型	保持向执行器供油的节流阀口(P→A(B))压差为常数	减压型补偿器(串联型)	1. 常用先减压后节流的模式 2. 附加支撑装置可用于负负载(负载方向要改变) 3. 可附加节流阀口压差可调 4. 可附加限压功能 5. 系统需要配置溢流阀	有置于出口的示例,但其原理、结构、功能等,都与进口补偿器一样
		溢流型补偿器(并联型)	常用形式 1. 只能用作进口补偿器 2. 可附加节流阀口压差可调 3. 可附加限压功能 4. 可附加电动卸荷功能 5. 本身具有溢流阀功能 6. 具有负载敏感控制特性	不能使用
	保持从执行器回油的节流口(B(A)→T)压差为常数	双向出口补偿器	不能使用	常用形式
流量检测反馈型	流量—压力反馈			
	流量—力反馈			
	流量—电反馈			
	基于压差传感的电液进、出口节流独立调节原理的比例方向流量阀			

9.5.2 定差溢流型电液比例方向流量阀

定差溢流型电液比例方向流量阀,由电液比例方向节流阀与三通进口压力补偿(溢流型补偿器)组成,图 9-35 所示是它的工作原理图。由图可见,它的工作原理与传统三通比例调速阀相似,只是用比例方向节流阀阀口代替了比例节流阀阀口。同样,液压泵出口压力是与负载压力匹配的,仅比负载高一节流阀口的压差。因此,这种阀也称为负载敏感型方向流量阀。

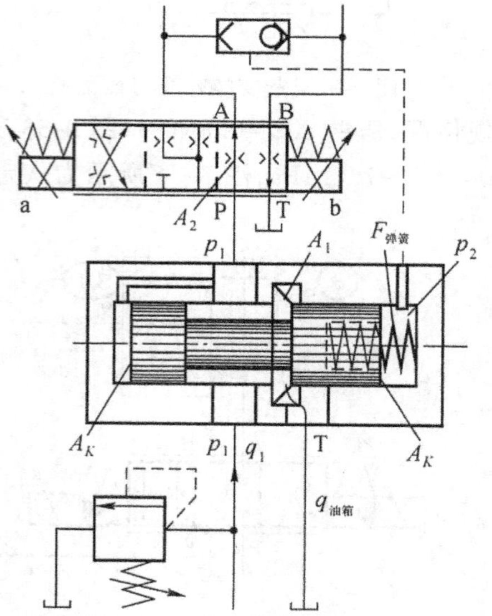

图 9-35 三通进口(溢流型)压力补偿器原理图

与定差减压型压力补偿器相似,三通压力补偿器也可以设计成具有节流口压差可调、限制负载最高压力的附加功能。根据三通补偿器的特点,还可以附加电动卸荷等功能(见图9-36)。与三通调速阀一样,定差溢流型补偿器只能是进口补偿器。其他特点,见表 9-3 比例方向阀的压力补偿和流量检测反馈类型性能特点表。

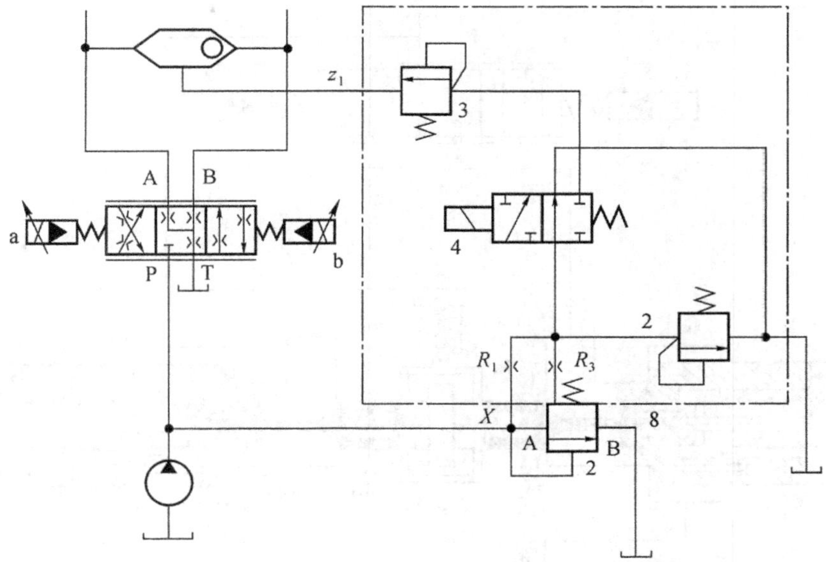

图 9-36　三通进口压力补偿器的附加功能（Δp 可调，限制最高压力，电动卸荷）

在分析图 9-36 所示补偿及附加功能时，应注意从补偿与附加功能的要求出发，才能搞清各个液阻的用途。例如，液阻 R_1 既可以和可变液阻 2(压力阀)组成 B 型半桥，也可以与可变液阻 3(压力阀)组成 B 型半桥。附加功能之一，是利用半桥使定差溢流阀所稳定的节流阀口压差可调。具有这个功能的半桥油路，就应该能将梭阀与补偿器的弹簧腔联系起来。附加功能之二，是利用半桥使补偿器能限制系统的最高压力。具有这个功能的半桥油路，其出口一般应能直接通油箱。这样一分析，显然，前者是 R_1 与 3 组成的半桥，后者是 R_1 与 2 组成的半桥。而且，可以了解到，压差可调功能的半桥，流向是 R_1、3 至梭阀；限压半桥的流向是 R_1、2 至油箱。第三层次，经常起作用的是压差可调半桥，而限压半桥是常闭的，只有系统压力超过限压值时，才起作用。

9.5.3　适应超越负载的出口压力补偿控制

应对存在超越负载的系统，除了采用进口压力补偿器，加上起支承作用的制动阀或压力阀外，还可以采用出口压力补偿器，将它配置于负载与比例方向阀之间。

1. 出口压力补偿器的原理思路

参见表 9-3 和图 9-38，在超越负载的情况下，既然无法用进口补偿器来控制进入执行器的流量，就换一个思路，用另一种补偿器来控制从执行器流出的流量，这就是打破定向思维、构思出口压力补偿器的来龙去脉的前半步。

2. 一种典型的出口压力补偿器的工作原理

图 9-37 所示是锥阀式双向出口压力补偿器的基本原理图。在图示工况(超越负载向下运动)，其目标就是在各种超越负载情况下，保持比例方向阀 B 至 T 口的压差为一常数。实现这个原理的过程，大体上分为下面的 4 小步：

(1)B 型半桥—流量稳定器—恒定流量—定流量溢流—定压力 p_1；

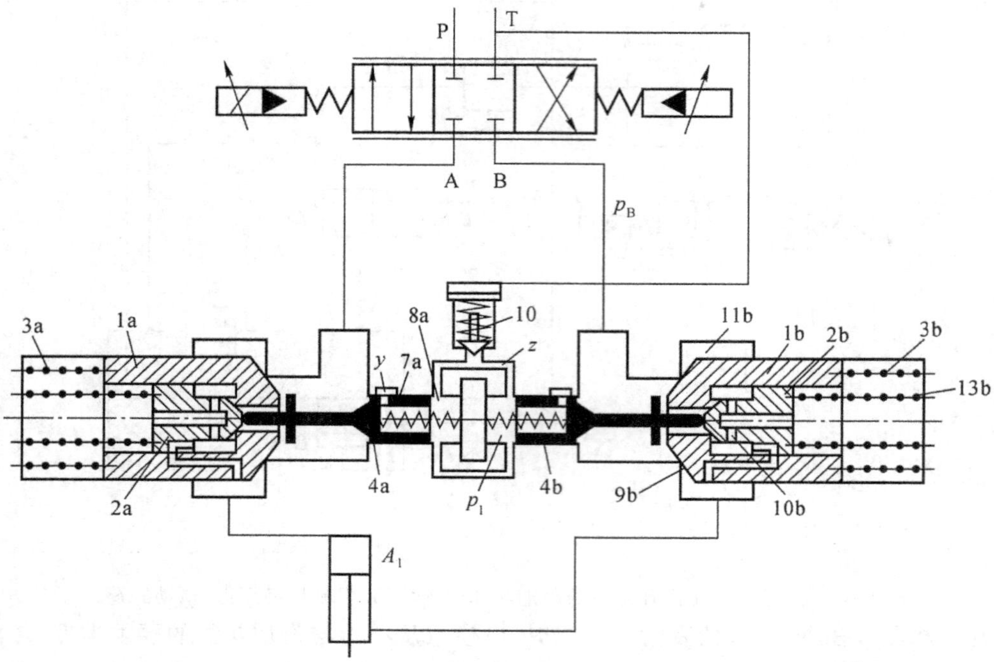

图 9-37 锥阀式双向出口压力补偿器原理图

(2)先小阀打开卸压(切断压力油来源),后大阀打开(沿用液控单向阀思路);

(3)大阀口后腔压力 p_B 必须等于 p_1,以保证大阀口正常开启;

(4)$p_B = p_1$,实现比例阀 B—T 口压差不变。

下面,以图示对 B—T 口进行压力补偿为例,对工作原理加以说明。

(1)使压力阀维持的压力 p_1 为定值

1) 来自油源的压力油经 P—A 口进入补偿器左端,推开锥阀芯 1a,流向负载。与此同时,压力油将负载补偿流量稳定器(稳流器)4a 向右推移,打开环行通道 y。进而,压力油经过孔 7a 和可变开度的孔 8a 进到 z 腔;一方面作用在另一侧的负载补偿流量稳定器 4b(此时,其功能是打开右端锥阀的控制阀芯)的端面上,使其右移,另一方面也作用在压力阀 10 的阀芯上。

2) 从图上可以看到,实际上,稳流器 4a、固定节流孔 7a、节流孔 8a 以及相关弹簧、阀体等,构成了流量稳定器(定流量阀),其原理是基于固定液阻 7a 在前、可变节流孔 8a 在后的 B 型半桥,使固定节流孔 7a 前后的压差为常数,从而得到一个通过节流孔 7a 的恒定流量。获得通过压力阀 10、与工况无关的恒定流量,是这种出口压力补偿器的第一个关键点。

3) 这个恒定流量,通过压力阀 10 时,不论压力阀的流量-压力特性如何,压力阀所稳定的压力 p_1 是恒定不变的,即 z 腔,也就是作用于 4b 左侧的压力(等于 p_1)是恒定的。这是这种出口压力补偿器的第二个关键点。

(2)仿照液控单向阀原理打开 11b

右侧负载补偿流量稳定器 4b(此时功能为打开右端锥阀的控制阀芯)右移,先打开小阀 2b,切断超越负载产生的压力油来路,并使右端大锥阀腔卸荷。4b 继续右移,打开大锥阀阀口 9b。

(3)4b(打开右端锥阀的控制阀芯)的受力平衡,使主锥阀口 9b 保持一个适当开度,平衡条件是保持 $p_B = p_1$。这是第三个关键点。

（4）最后，B—T 之间的压差，与工况无关地维持为定值。

由上可见，这是利用众所周知的道理，进行比较巧妙的组合而成。道理不在深，关键是用得精。

3. 出口压力补偿器应用系统示例

图 9-38 所示是锥阀式双向出口压力补偿器用于系统示例，图中虚线框内为这种补偿器的图形符号。这种补差采用锥阀阀口，泄漏小，特别适用于垂直负载的要求。出口压力补偿器，一般可用于液压马达、双出杆液压缸或单出杆液压缸的控制系统。其中单出杆液压缸采用这种补偿器时，会在液压缸有杆腔出现增压现象。如果这种增压现象有碍于系统的正常运行，这应改用进口补偿器加支承装置的方案。

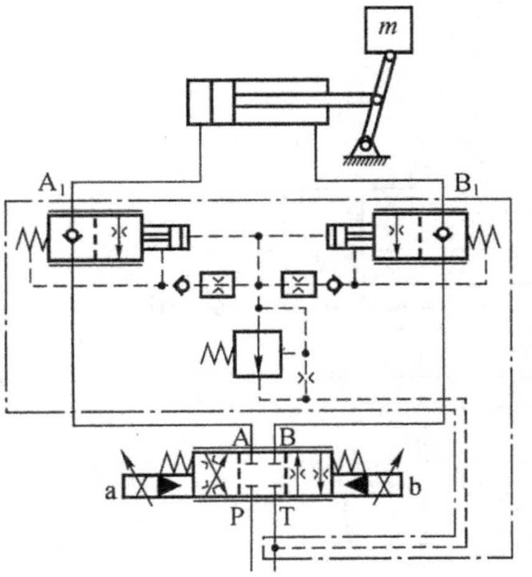

图 9-38　锥阀式出口补偿器应用油路

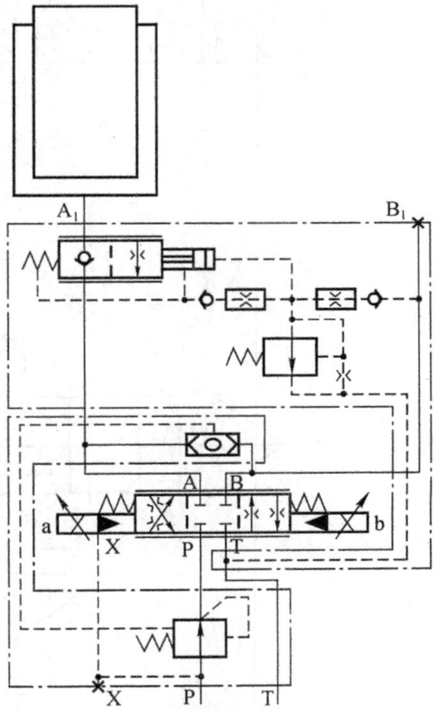

图 9-39　控制柱塞缸的进口与出口压力补偿器

此外，差动回路不应采用出口补偿器。图 9-39 所示的柱塞缸控制系统，上升采用进口补偿器，下降用出口补偿器，这是一种合适的选择。

9.5.4　带位移—流量—压力反馈节流口的负载补偿型比例方向流量阀

被称为 MAXI 阀的这种比例方向流量阀，其工作原理如图 9-40 所示。由力马达驱动的双喷嘴挡板阀作为先导级，主阀套用正遮盖的四边滑阀。在阀芯与左右负载腔相关的控制边附近，设有一特殊的位移—流量—压力反馈节流口，由它来实现负载压力补偿。通过主阀口的流量与负载压力的变化无关，仅与输入电信号以及主阀口与补偿节流口面积增益之比成比例。

当力马达控制线圈内无信号电流通过时。挡板处于零位，先导流量被引至主阀芯两端。

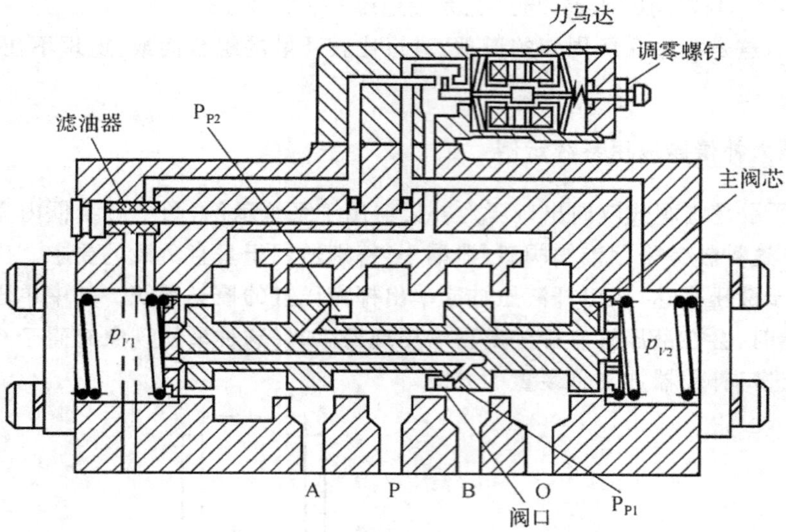

(a) 负载压力—位移—流量补偿方式

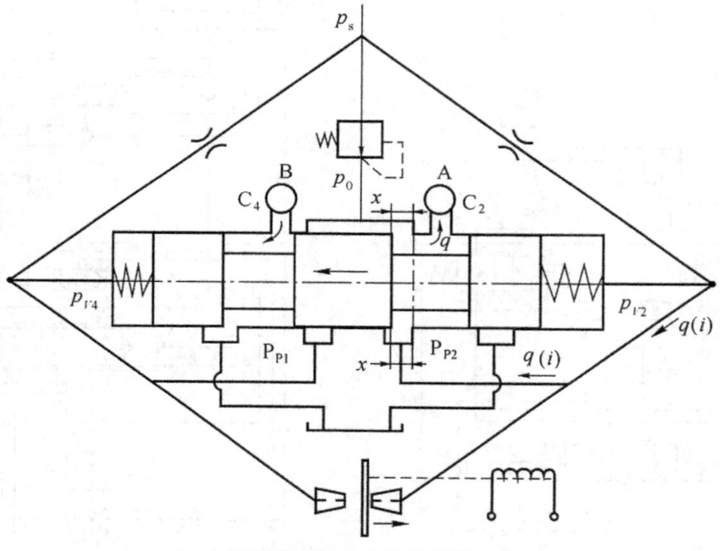

(b) 主阀减压进油与先导阀动作方式

图 9-40　力马达—双喷嘴挡板式比例方向流量阀

先导液桥输出压差为零，主阀芯在对中弹簧下，居中间零位。补偿节流口 P_{P1}，P_{P2}处于关闭状态，主节流口也处于关闭状态，A，B 口没有流量输出。

当向力马达输入控制电流信号时，挡板偏置(例如向右，如图 9-40(b)所示)，左喷嘴液阻减小，右喷嘴液阻增大，先导液桥产生控制压差，使主阀 P→A，B→O 接通。与此同时，主阀芯上的补偿节流口 P_{P2}与负载腔 A 沟通，右半桥的大部分先导流量由此流向 A 腔，使右半桥的输出压力，即主阀芯右端油腔的压力 p_{V2}下降，其程度随着主阀芯左移行程的增加而增大，直至主阀芯受力重新平衡。这就是位移—流量—压力反馈原理，实现了主阀芯位移与输入电信号成比例的控制特性。也就是说，讲到这里，仅仅是比例控制原理；下一步，才来分析其负载压力补偿原理。

当负载压力 p_A 增大时，由于 P_{P2} 至 A 腔的压差减小，从 P_{P2} 流向 A 腔的反馈流量减少，使 p_{V2} 升高，以至主阀芯位移增大，补偿了由于 p_A 的增大而使主阀口压差下降所引起的主流量下降；当 p_A 减小时，则作用相反。这就是我们感兴趣的负载压力—(主阀)位移—流量补偿原理，用了一个通用名称——负载压力补偿。

现在，对补偿功能作一点补充说明。由图 9-40(b)可知，为了保证该阀能在较宽的压力范围内具有负载压力补偿功能，先导液桥由油源直接提供压力 p_s，而主阀进油经一个定值减压阀使 p_s 减压为 p_0。这样，便可以在设计先导液桥时，取输入信号为零时的液桥输出压力 p_{V10} 和 p_{V20} 为

$$p_{V10}=p_{V20}\approx p_0 \tag{9-8}$$

于是，在负载压力 p_{C1} 和 p_{C2} 从零变化到 p_0 的范围内，该阀都具有负载压力补偿功能。

补偿节流口的设置和液桥输出压力的选择，使这种阀的受控流量 q_V 取决于输入电信号，而与负载变化无关。由图 9-40(b)可见，补偿节流口与主阀阀口具有相同的轴向开口量 x 和近似相同的压降 p_0-p_{C2}。当控制电流 i 输入后，挡板向后偏移，所引起的液桥输出的稳态流量 $q(i)$，应与经补偿节流口流入 C_2 腔的补偿流量近似相等，考虑到式(9-8)则有

$$q(i)\approx\alpha_{Dc}\sqrt{\frac{2}{\rho}}\mathrm{W_c x}\ \sqrt{\mathrm{p_0-p_{C2}}} \tag{9-9}$$

而主阀口流量为

$$q_{VA(B)}=\alpha_{Dx}\sqrt{\frac{2}{\rho}}W_x x\ \sqrt{p_0-p_{C2}} \tag{9-10}$$

合并以上两式，并认为两个流量系数近似相等，则

$$q_{VA(B)}\approx\frac{W_x}{W_c}\times q(i) \tag{9-11}$$

液桥输出流量 $q(i)$ 在 p_s 和几何尺寸给定后，仅取决于输入电流信号，而 W_x，W_c 分别为主阀阀口和补偿节流阀口的面积增益，均为常数。因此，主阀口流量与负载压力的变化无关，仅与输入电信号以及主阀口与补偿阀口面积增益之比成比例。

9.5.5　流量反馈型比例方向流量阀

图 9-41 所示是流量反馈型电液比例方向流量阀的典型结构，该图由两部分组成，上部为一单级电液比例方向节流阀，下部为一串联于方向节流阀回路上的双向流量传感器。该流量传感器的输出是压力信号 p_{TA} 或 p_{TB}，它被反馈至方向节流阀阀芯的端面，去与电磁力平衡，形成阀内流量—压力反馈闭环。

作用在主阀上的干扰是摩擦力 F_{ft} 和液动力 F_f。为减小液动力影响而采取了多排小孔阀口。流量传感器的油窗造形采用三角槽形式。其目的是提高小流量时的灵敏度，从而提高阀的流量调节比。

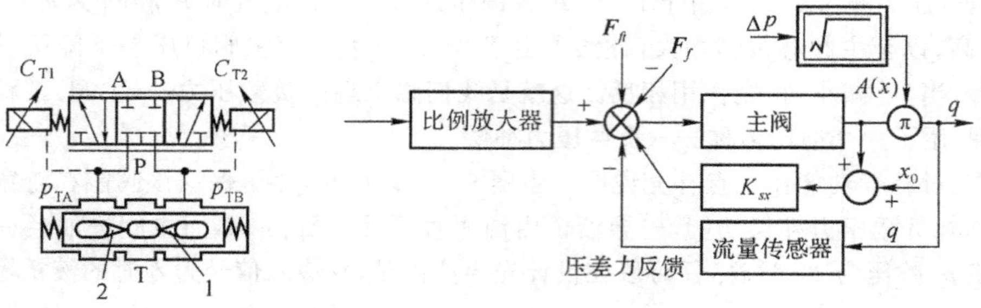

图 9-41　流量反馈型比例流量阀

9.5.6　基于压差传感的电液进、出口节流独立调节原理的比例方向流量阀

1. 传统压力补偿方式存在的问题

对执行器进行速度控制时，常用的方法是在一个比例方向阀上叠加压力补偿器（控制比例方向阀阀口两端压差近似为定值）的结构。但这种结构在对大惯性负载的加、减速过程进行控制时存在一定的问题。这主要是由于流量控制用的比例方向阀的两个控制阀口（分别控制执行器的进、出流量）是联动的，同时压力补偿器在初始状态是全开的，且补偿特性较差。

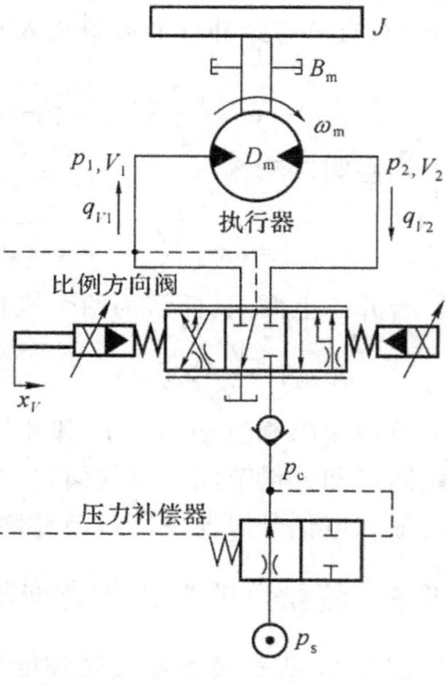

图 9-42　比例方向阀＋压力补偿器控制执行器速度原理图

以常规压力补偿的比例方向阀控制液压马达为例，图 9-42 所示的这种控制方式存在以下问题：

（1）在加速过程中，液压马达的出油侧仍具有一定的压力，且随着液压马达转速的提高而不断增大，从而影响了加速过程的快速性。

（2）在减速过程中，如果液压马达出油侧的流量与其给定值相差较大，就会形成一个较大的压力冲击，该压力冲击甚至有可能会超过安全阀的调定压力，使安全阀频繁启闭，对系统可靠性及元件寿命造成较大影响，同时引起出油侧压力很大波动，影响减速过程的平稳性。特别在紧急制动时，由于阀口紧急关闭，液压马达出油侧的压力在理论上将趋于无穷大，压力冲击很大，一般导致负载剧烈振荡，这是减速过程中最恶劣的一种工况。

（3）在转速控制时，当液压马达的转速达到设定值后，其两侧压力不能同时达到平衡，由于此时系统的动态阻尼比很小，因而转速仍会产生一定的波动，且波动衰减得很慢，不仅影响了液压马达转速的平稳，而且延长了调节时间。

2. 基于压差传感的电液进、出口节流独立调节原理

针对上述问题，提出的基于压差传感的电液进、出口节流独立调节原理（如图 9-43 所示）如下：采用两个独立调节的电液比例节流阀 2，3，其中，进口节流阀 2 用来控制执行器进

油侧的流量，出口节流阀 3 用来控制其出油侧压力。进口节流阀 2 的阀芯位移和阀口压差分别由阀芯位移传感器和压差传感器 4 检测后反馈到控制器，并通过基于压差传感的计算流量反馈控制方式，控制进口节流阀的流量（执行器进油侧流量）；执行器出油侧压力由压力传感器 6 或 7 检测后，反馈到控制器，以实现执行器出油侧压力的控制。

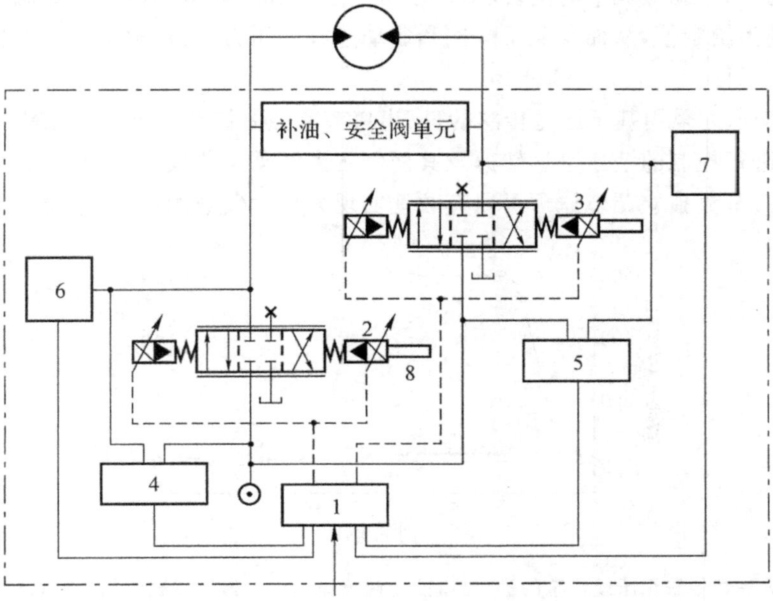

1. 控制器　2. 进口电液比例节流阀　3. 出口电液比例节流阀　4，5. 压差传感器　6，7. 压力传感器　8. 阀芯位移传感器

图 9-43　基于压差传感的进、出口节流独立调节控制单元结构

由于执行器出油侧的压力由独立调节的出口节流阀 3 进行控制，而不再受执行器进油侧流量的影响，因而在大惯性负载的加速过程中，可以通过保持出口节流阀全开的方法缩短加速过程的时间，在其减速和制动过程中，通过对执行器出油侧压力的控制避免该侧的压力冲击。其控制框图如图 9-44 所示。

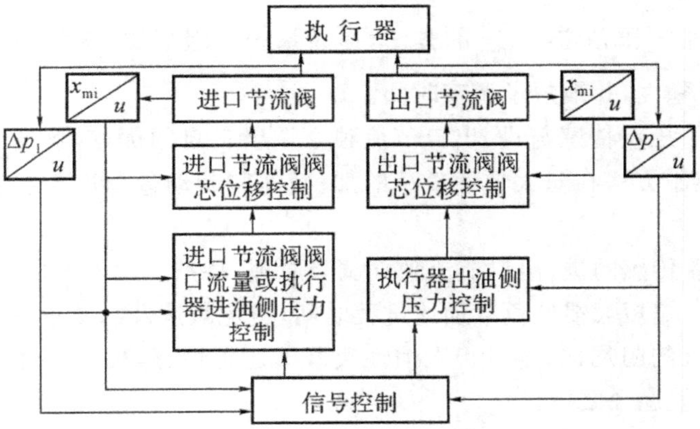

图 9-44　控制框图

分析研究表明，采用基于压差传感的进、出口节流独立调节原理，其液压动力机构的阻尼比中增加了一项流量—压差增益$\frac{\partial q_V}{\partial \Delta p}$。该流量—压差增益可以通过对进口节流阀流量控制器的调节来提高，从而最终提高了该液压动力机构的阻尼比，保证了大惯性负载减速及制动过程的平稳性，并缩短调节时间。同时由于可以通过独立调节的出口节流阀将执行器的出油侧压力控制为给定值，从而避免了减速和制动过程的压力冲击，提高了大惯性负载减速和制动过程的平稳性。

图 9-45 所示为采用基于压差传感的进、出口节流独立调节原理控制结构对大惯性负载加、减速过程进行控制的液压马达转速及其两侧压力的动态曲线。由图可知，采用基于压差传感的进、出口节流独立调节原理可以有效地实现大惯性负载的快速、平稳加、减速和制动。

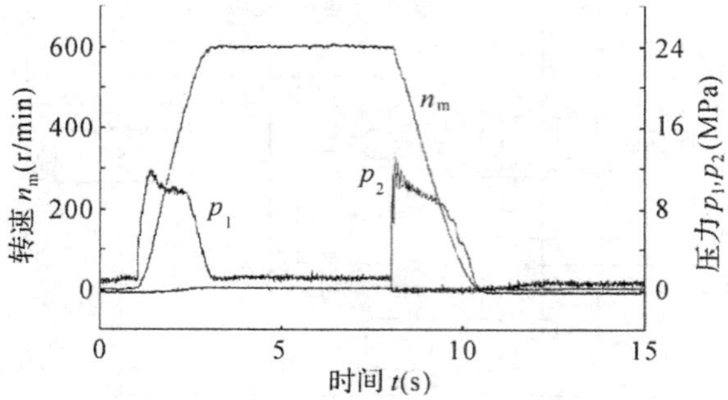

图 9-45 采用压差传感的进、出口独立调节原理后大惯性负载的加、减速过程

3. 基于压差传感的电液进、出口节流独立调节的基本特点

(1)采用进、出口节流独立调节原理，可以在大惯性负载的加速过程中，通过加大独立调节的出口节流阀开度以保证其快速性；在减速和制动过程中，通过独立调节的出口节流阀将执行器的出油侧压力控制为给定值，从而避免了出油侧的压力冲击，提高了大惯性负载减速和制动过程的平稳性。

(2)通过基于压差传感的计算流量反馈控制方法，对独立调节的进口节流阀流量进行控制，采用增大其流量—压差增益$\frac{\partial q_V}{\partial \Delta p}$的方法，提高系统的阻尼比，从而保证了大惯性负载减速及制动过程的平稳性，并缩短了调节时间。

(3)由于结合了压差传感与进、出口节流独立调节各自的优点，解决了比例方向阀＋压力补偿器结构的控制方法在对大惯性负载的加、减速和制动过程进行控制时存在的多个问题。

总之，基于压差传感的进、出口节流独立调节原理，特别适用于大惯性负载的加、减速及制动过程控制，可以缩短大惯性负载加速过程时间，避免减速及制动过程中执行器出油侧的压力冲击，提高系统的阻尼比，是改善大惯性负载加速特性、解决大惯性负载减速及制动过程平稳性问题的有效途径之一。

9.6　插装式比例阀

盖板式插装阀技术(相对于新近出现的、适合于小流量范围的螺纹式插装阀而言,将 20 世纪 70 年代出现的插装阀称为盖板式插装阀)作为传统结构控制技术的补充和发展,已经在大、中功率液压控制领域得到越来越广泛的应用。这种采用盖板式先导控制、座阀结构主级和插装式联接的控制结构,可以与比例技术相结合,构成新颖的电液比例液压元件。

盖板式插装阀可分为二通型和三通型两类。前者相当于单臂可控液阻,后者为两个牵连的可控液阻,构成一个液压半桥。二通插装阀和三通插装阀的应用,为电液比例控制系统提供了实现复合功能和集成化技术条件。

9.6.1　二通插装式比例阀

单个液阻是液压阻力控制系统中不可再分割的基本单元。采用二通型插装阀作为功率控制器,配以不同的电液比例先导级和级间反馈,可以构成压力和流量控制元件。二通插装阀轴向尺寸短,内泄漏小,通流量大且控制灵便,特别适用于控制功能复杂的大功率液压集成系统。

1. 二通插装式比例方向阀控制功能

图 9-46 所示为二通插装式比例方向阀的控制功能。采用两个或四个插装式比例单元的组合,可以实现对一个或两个工作腔的方向—流量—压力控制功能。该系统由插装式功率控制级、先导控制级、电—机械转换输入单元、状态变量检测反馈单元以及执行机构所组成。其反馈控制闭环可设在主级与先导级之间,也可设在执行器的输出量与输入电信号之间。尽管二通插装阀有许多优点,但采用一个二通插装阀单元,并不能满足液压系统中对一个受控容腔的压力和流量参数完整的控制要求。若采用一对二通插件复合成液压半桥,为满足液压缸控制参数的动态协调,还应该注意它们间的过程同步控制问题,这往往增加了控制的复杂性。

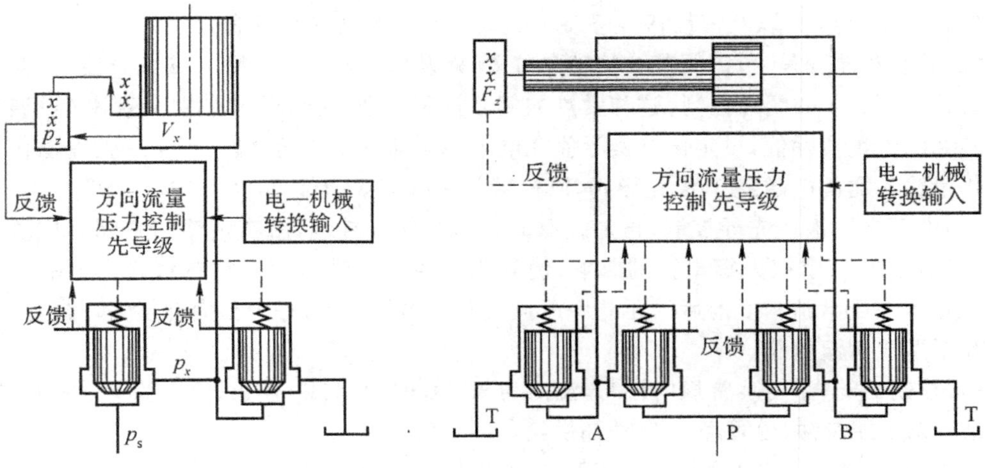

图 9-46　二通插装式比例方向控制功能

2. 二通插装式比例节流阀

图 9-47 所示为两种形式的插装式比例节流阀,用于流量的无级闭环控制。

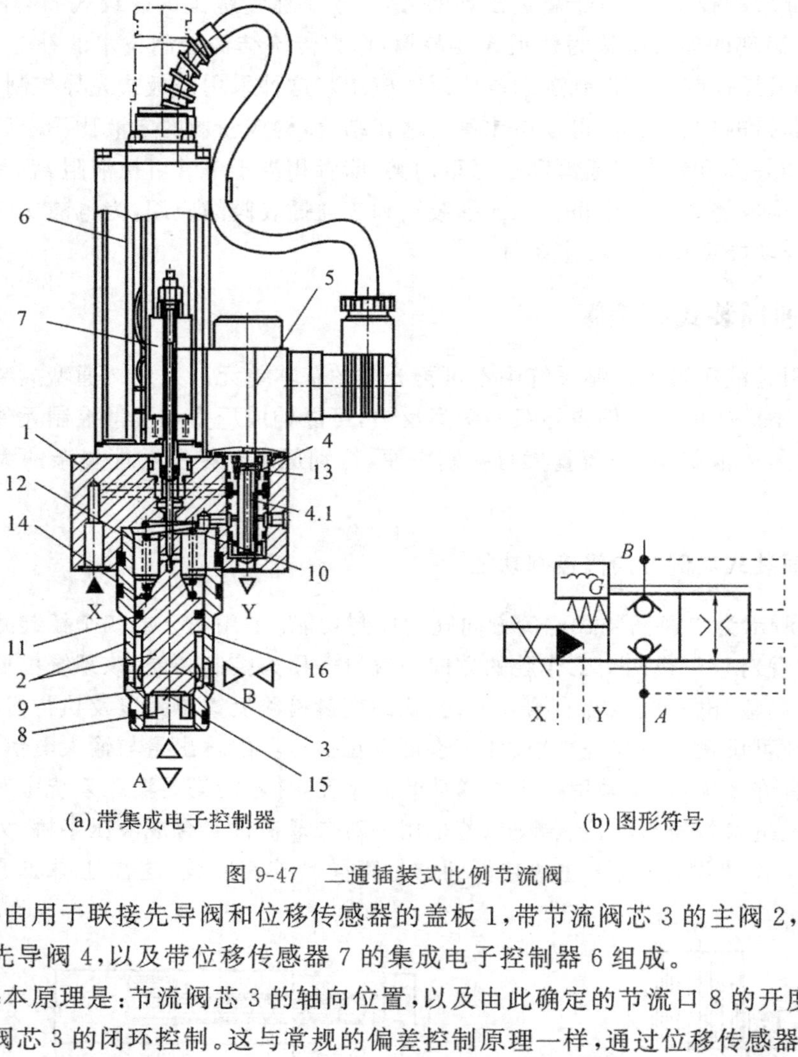

(a) 带集成电子控制器　　(b) 图形符号

图 9-47　二通插装式比例节流阀

(1)主要由用于联接先导阀和位移传感器的盖板 1,带节流阀芯 3 的主阀 2,用比例电磁铁 5 控制的先导阀 4,以及带位移传感器 7 的集成电子控制器 6 组成。

(2)其基本原理是:节流阀芯 3 的轴向位置,以及由此确定的节流口 8 的开度,与输入信号相关并受阀芯 3 的闭环控制。这与常规的偏差控制原理一样,通过位移传感器 7 可获得节流阀芯 3 的位置实际值,设定值与实际值在电子控制器 6 内进行比较,产生的偏差值作为控制变化量输入比例电磁铁 5,经先导阀,以校准节流阀芯 3 的位置。

(3)由于采用液压先导控制,再加上有此内部小闭环控制,就有足够的主阀芯推动力来抑制主阀液动力、摩擦力等干扰的影响,使其流量控制特性具有较好的线性(如图 9-48 所示)。流量取决于节流口 8 前后的压差和节流阀芯 3 的位置,与一个压力补偿器联接,可组成压力补偿型比例流量阀。

(4)控制油的内外控:常规内控时,流向为 A→B 时,X 与 A 连通;流向为 B→A 时,X 与 B 连通。先导控制油,也可经 X 口外部供给。

(5)当给出输入信号(假定 A→B,X 与 A 连接),比例电磁铁 5 推动先导控制阀芯 4.1,克服弹簧 13 的弹簧力,打开控制腔 12 与 Y 口的通路,使控制腔的压力降低。在作用于面积

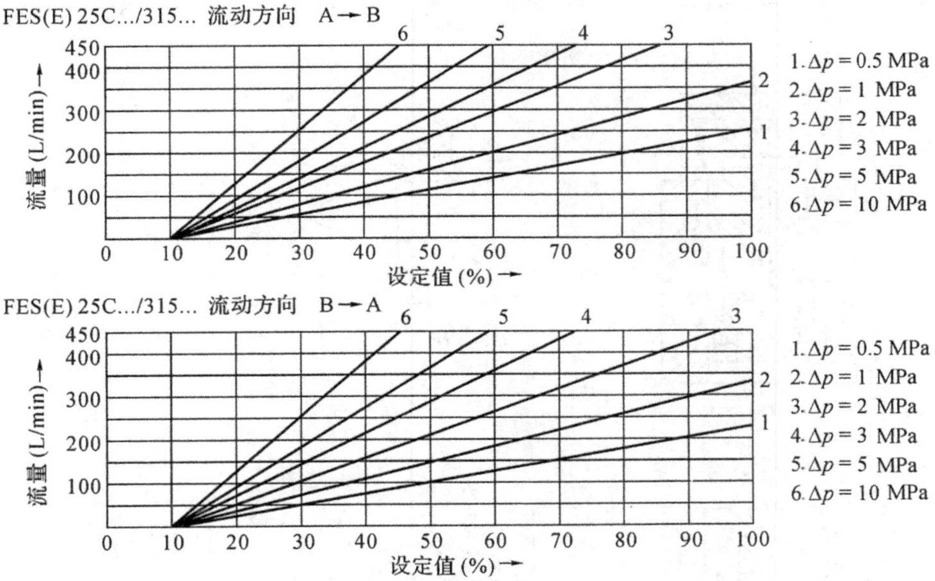

图 9-48　二通插装式比例节流阀典型流量控制特性

15A 口压力和作用于面积 16B 口压力的推动下，节流阀芯向主阀开启方向移动，打开主阀口。同理，如果减少比例电磁铁 5 的电流，弹簧力克服电磁力推动先导滑阀 4.1，打开控制腔 12 与 X 口的通路；控制腔的压力升高，作用于面积 14 上的液压力加上弹簧力，使节流阀阀芯 3 向关闭方向移动，移动量与输入信号的变化量成比例。当输入信号断开时，X 口的控制压力加上弹簧 10 的弹簧力，使节流阀芯 3 移至阀座 9，主阀无泄漏关闭（A 至 B、B 至 A 双向关闭）。

(6)尽管节流阀芯采用位置闭环控制，在输入信号为 0V 或 4mA 时，节流口 8 仍处于正遮盖位置，流量控制特性有 10%左右的零位死区（见图 9-48）。

(7)主阀芯两端承压面积之比（面积 14）：（面积 15）＝2：1（用于 25，32，40 通径）或 1.6：1（用于 50，63 通径）。主阀在 $\Delta p=1$ MPa 时，63 通径的最大流量为 1800 L/min。

☞**自学参考**：下面以图 9-47 所示插装式比例节流阀为例，具体了解位置闭环控制原理（见图 9-49）。

(1)原始状态。该阀样本明确指出：当输入信号断开（不是输入信号等于零）时，X 口的控制压力加上弹簧 10 的弹簧力，使节流阀芯 3 移至阀座 9，主阀无泄漏关闭（A 至 B、B 至 A 双向关闭）。这表明，在输入信号断开时，先导控制油口 X 至主阀控制腔 12 之间在先导阀口处有预开口 Δ。

(2)当有输入信号 V_0 时，电磁力(5)克服弹簧力(13)使先导阀芯下移，打开 Y 口（图(c)），主阀芯控制腔 12 的部分油液通过 Y 口排出，主阀口打开。随着主阀口开度增加，在与预定开度越来越接近的过程中，进入比例电磁铁的偏差控制信号 ΔV 随之减小，先导阀口 Y 逐步关小，直至偏差控制信号为零时，Y 口关闭，主阀芯控制腔形成封闭容腔。由此，使主阀口保持在一定的开度上。这里需要注意的是：在偏差控制信号为零时，具有 PID 特性的电控器会输出一个偏置信号（数值上等于先导阀零位

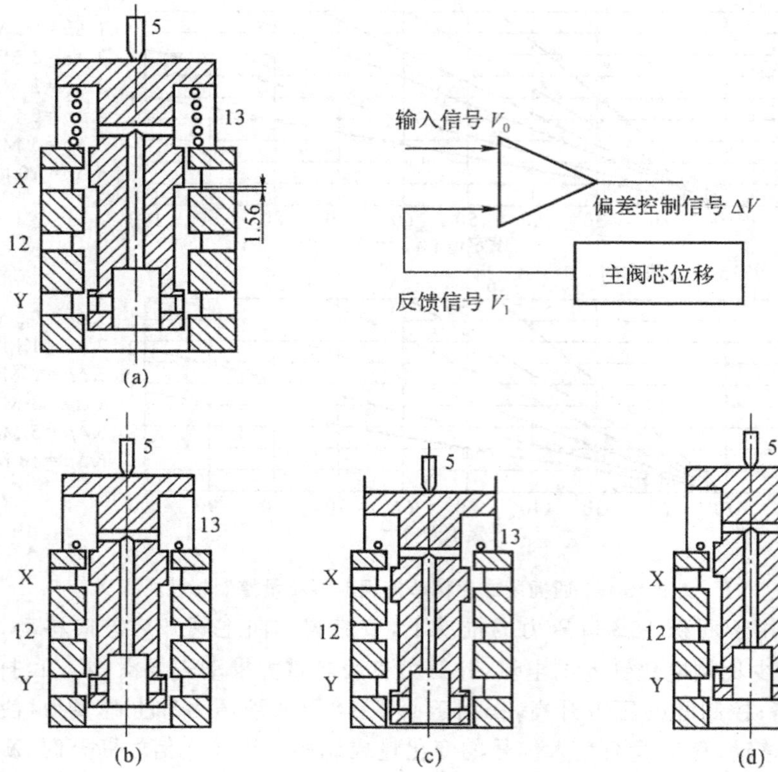

图 9-49　用于主阀芯位移反馈闭环的先导级

时弹簧 13 的预紧力)，使先导阀芯正好将 X，Y 两个油口封闭(见图(b))，而不像断电时那样，X 口有 Δ 的预开口。

(3)假设输入信号在 V_0 基础上增大 V，则开始阶段，相当于使偏差控制信号从零增大到 V，再现电磁力克服弹簧力使先导阀芯下移，打开 Y 口，主阀口进一步增大，直至与输入信号一致，偏差控制信号回零，先导阀依靠上述偏置信号处于零位，主阀口保持在与输入信号对应的新开度上。

(4)同样，假设输入信号减小 V 成为 V_0-V，即出现反向偏差控制信号 V，弹簧预压缩力将克服由偏置电流产生的电磁力使先导阀芯上移，打开 X 口，先导控制油液进入主阀控制腔 12，将主阀口关小，直至主阀口开度与输入信号对应，偏差信号回零，X 口重新关闭。

(5)注意点之一：在上述讨论中，零位时先导阀口是正遮盖的，即 X 口、12 腔、Y 口之间互不相通，12 腔是封闭的。X 口打开或 Y 口打开是通过增加或减少控制腔 12 保有的油液体积(油液体积的大小就代表了主阀开度)完成的。这样，从主阀芯受力平衡角度看，在稳态时，主阀的开度基本不受主阀进口压力的影响(由于配置主阀芯位置闭环，当然排除主阀口液动力、主阀芯摩擦力等干扰的影响)。

(6)注意点之二：与上一点紧密相关，先导阀不可能是正开口的三通减压阀，且去控制主阀控制腔 12 的压力，而且将主阀芯的位移反馈通过主弹簧转换为压力反馈，使三通减压阀输出压力一定要反馈的原理能自圆其说。如果输入控制信号用于控制腔 12 的压力，则主阀开度势必受进口压力的影响。

9.6.2　三通插装式比例方向阀

三通插装阀是一完整的两臂刚性牵连可控的 A 型液压半桥，它能对一个液压容腔进行独立而完善的方向流量和压力控制，故它是一种完整的通用液压控制单元。如果采用电液比例三通插装阀，对一单作用或双作用差动液压缸实现比例流量或压力控制，均只需一个三通插件，如图 9-50(a)，(b)所示。若需对双作用液压缸的两个工作腔实现独立控制，也只需要两个三通插件，如图 9-50(c)所示，这就简化了控制同步的问题。三通插装阀应用于比例方向

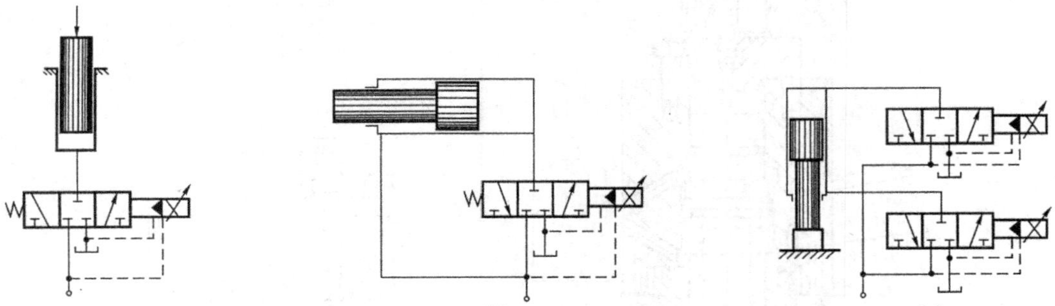

图 9-50　三通插装式比例方向阀的应用

阀时，必须实现对于无信号中位的双向可控要求。因此，电—机械转换器也应是双向可控形式，并只允许安装在阀的一端，以满足插装结构的要求。为了尽量减小阀的温度漂移和压力漂移并提高控制精度，阀内通常设有主阀位移反馈闭环。也可以采用三通比例方向阀。三通插装阀的主阀芯，多采用两级同心。为保持主阀受力平衡，在无控制信号输入时，先导液桥必须有零位控制流量通过，先导阀并非居于几何中位。这一零位控制流量，一般取为 0.5～1 L/min。如同四边控制型电液比例节流阀一样，插装式三通比例方向节流阀也可以应用压差补偿原理，或流量检测反馈原理，与定差压力阀或双向流量传感器组合成三通插装式电液比例方向流量阀。

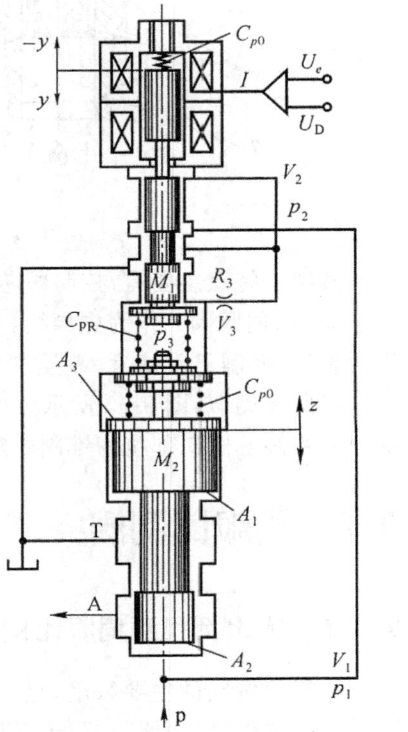

图 9-51　级间位移力反馈三通插装阀原理

1. 级间位移—力反馈的三通比例方向节流阀

图 9-51 所示是带级间位移—力反馈的三通比例方向节流阀。该阀采用耐高压双向直流比例电磁铁，作为电—机械转换输入单元。先导级采用双边控制滑阀，以期较高的控制增益。主阀是两级同心滑阀结构，进油腔在端部，并采用单弹簧对中结构，从而减小插孔深度。主阀与先导阀之间借助一反馈弹簧相联系，形成弹簧力反馈。阀的零位调整，可以借助于双向比例电磁铁端部的调整螺钉，改变调零弹簧的预压缩量而实现。

2. 主阀芯位移电反馈式二位三通型和二位二通型比例方向节流阀

图 9-52 所示的插装式二位三通方向节流阀，主要由四部分组成：阀体 1，带控制棱边 8 的滑阀式阀芯 4，阀套 5，以及感应式位移传感器 6。

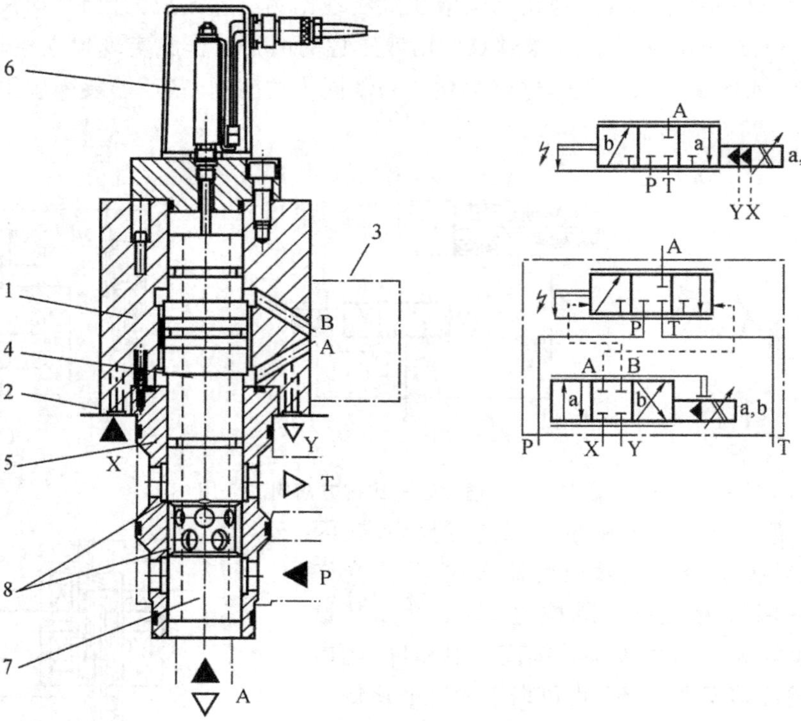

图 9-52 电反馈插装式二位三通方向节流阀

其结构特点主要有：控制阀芯 4 上下控制面积相等，通过孔 7 使控制阀芯两端面的液压力平衡。以伺服阀 3 作为先导级，通过阀体上的 AB 口，对主阀芯进行控制。通过相应的主阀控制棱边，控制 P 至 A 和 A 至 T 口的流量。通过位移传感器 6，实现主阀芯位移闭环。

与此相类似，图 9-53 所示为插装式二位二通方向节流阀，基本构成与二位三通相似，差别只在主阀芯阀口部位为锥阀式结构，只有 A，B 两个主阀口。

9.7 伺服比例阀

9.7.1 从比例阀到伺服比例阀

常规比例阀的主要缺陷，是不能很好地用于位置、力控制闭环（尽管在放大器中设置了阶跃信号发生器，用于位置、力控制闭环时可以快速越过零位死区，但性能上总不及无零位死区的电液阀）。由于客观条件的变化和工程应用的要求，1995 年前后（如果算上“工业伺服阀”，那就更早）出现了新一类的伺服比例阀，这是相对于比例技术发展初期由伺服阀适当放松要求而得的工业伺服阀而言的。实际上，新一代的伺服比例阀出现后，为了市场竞争的需要，不少公司很快就将工业伺服阀更名为伺服比例阀。但它仍然属于老一代的伺服比例阀：

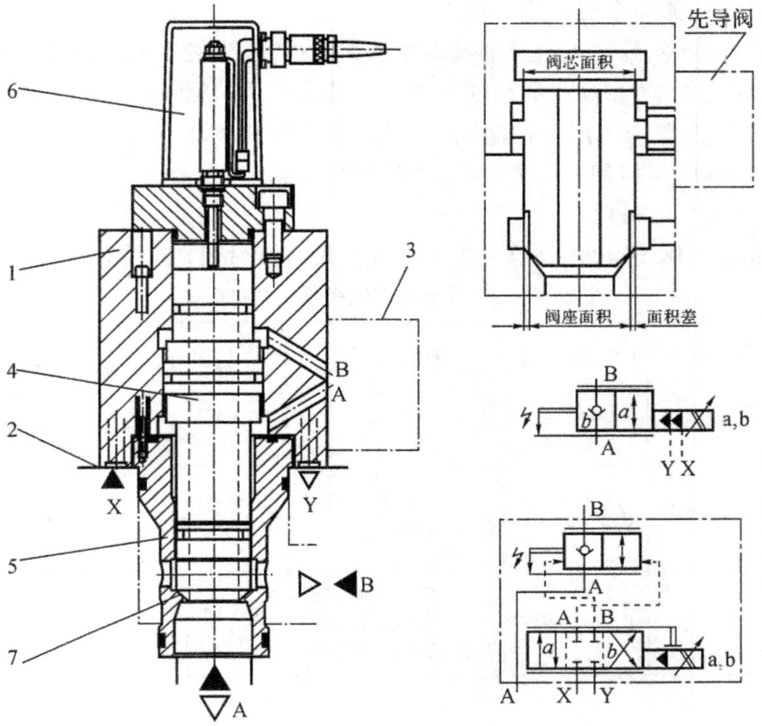

图 9-53　电反馈插装式二位三通方向节流阀

关键的电—机械转换器,仍然是最大信号电流仅 20mA 量级的力马达(力矩马达);多级阀中功率级阀口压差仍然较大。

伺服比例阀最重要特征之一是阀口为零遮盖,解决了位置、压力等要求无零位死区的闭环控制系统中的应用(参见表 9-4)。

表 9-4　开关控制、电液比例控制、电液伺服控制适应性的基本情况对比

	开环控制系统	速度闭环控制系统	位置、压力闭环控制系统
伺服(方向)阀		伺服阀一般只用于闭环系统,且工作在零位附近	
伺服比例阀(高频响比例阀、闭环比例阀,比例伺服阀)		无零位死区,可用于各类闭环系统,频响较一般比例阀为高;可靠性比伺服阀高	
比例(方向)阀	用于开环系统,也用于闭环系统;工作于阀口开度变化很大的区域,也工作于零位附近		采用阶跃信号发生器等特殊措施,快速通过零位死区,可用于要求无零位死区的闭环控制;但特性不如无零位死区的伺服阀或伺服比例阀
传统开关式方向阀	仅用于开环系统		

伺服比例阀得以产生与发展的客观条件主要有:

(1)原来伺服阀加工精度要求高的缺陷,由于制造技术的发展而淡化了,即满足高精度加工要求不再是难点,工艺上容易达到先导阀、主阀均采用零遮盖阀口的要求,成本与价格上也分别可为制造厂方与用户接受。

(2)原来伺服阀要求过滤精度高的矛盾,由于高精度过滤器件的出现和大量应用也淡化了，即满足高精度过滤要求也不再是难点。

(3)对电控器来说，处理大电流的技术水平大为提高，为使用大电流(额定电流 2.7A，故障排除电流瞬时达 3.7A)、高可靠性的比例电磁铁提供了前提条件。

(4)对于 1/3 油源压力用于控制阀口的问题，在比例伺服阀设计上采取区别对待的办法，小通径的单级阀，保持伺服阀的方案，能量损失问题不大；大通径的主级阀阀口保留比例阀的水平(0.5～0.7 MPa)；

伺服阀、伺服比例阀、比例阀等三种电液控制阀特点对照，参见表 9-5。

表 9-5 三类电液控制阀特性的对比表

电液控制阀类型	电子控制	E-M 转换器	频响(Hz)	零位特性	加工精度要求	过滤精度要求	双阀口压降
伺服阀	电控	力马达 力矩马达	Hz 高 100～500	无零位死区	μ	3～10μ	1/3Δp
伺服比例阀	电控	比例电磁铁	Hz 中 30～150	无零位死区	μ	3～10μ	1/3Δp 或与比例阀同
比例阀	电控	比例电磁铁	Hz 一般 1～30(能满足70%工业用户要求)	有零位死区	10μ	25μ	0.5～1MPa

9.7.2 伺服比例阀

1. 结构特点

利用(大电流)比例电磁铁(不采用伺服阀的力马达或力矩马达)为电机械转换器＋首级伺服阀结构(首级用伺服阀的阀芯阀套)，(首级、主级)阀口零遮盖；有些产品为了解决零飘问题，设置了第 4 位，还可实现断电时的安全保护。

2. 性能特点

无零位死区；频响较一般比例阀为高；可靠性比伺服阀高(参见表 9-5)。

3. 系统构成

伺服比例阀的系统构成与一般伺服阀或比例阀组成的闭环系统一样(见图 9-54)。

4. 名义流量与压差—流量特性

对于多级阀，与一般比例阀一样，将双阀口 0.8～1 MPa 压差时对应最大输入控制信号时的流量定义为名义流量；对于单级阀，与一般伺服阀一样，将单阀口 3.5 MPa 压差下的流量定义名义流量；其他压差下的流量为 $q_{Vx}=q_{V\text{nom}}\sqrt{\dfrac{\Delta p_x}{\Delta p_{\text{nom}}}}$

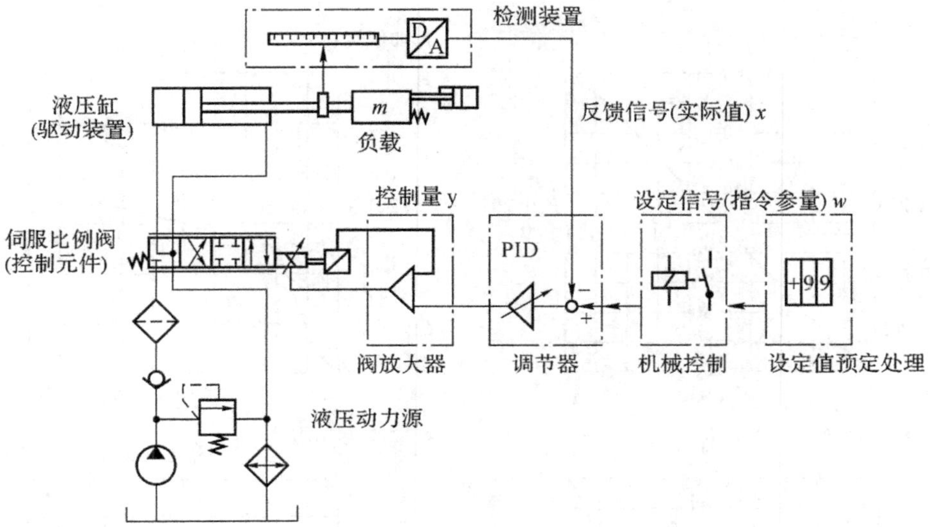

图 9-54　典型闭环回路

5. 阀的特性曲线

与一般比例阀、伺服阀的表述方法一样，阀的特性一般包括稳态特性与动态特性。

(1)稳态特性

图 9-55 所示的控制特性曲线(流量与输入信号关系曲线)有线性的(增益基本不变)和各种非线性的(变增益)，一般比例阀也具有这种特性。注意其条件是阀口压差 Δp=定值。

(2)动态特性

与一般伺服阀一样，动态特性或用时间域的阶跃响应表示，或以频率域的频率响应(波德图)表示。波德图的各种表述基本与伺服阀相同。对于比例阀应特别加以注意的有：

1) 由于受阀闭环工作系统非线性的制约，阀的频响还与输入信号幅值有关，即信号幅值还需要作为一个参量给出附加说明。一般在图上分别给出信号幅值为 $U=\pm 5\% U_{max}$ 与 $U=\pm 100\% U_{max}$(有些写成 5%与 100%)两种情况下的幅频与相频曲线，在实际系统中使用时可用内插法估计。

2) 在一般情况下 −3 dB 的幅频(图示±100%时约为 73 Hz)与 −90°的相频(图示±100%时约为 62 Hz)往往不相同。

3) 这里所得的曲线，与时域特性一样，实际上还与所在系统的液容、弹性模量等因素相关，系统应用时应留意。

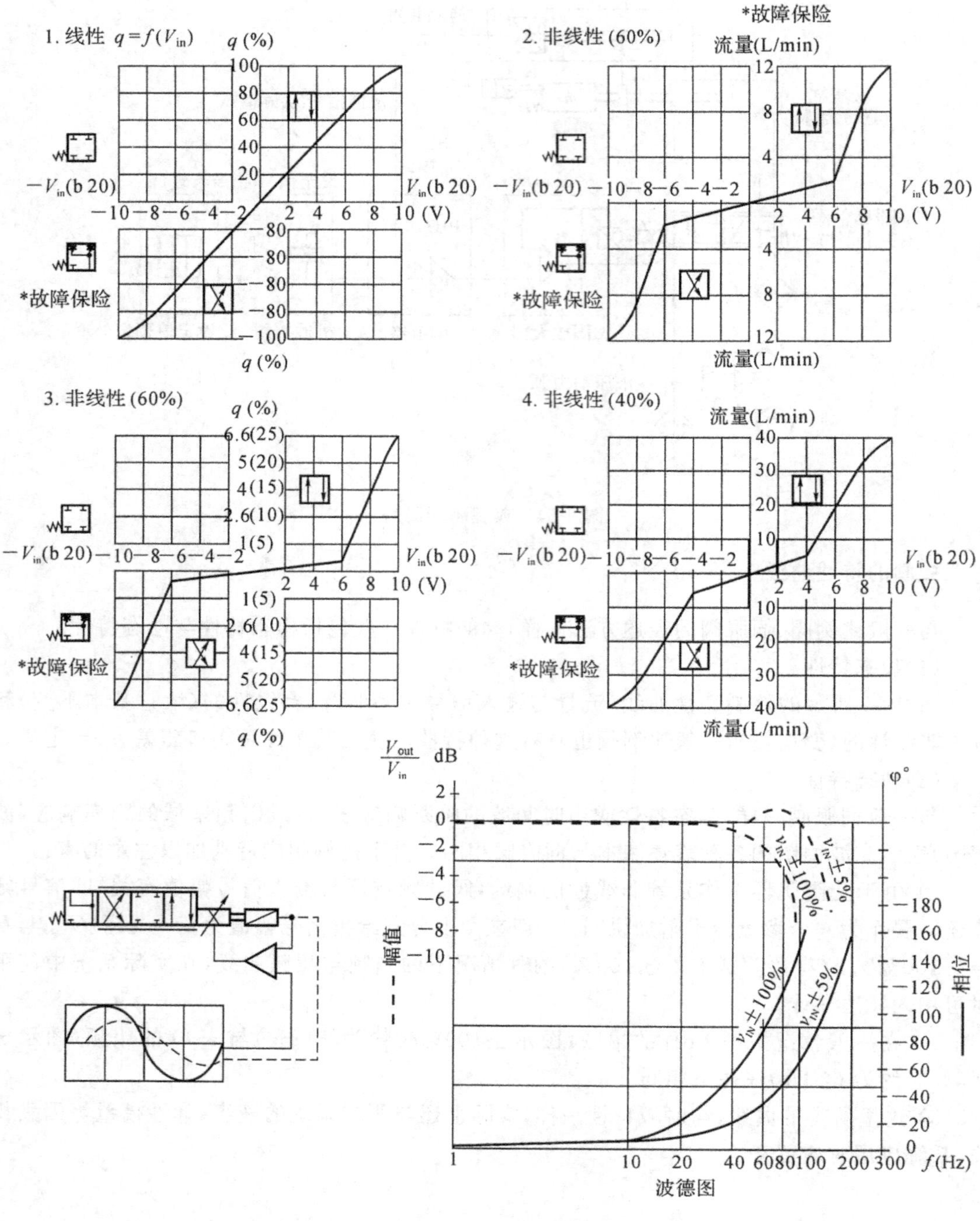

图 9-55 单级伺服比例阀的典型特性曲线

9.7.3　伺服比例阀产品示例

1. 产品特性

表 9-6 所示为伺服比例产品特性示例。

表 9-6　伺服比例阀产品特性和典型结构示例的说明

形式及插图号	直动式(一)(见图 9-56)	直动式(二)(见图 9-57)	先导式(见图 9-58)	三通插装式(见图 9-59)
通径	NG6	NG10	10,16,25,32	25,32,50
最高工作压力 p_{max}(MPa)	31.5	31.5	35	31.5
单阀口压降 Δp(MPa)	3.5	3.5	0.5	0.5
名义流量 q_V(L/min)	4,12,24,40	50,100	50,75,120/200,370,1000	60/150,300,600
频响 Hz(±5%额定值)	120	60	70,60,50,30	80,70,45
响应时间(ms)(信号变化 0～100%)	<10	<25	p_x = 10 MPa 时为 25,28,45,130。p_x = 10 MPa 时为 85,95,150,500。(p_x 为控制压力)	p_x = 10 MPa 时为 33,28,60
滞环(%)	0.2	0.2	<0.1	0.1
压力增益(%)	约 2	约 2	<1.5	1
线圈电流(A)	2.7	3.7	2.7	
温漂 ΔT=72(F)(%)	<1	<1	<1	<1

2. 典型结构及基本特点

(1)直动式(一)

典型结构如图 9-56 所示。其可单独作为控制器件(阀),也可作为所有先导式伺服比例阀的先导级。阀体配置钢质阀套,确保耐磨和精确的零遮盖,配用位置调节型比例电磁铁,可以无级地在所有中间点达到很小的滞环,电磁铁失电时,阀处于附加的第 4 位,即安全位。

(2)直动式(二)

典型结构如图 9-57 所示。其除了不作多级阀的先导级外,基本与 6 通径相同,频响相差较大。

(3)先导式

典型结构如图 9-58 所示。其基本结构与一般比例阀相似,先导级用本表 6 通径伺服比例阀,主级位移用另一个位移传感器检测,主级与先导级两个闭环回路叠加。与比例阀具有正遮盖不同,主级中位时为零遮盖,并用耐磨的控制阀口(壳体用球墨铸铁)来保证,注意与“图 9-11 单电磁铁控制双级电反馈比例方向节流阀结构原理与图形符号”进行比较。

(4)插装式

典型结构如图 9-59 所示。其先导级用外置的 6 通径伺服比例阀,主阀为三通插装式结构,两个位置闭环回路叠加,安装于朝着负载运动方向上的力和位置调节闭环上。

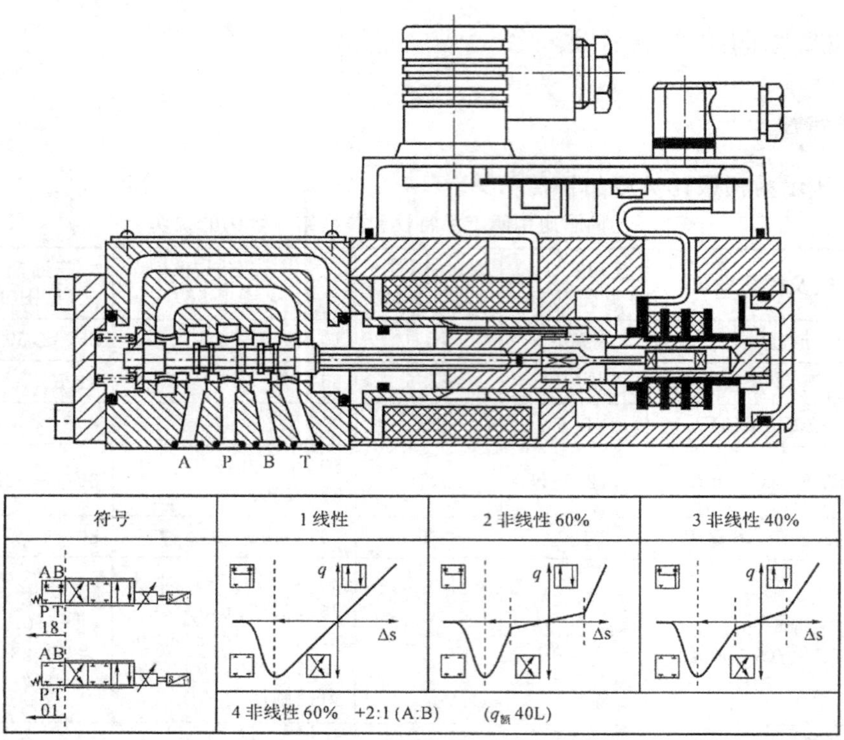

图 9-56 直动式 NG6 电反馈单级伺服比例阀

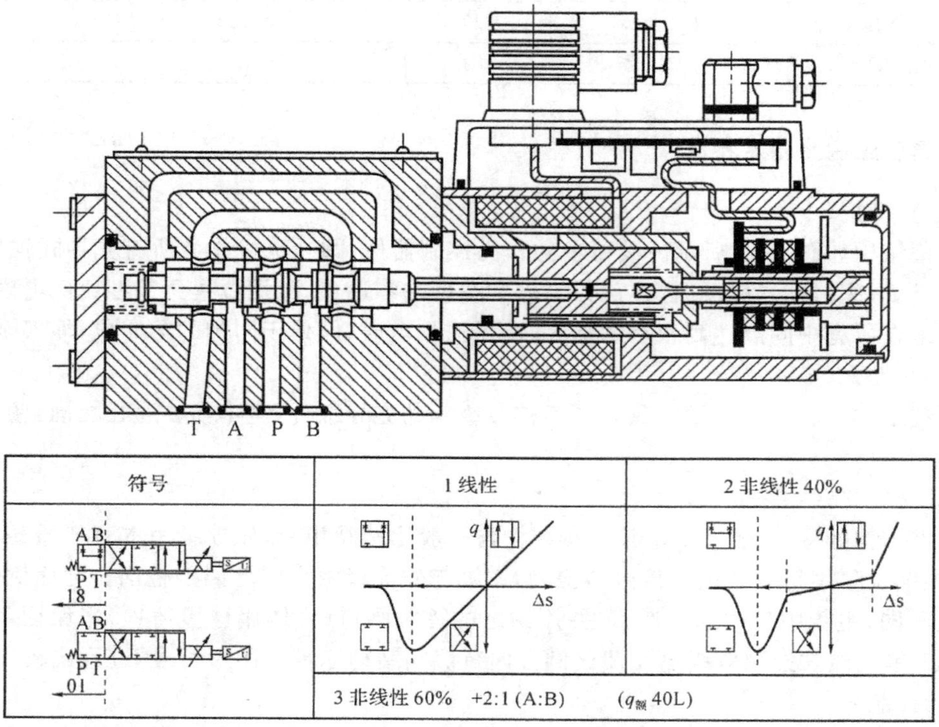

图 9-57 直动式 NG10 电反馈单级伺服比例阀

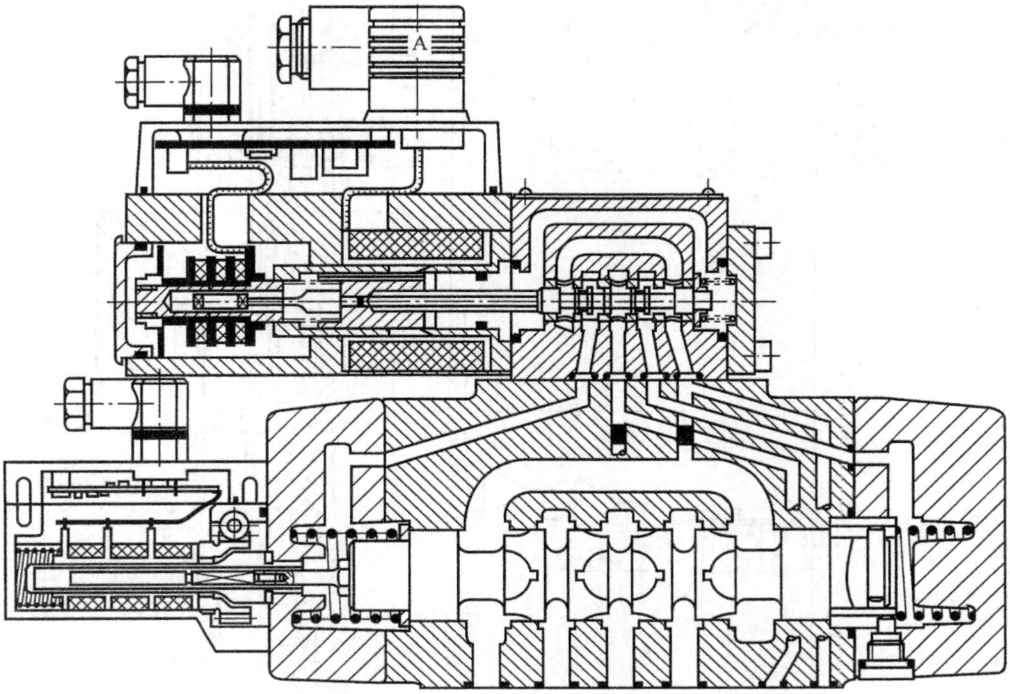

符号	1 标准	2 非线性 40%
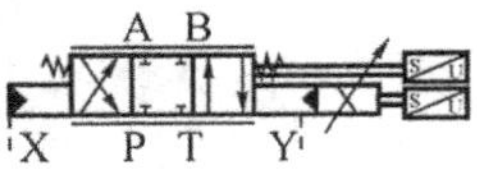	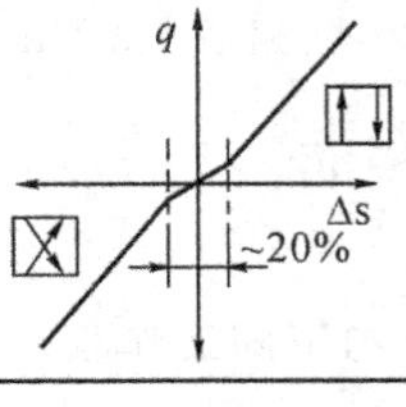	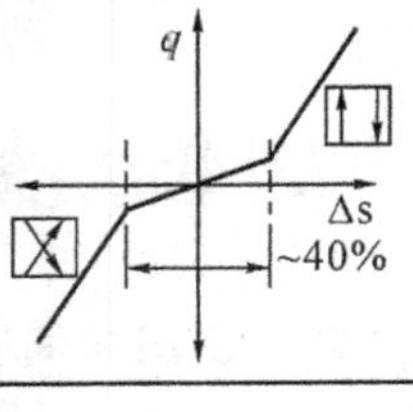
	3 流量增益变化 40% 2:1 (A:B)	

图 9-58　双级电反馈先导式比例方向节流阀

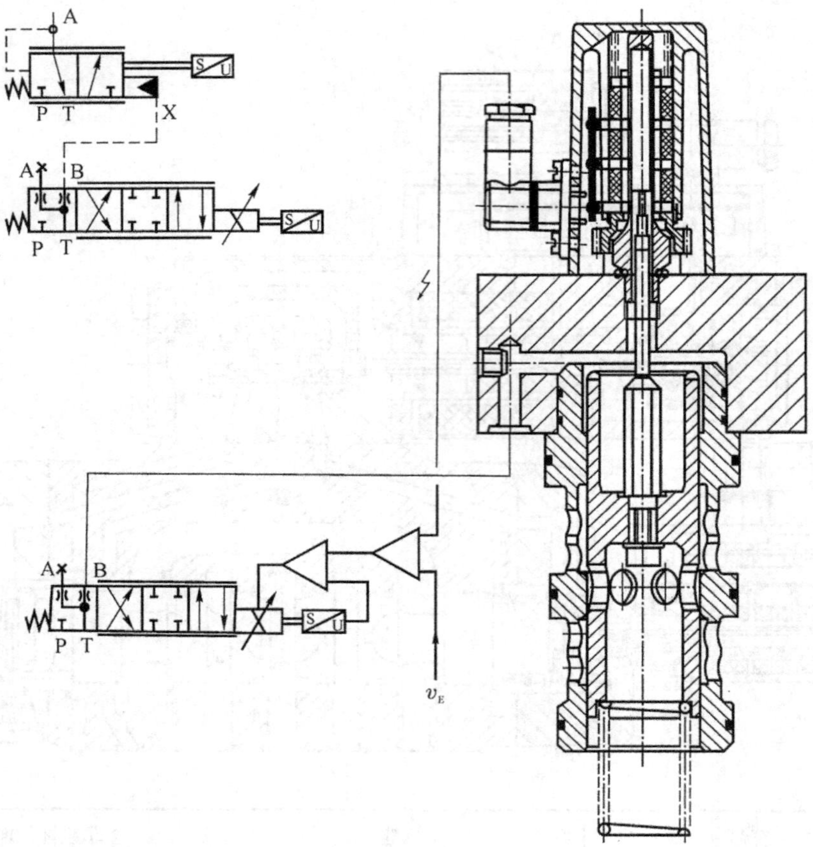

图 9-59 三通插装式伺服比例阀

9.7.4 工作状态与零位死区的说明

1. 注意比例阀与伺服阀在系统中的不同工作状态

表 9-7 比较了比例阀与伺服阀在系统中不同的工作状态。

表 9-7 伺服阀与比例阀的不同工作状态

	开 环	闭环	工 作 点
伺服阀		用于闭环	零点附近
伺服比例阀		用于闭环	既在阀口开度变化很大的区域也在零位附近
比例阀	用于开环	采用阶跃信号发生器等特殊措施，快速通过零位死区，实现闭环控制。	既在阀口开度变化很大的区域也在零位附近

2. 关于零位死区

从工作状态来看，一般比例阀具有零位死区，不利于在位置或压力闭环运行，但有较大的零位死区，可以避免发生不希望的零位漂移。伺服比例阀没有零位死区。

☞ **自学参考:本章要点**

1. 电液比例方向阀在结构上与传统开关型方向阀很相似,阀体几乎是通用的;但在功能上却有着重要差别,它实际上是一种流量控制阀,既可以控制液流流动的方向,又能按比例控制液流的流量。

2. 电液比例方向阀可同时控制液流的方向与流量大小的功能与伺服阀相似,但一般的比例方向阀有较大的零位死区,这是与伺服阀最重要的差别。当然,还有动态响应要比伺服阀低一个数量级(但它对一般工业系统已经足够)等不同。

3. 液阻(广义)流量基本公式表明,流量不仅与液阻控制口的过流面积有关,而且与控制口前后的压力差相关。由此,比例方向阀与单方向的流量阀一样,可区分为所控制的流量与控制口压差有关的方向节流阀和与控制口压差无关的方向流量阀。

4. 方向节流阀与方向流量阀各自有许多结构形式,但是在目前人们想到并为工业界接受的方向流量阀的形式中,大部分是在方向节流阀基础上,或者加上所谓的压力补偿器来自动抑制负载压力变化的影响,或者采用阀内或阀外的流量检测反馈来加以校正。

5. 讲到压力补偿,与单向的流量阀一样,常用的有定差减压型与定差溢流型(前者形式上与节流口是串联的,且属于耗能型;后者与节流口并联,属于节能型)。这两种补偿器原则上都用于控制进入执行器的流量(进口补偿器,有如在东方,通过高考严格控制考生进大学),而对于存在超越负载的系统,进入执行器的流量无法控制,就有所谓的出口补偿器,用来控制从执行器出来的流量(有如在西方,免试读大学,但严格控制毕业的学生流)。

6. 多路阀实际上是适应工程机械等行走机械的需要,以控制多个执行器的方向阀以及相关辅助期间组合起来的控制单元。传统的六通阀可以看成是一种具有初级比例控制特性(微调特性)的比例方向阀。后来发展的四通阀,基本上是基于通过压力补偿变成流量阀的思路。由于多个方向阀组合在一起,其补偿特性就有可能出现定差减压型(用于对单联方向阀的补偿)与定差溢流型(用于总体的负载适应)的协调组合。新近出现的抗流量饱和多路阀,是对传统的"先节流后减压"压力补偿的新发展(多路阀单独列章)。

7. 在电液控制阀(包括比例阀、伺服阀)的结构因素中,有一条"一人说了算"(阀内其他过流断面都不能干扰、影响"控制阀口"对液流的控制)的控制原则,为此阀内其他过流断面面积,要为最大"控制阀口"面积的 3～4 倍。由于有这个背景,通过比例节流阀的流量,就不像开关方向阀那样,不同的通径就对应不同的额定流量,而要算两笔细账:一是与输入信号对应的阀口过流面积的大小,二是阀口前后的压差大小。否则就是说,在不变的过流面积下,流量还将随着阀口前后压差的变化而大幅度变化。这就引申出特有的方向节流阀名义流量的定义:阀口压差很小时(单阀口 5bar 左右)对应最大输入信号时的流量。这一点,一般不了解的读者,实在是想不到也搞不清。

8. 工程实用上，比较注意所谓分辨率这件事。对于电液控制阀而言，就是单位输入信号所对应的输出量大小。分辨率低，影响输入信号的正常调节，严重时，还将使运行的可靠性大受影响。一般对应于一定的压差，应尽量使实际最大使用信号接近100%最大控制信号。将这一点与第6点联系起来，就是选用方向节流阀时应遵守的规则。

9. 最后，关于伺服比例阀。这是近10年左右，在比例方向阀一般于伺服阀之间新出现的新阀种。联系第2点，比例方向阀有零位死区这一特点，在有些对“特性零位漂移”敏感、对频响要求又不是很高的系统，不失为首选的亮点。而且，对于经常在控制阀口开度较大工况运行的、例如速度闭环，采用一般的死区补偿措施就足够了。但对于经常运行于零位附近的力控制、位置控制闭环，就有点“力不从心”，这是希望出现伺服比例阀的内因。而机械制造、油液过滤、电-机械转换器、电电控器等相关技术的进步，是出现伺服比例阀的外因。在一定的技术层次上，“电液伺服”与“电液比例”的“融合”，是技术进步的必然。

附录　关于伺服比例阀的名称

中文	德文	英文
伺服比例阀	Regelventile	Servo solenoid valves
比例伺服阀		
高频响比例阀		High response valves
闭环比例阀		Closed-loop proportional-valves
调节阀		Regulating valves

说明1：在德文中，所谓的连续调节阀(Stetigventile)包括比例阀(Proportionalventile)、调节阀(Regelventile)和伺服阀(Servoventile)。在德文中，词头“Regel”有隐含闭环调节的明确含义(与Steuer相对)，所以，调节阀(Regelventile)应该理解为闭环调节阀。

说明2：根据其动态频响比一般比例阀高，伺服比例阀被称为高频响比例阀；根据其更适合于像速度控制、位置控制、压力控制等要求无零位死区的闭环系统，伺服比例阀又被称为闭环比例阀。这两种叫法都有一定道理，但也都避免不了其片面性。实际上，随着技术的发展，在一定的频响范围里(例如25～80Hz)，伺服控制与比例控制将越来越难以区分，伺服比例阀集中了原本伺服阀与比例阀的长处，是这种发展趋势的重要标志。

第 10 章

多路换向阀

包括工程机械在内的行走机械等装置进行作业时，需要多个机构和多套液压系统共同完成。因此，液压执行机构的动作，需要多个液压阀来控制。多路阀是一种能控制多个液压执行机构的换向阀组合，它是以两个以上的换向阀为主体，集换向阀、单向阀、安全阀、补油阀、分流阀、制动阀等于一体的多功能集成阀。多路阀的出现，使多执行机构液压系统变得结构紧凑、管路简单、压力损失小。多路阀属于广义流量阀的范畴，从性能的角度看，具有方向和流量控制双重功能。

10.1 多路阀的分类

10.1.1 按阀体结构形式分类

按阀体结构形式，多路阀可分为整体式和分片式。通常，一组多路阀由几个换向阀组成，每一个换向阀为一联。整体式多路阀是将各联换向阀及一些辅助阀做成一体。分片式多路阀是将每联换向阀做成一片，再用螺栓联接起来。

整体式多路阀结构紧凑、重量轻、压力损失也较小。缺点是：通用性差；加工过程中只要有一个阀孔不合要求即整个阀体报废；阀体的铸造工艺也比分片式复杂。整体式多路阀适合相对稳定及批量大的品种。分片式多路阀可以用很少几种单元阀组合成多种不同功用的多路阀，扩展了多路阀的使用范围；加工中报废一片也不影响其他阀片，用坏的单元也易于更换或修复。分片式的缺点是：加大了体积、重量和加工面；各片之间要有密封，泄漏的可能性大，而且，片与片之间的密封结构如果设计或安装不当，在系统运行时，可能发生密封圈被吸入流道，引起堵塞或阀芯运动故障；旋紧联接螺栓时，会使阀体孔道变形，影响其几何精度甚至使阀杆卡住。

10.1.2 按各联换向阀之间的油路连接方式分类

按各联换向阀之间的油路连接方式，可分为并联、串联、串并联及复合油路等形式的多路阀，如图 10-1 所示。图 10-1(a)所示为并联式。从进油口来的油，可直接通到各联换向阀的进油腔；各阀的回油腔，又都直接通到多路阀的总回油口。若采用这种油路连接方式，当同时操作各换向阀时，压力油总是首先进入油压较低的执行元件。所以，只有各执行元件进油腔的油压相等时，它们才能同时动作。并联式多路阀压力损失较小，分配到各执行元件的流量只是泵流量的一部分。

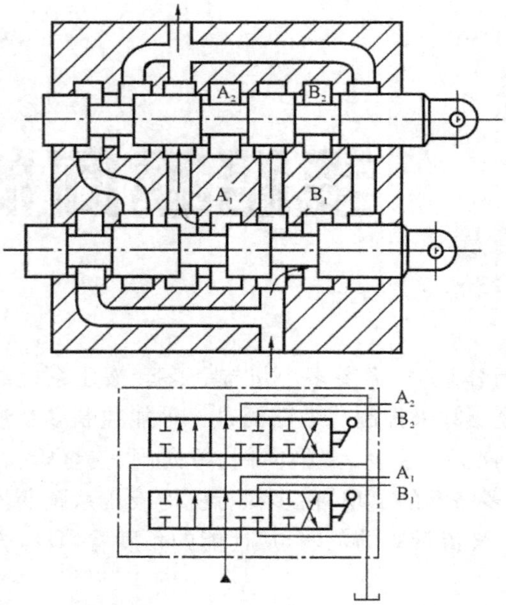

(a) 并联式

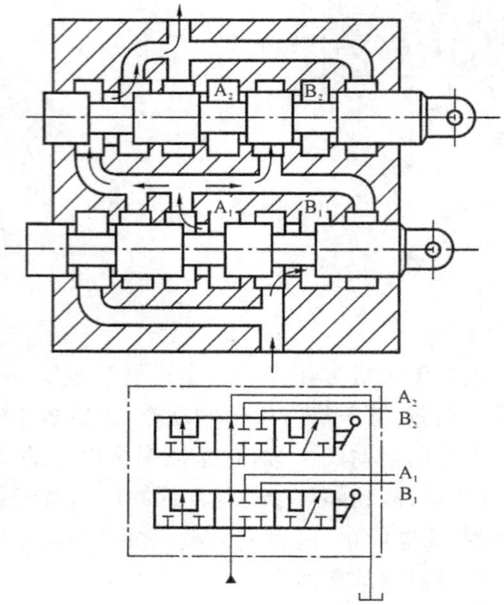

(b) 串联式

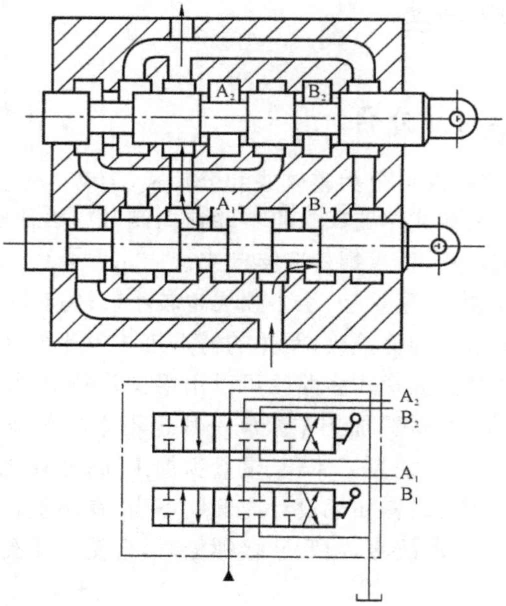

(c) 串并联式

图 10-1　多路阀的油路连接方式

图 10-1(b)所示为串联式。除第 1 联外，其余各联的进油腔都和前一联阀的回油道相通，其回油腔又都和后一联阀的进油道相通。采用这种油路的多路阀，也可使各联阀所控制的执行元件同时工作，但要求液压泵所能提供的油压要大于所有正在工作的执行元件两腔压差之和。串联油路式多路阀的阻力较大。

图 10-1(c)所示为串并联式。每一联的进油腔均与该阀之前的中位回油道相通，而各联

阀的回油腔又都直接与总回油口连接，即各阀的进油是串联的，回油是并联的，故称串并联式。当某一联换向时，其后各联换向阀的进油道即被切断，因而一组多路阀的各换向阀不可能有任何两联同时工作，故这种油路也称互锁油路；又由于同时扳动任意两联换向阀，总是前面一联工作，要想使后一联工作，必须把前一联回到中间位置，故又称优先回路或“顺序单动油路”。

复合油路是当要求多路阀的联数较多时，采用上述基本油路中的两种或三种油路组合的连接形式。

10.1.3　按液压泵的卸荷方式分类——六通型多路阀与四通型多路阀

按液压泵的卸荷方式，多路阀分中位回油卸荷（六通阀）和卸荷阀卸荷（四通阀）两种，如图 10-2 所示。

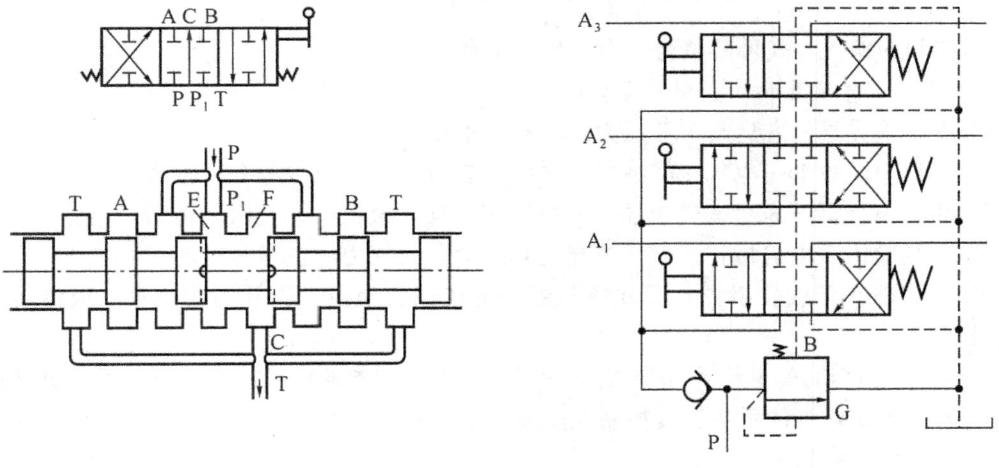

(a) 六通型多路阀　　(b) 四通型多路阀

图 10-2　多路阀系统的卸荷方式

图 10-2(a)所示的多路阀入口压力油经一条专用的直通油道，即中立位置回油道（P→P_1→C→T）而卸荷。该回油道由每联换向阀的两个腔（E，F）组成，当各联阀均在中立位置时，每联换向阀的这两个腔都是连通的，从而使整个中立位置回油道畅通，液压泵来的油液经此油道直接回油箱而卸荷。当多路阀任何一联换向阀换向时，都会把此油道切断，液压泵来的油液，就从这联阀经已接通的工作油口进入所控制的执行元件。因为在换向阀阀杆的移动过程中，中立位置回油道是逐渐减小最后被切断的，所以从此阀口回油箱的流量是逐渐减小，并一直减小到零；而进入执行元件的流量，则从零逐渐增加并一直增大到泵的供油量。因而执行元件启动平稳，无冲击，调速性能好。其缺点是：中立位置的压力损失较大，而且换向阀的联数越多，压力损失也越大。用中位卸荷的多路阀，多为六通型多路换向阀。这类阀具有流量微调和压力微调特性，还可进行负流量控制等，在工程上得到广泛应用。但这类阀很难实现负载压力补偿或负载敏感控制功能。

图 10-2(b)所示的多路阀，入口压力油是经卸荷阀 G 卸荷的。当所有换向阀均处于中位时，阀的控制通路 B 与回油路接通，压力油流经卸荷阀回油箱。这种多路阀的优点是，滑阀在中位时的压力损失与换向阀的联数无关，始终保持为较小的数值。因为在卸荷阀的控制通

道B被切断的瞬时,卸荷阀是突然关闭的,所以会产生液压冲击,失去滑阀的微调特性。采用这种方式卸荷的多路阀多为四通型多路换向阀。这种阀本身不具有微调特性,但能方便地实现比例控制、负载压力补偿或具有负载敏感控制功能。

10.1.4 按换向阀阀体内的油道加工方式分类

换向阀阀体内的油道有铸造而成的和机械加工而成的两种。铸造通道的阀体,油道布置容易,油液在其中流动所受的阻力小,阀体结构紧凑。但铸造工艺复杂,生产中易出废品。机械加工的油道,在使用中压力损失大,外形尺寸大,但其毛坯制造容易,阀体可锻造,机械强度高。

由于铸造油道的阀体优点突出,因而大多采用铸造油道的阀体。

10.1.5 按换向阀的操纵方式分类

多路阀的输入方式可归纳为下列6种基本类型:

A. 手柄—直接推动—主阀芯运动;

B. 手柄—先导阀芯运动—液压力—主阀芯运动;

C. 手柄—电位器—电机械转换器—先导阀芯运动—液压力—主阀芯运动;

D. 手动电位器—电机械转换器—先导阀芯运动—液压力—主阀芯运动;

E. 微机输出—电机械转换器—先导阀芯运动—液压力—主阀芯运动;

F. 电位器—无线发射器—无线接收器—电机械转换器—先导阀芯运动—液压力—主阀芯运动。

以上A为直动式,其余为先导式。也就是说,按换向阀的操纵方式可分为手动直接控制式和先导控制式两类。手动直接控制式是通过手柄直接操纵主阀芯的运动(A类)。先导控制式又有以下三种形式:

(1)利用手柄操纵先导阀芯的运动来控制液压力,然后通过液压力控制主阀芯运动并定位,这类阀也称为手动先导式多路阀(B类)。

(2)利用手柄操纵电位器,然后由电机械转换器控制先导阀芯运动,从而控制液压力,再控制主阀芯运动并定位,这类阀为电液比例多路阀(C,D类)。

(3)利用微机输出信号,控制电机械转换器来控制先导阀芯运动,然后通过液压力控制主阀芯运动并定位,这是电液比例多路阀的更高形式(E类)。

(4)无线遥控是为了适应大型工程机械或在危险地带施工的需要而发展起来,除了信号的无线发射与接收外,其余与其他类型基本相同。

手动直接控制式,需要把多路阀布置在操作方便的地方(主阀在驾驶室地面下)。这给整机的布管带来困难,使管路复杂,从而增加了液压系统总的压力损失,适合于低压、中少流量的场合。这类阀是最早的多路阀,只在要求不高的简单机械中使用。

先导控制式中的手动先导式,只需把先导阀布置在操作方便的位置,而多路阀本体可布置到任何适当的位置,两者间用直径较小的耐压管连接,以沟通先导油路。从而增强了布置的灵活性,减少管路损失,提高系统的总效率。

电液比例控制多路阀,只需将电控器布置在操作方便的位置,整个多路阀组可以根据系统需要任意布置,不仅操作方便,而且使系统结构紧凑,降低压力损失,提高系统可靠性。

无线电遥控主要用于大型工程机械以及危险地带施工场合。在大型工程机械的驾驶室，往往很难直接观察到施工情况，采用无线遥控，施工人员就可离开驾驶室，手持遥控器在最便于观察施工情况的位置进行操作，以保证工程质量，提高工作效率。当在不允许操作人员接近的地方施工时，无线遥控往往需要配置例如工业电视等监视装置。

随着液压系统的功率增大及操作频繁的需要，为减轻操纵力，改善操作舒适性，目前在工程机械上越来越多地采用先导型。其中，第一类先导型是用得最多的。在技术比较先进，要求比较高的场合，才逐步开始应用后两种多路阀，通常称之为电液比例控制的新型多路阀。

10.1.6　按换向阀的通道及位数分类

按换向阀的通道数分类有四通型、五通型和六通型，直至特殊的多通型。与各种传统控制阀一样，这里的“通”，均指工作油口（主油口），不包括控制油口、泄漏油口等非主油口。从原理上来讲，四通型具有 P，A，B，T 四个主油口，六通型除了常规的 P，A，B，T 四个主油口之外，另有 P_1，C 两个油口。五通型具有 P，A，T，P_1，C 五个油口。目前应用最多的是六通型。其余，包括最古老用手柄直接推动（主）阀芯和最新型的电液比例控制在内的大多是四通型的。五通型应用得较少，只在某些特殊场合使用。换向阀的位数常用的有三位和四位两种，还有特殊需要的多位阀。为了适应各类主机的不同使用特点，多路换向阀有不同的机能。一般有 O，A，B，Y，OY（以上为六通型，以下为四通型），M，K，H，MH 等几种机能，其图形符号见图 10-3。其中 O 型、M 型应用最广。A 型应用在叉车上；OY 型和 MH 型用于铲土运输机械作为浮动用；K 型用于起重机的起升机构，当制动器失灵，液压马达要反转时，使液压马达的低压腔与滑阀的回油腔相通，补偿液压马达的内泄漏；Y 型和 H 型多用于液压马达回路，因为中位时液压马达两腔都通回油，因此马达可以自由转动。

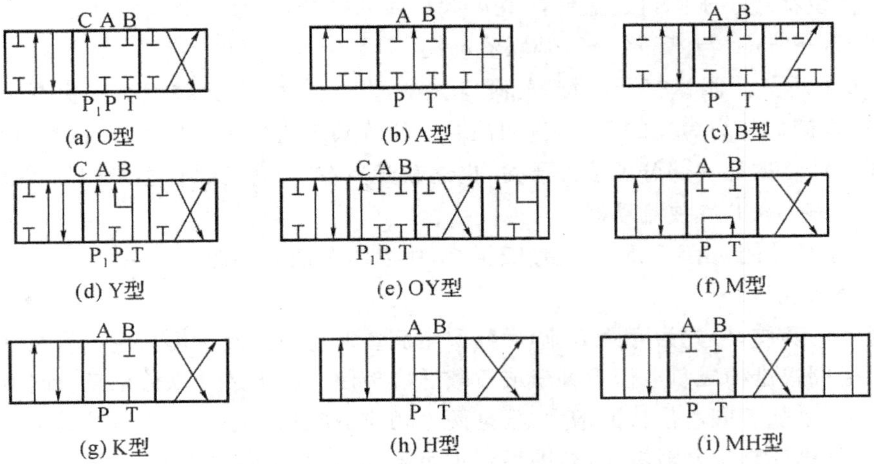

图 10-3　多路阀机能

10.2 六通型多路阀的特性

10.2.1 六通型多路阀中位卸荷与起压过程特点

在图 10-2(a)所示原理图中，各主阀口的含义为

P——压力油口；

P_1——通往 C 口的压力油口，另一头总是与 P 口相通；

A，B——工作油口；

T——回油口；

C——各联阀芯处于中位及中位附近位置时，C 口一头与 P_1 口相通，另一头或直接与 T 口相通（当系统只有一只换向阀，或当系统有多只换向阀而按油流方向为最后一只换向阀时），或与下一只多路阀的 P 口相连。

这表明，当系统中所有主阀芯都回到中位时，尽管 P 口与 A，B，T 三个油口都不相通，但系统可以马上通过 P→P_1→C→T 的通路实现卸荷。

由此，可将六通阀理解为是由“3 位 4 通”+“2 位 2 通”组成，其中的“2 位 2 通”解决中位卸荷。从下面分析的切换过程可以看到，这种“3 位 4 通”+“2 位 2 通”的结构，给六通阀带来了重要的特性，使六通型多路阀得以广泛应用。

六通型多路阀从中位卸荷的 P_1→C→T 状态，过渡到 P→A→B→T（P→A，B→T 阀口完全打开）的过程为分析如下。

(1)P→P_1→C→T 单独流动期

阀芯处于中位，P_1→C 中位卸荷油口全开，全部压力油以最低压力卸荷；以及阀芯虽然离开中位，但位移量小于阀口遮盖量，P→A 阀口尚未打开，没有油液流向负载。

(2)P→A→B→T 与 P_1→C→T 并联流动期

在这期间，P→A 阀口打开，而卸荷阀口关小，但未关闭；部分油液流向负载，另一部分油液以比最低卸荷压力为高的压力，流回油箱。随着阀芯位移量的加大，流向负载的流量逐步增大，流向油箱的那一部分油液的压力，也逐渐升高，这一转变过程引来阀的重要特性。

(3)P→A→B→T 单独流动期

卸荷口全部关闭，由于系统只配置安全阀，所以油源油液全部进入系统。

以上分析说明：

(1)过程的实质是：先为旁路节流，后油源全流量通过多路阀主阀口进入系统。

(2)六通阀很难构成负载压力补偿或负载适应控制。在上述并联流动期，流向油箱与流向负载的流量是随着阀芯位移的增大，根据两处相应液阻的大小自动进行分配的。这时，不论用定差减压阀还是定差溢流阀，企图稳定去负载阀口的压差，实现所谓的负载压力补偿或适应，显然是无意义的。

10.2.2 六通型多路阀的流量微调与压力微调特性

六通型多路阀的基本特性为流量—压力损失特性、阀芯行程—压力特性、阀芯行程—操作力特性和微调特性。其中最为重要的为流量微调特性，如图 10-4(a)所示，它表示了阀芯

位移(横坐标,单位 mm)与进入执行器流量之间的关系。它实际上是一种初级的手动比例控制特性,但有较大的零位死区,而且比例控制范围还受系统压力的很大影响,随着压力的升高,比例范围变小。

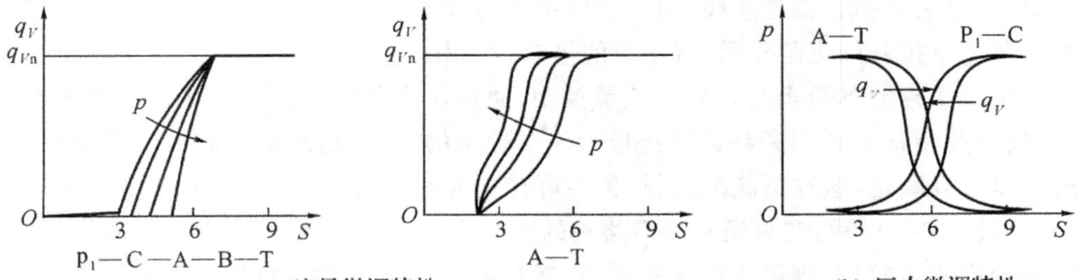

(a) 流量微调特性　　(b) 压力微调特性

图 10-4　六通型多路阀的微调特性

正由于此地比例控制范围本身就小,又受系统压力影响,其可控作用,实际上只相当于阀口打开的开始一小段,不仅有一个与普通四通换向阀阀口开缓冲槽一样的缓冲效果,而且还可以粗略地小行程地调节流量。因此,在工程上,将此称为微调特性,要比称比例控制特性更合理。

10.2.3　六通多路阀附加的负流量控制系统

在挖掘机等工程机械用的多路阀系统中,为了减小六通多路阀中产生的旁路回油(非工作流量)损失和节流损失,在六通阀最后一联的旁路回油路上(图 10-2(a)的 C,T 之间,参见图 10-5)设置流量检测装置,控制泵的排量与旁路回油流量成负线性关系,从而减小旁路回油功率损失。它分别牵涉到多路阀与液压泵两个方面:在多路阀中解决旁路回油流量检测,在变量液压泵变量机构中实现负流量控制。

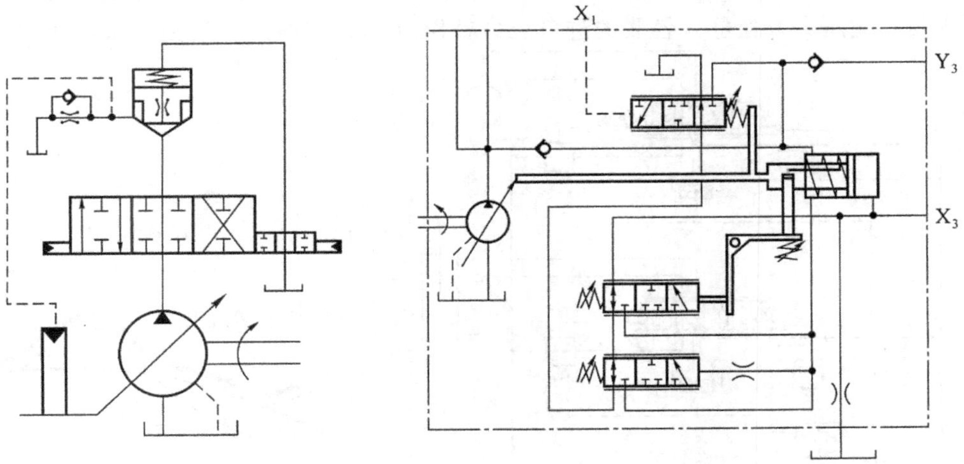

(a) 系统组成　　(b) 具有负流量控制功能的变量泵

图 10-5　六通型多路阀系统的负流量控制原理图

图 10-5(a)所示是某种负流量控制系统的原理简图。当多路阀各联阀杆都处于中位时,泵的流量通过多路阀的 P_1→C 通道后直接通到负流量控制阀。负流量控制阀的控制口经由主换向阀上的三位二通阀回油箱。由此,在负流量控制阀芯中节流孔两端产生压降,使负流

量阀开启，主油路的流量经节流孔后产生反映流量大小的控制压力信号。将此压力信号引至具有负流量控制功能的变量泵的先导压力油入口（图 10-5(b)中的 X_1），随着这个压力信号的增加，泵的排量相应减小。也可以采用正流量控制泵，但中间要进行负流量控制转换。工作时，如果需要执行器作缓慢动作，就需要部分流量经主换向阀中间通道直接回油箱，所以这时负流量控制阀也起作用，减小泵的排量，从而减少压力损失。

负流量控制本质上是一种恒流量控制，通过在多路阀旁路回油通道上设置流量检测元件，最终是要达到控制旁路回油流量为一个较小的恒定值，从而达到减小旁路损失的目的。进一步可以确定，这种恒流量控制，最终可转化为旁路回油节流口处的恒压控制。

如图 10-4 所示，在采用六通多路阀的系统中，阀口的流量特性受负载的影响较大。如果泵的输出压力较高，则可降低这种影响，在负流量控制中，则表现为旁路回油压力的大小直接影响了系统的操作性。旁路回油设定压力高，则泵的输出压力也高，系统调速性较好，响应迅速，司机操作时无滞后感；反之，系统调速性较差，操作时的滞后感较强。但是旁路回油压力过高会带来：旁路功率损失增大；当负载较低时，工作油口压力损失加大。这是现有负流量控制中存在的节能性与操作性之间的矛盾。研究表明，可以采用合适的控制算法，实现可变旁路回油压力控制，来解决这一问题。

10.3 四通型多路阀的特性

10.3.1 四通多路阀的开中心负载敏感系统

1. 开中心负载敏感系统构成及功能特点

如图 10-6(a)所示，系统包括定量泵 1、系统总进口压力补偿器 2（定差溢流型压力补偿器或称三通压力补偿器）、各联的进口压力补偿器 3（定差减压型压力补偿器或称二通压力

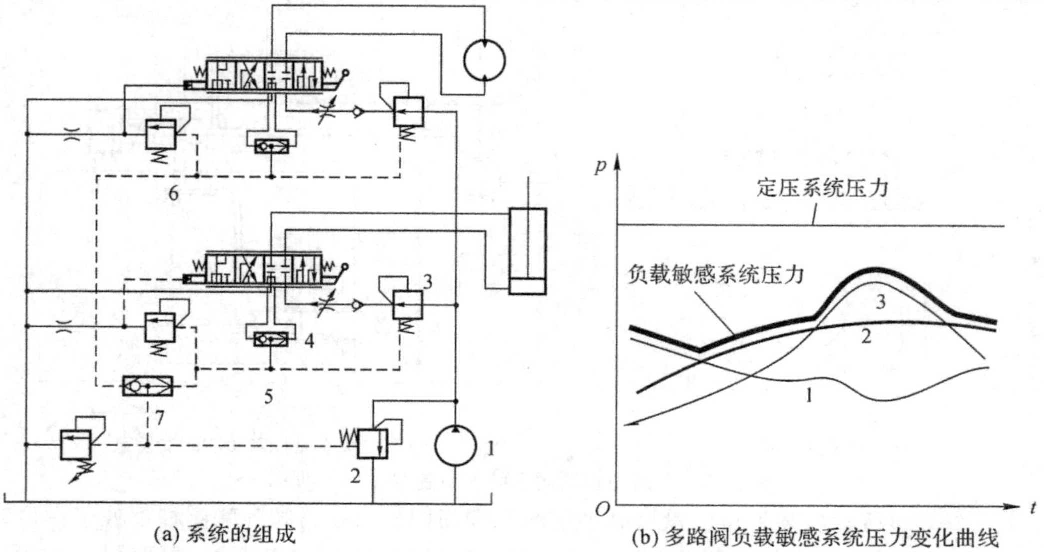

(a) 系统的组成　　(b) 多路阀负载敏感系统压力变化曲线

图 10-6　四通多路阀的开中心负载敏感系统

补偿器)、可变节流器 4 和梭阀网络。其主要功能包括：

(1)在零位，定量泵输出流量经定差溢流型补偿器流回油箱。

(2)各联上的定差减压型压力补偿器，将从定差减压阀出口到换向阀出口之间的压差基本保持不变；改变节流器 4 的开度，可在一定范围内改变换向阀阀口压差，从而改变每个执行器的最大流量。

(3)通过多层次高压优先梭阀网络的选择，各执行器当时(实时)的最高压力引导到定差溢流型补偿器的敏感腔，使泵的出口压力与之适应，即泵的出口压力比任一时刻系统的最高压力高一定值(如图 10-6(b)所示，按时间顺序，系统压力分别与当时最高的负载 1、负载 2、负载 3、负载 2 的压力相适应)，此值等于补偿器的弹簧力所对应数。

这种节能系统的优点是：零位压差非常低，与执行器数目无关；执行器起动恒定，与负载压力无关；不同工作压力的几个阀可以同时动作，控制灵敏度高。

2. 多路阀的负载压力补偿与系统的负载适应控制

上面的介绍涉及与负载敏感控制有关的一些基本概念，这里以开中心负载敏感系统为例进行说明。

(1)负载敏感

负载敏感一般指系统能自动地将负载所需压力或流量变化的信号传到敏感控制阀或泵变量控制机构的敏感腔，使其压力参量发生变化(这一功能就是所谓负载敏感，或称负荷感知，负荷传感)，从而调整供油单元的运行状态，使其几乎仅向系统提供负载所需要的液压功率(压力与流量的乘积)，最大限度地减少压力与流量两项相关损失。负载敏感是从基本原理角度对这种系统的称呼。而从其达到的实际工程效果角度，常称为负载适应、负载匹配或功率匹配，有时直称节能系统。由此也可看到，负载敏感是个系统问题，而不单是个控制阀的问题；其技术含量主要在油源及相应的控制部分，只在大闭环系统中，才牵涉到液动机部分。实施负载敏感控制，具体说来，是提高原动机利用效益，减小系统发热，达到机械设备结构紧凑和节能的目的。

(2)负载补偿

负载补偿是流量控制阀范围的一个技术问题。它要解决的问题是，在负载压力大幅度变化(主要干扰)和/或油源压力波动(次要干扰)时，通过流量阀的流量能保持其调定值不变。传统的办法就是给节流口串联或并联一个压力补偿器。

负载压力补偿控制，是通过消耗一部分能量，来换取工作节流阀口的压差基本不变(如前所述，负载敏感是为了节能)。其工程实施，就是在节流阀(单个节流阀，方向节流阀—方向阀，多个并联的方向节流阀—多路阀)的基础上，加上压力补偿器，使其具有所控制的流量不受负载变化影响的调速阀。

如果不考虑电液控制等新技术，而仅考察传统的所谓机液压力补偿机理，则有两种基本的压力补偿器——串联于节流口的二通压力补偿器和并联于节流口的三通压力补偿器。这两种补偿器，在工程实际应用上有重要的差别。

1) 三通压力补偿器多置于(节流阀口、方向节流阀口、多路(方向节流)阀阀口的)进口(在油源与节流器之间)，而二通压力补偿器，既可置于进口，也可在出口(在节流器与负载之间)。

2) 通常情况下，配置二通压力补偿器的系统，为定压系统。负载变化时，补偿器保持节流器前后压差不变，克服负载而多余的或大或小的压差，都消耗在补偿器的补偿阀口上——二通补偿器只能起到负载压力补偿作用。

3）三通压力补偿器的特点在于，在保持节流器阀口压差不变的情况下，总是使泵出口压力实时地仅比负载压力高出一个定压差——补偿器阀口压差，从而达到了负载适应。

3. 阀的负载压力补偿与系统的负载适应控制在不同场合的不同应用

(1)一般(单向)流量阀与方向流量阀

从功能角度看，二通补偿器通过负载压力补偿，保持节流阀口压差不变，例如形成二通调速阀；三通补偿器在起到保持节流阀口压差不变的同时，使系统具有负载适应的功能，例如形成三通调速阀。从应用场合看，每一个流量阀或者用二通补偿器，或者用三通补偿器，原理上不可能同时使用这两种补偿器。

(2)多路阀

对多路阀而言，如上一节所述，在一个多路阀系统中，同时使用了二通和三通这两种补偿器：用一个总的三通补偿器，各联又分别使用二通补偿器。其功能是：二通压力补偿器，使单联实现负载压力补偿，即保持节流阀口压差为近似的常数(在图 10-6(b)中，对压力非最高的各联而言，系统压力与该联负载压力之差的能量，以使油液发热的形式，消耗在补偿阀口上)；三通压力补偿器使系统实现实时的负载适应(见图 10-6(b))。

10.3.2 四通多路阀的闭中心负载敏感系统

四通多路阀的闭中心负载敏感系统如图 10-7 所示。系统主要包括变量泵 1、各联的进口压力补偿器 3(定差减压型压力补偿器或称二通压力补偿器)、可变节流器 4 和梭阀网络。此系统的功能与开中心系统相同，只是用一台压差调节泵代替定量泵和三通压力补偿器。在

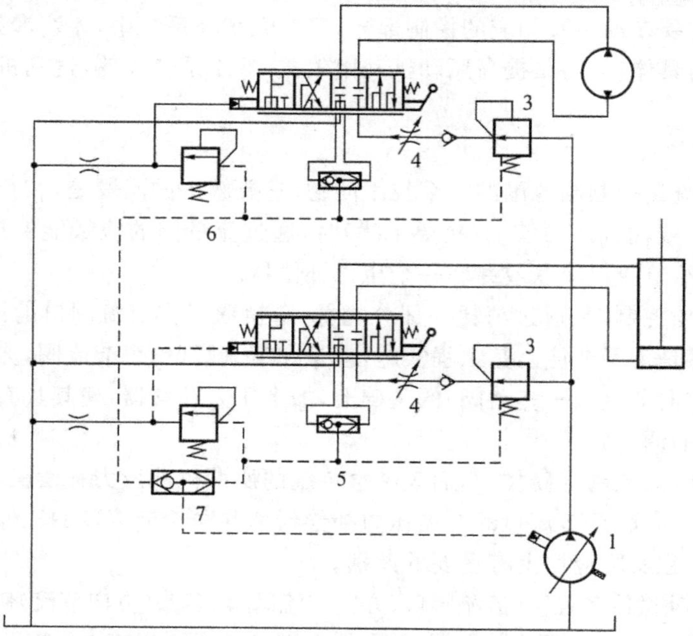

图 10-7 四通多路阀的闭中心负载敏感系统

零位，没有阀动作，泵的倾角几乎为零，仅补偿内部系统损失。旁通压力取决于泵的压差调节器所需的压力。任何一联离开中位工作时，泵的压力始终比所需负载压力高出控制所需的压差，即泵总是仅以所需的负载压力输出所需流量。此外，当使用几个换向阀时，每个执行器可以得到由可变节流器 4 设定的最大流量。

10.3.3　抗流量饱和的同步操作系统

在沿用了近 30 年的各联内部用二通压力补偿器（定差减压阀）实现负载压力补偿（开中心负载敏感系统），用三通压力补偿器（定差溢流阀、开中心负载敏感系统）或负载敏感泵（闭中心负载敏感系统）实现系统的负载适应控制系统中，当泵的流量出现饱和（同时动作的执行机构流量需求超过泵的最大流量）时，泵的输出压力下降（即不可能达到比任一时刻最高负载压力高出补偿阀定压差），使进入最高压力联负载的流量减少，速度降低；而进入其他负载的流量不变。这就不能实现工程上的同步操作要求。

近年出现的 LSC（负载传感补偿）系统（如图 10-8 所示），较好地的解决了抗流量饱和的问题。其基本点是：第一，压力补偿器置于多路阀的出口（类似于二通调速阀中的先节流后减压方案），各联控制节流器进口均为泵的出口压力 p_1；第二，将当时时刻负载最高联的负载压力引入各联压力补偿器的弹簧腔。

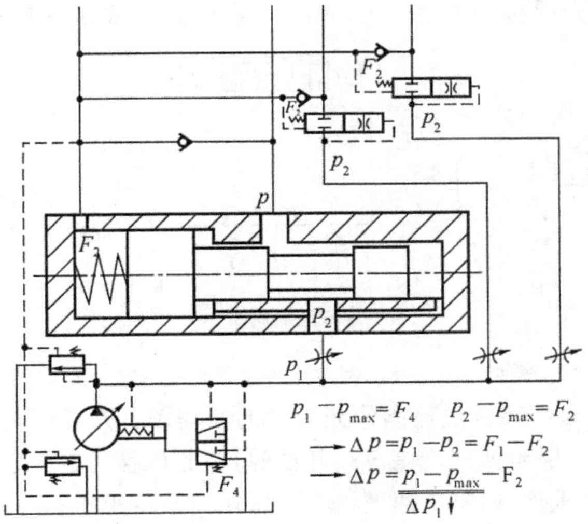

图 10-8　抗流量饱和的节能高效同步操作系统原理图

由此，给系统带来特殊的特性。由多功能负载敏感泵来的油液，通过操作者控制调定的可变节流口和压力补偿器，到达各个负载回路。

（1）由于节流口处压差 $\Delta p=p_1-p_2=\dfrac{f_1-f_2}{A}$（$A$ 为 p_1，p_2 的作用面积）为常数，当各节流口过流面积一经调定，相互之间的比例关系保持不变，且互不干扰，从而保证各负载回路精确地同步工作。

（2）当各负载回路不是同时工作，而泵流量过大，以及在回路受到外界干扰产生压力或流量变化时，系统立即敏感这些变化，通过负载敏感回路，调节泵的排量，使系统始终处于最佳工作状态，减少能量损失。

(3)当操作者要求的流量超过泵的供油能力,或功率调节装置限制泵可供流量时,系统将限制所有受控负载的工作速度,但此时各负载之间工作速度比例关系仍保持原设定值不变。

关于 LSC 系统抗饱和特性的简要分析,见本章附录一;具有抗饱和特性多路阀的典型结构,见本章附录 10-2。

10.4 电液比例多路阀

20 世纪 80 年代,电液比例技术得到迅速发展和广泛应用。电液比例技术在多路阀上的应用大为改善了多路阀的性能,提高了自动化程度。

10.4.1 电液比例多路阀的先导级

电液比例多路阀主要采用比例压力阀作先导阀,通过先导阀控制主阀芯的位移。目前电液比例多路阀主要采用比例减压阀和比例溢流阀作先导阀。图 10-9(a)所示是用三通型比例减压阀作先导阀的原理图。先导减压阀输出压力与线圈电流成比例。换向阀阀芯在先导控制油压力的作用下处于平衡,其平衡位置与输入电流相对应,改变电流即可连续地控制主阀芯的位移。稳态时,先导阀基本上关闭,因而流量损失小,动态特性较好。

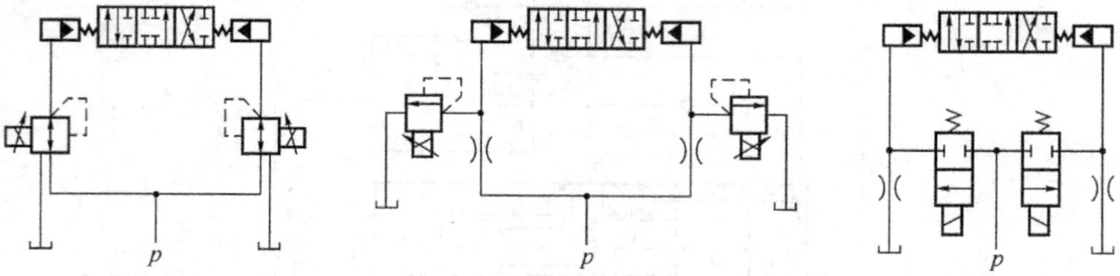

(a) 减压阀型 (b) 溢流阀型 (c) 脉冲调制型

图 10-9 电液比例多路阀先导阀的基本形式

图 10-9(b)所示是采用比例溢流阀作先导阀的原理图。先导阀与固定液阻串联成一 B 型半桥,半桥输出压力油引至换向阀阀芯端部油腔,阀芯位移与电流成正比。这种形式的比例多路阀在稳态下有流量损失,响应速度也不及用比例减压阀作先导阀的多路阀。

图 10-9(c)所示是用 PWM 控制高速开关阀的液压系统作先导阀的原理图。工作时,液桥输出的平均压力与输入脉冲信号脉宽占空比成比例关系。

当先导级采用电反馈时,先导阀可用比例方向节流阀,其快速性要优于用减压阀、溢流阀作先导级。

10.4.2 比例多路阀典型结构的油路原理图

这类比例多路阀用于控制液压执行器的运动方向和与负载压力变化无关地调节执行器的运动速度。应用它可使多个执行器同时并相互独立地以不同速度和压力工作,直到所需流量总和达到泵的最大流量为止(即没有抗流量饱和功能)。这类比例多路阀是一种组合式阀,它可以根据需要进行基本功能构件和许多辅助功能的组合。图 10-10 所示为电液控制与手动复合控制的模式。其中图 10-10(b)所示为各负载油路中都配置了具有特殊减振功能的 LHDV 型平衡阀。表 10-1 所示为比例多路阀与手动多路阀在负载压力补偿和系统负载适应控制方面功能元件的对照，以便于了解其在系统中的作用。

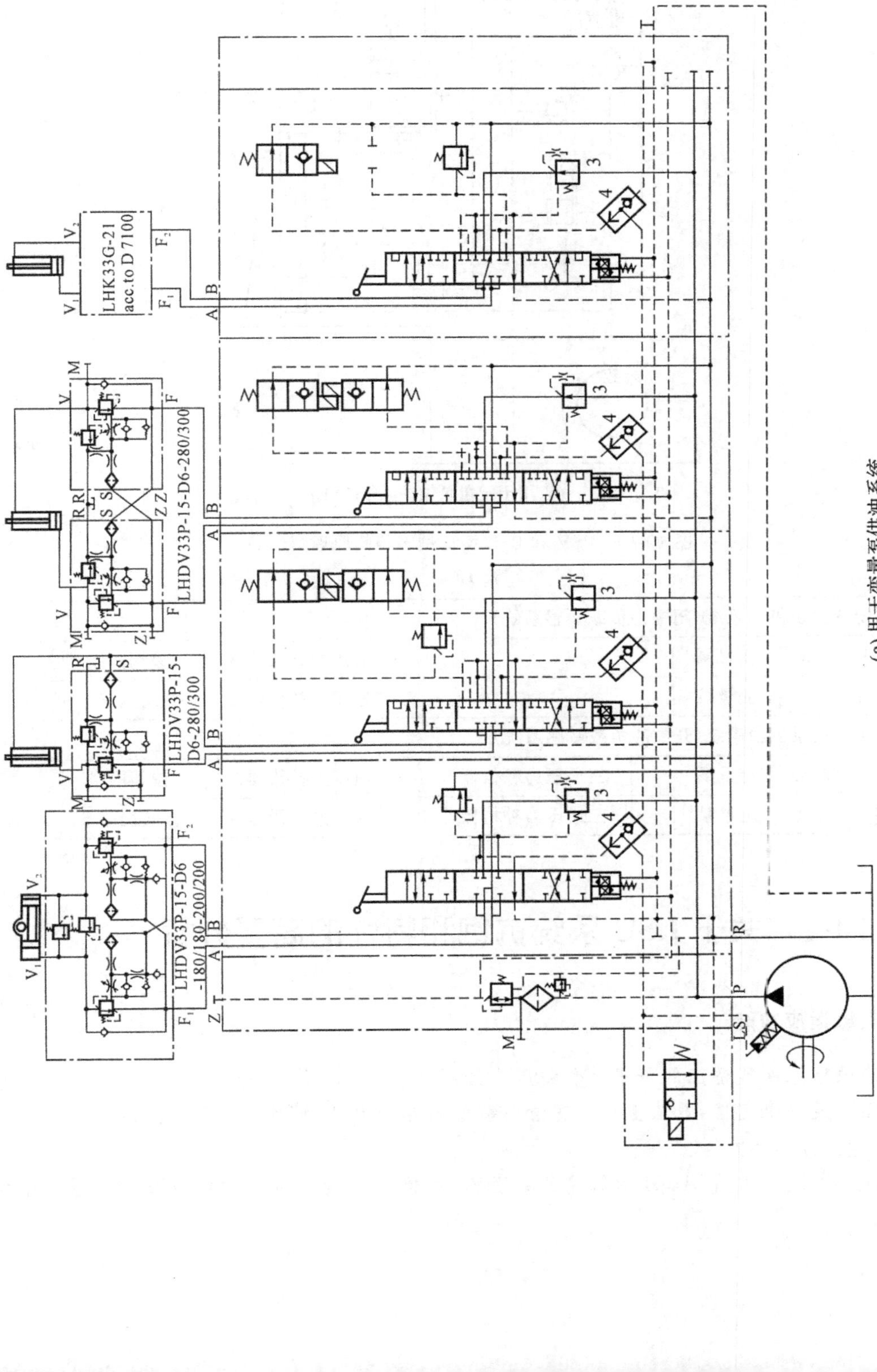

(a) 用于变量泵供油系统

图 10-10　PSV 和 PSL 型比例多路阀原理图（一）

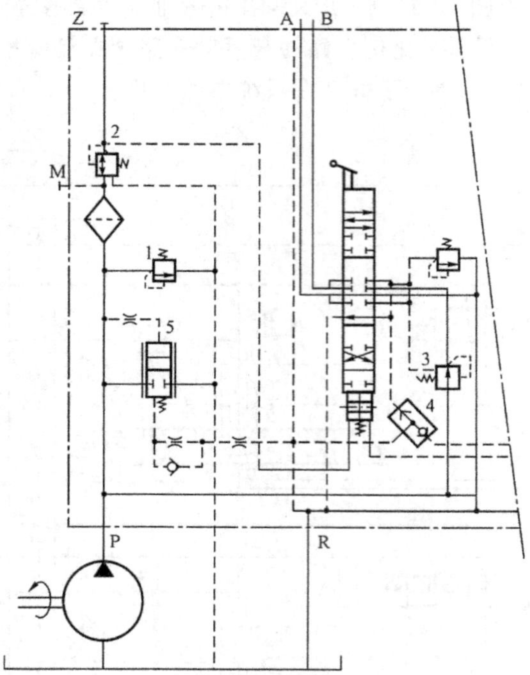

(b) 用于定量泵供油系统(PSL)

图 10-10　PSV 和 PSL 型比例多路阀原理图(二)

表 10-1

用于变量泵供油系统(闭中心负载敏感系统)					
图 10-10(a)	变量泵			二通压力补偿器 3	梭阀网络 4
图 10-7	变量泵			二通压力补偿器 3	梭阀网络 5、7
用于定量泵供油系统(开中心负载敏感系统)					
图 10-10(b)	定量泵		三通压力补偿器 5	二通压力补偿器 3	梭阀网络 4
图 10-6(a)	定量泵		三通压力补偿器 2	二通压力补偿器 3	梭阀网络 5、7

附录 10-1　关于 LSC 系统抗饱和特性的简要分析

1. 负载适应功能

负载敏感泵所能适应的是当时负载压力最高联的压力，即 $p_1 - p_{max} = \Delta p_1$。

此压差是一个定值，数值上等于变量泵敏感阀弹簧力 f_1 所对应的压力值，即

$$p_1 - p_{max} = f_1$$

式中：f_1 实际上应为 f_1/A，A 为阀芯的截面积；考虑到 A 为常数，不影响原理性分析，在式中略去。

2. 负载补偿功能

希望稳定的多路阀各联压差为 $\Delta p = p_1 - p_2$，而在正常情况下 $p_2 - p_{max} = f_2$。

此值就是当时时刻负载压力最高联补偿器的补偿压差，由此在正常情况下 $\Delta p = p_1 - p_2 = f_1 - f_2$。

3. 非负载压力最高联的负载补偿功能

由于各联进口均为 p_1，而 $\Delta p = p_1 - p_2 = f_1 - f_2$ 又相等(多路阀各联的 f_2 应该是相同的)，所以各联补偿器两端的总压降不相等，负载低的总压降大，负载高的就小。相比之下，多余的压降就依靠进一步关小补偿器工作阀口，增加压力损失使液体发热而消耗掉。对于负载压力最高联，从补偿阀芯受力平衡方程，可得补偿阀口的压降就是 f_2，有

$$p_2 A - p_{max} A = f_2 \longrightarrow p_2 - p_{max} = f_2$$

对于非最高联，$\Delta p_{补} = p_2 - p = f_2 + (p_{max} - p)$。

4. 负载压力 P 变化对流量的影响

当 $p < p_{max}$ 时，$p_2 = p + \Delta p_{补}$。负载压力 p 增大的瞬间，p_2 增大补偿阀芯原有的平衡被打破，阀芯向补偿阀口开大方向移动，$\Delta p_{补}$ 下降，使 p_2 回落，阀芯运动到新的平衡位置。此时的 p_2 值与 p 变化前的 p_2 值相等，回到 $\Delta p = p_1 - p_2 = f_1 - f_2$。当 p_{max} 变化时，就回到前述的负载适应功能。

5. 当 $q_{系统} > q_{泵}$ 时的抗饱和特性

出现这种情况时的重要特点是泵出口压力 p_1 的降低，$p_1 - p_{max} = f_1 = \Delta p_1$ 的等式不复存在，节流阀口压差 $\Delta p = p_1 - p_2 \neq f_1 - f_2$。

由图 10-8 可见，泵的出口压力从 p_1 下降到 p_1^1 后，节流阀口压差

$$\Delta p^1 = p_1^1 - p_2 = p_1^1 - p_{max} - f_2 = p_1^1 - (p_{max} + f_2)$$

式中：$(p_{max} + f_2)$ 是个常数，可见，Δp^1 虽然随着 p_1^1 的变化而变化，但由于各联的 Δp^1 都相等(对各联而言，式中 p_1^1，p_{max}，f_2 三项都相等)，所以各联通过流量，由于仅与节流口开度有关而保持原来(相对于未出现流量饱和)的比例不变。

附录 10-2　具有抗饱和特性多路阀的典型结构(RC64127/09.97，与负载压力无关的流量分配多路阀(LUDV))

典型结构如图 10-11 所示。

1. 主要特点

(1)每联多路阀(换向阀)流量可调；

(2)与同时控制的换向阀数量、负载压力和流量无关，有更宽的微调范围；

(3)换向阀的流量分配与其需求成比例，与泵的饱和状态和负载压力无关(补偿阀保持换向阀联间相同的 Δp 值，并可以选择最高压力)；

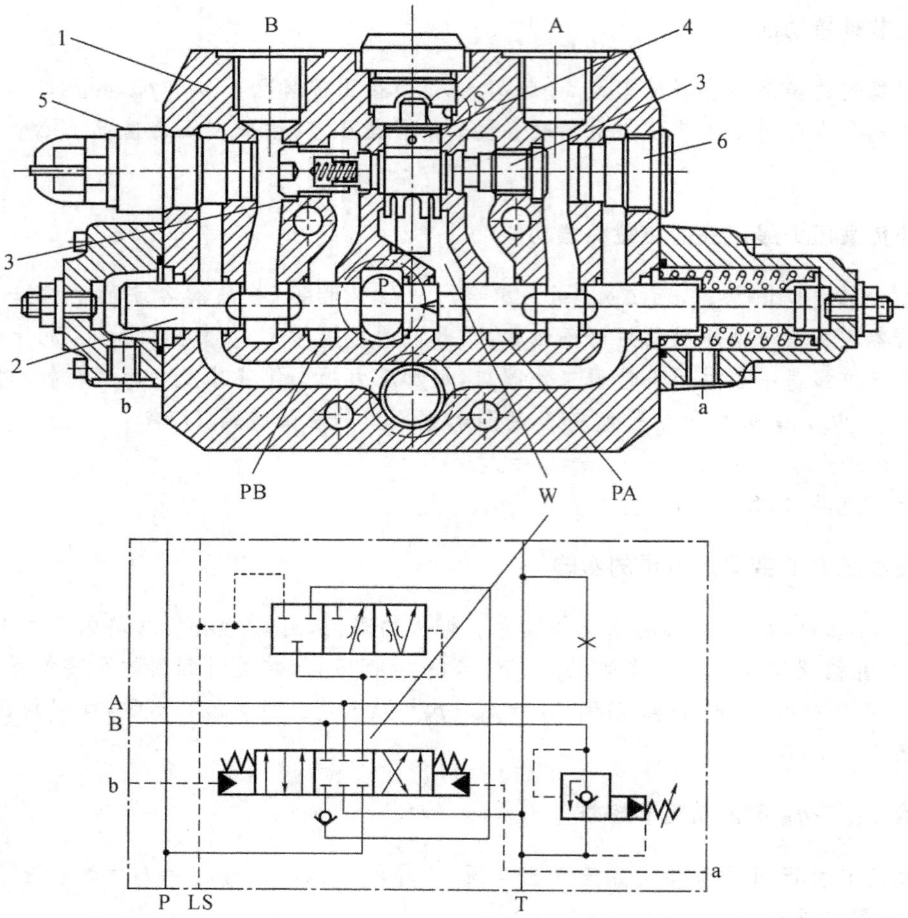

图 10-11 LUDV 阀典型结构原理图及油路原理图

(4)特别可靠的结构,包括无梭阀。

2. 工作原理

(1)不论主阀芯是向左还是向右移位,P 口的压力油总是先经过节流阀口进入 W 流道。如向左移,则进入 W 流道的油液经过减压阀后,顶开右边的单向阀 3(此时 PB 油道容腔被阀芯封闭)而进入右侧 P 流道,进而经过右侧 PA 流道与 A 流道之间业已开启的通道(此地不是控制流量的阀口),流往 A 负载。

(2)当主阀芯右移时,进入 W 流道的压力油经过减压阀之后,顶开左面的单向阀 3 而进入左侧 PB 流道;此时,右侧 P 流道通向 A 流道的 PA 容腔被主阀芯封闭,经右单向阀进入的油液无出路。

(3)这里的两个主要结构原理特点是:

1) P—A 与 P—B 两个方向的可控节流口在一个凸台上;

2) 从补偿原理上看,属于先节流后减压,并随时将各联中的最高压力自动选择为负载敏感压力,同时作用于各联的减压阀端面上。

3. 油路原理图

(1)在换向阀的a,b控制油口没有控制油时,换向阀处于中位,P,A,B,T 4个油口互不相通。此时,补偿阀在LS油压作用下(当其他换向阀联工作时)处于左位。

(2)控制口a或b来控制油压时(例如a来控制油),阀芯位移量即P至W间的轴向开口与控制油压成比例;进入W的油液推动补偿阀芯移动(注:由于补偿阀芯上下油压作用面积相等,加上LS是当时各联的最高压力,人们担心补偿阀芯不会移动。但由于补偿阀芯无机械限位,进入W的油液基本就是P口压力,且是有源的,如不移动,将使W压力升高,直至打开),补偿阀成中间位,油液经过补偿阀进入PA腔后,进一步经过PA与A之间的阀口,进入负载A(注:符号图中右边方框中的的P—W是控制阀口,其余一对交叉油路是换向通口)。

(3)如果在运行期间,负载A的压力为同时动作的多路阀各联(换向阀)中最高,则补偿阀转换成右位(图中阀芯进一步上移),A口的压力油成为同时进入各补偿器敏感腔的LS信号。

第 11 章

液压泵的变量控制与电液比例泵

11.1 容积式泵基本工作原理

容积式液压泵，根据容积变化原理工作。液压泵的工作腔容积大小交替变化，当容积增大产生真空吸入液体时，工作腔与吸油口相通；当容积减小排出液体时，它又转而与排油口连通，即依靠容积大小的交替变化，就能不断地吸入和排出液体。

吸油腔的压力决定于吸油高度和吸油管路压力损失；排油腔的压力，则决定于负载和排油管路以及控制阀口的压力损失。排出的理论流量，仅由有关几何尺寸和转速确定，而与排油压力无关，这是液压泵的重要特性。排油压力通过泄漏和油液的压缩性影响到实际流量，一般随排出压力的升高，实际流量降低。

11.1.1 变量调节原理与基本分类

在工程实践中，与流量有关的问题，可以从两个不同的角度来考察与分析。

第一，从系统的角度，考察与分析系统是如何实现调速。这里，常将流量控制系统区分为以下几种。

(1)阀控(节流调速)系统。定量泵与各种控制阀配合，进行调速控制。其特点是响应快，可进行微小流量调节，但能量损失大，效率低，多用于小功率场合。

(2)泵控(容积调速)系统。由各种变量泵与相关变量控制阀配合，其特点是能量损失小，效率高，并能实现多种功能的复合控制，如恒压、恒流、$p+q+N$ 等；尽管响应速度较慢，但已能满足大部分工业应用的要求。

(3)变转速控制。以往常指由发动机驱动定量泵的情况，转速的变化往往处于被动状态。近 10 年来采用交流电机的变频调速控制，即通过改变变频电机的转速，来改变定量泵的输出流量，与发动机转速变化相比，具有主动变速的特点。与常规的阀控、泵控系统相比，其基本特点是，既有泵控系统节能的特色，又接近阀控系统的快速性。目前，主要是受到定量泵可能的最低转速(小流量区)和最高可能转速(大流量区)的限制，以及大功率变频器可靠性与经济性的制约。

第二，考察与分析液压泵本身的变量控制，对应于前一点的第二点，这属于本书讨论的范畴。参见图 11-19 和图 11-1，典型液压泵的流量计算公式如下：

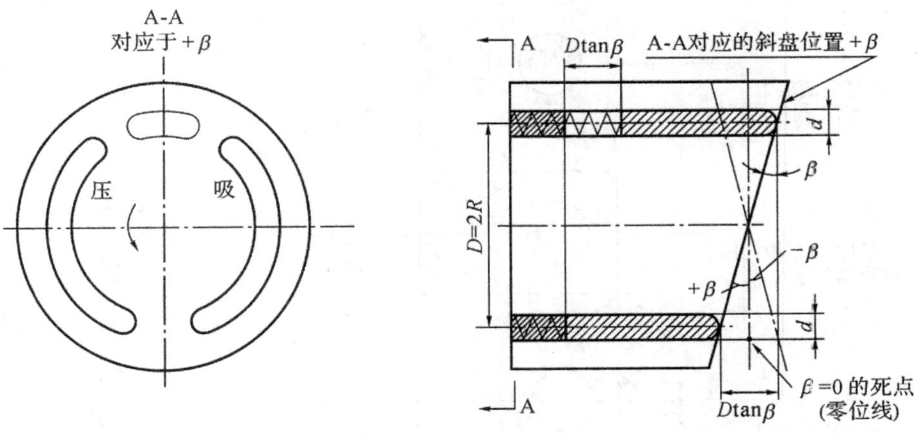

图 11-1　斜盘式轴向柱塞泵变量原理图

对于叶片泵　$q=nV=2Be\left(\pi\cdot D-\dfrac{\delta\cdot Z}{\cos\theta}\right)n$

对于轴向柱塞泵　$q=nV=\dfrac{\pi}{4}d^2\cdot Z\cdot D\cdot\tan\beta\cdot n$

式中：n 为原动机转速(r/min)；

d 为柱塞直径；

Z 为柱塞数；

D 为柱塞分布圆直径；

β 为斜盘倾角，可以有 $-\beta$，0，$+\beta$(双向变量)或 0，$+\beta$(单向变量)。

从以上列出的典型液压泵的流量计算公式可见，可能调节的参数是：

(1)改变原动机转速 n，这属于前述的第三点。

(2)改变泵本身工作容腔的几何尺寸，在这里一般是指改变斜盘泵的斜盘倾角 β，或者是径向柱塞泵、叶片泵的偏心距 e。

(3)根据德国学者的研究，参见本章第 11.8 节，变量泵的范畴应该扩大，除了传统的容积调节变量泵外，应该有吸油(压油)调节变量泵。这种变量方式，已经得到工程应用，尽管其影响面有限，但作为一种新的思路，对我们还是有所启迪。表 11-1 是根据这一思路形成的变量泵新分类表。

表 11-1　液压泵分类表

泵	动力式泵			
	容积式泵	定量泵		
		变量泵	容积调节变量泵	面积调节
				行程调节
			时间调节变量泵	充油时间调节
				压油时间调节

图 11-2 表示了根据变时间调节变量泵的思路对流量控制系统的新分类。图(a)为阀控系统；图(b)为容积调节系统；图(c)为时间调节系统。

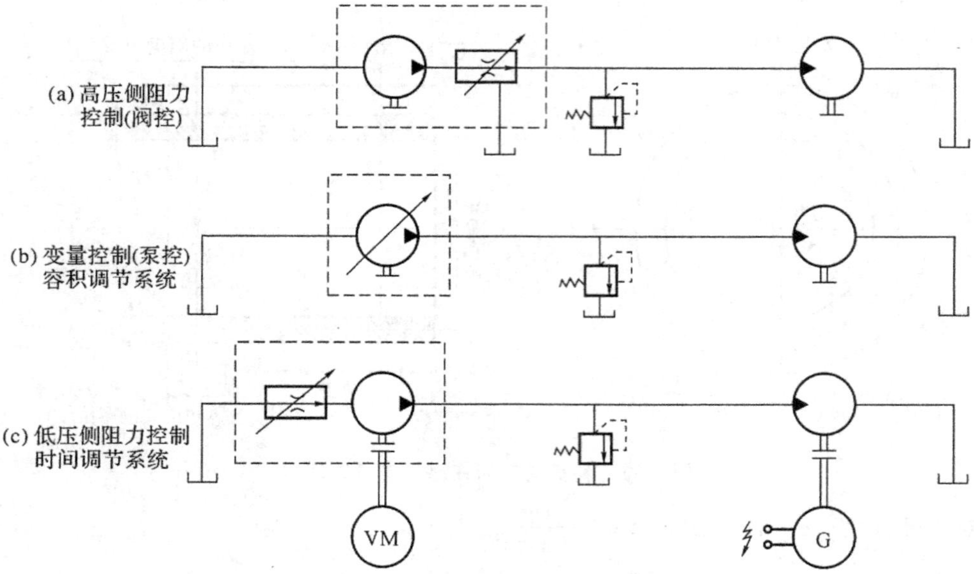

图 11-2

11.1.2　容积调节变量泵的基本类型

容积调节变量泵的最基本类型是排量调节泵，它能在任一给定的工作压力下，实现排量与输入信号成比例的控制功能。由于泵的容积效率随工作压力升高而降低，故这种泵的输出流量得不到精确的控制。请留意的是，排量调节泵也可以称为变排量泵，甚至直接称为变量泵。在20世纪六七十年代，一般工程技术人员概念中的变量泵，就是指的变排量泵。造成这种认识主要有两方面的原因。一方面，像恒压泵、恒流泵等这类"泵的基本参数能按一定规律自动实现变化的变量泵"问世不久，人们不甚了解；另一方面，有的研究人员认为，这类泵功能的实现，最后还是依靠排量的变化来达到。到20世纪末，一般都已接受了从不同的角度，将变量泵进行必要的分类，特别是从功能上进行分类，以便正确了解其原理与特性，组成在特性、节能等方面与实际工程系统的要求相适应的液压控制回路。

现今，变量控制机构多种多样，可以从不同角度进行分类，表11-2所示是常见的分类。

表 11-2　容积调节变量泵的系数

按外部操纵方式	手动，机动，电动，液动，电液控制	属于外加信号控制变量
按调节方式	排量，压力(恒压)，流量(恒流)，恒功率，各种复合控制	泵的基本参数按一定规律自动实现变化
按适应性控制	功率匹配，负载敏感，负载适应	包括与负载的适应，和与原动机的适应

排量调节是只利用变量机构的位置控制作用，使泵的排量与输入信号成比例。

压力调节、流量调节和功率调节则是分别针对泵的输出参数压力、流量或功率进行控制，为此要利用泵的出口压力或反映流量的压差与输入信号进行比较，然后通过变量机构的位置作用来确定泵的排量。这三种控制功能实际上都是在排量控制的基础上，提出特定调节要求而运行的。

实际上，各种所谓的适应控制，说到底，其之所以能够实现适应，也是通过各种反馈作用依靠自动改变泵的排量来达到。所以,可以说泵的变量控制是一个位置控制系统。

在变量泵名称上,目前尚没有一定的标准,有根据工作原理的,有根据性能特点的,也有出于推销产品的,比较混乱。为兼顾在校学生和不同职业读者的需要与习惯,本书通常使用根据工作原理的名称,并兼收其他,请读者留意。

☞ **自学参考:特殊的变量泵原理图画法**

由上面的简单介绍可以了解到,讨论变量泵控制,往往就是研究或者在外加信号或者在内部的检测反馈信号作用下,通过相应的变量控制阀的调节,使直接推动斜盘或偏心机构运动的变量控制液压缸活塞(常简称为变量活塞),如何按相应的要求,运动到合适的位置,实现相应的变量功能。这也就是为什么研究变量泵控制的插图,往往将变量控制阀、变量控制液压缸单独画在泵的基本图形之外的原因(有时,连泵的基本图形都省去)。我们应该逐步适应这种专业习惯性的图形画法,并建立明确的直接的联想,变量控制缸活塞(变量活塞)的位移变化,就代表了斜盘泵斜盘倾斜角、叶片泵定子转子之间偏心距的变化。还应该注意到,随着机械加工精确度的提高,液压泵的容积效率比以往有大幅度的提高,在现今应市的产品中,常常将变量缸活塞的位置的变化,直接看成流量的变化,这在压力、流量复合控制、恒功率变量控制等的原理结构中很常见。

11.1.3　电液比例变量泵

电液比例控制液压泵,大多是在原有变量泵基础上增设电液比例控制先导阀而实现的,即利用电—机械转换器(如比例电磁铁)和先导阀来操纵变量机构。这不仅是操作方式不同,更重要的是可利用微电子技术、计算机技术、检测反馈技术和容积调节的综合优势,方便地引入各种控制策略,便于利用电信号实现功率协调或各种适应控制,以及利用现场总线技术等,这对于高压大功率系统的性能改进和节能,都具有重要意义。

电液比例控制泵的先导控制,仍可归结于 A,B,C 三类液压半桥。对于单作用叶片泵、斜盘泵等的变量液压缸活塞与先导阀之间的反馈联系,可以是位置直接反馈、位移力反馈、流量位移力反馈等机械反馈形式,也可以是液压反馈和电反馈等多种形式。

泵控与阀控的对应关系,见图 2-13。

☞ **自学参考:比例泵只是多种变量形式的一种,没有单独的样本**

第一,与液压控制阀的情况相似,从控制方式的角度,如表 11-2 所示可以区分为手动、机动、电动、液动、电液控制等,但除了不同方式带来的控制性能、节能效果等差异之外,仅就从输入的角度看,只是方式不同。不同方式的输入,经转换成变量机构可以接受的信号之后,控制机构是基本或完全相同的。第二,要注意的是,变量泵与常规液压阀有一个重要的不同点是,不像常规液压阀那样,将电液控制阀(比例阀,比例伺服阀,伺服阀)形成一种独立的阀种,常有专门的样本等技术资料;而比例变量泵仅仅作为泵的一种变量控制方式,列在各种可能的变量方式系列之中,也不可能有单独的样本等技术资料。即对变量泵而言,首先是查看泵的类型,再查这种类型泵中有哪些变量控制方式。正是由于这两个侧面的原因,我们在后面对电液比例变量泵原理等的各种分析与研究,实际上对其他变量形式也是基本适用的。

11.2 电液比例控制排量调节泵

如前所述，排量调节泵能在任一给定的工作压力下，实现排量与输入信号成比例的控制功能。由于泵的容积效率随工作压力升高而降低，故这种泵的输出流量得不到精确的控制。这一点，就是变排量泵与后面讨论的流量调节泵的最主要的差别。

比例控制排量控制泵的变量控制液压缸活塞与先导级之间，可以是单纯的液压力联系，也可以是不同形式的反馈联系。后者常见的有位移直接反馈与位移—力反馈。

11.2.1 位置直接反馈式排量调节

这种反馈连接方式相当于常规变量泵的伺服变量方式，即变量活塞跟踪先导阀的位移而定位。采用比例电磁铁操作时，其行程应与变量活塞的最大行程相等。图 11-3(a)中 F_c 为与输入信号相当的输入力，它可以是手动的、机械的、液压的，对于电液变量泵，它就是比例电磁铁的推力。这种变量机构有以下的特点：

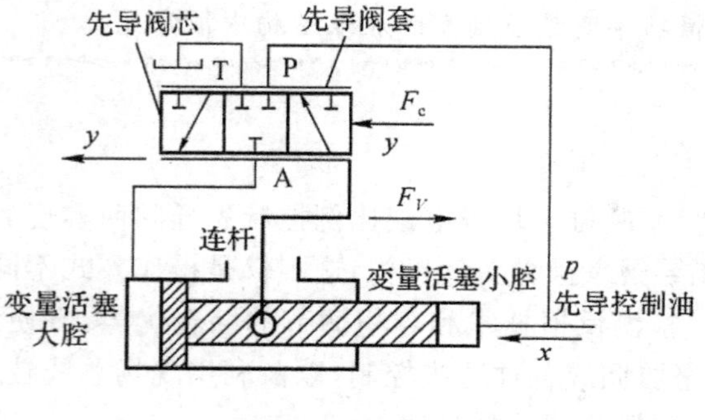

(a) 位移直接反馈型

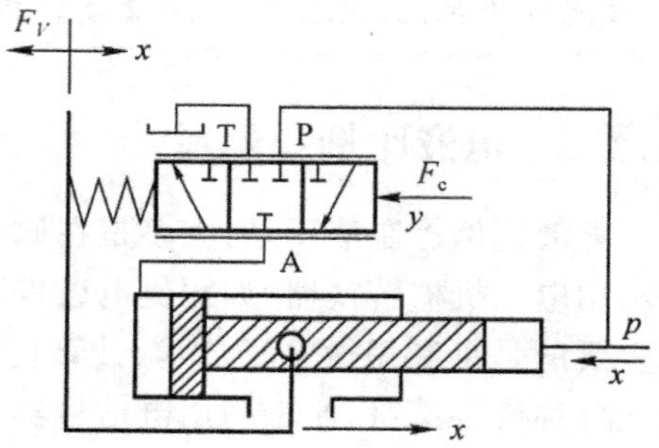

(b) 位移—力反馈型

图 11-3 单向排量调节泵(变排量泵)原理

(1)稳态时变量活塞和先导阀芯的位移相等；

(2)变量活塞的响应速度，取决于先导阀的输出流量；

(3)先导阀芯的通流面积是$(y-x)$的函数，所以总是在开口量很小的情况下工作(如图 11-3 所示，y 为先导阀芯位移，x 为变量活塞位移)；

(4)先导阀口零位附近的流量增益和压力增益，决定这种调节方式的响应性能。

研究表明，以上所述特点除第一项仅适用于图 11-3(a)所示的位移直接反馈型外，其余三项几乎是所有变量机构的共同特点。

☞**自学参考**：领会图 11-3(a)时请留意以下三点：

(1)如前所述，这种变量原理图只画出接受输入信号的变量控制阀和变量活塞；并以变量活塞的位移代表变量泵几何参数(斜盘倾角，定、转子间偏心距)的变化；

(2)在图示的直接位置反馈型中，变量控制的先导阀阀套通过连杆与变量活塞机械相连；

(3)图示位移直接反馈的原始状态假设为：先导阀处于中位，变量活塞小腔直接作用着先导控制油压，变量活塞大腔(控制敏感腔)充满控制油液，变量活塞处于轴向力平衡状态，泵的排量与输入信号 F_C 对应。并设定 x 方向是使排量调节参数增大方向。当输入信号增大时的慢动作分解：增大的输入力使阀芯左移，在将先导阀口(A—T)逐步打开时，变量活塞大腔的部分油液(与输入信号增量对应)通过打开的阀口流回油箱(先导阀右边的图形换到中间)，引起变量活塞左移(先导阀口流量的积分决定变量活塞的位移)并带动先导阀阀套一起左移，将刚才打开的先导阀口重新关闭，进入一个新的平衡位置。这里，实现了泵的排量(变量活塞位移)与输入信号的接近线性的比例关系。

Bosch-Rexroth 公司的 A4V 泵，是斜盘式结构的轴向柱塞式多功能变量泵，其排量控制具有多种形式，图 11-4 是其变排量原理图。A4V 泵带有一个辅助泵，用来给闭式回路补油，并给变量缸提供先导控制油。其中还装有一只限制最高补油压力的溢流阀。泵的两个输出油路上各有一个安全阀，保护油路高压测以避免超载。

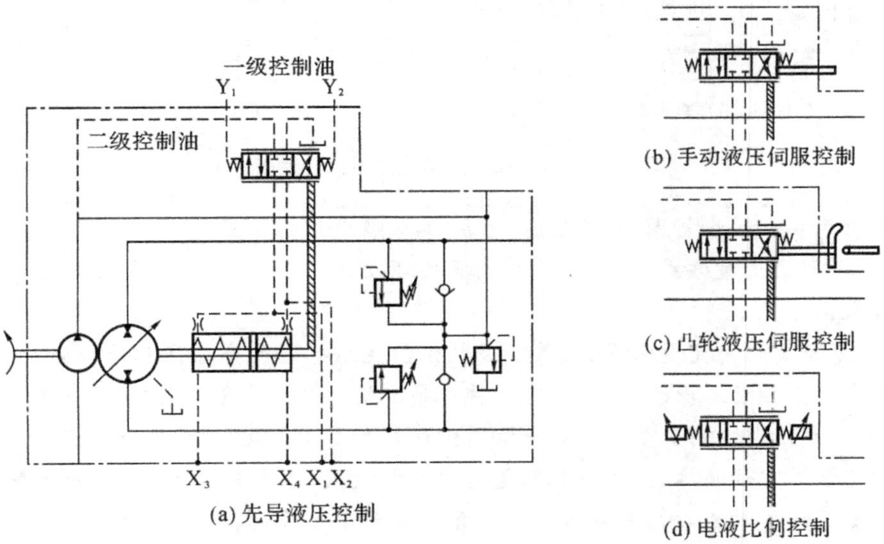

图 11-4　A4V 泵的双向变排量原理

根据先导控制阀的驱动方式，其可区分为先导液压控制、手动液压伺服控制、凸轮液压伺服控制和电液比例控制，以及后面将要讨论的 DA 速度敏感控制等多种形式。其响应的典型控制特性见图 11-5。

对于先导液压控制型(见图 11.5(a))，变量缸的先导控制油(二级控制油)也来自辅助泵。而变量活塞的位移取决于来自 Y_1 与 Y_2 两路先导阀控制油(一级控制油)的压力差 p_{st}(一般情况下，当一路通于控制油时，另一路的油压为零)，改变 p_{st}就可以无级地调节泵的排量。一级先导控制油来自 Y_1 或 Y_2，决定了泵的排油方向。由于二级控制油来自主泵之外的辅助泵，解决了双向变量泵过零点的原动力，所以，主泵可根据 $\pm p_{st}$在正负排量之间转换。

对于电液比例控制，先导阀芯由两只比例电磁铁驱动。泵的排量与比例电磁铁的控制电流成比例。

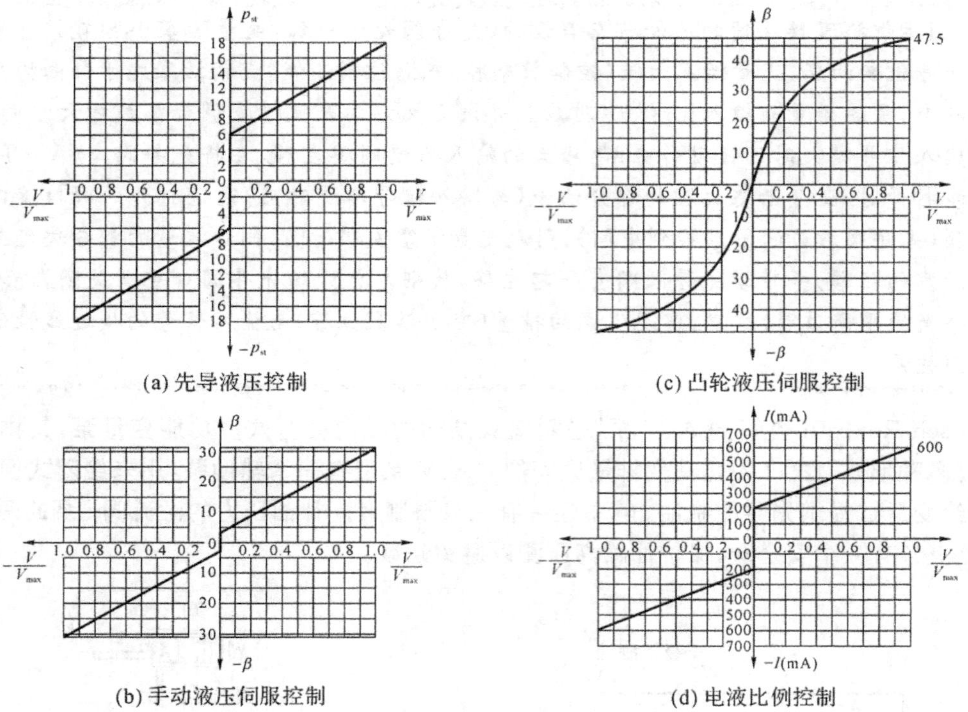

图 11-5 A4V 泵的双向变排量泵控制特性

☞**自学参考**:阅读、分析图 11-4 与图 11-5 时,请留意这样几点:

(1)不同的变量方式,是按先导控制阀的驱动方式来区分的,即按输入的变量控制信号来区分。

(2)不论是何种变量形式,进入变量控制缸左右容腔的先导油都是来自辅助泵,即不是来自变量泵本身的出口。具有这种先导油供油方式的变量泵,一般称为外控式(也称他控式、外供式)变量泵。对于像图示这种双向变量泵,外控较好地解决了所谓的双向变量过零位的难题。因为如果是内控方式(也称自控式、内供式,即先导控制油引自变量泵本身的出口),当输入要从正信号变为负信号时,例如斜盘的倾斜角就要相应地从正的角度变为负的角度(参见图 11-1,从$+\beta$变到$-\beta$),这当中要经过倾斜角为零的死点。在死点,由于斜盘倾斜角等于零,泵无流量输出,控制油无来源,变量机构无法离开零位而死机。一般情况下,如采用内控方式,必须增设例如蓄能器等,保证变量机构过零位。对于内控式单向变量泵,当然不存在过零位问题。但它的问题在于刚启动时,是否能产生变量控制所需要的控制油。为解决这个问题,一般都将内控式单向变量泵设计成,原始状态时处于排量最大位置。否则,上一次泵停机时的随意性,可能使泵的变量机构处于排量最小位置,使泵无法在这一次正常启动运行。

(3)对于图示的他控式双向变量泵,一般设计成其原始位置排量为零,而且多数是依靠弹簧复位来实现。

(4)从控制特性曲线可见,除了凸轮控制外,其他控制方式,都存在一定的零位死区。对于先导液压控制与电液比例控制,其零位死区约占控制范围的 1/3。

11.2.2　位移—力反馈式排量调节

电液比例位移—力反馈式排量调节原理，见图 11-3(b)。先导级的位移输入由比例电磁铁给出，先导级的力平衡决定阀口开度，先导阀口流量的积分决定变量活塞的位移。此位移通过反馈弹簧使先导阀口关闭，使变量活塞定位在一个新的位置上。

当采用液压力作为输入信号时，控制压力既可以引自外控油源，也可以引自变量泵的出口并经减压阀与比例压力阀串联油路分压(参见图 11-6)。后一种控制方式的输入信号就是比例压力阀的控制电流，所以也称为电控变量泵。但就控制原理而言，仍是位移—力反馈式排量调节原理，只是输入信号经过电流压力转换而已。

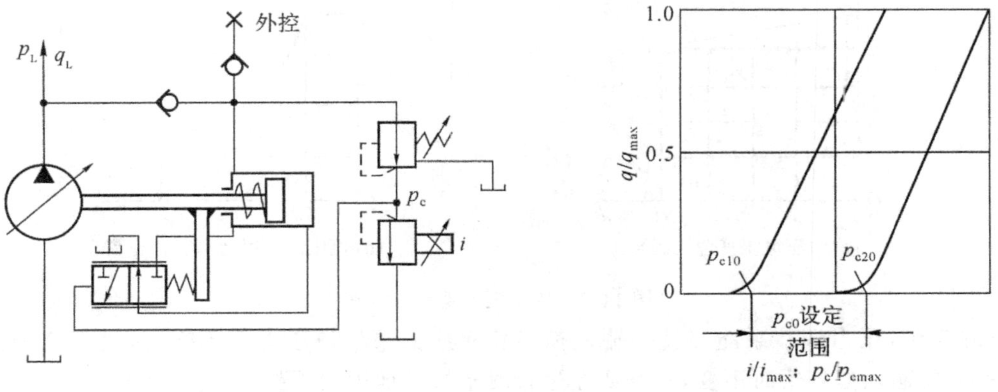

图 11-6　液压力控制的排量调节泵原理

11.3　比例控制压力调节泵

11.3.1　基本功能与主要应用

压力调节泵，通常称为恒压泵，也常被称为负载敏感泵，其基本含义是，变量泵所维持的泵的出口压力(系统压力)，能随输入信号的变化而变化 。压力调节泵是变量泵中应用范围最广、生产量最大的品种，广泛应用于调压等系统，特别是在快速行程后需要小流量保压的周期性运行系统，具有明显的简化系统和节能效果。早期的限压叶片泵，也应该归属于这个范畴，只不过其特性远不及现今的压力调节泵。压力调节泵在系统中处于不同运行状态时，表现出多样化的特性。有些工程技术人员对此缺乏认识，常会由此产生一些系统故障，且无从下手诊断。根据泵的基本原理与运行特性，参见图 11-7(a)，可以将压力调节泵的特性综合归纳如下：

(1)变量泵所维持的泵的出口压力(系统压力)，能随输入信号的变化而变化(从控制特性角度强调)；

(2)在系统压力未达到压力调节泵的调定压力之前，压力调节泵是一个定量泵，向系统提供泵的最大流量(是“事故多发区”，参见后面的应用示例)；

(3)当系统压力达到调定值时，不论负载所要求的流量(在泵最大流量范围内)发生或大

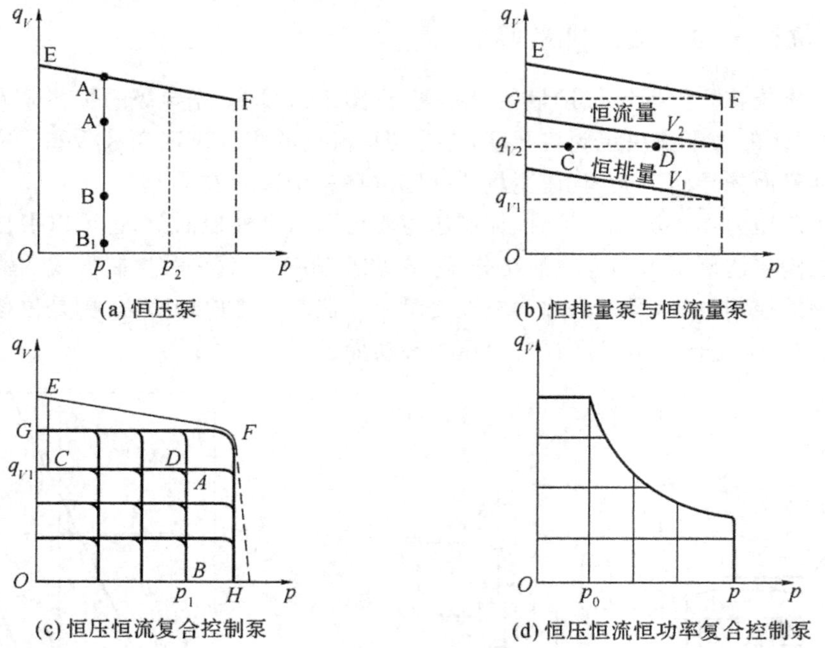

图 11-7 变量泵的典型 p-q 图

或小的变化，压力调节泵能保持与输入信号相对应的泵出口压力值不变(这里有 2 个留意点：一个要输入信号暂时不变，一个要在运行时不被其他因素干扰，能进入恒压工况)。

根据这些特性，压力调节泵的主要常见用途为：

(1)用于液压系统保压，保压时其输出流量只补偿泵的内泄漏和系统泄漏；

(2)用作电液伺服系统的恒压源，具有动态特性好的优点；

(3)用于节流调速系统；

(4)用于其他负载所需流量变化，而要求压力保持不变的系统；

(5)对于电液比例压力调节泵，更常用于压力流量都需要变化的负载适应系统，等。

11.3.2 基本工作原理与特性

图 11-8 所示是以单作用叶片泵为例，给出了恒压泵的原理图，其中图(a)所示为直动式(直接作用式)，图(b)所示为先导控制式。从原理图可以看到的主要要点包括：

(1)推动变量先导阀动作的控制油，来自变量泵本身出口，所以，属于自控式(自供式)变量泵。

(2)控制油的作用容腔分大、小两个容腔(相当于变量缸的大小容腔)，从泵出口引来的控制油，直接进入小容腔，即小容腔始终与泵的出口相连。而控制油要经过变量控制阀(也有称为变量伺服阀，因为这种阀属于阀芯位置连续可调的，而阀芯位置连续可调的只有伺服阀与比例阀)的调节，才能到达大容腔(即所谓的控制敏感腔)，大容腔的排油，也受变量控制阀的调节。这里请留意，据经验，大小腔作用面积比，以 2∶1 为最佳。

(3)在泵未运行时，不论是直动式还是先导控制式，变量控制阀芯在弹簧力作用下处于最下端位置，即大腔与泵出口直接连通。当泵启动后，压力油同时进入有较大面积差的大小容腔，使定子转子之间的偏心距为最大，泵向外排出最大流量。

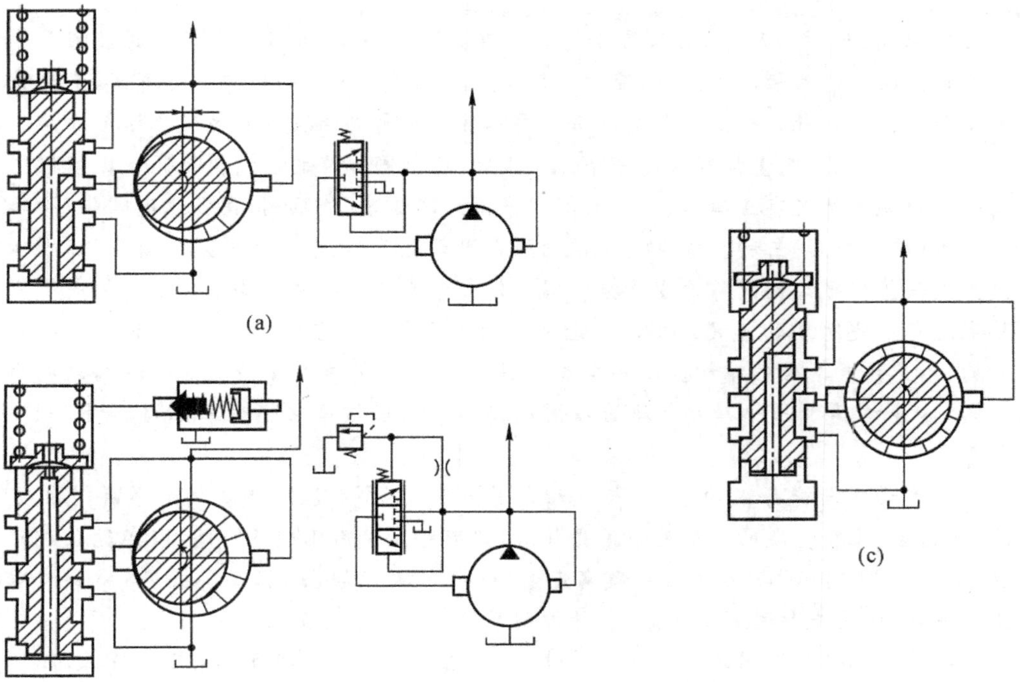
(a)　(b)　(c)

图 11-8　恒压泵(压力调节泵)工作原理图

(4)当负载压力没有达到调定值(手动弹簧调节,或先导式中用比例电磁铁调节先导压力阀)时,先导阀芯处于原始状态不动。当系统压力刚刚达到恒压调定值(参见图 11-7(a)的 p_1)时,先导阀芯处于将动未动状态,即变量泵仍然向系统提供最大流量(参见图 11-7(a)的 A_1 点),这时变量泵准备进入恒压变量状态(工况)。

(5)当变量泵到达恒压工况线时,如果负载需要的流量减小了,例如降到 A 点(参见图 11-7(a)),则对于从泵的出口到负载这个被研究的容腔而言,需要的流量小于由泵提供的流量。由第 2 章的动态封闭容腔压力基本公式(2-2)可知,此时,泵出口的压力必然有短暂的升高现象。升高了的出口压力作用到变量控制阀的底部,阀芯受力平衡状态被破坏,阀芯开始上升。阀芯不断上升,先是关小进入大容腔的阀口开度(阀芯中间台肩上沿起作用),直到完全关闭该阀口;此时,变量泵仍然以最大流量向系统供油,泵出口压力居高不下,高压继续迫使阀芯进一步上升,直到将大容腔通油箱的阀口打开(阀芯中间台肩下沿起作用),将封闭在大容腔中的油液流出一部分,迫使偏心距减小,即排量开始减小,直到变量泵输出的流量正好符合负载的需要值。根据基本压力公式可知,此时泵出口压力将恢复到与输入信号相对应的数值上。一旦泵出口压力降低,阀芯就开始下降;而泵出口压力恢复时,阀芯的中间台肩正好将进入大容腔的阀口完全关闭(一般为正遮盖),泵暂时稳定在相应流量下运行。不用多说明,这一段所描述的过程在实际系统中一是自动进行的,二是时间(反馈响应时间)通常只在几毫秒到几十毫秒量级上。对没有特别要求的系统常可略去过程所产生的压力变化对实际系统运行的影响。

☞**自学参考**：1. 对恒压泵，输入信号是主动控制信号，泵的输出压力将受其控制而跟随变化。而在进入恒压工况时，变量泵维持与输入信号对应的出口压力不变，要克服的主要干扰量是什么？是不是应该讲主要是负载所需要的流量发生变化这个因素？

2. 如前所述，变量控制阀是一个像伺服阀、比例阀那样的连续控制阀。连续控制阀的阀口遮盖情况有正遮盖（一般比例阀采用）、零遮盖（伺服阀，伺服比例阀采用）和负遮盖（较少采用）三种。以往变量控制阀常用正遮盖，现今也有采用零遮盖的结构，例如直接将伺服比例阀作为变量控制阀。但由于变量泵经常需要在某一个调定值下稳定运行一定时间的情况，所以，不论是正遮盖还是零遮盖，控制阀一般需要三位的结构，不应该是两位的结构。而相当多的图书资料（含样本），常将变量控制阀画成两位阀，这应该属于一种不大合理的习惯，在理解上，应该将它视为三位阀，如图 11-8 所示。

3. 直动式与先导式的差异，与直动式溢流阀、先导式溢流阀之间的差异是相似的。在这里，比较重要的是如果采用先导式，就有可能使用比例压力阀，以实现在线的控制。参见图 11-8(b)，从液压桥路角度看，先导油路是典型的 B 型半桥。与先导式溢流阀一样，采用先导控制形式后，变量控制阀的弹簧主要起复位的作用。

4. 曾广泛得到应用的限压式变量叶片泵，也具有与压力调节泵相似的特性，但其工作原理有较大的差别，请参见相关专业图书。

11.3.3 工程应用

如前所述，这类泵的特点之一是泵出口压力的微小变化将引起输出流量的较大变化（请注意前面所说的因果关系），以维持泵的输出压力在给定值附近。当负载所需流量变化较大时，由于变量调节不够灵敏（泵控比起阀控来响应要慢一些），输出流量跟不上负载流量的瞬时变化，将会引起压力的较大波动。因此，这类油源通常要配备蓄能器，以适应短期峰值流量的需要。同时，必要时应对脉动压力进行滤波。

恒压泵在工程系统中得到广泛应用，归纳起来主要有两种用法。

(1)主流用法

参见图 11-9，泵运行于图示的 AB，BC 区域，即 AB 段的定量泵供油（大流量）和 BC 段的恒压控制，达到节能效果；此时，安全压力 p_3 必须高于恒压压力 p_2。如果 p_3 低于 p_2，即变成 p_1，则恒压泵无法进入恒压工况，达不到节能目的。

(2)定量泵使用

在变量泵家族中，恒压泵所占比重较大，据 Bosch 公司上世纪 80 年代的统计，约占总台数产量的 90%。由于生产批量大，供货期短，可靠性提高，生产成本降低，相应的销售价降低。据对比，100 L/m 上下规格的恒压泵售价，与同规格的定量泵很接近。所以，考虑当作特殊的定量泵使用，一般仅运行于 AB 段。系统的调节压力 p_1，低于恒压泵调定压力 p_2，而将对应于 p_2 恒压功能转变为安全限压功能。同时，利用调节恒压泵变量缸几何限位螺钉的办法，来停车改变流量，所以兼有手调变量的功能。

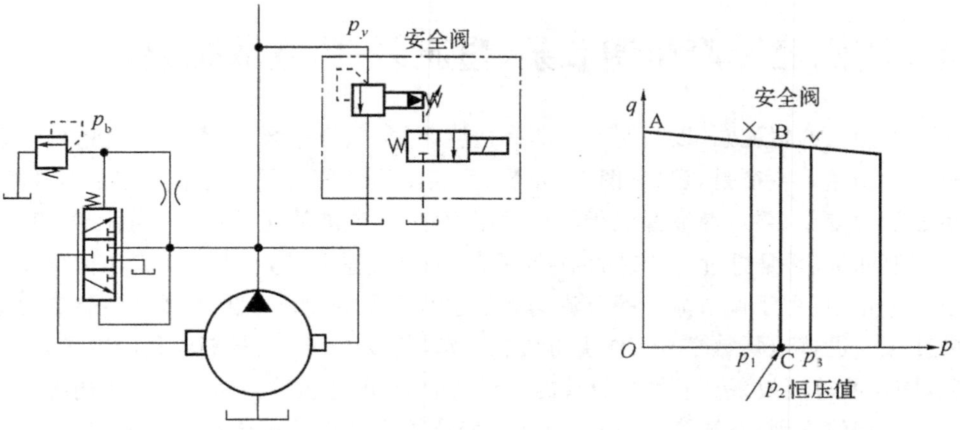

(a) 油路图　　(b) 负载特性图

图 11-9　恒压泵运行示例图

☞**自学参考**：应用失效例(参见图 11-9)。某钢铁厂弧形方坯连铸机液压系统，采用恒压泵为动力源，以节约能源，减小系统发热。在设备调试运行时，事与愿违，系统只要启动运行，油温就开始逐步升高。造成油温不断升高，系统无法正常运行。据介绍，厂里技术人员按常规思路，对整个大系统进行了长达半月余的分割排查，一直找不到发热的故障原因。结果怀疑到是否恒压泵本身出了问题。实际情况是，为了保证恒压泵无负荷地正常启动，如图 11.9 所示，设置了兼作系统安全阀的先导卸荷溢流阀组。经解剖系统查明，造成油温不断升高的原因在于恒压泵未能进入正常运行状态，问题出在作为安全阀的调定安全压力 p_1 低于恒压泵的调定压力 p_2。这样一来，恒压泵始终(包括低速工进)变成向系统提供最大流量，多余流量以 p_1 值溢流发热的定量泵运行于系统。对于恒压泵“在系统压力未达到压力调节泵的调定压力之前，压力调节泵是一个定量泵，向系统提供泵的最大流量”这个特性，一般容易忽视，不像对“不论负载所要求的流量发生或大或小的变化，压力调节泵能保持与输入信号相对应的泵出口压力值不变”特性那样印象深刻。这个事故例，提醒了我们要注意，“在不同的状态，有不同的特性”这个具有普遍意义的哲理。

在过程应用中，还应注意到两个细节。第一，恒压泵进入恒压工况后，是能根据负载的需要改变供往系统的流量，而保持系统压力基本不变。即恒压泵能稳定运行于负载特性线(图 11-9(b)中的 BC 线)上的任意点，并不是一进入压力调定点，流量就要很快变成零。关于这一点，现在有一些样本资料总是将后面将讨论到的变量泵压力切断功能，与恒压功能等同起来。压力切断功能的作用，倒是当系统压力达到其调定值时，通过压力切断阀的作用，将泵的输出流量降到可能的最小值，以保护系统，主要是避免溢流发热。这可以认为，是一种新思维方式下的安全保护与节能措施。第二个细节，就是恒压泵运行时可以根据负载的需要，不向负载提供流量，但不会运行于排量为零的状况，也就是说，它还是需要有一定的小流量，用于维持泵内部的泄漏循环。

实际工程系统有简单，也有复杂。有时例如需要 2 台恒压泵运行于一个系统，这就需要根据恒压泵的一般规律，和液压系统的其他游戏规则一起通盘加于考虑，或者与变量泵的生产厂家协调。

11.4 比例控制流量调节泵(恒流泵,负载敏感泵)

一般概念上的恒流泵,以及所谓的功率适应泵,负载敏感泵等,都属于流量调节泵的范畴。这类泵的基本特征是,(参见图 11-7(b))泵输给系统的流量只与输入控制信号相关,而不受负载压力变化(泵内部泄漏流量与负载压力相关,油液的压缩性与负载压力相关)或原动机转速波动(流量是排量与转速的乘积)的影响;同样重要的是,泵的出口压力仅比负载压力高出一个定值(用于调节流量的节流阀定压差),在最高限压范围内泵始终能自动地适应负载的变化。也就是泵始终能工作于与负载功率(负载压力与所控制流量的乘积)匹配的状况,具有明显的节能效果。这种与负载的自动适应,也就是被称为功率适应泵的缘由。

这里应该注意到,对恒流泵而言,引起其变量机构动作的主要来自两个方面的干扰:负载压力变化与原动机转速波动。前者表现为泵容积效率的变化和油液压缩性的影响,如果不进行补偿,就回归到排量调节泵。后者的干扰量要有一定的限制,原动机转速的过大变化对液压泵性能的影响,还要受其他条件的制约。

实现流量泵上述基本功能的机制,与压力调节泵一样,是在干扰作用下,泵出口流量的变化,将引起泵出口压力的变化,从而自动促使变量机构动作,最终也是通过改变泵的排量,来达到恒流效果。这当然是就传统类型而言的。从后面的讨论中可以看到,当采用流量—位移—力反馈及流量电反馈等新原理时,情况就发生了重要变化。但不论是传统的变量机制,还是采用主控制量检测反馈的新机制,最终都是依靠改变泵的排量来自动适应控制要求。正因为这个原理,当泵的排量达到最大值所对应的数值时,变量机构就失去补偿功能,因此,如图 11-7(b)所示,恒流泵存在一定的调节死区。

☞ **自学参考**:参见图 11-7(b)与图 11-7(c),图中 EF 线表明随着压力升高,泵最大可能的流量值;F 点的垂直虚线,表示泵可运行的最高压力;这两条线所包围的就是泵的功率域。图中 EFG 三角形区域,就是恒流泵的调节死区。

11.4.1 传统压差控制型

传统压差控制型流量调节泵的基本特征,是在泵的出口到负载之间设置一个节流阀(手动节流阀、电液比例节流阀、电液比例方向节流阀等都是可选元件),用节流阀两端的压差来控制变量控制阀,进而推动变量机构(参见图 11-10)。改变节流阀的输入信号,就可以改变泵的调定流量。实际上,节流阀两端的正常压差就等于变量控制阀一端弹簧力所对应的液压力。在一定的输入信号下,节流阀有对应的过流面积,当泵的输出流量与输入信号对应时,变量控制阀处于中位。如果出现干扰,例如负载压力升高使实际输往负载的流量减少,则在与输入信号对应的节流阀口过流面积不变情况下,在节流阀处产生的压降就要比正常压差小,造成变量控制阀两端受力不平衡而使阀芯右移。即形成 A—T 阀口沟通,变量缸大腔油液流出一部分,使泵的排量增大,直至通过节流阀的流量重新与输入信号对应,变量控制阀重新回到中位。如果出现负载压力降低的干扰,则有相反的类似自动调节过程。

传统压差控制型泵的流量控制精度虽然不高(精度通常在 3%～5%),而且消耗全流量

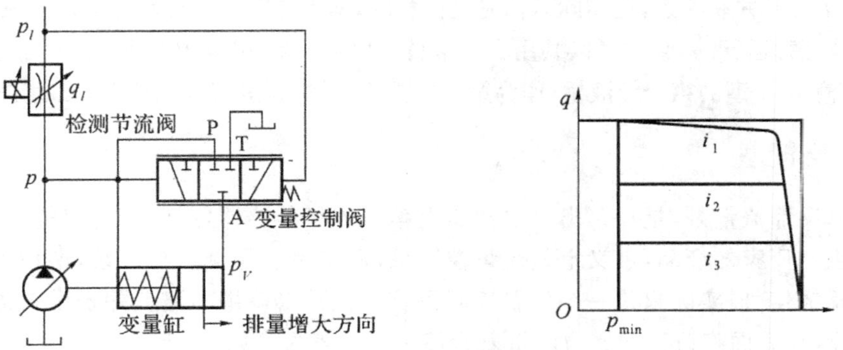

图 11-10　节流检测压差反馈型流量调节泵

为 0.8～1.2 MPa 的压力损失，但具有负载功率适应和结构简单、易于构成压力、流量复合控制等的优势，目前仍然得到广泛的应用。

工程实践中应该特别这样注意两个问题：第一，原理图上的节流阀，实际上就是系统中进行流量控制的电液比例方向阀或手动比例方向阀。构成系统时，只要将比例方向阀后的负载压力，引到恒流泵预留的通向变量控制阀端面的接口就行。第二，在复合控制变量泵中，常用排量的变化代替流量的变化。

11.4.2　内含流量传感器检测反馈型流量调节泵

浙江大学流体传动及控制研究所的科研成果中，大部分采用内含流量传感器的变量泵，其优点是控制精度较高，且全流量通过流量传感器的压力损失较低，约为 0.3～0.7 MPa。图 11-11 所示为压力流量复合控制变量叶片泵的流量控制部分（左半部分），就是采用流量传感器作为泵输出流量的检测反馈单元。先导可变液阻（先导阀口）RY_q 与 R_1 组成 B 型半桥，其输出作为具有双可变液阻 R_{x1}，R_{x2}的二级 A 型半桥的输入，通过二级半桥再去控制泵的变量缸。

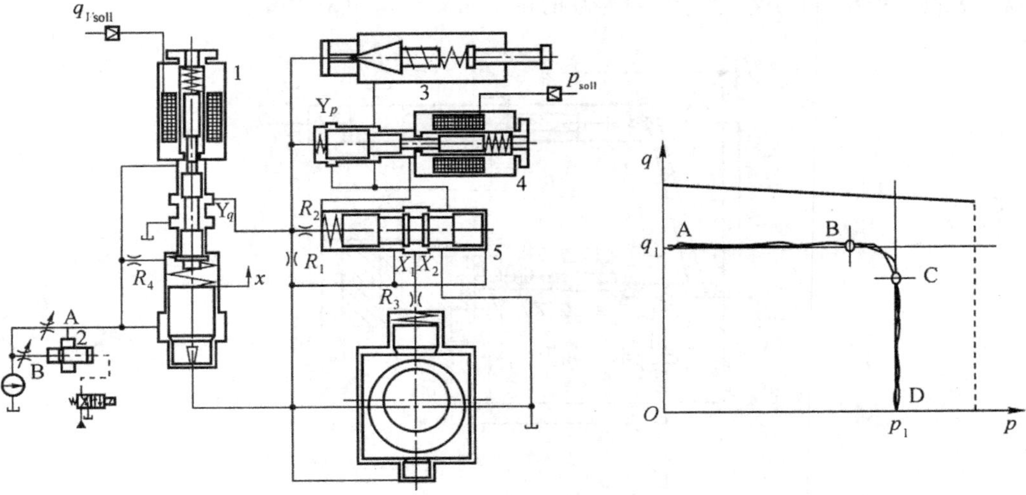

图 11-11　内含流量传感器检测反馈电液比例压力流量复合变量泵

这个复合控制泵的变量控制油路，从液压桥路角度看，有其特点。右边的恒压泵部分，由 RY_p 与 R_1 组成的压力控制半桥，第一，明显地与 RY_q 和 R_1 组成 B 型半桥共用固定液阻 R_1；

第二,形式上两者是并联关系,而实际运行时是交替的,即不是“同一时刻”起作用。第三,正由于两个半桥是交替运行的,它们可以共用二级液桥,即两个第一级液桥的输出,都是通过动态阻尼液阻 R_2 输给A型的第二级液桥,作为第二级液桥的输入,进行液压放大,推动定子运动。

11.4.3　电反馈型

通常的电反馈流量泵,是在泵出口主油路上串入流量传感器,此时有一定的压力损失。目前有不少生产厂家的产品,名义上是流量控制泵,而实际上是排量控制泵,即检测变量缸位移作为电反馈信号,实际只是一个位置控制系统。在泵出口主油路上并未设置流量传感器。这种情况,在后面将讨论的压力流量复合控制泵中较为多见。

如果按这种处理方式,即流量用变量缸的位移量代表,加上泵出口设置压力传感器,则可形成全新概念的复合控制。这种形式有两个最基本的优点,一是泵出口主油路上不串接任何流量检测元件,因而主油路上没有因进行控制带来的压力损失;二是这种电反馈形式,可方便地构成恒压、恒流、恒功率、或压力流量复合、压力排量复合、压力流量功率复合等,多种复合控制形式。不同形式只需增减相应的传感器,配置相应的电控器(或调用相应的功能),而变量泵的机械部分不用变动(参见本章“11.6.4 电反馈多功能复合比例控制变量泵”)。

11.5　功率调节泵(恒功率泵)

为了充分利用原动机功率,使原动机在高效率区域运转,使用功率调节泵是最简单的手段。现今的功率调节泵,由于控制系统结构的改进,使之很容易复合进压力、流量(多为排量)等功能,所以其应用越来越广泛,并已超出传统工程车辆的范围。

如图11-12所示,由于流量乘以压力代表功率,$pq=$常数的双曲线(q 为泵的体积流量),就是恒功率曲线。但在大多数情况下,系统中的泵均在较恒定的转速下运转,且泵的容积效率较高,因此常用 $pV=$常数(V 为泵的排量),即恒扭矩来代替恒功率。

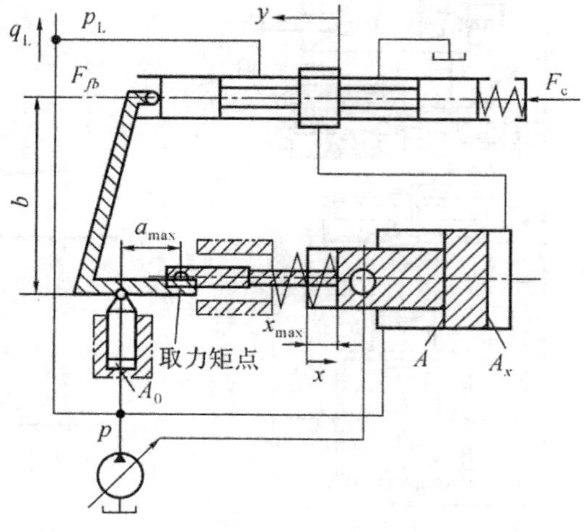

图11-12　带 $p+x$ 反馈的功率调节泵

用复合弹簧控制的传统恒功率调节泵,是以泵的最大流量和给定的起始调节值两者乘积来调定的,所以其可调参数实际上是起始调定值,被控制量是变量活塞的位移,即排量而并非流量。这种泵的调节特性主要由弹簧设计来决定。这里介绍几种近期出现的新形式。

11.5.1　带压力和位置反馈的恒功率调节泵

如图 11-12 所示，压力 p 通过一面积为 A_0 的活塞作用于拐臂，其施力点即拐臂的铰支点。先导阀芯在和调定的输入信号相对应的操作力作用下，对拐臂产生一个力矩 $F_c b$。因 b 为定值，当输入信号给定后此力矩亦为定值。拐臂的另一力臂 a 随变量活塞的位移 x 而变化。由此，稳态工况下拐臂的平衡条件为

$$F_c \cdot b = A_0 \cdot p_i \cdot a_i = \text{常数}$$

由于 a_i 反映了变量活塞的位置（即泵的排量 V），因此上式表示了压力与排量的双曲线关系。

假定控制力由比例电磁铁提供，若控制电流已给定为 i_0，则相应的控制力为 F_{c0}。当变量活塞处于对应最大斜盘倾角位置，即排量最大而 $x=x_{max}$ 和 $a=a_{max}$ 的位置时，则有

$$p_0 = \frac{F_{c0} \cdot b}{A_0 \cdot a_{max}}$$

这就是对应于 i_0（或 F_{c0}）的预调功率曲线，在最大排量（当泵的转速不变时即最大流量）时的起始工作压力。若系统压力 $p<p_0$，则流量仍为最大。如果 $p>p_0$，则流量按双曲线规律下降。给定不同的控制电流值，即可获得不同功率的恒功率调节特性。

这种泵的杠杆机构反馈方式有其特点。拐臂一侧的力矩（pA_0a），由作为干扰输入量的系统压力 p 和被控制量（变量活塞位移 x，即 a）的乘积所组成。此反馈力矩由拐臂另一侧的力臂 b 转换为反馈力 F_{fb}，而与控制输入信号 F_{a0} 进行比较。因此，拐臂机构兼有压力反馈和位移反馈的作用。由原理图可知，若负载压力不变而控制信号增大时，泵的输出流量随之增加，亦即输出功率增大；若控制信号不变而负载压力增大时，泵的输出流量随之减小，按等功率特性自动调节。当然，无论是负载压力变化，还是泵的转速改变而引起负载压力变化，都能通过压力反馈回路对排量进行调节。

11.5.2　现场可调的恒功率调节泵

图 11-13 所示的恒功率泵在结构原理上的重要特点是，在实现压力和位置反馈的杠杆上，作用着一个可调弹簧力，用户在使用现场调节此弹簧力，就可在相当大范围内调整泵的功率范围，如图 11-13(c) 所示。

11.5.3　双泵总功率控制

在有些机械中，原动机驱动两台大型变量泵，而泵组的总功率容量超过原动机的功率。其典型的例子为大型建筑机械，它所有的功能都由液压驱动。尽管每台泵都是独立的限扭矩控制变量泵，但这仍不能最有效地利用原动机的功率。例如，如果原动机在其最大功率点上只有驱动一台泵的能力，每台泵的变量机构就须调整在 50%的功率水平上，以防极限状态下原动机超载。这意味着即使一台泵是轻载的，另一台泵也要限制在 50%的功率水平上，因此原动机剩余的功率将得不到利用。

当采用扭矩相加的双泵总功率控制时，原动机的功率就能得到充分利用，并使机器保持最高的生产率。在这种系统中，每台泵不仅可以按本身的扭矩点（排量与输出压力的组合）工作，同时也检测出另一台泵的扭矩。在原理图（见图 11-14）上，每台泵的系统压力分别作用

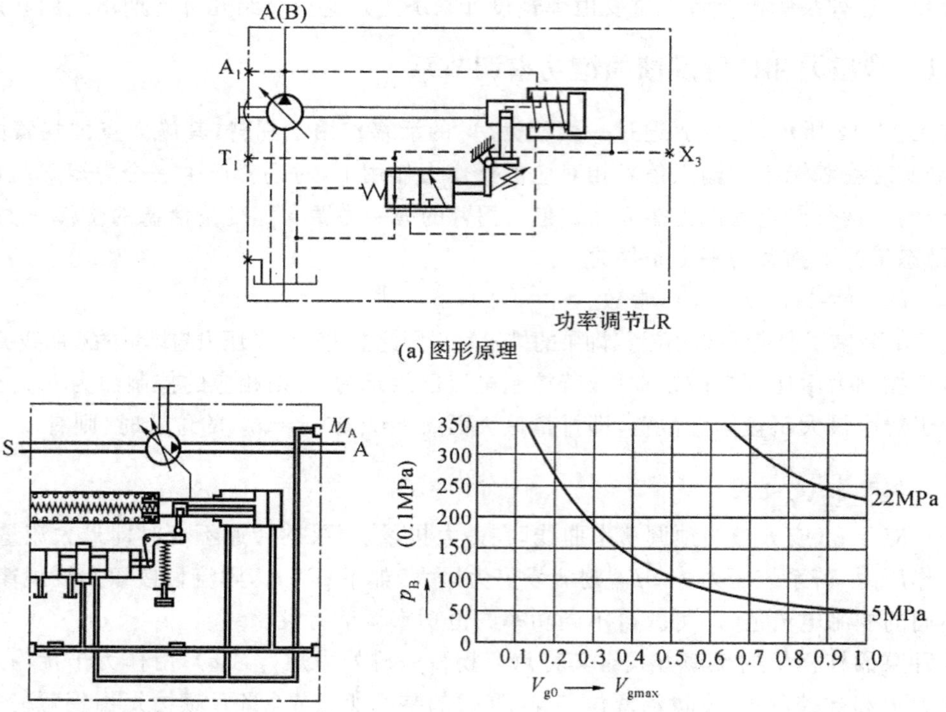

(a) 图形原理

(b) 结构原理

(c) 特性曲线

图 11-13 现场可调的恒功率调节泵

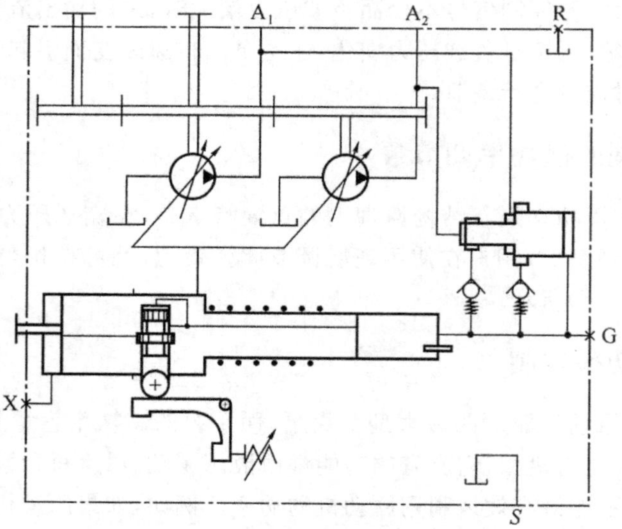

图 11-14 双泵总功率控制变量泵

在阶梯活塞的相当面积上，去共同控制变量先导阀。这样，当一台泵在低功率下工作时，第二台泵将自动把本身的扭矩极限提高到相应的数值，使泵组仍在原动机的最大功率下工作。每台泵都可自动使用另一台泵未利用的那部分功率，使功率达到相应的增值。其工作模式是 $q_1p_1+q_2p_2=$常数。

11.5.4　速度敏感控制

有些设备的原动机不仅驱动多台泵，同时也带动某些机械传动装置。其典型例子如大型轮式装载机，它的车轮由机械传动，而其余所有功能都由液压驱动。车轮的最大负载功率加上液压驱动功率，很容易超过原动机的最大输出功率。这种情况下使用扭矩相加是不合适的，因为没有一种从传动装置中检测扭矩信号的合适办法。但原动机有这样一种性能：当它接近最大功率时，转速就开始下降，这种情况为使用速度敏感控制创造了条件。当原动机转速下降时，速度敏感控制器使液压泵减小排量直至卸载，原动机的大部甚至全部功率用于驱动车轮行走。也有另一种情况，即如图 11-15 所示的闭路系统用于驱动行走车轮。当爬坡时，驱动车轮的阻力增大，(定量)液压马达的力矩上升，使液压泵压力跟随升高。由此造成发动机负荷增大，而迫使发动机转速下降。此时，速度敏感控制器可使泵减小排量，相应降低车轮转速。

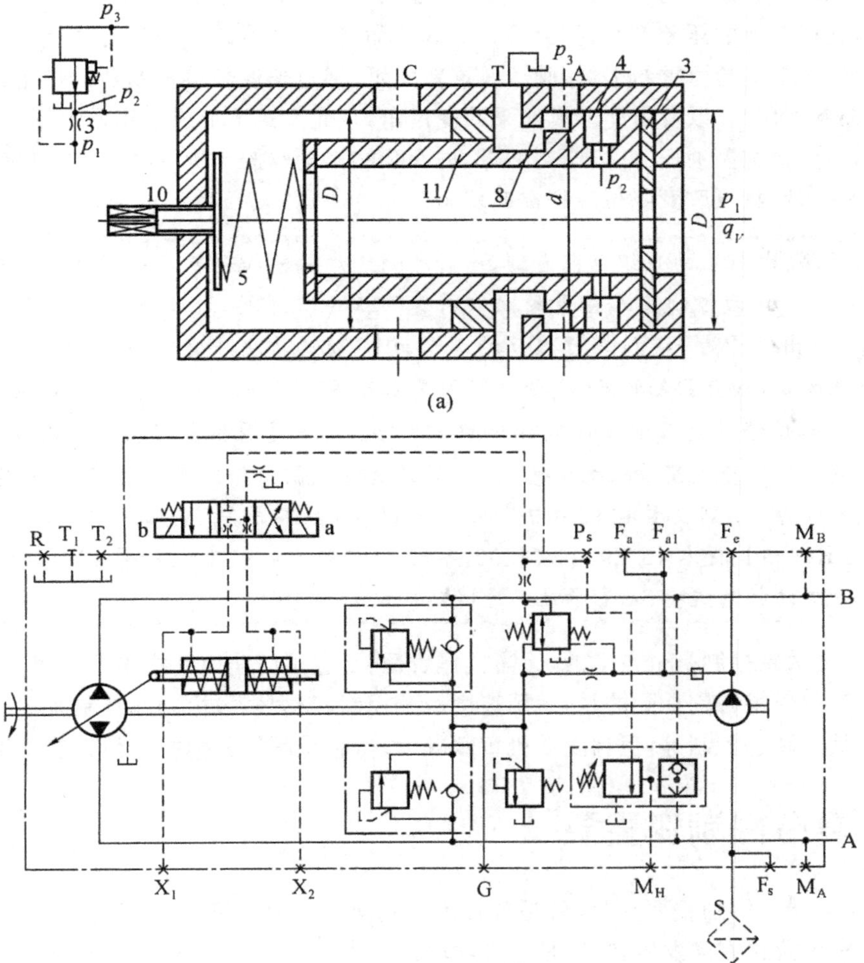

图 11-15　DA 阀原理与带 DA 阀的 A4V 变排量泵

上面的介绍表明，速度敏感控制器可用于原动机直接驱动、输出功率超过原动机最大功率的大容量液压传动装置。在这种类型的装置中，速度敏感控制器的功能与前述恒扭矩或总功率控制器件的功能相同，它可将泵在某一工作压力下的输出流量，限制在原动机的最大功率范围内。

下面介绍速度敏感控制器的工作原理。

速度敏感控制器，又称 DA 阀，它能将原动机的转速变化转换成变量泵的变量控制油压的变化，从而改变变量泵的排量，实现恒动率（恒扭矩）控制。速度敏感控制器的速度信号，可以很方便地用测量原动机直接驱动的另一台定量泵的流量获得。如图 11-15 所示，定量泵输出与原动机（例如柴油机）转速成正比的流量，在控制器孔板（液阻）3 上形成压差 $\Delta p=p_1-p_2$。此压差影响孔板阀芯组件 11 的平衡位置，以使控制阀口 4 打开，控制油经变量泵先导阀流向变量控制缸。控制油管路中的压力 p_3 作用在 $\frac{\pi}{4}(D^2-d^2)$ 的孔板阀芯组件的环形面积上（输出的反馈力），方向从左向右，与孔板 3 前后压差所产生的从右向左的输入力相抗衡，从而决定孔板阀芯组件 11 的平衡位置。当原动机转速稳定时，重新关闭阀口 4。当原动机的转速下降时，孔板 3 上的压差变小，控制阀口 8 因此而打开，变量缸中的油压降低，直至作用在孔板阀芯组件 11 上的力重新平衡，阀口 8 重新关闭。通过速度敏感控制器的作用，原动机转速和变量控制油压 p_3 以及由此形成的泵的变量角，在此方式下形成了比例关系。即原动机转速下降，使变量控制油压 p_3 按比例下降，进而泵的排量也按比例下降；反之亦然。改变弹簧 5 的预压缩量，就可改变限扭矩特性曲线。

☞**自学参考**：由以上的介绍可以看到，这种所谓速度敏感控制器，即 DA 阀，实质上是以 $\Delta p=p_1-p_2$ 为控制输入信号的比较特殊的三通减压阀，进油压力为孔板 3 后的压力 p_2，输出信号为 p_3。D 与 d 之间的环形面积，就是输出压力 p_3 的反馈作用面积。需要留意的是，配置 DA 阀后，变量控制阀是由开关电磁铁控制的开关阀。所以，这里决定变量缸位移的是三通减压阀的出口压力 p_3，而不是像位置直接反馈型那样，是经过变量控制阀进入变量缸的流量积分。如果变量控制阀与变量缸之间，仍然保持位置直接反馈联系，则变量控制阀中位必须是 H 型，且在与 P，A，B，T 连通口上带液阻，参见 Rexroth 样本 RC29002/05.99。由于 C 口处于孔板 3 的下游，因而从 C 口引向闭路系统的补油流量，不影响此三通减压阀的正常工作。

这种速度敏感控制是全自动的，无需操作者照管，它可防止原动机出现故障并保证整个运输车的控制。值得特别提到的是，采用速度敏感控制，与大多数恒动率控制方式一样，并不妨碍限压、负载敏感控制等，但当发动机负载较大时，它将超越其他控制而先起作用。

11.6 复合控制变量泵

目前变量泵发展的重要趋势，就是各种形式的复合控制不断出现，并朝着系列化、标准化、电子化和专业化方向发展。特别是在大功率系统中，复合控制是前述的排量（或流量）、压力、功率、速度敏感等功能的组合。新近又多引入压力切断（压力截流）、外信号排量控制（正、负流量控制）等复合控制。复合控制给系统简化、节能带来了明显的效益，特别是闭环电液控制变量泵的引入，使控制品质得以进一步的提高。

11.6.1　传统方式的压力流量复合控制变量泵

图 11-16 所示为典型的压力流量控制。阀①(恒压变量控制阀)与阀③配合,形成恒压力控制;阀 ②(恒流变量控制阀)与阀④配合,形成恒流量控制。从油路图可以看出几个值得注意的特点:第一,以比例方向节流阀④作为流量控制压差信号发生单元。按图示油路,油路接通时,比例方向节流阀的 P—B 和 A—T 两个通道同时得到利用,使阀口阻值降低。第二,从比例方向节流阀下游 D 点取出的负载压力,同时引到恒流阀和恒压阀。对于恒压力控制,先导控制油从 D 点引出后,经 D_1 与 D_2 之间的液阻 R,再到作为 B 型液压半桥可变液阻的阀③。此 B 型半桥的输出压力与负载压力比较,决定了恒压阀的控制位置。由于是压力流量复合控制,系统只有在安全阀⑤的调定值高于阀③可能的最高值情况下,才能充分发挥其优越功能。

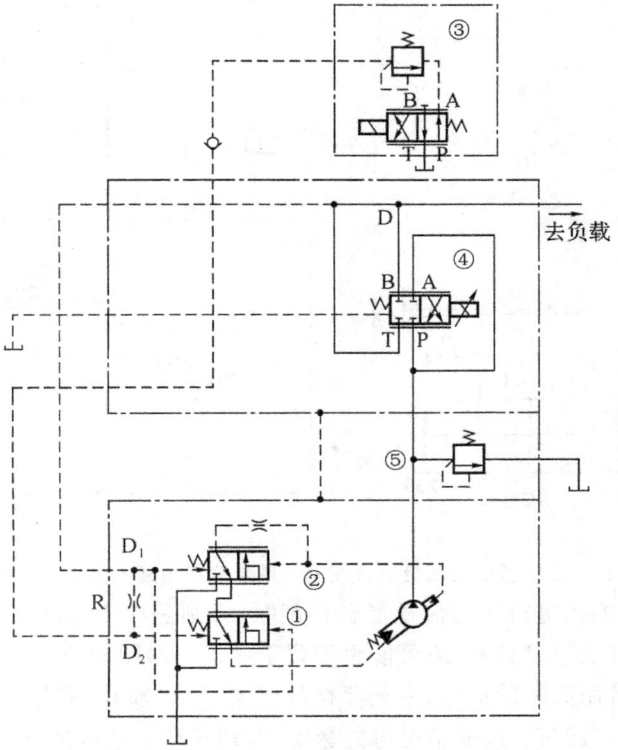

图 11-16　传统型压力流量复合控制泵

11.6.2　内含流量传感器的压力流量复合控制变量泵

图 11-11 所示为电液比例压力流量复合控制变量叶片泵的工作原理。如 11.4.2 内含流量传感器检测反馈型流量调节泵一节所述,其油路构成上有以下几个特点:第一,压力控制和流量控制采用共同液阻 R_1 的并联液压半桥;第二,第一级并联 B 型半桥的输出,用以控制共用的第二级 A 型半桥,进而控制变量缸的运动。这样的布置,简化了结构,但也给液阻的优化,即既要满足恒压特性,又要满足恒流特性的要求带来不足,特别是在转换点上并联半桥会出现相互干扰。为了改善特性,可以采取不共用 R_1,不共用二级阀的方案。

11.6.3 传统型压力流量复合控制变量泵控制油路的优化方案

与图 11-16 所示常规油路相比，图 11-17 所示的这种变量控制油路，具有与常规不同的特点。即在最靠近变量缸敏感腔(大腔)的恒压控制阀 A－T 通路之间，并联了一个带液阻 R_1 的通路，以及相应的液阻 R_2，R_3。这种布局，将给变量控制及系统运行在快速性、稳定性等多方面带来有利影响。例如，仅在恒压控制情况下，当 P－A 沟通，即排量减小的控制过程，变量控制油进入变量缸敏感腔可视为 C 型半桥(先经变量控制阀口可变液阻，并联一个由 R_1、R_2、R_3 三者串并联形成的固定液阻)的控制，适当地降低了控制增益，提高了稳定性；当 A－T 沟通，即排量增大的控制过程，变量缸敏感腔排出的油液经阀口与 R_1，R_2，R_3 三者串并联形成的液阻，提高了快速性和稳定性。

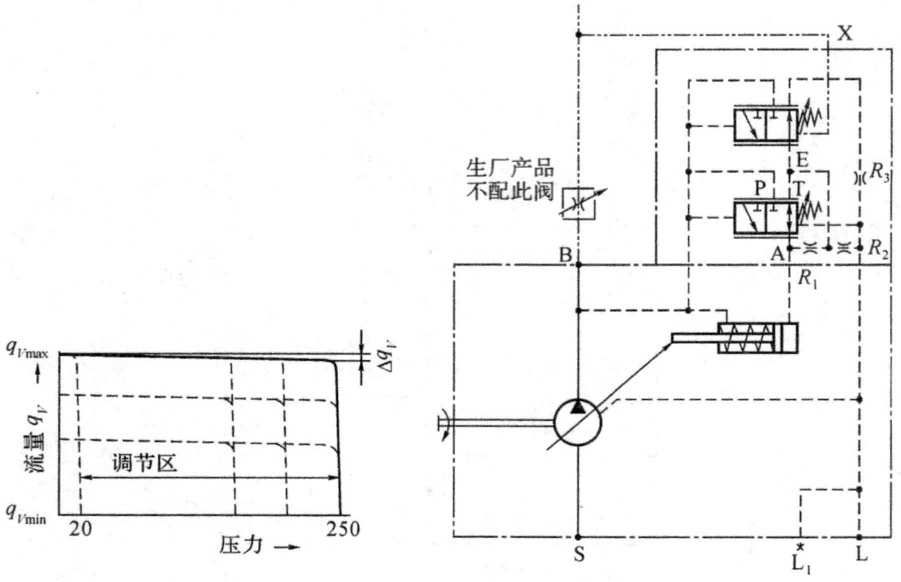

图 11-17　传统型压力流量复合控制变量泵控制油路的优化方案示例一

另一方面看，例如当进行压力流量复合控制时，特别是在压力流量的交叉点，恒压控制阀经常可能出现左右位过渡转换，或可能暂停留于中位。如图示的布局，像来自恒流阀这种至于恒压阀前面的控制阀来的信号，由于存在从 E 点(T 口前)经液阻 R_1 到 A 口的通道，就可不受恒压阀 T－A 口遮盖、过渡情况等的影响，实现了改善性能的准零遮盖效应。

☞**自学参考**：参见第 7 章 7.4.2“准零开口直动式三通比例减压阀”一节。

图 11-18 所示，为 HAVE B7960 压力流量复合控制变量泵控制原理图。该系统的设计者明确提出，组装在泵中的变量调节装置(含外置电控器)，必须检测“压力系统”的相关参量，并据此校正偏差，从而调节泵的排量。这里有两点要点：第一，这里所说的“压力系统”是指从主泵的出口到方向控制阀或执行器之间压力容腔。此压力容腔就是平时所说的“受压液体体积”。其大小是这里区分短管型、长管型、长管型并配置蓄能器等三种压力系统类型的根据。此压力容腔的大小，有时按电液类比的概念称为“液容”。第二个要点是所控制的系统参量，例如系统的压力、系统中通过节流孔的压差、系统中排量与压力的乘积。由于这些被控系

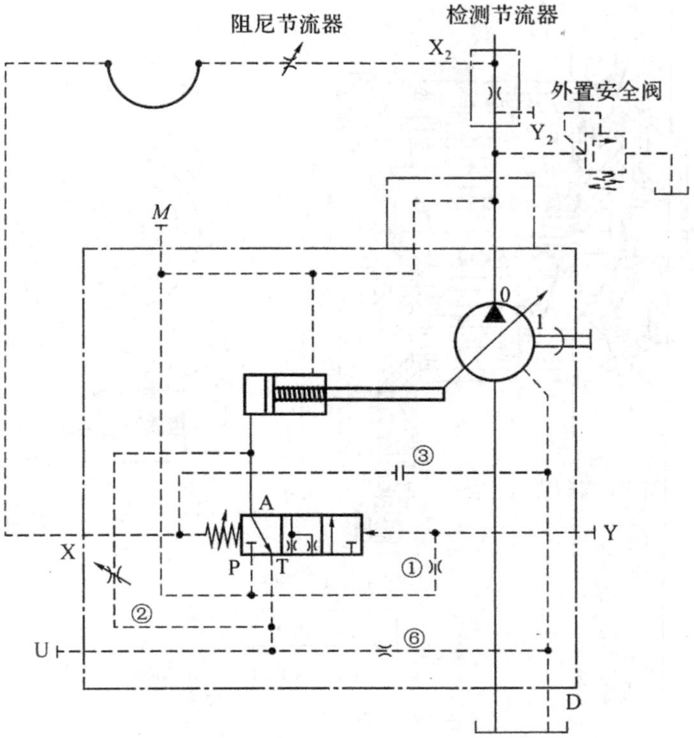

图 11-18　传统型压力流量复合控制变量泵控制油路的优化方案示例二

统参量的特性，不仅与泵而且与整个压力系统的构成，包括负载的类型相关联，很显然，变量调节器必须与“压力系统”和负载的特性相协调。

> ☞**自学参考**：实际上可以按照第 2 章关于动态封闭容腔压力公式的概念，将这里所说的“压力系统”视为一个动态封闭容腔。此容腔的特性，包括系统的稳定性与快速性，势必受到作为向容腔输入油液的变量泵特性的直接影响。以及反过来，容腔的压力变化情况，也影响到泵的变量控制。

压力系统可区分为三种类型：

(1)短管型，主要为硬管，受压液体体积小。

(2)长管型，主要为软管，受压液体体积较大。

(3)长管型并配置蓄能器，受压液体体积较大。

为了对压力系统进行调整，并考虑其稳定性，HAVE 变量泵各种不同变量控制器，根据不同的压力系统(液容)，一般都提供了带旁路液阻②的油路。在受压容腔较小时，可将旁路液阻进一步开大；在受压容腔较大时，最好将旁路液阻关小一点，以提高其调节精度。如果尽管调节了旁路液阻，还是出现振动的话，则可装入一个出流液阻⑥。对常规结构其出流液阻减缓了泵的振动，起到振荡激励器的阻尼作用。这里也很明显地表明，附加并联液阻加在恒压阀的 A—T 通道。

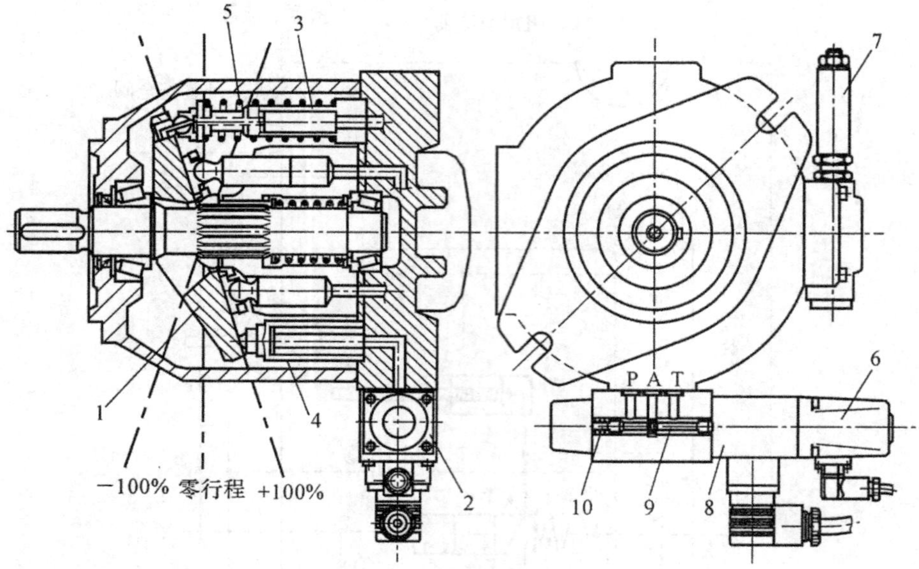

(a) 结构原理图

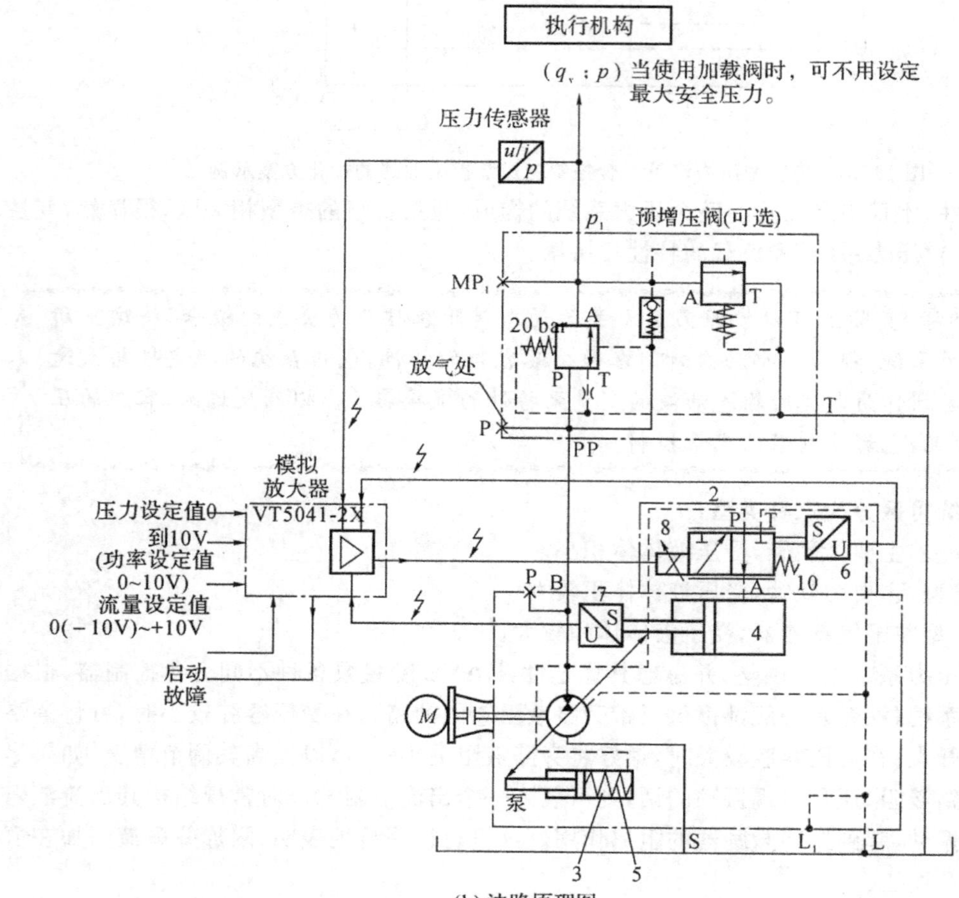

(b) 油路原理图

图 11-19 压力排量复合闭环控制变量泵

11.6.4 电反馈多功能复合比例控制变量泵

图 11-19 所示变量泵是典型的比例控制电反馈式变量泵。变量泵的压力和斜盘倾角的闭环控制，是通过一个电控比例阀 2 实现的。该比例阀通过对变量控制大缸 4 的控制，决定斜盘 1 的位置。泵的排量与斜盘的位置成比例。变量控制小缸 3 由弹簧 5 进行预压紧，并始终与泵出口的压力油相通。

当泵不工作，及控制系统的压力为零时，由于弹簧 5 的作用，斜盘保持在＋100％（排量最大）的位置。当泵启动后如比例电磁阀 8 失电，该系统被切换到零行程压力，此时滑阀 9 被弹簧 10 推到初始位置，而泵的压力 p 经过阀口 A 作用到变量控制大缸 4 上。变量控制缸上的泵压与弹簧 5 的作用力相平衡，使泵的压力在 0.8～1.2 MPa 之间。这个基本设定，是在闭环控制电路不工作时实现的（＝零行程工作，例如控制不启动）。该比例阀的控制，由系统的 VT5041-2X 电控器进行控制，且所有用来控制变量泵 A10VSO-DFE1 所需的信号，都由该电控器来处理。

该电控器为模拟放大器，属于欧洲制式的插板式结构。它是标准的，分别对压力和斜盘倾角的指令值进行输入（功率设定值的输入为可选项）。压力的实际值，通过一个压力传感器采样。装在泵上的一个位移传感器 7，提供泵斜盘倾角的实际值。得到的实际值经放大器处理，并与指令值进行比较。最小信号发生器，自动确保被选中的控制器只有在需要的工作点起作用。因此，系统参数中的一个参数（或压力，或倾角，或功率（可选））可被精确控制，而其他两个参数则低于给定的指令值。最小信号发生器的输出信号作为阀闭环控制电路的指令值。

滑阀阀芯实际位置由一个感应式传感器 6 提供。阀位置控制器的输出值经放大器的输出端输出，决定比例电磁铁 8 的电流。一旦到达工作点，比例阀阀芯 9 就被保持在中间位置。

如果上级控制器需要增大倾角（增大流量），阀芯 9 需偏离中间位置（使变量控制大缸 4 通过阀口 A→T 放出部分油液），直到倾角达到需要的数值。通过增大比例电磁铁 8 的电流，来克服弹簧 10 的作用力使得阀芯移动。

当需要减小倾角时，控制油经过比例阀 P→A 通道补充进入变量控制大缸 4。

有三种方法提供泵变量控制的先导控制油液：

(1)内部提供，不带预增压阀（仅适用于压力大于 2 MPa 的系统）。

(2)内部提供，带预增压阀（系统压力的 0～100％）。

(3)通过一个梭阀远程供油：通过一个梭阀连接块可进行内部/外部自动切换。

☞**自学参考**：从上面的讨论中，应该特别留意的有这样几点：

(1)变量泵的压力、斜盘倾角、功率多参数的复合闭环控制，是通过一个电控比例阀实现的，不像常规的那样（对照图 11-16 和图 11-17 等），每个参数的控制对应一个变量控制阀。在这里，控制信号的处理全由电控器完成，这是电控泵的重要优势。

(2)在同一个时刻，系统只能对其中的一个参数（或压力，或倾角，或功率）进行精确控制，而其他两个参数则低于给定的指令值。

(3)需要增大倾角（增大流量）时，阀芯 9 需偏离中间位置，使变量控制大缸 4 通过比例阀阀口 A→T 通道，放出部分油液；当需要减小倾角时，控制油经过比例阀阀口 P→A 通道，补充进入变量控制大缸 4。一旦到达工作点，比例阀阀芯 9 就被保持在中间位置。也就是说，包括这里使用的比例阀在内，所有的变量控制阀具有两个特点：一是连续控制阀，即阀芯位置将随输入信号变化而无级变化。二是，不论在原理图上怎么表示，实际上，都是有中间位置，即在工作点上，不应该或 P→A 或 A→T 在沟通。在阅读、理解原理图时要加于留意。

(4)由于这种闭环变量泵的先导控制油，可以来自泵自身（自控），也可以来自泵外部（他控），所以，当泵不工作及控制系统的压力为零时，由于弹簧 5 的作用，斜盘保持在＋100％（排量最大）的位置。

11.6.5　压力流量功率复合控制变量泵

图 11-20 所示复合变量泵中，恒流控制部分采用传统的方式，即以主油路上节流阀前后的压差变化，作为恒流阀的驱动力。其次，在恒压、恒流与恒功率的复合控制中，恒功率功能是优先于恒压与恒流功能。从控制方式看，控制油引自泵的出口，属于自供式，即在泵未启动的原始状态，依靠弹簧力使变量缸处于排量最大位置。同时 3 个变量控制阀在原始状态时，也要能保证变量缸敏感腔（大腔）的油液，能在弹簧力作用下排往油箱。图示节流阀 G 视为负载。值得注意的是，与恒压阀 A—T 阀口并联的液阻 R，与图 11-17 的液阻 R_1 有类似的功能。

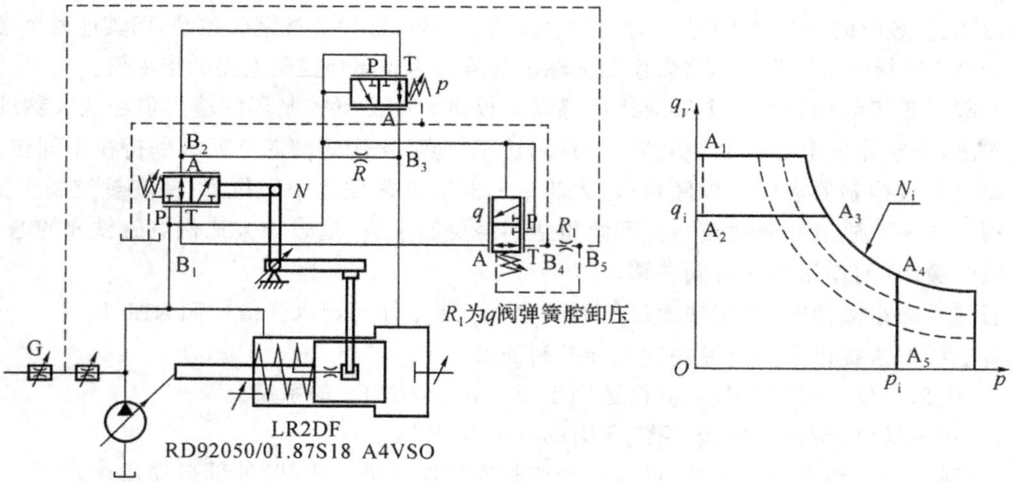

图 11-20　压力流量功率复合控制变量泵

☞**自学参考**：作为例子，这里就这个 $p+q+N$ 复合控制泵的原理图作一功能分析，掌握了这种分析方法，将有助于更好地了解其他各种复合泵的控制原理。此原理图取自 Rexroth 公司样本 A4VSO，LR2DF(RD92050/01.87)。

(1)原动机未启动的原始状态

p，q，N 三个功能阀均处于弹簧位，即 p 阀为右位，q 阀为下位，N 阀为左位。由于变量缸大腔（敏感控制腔）油液，在前次运行停车后可经 B_3、并联的液阻 R 和 p 阀 A—T 口至 B_2，N 阀 A—T 口，q 阀 A—T 口至 B_4 卸压。所以，在弹簧作用下变量机构处于排量最大位置。p,q,N 三阀分别设定 p_i,q_i 及 N_i 值如图。而负载节流阀 G 基本全开。在以下的讨论中,以关小、开大 G 的开口,来体现负载压力的升高、降低(恒流段)或负载所需流量的变小、增大(恒压段)。

(2)A_1—A_2 段

泵一启动,先将运行于低压、最大流量的 A_1 点。适当关小 G 阀,增大一点负载压力,变量泵将很快转移到 A_2 点运行。在此段由于负载压力较低,远未达到 p 阀及 N 阀的调定值。对于高于 A_2 点($q=q_i$)的流量均大于调定值,取出的信号节流阀前后压差大于预定值,致使 q 阀处于上位。泵出口压力油经 q 阀,N 阀左位,B_2 点,并联的 R 与 p 阀右位 T—A 阀口,至 B_3 进入变量缸大腔,使泵流量减小至 A_2 点后,泵运行于相对稳定点。

(3)A_2—A_3 段

到了 A_2 点后,如不断关小负载节流阀 G,则泵的负载不断升高。在这个过程中,由于泵内部泄漏量的增大,使实际输出流量小于 q 阀的设定值;恒流阀的敏感压力使 q 阀切换成下位,变量缸中的部分油液经 B_3,B_2,q 阀下位,B_4 点回油箱,以增大泵的排量,补偿由于压力升高引起内泄漏增加带来的实际供往负载流量的降低,保持供往负载流量不变(与输入信号相对应)。

(4)A_3—A_4 段

到了 A_3 点,若进一步关小负载节流阀,泵将沿 A_3—A_4 段恒功率曲线运行。因为到 A_3 点时,pq 已经达到恒功率线,此时 N 阀处于临界状态。进一步关小负载阀,亦即负载压力增大时,pq 值超过设定的 N 值,N 阀动作成右位。这样一来,一方面压力油经 B_1、N 阀右位 P—A 通口至 B_2,经并联的 R 和 p 阀右位 T—A 阀口至 B_3,从而进入变量缸大腔,使流量减小。另一方面,由于 N 阀处于右位,切断了 q 阀通过 N 阀的 T—A 阀口对大腔的控制作用,尽管此时由于流量低于 q_i(上述压力油通过 N 阀进入大腔所致),q 阀处于下位。实际上此时泵出口压力控制油经 B_5,R_1 后,在 B_4 点通油箱。而原来使排量增大的 N 阀 T 口至 q 阀 A 口段,也于 B_4 点通油箱。由于 R_1 的隔压作用,经 R_1 的先导油流量是很小的。总之,在 A_3—A_4 段,p 阀未打开,q 阀与变量缸敏感腔的联系被 N 阀切断,只有 N 阀在起调节作用。

(5)A_4—A_5 段

到了 A_4 点,若进一步关小节流阀 G,由于达到 p 阀调定值,p 阀起作用而切换成左位。压力油直接经 p 阀 P—A 口进入大腔,使泵流量减小。由于此时负载节流阀 G 工作于定压差之下,关小节流阀阀口就意味着负戴所需流量减小,p 阀必须工作于左位(供出流量大于负载所需流量时,泵出口压力将升高)。现在再来观察 N 阀和 Q 阀。很显然,此时 $pq<N$,所以 N 阀处于左位而不起作用。出于 $q<q_i$,q 阀总是处于下位。这样从 p 阀来的压力油,在进入变量缸大腔以适应负载所需流量不断减小的趋势(不断关小节流阀 G 的开度)时,在 B_3 点分流了一小股液流经 R,N 阀 A—T 阀口,q 阀 A—T 阀口至 B_4 而流回油箱。同时,仍然有一股来自负载口的油液经 R_1 与之合流。综上,在 A_4—A_5 段,对控制敏感腔而言,仅仅 p 阀对其起作用,实现恒压功能。

总之 $p+q+N$ 复合泵在恒流、恒功率和恒压三区段中，都只有一个功能阀对控制敏感腔起控制作用，其余两个功能阀不起干扰作用，最多带来一点附加的先导控制流量损失。

在图示原理结构中，变量缸部份还设置了最大和最小排量限制，改变 p,q,N 的设定值，都可改变 p-q 图中的运行程序。

11.6.6 压力流量功率复合控制变量泵的压力切断和正负流量控制

1. 恒功率功能

参见图 11-21，恒功率控制部分与图 11-12、图 11-13 相似，阀①为恒功率阀，其恒功率关系式为

$$pAa=Fb$$

式中：p 为泵的出口压力；A 为通压力油的反馈杆底部面积；a 为代表排量大小的变量缸位移；F 为功率输入信号；b 为拐臂长度。

需要讨论的是压力切断和液控变量两个附加功能。

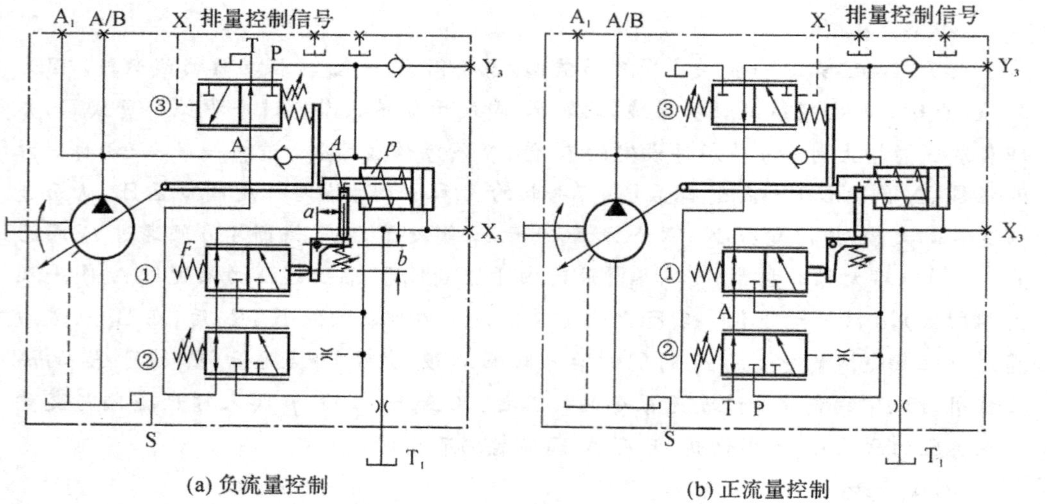

图 11-21 带压力切断、液控变量的恒功率控制泵

2. 关于压力切断功能

图 11-21(a)中阀②为压力切断阀，主要功能是对系统进行过压保护，并消除过载时的溢流损失。与系统安全阀类似，它的调定值一般比系统正常运行压力高 10%上下。由于故障或其他原因，当系统压力达到和超过切断阀的调定值时，阀开启，泵出口压力油经过 P－A 流道进入变量缸敏感腔（大腔），即大小腔都接入泵出口压力油，但由于变量缸大小腔大致 2 : 1的面积比，泵立即将排量降到零位附近，只产生补偿内部泄漏维持压力所需的小流量。此时，泵仍维持原来调定的压力，只是不再向系统提供工作流量，从而保护了系统的安全。需

要注意的是，不少文本、资料将压力切断功能视为等同于恒压调节泵功能。实际上，两者在功能上有着本质的差别。对于恒压泵而言，恒压是一种控制功能，当系统压力达到其调节压力时，泵进入恒压工况。恒压控制阀的作用并不是立即将泵的流量降到零流量附近，而是根据负载的需要提供流量，同时维持压力不变。只有当负载不需要流量时，才降低到零流量附近。而压力切断功能，是一种保护性功能，只要泵的压力达到切断压力，泵很快就将流量降到零位附近，没有根据负载的需要，停留在最大流量与最小流量之间的任意点运行的功能。只是在图形符号上，往往将两者画得一模一样。

3. 关于负流量控制功能

负流量控制与正流量控制的说法，指的是一种由外加液压信号对泵排量的控制。如图 11-21(a)，X_1 点引入外加控制信号。当达到阀③的调定值时，先导控制油将通过阀③的 P—A 通路，进入变量缸敏感腔，从而使排量减少。减少量与外控信号成比例。这种随着外加信号增大，流量相应减少的就称负流量控制。相反，如图 11-21(b)所示，从 X_1 来的外加信号作用在阀③的另一端，外加信号达到调定值时，打开阀③的 A—T 通道，使排量增大，就称为正流量控制。在第 10 章介绍的六通多路阀的节能控制中，用的就是负流量控制。

11.7　容积调节变量泵的若干要点

总结容积调节变量泵的特点，有以下若干要点：

(1)变量泵的控制本质上是个位置控制系统，各种分别针对泵的输出参数 p，q，N 进行的调节，都是依靠排量的变化来适应功能的要求。

(2)当前变量泵发展的两个重要趋势是：第一，在基泵基础上更换设置一些调节器件，就可具备多种控制输入方式，如液压控制、液压手动伺服控制、机械伺服控制、电控、电液比例控制等等。第二，在基泵基础上更换设置若干调节器件，就可实现多种控制功能的复合，如 $p+q$，$N+p$，$N+q$，$N+p+q$，以及速度敏感控制、电反馈多功能控制等。

(3)先导控制分自控与外控；泵分单向变量与双向变量。自控双向变量泵，要解决变量机构过零位的动力问题，通常采用配置蓄能器等措施。自控单向变量泵，不加控制信号时依靠(在小腔的)弹簧力保持几何排量最大位置。

外控双向变量泵，不加控制信号时常依靠双弹簧保持几何排量为零的极限位置。

(4)变量缸有单出杆双作用缸，和相隔 180°布置的大小直径两个单作用缸组合。后者的小缸、大缸，分别相当于前者的小腔(有杆腔)和大腔(无杆腔，敏感控制腔)。

(5)单向变量泵变量缸大、小腔(大缸，小缸)面积比以 2∶1 为佳，且小腔(小缸)总是直接与泵出口压力油相连通(内控单向变量时，弹簧在此腔)；大腔(大缸)为控制敏感腔，控制油的进出需经过变量控制阀的控制。

(6)恒压泵能在负载所需流量发生变化时，保持与输入控制信号相对应的系统压力不变。

(7)为增强系统的稳定性，通常在恒压控制阀的 A—T 通道并联一个常通液阻。

(8)恒流泵能在负载压力变化或原动机转速波动时保持与输入控制信号相对应的供往系统的流量不变。恒流泵压力能适应负载的需要，故常称为负载敏感泵、功率匹配泵等。

(9)在复合功能泵中，恒功率控制、速度敏感控制一般均优先于其他功能起作用。

11.8 时间调节变量泵简介

变吸油时间变量泵又称变转速限流泵，参见图 11-22。其特点是，在泵的吸油侧进行吸油阻力调节。当原动机转速低于某一临界转速时，泵的流量与转速成正比；而当原动机转速高于该临界转速时，泵的流量与转速无关地基本保持为常数。而且，这种输出流量的限制，并不像传统节流调速那样，导致泵总效率的降低。

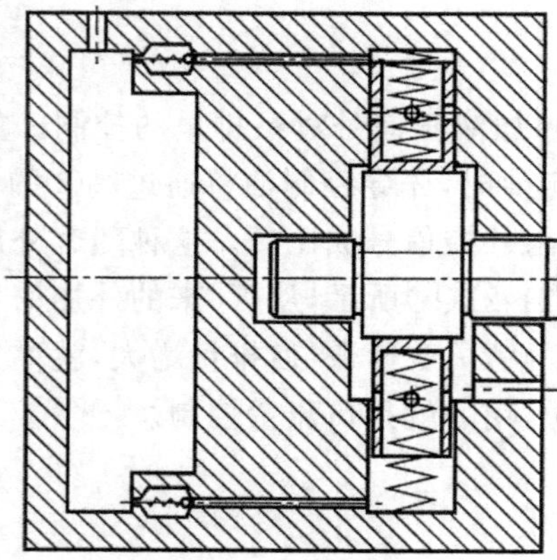

(a) 结构原理

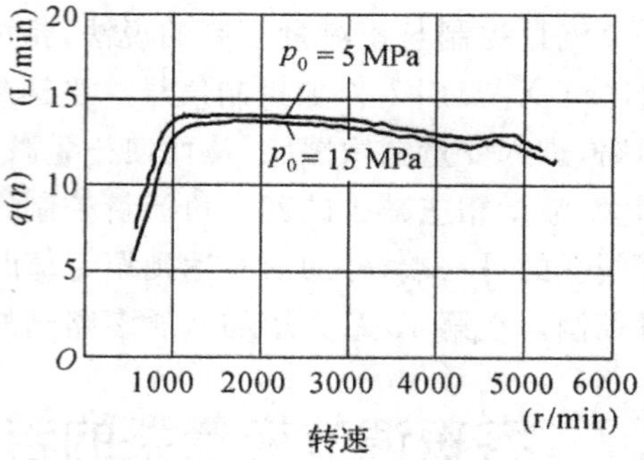

(b) 特性

图 11-22 变转速限流泵

图 11-22 所示的原理框架，与径向柱塞泵相似。该泵每个柱塞都钻有通油孔，低压侧与油箱相连，高压侧经单向阀与高压管路相接。在复位弹簧作用下，柱塞随偏心轴的转动而作往复运动，从而完成吸、排油。

从原理图可见，在每一个吸油周期中，吸油口的开启时间是与泵的转速成反比，因而，每个周期流入柱塞腔的油液量也与转速成反比。当转速低于临界转速时，吸油口的开启时间相对较长，柱塞腔能完全被油液充满，泵的流量随其转速的提高而线性增大。当转速超过临界转速时，吸油口的开启时间相对较短，柱塞腔不能完全被油液充满（即所谓变吸油时间），所以，泵的流量不再随转速的升高而增大，而是保持为在临界转速时的流量不变。

当达到临界转速后，由于油液要完全充满的时间不够，在柱塞腔中就保留了一个由减压形成的剩余气体容积。这种情况表明，一方面，泵不会产生气蚀；另一方面，在被封闭的油液开始受压之前，这部分剩余气体容积首先需进行压缩，形成了油液的不压缩角度，造成输出流量的相应减少，形成变转速限流效果。

变转速限流泵属于改变吸压油时间的变量泵。据此，又相应提出了改变压油时间的变量泵。

第 12 章

液压缸

12.1 概　述

液压缸作为将液压能转换为直线运动机械能的执行元件，由于其结构简单、工作可靠、传动功率大，因此，在各种液压系统中得到了广泛的应用。液压缸的性能直接影响到设备执行机构运动的可靠性、准确性、灵活性、安全性以及工作效率。本章将对作往复直线运动的液压缸典型结构和主要性能进行探讨。

12.2 分类与安装方式

12.2.1 分类

根据作往复直线运动液压缸的工作特点可分为单作用式和双作用式等两种形式。其具体结构可以有多种不同形式(具体可参见本章 12.6 节)。表 12-1 是常见的液压缸分类，不包括摆动液压缸和组合式液压缸形式。

表 12-1　液压缸的分类

类别和名称		符　　号	说　　明	
单作用式	活塞式液压缸	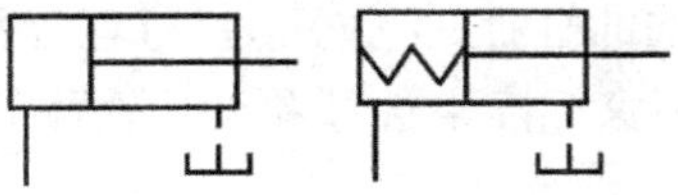	液压力单向作用	液压力推动活塞正向运动，反向运动依靠外力或弹簧力复位
	柱塞式液压缸	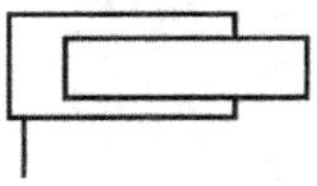		液压力推动柱塞正向运动，反向运动依靠外力，其行程比较长
	伸缩式单作用液压缸	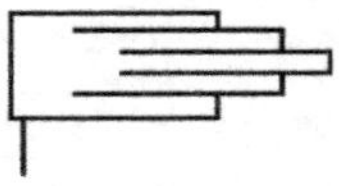		有多个依次运动的柱塞，动作顺序按作用面积的大小进行，由外力使活塞返回，各级速度不同
	多级同步液压缸	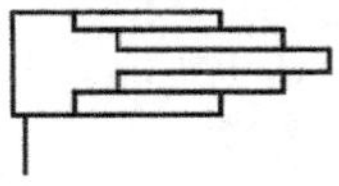		有多个同步运动的柱塞，除了行程长以外，液压缸的总速度是各级柱塞速度之和

续表

类别和名称		符　　号	说　　明	
双作用式	单活塞杆液压缸	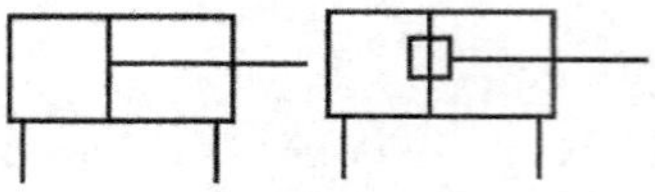	液压力双向作用	液压力使活塞实现双向运动；带或不带缓冲功能；缓冲装置有可调式和固定式
	双出杆液压缸	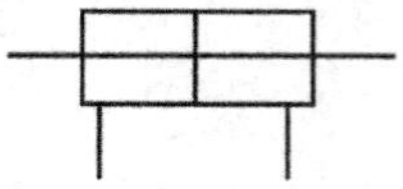		液压力使活塞实现双向运动；带或不带缓冲功能；缓冲装置有可调式和固定式
	伸缩式活塞液压缸	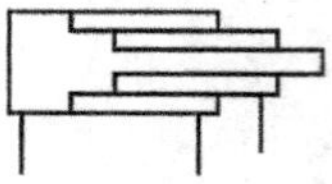		有多个依次运动的活塞；行程比较长，特殊设计时也可同步伸缩
增压器	增压液压缸	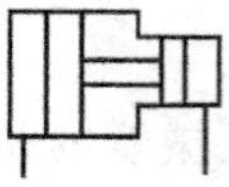		由两个不同的压力室组成，提高小活塞腔中压力值

12.3.2　安装方式

液压缸的安装方式是指液压缸缸体与机架的固定或连接方式。一般可分为轴线固定和轴线摆动两大类。国家标准"GB 9094—1988 液压缸气缸安装尺寸和安装形式代号"中规定的液压缸安装方式代号，一般由两个或三个字母和一个数字组成。轴线固定式包含端盖式(E 型)、法兰式(F 型)、脚架式(S 型)、双头螺柱或加长连杆式(X 型)以及螺纹端头式(R 型)，轴线摆动式包括耳环式(P 型)和耳轴式(T 型)。从国家标准"GB 9094—1988 液压缸气缸安装尺寸和安装形式代号"中可以了解到，液压缸的安装形式有 53 种。液压缸安装方式代号的含义如下例所示。

例 1：MDF1——安装双活塞杆缸前端矩形法兰式；

例 2：MDS2——安装双活塞杆缸侧面脚架式；

例 3：MS2 —— 侧面脚架式。

在工程设计中，可以根据液压缸的缸径、工作压力、行程等技术参数以及系统工况的要求，参照有关液压技术手册或相关国家标准来选择和设计缸体的连接形式。

12.3　稳态特性与参数

12.3.1　基本参数

有关国家标准对诸如液压缸的额定压力、液压缸内径、活塞杆直径、活塞行程、速度比值等基本技术参数，都有推荐的系列数值，现综合为如表 12-2 所示。

表 12-2　液压缸的基本技术参数系列

参数名称（单位）	参数系列											参照标准
额定压力(MPa)	0.63	1.0	1.6	2.5	4.0	6.3	10.0	16.0	25.0	31.5	40	GB7938—87
液压缸内径(mm)	8	10	12	16	20	25	32	40	50	60	80	GB/T2348—93
	100	125	160	200	250	320	400					
活塞杆直径(mm)	4	5	6	8	10	12	14	16	18	20	22	GB/T2348—93
	25	28	32	36	40	45	50	56	63	70	80	
	90	100	110	125	140	160	180	200	220	250	280	
	320	360										
活塞行程(mm)	25	50	80	100	160	200	250	320	400	500		GB2349—80
液压缸速度比值	1.06	1.12	1.25	1.4	1.6	(1.32)	2	2.5	5			ISO7181 GB7933—87

注：(1)括号内数值为非优先选用者。
(2)用户根据工程应用实际需要，可以采用上述标准推荐系列以外的数值。

12.3.2　稳态特性参数

液压缸的主要稳态特性参数有效率、活塞的理论推力、活塞速度以及功率。

1. 液压缸效率 η

机械效率 η_m 是考虑液压缸运动件的摩擦损失的效率，一般取 $\eta_m=0.9\sim0.95$。

容积效率 η_V，是考虑各密封面的泄漏的效率，当活塞上安装有弹性密封件时，$\eta_V\approx1$；安装活塞环密封时，$\eta_V\approx0.98$。

2. 活塞速度比值

参照图 12-1 所示液压缸的示意图，液压缸往复运动时的速度比值如下式所示：

$$\varphi=v_2/v_1=A_1/A_2=D^2/(D^2-d^2) \qquad (12\text{-}1)$$

$$A_1=\frac{\pi}{4}D^2$$

$$A_2=\frac{\pi}{4}(D^2-d^2)$$

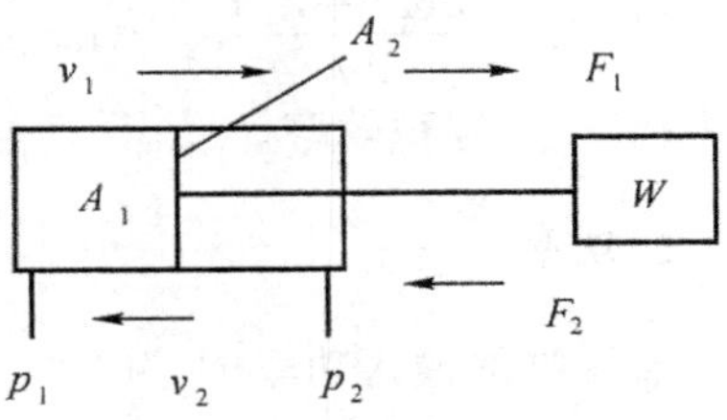

图 12-1　单出杆双作用液压缸示意图

式中：A_1——活塞无杆侧有效面积(m^2)；

A_2——活塞有杆侧有效面积(m^2)；

v_1——活塞杆伸出速度(m/s)；

v_2——活塞杆退回速度(m/s)；

D——活塞内径(m)；

d——活塞杆直径(m)。

3. 液压缸活塞受力分析

参照图 12-1 所示双作用液压缸的示意图，可以推导出液压缸活塞的理论受力情况：

$$F_1=A_1p_1=\frac{\pi}{4}D^2p_1 \quad (\mathrm{N}) \tag{12-2}$$

$$F_2=A_2p_2=\frac{\pi}{4}(D^2-d^2)p_2 \quad (\mathrm{N}) \tag{12-3}$$

式中：F_1——活塞杆的理论推力(N)；

F_2——活塞杆的理论拉力(N)；

p_1——无杆腔的液压力(Pa)；

p_2——有杆腔的液压力(Pa)。

4. 液压缸活塞移动速度和流量

参照图12-1所示的双作用液压缸的示意图，可以计算活塞的运动速度和所需的流量。

活塞的运动速度 v 为

$$v=s/t \quad (\mathrm{m/s}) \tag{12-4}$$

式中：s——活塞行程(m)；

t——活塞在单一方向完成行程 s 所需的时间(s)。

活塞运动速度的最高值受到活塞杆密封圈及行程末端的缓冲机构所能承受的动能限制。通常，最高值不大于1m/s，而最低值则应以液压缸无爬行现象为前提，通常应大于0.1～0.2m/s。目前，由于组合密封圈的发明及应用，使液压缸活塞运动的高速、低摩擦性能得以大幅度地提高。

活塞杆伸出时所需的流量 q_1 为

$$q_1=\frac{\pi D^2}{4\eta_V}v_1 \quad (\mathrm{m^3/s}) \tag{12-5}$$

活塞杆退回时所需的流量 q_2 为

$$q_2=\frac{\pi(D^2-d^2)}{4\eta_V}v_2 \quad (\mathrm{m^3/s}) \tag{12-6}$$

式中：η_V——容积效率。

5. 功率

液压缸的输入功率 P_i 为

$$\begin{aligned} P_{\mathrm{i}j} &= (p_1q_{V1}-p_2q_{V2}) \\ &= \pm(p_1q_{V1}-p_2q_{V1}A_2/A_1) \end{aligned} \tag{12-7}$$

式中：当 $j=1$ 时，活塞杆外推，公式右边取“+”；

当 $j=2$ 时，活塞杆内拉，公式右边取“－”。

q_{V1}，q_{V2}分别为进入活塞大、小容腔的流量。

液压缸的输出功率 P_o 为

$$P_{\mathrm{o}j}=F_\mathrm{i}v_j=P_{\mathrm{i}j}\eta_V\eta_m \tag{12-8}$$

12.3.3 与液压缸质量相关的特性

1. 公称压力

公称压力指液压缸工作压力的名义值。

2. 最低起动压力

最低起动压力是液压缸起动的最低压力，它反映了液压缸摩擦力或机械效率的大小，也可以检查液压缸有否卡死、动密封件安装是否正确等。它是液压缸出厂检验和形式试验项目。

3. 耐压性与耐久性

耐压性是指液压缸在短时间内（2～3min）所能承受的最高压力。一般耐压试验压力为 1.5 倍的额定压力，即 $p_T=1.5p_n$；对军用品一般规定为 $p_T=(2\sim2.5)p_n$。

耐久性是指液压缸在额定压力下，能够长时间运行的能力。耐久性试验是指被试液压缸在额定压力下，使被试液压缸以设计要求最高速度连续运行 8 小时以上。

4. 内、外泄漏

内泄漏是指液压油从液压缸的高压腔到低压腔的泄漏。内泄漏性能要满足用户要求。

外泄漏是指液压油从液压缸活塞杆或者其他地方向外渗漏。外泄漏性能要满足用户要求。

5. 缓冲

在液压缸行程末端设置缓冲机构使活塞部件在到达行程末端时减速到接近于零，以降低因活塞的惯性力和液压力所造成的活塞与端盖之间的机械冲撞，防止液压缸损坏，并且减少噪声。缓冲机构的工作原理是将活塞运动接近缸盖时，使低压腔内油液通过节流器，引起这一腔压力的升高而产生阻力，从而达到缓冲的效果，但是，节流也使活塞的动能转化为液压能，通过节流转化为热能，热能随同油液被带出液压缸。如果节流器是固定节流孔，称为固定缓冲器，如果节流器是可调的，则称为可调缓冲器，图 12-2 中所示的液压缸缓冲器是可调式的。

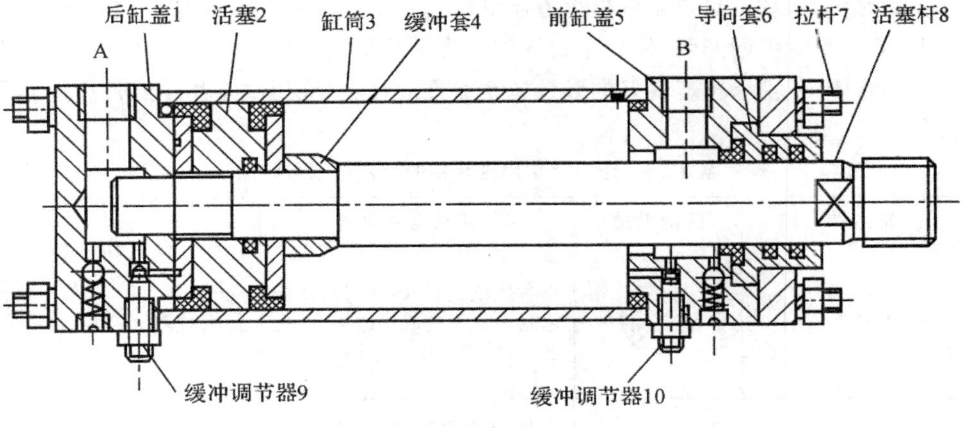

图 12-2　液压缸缓冲机构示意图

缓冲机构的基本要求如下：

(1)缓冲机构应能以较短的缓冲行程吸收较大的动能。

(2)缓冲过程中缓冲压力变化较平缓，峰值压力要低于液压缸额定压力的 1.5 倍。

(3)动能转变为热能使油温上升时，油液的最高温度不应超过密封件的允许极限。

6. 爬行

当液压缸的运动速度较低时，运动组件可能出现的连续的一停一动的现象称为爬行。爬行的原因可能是液压缸本身的动密封摩擦太大或装配不当，也可能是液压油中混有空气或者负载的运动机构的摩擦大或润滑不好引起的，这可用最低起动压力来衡量。如果系统对低速运动有较高的要求，则必须采用低摩擦液压缸，即液压缸的动密封件具有一定的刚性，而且动、静摩擦都要小，可以采用合适的密封件满足低摩擦性能的要求。这种结构的液压缸即具有较高的容积效率又有较高的机械效率。

7. 负载效率

液压缸的实际输出力和理论输出力的百分比即为机械效率。它与液压缸的活塞、活塞杆等运动副之间的摩擦力大小有关，也就是说，与液压缸加工精度、运动副上的密封件性能相关。

8. 密封

液压缸密封性直接影响到它的机械效率、容积效率以及运动的平稳性。对液压缸而言，活塞杆和活塞两处均为运动部件的动密封，活塞杆处的外泄漏对环境会造成污染，因此，液压缸的密封性至关重要。

(1)类型与特点

根据密封耦合面之间有无相对运动可划分为动密封和静密封两大类。液压缸的动密封是往复运动密封。

(2)密封件的选用

液压缸中的静密封比较容易解决，通常采用O形密封圈即可满足要求。液压缸的管接头或油口的静密封中，常用组合密封垫圈。

与静密封相比，动密封更难解决。液压缸的动密封件需要同时具备弹性和耐磨性，这是一对矛盾，组合密封件的发明，使动密封的问题得到很好的解决。组合密封件是由两个元件组合成一个整体，分别承担着良好的弹性或耐磨性的任务。液压缸常用密封件应用范围与特点可见表12-3。

表12-3 液压缸常用密封件的应用范围与特点

密封件	断面简图	组成与用途	特点
O形密封圈	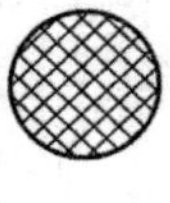	由合成橡胶制成，主要用于静密封。由于它起动摩擦大，耐磨性差，现很少用于动密封	高压时需加挡圈。
V形密封圈	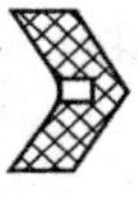	由加织物橡胶制成，由几个V形密封圈和支承环及压环一起使用，用于活塞或活塞杆，起单向动密封作用。	结构复杂，轴向尺寸较大，摩擦力较大，已较少使用。

续表

密封件		断面简图	组成与用途	特点
Y(Y_X)形密封圈			由丁腈橡胶或聚氨酯橡胶制成，用于活塞或活塞杆的单向动密封	摩擦力较小，高速和高压时稳定性好
组合密封圈	T形特康格来圈		由一橡胶O形密封圈和一特康(工程热塑料复合物)制成的T形圈组成。用于活塞起双向动密封作用	其中O形密封圈起弹性施力和副密封(类似于静密封)作用，特康制成的T形圈或阶梯圈弹性小，摩擦系数低，耐磨性好，允许高速往复运动，高低压时密封性能好等特点
	K形特康格来圈		由一橡胶O形密封圈和一特康制成的阶梯圈组成。用于活塞杆的单向动密封	
	复合唇形密封圈	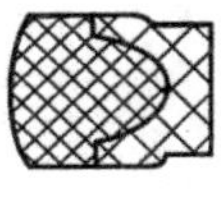	由唇形(Y形)夹织物橡胶圈和唇内的合成橡胶圈压制粘合而成，用于活塞杆的单向动密封	合成橡胶圈起弹性施力作用，以保证低压时的密封性。夹织物橡胶圈耐磨性好，寿命长，摩擦系数较低
	双向组合Y形密封圈		由两个唇形夹织物橡胶圈和唇内的合成橡胶圈压制粘合而成，用于活塞的双向动密封	
	特康泛塞密封	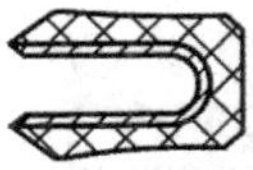	由一片弹簧和特康制成的U形外壳组成，用于活塞或活塞杆的单向动密封	用弹簧代替橡胶圈的弹性作用，特康制成的U形外壳耐磨性好，寿命长，摩擦系数较低
	特康AQ封	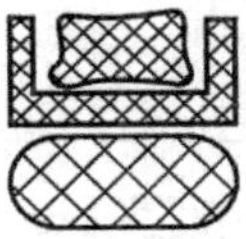	由一O形圈和特康矩形槽内置一X形橡胶圈组成，用于活塞的双向动密封	与格来圈相比，在动密封磨合面中既有摩擦系数低的特康材料，又有密封性好的橡胶圈。它也适合于活塞式蓄能器的气液密封处

12.3.4　液压缸试验回路

参考国家标准"GB/T 15622—1995 液压缸试验方法"，与液压缸质量相关的特性有：最低起动压力、耐压性与耐久性、内、外泄漏，缓冲、爬行、负载效率以及密封等。可以在相关试验台上进行液压缸的特性试验。图12-3为液压缸出厂试验液压系统原理图。一般液压缸的出厂试验项目为试运转、起动压力特性、耐压试验、泄漏试验、耐久性试验、行程检验。从图12-3中可知，在方向阀5在中位时，液压泵2出来的油液回油箱，液压缸处于平衡静止状态。方向阀5的两个电磁铁分别得电，可以控制被试液压缸向左或向右移动。

如果方向阀5为比例方向阀，比例方向阀可以与输入电信号成比例地无级调节被试液压缸向左或向右移动的速度。如果要对液压缸的位置实现比例控制的话，需要检测液压缸的位移，并进行位移反馈闭环控制。

图12-4所示为液压缸形式试验液压系统原理图。该试验系统比图12-3所示的液压缸出厂试验液压系统要复杂得多，主要是增加了左边的加载液压缸10部分和补油装置系统。

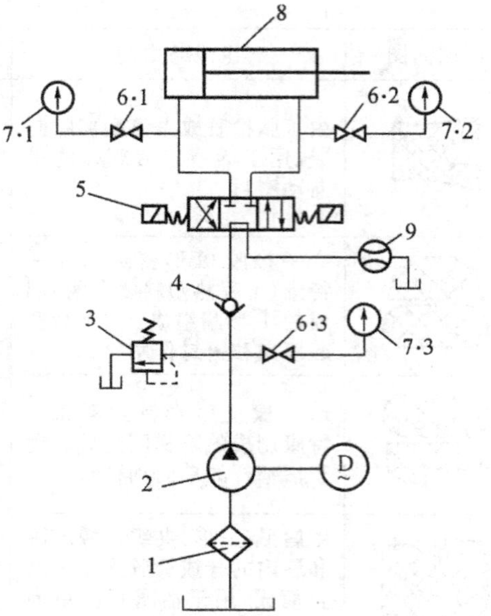

1. 过滤器；2. 液压泵；3. 溢流阀；4. 单向阀；5. 方向阀；6. 压力表开关；7. 压力表；8. 被试液压缸；9. 流量计

图 12-3 液压缸出厂试验液压系统原理图

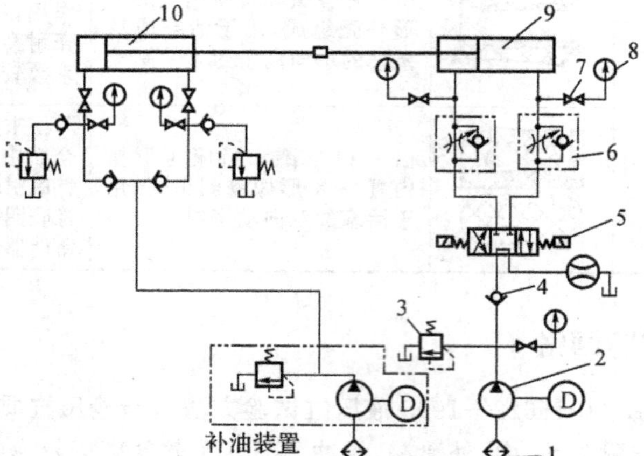

1. 过滤器；2. 液压泵；3. 溢流阀；4. 单向阀；5. 方向阀；6. 单向节流阀；7. 压力表开关；8. 压力表；9. 被试液压缸；10. 加载液压缸

图 12-4 液压缸形式试验液压系统原理图

在方向阀 5 处于中位时，液压缸 9 处于平衡静止位置；当电磁方向阀左边电磁铁得电时，由液压泵 2 出来的压力油经过方向阀 5 进入被试液压缸 9 的无杆腔，于是液压力推动活塞朝外移动。有杆腔的油液经过单向节流阀 6 和方向阀 5 而回油箱。其负载由单向节流阀 6 调节和由液压缸 10 的无杆腔回油路上的溢流阀来调整，总负载的数值是两者之和。同样，在方向阀左边电磁铁得电时，液压泵 2 出来的压力油推动液压缸 9 的活塞回程，经过单向节流阀

6 调节回程阻力，然后通过方向阀 5 回油箱；液压缸 10 的有杆腔的油经过它回路中的溢流阀的阻力，因此，被试缸的回程阻力是两者之和。加载液压缸 10 中的油液由于泄漏而减少时，可以通过补油装置对它进行补油。

液压缸形式试验的项目比较齐全详细，除了出厂试验的项目外，还有缓冲试验，负载效率试验，高温试验等。

图 12-5 所示为多级液压缸试验台液压系统原理图。图中方向阀 3 如果处于中位，意味着，被试多级液压缸 6 和加载缸 5 处于平衡静止状态。如果方向阀 3 右边电磁铁得电，被试多级液压缸 6 的柱塞伸出运动由液压泵 1 出来的压力油推动，单级柱塞缸 5 对被试多级缸进行加载，负载的大小和伸出速度都可以由单向节流阀 4 来调定。当方向阀 3 的左边电磁铁得电，被试多级缸柱塞的缩回运动是由单级柱塞缸 5 推回去的，退回的速度可以由多级缸回油路上的单向节流阀调节。

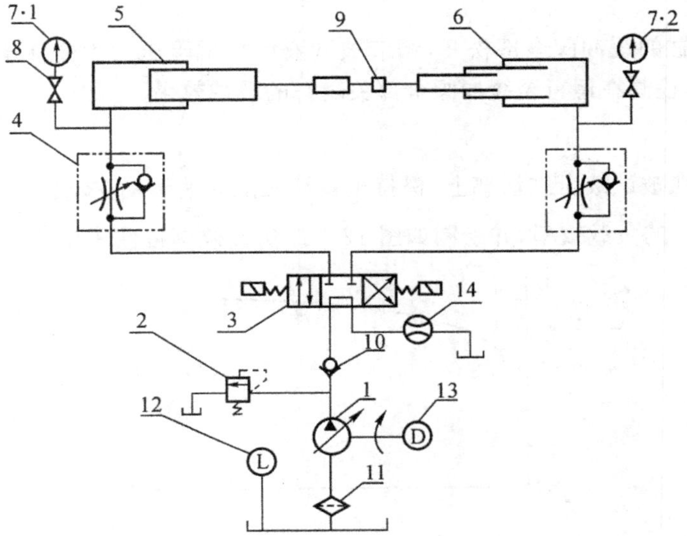

1. 变量泵；2. 溢流阀；3. 方向阀；4. 单向节流阀；5. 加载液压缸；6. 被试液压缸；7. 1,7. 2. 压力表；8. 压力表开关；9. 测力计；10. 单向阀；11. 吸油过滤器；12. 温度计；13. 电动机；14. 流量计

图 12-5　多级液压缸试验台液压系统原理图

12. 3. 5　液压缸试验方法

液压缸的试验方法可参照 GB/T 15622—1995“液压缸试验方法”。为了加深对液压缸各种性能的理解，现就普通液压缸的一些基本特性的试验方法介绍如下。

(1)试运转

调整系统压力，使被试液压缸能在无负载工况下起动，并全程往复运动数次，排尽缸内空气。

(2)起动压力特性试验

在无负载工况下，调整溢流阀，使无杆腔压力逐渐升高(双活塞杆液压缸，两腔均可)，至液压缸启动时，记录此时起动压力即为最低起动压力。

(3)耐压试验

将被试液压缸活塞分别停在缸两端(单作用液压缸处于行程极限位置),分别向工作腔输入公称压力的1.5倍的油液,保压2min以上。

(4)耐久性试验

在额定压力下,将被试液压缸以设计要求最高速度连续运行,速度误差±10%。一次连续运行8h以上。在试验期间,被试液压缸的零件均不得进行调整。记录累计行程。

(5)泄漏试验

1) 内泄漏。在被试液压缸工作腔输入公称压力的油液,测定经活塞泄至未加压腔的泄漏量。

2) 外泄漏。在进行起动压力特性试验、耐压试验、耐久性试验以及内泄漏试验时,测量活塞杆密封处的泄漏量,各结合面处不得有渗漏现象。

(6)缓冲试验

将被试液压缸的缓冲阀全部松开,调节被试液压缸试验压力为公称压力的50%,以设计最高速度运行,检测在运行至缓冲阀全部关闭时的缓冲效果。

(7)负载效率

将测力计装在被试液压缸活塞上,保持被试液压缸匀速运动,按公式$\eta=\frac{W}{pA}\times 100\%$计算出在不同压力下的负载效率,并绘制如图12-6的负载效率特性曲线。

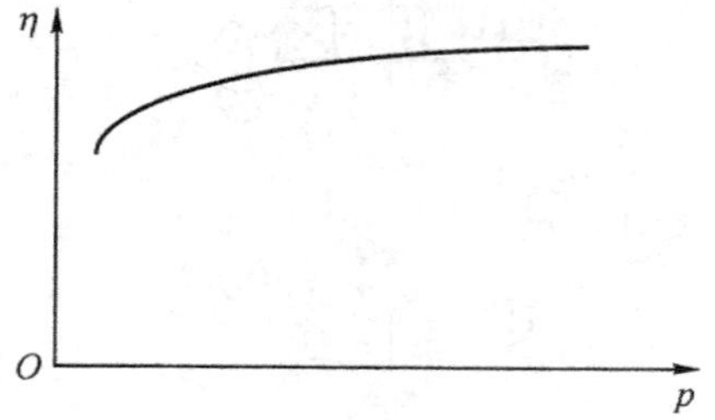

图12-6 负载效率特性曲线

(8)高温试验

在额定压力下,将被试液压缸输入温度为90℃的油液正常工作1h。

(9)行程检验

将被试液压缸活塞或柱塞停在两端极限位置,测量其行程长度。

12.4 主要构件设计计算

根据液压缸所承受的工作载荷的强度、性质、活塞杆联结方式以及材质等要求,来设计计算液压缸主要构件的结构参数。诸如液压缸内径D、缸筒壁厚δ、活塞杆直径d以及液压缸长度L的确定,以及校核活塞的压杆稳定性等。往往将计算所得的液压缸内径、活塞杆直径尺寸尽可能圆整到GB/T 2348—1993“液压起动系统及元件缸内径及活塞杆外径”国家标准所推荐的系列尺寸。

12.4.1 缸筒壁厚δ的计算

当$\delta/D\leqslant0.25$时，可按第一强度理论，即按薄壁圆筒的中径公式计算，有

$$\delta\geqslant\frac{p_{max}D}{2[\sigma]-p_{max}} \tag{12-9}$$

当$\delta/D>0.25$时，对脆性材料（如淬硬中碳钢），可按第二强度理论计算，有

$$\delta\geqslant\frac{D}{2}\left(\sqrt{\frac{[\sigma]+0.4p_{max}}{[\sigma]-1.3p_{max}}}-1\right) \tag{12-10}$$

对塑性材料（如低碳钢、非淬硬中碳钢），可按第四强度理论计算，有

$$\delta\geqslant\frac{D}{2}\left(\sqrt{\frac{[\sigma]}{[\sigma]-\sqrt{3}\,p_{max}}}-1\right) \tag{12-11}$$

令　$p_{max}=1.5p_n$

$[\sigma]=\sigma_b/n_b$　（脆性材料）

$[\sigma]=\sigma_s/n_s$　（塑性材料）

式中：δ——缸筒壁厚；

p_{max}——液压缸瞬间能承受的最高压力；

p_n——液压缸的额定压力；

$[\sigma]$——缸筒材料的许用应力；

σ_b——缸筒材料的强度极限；

n_b——缸筒强度安全系数，取3.5～5；

σ_s——缸筒材料的屈服极限；

n_s——缸筒屈服安全系数，取2～3.5。

在超高压液压缸中，为了使应力沿壁厚方向分布得更均匀，以减轻内壁负载，更好地利用圆筒外层的材料，常采用双层缸筒，一般而言，双层缸筒的许用应力要比单层缸筒高2倍左右。

12.4.2 活塞杆直径计算

1. 活塞杆强度计算

当活塞杆全部伸出时，活塞杆顶端至液压缸支承点之间的距离（即活塞杆计算长度）$L\leqslant10d$时，属于短行程液压缸，主要验算活塞杆压缩或拉伸强度，有

$$d\geqslant2\sqrt{\frac{Fn_s}{\pi\sigma_s}} \tag{12-12}$$

式中：F为液压缸的最大推力。

2. 活塞杆弯曲稳定性验算

当$L>10d$时，需考虑活塞杆弯曲稳定性。

按材料力学理论，一根受压直杆，当其轴向载荷F超过临界载荷F_K时，即会产生失稳。对液压缸还需考虑稳定安全系数n_K，因此，稳定条件为

$$F\leqslant\frac{F_K}{n_K} \tag{12-13}$$

式中：F_K——液压缸临界载荷；

n_K——稳定安全系数，通常取 $n_K=2\sim4$。

临界受压载荷 F_K 可分为不承受偏心载荷和承受偏心载荷两种情况进行计算。

(1)不承受偏心载荷

按等截面法，将活塞杆与缸体视为一个整体杆。当细长比 $L/K\geqslant m\sqrt{n}$ 时，可按欧拉公式计算临界载荷，有

$$F_K=\frac{n\pi^2EJ}{L^2} \tag{12-14}$$

对实心杆 $J=\frac{\pi d^4}{64}$，对空心杆 $J=\frac{\pi(d^4-d_1^4)}{64}$，其中 d_1 为空心杆内径。

$$K=\sqrt{\frac{J}{A}}$$

对实心杆 $K=\frac{d}{4}$，对空心杆 $K=\frac{\sqrt{d^2+d_1^2}}{4}$。

式中：n——末端条件系数，见表 12-4；

E——活塞杆材料弹性模量，对钢材取 $E=2.1\times10^{11}$ Pa；

J——活塞杆截面的转动惯量；

L——活塞杆计算长度，见表 12-4；

K——活塞杆截面回转半径；

A——活塞杆截面积；

m——柔性系数，按表 12-5 选取。

表 12-4　末端推荐系数

类型	一端固定，一端自由	两端铰接	一端固定，一端铰接	两端固定
安装方式	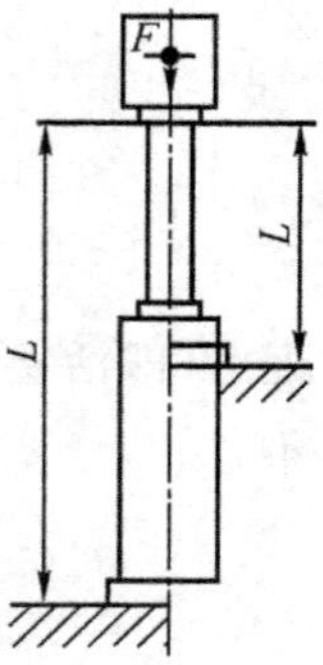	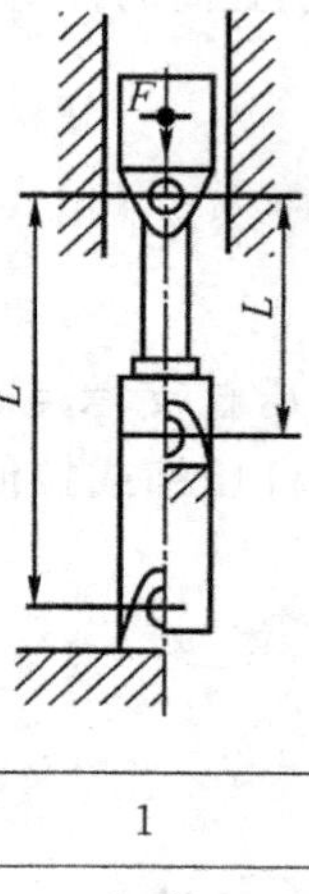	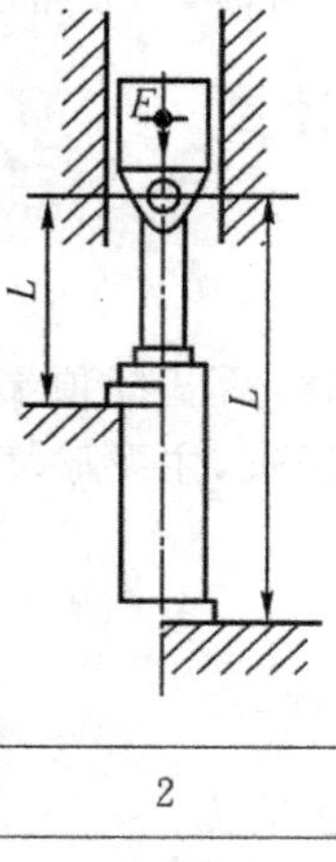	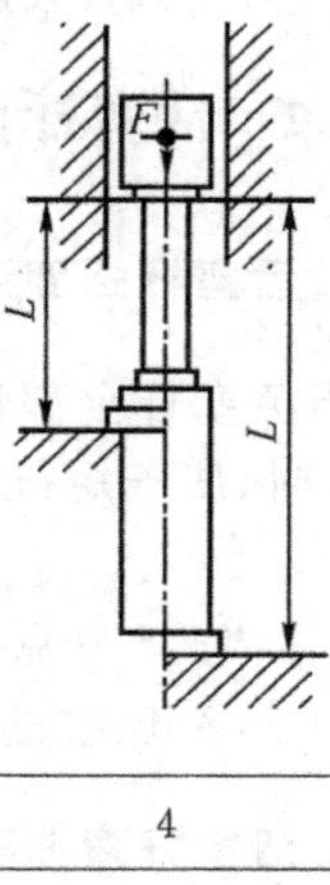
n	0.25	1	2	4
C	1	0.5	0.36	0.25
附注		基本安装方式	应正确引导负载，否则可能出现侧向负载	不太适用，容易出现侧向负载
	根据实际安装装置，计算长度 L 分别取图中左半部或右半部的 L 值			

表 12-5　实验常数

材料	铸铁	锻钢	低碳钢	中碳钢
f_c(MPa)	560	250	340	490
$a>A$	1/1600	1/9000	1/7500	1/5000
m	80	110	90	85

当细长比$\frac{L}{K}<m\sqrt{n}$时，用戈登·兰金公式计算临界载荷，有

$$F_K=\frac{f_cA}{1+\frac{a}{n}(\frac{L}{K})^2} \tag{12-15}$$

式中：f_c——材料强度实验值，按表 12-5 选取；

a——实验常数，按表 12-5 选取。

由式(12-14)、式(12-15)及表 12-4 看到，当液压缸固定在缸筒前端时，长度 L 较小，因而，F_K 较大。所以在可能时应采取前端固定方式，以获得较大的弯曲稳定性。

(2)承受偏心载荷

这时临界载荷的计算公式为

$$F_K=\frac{\sigma_s\mathrm{A}}{1+8\frac{e}{d}\sec\beta} \tag{12-16}$$

$$\beta=C\cdot L\sqrt{\frac{F_K}{EJ}}$$

式中：A——活塞杆截面积；

σ_s——活塞杆材料屈服极限；

e——载荷偏心量；

β——挠度；

d——活塞杆直径；

C——系数，见表 12-4。

12.5　动态性能分析

双出杆液压缸是由四边滑阀控制的，单出杆液压缸一般由双控制边滑阀控制的。阀控液压缸的动态特性取决于阀、液压缸的特性以及负载的性质。分析时按集中参数考虑，假定负载是质量、弹簧和粘性阻尼构成的单自由度系统，由于描述动力元件的一些微分方程是非线性的，为了简化，采用传统的线性化分析方法。参照图 12-7 所示的四边滑阀控制双出杆液压缸示意图，分析液压缸的动态方程。

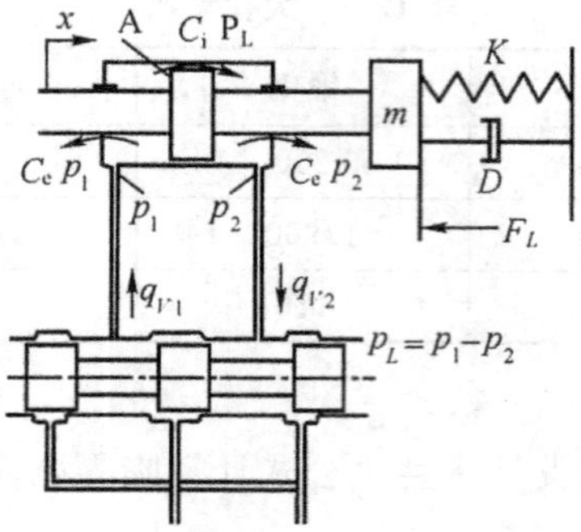

图 12-7　四边滑阀控制双出杆液压缸示意图

12.5.1　基本方程

1. 滑阀的线性化流量方程

$$q_L = K_q x_v - K_c p_L \tag{12-17}$$

式中：q_L——流量增量；

K_q——流量增益；

x_v——阀芯位移增量；

K_c——流量—压力系数；

p_L——压力增量。

2. 液压缸流量连续性方程（参阅第 2 章 2.1.1 节）

假设连接的管道短而粗，可忽略管道内的摩擦损失、流量质量影响和管道的动态等因素，液压缸工作腔内压力均等，油液温度和体积弹性模量视为常数，液压缸的内外泄漏为层流状态，此时，可压缩流体连续性方程为

$$\sum Q_r - \sum Q_c = \frac{\mathrm{d}V}{\mathrm{d}t} + \frac{V}{E}\frac{\mathrm{d}p}{\mathrm{d}t} \tag{12-18}$$

式中：V—— 控制腔的体积；

$\sum Q_r$—— 流入控制腔的总流量；

$\sum Q_c$—— 流出控制腔的总流量；

E——有效体积弹性模量。

3. 液压缸和负载的受力方程

忽略库仑摩擦力和油液的质量，根据牛顿第二定律，液压缸的受力方程如下：

$$A_P(p_1 - p_2) = m\frac{d^2 x_P}{dt^2} + B_P\frac{dx_P}{dt} + Kx_P + F_L \tag{12-19}$$

式中：m——活塞及负载的总质量；

A_P——活塞有效作用面积；

B_P——活塞和负载的黏性阻尼系数；

K——负载的弹簧刚度；

x_P——活塞位移；

F_L——作用在活塞上的外负载。

12.5.2 四边滑阀控制双出杆液压缸的传递函数

(1)初列传递函数

根据解联立方程式(12-17)、式(12-18)和式(12-19)，得到四边滑阀控制双出杆液压缸的传递函数为

$$X_P=\frac{\frac{K_q}{A_P}x_v-\frac{K_{ce}}{A_P^2}(1+\frac{V_t}{4EK_{ce}}s)F_L}{\frac{V_tm}{4EA_P^2}s^3+(\frac{K_{ce}m}{A_P^2}+\frac{B_PV_t}{4EA_P^2})s^2+(1+\frac{B_PK_{ce}}{A_P^2}+\frac{KV_t}{4EA_P^2})s+\frac{K_{ce}K}{A_P^2}} \tag{12-20}$$

式中：K_{ce}——总流量—压力系数，$K_{ce}=K_c+K_{tc}$；

K_{tc}——液压缸的流量—压力系数；

V_t——液压缸的两容腔的总体积。

式(12-20)给出了活塞对阀输入位移和负载力扰动的响应特征。它适用于任何一种四通阀和对称双作用液压缸组合。

(2)化简

假设负载为惯性负载，有弹性负载和外加负载，并考虑油液的压缩性和液压缸的泄漏。对式 12-20 进行简化，忽略数值较小的负载黏性阻尼系数 B_P，

令 $$\omega_h=\sqrt{\frac{4EA_P^2}{V_tm}}=\sqrt{\frac{K_h}{m}} \tag{12-21}$$

式中：ω_h——液压固有频率；

K_h——液压弹簧刚度，$K_h=\frac{4EA_P^2}{V_t}$。

$$\zeta_h=\frac{K_{ce}}{A_P}\sqrt{\frac{Em}{V_t}}+\frac{B_P}{4A_P}\sqrt{\frac{V_t}{Em}} \tag{12-22}$$

式中：ζ_h——阻尼比。

则式(12-20)可以简化写为

$$X_P=\frac{\frac{K_q}{A_p}x_v-\frac{K_{ce}}{A_P^2}(1+\frac{V_t}{4EK_{ce}}s)F_L}{(s+\frac{K_{ce}K}{A_p})(\frac{s^2}{\omega_h}+\frac{2\zeta_h}{\omega_h}s+1)} \tag{12-23}$$

(3)动态参数分析

在式(12-23)中可以看出，决定液压缸特性的主要参数有 ω_h，ζ_h，$\frac{K_q}{A_P}$。

1) 速度增益$\frac{K_q}{A_P}$。在液压缸中，A_P 是一个常数，$\frac{K_q}{A_P}$值与流量增益 K_q 成比例，它与控制阀的结构形式及工况有关，最大负载时的流量增益仅为空载时的 0.57 左右，对于一般系统，增益低有利于系统的稳定，K_q 可取空载时的数值，因此，可以将速度增益$\frac{K_q}{A_P}$作为常数。

2) 液压固有频率 ω_h。由式(12-21)可知,$\omega_h=\sqrt{\frac{K_h}{m}}$,$K_h=\frac{4EA_P^2}{V_t}$,密闭容腔里的油液被压缩时犹如一根弹簧,它和外负载一起振动时的频率为液压固有频率。液压固有频率与液压弹簧刚度 K_h 成正比,K_h 与液压缸控制容腔 V_t 成反比,活塞处于中间位置时 V_t 最大,故此时 K_h 最小,ω_h 也是最低,即稳定性最差。

3) 阻尼比 ζ_h。从式(12-22)中可以看出,阻尼比 ζ_h 与流量—压力系数、系统泄漏和摩擦损失有关。特别是其中阀的流量—压力系数 K_c 对 ζ_h 的影响最大,随着工作点的不同,K_c 变化较大,零位时的 K_c 最小。因此,在计算液压缸的稳定性时,应取零位时的 ζ_h。ζ_h 值变化比较大,其变化幅度可达 20～30 倍。

12.5.3 双边滑阀控制单出杆液压缸的传递函数

由双控制边滑阀控制的单出杆液压缸是电液比例、伺服控制系统中常见的控制形式,它的分析方法与四边滑阀控制的双出杆液压缸相同,传递函数的形式很相似,只是由于控制腔数少一个,导致动态参数 ω_h 和 ζ_h 不相同。参阅图 12-8 所示的双边滑阀控制单出杆液压缸示意图,得到它的传递函数为

$$X_P=\frac{\frac{K_q}{A_h}x_v-\frac{K_{ce}}{A_h^2}(1+\frac{V_0}{EK_{ce}}s)F_L}{\frac{V_0m}{EA_h^2}s^3+(\frac{mK_{ce}}{A_h^2}+\frac{B_PV_0}{EA_h^2})s^2+(1+\frac{B_PK_{ce}}{A_h^2}+\frac{KV_0}{EA_h^2})s+\frac{KK_{ce}}{A_h^2}} \tag{12-24}$$

式中:V_0——液压缸控制腔的初始体积;

A_h——液压缸被控腔的活塞面积。

其他符号与前面相同。

液压固有频率为

$$\omega_h=\sqrt{\frac{K_h}{m}},\ K_h=\frac{EA_h^2}{V_0}\times\frac{1}{\sqrt{2}}$$

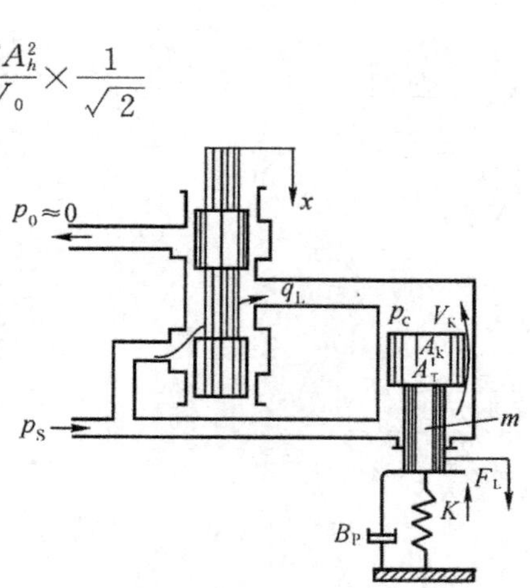

图 12-8 双边滑阀控制单出杆液压缸示意图

由于 $V_t=2V_0$,双控制边滑阀控制的单出杆液压缸的液压固有频率 ω_h 是四边滑阀控制双作用液压缸 ω_h 的 $1/\sqrt{2}$ 倍,双控制边滑阀控制的单出杆液压缸阻尼比 ζ_h 是四边滑阀控制双作用液压缸阻尼比的 $1/\sqrt{2}$ 倍。

综上所述,对于四边滑阀当其处在零位附近和双出杆液压缸活塞处于中位时,系统的稳

定性最差。但是，它有两个控制腔，形成两个液压弹簧，其总刚度是一个控制腔的两倍；液压固有频率和液压缸的阻尼比都比双控制边滑阀单出杆液压缸大。因此，在其他参数系统情况下，四边滑阀控制双作用液压缸比双控制边滑阀单出杆液压缸的动态性能要好。

注意：有时在液压控制系统中，由于工作空间的限制，希望液压缸的长度短些，可以采用四边滑阀来控制单出杆液压缸，液压缸的传递函数分析与四边滑阀控制双出杆液压缸相似，但是它们的液压固有频率不同。由于该工况活塞正方向运动和反方向运动的速度变化比较悬殊，因此，运动过程不光滑。为了克服此缺点，例如比例方向阀可以采用不对称的阀口过流面积，使两方向的运动速度比较接近，换向时运动和压力变化也比较平稳。

12.6　典型结构

12.6.1　普通液压缸

普通液压缸有柱塞缸、单活塞杆双作用以及双活塞杆双作用缸等结构形式。普通液压缸在工程领域中应用最广泛。冶金领域、工程机械、起重机械、车辆用液压缸以及各种矿山机械等液压系统中大多是采用单活塞杆双作用液压缸。船用系统所使用的液压缸有双作用活塞缸和单作用柱塞液压缸。

单活塞杆双作用液压缸的典型结构特点可以参阅图 12-2 液压缸缓冲机构示意图，图中的液压缸为单活塞杆双作用形式。对该液压缸的结构分析如下：缸筒 3 与缸盖 1，5 由拉杆 7 连接，前缸盖 5 装有导向套 6（若用耐磨环则可以取消导向套），液压缸的两端设置有缓冲装置，当活塞移动到缸底时，出油路的大环形容腔被缓冲套 4 切断，回油必须通过小孔出油，以增加活塞运动的背压，起到减速缓冲作用。通过调节节流阀 10，即可调节缓冲的效果。对活塞式液压缸的金加工工艺而言，加工难度比较大的是长行程的缸筒内径，缸筒内壁的尺寸精度，形位公差和光洁度要求都比较高。

图 12-9 所示为柱塞液压缸，它的特点是缸筒的加工工艺比较简单，它是以柱塞为主要部件，其柱塞外圆表面与缸筒内壁不接触，所以，缸筒内壁可不加工或只需要粗加工，而与柱塞接触的支承处需要进行精加工。它是单作用式的，进出油口合用一个油口，柱塞伸出是依靠液压力工作，回程是由负载和柱塞的自重或弹簧复位，它被广泛地应用于垂直提升系统，例如液压电梯控制系统。

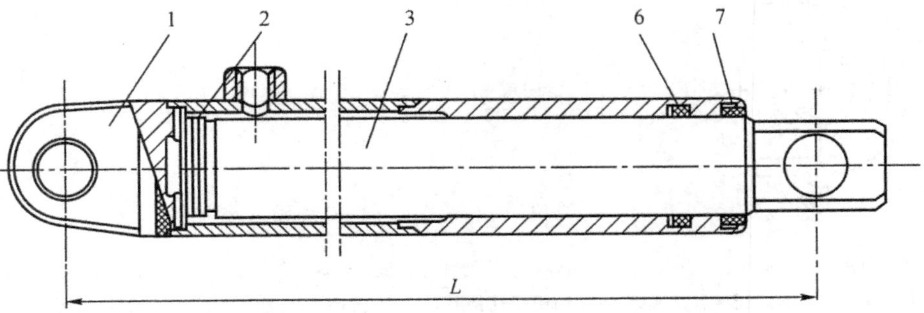

1. 耳环；2. 柱塞头；3. 柱塞；6. O 形圈；7. 防尘圈

图 12-9　柱塞液压缸的结构示意图

12.6.2 增压液压缸

由两个不同大小的活塞压力容腔组成的，可以提高小活塞腔的压力值，称为增压液压缸，称俗增压器，如图 12-10 所示。$p_2=p_1(A_1/A_2)$，由于 $A_1>A_2$，因此，$p_2>p_1$，即具有增压功能。如果大活塞腔采用气压传动，小活塞腔采用液压油传动，气压力转换成液压力，完成压力放大功能，该液压缸称为气液增压缸，如图 12-11 所示。增压缸被广泛地应用于压机、注塑机系统的压紧场合。

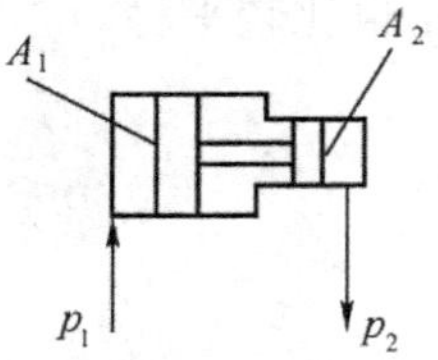

图 12-10 增压液压缸示意图

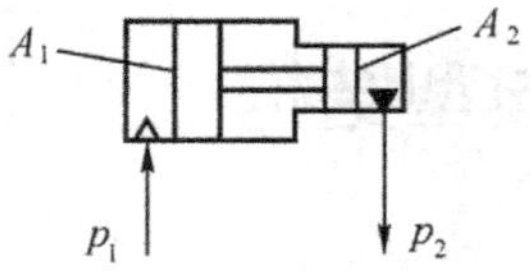

图 12-11 气液增压缸示意图

12.6.3 多级单作用伸缩液压缸

多级伸缩液压缸用于以较短的缸实现长行程的场合。工程机械中常用的单作用多级伸缩液压缸的工作原理如图 12-12 所示，当柱塞伸出时，由于几级柱塞的作用面积不同，柱塞由大至小逐次伸出。当输入流量不变时，柱塞外伸的速度逐次增大，换级时速度突变容易产生突变

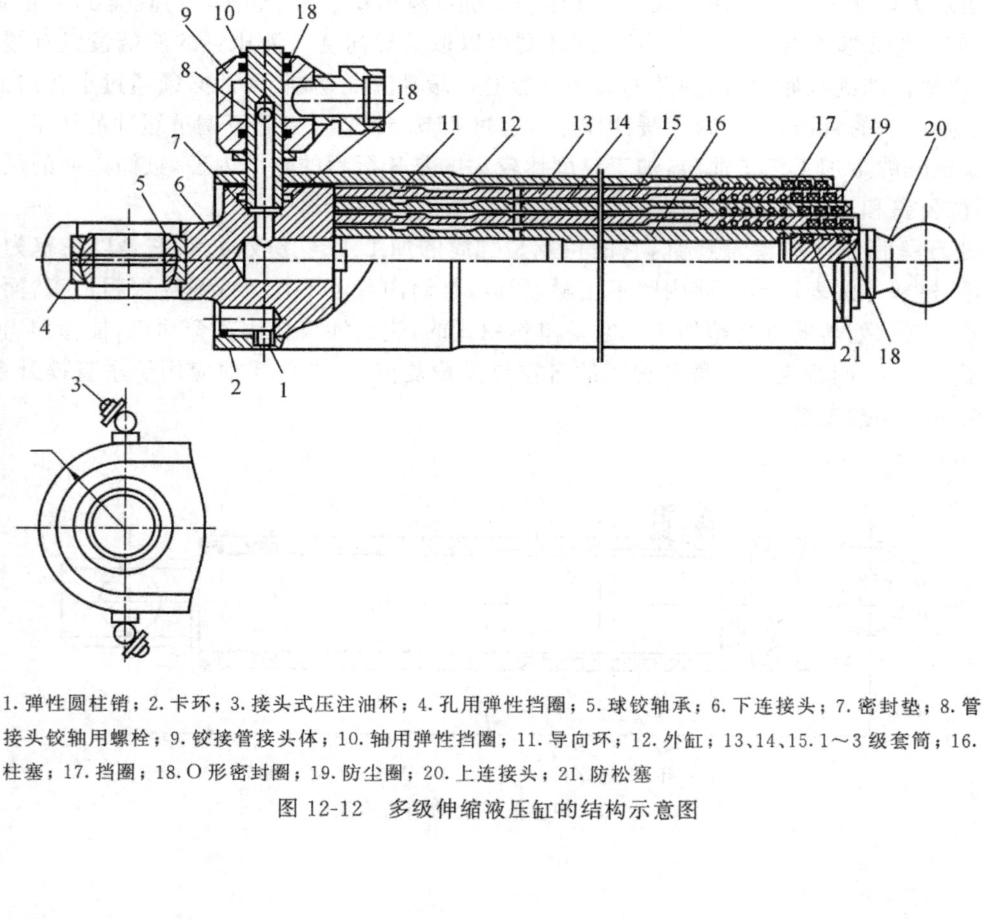

1.弹性圆柱销；2.卡环；3.接头式压注油杯；4.孔用弹性挡圈；5.球铰轴承；6.下连接头；7.密封垫；8.管接头铰轴用螺栓；9.铰接管接头体；10.轴用弹性挡圈；11.导向环；12.外缸；13、14、15.1～3级套筒；16.柱塞；17.挡圈；18.O形密封圈；19.防尘圈；20.上连接头；21.防松塞

图 12-12 多级伸缩液压缸的结构示意图

和冲击，多级液压缸的总速度与单级柱塞的速度相同。即使在负载恒定时，液压缸的工作压力也是逐次增高。回程时，柱塞在负载或自重作用下，由小到大逐个缩回。它可以应用于对速度变化和压力变化不敏感的长行程场合。例如，在工程作业车上应用比较多，因为在不工作时，液压缸缩回的长度可以比较小，而在工作时，多级伸缩液压缸伸出的长度比较长。

目前，TG1 系列多级伸缩液压缸被广泛地用于农机系统，TG 型系列多级伸缩液压缸含单作用式和末级双作用式两种形式，它大多用于自卸汽车系统。它们的主要技术参数如表 12-6 所示。

表 12-6　多级伸缩液压缸主要技术参数

技术参数	TG 型系列	TG1 系列
级数	2～6	2～4
压力等级(MPa)	16	16
套筒(柱塞)外径(mm)	60～210	60～110
总行程范围(mm)	320～7200	500～1360

12.6.4　多级同步液压缸

液压电梯和高空作业车等工程应用领域对多级液压缸的速度平稳性等性能提出了更高的要求，就出现了如图 12-13 所示的结构原理的多级同步液压缸。应用较多的是两级或三级同步液压缸，这里以三级为例。它由一级柱塞和两级活塞套叠而成，直径最小的一级为柱塞，在两个活塞的底部各设置有一个单向阀，在液压缸正常运行时，三级柱塞腔①的压力比二级活塞腔②的压力高，二级活塞腔②的压力比一级活塞腔③的压力高，因而，单向阀是处于关闭状态的，从而形成独立的三个容腔。一级活塞腔容腔③通过油口 A 与液压控制系统相连。

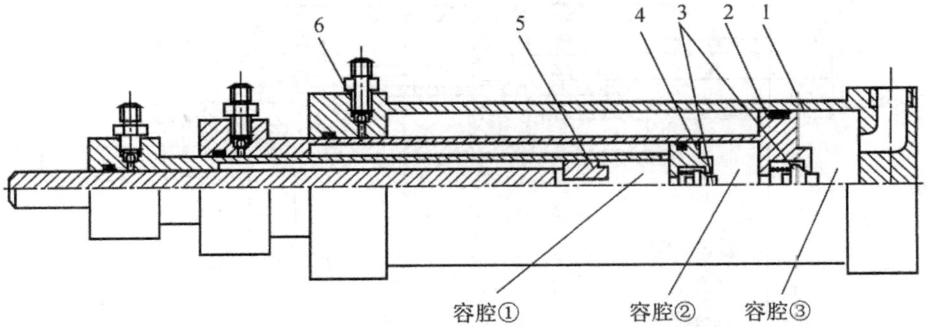

1. 外缸筒；2. 一级活塞缸筒；3. 单向阀；4. 二级活塞缸筒；5. 三级活塞；6. 排气阀

图 12-13　多级同步液压缸的结构示意图

当液压缸柱塞伸出时，压力油进入容腔③推动最大一级活塞向外运动，缸筒与活塞间的环形容腔逐渐缩小，其中的油液通过活塞杆上的侧向小孔进入下一级活塞腔，使较小一级的活塞也向外移动，相似的环形容腔的油液进入最小一级，推动最上面一级柱塞向外运动。通过缸筒的合理设计，可以实现三级柱塞或活塞运动的同步，即各级同时伸出并以相同的速度伸出。同样，当以自重使柱塞缩进运动中，由于各容腔中的压力 $p_1 > p_2 > p_3$，所以两个单向阀始终关闭，在缩进接近缸底极限位置时，单向阀阀芯的导向杆碰到缸底，使单向阀开启，三腔油液连通,油液通过阀口的流动直至各级达到平衡状态,使液压缸消除了累积的同步误差。从以上液压缸工作原理来分析,影响多级同步液压缸的同步精度的主要原因是:各容腔间的油液内泄漏以及各级柱塞、活塞尺寸的加工误差等。

就快速性而言:例如三级同步液压缸不仅它的速度平稳性比较好,而且它的总速度等于三级柱塞速度的总和,即是它的单级柱塞速度的三倍。而普通多级液压缸的总速度与单级柱塞的速度相同。因此,多级同步液压缸可以应用于对速度要求比较快的液压控制系统。这一特点意义比较大,因为,对液压缸来说,由于密封件运动速度的问题,使液压缸的最高速度受到限制,多级同步液压缸可以几倍地提高液压系统执行器件的速度。

12.6.5 数字液压缸

利用数字信息控制的液压缸称为数字缸。图 12-14 所示为一种采用步进电机控制的数字式液压缸的结构简图。电液步进缸的步进电机接受来自数字控制电路的脉冲信号,进行信号转换与功率放大,驱动液压缸输出与脉冲数成比例的位移或速度。其控制系统主要由步进电机和液压放大器组成,为选择速比和增大转矩,二者之间可以加设减速齿轮组。图示由双边控制的三通阀来控制差动液压缸。有杆腔压力恒定为 p_s,作为控制腔的无杆腔压力 p_c 受阀芯 5 控制。假设差动缸的有杆腔面积 A_c 与无杆腔面积 A_r 之比为 1 : 2,当 $p_c=p_s/2$ 时,活塞 2 处于平衡状态。在输入脉冲作用下,步进电动机 7 带动阀芯 5 旋转,活塞 2 及反馈螺母 3 未动时,螺杆 4 与螺母 3 作相对运动,阀芯 5 右移,阀口 a 开大,$p_c>p_s/2$,于是活塞杆 1 外伸,与此同时,在活塞 2 向左运动时,同活塞 2 连成一体的反馈螺母 3 带动阀芯 5 左移,实现了直接位置负反馈,使阀口 a 关小,其开口量和 p_c 值又恢复至初始状态。反之,输入反转脉冲信号时,步进电机 7 反转,活塞杆回程。

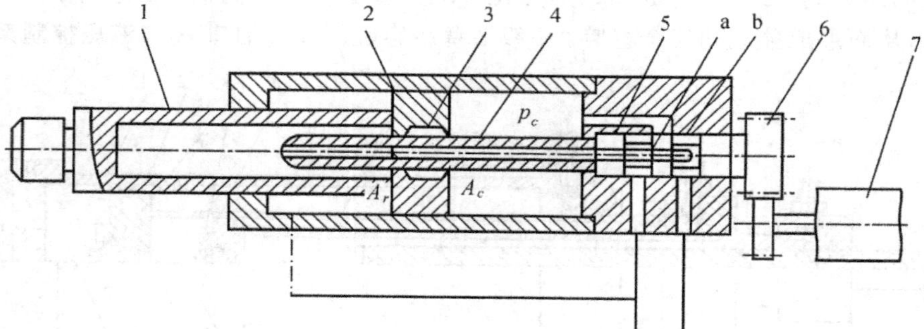

1. 活塞杆; 2. 活塞; 3. 反馈螺母; 4. 螺杆; 5. 三通阀阀芯; 6. 减速齿轮; 7. 步进电动机

图 12-14 电液步进液压缸的结构示意图

活塞杆外伸运动时,棱边 a 为工作边,活塞杆内缩时,棱边 b 为工作边。为使相同的频率下,活塞杆的伸缩速度相等,应使稳态下的 $p_c=p_s/2$,以保证外伸或内缩时,阀口 a 或 b 的压降相等。这时,如果活塞杆上始终存在着外负载力 F_L,为使稳态时 $p_c=p_s/2$,则应取:

$$F_L+p_sA_r=p_cA_c \tag{12-25}$$

$$\frac{A_r}{A_c}=\frac{1}{2}-\frac{F_L}{p_sA_c} \tag{12-25}$$

通过螺杆螺母之间的间隙泄漏到空心活塞杆腔的油液,可经空心螺杆引至回油腔。该电液步进缸的工作方框图如图 12-15 所示。

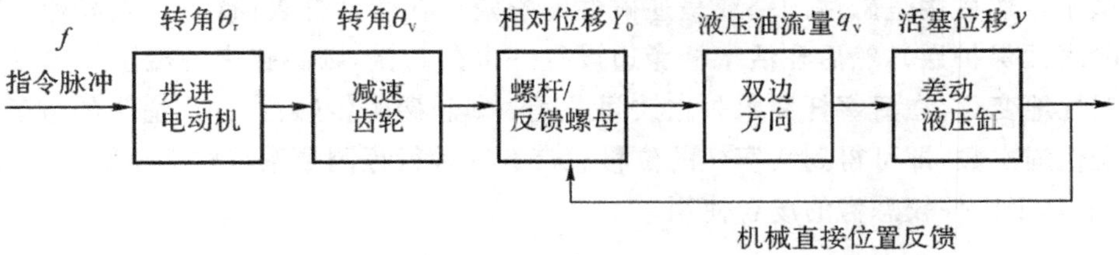

图 12-15　电液步进缸工作原理方框图

12.6.6　低摩擦液压缸

液压缸运动时所受摩擦力较低的缸称为低摩擦缸，这种缸低速性能好，无爬行现象。低摩擦缸一般有两种形式：一种是采用摩擦力较小的密封件，如格来圈和斯特封，这种结构的液压缸即具有较高的容积效率又有较高的机械效率。因此，目前应用比较广泛，其结构也比较成熟，即与普通液压缸相似，仅密封件和密封沟槽不同。另一种形式是采用顺锥结构以消除卡紧力。活塞杆采用间隙静压支承，并采用间隙密封，泄漏油引回至油箱。因此，其容积效率较低，而机械效率高，其结构如图 12-16 所示。

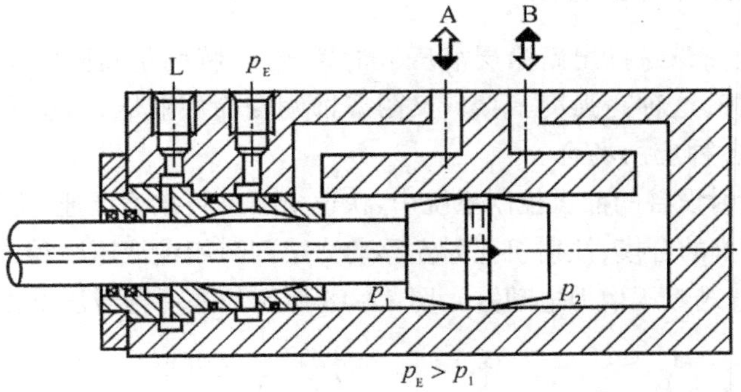

图 12-16　采用顺锥活塞和静压支承活塞杆的低摩擦缸

这种结构需要单独的静压支承油源，且其压力 $p_E > p_1$，(缸工作压力)，这一设计对因泄漏引起的活塞速度下降有补偿作用，如配以适当的位移传感器，这种液压缸可以作为高性能伺服缸。

伺服液压缸是伺服液压系统中的液压执行器，它与普通液压缸在设计及技术指标上有许多相同之处，但也有特殊的一面。首先，伺服缸要满足伺服系统的静态高精度、快动态品质的要求外，还需要低摩擦、无爬行、无滞涩、高响应、无外漏、长寿命。因为伺服液压缸的最低起动压力低，因而，伺服缸的密封和支撑导向设计比普通液压缸的要求要高得多。由于伺服系统一般都是闭环控制，因此，伺服缸的内泄漏的影响可以通过闭环来补偿，其内泄漏指标要求要比普通液压缸低一点，有时，伺服缸的内泄漏大一点还有利于系统的稳定性。

12.6.7　带位移传感器的液压缸

目前市场上有带超声波位移传感器液压缸和带磁电感应式传感器液压缸。现以应用比较广的后者为例加以说明。图 12-17 所示为带磁电感应式传感器液压缸的结构示意图。在由碳钢或低合金钢制成的活塞杆(呈铁磁性)表面刻有宽度和间距相等的槽(如 1mm,深度约为数十微米),然后用呈磁性的铬或呈逆磁性的陶瓷涂在活塞杆表面(不仅填满槽且有数十微米厚的表面保护层),然后在活塞杆旁边设置一永久磁铁,则磁路中的磁阻将随活塞杆的运动周期性地变化。在活塞杆和永久磁铁间设置一薄膜磁阻传感器,并用适当的电子器件记录磁阻变化的次数,即可得到活塞杆的位移。带有这种行程测量系统的液压缸结构紧凑、可靠性高,适宜于条件较恶劣的场合使用。

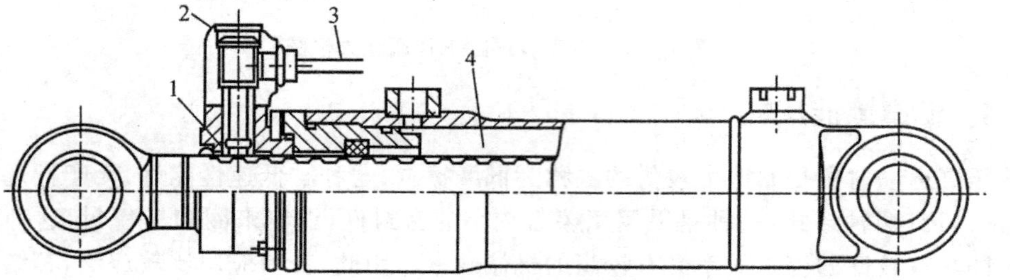

1. 位移传感器;2. 放大器;3. 输出接口;4. 活塞杆

图 12-17 带磁电感应式传感器液压缸的结构示意图

12.6.8 液压缸结构的新发展

近年来,各制造商纷纷推出新涂层液压缸的新产品,特别是新陶瓷压电元件的铬氧化混合陶瓷涂层的活塞杆。这种高强度、耐磨,又耐腐蚀陶瓷涂层液压缸,适用于钢结构水工建筑和海底采油领域的各种应用场合。

最近,在塑料注射设备的液压控制系统中,快速电驱动可准确调速、定位,而且由于液压的增力作用,可使注塑机的合模、注射机注射左移动力达到采用纯液压驱动方式相同的量级。电动和液压综合成为直线液压增力电动缸。图 12-18 所示的是一种液压增力电动缸的原理图。

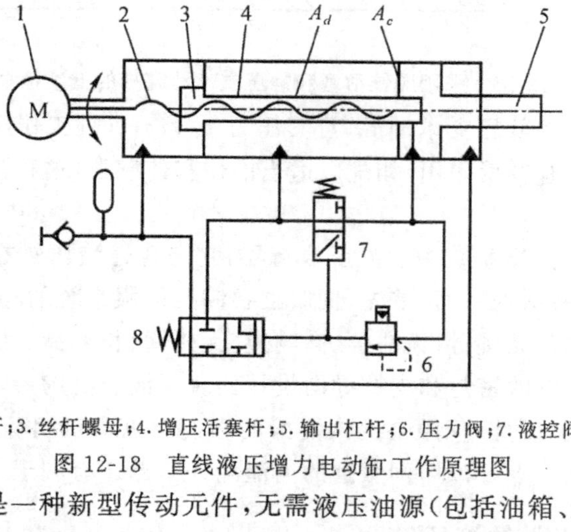

1. 电动机;2. 丝杆;3. 丝杆螺母;4. 增压活塞杆;5. 输出杠杆;6. 压力阀;7. 液控阀;8. 功能转换阀

图 12-18 直线液压增力电动缸工作原理图

液压增力电动缸是一种新型传动元件,无需液压油源(包括油箱、泵站、管道),采用伺服电机直接驱动增压活塞,使缸作直线运动,使输出力增加几十倍,该类元件不仅节能,还能降低噪音,使用便捷。液压油被封闭在缸体内,定期仅需要补充少量液压油。

第 13 章

二次调节系统

13.1 引 言

随着科学技术的发展，机械制造技术的进步，以及电子、控制工程、材料等领域的技术上的进展，液压传动技术在许多工业部门得到日益广泛的应用。今天，它已深入到机床、工程机械、轻工机械、农业机械以及矿山、冶金、车辆、船舶、航天和地质勘探等部门。液压工业已成为整个机械工业的一个不可缺少的组成部分。

液压传动系统分为两大类：节流传动系统和容积传动系统。前者具有响应快，可进行微流量调节等优点，但效率低，只能用于小功率的场合。容积传动系统具有效率高的优点，尽管响应速度较慢，但已能满足大部分工业应用的要求。因此，成为中、大功率液压传动系统的主角。

容积传动系统的发展大致经历了三个阶段。

13.1.1 闭式容积传动系统

自变量泵产生以来，闭式容积传动系统（如图 13-1 所示）首先得到了迅速发展，20 世纪 50 年代已开始在工业上应用。在 60 年代在教科书上，对此系统已有了成熟的分析与综合方法。随着伺服控制技术和比例控制技术的发展，对这类系统的研究也日趋成熟。今天，在工业应用中，这类系统仍在大量使用。它的主要优点是：

(1)主管路无节流损失，故效率很高。

(2)由于使用了补油泵，消除了主泵吸油口产生气穴的可能，从而使主泵安装位置灵活，

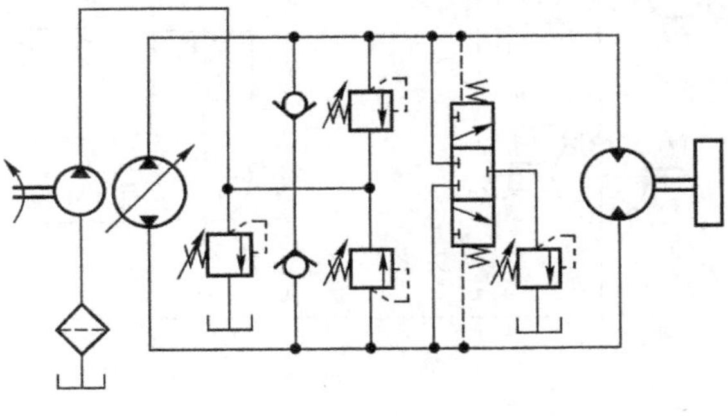

图 13-1 容积传动系统

并允许较高的泵转速。而且油箱的体积较开式回路小。

(3)由于使用了安全阀,可在过载条件下保护主机。

(4)由于使用了换油阀,使主系统油温容易控制。

这类系统的缺点是:不适用于多负载,原则上每个负载需要一对泵、马达。装机容量大,造价高。

13.1.2 功率适应系统(负荷传感系统)

20 世纪 70 年代初,在恒压变量泵发展的基础上,出现了功率适应系统(参见图 10-7)。功率适应系统主要通过一个功率泵来控制。此泵是在恒压泵的基础上,加上一个负载敏感阀,以保持此阀压力恒定为原则来调节泵的排量,达到恒流量调节的目的。这种系统不仅避免了溢流损失,从而比节流调速系统节约能量,而且在设置负载选择网络以后可用于负载并联工况。此种方式得到各国学者的普遍重视,在 70 年代进行了大量广泛、深入的研究,至今已比较成熟,并有大量工业产品在市场上出现。由于它比闭式容积传动系统较适合于多负载并联工况,被广泛用于工程机械中。

功率适应系统的缺点是:

(1)主管道仍然有附加节流损失。

(2)尽管在单一负载下,它的效率很接近闭式容积传动系统,但是,在多个变化较大的负载并联的工况下,由于只能与最大负载相适应,效率将大大下降。

(3)在负载离油源较远的条件下,细长的负载压力反馈管道可能会引起不稳定。因此,功率适应泵和负载敏感阀需经过仔细的动态设计,只能配套使用。从而使元件的互换性较差。也就是说,倘若你选用这个公司的功率适应泵,而采用另一个公司的负载敏感阀,尽管规格相配,元件合格,组成的系统却可能失效。

13.1.3 定压网络液压马达系统

20 世纪 80 年代初期,由德国学者提出了一种新型容积传动系统——定压网络液压马达控制系统(也称二次调节系统)。该系统主要由一个接在定压网络中的变量液压马达及蓄能器组成。由于接入了蓄能器,使这类系统能够将制动能量回收,因而有较高的能量利用率。该系统的基本结构如图 13-2 所示。

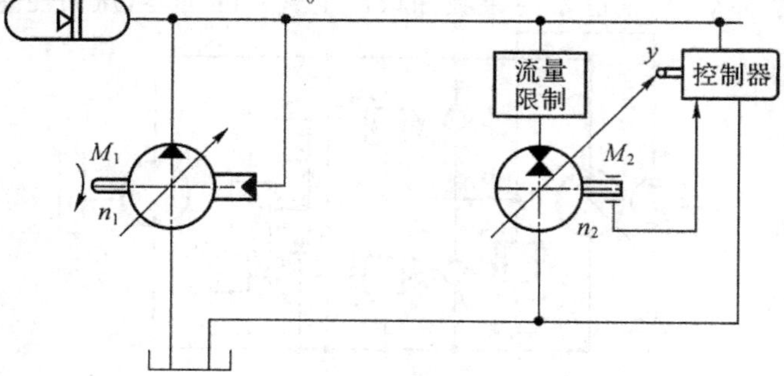

图 13-2 定压网络液压马达系统基本结构

13.2　定压网络液压马达调节系统的原理、特点及应用

二次调节系统在传动概念上发生了根本改变：以往的容积传动系统都是通过改变泵的排量来调节主管道中的流量，从而控制整个传动系统的功率流，达到调速的目的。而二次调节系统是以调节一个接在定压网络中的变量马达的排量，来调节马达轴上的动力扭矩，从而控制整个系统的功率流，达到调速和调节扭矩的目的。也就是说，马达轴的转向以及轴上能量的流动方向及大小(传动系统向负载提供能量—主动工况，还是从负载吸收能量—制动工况)，在以往的容积传动系统中主要是通过改变泵的流量来实现，而在二次调节系统中是通过改变马达的动力扭矩来实现的。

该系统的主要优点是：

(1)可进行能量回收，且主管道无节流损失。因此，效率大大高于前两种传动系统(制动能量的 80%可用于再加速)。

(2)理论上可通过液压功率的精确调节，实现无功耗制动，减少了系统发热，省去了复杂的缓冲制动装置，且可减少散热装置。

(3)主管道中减少了因调节过程产生的峰值压力，从而可延长系统寿命。

(4)完全适合于多负载并联工况，可实现各负载独立调节。在此工况下，效率超过上述两类系统。

(5)经合理设计，可使主泵站对内燃机负载均匀，从而提高了内燃机的燃料利用率，延长了内燃机的寿命。

(6)由于接入了蓄能器，可提供较大瞬态流量，在交变工况下可减少装机容量。

(7)在负载变动下有优良的速度及位置精度。

(8)系统的动态特性主要决定于系统的机械时间常数(马达轴上的转动惯量及变量机构的时间常数)，与主压力管道的容腔(工作液体的可压缩性)无关。

由于上述特点，二次调节系统引起了各国研究者的关注，得到了越来越广泛的工业应用。

13.3　系统分类与分析

二次调节系统实际上是一类系统的总称。这类系统按其应用范围可分为速度控制系统、位置控制系统、扭矩控制系统和功率控制系统。如图 13-3 所示。

由于速度反馈是以上各类系统中都不可缺少的，因此，也可以按速度反馈的方式分为液压反馈方案和电反馈方案。

所谓液压方案，是指采用计量泵检测转速，通过液桥控制先导阀，来实现对液压马达排量的控制，如图 13-4 所示。

由图中可看出，变量马达的转速 n_2 由同轴计量泵转换为流量 q_{MP}，通过液桥(K_1K_2)中点与 q_2 汇合，经 K_1 流出。汇合点压力 p_M 引至先导阀右端，与左端设定压力进行比较，构成转速反馈回路。改变设定压力 p_{st}，将破坏先导阀两端的力平衡，从而改变变量活塞的位置(即马达的排量)，使马达轴的转速达到一个新的平衡值。在此转速下，计量泵流量 q_{MP}在 K_1

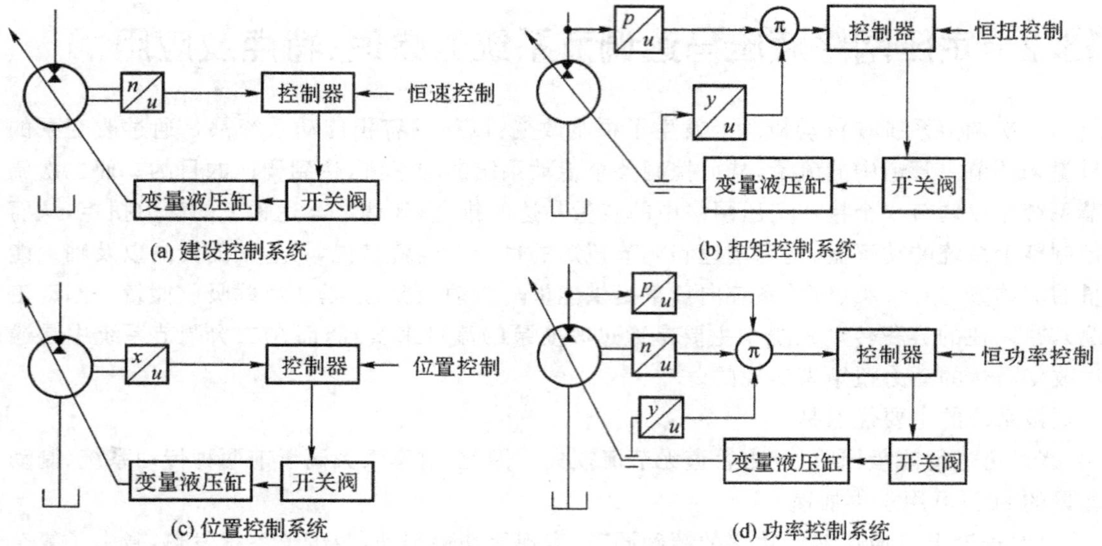

图 13-3 二级调节系统

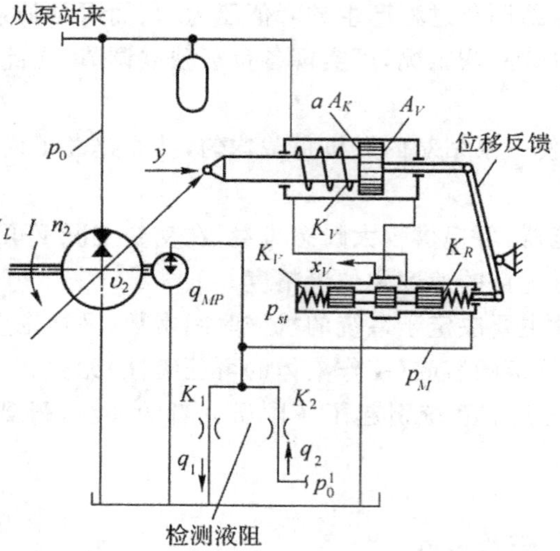

图 13-4 液压反馈方案

的压力降 p_M 与新的 p_{st} 共同作用能使先导阀在中位达到平衡。因此，改变 p_{st} 可达到调速的目的。同样，对一个固定的设定压力 p_{st}，若外负载扭矩发生变化，将引起转速的改变，从而引起 p_M 的改变，破坏了先导阀的力平衡。结果，同样引起变量机构的调整，直到转速恢复到接近原转速的一个平衡值为止。

这类系统的数学模型由下式表示：

$$n_2(s)=\frac{K_1 p_s(s)-K_M M_L(s)}{\frac{s^2}{\omega_0^2}+\frac{2\xi_0}{\omega_0}s+1} \tag{13-1}$$

式中：

$$\omega_0=\sqrt{\frac{V_{2\max}p_0}{2\pi Y_{\max}I}\cdot\frac{V}{2\pi G_{MP}}\cdot\frac{A_V C_0}{K_V}} \tag{13-2}$$

$$\xi_0=\frac{K_R C_0}{2\omega_0 K_V} \tag{13-3}$$

$$K_M=\frac{K_R}{\frac{V_{2\max}p_0}{2\pi Y_{\max}}\cdot\frac{V_{MP}}{2\pi G_{MP}}\cdot A_V} \tag{13-4}$$

式中：n_2——马达转速；

A_V——先导阀液压作用面积；

G_{MP}——计量泵和液桥共同工作时的等效液导；

C_0——变量活塞速度增益。

还应指出，该系统是有静差的系统，静差的大小主要决定于先导阀上的反馈弹簧刚度 K_R，K_R 越小，静差越小。但 K_R 的减少将降低系统的阻尼，因此，设计时要将 K_R，K_V，C_0 综合考虑。

下面讨论电反馈方案。

电反馈方案实际上是用测速电机或光电编码器来测量马达轴的转速，实现转速反馈。基本结构见图 13-5。图中的一个单向阀和一个液控单向阀是起保护作用的，当发生系统突然断电、速度传感器断线等意外事故时，能自动切断油源，以防止马达超速，并将马达进出油口短路，以避免吸空造成气蚀。

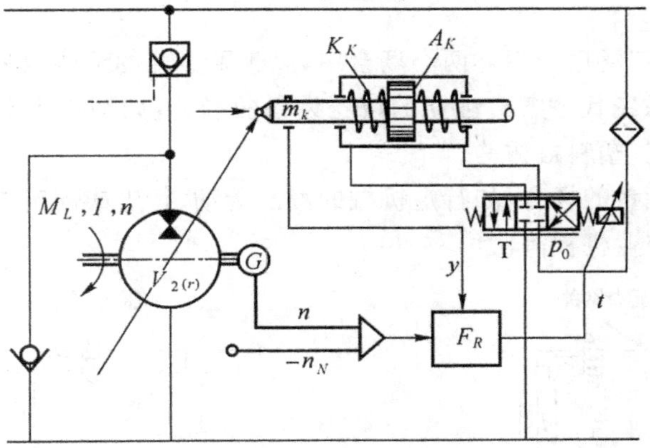

图 13-5　电反馈方案

由于电反馈方案在校正上的灵活性，电反馈方案实际上可构成两种系统：一种只具有速度反馈，称为单环系统；另一种既有转速反馈环，也有变量活塞位置反馈，称为双环系统。在单环系统中，调节器必须有微分环节，才能保证系统稳定。在双环系统中，不一定要使用微分调节器，由于变量活塞位置反馈环的作用，完全可以保证系统稳定。对双环系统而言，若想做成无静差系统，必须使用积分器。

这两种系统也可用近似的二阶线性系统来描述，其固有频率为

$$\omega_0=\sqrt{\frac{V_{2\max}p_0}{2\pi Y_{\max}I}\cdot\frac{V_q}{A_K}\cdot V_{n2}K_{pn}} \tag{13-5}$$

对单环系统而言，阻尼比为

$$\xi_0=\frac{\dfrac{R_H}{I}+\dfrac{V_{2\max}p_0V_q}{2\pi\cdot Y_{\max}IA_K}\cdot V_{n2}\cdot K_D}{2\omega_0} \tag{13-6}$$

对双环系统而言，阻尼比为

$$\xi_0=\frac{\dfrac{R_H}{I}+\dfrac{V_qK_r}{A_KY_{\max}}}{2\omega_0} \tag{13-7}$$

式中：R_H——马达轴速度摩擦系数；

V_{n2}——测速电机电压—转速增益；

K_{pn}——放大器电流增益；

K_D——调节器微分环节系数；

V_q——控制阀流量系数；

K_r——位移传感器电流—位移系数。

从式(13-6)和式(13-7)可看出，对单环系统而言，系统的阻尼可通过调节微分环节的系数来调整。对双环系统来说，可通过位置传感器反馈通道的增益来调整。因此，电反馈系统易于得到良好的系统动态品质。

13.4 二次调节系统的应用

二次调节系统可广泛用于下述两类场合中，以收到显著的节能效果：

(1)以中央供油系统代替各自独立的液压设备的场合，如钢铁冶金等连续生产线、汽车制造业、船舶液压系统、塑料机械等。

(2)可回收制动能量的场合，如行走机械的液压传动、行走或固定式起重装置、挖掘机的回转装置、筑路机械农业机械等。

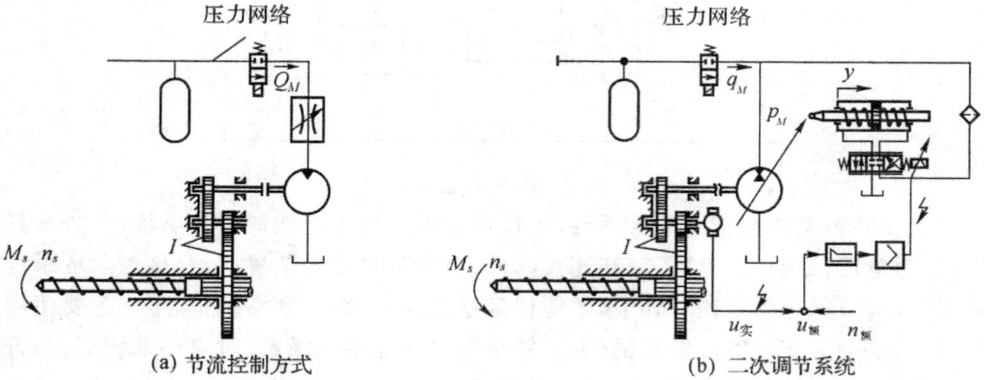

(a) 节流控制方式　　(b) 二次调节系统

图 13-6 液压压铸机增塑系统

图 13-6 所示是一个二次调节系统的应用实例。这是一个液压压铸机的增塑系统。图(a)所示为节流控制方式。图(b)所示为二次调节系统。在传统的液压压铸机中，增塑系统的能量消耗占整个液压系统的 60%。实验表明，采用图(b)的二次调节系统，将使整个系统的能量利用率比图(a)的节流调节方式提高 40%，而且由于二次调节系统采用了速度反馈，大大提高了机器的控制精度。

图 13-7 所示是又一个例子。该图是一个液压挖掘机的液压系统。图(a)采用二次调节系统。图(b)采用泵控制系统。显然,采用二次调节系统可以大大减少所用油泵的数量。因而可以简化机械结构。

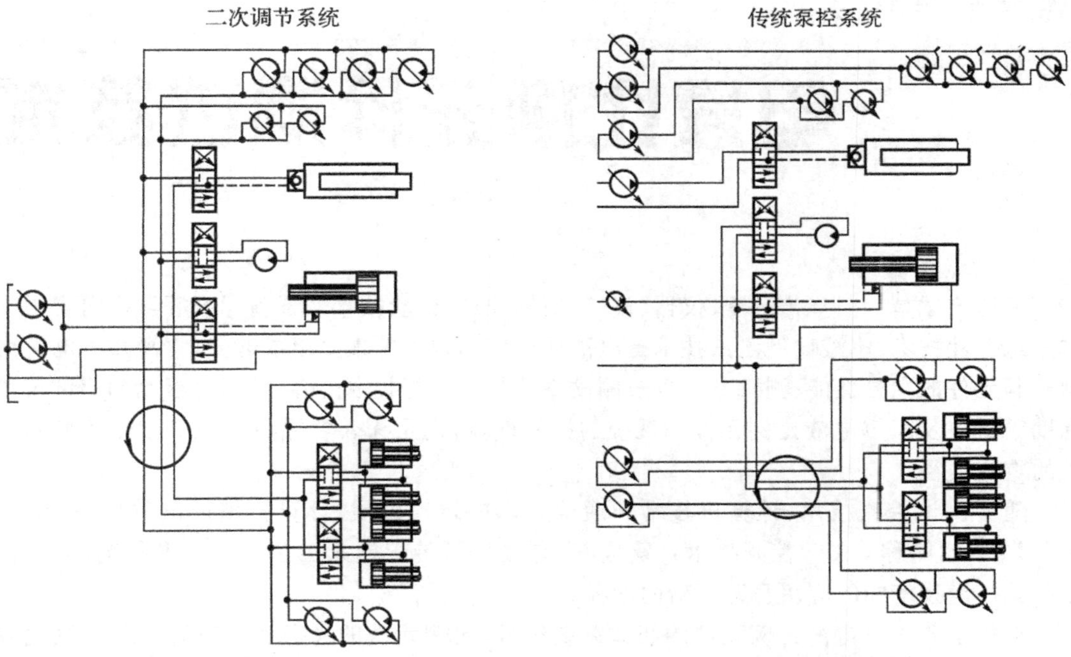

(a) 二次调节系统　　(b) 泵控制系统

图 13-7　液压挖掘机液压系统

至今所见报道的二次调节系统的应用实例还有轧钢机的速度控制、汽车工业的负载模拟实验台、城市公共汽车的液压驱动等。毫无疑问,随着时间的推移,二次调节系统将被越来越多地用于工业环境,以发挥其诱人的节能潜力。

第14章

电液比例元件测试技术

液压测试是一门集传感器、仪器、仪表、数据处理、试验技术及试验标准等学科内容为一体的综合性技术。电液比例测试技术是电液比例控制技术的重要组成部分，它涵盖了电液比例控制元件的主要性能、测试方法以及测试系统的构成等技术内容。掌握电液比例测试技术有助于进一步了解电液比例元件和系统的控制性能，也是深入学习与应用电液比例控制技术的重要途径。

随着测试控制技术、计算机技术和通信技术的迅速发展，计算机辅助测试(Computer Aided Test，简称 CAT)控制技术日臻成熟，它改变了传统的人工测试的技术状况，为微机在测试控制技术中的应用开辟了新的途径。

本章主要讨论电液比例元件的测试系统组成、比例元件的稳态和动态特性及其试验方法，同时还将简单地介绍液压计算机辅助测试系统。

14.1 电液比例元件测试系统组成

在不考虑计算机系统对液压检测系统实现自动控制功能的情况下，在快速而准确地测出试验数据，并且能自动显示、打印和处理实验数据等方面，采用计算机辅助测试手段比人工测试方法优越。但是，它们的测试机理都是一脉相承，其测试总框图也基本相同。只不过控制信号单元、数据处理单元、显示及记录仪器单元可以集成在计算机中。图 14-1 所示是电液比例元件测试系统的总框图，检测系统由试验系统与测量系统组成，具体的可将液压检测系统分为八个功能单元。

(1)能源单元

能源单元系指电能系统。

(2)被试元件单元

被试元件单元系指被测试的电液比例元器件。它包括比例放大器、电—机械转换器以及比例控制阀或比例控制液压泵的总成。测试对象由用户需求决定，测试系统的其他部分是根据测试对象的性能检测需要设计的。

(3)液压试验装置单元

液压试验装置单元俗称液压试验台架。它包括液压泵站、管道、各类控制阀、原动机转速调节装置、液压马达加载装置等，当然，还包括过滤器、热交换器等辅助装置。试验系统应能满足相应的电液比例元件进行稳态或动态试验的要求。测试中所采用的液压试验回路、试验工况以及测试方法，需符合相关的国家标准、行业标准或国际标准的规定。

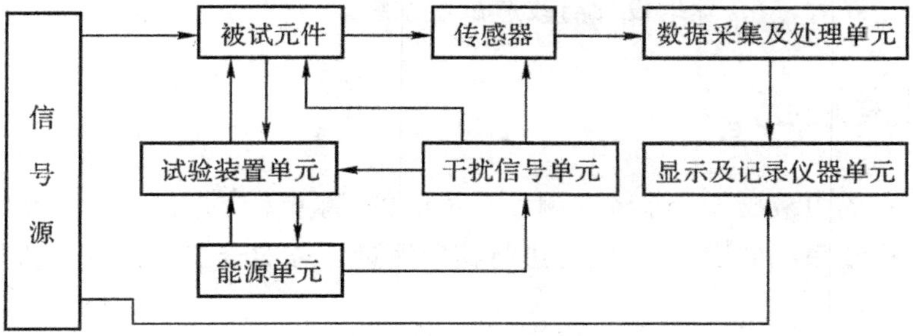

图 14-1　电液比例元件测试系统总框图

(4)干扰信号单元

干扰信号单元在某种情况下可以称为"加载装置单元"。在液压技术的两个基本物理量压力 p 与流量 q 之间，当一个为主控制量时，另一个往往表现为干扰量。因此，电液比例元件的干扰信号，可以是流量、压力、转速或扭矩，它们要根据不同的电液比例元件来加以区别。例如，溢流阀的干扰量是溢流流量；方向流量阀及流量阀的干扰量是阀口压差。减压阀的干扰量是流量和进口压力；恒流液压泵的干扰量是系统压力及液压泵的转速等等(参见第 2 章附录 2-2)。试验时，这些干扰量的信号常由相应的加载装置来实现。

(5)信号源单元

信号源能提供稳、动态测试所需的诸如三角波、正弦波、方波以及白噪声等激励信号。激励信号通过比例放大器来控制电—机械转换器，从而实现对被试比例元件的各种控制。

在进行稳态控制特性试验时，需要超低频的三角波电信号；在动态阶跃响应特性试验时，需要方波电信号；在频率特性测试时，又需要频率连续可变的正弦波信号或白噪声信号等等。这些激励信号可以通过信号发生仪产生，也可以通过微机系统提供。

(6)传感器单元

把各种非电物理量转换为电压信号的器件称为传感器。传感器种类繁多，在液压技术范畴内，表征被试电液比例元件特性的物理量，一般有压力、流量、力、转速、转矩、位移、速度、加速度、噪声以及温度等非电物理量，都需要相应的传感器转换成电压信号，然后经过放大、转换、显示、记录或控制。如今，传感技术正向着集成化、小型化、智能化方向发展，从而达到简化传感器件，便于实现检测与信号处理的一体化。

(7)数据采集及处理单元

该单元通过传感器等有用数据的采集，和对采集到的信号作数据处理，以获取被测元件的稳、动态特性的主要技术指标。它常由数据采集卡、测量放大器、有源滤波器、A/D 或 D/A 转换器、随机存储器、计算机或其他数据、信号处理分析仪器等构成。

(8)显示记录及打印单元

显示及记录仪器单元包括各类模拟式或数字式显示仪表，例如示波器、X-Y 函数记录仪、过渡过程记录仪等，或者是"CAT"系统的屏幕、打印机、数字绘图仪等。

在测试对象确定之后，测试人员应对所需检测的性能项目、技术参数、工作环境、工况特点、安装尺寸和输入、输出接口等，进行全面的分析和了解。根据相关国家标准或行业标准，制定被试液压元件的试验大纲，确定测试方案及准确度等级要求，选择适用的传感器及测量仪器。这是试验过程开始前的重要准备工作。在此基础上，还要分析试验系统是否满足测试对象的要求。必要时，应合理地设计与改造试验系统。

14.2 测量系统

液压检测系统由液压试验系统与测量系统组成，测量系统是保证液压元件检测准确度的关键单元。测量系统的定义是，它是进行特定测量任务的全套测量器具和其他设备的总称。

14.2.1 测量误差与等级

测量系统中与其相关的计量名词术语的含义，在我国国家计量技术规范 JJF 1001—1998 标准以及机械行业标准 JB/T 7033《液压传动 测量技术通则》中都做了规定。以下介绍与本章有关的计量名词及定义。

- 测量——以确定量值为目的的一组操作。
- (测量结果的)重复性——在相同测量条件下，对同一被测量进行连续多次测量所得结果之间的一致性。
- (量的)真值——与给定的特定量的定义一致的值。
- 校准——在规定条件下，为确定的测量仪器或测量系统所示值的量值，或实物量具与参考物质所代表的量值，与对应的由标准所复现的量值之间关系的一组操作。
- 测量误差——测量结果减去被测量的真值。
- 随机误差——测量结果与在重复性条件下，对同一被测量进行无限多次测量所得结果的平均值，与被测量的真值之差。
- 系统误差——也称系统不确定度，在同一被测量进行无限多次测量中，保持恒定或以可预知方式变化的测量误差的分量。
- 静态工况——参数不随时间变化的工况。
- 稳态工况——变量的平均值不随时间变化，或变量的瞬时值的变化是周期性的，且可用简单的数学公式来描述的工况。
- 测量准确度——测量结果与被测量真值之间的一致程度。

在计量领域中，一般用“精密度”描述由随机误差而导致的测量结果；用“正确度”描述由系统误差导致的测量结果，而“准确度”则是描述由随机误差和系统误差综合影响导致的测量结果。在液压行业中，由于习惯上测量的“精度”通常都是指误差而言，但是“精度”是指随机误差、系统误差，还是二者的综合却得不到明确的区分。因此，在液压测试中最好不要用“精度”一词。

- 准确度等级——根据试验的不同需求，在各类液压元件试验方法标准中，都规定了A，B，C 三种测量准确度等级。根据 GB 7935—87《液压元件 通用技术条件》的规定，按 A，B，C 三种测试等级中的一种进行试验。

A 级：适用于科学研究性试验。

B 级：适用于液压元件的形式试验，或者元件制造厂的质量保证试验，和用户的选择评定试验。

C 级：适用于液压元件的出厂试验，或用户以鉴别液压元件合格、失效及有无缺陷的验收试验。

各测量准确度等级的误差极限，由测量系统的系统误差与总随机误差相加得出。总随机误差等于测量系统中各个随机误差的均方根。当一个参数需要由其他几个参数测量值计算而得到(如计算功率或效率)时，误差的综合可用最小二乘法的方法来计算。但计算用的各个单项参数的误差值，应是仪器测量值点上的实测误差，而不是仪器允许的系统误差的最大值。

测量系统的误差，可能与测量系统中的单个元件有关，或者与整个测量系统有关。一般而言，对整个系统进行校准和评定，可以得到较小的误差。

系统误差不应超过表 14-1 所列的值。表中 A,B,C 为测试装置(仪器)的准确度等级。表中所给出的百分数极限范围，是指被测量值的百分数，而不是试验参数的最大值或测量系统的最大读数的百分比。在采用任何器具或方法来校准仪器，或用国际(计量)基准来对比校准仪器时，这些器具或基准有能力来测量出不超过表中系统误差的允许极限。

表 14-1　测量仪器(器具)在校准时所允许的系统误差

测量(仪器)参数	A 级	B 级	C 级
电流、电压输入信号(%)	±0.5	±1.5	±2.5
流量(%)	±0.5	±1.5	±2.5
压力(%)	±0.5	±1.5	±2.5
油液温度(%)	±0.5	±1.0	±2.0
转矩(%)	±0.5	±1.0	±2.0
转速(%)	±0.5	±1.0	±2.0

14.2.2　测量仪器的选择及校准

1. 测量仪器的选择

根据试验大纲规定的测试方案及准确度要求，来选择适用的参数传感器及测量仪器。在选择时应考虑两个因素：

(1)量程范围

要使被测参数的变化范围在仪表量程以内，这是理所当然的。但为了减小测量误差，应尽量使满量程值与被测量上限相符，一般要求仪表最大量程不超过被试参数最大值的两倍。例被试比例溢流阀的最大压力为 10 MPa，选择压力表或压力传感器时，其最大量程要大于 10 MPa，而小于 20 MPa。

(2)仪器的准确度

应根据试验要求及被试参数的误差大小，或根据试验结果总误差要求，按误差分配原则来选定。例如，拟进行比例溢流阀开发性的性能试验，压力测量范围由 2.5～10 MPa，试选定压力表的准确度：①测量仪器准确度等级，应根据国际试验方法标准的规定(见表 14-1)，采用 B 级仪器，即校准时所允许的不确定度极限为±1.5%(在量程的各点上)。在选用仪器时，可选用 0.25 级量程 0～10 MPa 的压力表，其误差是：在测量 10 MPa 时：误差 $e=$

±0.25%；在测量 2.5MPa 时：误差 $e=\pm1.0\%$；以上两个测量范围的误差 E 均小于±1.5%。②上述测试也可选用两个不同量程的压力表分段测试：用 0～6 MPa 的 0.5 级压力表，测量 2.5 MPa 时误差 $e=\pm1.2\%$；采用 0～10 MPa 的 1.0 级压力表，最大误差 e 出现在 7 MPa 时，此时 $e=\pm1.5\%$。这里仪器仪表的"精度"等级，系指仪器的引用误差，即仪器的绝对误差与其特定值之比，特定值可以是仪器的量程或标称范围的最高值。

2. 测量仪器的校准和传感器的标定

校准仪器是试验前的一项重要的准备工作，包括判定仪器的准确度是否符合测试要求，以及必要时作出校正曲线。前者保证被测量值的可靠性，后者是传感器的标定。一般应在试验工作条件下，对传感器进行静态或动态标定，作出标定或校正曲线。当试验周期较长或试验环境较恶劣时，在试验间隙中也应及时对仪器和传感器进行校准和现场标定。高准确度仪器还必须定期交国家计量单位检验。

对于 A 级测量：在每次试验开始之前或每连续使用 48 小时之后，或怀疑有误用、损坏或校准值漂移时，都应进行校准。

对于 B 级测量：校准周期不得超过 1 年，部分校准周期不得超过 1 个月。

对于 C 级测量：要求至少每年部分校准一次。

因此，不能认为仪器校准及传感器的标定是一劳永逸的工作，而需要经常检查它们的准确度，以确保所测数据的可靠性。

14.2.3 检测点的设置

根据国际标准 ISO 6403 液压阀试验方法，以及 GB 7935-87《液压元件 通用技术条件》的规定，进口压力检测点位置处于扰动源（如阀、弯头）的下游与被试元件上游之间，与扰动源的距离不小于 $10d$（d 为管道内径），与被试元件距离不小于 $5d$。出口压力检测点在被试阀下游不小于 $10d$ 处。这些规定意味着测压点必须设置在液流稳定流动段，以减小液流的扰动对压力正确测定的影响。此外，标准中对测压孔的尺寸形状也作了相应的规定。压力检测孔的直径在 1～6mm 之间，测压孔长度应不小于两倍测压孔直径。压力检测孔中心线与管道轴线必须垂直。

标准对温度检测点的布置也做了规定。过去往往将油箱的油温，作为被试元件的试验温度。实际上，两者是有区别的，油箱体积大、油量多，热容量惯性大。此外，温度控制装置一般设置于油箱中或油箱附近的管路上。为此，国际标准规定温度检测点，应位于被测元件进口压力检测点上游 15d 处。

流量检测点可按各种流量计要求设置。值得注意的是，以上对压力检测位置的规定，对于稳态性能测试来说是完全可取的。但在动态测试中，若为了达到 A 级或 B 级压力飞升速率的标准，与希望有关管道容腔要尽可能小的要求有矛盾时，我们建议可分别建立稳态性能及动态性能试验系统进行测试。

14.3 电液比例元件的主要性能与技术指标

电液比例控制元件的测试原理和方法是电液比例测试技术的核心内容。鉴于电液比例元件产品日益增多和复杂程度不断提高，因此，本章不可能讨论每一种比例元件的各种特殊的性能，以及与普通阀相似的通用性能与测试方法，而仅讨论电液比例元件共性的、基本的、关键的性能指标与测试方法。例如，电液比例溢流阀根据输入电信号来控制液压系统的压力；电液比例流量阀用于调节执行机构的速度、位置等等。尽管它们的控制参量各不相同，如果将被试液压元件看作一个被试系统，并且不考虑它的输入、输出信号的具体物理意义，则各类电液比例元件的主要稳、动态特性的测试内容及性能指标的评定方法，可归纳为下列四种基本类型（参见图 14-2）。这里暂时不讨论各类比例元件的特殊性能。

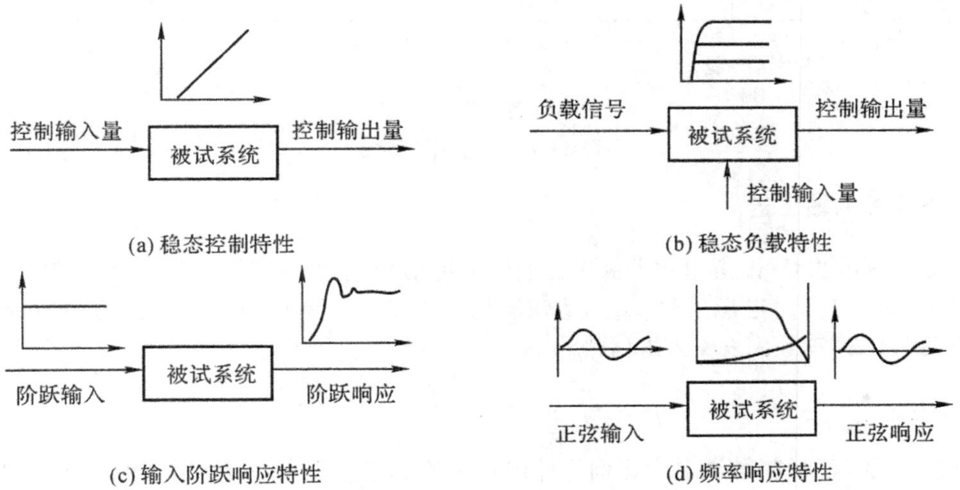

图 14-2　电液比例元件基本特性的四种类型

14.3.1　稳态控制特性

电液比例元件的控制输入量，系指比例控制放大器的输入电压信号或放大器的输出电流信号（即阀的输入电流）。而控制输出量，则指各电液比例元件相对应的输出参数，如压力、流量、位移、转角、转矩及排量等。表征控制输出量与控制输入量之间关系的特性，称之为稳态控制特性，如图 14-2(a)所示。图 14-3 所示是它的测试工作框图。

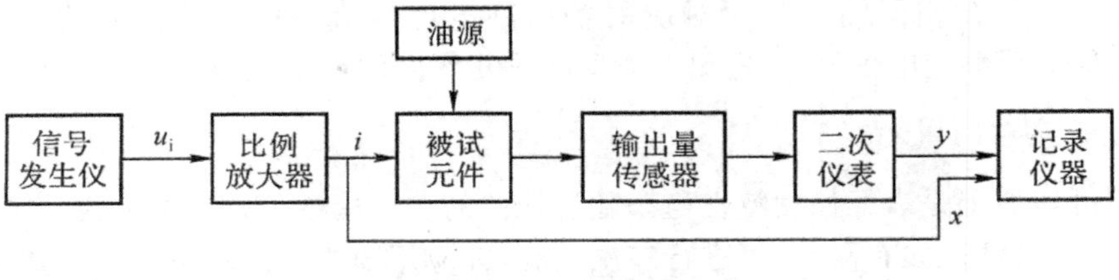

图 14-3　稳态控制特性测试系统框图

试验时，在一定的运行工况下，由信号发生仪器控制输入三角波电压信号，自零至额定值（对双向可调型被试电液比例元件，则自负额定值至正额定值）之间，以测试仪器系统的动态性能不对测试结果产生影响的速度（通常小于 0.03 Hz），进行一完整循环扫描所给出的输出量与输入量关系的连续曲线，称之为稳态控制特性曲线，如图 14-4 所示。

受条件限制时，也可以采用逐点记录法绘制这一曲线。从稳态控制特性曲线中，可求得的主要特征指标有以下几点。

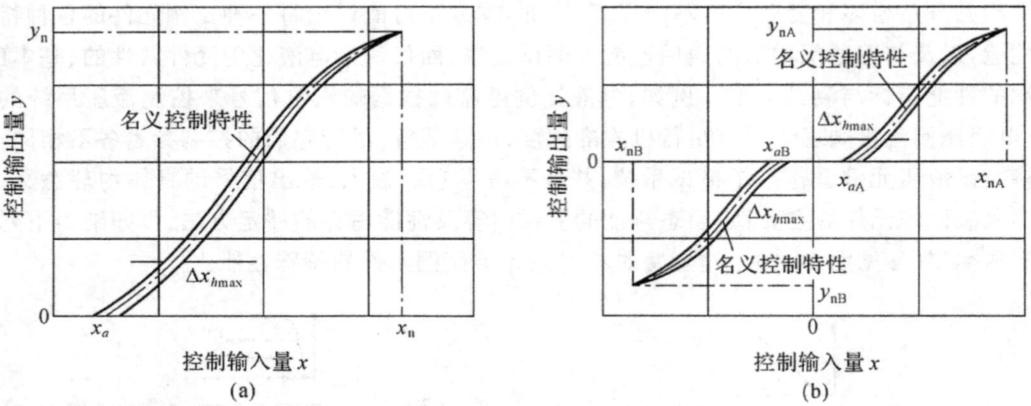

图 14-4 稳态控制特性

1. 额定控制输出量

额定控制输出量 y_n 指相对于额定控制输入电信号 x_n 的控制输出量。电反馈电液比例元件的输入电信号为电压信号 u_i，其他情况输入电信号可为电流信号 i_i，为了统一简便起见，以下就以"x"符号代表输入电信号。

2. 滞环

滞环指标 H_x 反映被试电液比例元件内存在的磁滞、运动部件的静摩擦、弹性元件的弹性滞环等因素对元件稳态控制特性的影响程度。通常定义为：在稳态控制特性曲线上，对应于各相同输出量正反行程的控制输入电信号之差的最大值 $\Delta x_{h\max}$，对于额定输入电信号 x_n 之比，以百分率计，即

$$H_x = \frac{\Delta x_{h\max}}{x_n} \times 100\% \tag{14-1}$$

3. 重复精度

重复精度 R_x 通常定义为在负载和油温不变的条件下，连续三次作同方向重复扫描所得的特性曲线之间，在相同输出量所对应的各控制电信号值中取其最大差值 $\Delta x_{r\max}$（见图 14-5），该差值对于额定电信号 x_n 之比即为反映重复精度的偏差，以百分率计，即

$$R_x = \frac{\Delta x_{r\max}}{x_n} \times 100\% \tag{14-2}$$

重复精度实质上是表征控制特性稳态随机误差的一个指标。因此，按上式计算有较大的偶然性，置信率较低。如有需要，可进行多次试验，并应用随机误差理论来求取重复精度，重复性误差的均方根差为

$$\sigma_r = \sqrt{\frac{\sum_{j=1}^{m}\sum_{i=1}^{n}(x_{ji} - \overline{x}_j)^2}{m(n-1)}} \tag{14-3}$$

式中：σ_r—— 重复性误差的均方根差；

$\overline{x}_j = \frac{1}{n}\sum_{i=1}^{n} x_{ji}$—— 对应于相同扫描方向，某一控制输出量的输入量算术平均值；

x_{ji}——对应于该控制输出量的输入量测量值；

m——每周采样次数；

n——采样扫描周数。

则重复精度应为

$$R_x = \pm K\frac{\sigma_r}{x_r}\times 100\% \tag{14-4}$$

按照概率理论，当 K 取 1.96 时，其置信度为 95%。

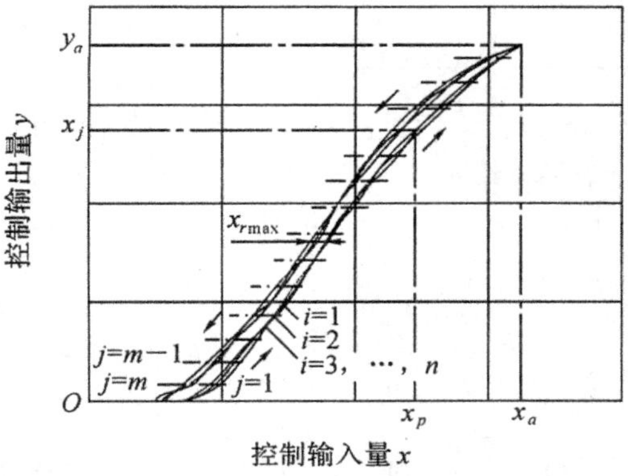

图 14-5　重复精度计算示意图

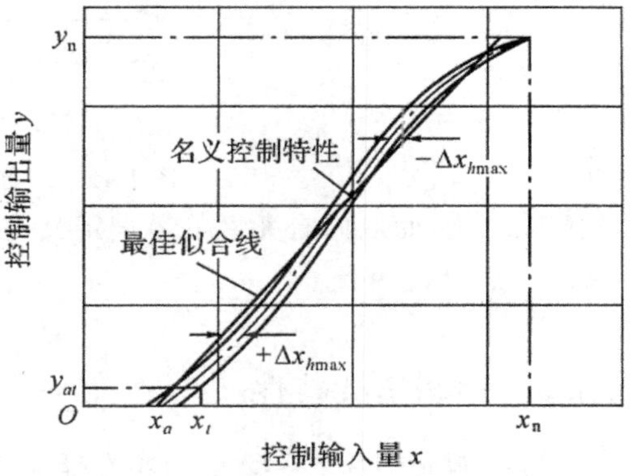

图 14-6　线性度计算示意图

4. 线性度

线性度 L_x 通常定义为稳态名义控制特性与其名义控制增益线之间的最大偏差量，相对于控制输入电信号额定值 x_n 与起始电信号 x_a 的差值之比，以百分率计(见图 14-6)，即

$$L_x = \frac{|\Delta x_{L\max}| + |-\Delta x_{L\max}|}{2(x_n - x_a)}\times 100\% \tag{14-5}$$

名义控制特性曲线系指控制特性曲线中心点的轨迹。名义控制增益线系指从名义控制特性曲线上最小控制输出量点开始，所作的与名义控制特性曲线偏差最小的直线。

为了减少计算工作量，可采用端点法或平均选点法求名义控制增益线，但这种方法存在一定的人为误差。而采用计算机，用最小二乘法求取最佳名义控制增益线，进而求得线性度的方法，置信度较高，误差较小。

5. 对称度与零偏

对于双向可调型电液比例元件，例如电液比例方向阀及双向电液比例液压泵等元件，其双向输出的对称情况可由对称度 S_x 和零偏 D_x 两个性能指标来衡量。如图 14-7 所示，对称度定义为，在两个方向的额定输出量范围内，输出量增益的一致程度。用两个方向的额定输出量增益之差，对较大的输出量增益的百分比，即

$$S_x = \frac{\left|\dfrac{y_{nB}}{x_{nB} - x_{aB}} - \dfrac{y_{nA}}{x_{nA} - x_{aA}}\right|}{\dfrac{y_{nB}}{x_{nB} - x_{aB}}} \tag{14-6}$$

对于无死区双向稳态控制特性，零偏 D_x 即控制输出量为零时的控制输入量与额定控

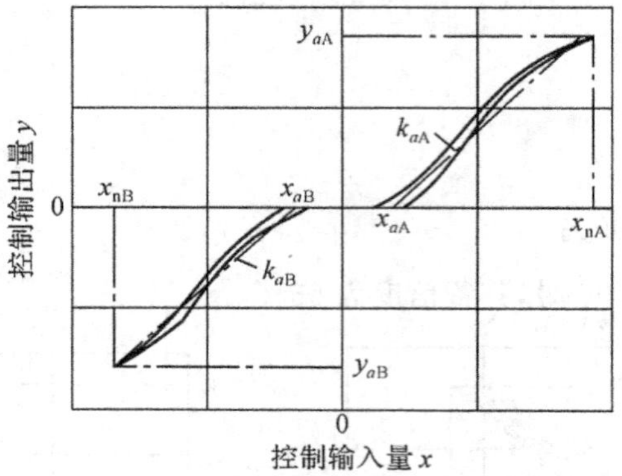

图 14-7 对称度与零偏的示意图

制输入量之比，而双向有死区的零偏定义为

$$D_x=\frac{x_{aA}+x_{aB}}{2x_n} \tag{14-7}$$

14.3.2 稳态负载特性

电液比例元件的另一重要的稳态性能是，在某一设定的控制输入量时，其相应控制输出量的稳态抗负载干扰性能。人们习惯将这类特性统称为稳态负载特性。对于不同的液压元件，其稳态负载特性有不同的具体含义。例如流量阀的等流量特性、节流阀的等位移特性、溢流阀的启闭特性等。因此这里的所谓“负载”的含义是广义的，它是指任何一种干扰控制输出量的输入信号(不是控制输入量)。稳态负载特性试验，通常是在一组不同的控制输入量设定值下，作出的控制输出量相对于负载变化曲线簇。它是反映电液比例元件的控制量、被控制量和负载三者关系的特性曲线，可参阅图 14-2(b)。

稳态负载特性主要由控制输出量相对于负载输入量变化的相对变化率来表示，即

$$\Delta y_i=\frac{\Delta y_{imax}}{y_D}\times 100\%/(z_n-z_a) \tag{14-8}$$

式中：y_D——调定输出量；

z_n——额定负载干扰值；

z_a——最低负载干扰值。

电液比例溢流阀的稳态负载特性为等压力特性，俗称启闭特性。现以此阀为例来讨论稳态负载特性的试验方法。参见图 14-22 所示的电液比例压力阀典型试验回路，试验时，将溢流阀 2 的压力调高，起安全阀作用；负载节流阀 7.1 处全开状态。在一组给定输入电流(30%，70%，100%i_N)下，调节调速阀 3，改变通过被试阀 6 的流量，使溢流量在起始试验流量 q_{min} 和额定流量 q_n 之间变化，连续慢扫描一周，可得被试电液比例溢流阀的等压力特性曲线，如图 14-8 所示。一般取 $q_{min}=2.5\%q_n$，由图 14-8 可求得比例溢流阀的单

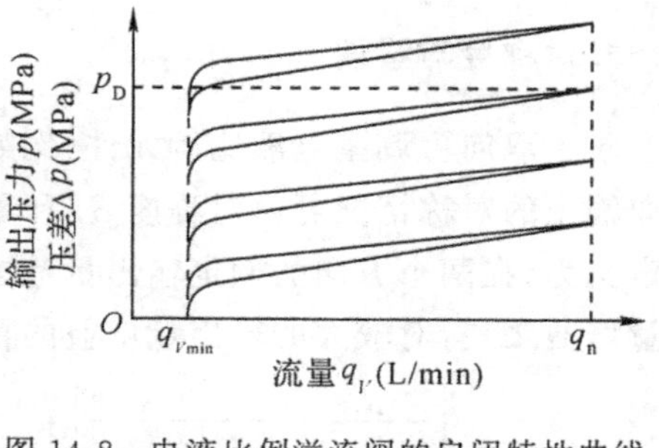

图 14-8 电液比例溢流阀的启闭特性曲线

位流量相对调压偏差率为

$$\Delta p_{Kq}=\frac{p_K}{p_D}\times 100\%/(q_n-q_{min}) \tag{14-9}$$

$$\Delta p_{Bq}=\frac{p_B}{p_D}\times 100\%/(q_n-q_{min}) \tag{14-10}$$

式中：p_K，p_B——试验流量为 q_{min}时的开启压力与关闭压力；

p_D——额定流量时的调定压力。

其测试系统方框图如图 14-9 所示。

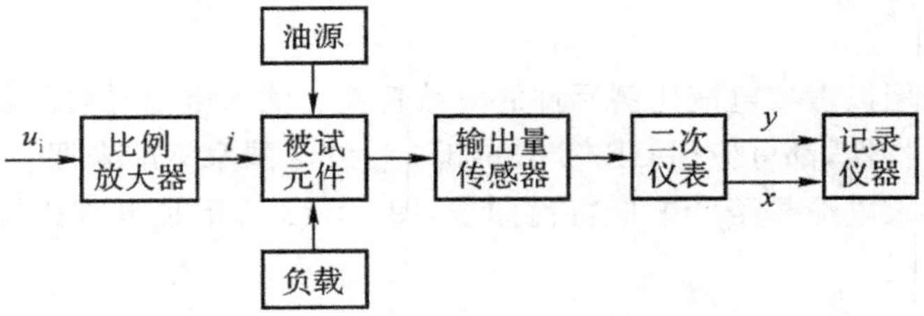

图 14-9　稳态负载特性测试系统方框图

14.3.3　阶跃响应特性

电液比例元件的动态特性，无论是用时域特性还是用频域特性来描述，都是包含比例控制放大器、电—机械转换器及相关的管道容腔在内的电液比例控制系统的综合特性。由于控制放大器及常规比例电磁铁感性阻抗一阶环节的响应特性不可忽略，因此，动态测试中把比例控制放大器的控制输入电压信号作为输入信号，而不是取电流信号。

电液比例元件的阶跃响应特性，包括控制输入电压信号阶跃响应，以及负载干扰信号阶跃响应特性（见图 14-2(c)）。

1. 输入电信号阶跃响应特性

电液比例元件的输入电信号阶跃响应特性是在系统的运行参数不变的条件下，触发信号发生仪的阶跃函数发生器，产生的阶跃输入信号作用在测试系统上，被控输出量相对于一定幅值的控制输入电压信号阶跃变化时的过渡过程响应特性。其测试系统框图如图 14-10 所示。记录输入和输出的关系曲线，测量记录过渡过程的仪器，可以是光线示波器，过渡过程记录仪、记忆示波器或者计算机等有关仪器设备。使用信号发生仪或者计算机的方形波，可测得电液比例元件输入电信号正阶跃与负阶跃响应的过渡过程曲线。

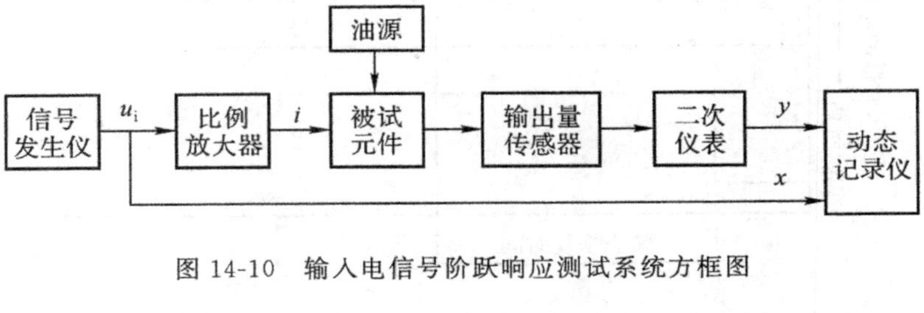

图 14-10　输入电信号阶跃响应测试系统方框图

2. 负载干扰信号阶跃响应特性

该特性是在控制输入电压信号为某一调定值时，被控输出量相对于一定幅值的负载干扰信号阶跃变化时的瞬态响应特性。

由于电液比例液压元件往往具有零位死区、非线性起始段以及运动部件的上下限位等非线性因素，因此，动态响应特性应在元件的工作区范围内测得。

运行参数及输入信号的幅值如何选取，应视电液比例元件而定，可参照相关标准。

3. 主要特性指标

阶跃响应特性用以考核电液比例元件的时域特性。输入电信号阶跃响应特性或是负载干扰信号阶跃响应特性，都可应用 GB/T 15623.1—2003 国家标准来评价下列的特性指标。图 14-11 所示是输入电信号阶跃响应特性曲线，图 14-12 所示是电液比例流量阀的负载压力阶跃响应特性曲线。

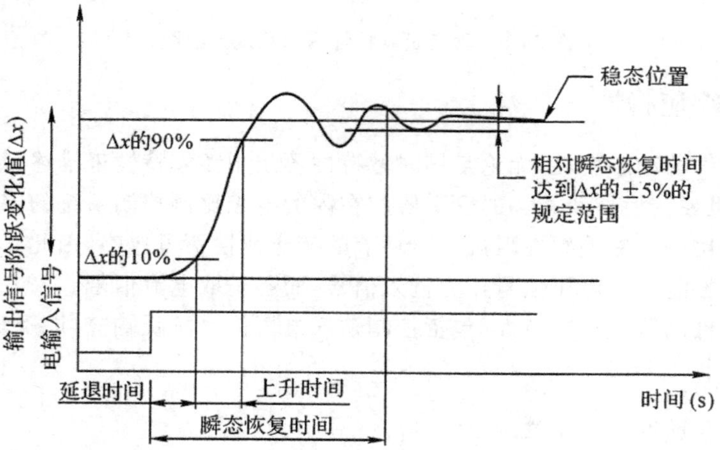

图 14-11 输入信号阶跃响应特性的技术指标

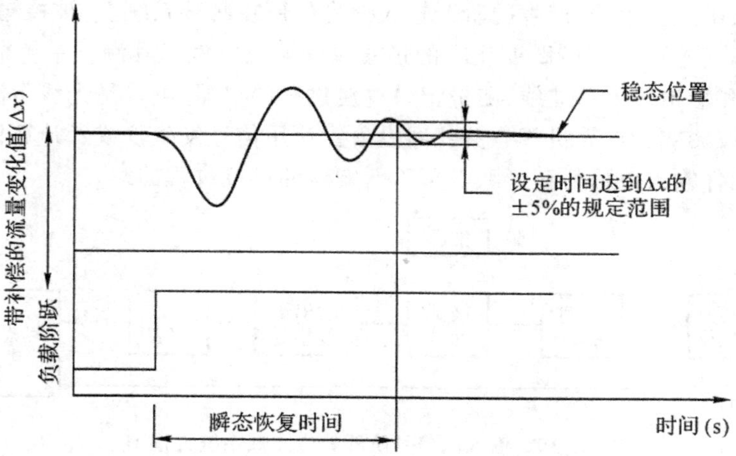

图 14-12 电液比例流量阀的负载压力阶跃响应特性

(1)延迟时间 t_d:输入信号阶跃发生时刻至控制输出量响应,到达稳定值的10%时所需的时间。

(2)上升时间 t_i:控制输出量响应从稳态值的10%到90%所需要的时间。

(3)峰值时间 t_p:输入阶跃变化时刻至控制输出量达到最大峰值的时间。

(4)瞬态恢复时间 t_s:又称响应时间,输入阶跃发生时刻至控制输出量第一次达到并保持其相对误差在稳定值的±5%范围内所需要的时间。

(5)最大超调量 M_p:指控制输出量最大瞬时峰值 $y(t_p)$ 与稳态终值 $y(\infty)$ 之差,相对于 $y(\infty)$ 之比,以百分率计,即

$$M_p=\frac{y(t_p)-y(\infty)}{y(\infty)}\times 100\% \tag{14-11}$$

相对于负载干扰阶跃信号而言,电压阶跃信号是个较为理想的阶跃信号,而理想化的负载干扰阶跃信号很难实现。本章所述的有关试验系统的管道容腔要小、快速切换阀的动作时间要短等限制条件,都是为了获取较为理想的负载干扰阶跃信号而所作的规定。当然,其另一目的是为了尽可能降低测试系统的动态性能对被试液压元件动态特性的影响。

在动态测试中,也同样存在偶然误差。为此,可以多次重复测试,并对测试结果进行相应的数据处理。这样,就可得到可信度较高的性能指标。

14.3.4　频域响应特性

频率响应特性是被测系统对一组不同频率的等幅正弦输入信号的响应特性。工程上一般用 Bode 图来表示(参见图 14-13)。当输入一组幅值不变、频率不同的正弦控制输入电信号时,不同频率控制输出量的幅值相对于起始频率(如 0.2Hz)时控制输出量的幅值比,称为幅频特性。不同频率控制输出量相位相对于输入信号的相位差,称为相频特性。图 14-13 说明了:在相同的试验工况下,同一个电液比例流量阀在输入不同幅值的电信号时(分别为±75%,±25%,±5%额定信号)所测得的被试阀的频率响应特性也不同。输入电信号的幅值越大,测得的被试阀频率响应就越低。

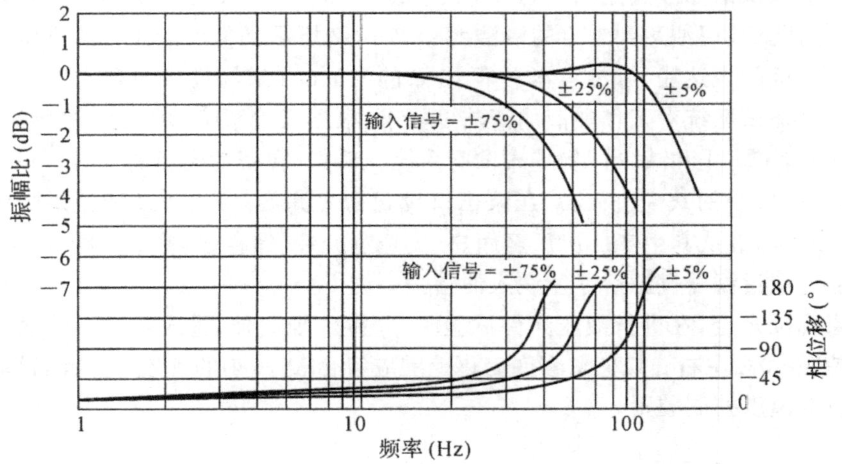

图 14-13　输入电信号幅值不同的三组频率特性曲线

频率响应特性主要技术指标有以下几个。

(1)幅频宽 f_{-3dB} 指控制输出量与控制输入量的幅值比下降到 0.707 时的频率。

(2)相频宽 $f_{-90°}$ 指输出控制量对于输入控制量的相位滞后达到 90°时的频率。

(3)最大幅值比 M_r 指幅频特性上的最大幅值比,工程应用中规定最大幅值比必须小于 2dB;

图 14-14 所示是频率响应特性测试系统框图。电液比例元件的频率特性测试,可采用专用的超低频频率测试仪,或计算机专用软件(如 LabView,DASYLab 等软件)来完成。它们的输出信号可以是扫频正弦信号、随机信号及脉冲信号等。

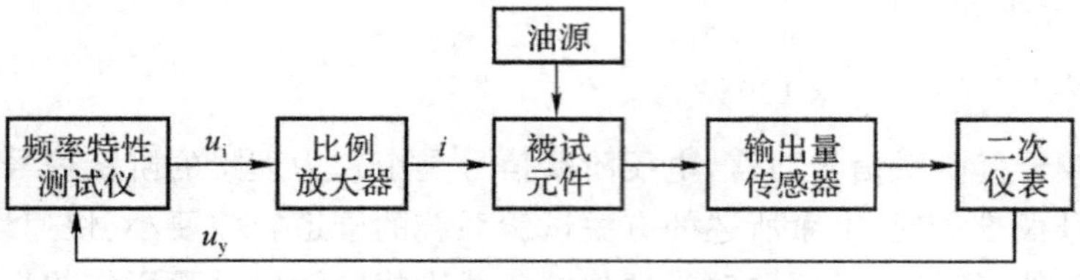

图 14-14　频率特性测试系统框图

14.4　通用试验条件与装置

液压测试系统是完成液压元件性能测试的基本装置。根据 GB 7935－87《液压元件通用技术条件》的规定,液压测试系统都必须满足和具备一些基础的、共性的通用试验条件。

14.4.1　工作油液

电液比例元件试验系统的试验用工作介质为一般液压油。除特殊规定外,油液黏度规定为 50℃时运动黏度在(17～43)×10^{-6}m/s 范围内。油液的清洁度,不得低于国际标准 ISO 4406 中清洁度代码为 19/14(相当于 NAS1613 的 8～11 级)。如果试验系统油液污染严重,就会造成试验系统的液压元件不必要的磨损和堵塞,从而影响被试元件的性能测试。一般试验系统油源所提供的油液过滤精度为 3～10 μm。同时,应对试验系统油液进行定期的污染度检测,以保证试验用油达到规定的清洁度。表 14-2 所示是常用液压试验系统清洁度推荐表。污染度等级的表达法,可参考本书第 16 章的"16.6.4 节污染度的表达"。

为了满足测试系统对工作油液的清洁度要求,根据试验系统污物来源的情况,可采取一些必要的措施,来防止和减少污物进入试验系统。例如,在密封油箱的呼吸口设置空气过滤器,防止来自空气中的灰尘进入;液压泵出口设置精过滤器;回油管及液压泵吸油口处安装粗过滤器。由于油液从其生产厂出厂至用户,要经过分装、储存、运输等多种环节,所以切记,新油也要经过精过滤器过滤后才能注入油箱。

按国家标准规定,在进行液压元件试验时,除特殊规定外,进入被试元件的试验油液的温度要保持在 50℃左右。其稳态容许变化范围应符合表 14-1 的规定。因此,试验系统还必须安装相应的温度控制装置。

表 14-2　常用液压试验系统油液清洁度推荐表

清洁度等级 级别 / 试验系统	4	5	6	7	8	9	10	11	12
齿轮液压泵试验系统			14/11	15/12	14/13	17/14	18/15	19/14	
叶片液压泵试验系统			14/11	15/12	14/13	17/14	18/15	19/14	
柱塞液压泵试验系统			14/11	15/12	14/13	17/14	18/15	19/14	
流量阀试验系统			14/11	15/12	14/13	17/14	18/15	19/14	
压力阀试验系统			14/11	15/12	14/13	17/14	18/15	19/14	
方向阀试验系统			14/11	15/12	14/13	17/14	18/15	19/14	
比例阀试验系统		13/10	14/11	15/12	14/13	17/14	18/15		
伺服阀试验系统	12/9	13/10	14/11	15/12	14/13	17/14			
液压马达试验系统			14/11	15/12	14/13	17/14	18/15	19/14	
液压缸试验系统			14/11	15/12	14/13	17/14	18/15	19/14	
液压辅件试验系统			14/11	15/12	14/13	17/14	18/15	19/14	20/17
超高压元件试验系统			14/11	15/12	14/13	17/14	18/15	19/14	20/17

14.4.2　油源装置

液压油源是为液压测试系统提供液压能源的动力单元。该装置单元将电能转换成液压能,其中的核心部件是液压泵。如果测试系统需要单独的控制油,那么,测试系统除包括系统主油源外,还必须具备控制油源。此外,还包括它们各自的调压单元、过滤单元以及油温控制单元等。动力单元主要要满足以下三个基本要求:

(1)提供的液压能应满足测试需要。液压泵提供的液压能,即其最大压力和最大流量,应满足被测试液压系统对压力和流量的要求。流量应能调节,一般应为被试元件最大试验流量的 1.25 倍。根据国家标准规定,为了节省试验系统的功率,对于额定流量大于 200 L/min 的液压测试系统,其油源配置的流量可以降低到 200 L/min,建议大流量部分的试验在实际应用工程系统中进行(当然,设计时要对大流量工况的液压元件性能进行认真的分析、计算与仿真,首先要在理论上论证被试液压元件在大流量工况时性能是可行的结论)。此外,油源的压力脉动要小,并能允许短时间超载 20%～30%。

(2)油源装置应具有一定范围的通用性与可切换性。对于可适用多种比例元件的测试的综合性试验系统,不同的液压元件测试可能要求不同的油源(如恒压源或恒流源)。因此,作为综合测试系统的油源,不能按一种油源形式来设计,应充分考虑不同形式的油源可按需进行切换。

(3)油源装置应符合节能要求。一般油源的功率是按被试液压元件的最大流量和最大压力配置的,试验中多余的流量造成能源的浪费。因此,液压泵最好应采用合理的变量控制方式,使油源输出的压力、流量与被试液压元件的负载需求相适应。此外,安装相应的蓄能器也能起到节能与稳压功效。

14.4.3 加载装置方案与应用

液压参数的干扰信号，可以通过液压加载装置来实现。本节介绍的电液比例测试系统的液压加载装置，除适用于电液比例元件和系统的测试外，也适用于其他液压测试系统。

鉴于电液比例元件在实际应用中的工况以及性能的多样性与复杂性，测试系统的加载装置，只能模拟比例元件应用中的基本负载和主要工况。加载装置一般由相关国家标准或国际标准推荐具体形式。如采用溢流阀（或电液比例溢流阀）或者节流阀（或电液比例节流阀），实现被试比例流量阀的负载压力的模拟加载；采用流量阀（或电液比例流量阀）实现电液比例溢流阀、比例减压阀的流量调节；采用节流阀可以实现压力和流量的复合模拟加载。至于采用手调阀或比例阀加载，那就视测试系统设计者的意愿和液压元件检测的需要。采用电液比例阀加载，可以实现自动的、连续的或按照某种规律的稳态加载功能。

此外，比例压力加载装置以及比例流量加载装置，可以与快速切换单元适当组合，为被试阀产生负载压力阶跃信号和流量阶跃信号（详细内容可参阅 14.4.5 节）。

1. 比例压力加载装置

比例压力加载装置用于实现负载压力的连续变化或按某种规律变化的稳态加载功能。构成比例压力加载装置的元件有比例溢流阀和比例节流阀。根据它们与被测试液压元件的相对位置关系，可以有串联和并联两种安置形式，如图 14-15 所示。

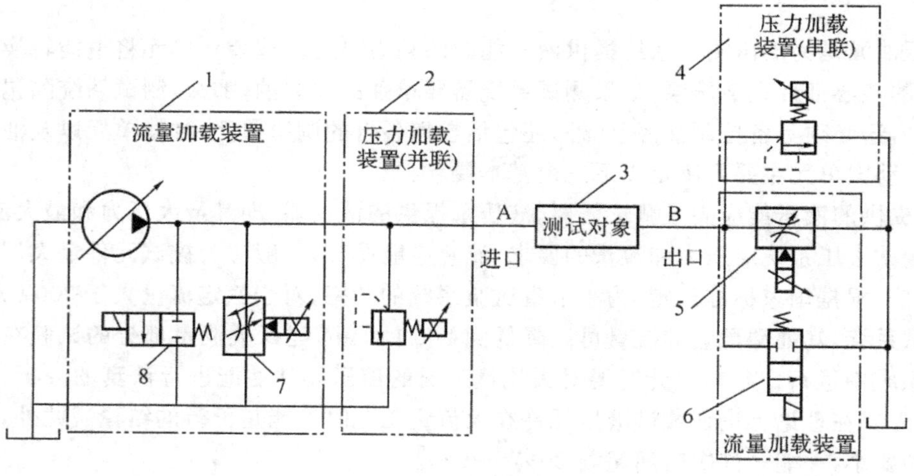

图 14-15 液压测试加载装置

图中压力加载装置中的比例溢流阀 2 与被试元件 3 是并联关系，采用比例溢流阀 2 可以调节被试元件进口 A 的压力值。

被试液压元件 3 与压力加载装置 4 是串联关系。压力加载装置 4 可以调节被试液压元件 3 的出口压力。

被试元件 3 与比例节流阀 5 也是串联关系，后置的比例节流阀 5 虽然可以产生 B 点的压力，但该压力受流量变化的影响，因此，测试系统一般均采用比例溢流阀 4 作为串联型压力加载装置的方案。它们分别适用于各种液压测试系统的压力调节。

2. 比例流量加载装置

如图 14-15 所示，比例流量加载装置用于在电液比例测试系统中形成连续变化或按某种规律变化的稳态流量加载功能。

系统液压泵工作在定量泵工况时，电液比例流量阀 7 与被测试阀 3 并联，可以连续调节被试阀 3 的进口流量。

在定压、定量泵系统中，被试元件 3 为比例节流阀类元件时，通过调节后置的电液比例节流阀 5 的阀口开度，使被试阀 3 的出口压力发生变化，进而使通过被试节流阀类的流量也发生改变。因此，采用节流阀 5 可以实现被试元件的压力和流量的复合模拟加载。

利用电液比例泵的变流量控制功能，来实现连续调节被试元件进口流量。

3. 负载阶跃加载装置

(1)负载压力阶跃加载装置

由于油液压力波传递速度达 890～1250m/s，压力传感器响应也快，因此，比较理想的负载压力阶跃信号容易获得。管路容腔的压力飞升速率也可由压力传感器方便地测得。参见图 14-15，油路中快速切换阀 8 与比例溢流阀 2 组合，实现被试阀 3 进口的压力阶跃功能。在关闭比例节流阀 5 时，被试阀 3 出口压力可以由压力加载装置 4 与快速切换阀 6 组合；或者调高比例溢流阀 4 作为安全阀，比例节流阀 5 与快速切换阀单元 6 组合，两者都可以实现被试阀 3 出口的压力阶跃功能。

也许有读者要问，为什么不直接采用比例溢流阀 4 的输入电信号阶跃来产生被试阀 3 出口压力的负载阶跃信号呢？由于比例溢流阀 4 的输出压力对输入电信号阶跃响应时间比较慢(一般在 80～300ms 范围)，达不到快速切换阀单元 6 的切换速度(小于 10ms)。当然，快速切换阀单元 6，还要与电液比例溢流阀 4 的组合才能产生负载压力的阶跃信号，而此时的电液比例溢流阀 4 的调定压力是不变的。这就是单独的电液比例阀 4，只能用于稳态加载的原因。

(2)负载流量阶跃加载装置

电液测试系统的负载流量阶跃信号的品质不尽如人意。随着主机设备正向着高压、高速、高精度的自动控制电液系统趋势发展，电液比例测试技术也应该追求尽可能高的流量阶跃信号品质。

参见图 14-15 的液压测试加载装置，在定压、定量泵系统中，被试压力阀 3 进口的流量阶跃变化信号可由比例流量阀 7 与快速切换阀 8 组合而产生；被试元件 3 为比例减压阀元件时，后置的比例节流阀 5 与快速切换阀 6 组合，产生被试阀 3 出口负载流量阶跃信号。

由于油液的运动黏度大，其流速比较慢(2～10m/s)，因此加载阀单元通过油液的流量变化就比较慢，再加上机械式的动态流量传感器的频响也没有压力传感器高，因此，所产生和检测到的流量阶跃信号的品质就不理想。因此，严格意义上的阶跃流量信号是难以获得的。

4. 动态流量检测

动态流量的测量是电液比例元件动态特性测试中的难点。油液的运动黏度大、流速慢，机械式的流量计，诸如椭圆齿轮流量计以及涡轮流量计，它们本身的频响不高，一般只能作为稳态流量的检测之用，而不能用于瞬态流量的检测。

目前，可以采用以下三种检测动态流量的技术方案：

(1)采用孔板压差形式的动态流量间接检测方案

如图 14-16 所示，预先测定薄刃孔 2 的动态流量系数 α，并利用压力传感器检测薄刃孔 2 前后动态压力函数 $p_1(t)$ 和 $p_2(t)$，即可按伯努利方程间接地检测通过孔 2 流量的瞬时值。

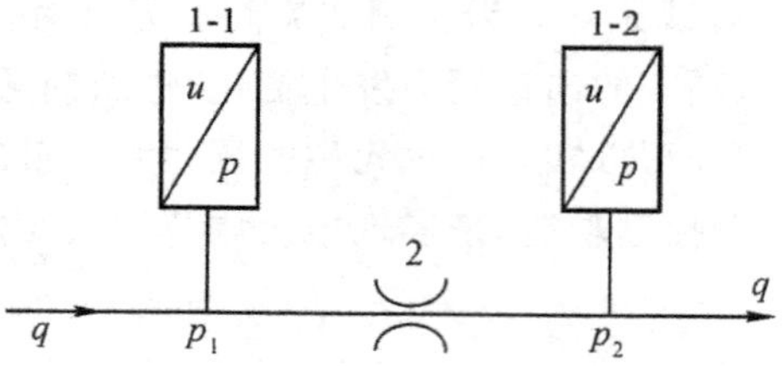

图 14-16 动态流量的间接检测

1. 压力传感器 2. 测量孔板

$$q(t)=\alpha \cdot A\sqrt{\frac{2}{\rho}[p_1(t)-p_2(t)]} \tag{14-12}$$

式中：A 为薄刃孔的过流面积。

(2)可采用低摩擦、低惯性动态测试液压缸，通过检测液压缸的瞬时速度来求得被试阀动态流量的瞬时变化特性。

(3)采用诸如本书“流量传感器件”一节中提到的二通插装式动态流量传感器等形式。如果具有足够工作频宽(高于被试比例阀频响宽 3～10 倍)的，也可以作为电液比例元件的动态流量传感器。

5. 比例加载装置设计注意事项

(1)提高加载性能

设计比例加载装置，非常关键的一点，就是要选择性能好、分辨率高的比例压力阀和比例流量阀，以提高加载压力以及流量的调节灵敏度和加载性能的准确度。

(2)冗余度设计

为了提高液压测试系统的自动化程度，减轻试验人员的劳动强度，以及考虑到加载比例阀单元出故障不能使用的情况，建议对加载液压元件进行冗余度设计，即在设计加载单元时，预先考虑使手调阀与相应电液比例阀的安装连接可方便地实现互换。使测试系统既可以采用电液比例阀加载，在某些特殊情况下，也可以采用相应的手调阀加载。参见图 14-47 负载敏感电液比例泵的试验油路图中的加载单元方案。其中二通插装式手调溢流阀 14-1 与电液比例溢流阀 14，二通插装式手调节流阀 13-1 与电液比例节流阀 13，都可以方便地替换。此类设计方案对液压元件制造厂家而言，更是一种比较明智的选择。

14.4.4 阀口恒压差控制方案

比例节流阀、比例方向节流阀(也包括节流阀)的公称流量定义为被试阀进、出口压差在规定设计值下最大工作阀口所通过的流量。如果要检测它们的输出流量与输入信号关系的稳态控制特性时,测试系统还要求具备既能保持阀的进、出油口间的压差值始终恒定,而且此阀口压差值又可以根据需要进行调节的恒压差加载装置。因此,恒压差加载装置的设计,是节流阀和比例方向节流阀类液压试验系统设计的一项重要内容。借助于电液比例压力控制阀与压力传感器组成的闭环控制系统,获得加载装置良好的恒压差性能。阀口恒压差控制的三种可行方案如下:

(1)如图 14-17(a)所示,在试验回油路上串联一个比例溢流阀,利用被试阀进口压力 p_1 和出口压力 p_2 之差构成压差闭环控制。当流量变化引起 p_1 波动时,由检测到的被试阀进、出口压差反馈信号,使 p_2 跟踪 p_1,保持阀压降恒定。图中回油路补油泵的作用是给比例溢流阀补油,以保证测试对象输出小流量时,比例溢流阀也能正常工作。

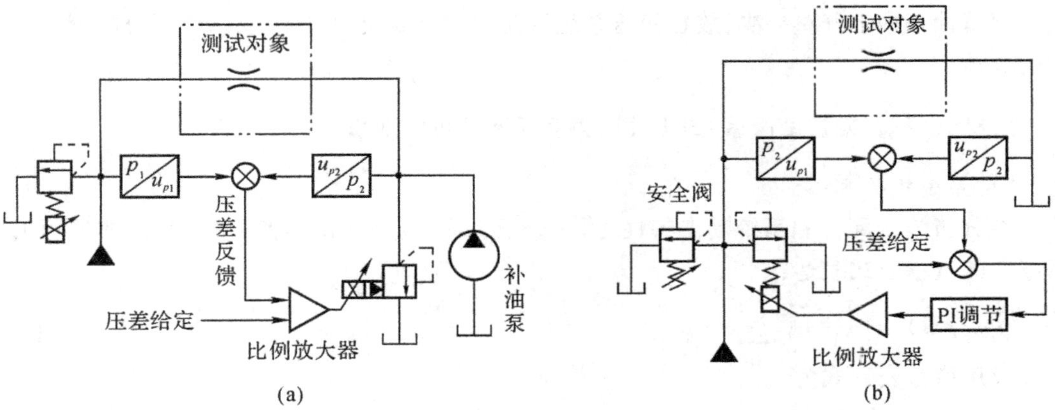

图 14-17　采用闭环控制的恒压差加载装置

(2)如图 14-17(b)所示,在试验进油路上并联一个比例溢流阀,控制被试阀的进口压力。利用进出口压差形成反馈,保证进出口压差恒定。

这里必须注意到,用于检测被试阀进出口压力 p_1,p_2 的 2 个压力传感器,它们的输出电信号与压力真值的比例系数以及灵敏度一致性要好。否则,在高油压低压差时,其测得的压差信号的误差就比较大了。当然这也可以通过信号处理和非线性校正等方法,消除传感器的检测信号误差。建议也可以采用相应的压差传感器来取代 2 个压力传感器,这样就避免了仪器误差,提高了闭环控制恒压差的准确度。

(3)在被试阀与试验油路阀块之间插入测试专用的可调节压力补偿器,以保持被试阀口压差基本恒定。

14.4.5　动态特性检测对试验系统的要求

如本书第 2 章所述,电液比例元件的时域特性或是频域特性与油液中含气体量有关(影响弹性模量)之外,还与液压泵出口至被试阀之间的容腔、与被试阀至加载阀之间的后容腔大小有关,当然还与快速切换单元的切换时间有关。三者均是影响压力飞升速率以及流量阶跃响应时间的因素。

以往人们对于液压元件的动态指标因试验系统而异一筹莫展。现在国际标准将试验系统的压力飞升速率划分为三个等级,如表 14-3 所示。它综合考虑了试验装置诸多因素的影响,既可以使元件的动态特性有了可比性,又给试验系统的具体构成留出了相当大的机动性。因此，贯彻 ISO 以及国家的相关标准，有利于促进技术的交流和产品质量的提高。

表 14-3 压力飞升速率等级

等 级	压力飞升速率(MPa/s)
A 级	3000～4000
B 级	600～800
C 级	120～160

液压元件动态性能检测对试验系统的要求如下。

1. 油液弹性模量 E 要大

要求油液中含气量要少。故在液压系统管路中的最高位预设排气孔，便于排除液压管路中的气体。

2. 被试阀前（或被试阀后）的相关压力容积要尽可能地小

(1)系统相关容积估算

在分析液压元件和系统动态特性时，一个压力区（动态封闭容腔）中工作液体的压力可用下面的基本公式表达：

$$p(t) = \frac{E_e(t)}{V}\int_0^t \sum q \cdot dt \tag{14-13}$$

或用增量表达式为

$$\Delta p = \frac{E_e \Delta q}{V} \cdot \Delta T \tag{14-14}$$

式中：V—— 压力区（封闭容腔）的总容积；

$\sum q \Delta q$—— 在 ΔT 时间内流进与流出动态封闭容腔的液流流量之差；

E_e——有效体积弹性模量。

计算压力飞升速率的基本公式可改写为

$$\frac{\mathrm{d}p}{\mathrm{d}t} = \frac{E_e \Delta q}{V} \tag{14-15}$$

下面举例说明试验系统的容腔估算。

已知 压力飞升速率为 800 MPa/s，油液的弹性模量 $E_e = 750$ MPa，被试阀的试验流量 $q = 100$ L/min

求 被试比例溢流阀的阀前容腔允许的最大值 V。

解 将已知数据代入式(14-15)可求得被试阀前容腔允许的最大值：

$$V = \frac{E_e \Delta q}{\frac{\mathrm{d}p}{\mathrm{d}t}} = \frac{750 \times 100 \times 10^{-3}}{800 \times 60} = 1.562 \times 10^{-3}(\mathrm{m}^3) = 1562(\mathrm{cm}^3)$$

计算所得的容腔 V 值包括了从液压泵出口到被试阀及相关控制阀进口压力腔在内的全部容积，若全部折算成 $\phi 25$(mm)通径的管道，则管道长度 $L = 3.18$(m)。

(2)举例说明容腔对被试元件动态特性的影响

1）对时域响应特性影响的实例

有人曾做过这样的对比试验在试验条件相同的情况下，仅改变被试比例溢流阀前的容腔，进行输入电信号阶跃响应特性试验。试验结果表明，阀前容腔为 4000cm^3 时，所测得的比例溢流阀响应时间 t_s 为 440ms；而容腔为 345cm^3 时，所测得的阀响应时间 t_s 为 240ms，几乎是两倍关系(见图 14-18)。可见阀前容腔对压力阀动态特性的影响程度。

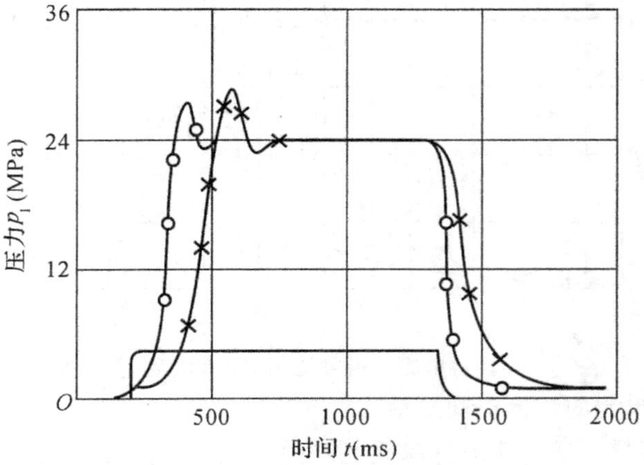

图 14-18　比例溢流阀阀前容腔对输入信号阶跃特性的影响

○—阀前容腔为 345(cm^3)时的特性曲线；　×—阀前容腔为 4000(cm^3)时的特性曲线

2）对频域特性影响的实例

由于比例元件内部液桥的流量和压力增益是工作压差和介质黏度的函数，有些比例元件存在零位死区，系统内又含多个非线性环节。因此，其频率特性既与输入电压信号的平均值以及峰峰值相关，而且又是运行工况和参数的函数。所以，在有关试验标准中，除规定了输入电压信号的平均值及变化峰峰值外，还规定了负载干扰信号的范围。下面以电液比例溢流阀频率响应特性的测试为例加以说明。

参照图 14-22 电液比例压力阀典型试验回路，被试比例压力阀 6 的频率响应特性具体的测试方法是：将溢流阀 2 的压力调高，使其起安全阀作用。调节变量液压泵 1 的流量为试验流量，亦即被试阀 6 所通过的最大流量。调节被试阀输入电压平均值为 50％额定输入电压值，调节输入电压的正弦峰间值为±25％的额定输入电压信号。从 0.2 Hz 开始扫频逐渐变化到 20 Hz。绘出如图 14-19 的 Bode 图。图中被试阀的工况是：流量为 100 L/min，其控制输出量 p_1 在 7.2 MPa 至 23.7 MPa 范围内变化。油温为 50℃，油液为 20＃汽轮机油。例如，对于同一台被试比例溢流阀来说，在运行工况相同的情况下，由于液压泵至被试阀前的容腔不同，所测得的比例溢流阀的频宽指标也不同。在 C 级系统(V_1＝4000cm^3)上测得的被试阀幅频宽 f_{-3dB}为 7 Hz，相频宽 $f_{-90°}$为 6Hz(图中以虚线表示)。而 B 级系统(V_1＝345cm^3)上所测得的相同被试阀的幅频宽 f_{-3dB}为 11 Hz，相频宽为 13 Hz(图中以实线表示)。这充分说明试验系统有关容腔对被试电液比例元件的动态性能响应的影响。

值得注意的是，输入电压信号峰峰值的大小也对频响特性的测试结果产生较大影响，如图 14-13 所示。因此，在考察电液比例元件的频响特性时，不仅要注意测试系统的压力飞升速率等级，还要了解测试输入信号峰峰值的大小。国内外有不少生产厂家在给出液压元件的频响特性时，一般都给出上述两方面工况数据，以利于用户正确地选用。

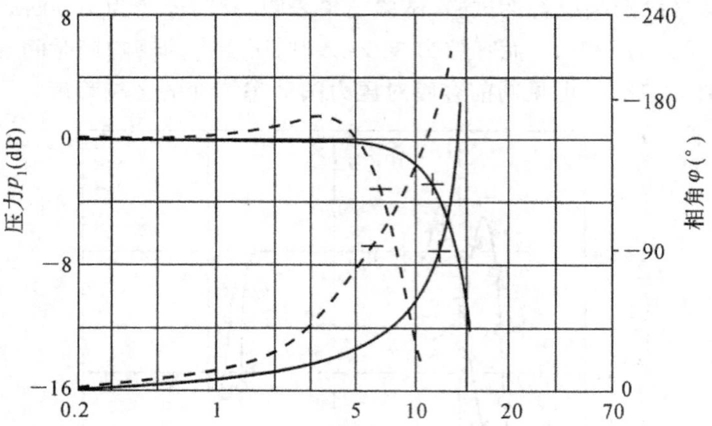

图 14-19 不同阀前容腔电液比例溢流阀的频率特性曲线

3）快速切换阀单元的切换时间要短

参见图 14-22，管道中压力飞升速率受到快速切换阀单元 4 的切换时间的制约。阀 4 关闭时间 t_c 值可简略地按下式估算：

$$t_c = L/c \tag{14-16}$$

式中：L——管道长度；

c——压力波传递速度。

如上例题计算管道长度 L 为 3.18m，压力波传递速度 c 约为 890～1250m/s，则切换阀的临界切换时间 t_c 为

$$t_c = 0.00357(\text{s}) = 3.57(\text{ms})$$

为了减少切换阀操作时间过大所带来的影响，ISO/DIS 6403 标准以及国家相关标准也都规定了，切换阀操作时间不大于被试阀响应时间的 10%，且最大不得超过 10ms。

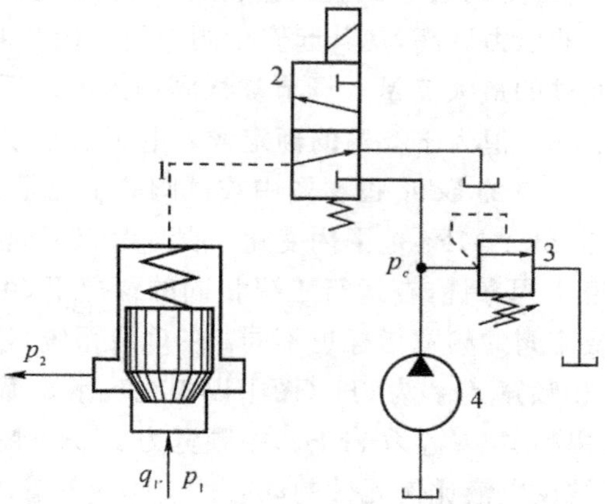

图 14-20 快速切换阀单元

图 14-20 所示是快速切换阀单元的一种方案。它由二通插装式液控单向阀 1、电磁换向阀 2、控制油液压泵 4 以及溢流阀 3 等液压元件组成。为了提高二通插装液控单向阀弹簧腔吸排油速度，即缩短它的开启与于关闭时间，可采取以下措施：①电磁换向阀 2 的通径不能太小；②提高控制油液压泵 4 的压力，使它略高于液控单向阀 1 的进口压力；③增大控制油

液压泵 4 的流量；④对二通插装液控单向阀阀芯行程加以适当的机械限位。⑤对应图14-22和图 14-20 中的快速切断阀阀芯面积比接近于 1，有利于获得较短的开关时间。而且升高时 P_2 口接压力油管，P_1 口接回油箱口；降压时，P_1 口接压力油管，P_2 口接回油箱口。实践已证明，上述切换单元可以满足液压测试的要求。

14.5　电液比例元件试验回路及试验方法

根据液压元件相关的国家标准和国际标准，结合我国的液压技术发展情况，本节将介绍四大类电液比例元件典型的基本液压测试回路，各类元件重要的特殊性能及其测试方法。比例元件所具有的基本的、共性的性能，主要技术指标和试验方法，在本章 14.3 节中已经进行了探讨。动态特性检测对液压试验系统的要求，在 14.4.5"动态特性检测对液压试验系统的要求"一节中也已经阐述了。以下几项是各类阀的共性特性试验，以压力阀为例统一地在此进行介绍，在其他阀类的试验方法中不另赘述。

1. 耐压试验

首先要对被试阀各油口进行（设计中限定使用压力的油口除外）耐压试验。耐压试验压力为额定压力的 1.5 倍。耐压试验时缓慢增压至耐压试验压力后，保压 5min，不得出现外渗漏现象。耐压试验不合格，不再进行其他项目试验。

2. 通流能力试验

参照图 14-22 所示的比例压力阀试验回路，调节溢流阀 2 为被试阀额定压力，关闭快速切换阀 4.1，使被试阀输入信号为零（试验比例减压阀时为额定电信号），并使阀 7.1，7.2 开度为最大。逐步调节调速阀 3，使通过被试阀 6 的流量从试验流量的 10%增至试验流量，并使流量尽可能大。同时测定被试阀 6 前、后压差，绘出如图 14-21 所示的阀压降—流量曲线。

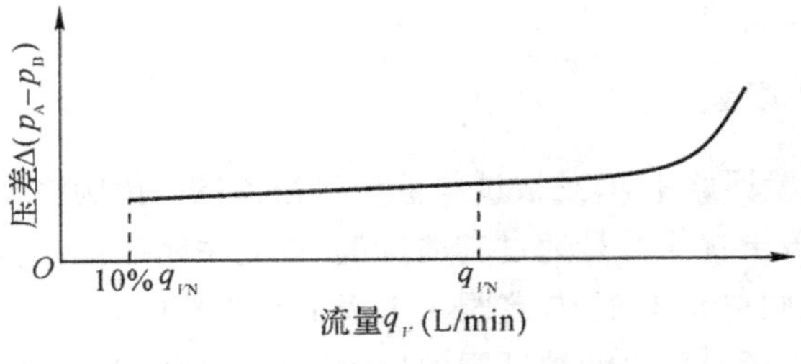

图 14-21　比例压力阀通流能力特性曲线

3. 耐久性试验

参照图 14-22 所示的比例压力阀试验回路，调节泵 1 的流量为试验流量的 90%，将溢流阀 2 的压力调高，作安全阀用。关闭快速切换阀 4.1，全开阀 7.1 和 7.2。调定输入电信号的直流分量为 $(0.5(i_N-i_a)+i_a)$，将峰值为 $\pm 0.4(i_N-i_a)$ 的正弦交流分量叠加于直流分量上。以 2Hz 的频率持续试验至规定次数。试毕后再进行稳态压力控制特性、稳态负载（等压力）特性试验。

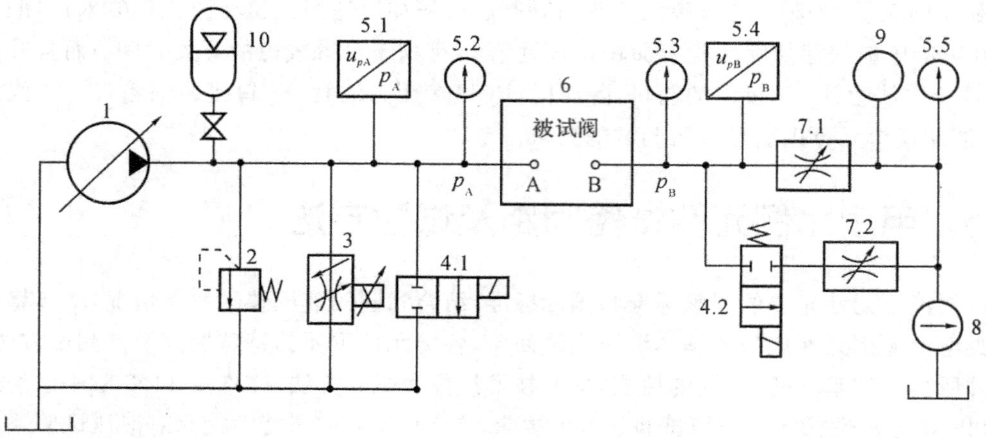

1. 液压泵；2. 溢流阀；3. 调速阀；4. 快速切换阀；5. 压力计(压力传感器)；6. 被试阀；7. 节流阀；8. 流量传感器；9. 温度计；10. 蓄能器

图 14-22 电液比例压力阀典型液压试验回路

14.5.1 电液比例压力阀试验回路及试验方法

图 14-22 所示为电液比例压力阀的典型试验回路图。此液压试验系统可以进行比例溢流阀和比例减压阀的稳态和动态性能试验。被试阀的试验流量由旁路电液比例流量阀 3(或是手调阀)调节。开启蓄能器 10 的进口截止阀，利用蓄能器构成恒压源；关闭蓄能器进口截止阀，使溢流阀处于安全阀工况，可得到恒流量。5.1 和 5.4 为压力传感器，8 为动态流量传感器。根据用户需要，在试验回路中可以并联安装稳态流量计，通过截止阀切换。

比例压力阀稳态特性试验项目包括稳态压力控制特性、稳态负载(启闭)特性、通流能力、压力偏移和压力振摆、耐压以及耐久性等试验。

比例压力阀动态特性试验项目包括输入电信号阶跃响应特性、负载流量阶跃响应特性、频率响应特性等试验。

1. 电液比例溢流阀试验

图 14-22 所示的试验回路中，6 是被试电液比例溢流阀。比例溢流阀的输出控制信号是它的进口压力，它的负载干扰信号是通过它的流量。首先关闭被试溢流阀的试验所不需要的节流阀 7.2 与快速切换阀单元 4.2。节流阀 7.1 用于调节被试溢流阀的卸荷背压。压力阀 2 作为系统安全阀，安全阀调定压力为被试阀的最大工作压力的 1.1 倍。根据被试阀最大试验流量来调定变量液压泵 1 的流量。快速切换阀单元 4.1 与流量阀 3 组合，可以对被试阀进行流量阶跃响应特性试验。

压力偏移和压力振摆试验：参照图 14-22 的试验回路，将溢流阀 2 的压力调高，当安全阀用。关闭快速切换阀 4.1，调节调速阀 3，使试验流量通过被试阀。给被试阀 6 输入额定电信号，在 3min 内观察压力偏移和压力振摆值。

图 14-23 所示是比例压力阀的负载流量从零阶跃到某一调定值时被试溢流阀输出压力的阶跃响应特性曲线，其中滞后时间为 t_1，t_2 为被试阀的瞬态恢复时间。从曲线中可以看出，流量阶跃信号的品质不是太理想。

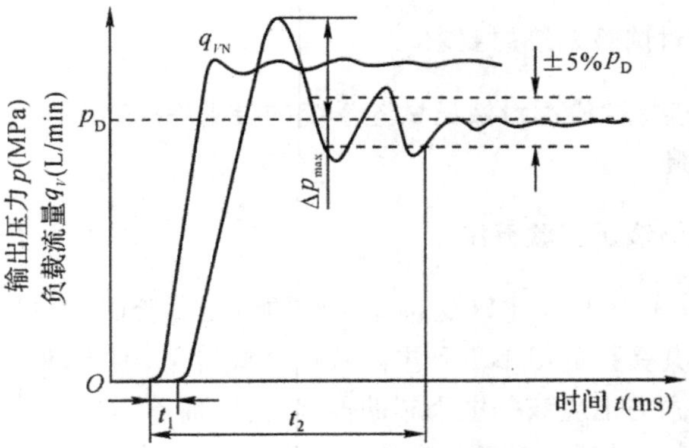

图 14-23　比例压力阀负载流量阶跃响应特性

2. 电液比例减压阀试验

图 14-22 所示的试验回路中，根据被试阀最大试验流量的 1.25 倍来调定变量液压泵 1 的流量，6 是被试电液比例减压阀，压力阀 2 作为系统溢流阀。

比例减压阀的输入信号是电信号，输出控制信号是减压阀的出口压力，通过减压阀的流量与其进口压力是它的负载干扰信号。

除了与被试比例溢流阀的进口流量阶跃响应特性试验外，被试比例减压阀还可以进行阀后负载阶跃响应特性试验。节流阀 7 用于调节被试阀的负载压力，快速切换阀单元 4.2 与节流阀 7.1 和 7.2 组合，对被试比例减压阀进行阀后负载阶跃响应特性试验。

14.5.2　电液比例流量阀试验回路及试验方法

1. 液压试验回路

比例流量阀的典型试验回路如图 14-24 所示。图中被试阀 4 可以是比例流量阀或是比例节流阀。如果被试阀是电液比例三通流量阀，则可从被试阀的 T 口另接一根直接回油箱的管道。此时压力阀 2 就起到系统安全阀的作用，而在其他情况下，阀 2 起着系统溢流阀的功能。由快速切换阀 5 和溢流阀 6 与节流阀 7 组成的负载单元，是系统的负载压力调节装置。溢流阀 6 作为被试阀的稳态负载压力调节装置；8 为动态流量传感器。电液比例流量阀的输出控制信号是流量，它的负载干扰信号是它的前后压力。

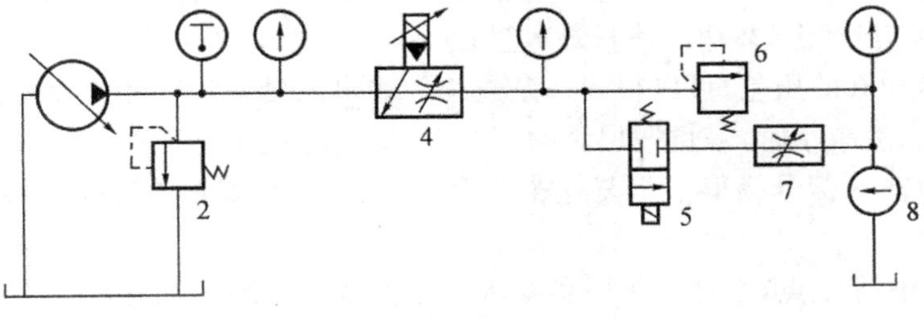

图 14-24　电液比例流量阀的典型液压试验回路

2. 动态特性测试对试验系统的要求

如在 14.4.5"动态特性检测对液压试验系统的要求"一节中阐述的，应使负载压力阶跃信号的前沿尽可能地陡。

3. 电液比例节流阀液压试验系统

试验系统参照图 14-24 所示电液比例流量阀的液压试验回路。就电液比例节流阀（含比例方向节流阀）而言，其受控输出参量是主阀芯位移或转角。因此，评价其稳态及动态控制特性、抗干扰能力时，考察的也应该是主阀芯的位移特性，而不是通常的体积流量特性。此外，由于在这类阀中，流量还受到负载压力变化及油源压力波动的影响，因此，流量特性只是一个辅助的评价指标。如果需要考察它们的流量特性时，可用压力补偿器保持被试阀阀口工作压差为某一定值。

比例节流阀和比例方向阀类，还要注意它们的极限功率域的问题。由于当比例节流阀阀口压降很大时，作用在阀芯上的液动力会限制通过阀口的流量，尤其是在单级阀的情况下，必须进行极限功率的性能检测。图 14-25 是四通比例方向阀的极限功率的性能曲线。其试验方法如下：

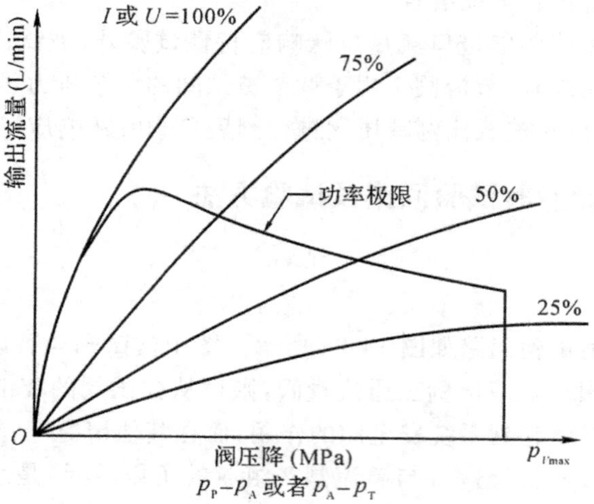

图 14-25　极限功率特性曲线

（1）调整输入电信号 I 至 95%的最大值，再叠加上一个低频的（一般为 0.2Hz 至 0.4Hz）、小正弦信号（±5%输入信号最大量值）；

（2）缓慢增加阀的压差，可以得到一条连续的输出流量—阀压降的关系曲线。当正弦运动停止或流量忽然减小时，停止增加阀的压差，在图上标记出这一点；

（3）在其他输入信号幅值下重复这个过程，如在额定流量的 75%，50%和 25%下，重复试验；

（4）连接那些标记点，就得到了一条极限功率曲线和一组输出流量—阀压降的关系曲线（见图 14-25）；

（5）如果是比例方向阀，在负向做同样的试验，也会得到一条类似的极限功率曲线和一组输出流量—阀压降的关系曲线。

14.5.3　比例方向阀试验回路及试验方法

1998 年的国际标准 ISO 10770-1“液压传动 电调制液压控制阀 四通方向流量控制阀的测试方法”和 ISO 10770-2“液压传动电调制液压控制阀 三通方向流量控制阀的测试方法”一起取代了 1985 年的 ISO 6404 电液伺服阀标准，并构成了一个技术修订版。特别是 ISO 10770 包含的范围更广、更全面，同时还覆盖了伺服阀和比例阀的内容。

参照 ISO 10770 标准制定的 GB/T 15623.2—2003“液压传动电调制液压控制阀三通方向流量控制阀试验方法”和 GB/T 15623.1—2003“液压传动电调制液压控制阀四通方向流量控制阀试验方法”等两个国家标准，同样适用于比例方向阀、普通换向阀和电液伺服阀的试验。这种按测试对象油口数量拟定试验油路的方法，扩大了试验油路的适用范围，也提高测试装置的通用性。

有一些技术文献直接把普通换向阀的试验油路，或电液伺服阀空载特性试验油路，作为电液比例换向阀的试验油路，这样做不仅使比例换向阀的部分技术指标无法测得，也违背了比例换向阀的测试原理。例如，采用电液伺服阀的空载试验油路，一方面是测不出比例方向阀在恒压差下的加载特性，另一方面就是伺服阀的中位机能是单一的 E 型机能（如图 14-26(a)所示），而比例换向阀的中位机能比较多的诸如图 14-26(b)，(c)所示。当比例换向阀的中位机能不是 E 型时，伺服阀的试验油路就不再适用于比例换向阀的测试。这时，就必须按 P—A，B→T 或 P－B，A→T 的油口配置方式，对不同的油口组合形式分别进行测试，才能获得被测试阀的技术数据。

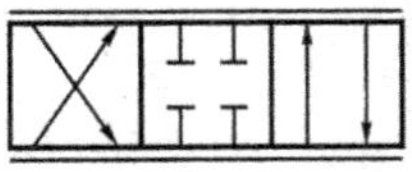
(a) 伺服阀和比例阀的O型中位机能

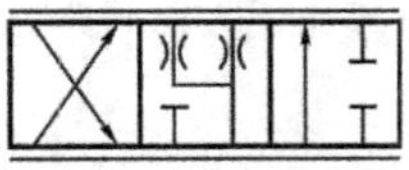
(b) 比例换向阀的特殊机能

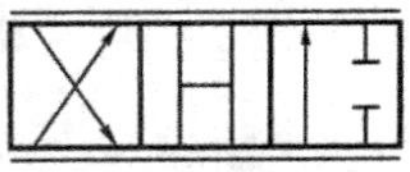
(c) 比例换向阀的特殊机能

图 14-26　比例换向阀和伺服阀中位机能的比较

对于如图 14-26(b)，(c)所示的比例换向阀，或阀口面积比不同的比例换向阀，当比例阀工作在右位时，无论是普通换向阀试验油路还是伺服阀试验油路，都不可能将试验过程进行下去。

1. 比例方向阀试验回路

电液比例方向阀有三通型与四通型之分，它们又有带与不带内置式压力补偿器之区别。下面介绍的三通、四通比例方向阀液压测试的典型回路不仅适用于普通换向阀、四通比例方向阀稳态试验油路，也适用于电液伺服阀稳态特性的测试。

图 14-27、图 14-28 所示分别是三通比例方向阀的稳态、动态试验回路。图中被试阀 8 为电液比例方向控制阀；13 为加载阀，可以是手动控制的或自动控制的；a～j 为截止阀，均是为检测被试阀而设置的。比例方向节流阀的动态测试，可采用位移传感器 10 直接检测方向阀功率级阀芯的双向位移响应特性。

图 14-29、图 14-30 所示分别是四通比例方向阀的稳态、动态试验回路。从四幅试验回路图来看，三通与四通比例方向阀的试验回路之间的区别，仅在于稳态加载回路是单路或是双路的不同；动态加载装置兼作动态流量检测之用的低摩擦、低惯性液压缸的活塞杆是，单出

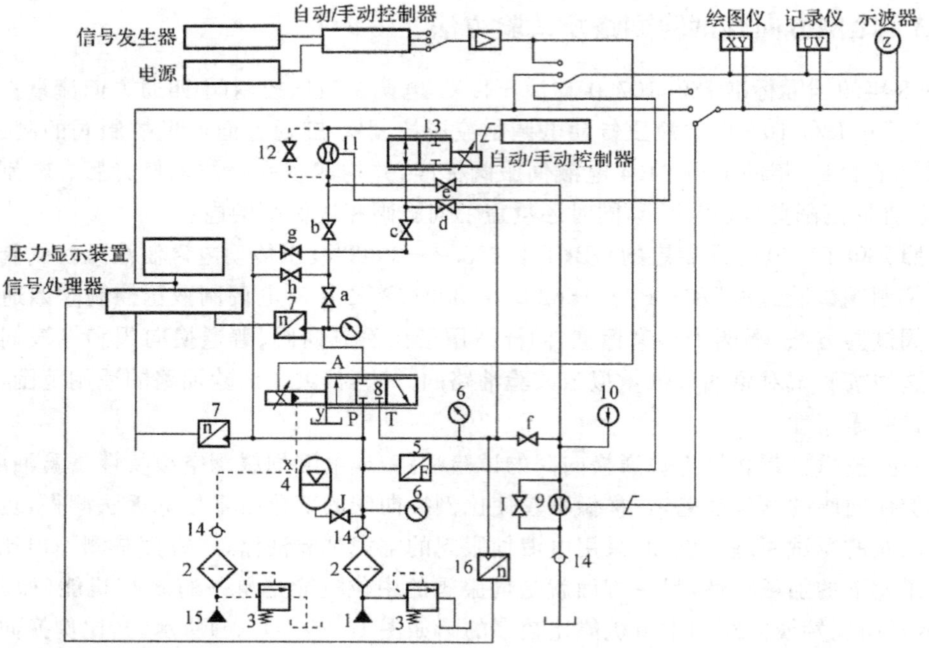

1. 液压源；2. 过滤器；3. 溢流阀；4. 蓄能器；5. 温度传感器；6. 压力表；7. 压力传感器或压差传感器；8. 被试阀；9. 泄漏流量传感器；10. 温度指示器；11. 流量传感器；12. 备用旁通元件；13 加载阀；14. 单向阀；15. 液压先导油源；14. 电压力传感器。a～j 为正向截止阀；P 为供油口；T 为回油口；A 为控制油口；X 和 Y 为先导油口。

图 14-27　三通比例方向阀典型的稳态试验回路

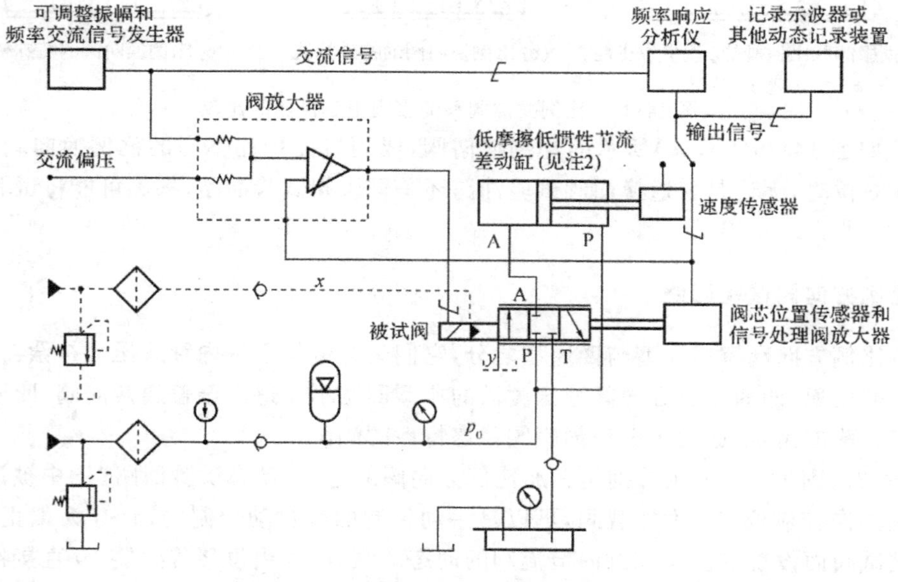

图 14-28　电液三通比例方向流量控制阀典型的动态试验回路

注：1. 本试验回路图中未表示截至阀；2. 有必要增加低增益位置反馈回路来校正节流液压缸的漂移。

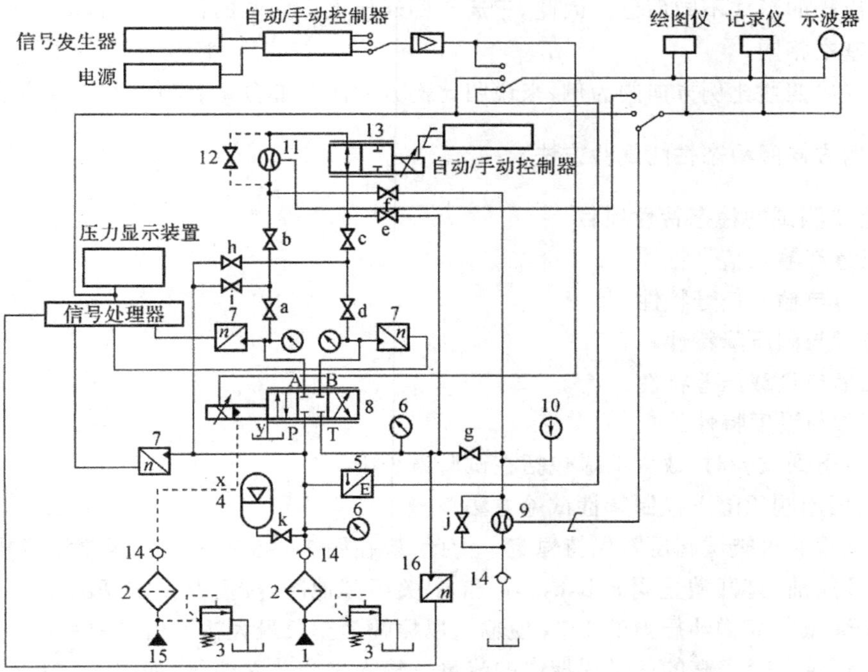

1. 液压源；2. 过滤器；3. 溢流阀；4. 蓄能器；5. 温度传感器；6. 压力表；7. 压力传感器或压差传感器；8. 被试阀；9. 泄漏流量传感器；10. 温度指示器；11. 流量传感器；12. 备用旁通；13. 加载阀；14. 单向阀；15. 液压先导油源；16. 电压力传感器。P 为供油口；T 为回油口。a～k 为正向截止阀；A 和 B 为控制油口；X 和 Y 为先导油口

图 14-29　四通电液比例方向阀典型的稳态试验回路

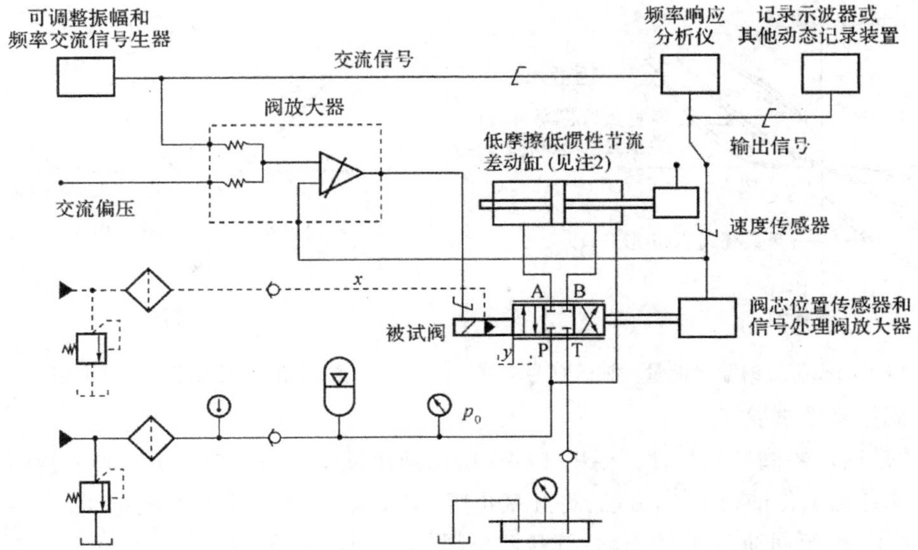

图 14-30　四通电液比例方向阀典型的动态试验回路

注：1. 本试验回路图中未表示截止阀；2. 有必要增加低增益位置反馈回路来校正节流液压缸的漂移。

杆或是双出杆的形式不同而已。因此,三通与四通比例方向阀的稳态、动态检测的项目和试验方法也基本相同。

以下仅以四通比例方向阀为例,来说明比例方向阀的部分试验项目及试验方法。

2. 比例方向阀稳态性能试验方法

(1)需要测试的稳态特性项目

1) 流量与输入信号特性;

2) 压力与输入信号特性;

3) 流量与阀压降特性;

4) 流量与负载压差特性;

5) 流量与温度特性。

在进行下列试验时,放大器应包括在试验系统中。

(2)在恒定阀压降下控制特性试验方法

本项试验要求被试阀压降保持恒定。为此,应在图 14-29 中加入恒压差加载装置。

测试开始前,打开截止阀 a,b,c,d,g 和 j,关闭其他阀,按需要设定阀的总压力降,如 1 MPa,7 MPa 或最高供油压力的 1/3。使输入以振幅为正负最大输入信号的三角波连续周期变化数次,记录一个完整的信号周期内的流量—输入信号关系曲线,如图 14-31 所示。曲线表明,比例方向阀阀芯中位的不同重叠量(正重叠对应正遮盖、负开口,负重叠对应负遮盖、正开口,三种名称含义是一致的)以及不同阀口形状的稳态控制特性也不同。

在无法监控输出流量的情况下,可以检测阀芯位置的方法测得图 14-31 所示的特性曲线。

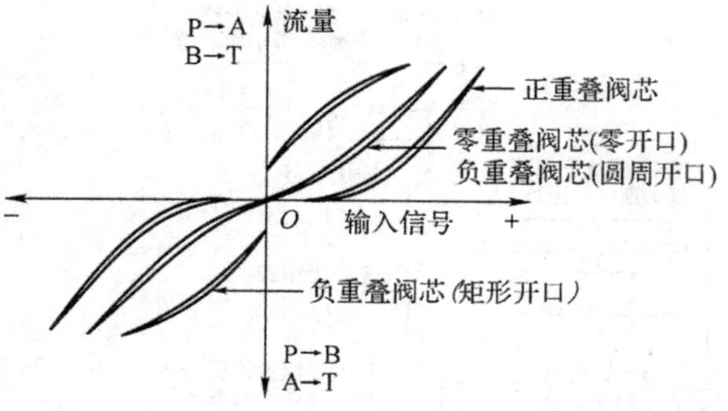

图 14-31 恒定阀压降下的输出流量—输入信号曲线

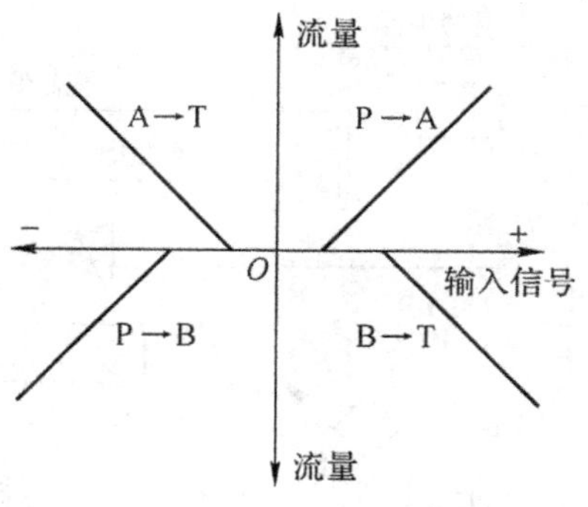

图 14-32 阀口流量特性曲线

(3)阀口流量特性试验

试验目的是确定主阀口的特性。由图 14-29 所示液压试验回路设定以下四种工况:

1) 供油口 P 至工作油口 A 的流动:打开截止阀 a,b,e,g,j,并关闭其他截止阀。

2) 工作油口 A 至回油口 T 的流动:打开截止阀 a,e,f,i,j,并关闭其他截止阀。

3) 供油口 P 至工作油口 B 的流动:打开截止阀 c,d,f,g,j,并关闭其他截止阀。

4) 工作油口 B 至回油口 T 的流动:打开截止阀 d,e,f,h,j,并关闭其他截止阀。

上述其中一种工况设定好后,再按需要设定阀的总压力降,如 1MPa、7MPa 或最高供油压力的 1/3,从零到额定信号缓慢增加输入信号数次,得到通过一个阀口的流量与输入信号的特性曲线，如图 14-32 所示。

(4)输出流量与负载压差试验

本试验确定输出流量随负载压差变化的特性。打开截止阀 a，b，c，d，g，j 和负载阀 13，并关闭其他截止阀。

调整阀的供油压力达到最大供油压力，如有必要，可对回油压力进行补偿。确保试验过程中，设定的供油压力保持恒定。供油压力降低，表示液压系统供油流量不足。

在最大正负范围内循环输入信号，缓慢关闭加载阀 13，得到输出流量与负载压降(阀压降)分别对正向、负向的 100％，75％，50％，25％范围额定输入信号的连续曲线数次，得到如图 14-33 所示的不带内部压力补偿的方向阀输出流量—负载压差曲线。

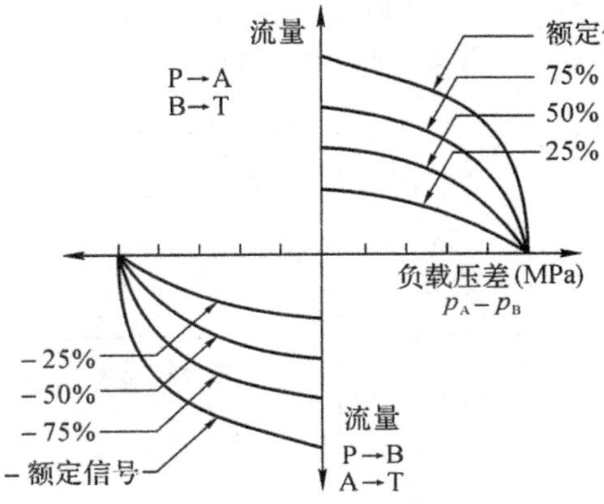

图 14-33　不带内部压力补偿的方向阀输出流量—负载压差曲线

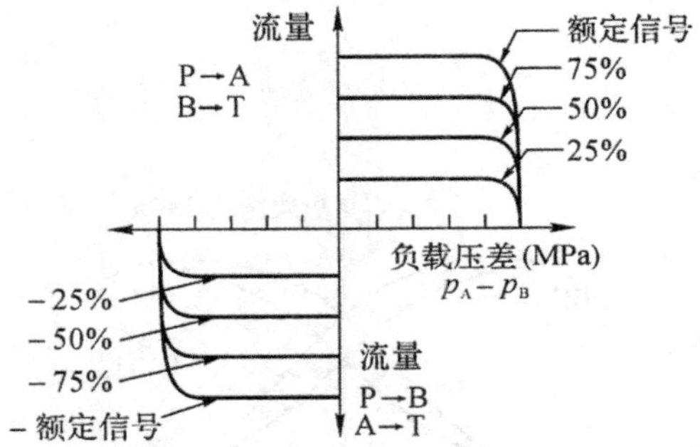

图 14-34　内部带有力补偿的方向阀输出流量—负载压差曲线

对于内部带有压力补偿的阀，进行上述试验可确定负载补偿装置的有效性，测试结果如图 14-34 所示。

(5)输出流量—阀压降特性试验

进行本试验可测定输出流量随阀压降变化的特性。打开截止阀 a，b，c，d，g，j 和负载阀 13，关闭其他截止阀。

调整阀的供油压力达到最大供油压力，如有必要，可对回油压力进行补偿。确保试验过程中设定的供油压力保持恒定，供油压力降低，表示液压系统供油流量不足。

分别在设定输入信号的 75％，50％，25％以及最大额定信号范围内，循环输入信号数次。先关闭加载阀 13，然后缓慢打开加载阀 13，同时记录输入信号和输出流量。得到输出流量与阀压降对正负向额定输入信号的连续曲线，见图 14-35。

对于内部带有压力补偿的方向阀，进行上述试验可以确定负载补偿装置的有效性，测试结果如图 14-36 所示。

(6)压力与输入信号特性试验

本试验的目的是确定工作油口 A 和 B 的压力增益。为此，打开截止阀阀 g 和 j，关闭其他截止阀，调整供油压力到被试阀的最大供油压力。

1) 选定输入信号，使两个工作油口能有效达到供油压力。

2) 缓慢改变输入信号，同时记录下关闭的油口 A 和 B 的压力。

3) 在一对坐标系中得到油口 A 和 B 的压力与输入信号特性曲线，如图 14-37 所示。

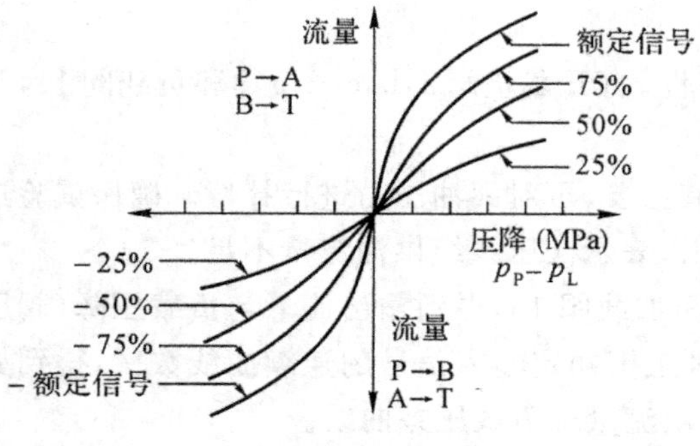

图 14-35　不带内部压力补偿的方向阀输出流量—阀压降曲线

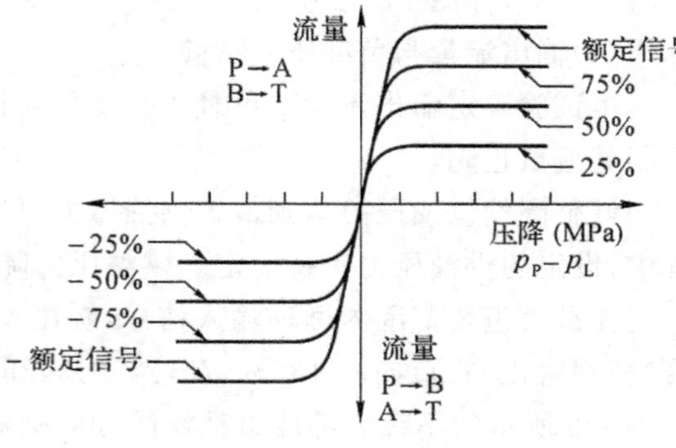

图 14-36　带内部压力补偿的方向阀输出流量—阀压降曲线

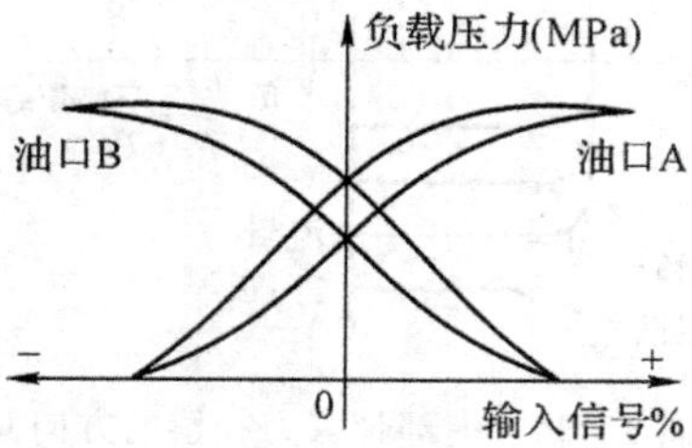

图 14-37　封闭油口负载压力—输入信号曲线

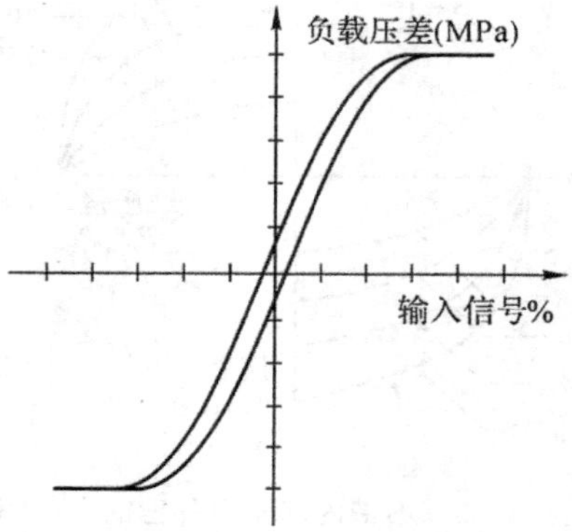

图 14-38　负载压差—输入信号

由上述步骤还可得到负载压差与输入信号特性曲线,如图 14-38 所示。

(7)内泄漏试验

打开截止阀 g,关闭其他截止阀。调整阀的供油压力至高于回油压力 10 MPa 以上,建立合适的先导压力。

1) 在测试内泄漏之前,在阀的整个输入信号范围内快速运行几次输入信号。

2) 在最大正负输入信号范围内,记录油口 T 和 Y 的泄漏量,如图 14-39 所示。

(8)极限功率特性试验

参阅图 14-25 极限功率特性曲线。

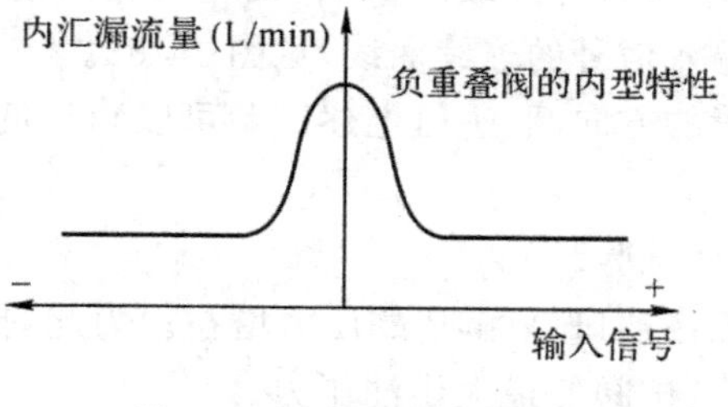

图 14-39　内泄漏特性曲线

3. 比例方向阀动态性能试验方法

(1)四通比例方向阀动态特性液压试验回路

动态性能试验回路如图 14-30 所示，设计该系统时，要使油口 A 和 B 到动态计量缸的管路尽可能短，蓄能器尽可能靠近阀的 P 口。

可用下列方法之一测得阀的输出信号：

1）采用低摩擦（压降不超过 0.3MPa）、低惯性的动态计量缸（频宽至少大于包括困油容积效应在内的最高试验频率的 3 倍）驱动速度传感器。当这个方法无法实现时，可选用方法 2 或方法 3。

2）在装有内置式阀芯位置传感器而没有装内置式压力补偿流量控制器的阀内，用阀芯位置信号作输出信号。

3）如果阀不带内置的阀芯位置传感器，也没有内置式压力补偿的流量控制器，则有必要安装外置式阀芯位置传感器，以及合适的测量放大器。只要附加的传感器不会影响阀的频率响应，则可用此信号作为阀的输出信号。

如果采用动态计量缸测量阀的输出流量，可增加低增益位置反馈回路来纠正计量缸的漂移，以避免测试过程中产生撞缸现象。

方法 1)，2)，3)不会得出相同的结果。因此，试验报告的数据应注明所使用的试验方法。

(2)频率响应试验

输入起始频率为 0.2 Hz 或相位滞后 90°时对应频率的 5%的输入信号（两者取小值），然后在衰减到 15 dB 以上的频宽范围内绘制出幅值比和相位滞后曲线，如图 14-40 所示。

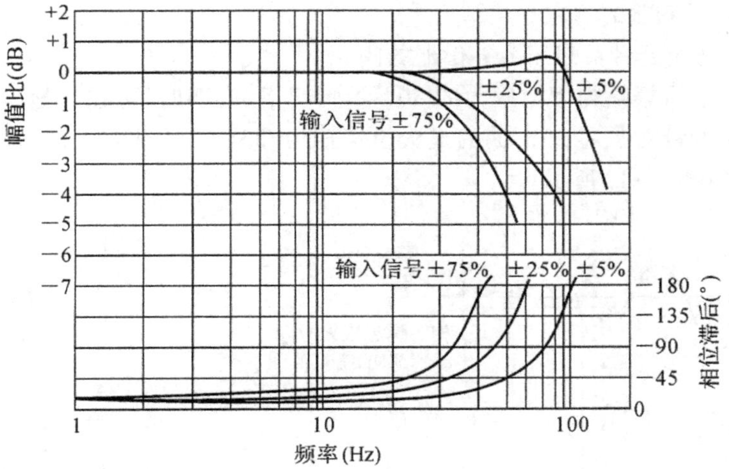

图 14-40　频率响应曲线

以下列正弦输入信号试验阀，试验周期内保持正弦输入信号的幅值不变：

1）输入对称的输入信号，使通过油口 A 和 B 的输出流量在零位附近交变，其振幅足以形成大约为最大稳态输出流量的±5%的峰值输出流量。对于正遮盖阀，使用起作用的死区消除器进行这项试验。

2）对于不带死区消除器的正遮盖阀，输入偏置输入信号，通过调整直流偏置信号和输入信号，使输出流量总在一个方向。这样，阀芯的整个循环总是在中位的一边进行，且须用一个满足频带宽度的流量传感器代替计量缸。

(3)阶跃响应试验

1）对输入信号阶跃的响应特性

触发阶跃函数发生器，产生阶跃输入信号作用在测试系统上，记录输入和输出的关系曲线，如图 14-41 所示。阶跃输入信号的幅值可按需要设置为额定输入信号的 5%，10%，25%，50%，75%。

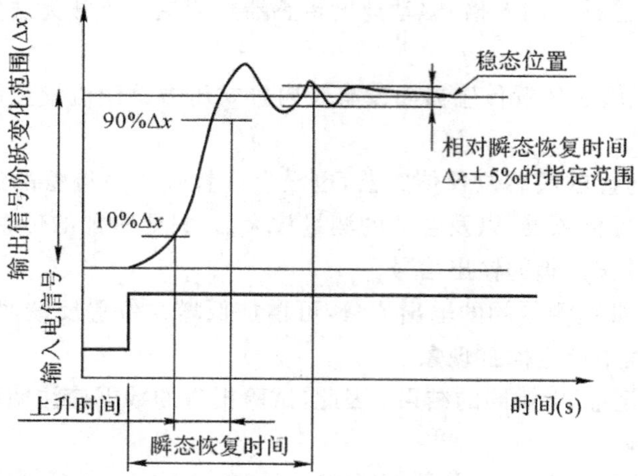

图 14-41 输入阶跃信号响应特性

2）对负载阶跃变化的响应

本测试项目适用于带负载压力补偿器的阀。

在阶跃压力信号振幅为额定压力的 50%的情况下(必要时，可在其他阶跃压力信号振幅条件下)，记录流量对从零到 50%的最大负载压力和从 50%到 100%的最大负载压力阶跃变化的响应，如图 14-42 所示。

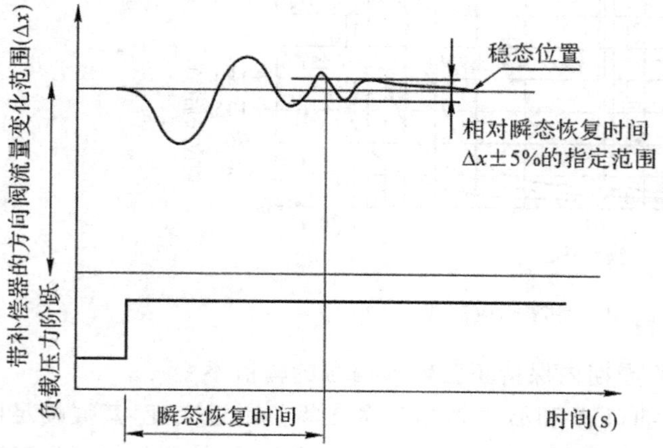

图 14-42 负载压力阶跃响应特性

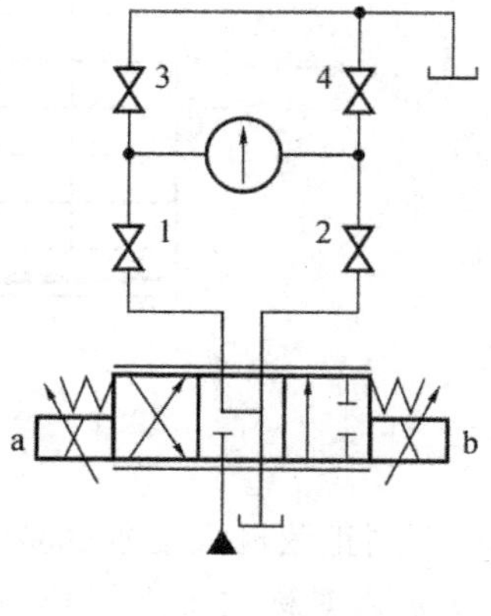

图 14-43 非 O 型中位机能方向阀的动态特性测试回路

图 14-30 所示回路仅适用于具有对称阀口的比例方向阀动态特性的测试。当比例方向阀的中位机能不是 O 型，或阀口具有非对称结构（如图 14-26(b)，(c)所示），或两个阀口的面积比不相同，不能采用图 14-30 所示的动态特性测试回路，这时应按单个阀口的频率特性进行测试，如图 14-43 所示。这时，流量测量装置不能采用直线移动结构，应为旋转式或节流孔板式，否则就会出现撞缸现象。

当比例放大器输入正向信号时，如果比例电磁铁 a 得电，则应打开截止阀 2，3，输入的正弦信号为在某一恒定正幅值信号的基础上叠加一个正弦信号，如图 14-44 所示。

当比例放大器输入负向信号时，如果比例电磁铁 b 得电，则应打开截止阀 1，4，输入的正弦信号为在某一恒定负幅值信号的基础上叠加一个正弦信号，如图 14-44 所示。

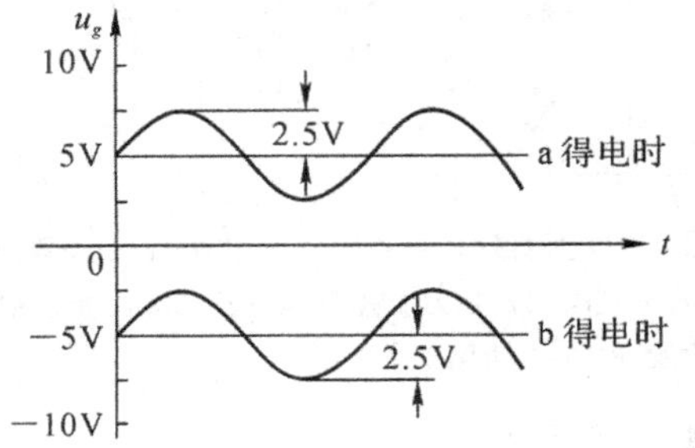

图 14-44　正弦与恒幅值信号的叠加

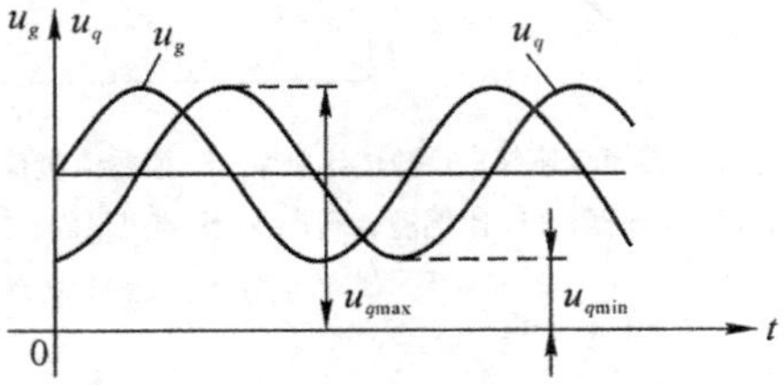

图 14-45　非对称流量正弦信号的处理

按照上述方法得到的流量信号，不是关于零流量对称的，如图 14-45 所示。

进行频率特性分析时，只要按

$$u_g=U_g\sin\omega t=\frac{u_{g\max}-u_{g\min}}{2}\times\sin\omega t \tag{14-17}$$

$$u_{qV}=U_{qV}\sin(\omega t+\varphi)=\frac{u_{qV\max}-u_{qV\min}}{2}\times\sin(\omega t+\varphi) \tag{14-18}$$

进行信号分析，就可分析非对称阀口比例方向阀的频率特性。

这种方法对采用单向信号的比例压力阀（0～10V），和比例流量阀（0～10V）的频率特性分析同样适用。

14.5.4　电液比例液压泵试验回路及试验方法

1. 比例液压泵试验回路

电液比例液压泵的测试系统对试验油液、测试仪器、仪表、试验装置的动态要求以及准确度等级与电液比例压力阀试验系统相似。只是试验系统的油源即为被试比例液压泵本身。

电液比例控制泵具有双向和单向两大类，其试验回路也有闭式和开式两种形式，如图 14-46 和图 14-47 所示。

(1)闭式试验回路

图 14-46 所示是电液比例液压泵的闭式试验液压回路。图中被试液压泵 3 是双向比例液压泵，液压泵 6 是补油泵，16 是耐高压流量计，比例溢流阀 11 和比例节流阀 12 是加载阀，阀 11，12 以及快速切换阀 13.1 组成负载阶跃加载单元，四个单向阀 9 是组成双向闭式回路功能的方向元件。

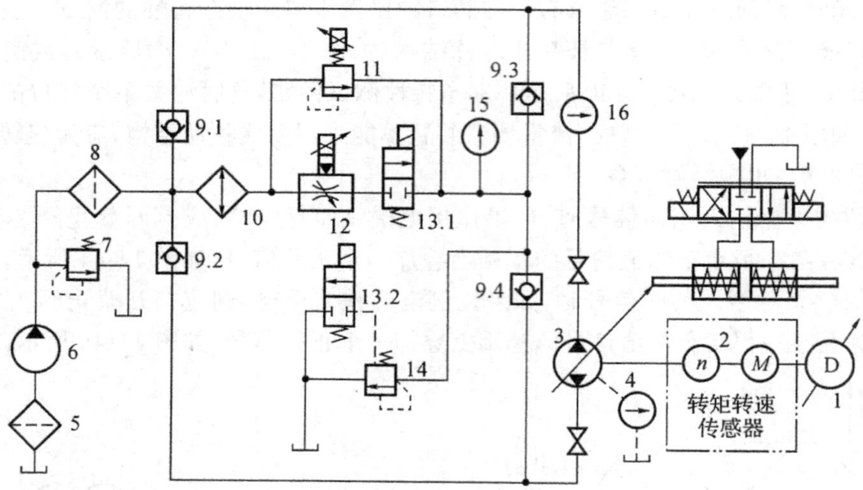

1. 电机；2. 转矩转速仪；3. 被试比例泵；4. 泄漏流量传感器；5. 补油泵进口过滤器；6. 补油泵；7. 溢流阀；8. 过滤器；9. 单向阀；10. 冷却器；11. 比例溢流阀；12. 比例流量阀；13. 电磁阀；14. 安全阀；15. 压力传感器/压力表；16. 流量传感器

图 14-46　电液比例液压泵闭式试验油路

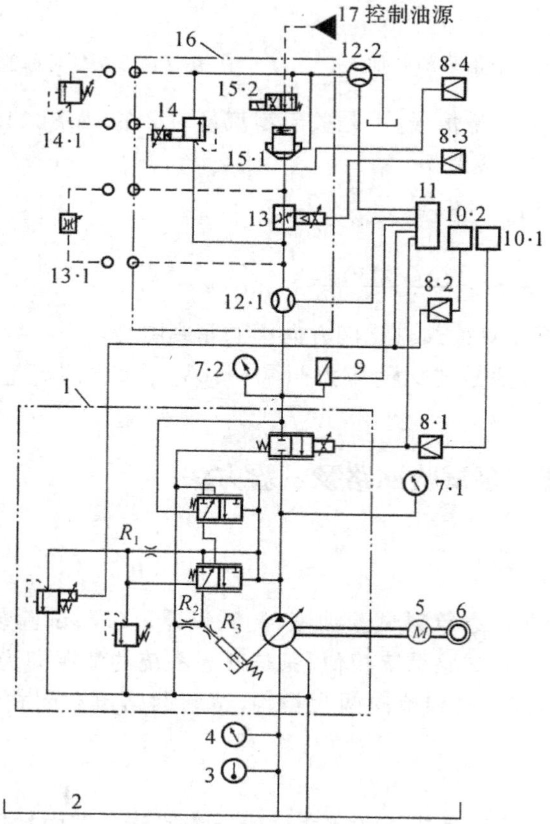

1. 被试液压泵；2. 油箱；3. 温度计；4. 真空表；5. 电机；6. 转速仪；7. 压力表；8. 放大器；9. 压力传感器；10. 信号源；11. 记录仪；12. 流量计；13. 加载节流阀；14. 加载溢流阀；15. 快速切断阀组；16. 加载块；17. 控制油源

图 14-47　开式电液比例液压泵试验油路图

闭式回路与开式回路的区别在于:闭式回路被试泵出口的油液经过负载后不是返回油箱,而是直接回到被试泵入口。因此,被试液压泵不需要直接从油箱吸油。为了使系统压力稳定,溢流油液以引回油箱为好。由于管路及液压元件的泄漏、损耗,回油流量不能满足被试液压泵吸油量的要求,这部分的差值流量需要由辅助液压泵 6 提供。显然,该辅助液压泵的流量比被试液压泵流量小得多,油箱的体积也相对减小了。

(2)开式试验回路

图 14-47 所示为电液比例液压泵的开式试验系统。图中所示的被试液压泵 1 是具有自吸能力的电液比例负载敏感型变量柱塞泵。现对该试验回路作几点说明:

1) 电液比例溢流阀 14(配有作为安全阀使用的手调先导阀)为常备加载阀,必要时可更换成手调先导溢流阀 14.1,进行手动调节负载压力。系统安全阀功能就由带有先导安全阀的加载比例溢流阀 14 实现。

2) 电液比例节流阀 13 为另一个常备加载阀,必要时也可更换成手调加载节流阀。

3) 动态流量计 12.1 集成进加载阀块 16 之内,以减小液压泵出口至加载阀之间的容腔,以提高进油腔压力飞升速率。

4) 15.1 与 15.2 组合成快速切换阀单元,加载阀块 16 中的 12.1,13,14 与快速切换阀单元 15 组成负载阶跃加载装置。

开式回路是被试液压泵直接从油箱吸油,试验油液经负载单元后回油箱。这样,油液在油箱中可充分沉淀和逸散气泡,油温相对可以稳定一些,此回路适宜于自吸能力较强的液压泵。对于自吸能力弱的液压泵,需另加低压供油辅助液压泵(或使油箱油面高于泵的吸油口水平面),供油液压泵的流量至少要为被试液压泵流量的 1.25 倍。

2. 比例液压泵主要性能及试验方法

(1)比例液压泵特性概述

由于比例控制泵的品种多,其输出参数有排量、压力、流量以及这三个参数的复合。如果用 $x_i(t)$表示比例控制泵的输入信号,$x_o(t)$表示比例泵的单个输出参数,采用描点或连续记录法,可得比例泵的控制特性示意图如图 14-48 所示。

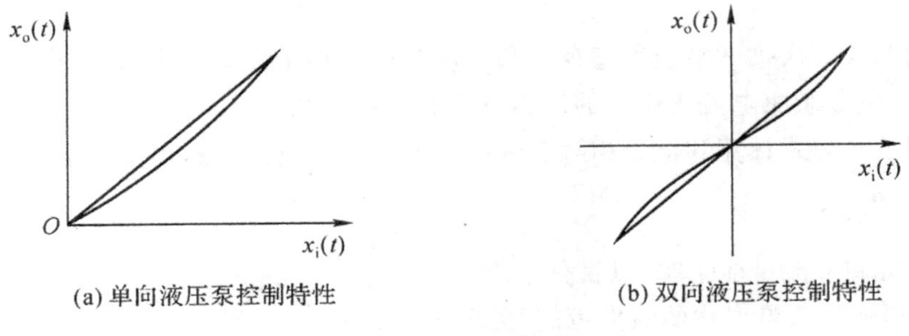

(a) 单向液压泵控制特性　　(b) 双向液压泵控制特性

图 14-48　比例泵的控制特性示意图

单向比例控制泵的输入信号 $x_i(t)$的变化范围为 0～10V;双向比例控制泵的输入信号 $x_i(t)$的变化范围为 0～10V。比例排量控制泵的输出信号 $x_o(t)$表示排量;比例压力控制泵的输出信号 $x_o(t)$表示压力;比例流量泵的输出信号 $x_o(t)$为流量;对于压力、流量复合控制泵而言,它的输出信号 $x_o(t)$可以表示压力、流量,测定时分两种输出量工况进行。

测试比例压力泵的控制特性时，关闭比例溢流阀加载元件，用比例流量阀加载。

测试比例排量泵的控制特性时，以比例溢流阀为加载元件，处于溢流工况，排量可以通过变量泵的变量缸上的位移传感器测得，也可通过流量计测得。

测试时压力、流量复合控制泵时，需要分两种输出量工况进行试验。例如，液压泵在某一设定压力值下，测其的输出流量与输入信号的关系的稳态流量控制特性。测试过程中，可以在不同的设定压力值下重复测试；也可以测试在液压泵的某一设定流量下的输出压力与输入信号的关系的稳定压力控制特性。同样，测试过程中，可以在不同的设定流量值下重复测试。

(2)电液比例负载敏感型变量泵的性能检测

由于压力、流量复合控制型的电液比例泵的性能检测比较复杂，因此，下面参照 ISO 17559"液压传动—电控液压泵—特性试验方法"，以电液比例负载敏感型变量柱塞泵为例，介绍它的基本性能测试方法。

1）流量—压力稳态特性试验方法

参阅图 14-47 的单向开式电液比例液压泵试验回路和测量系统。对于图中的电液比例负载敏感型变量柱塞泵 1(压力流量复合控制泵)，它的输出信号 $x_o(t)$分别为压力和流量信号，输入电信号也分别来源于 8.1，8.2 放大器。

除非试验规程有特别规定，平时应保持试验回路中加载溢流阀 14 和加载节流阀 13 处于空载和无阻尼状态。如果溢流阀 14 加载，则关闭加载节流阀 13。如果用节流阀 13 加载，则开启快速切换阀 15。

① 调节电动机 5 到指定的旋转速度；手动调定被试泵安全阀，限制最大稳态压力为 1.25倍最大工作压力值。

② 关闭加载溢流阀 14 和快速阀 15，使阀口无输出流量。分别在被试比例泵的最大工作压力的 100%，75%和 50%的工况下进行试验，试验也要在被试比例泵最大输出流量的 90%，75%，50%和 25%工况下，以及最小流量信号下进行。

③ 关闭加载溢流阀 14，打开快速阀 15，调节加载节流阀 13，逐渐改变输出压力，使控制泵的工作压力，从最大工作压力，经过 75%和 50%最大工作压力的工况点，到最大的最低可控压力工况点，直至加载节流阀 13 完全打开时的输出压力点，然后，按相反方向返回做一遍相应试验。

④ 分别调整 3 次被试泵压力指令值和 5 次被试泵输出流量指令值，绘出 15 条曲线，组成如图 14-49 负载敏感电液比例泵的压力—流量特性曲线。

⑤ 应用下述公式计算和记录相对于输出压力的可调节流量的变化率：

$$\delta_q = \frac{\Delta q_{e1}}{q_0} \times 100\%$$

式中：δ_q—— 可调节流量变化率，以百分数表示；

Δq_{e1}—— 输出流量变化的最大范围(见图 14-49)；

q_0—— 对如下所述的输入流量指令信号的最低可控压力处的输出流量。

⑥ 分别计算在 75%和 50%最大输出流量及最小流量指令信号时的数值(这些数值是相对于输出压力的可调节流量变化率 δ_q)。

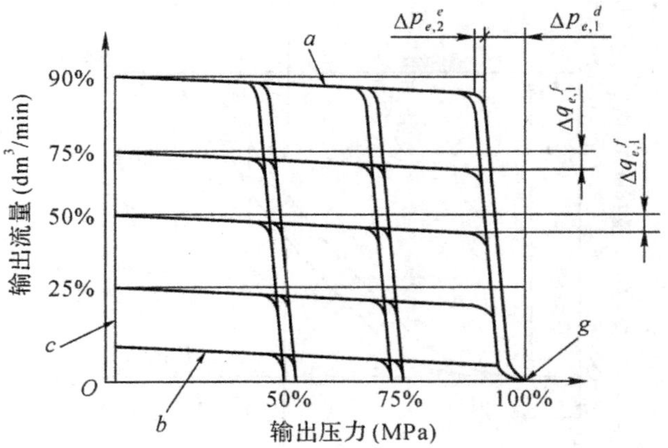

a. 最大流量指令；*b*. 最小流量指令；*c*. 最低可控压力；*d*. 从恒压工况开始点到无流量点之间的压力差；*e*. 恒压工况开始点的滞环；*f*. 输出流量变化的最大范围；*g*. 最高工作压力

图 14-49　负载敏感电液比例泵压力—流量特性曲线

2）稳态控制特性试验方法

① 稳态控制压力特性试验

完全关闭加载溢流阀 14。按小于 0.02 Hz 左右三角波周期增大和减小输入压力的电信号，使比例泵从最低可控压力运行到最高工作压力。绘制出输出压力对于输入压力电信号的特性曲线，如图 14-50 所示。从图中可以得出被试泵具有比例压力控制功能时的输出压力死区、滞环、压力调节范围、最高工作压力，以及最低工作压力等技术指标。

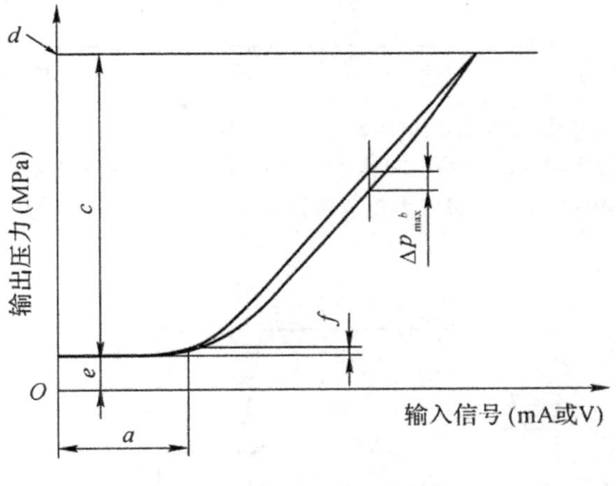

a. 死区；*b*. 压力最大误差；*c*. 压力调节范围；*d*. 最高工作压力；*e*. 最低工作压力；*f*. 最低可控压力的 10%

图 14-50　输出压力相对输入信号的特性曲线

② 稳态控制流量特性曲线

选取输出压力电信号和输入流量电信号，并把它们调整到最大值。调整压力输出电信号到最高工作压力的 75%，调整流量输入电信号到最大值，关闭加载节流阀 13，同时使用加载溢流阀 14。按小于 0.02 Hz 左右三角波周期增大和减小输入流量的电信号，以零输出流量到最大输出流量，再回到零输出流量，绘制输出流量对于输入流量电信号的特性曲线，如图 14-51 所示。从图中可以得出被试泵具有比例流量控制功能时的输出流量的死区、滞环、最大输出流量、流量的可调范围等主要技术指标。

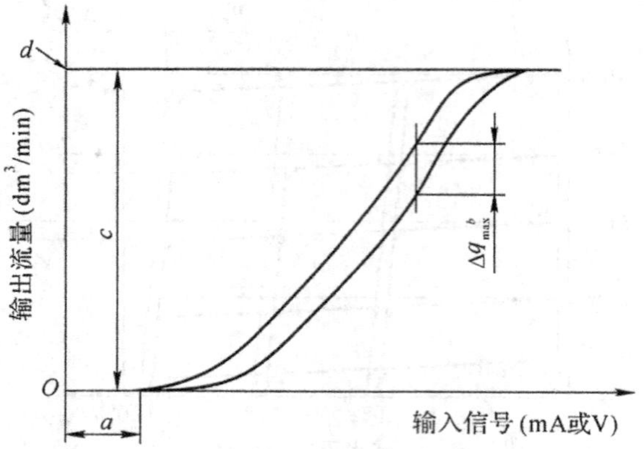

a. 死区；*b*. 输出流量最大误差；*c*. 输出流量可调整范围；*d*. 最大输出流量

图 14-51 输出流量相对输入流量电信号的特性曲线

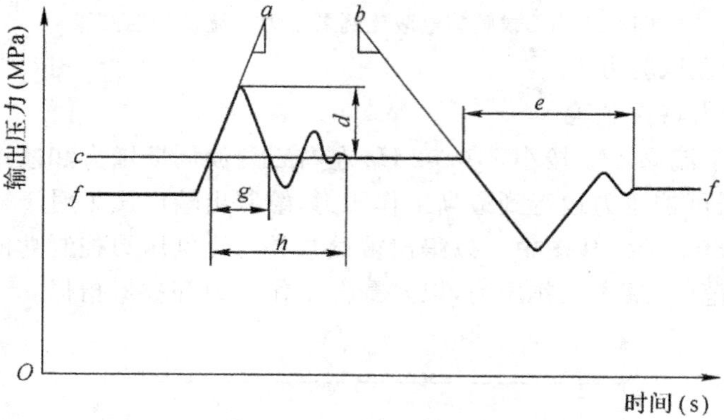

a. 压力上升率；*b*. 压力下降率；*c*. 无流量点压力；*d*. 超调值(上升)；*e*. 调整时间(下降)；*f*. 75%无流量点压力；*g*. 响应时间；*h*. 调整时间(上升)(注：本图及图 14-53 采用新的相关国际标准对响应时间、调整时间的定义与通用的定义有所差别)

图 14-52 负载压力正负阶跃变化时的压力响应特性

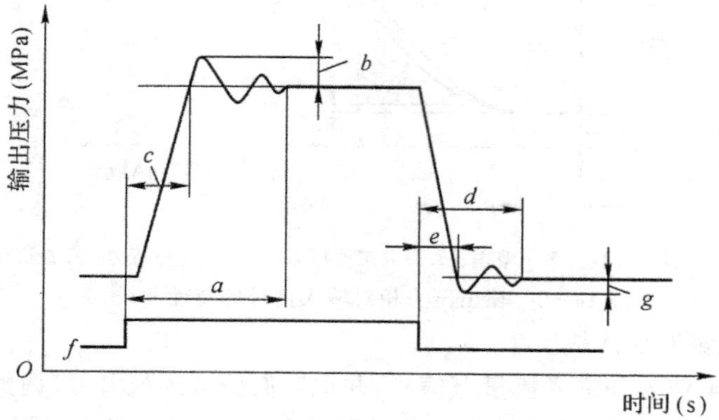

图 14-53 输出信号对输入电信号的阶跃响应特性

a. 调整时间(上升)；*b*. 超调(上升)；*c*. 响应时间(上升)；*d*. 调整时间(下降)；*e*. 响应时间(下降)；*f*. 输入信号(I 或 U)；*g*. 超调(下降)

3）输入信号阶跃的输出响应试验

复合控制比例泵的输入信号阶跃响应特性试验，同样有输出压力、输出流量分别对输入电信号阶跃响应特性，以及它们的相应的负载阶跃响应特性等试验。它们的性能曲线与比例阀的相应性能曲线类似（见图 14-52、图 14-53）。

4）频率响应

① 输出压力的频率响应特性测试

试验应在两种不同情况下完成，一种是加载溢流阀 14 完全关闭，另一种是加载溢流阀 14 打开 50％。

完全关闭加载溢流阀 14。调整无流量点压力到 50％最高工作压力，并以这个压力值为中心，应用一个频率足够低的幅值为±5％和±12.5％最高工作压力的正弦输入信号。

完全关闭加载溢流阀 14。调整无流量点压力到 50％最高工作压力，并打开加载溢流阀 14，获得 50％最大输出流量。调整压力到 50％最高工作压力，并以这个压力值为中心，应用一个频率足够低的幅值为±5％和±12.5％最高工作压力的正弦输入信号。正弦波输入信号的频率范围大约为 1/20 到 10 倍于被试泵的穿越频率，扫描速度应和检测装置相匹配。得出和频率相关的幅值比和相位滞后值，并用波德图表达其关系（见图 14-54）。

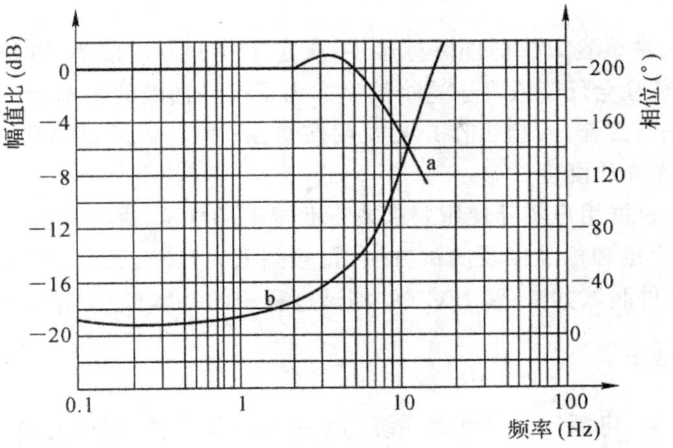

a. 幅值曲线；　b. 相位曲线

图 14-54　输出信号的频率响应波德图

② 输出流量的频率响应测试

选择输入压力电信号，并把它调整到最高工作压力。整定节流阀 13 到相应的上限流量，把压力调整到 50％最高工作压力。调整瞬时输出压力，使液压泵的工作压力在任何试验幅值和频率时都不超值。调整压力到 50％最高工作压力，并且以这个压力为中心，调整输出流量到最大输出流量的 50％，并且以这个输出流量为中心，应用频率足够低，幅值为±5％和±12.5％最大输出流量的正弦输入信号。得出和频率相关的幅值和相位滞后值，并用波德图表达其关系（见图 14-54）。

检测动态流量信号，同样是个难题。可以应用相关传感器来测量诸如泵的偏心盘或斜盘的位置，从而间接测量流量；如果确认有频响比被试泵频响快 3～10 倍的流量传感器，那么该流量传感器可作另一种选择。

14.6 环境与寿命试验

现今，电液比例元件越来越广泛地被应用于不同的工程领域，用户对电液比例元件的性能和工作寿命要求也更加高了。它们不仅要适应不同的工作环境，而且还必须具有一定的工作寿命和可靠性。特别是对于那些每天24小时连续工作的电液控制系统，电液比例元器件的有效寿命的技术指标显得更为重要。本节将简要地讨论液压元件环境试验与寿命试验的基本机理。

14.6.1 环境试验

环境试验旨在考核液压元件在各种特殊环境条件下的适应性。环境条件包括环境温度、工作介质温度、振动、冲击、加速度场、抗爆破性、耐火性、耐腐蚀性、真空度、环境压力、暴晒、水浸以及湿度等等，其中环境温度试验最具普遍意义。电液比例元件产品说明书中都注明环境温度，一般为0～50℃，若超出此温度范围，需要特殊设计。在进行环境温度试验时，电液比例元件的三个组件单元（比例放大器、电—机械转换器以及液压元件本体）需要分别进行试验。

在电液比例元件试验方法的国际标准中，规定工作介质温度为50±5℃。在工程应用中，工作介质温度往往会低于或高于这个温度。为了保证油液的基本特性，使电液比例元件及其控制系统能正常工作，希望工作介质温度控制在－20～70℃的范围。若超出此温度范围，则需要进行工作介质温度试验。

工业界往往会根据用户实际使用要求或行业规范的规定，确定某些特殊的环境试验。此外，各种环境试验规范和标准以及测试方法，可参阅ISO 7137,1981,“飞机——环境条件和航空装置中液压元件测试方法”和IEC 68“测试过程中的基本环境”等有关国际标准。

14.6.2 寿命试验

与其他产品一样，电液比例元件或系统的寿命与环境条件、试样的多少以及试验时间有关。在常规的工况下做寿命试验，往往费时过长，有必要在试验室中进行所谓加速试验，亦称强化试验，以缩短试验时间。加速试验应按照具体情况决定合适的环境条件、子样多少和试验时间。一般而言，若产品量少而贵重，可采取较少的试验子样，选用较长的试验时间；对于那些比较便宜，而且批量较大的产品，则可采用较多的子样，而缩短其试验时间。

上述所谓的环境条件，可能是负载、应力、振幅、臭氧浓度、电压、温度、气体腐蚀等等。其强度通称为“应力”。显然，寿命与负载谱或应力谱相关。

1. 寿命试验中的负荷方式

在寿命试验中通常采用三种不同的负荷方式。

（1）等幅载荷试验

试验时只采用一种具有代表性的等幅载荷，此方法简便易行，但由于该代表性等幅载荷一般不能真实地反映实际随机载荷对元件和系统的影响，其试验结果往往和实际情况差别较大。

(2)程序载荷试验

通常根据实测统计得到的载荷时间程序，按一定的程序，采用若干不同幅值的等幅载荷加载。显然，这种方法比较接近实际。

(3)随机载荷试验

根据采集到的典型载荷时间函数，获得功率谱密度函数，而作为试验载荷谱进行试验。由于该载荷谱保持了实际典型载荷的全部信息，试验结果比较精确，但试验装备要求较高，而且对一部分高频段载荷往往难以模拟复现。

2. 试验时间与应力的关系

产品的寿命随应力强度的增大而缩短，它们的关系一般可用图 14-55 所示的曲线表示。当用双对数坐标表示它们的关系时，可得到如图 14-56 所示的直线关系。曲线中的水平段相当于无限长的寿命，有时即以此作为设计标准。这种应力和寿命的关系，为加速试验提供了一个有效的方法。

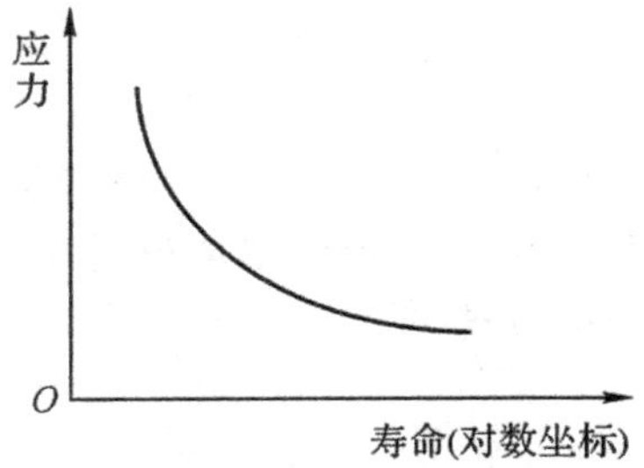

图 14-55　应力与寿命的关系

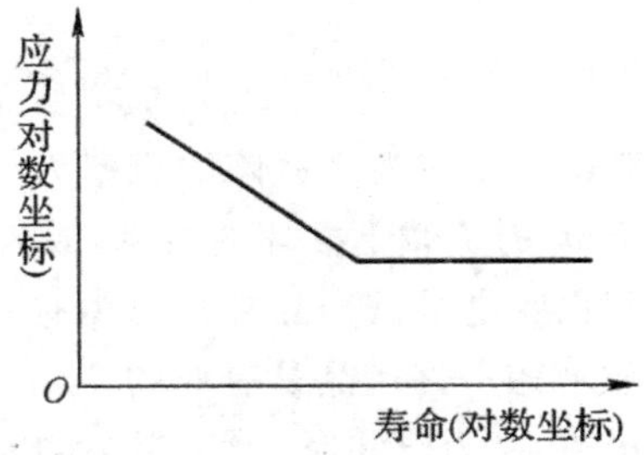

图 14-56　实际应力与寿命的关系

若在正常应力 S_1 下的设计寿命为 N_1，将应力强度增大到 S_2，则试验时间即可缩短至 N_2。在进行试验时，如果试验要进行到发生故障才结束，则在强化条件下故障形式要和正常情况下的故障形式一致。如果得到不同的故障形式，就需要把应力强度 S_2 降低到所产生的故障形式符合 S_1 时的故障形式(见图 14-57)。

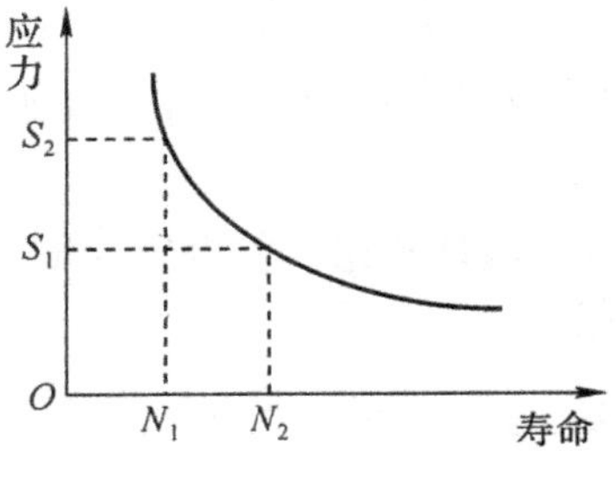

图 14-57　加速试验曲线

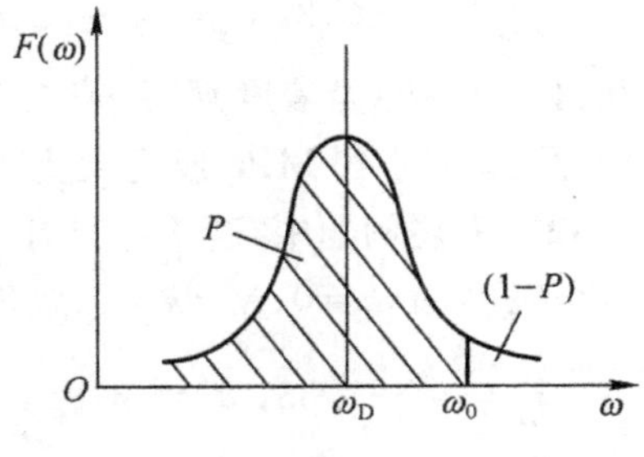

图 14-58　试验件来自具有平均负载大于 ω_D 的概率分布

3. 子样大小与应力的关系

在讨论子样大小与试验环境的关系时，要分别讨论无故障和有故障两种情况。

(1)无故障情况

一批产品中各个产品的寿命即使在相同应力条件下,也往往呈正态分布。因此,经过试验确定其产品的可信寿命,需要取一定数量的子样,来确定试验应力和试验时间。并根据故障概率的基本理论,估算其平均寿命及置信度。

当试验目的是以一定置信度来估计实际的平均故障负载 ω 是否超过期望的平均故障负载时,如果令负载的总体标准偏差为 δ,故障发生概率相对于随机负载呈正态分布。由此,产品在试验负载 $\omega \leqslant \omega_0$ 工况下损坏的概率 P 为

$$F(\omega_0) = P = \int_{-\infty}^{\omega_0} \frac{1}{\sigma\sqrt{2\pi}} e^{-\left[\frac{(\omega-\omega_D)^2}{2\sigma^2}\right]} d\omega \tag{14-19}$$

式中:ω_D——期望的平均(统计的)故障负载;

ω_0——给定试验负载的最大平均值。

$$令\quad \frac{\omega-\omega_0}{\sigma}=z,\ d\omega=\sigma dz,\ \frac{\omega-\omega_0}{\sigma}=z_0 \tag{14-20}$$

则 $Z \leqslant Z_0$ 时发生故障的概率为

$$F(z_0) = P = \int_{-\infty}^{z_0} \frac{1}{\sqrt{2\pi}} e^{-\frac{z^2}{2}} dz \tag{14-21}$$

显然,$z > z_0$ 时发生故障的概率为$(1-P)$,如图 14-58 所示。图中 ω_0 右方的面积是该产品在大于 ω_0 的负载下损坏的概率,或为该产品实际来自以 ω_D 为中心的总体的概率。那么 ω_0 左方的面积就是被试产品来自总体有平均负载 ω 大于 ω_D 的概率。这对于经受试验至负载 ω_0 而无故障的一件产品是有效的。

当 σ 和 ω_D 为已知时,利用表 14-14 可估算出置信度的大小。下面举例说明。

例 14-1 某高压软管应能承受 40 MPa 的压力,为了使 40 MPa 的设计目标以 91%的置信度实现,问应加多大的压力使 5 根试件经受试验而不损坏。(已知损坏负载服从正态分布,标准偏差 σ 为平均负载 ω_D 的 0.1 倍)

解 因为 $N=n=5$,$\sigma=0.1\omega_D$,$\omega_D=40$ MPa,所以 $\sigma=4$ MPa。

因为 $k=0$,置信度为 0.91,查表 14-4 得

$$\frac{\omega_0-\omega_D}{\sigma}=-0.3,\ \omega_0=\omega_D-0.3\sigma=38.8(\text{MPa})$$

因此,以 91%的置信度判断,若 5 根高压软管都能经受 38.8 MPa 的压力试验而不损坏,则该产品已达到 40 MPa 或更大负载的设计目标。

例 14-2 上述例题中,若子样只有一根高压软管做试验,计算这试件应用的试验压力。

解 查表 14-4,$k=0$,$N=n=1$,置信度仍为 91%,则

$$\frac{\omega_0-\omega_D}{\sigma}=+1.35,\ \sigma=4\text{ MPa},\ \omega_0=40+1.35\sigma=45.4(\text{MPa})$$

表 14-4　真均值超过期望均值的置信值的正态分布

（N＝统计子样大小；k＝故障数）

$N=1$		$N=2$		$N=3$		
$\frac{\omega_0-\omega_D}{\sigma}$	k	k		k		
	0	0	1	0	1	2
−4.0	0.000	0.000	0.000	0.000	0.000	0.000
−3.6	0.000	0.000	0.000	0.000	0.000	0.000
−3.2	0.001	0.001	0.000	0.002	0.000	0.000
−2.8	0.003	0.005	0.000	0.008	0.000	0.000
−2.4	0.008	0.016	0.000	0.024	0.000	0.000
−2.0	0.023	0.045	0.001	0.067	0.002	0.000
−1.8	0.036	0.071	0.001	0.104	0.004	0.000
−1.6	0.055	0.107	0.003	0.156	0.009	0.000
−1.4	0.081	0.155	0.007	0.223	0.019	0.001
−1.2	0.115	0.217	0.013	0.307	0.037	0.002
−1.0	0.159	0.292	0.025	0.405	0.068	0.004
−0.9	0.184	0.334	0.034	0.457	0.089	0.006
−0.8	0.212	0.379	0.045	0.511	0.116	0.010
−0.7	0.242	0.425	0.059	0.564	0.147	0.014
−0.6	0.274	0.473	0.075	0.618	0.184	0.021
−0.5	0.308	0.522	0.095	0.669	0.227	0.029
−0.4	0.345	0.570	0.119	0.718	0.274	0.041
−0.3	0.382	0.618	0.146	0.764	0.326	0.056
−0.2	0.412	0.664	0.177	0.806	0.382	0.074
−0.1	0.460	0.709	0.212	0.843	0.440	0.097
0.0	0.500	0.750	0.250	0.875	0.500	0.125
0.1	0.540	0.788	0.291	0.903	0.260	0.157
0.2	0.579	0.823	0.336	0.926	0.618	0.194
0.3	0.618	0.854	0.382	0.944	0.674	0.236
0.4	0.655	0.881	0.430	0.959	0.726	0.282
0.5	0.692	0.905	0.478	0.971	0.773	0.331
0.6	0.726	0.925	0.527	0.979	0.816	0.382
0.7	0.758	0.941	0.575	0.986	0.853	0.436
0.8	0.788	0.955	0.621	0.990	0.884	0.489
0.9	0.816	0.966	0.666	0.994	0.911	0.543
1.0	0.841	0.975	0.708	0.966	0.932	0.595
1.2	0.885	0.987	0.783	0.998	0.963	0.693
1.4	0.919	0.993	0.845	0.999	0.981	0.777
1.6	0.945	0.997	0.893	1.000	0.991	0.844
1.8	0.964	0.000	0.929	1.000	0.996	0.896
2.0	0.977	0.999	0.955	1.000	0.998	0.933
2.4	0.992	1.000	0.984	1.000	1.000	0.973
2.8	0.997	1.000	0.995	1.000	1.000	0.992
3.2	0.999	1.000	0.999	1.000	1.000	0.998
3.6	1.000	1.000	1.000	1.000	1.000	1.000
4.0	1.000	1.000	1.000	1.000	1.000	1.000

续表

N=4				N=5				
k				*k*				
0	1	2	3	0	1	2	3	4
0.000	0.000	0.000	0.000	0.000	0.000	0.000	0.000	0.000
0.001	0.000	0.000	0.000	0.001	0.000	0.000	0.000	0.000
0.003	0.000	0.000	0.000	0.003	0.000	0.000	0.000	0.000
0.010	0.000	0.000	0.000	0.013	0.000	0.000	0.000	0.000
0.032	0.000	0.000	0.000	0.040	0.001	0.000	0.000	0.000
0.088	0.003	0.000	0.000	0.109	0.005	0.000	0.000	0.000
0.136	0.007	0.001	0.000	0.167	0.012	0.000	0.000	0.000
0.202	0.017	0.001	0.000	0.246	0.027	0.002	0.000	0.000
0.286	0.035	0.002	0.000	0.344	0.055	0.005	0.000	0.000
0.387	0.068	0.006	0.000	0.457	0.105	0.013	0.001	0.000
0.499	0.121	0.014	0.001	0.579	0.181	0.031	0.003	0.000
0.557	0.157	0.022	0.001	0.638	0.231	0.046	0.005	0.000
0.614	0.199	0.032	0.002	0.696	0.287	0.067	0.008	0.000
0.670	0.248	0.046	0.003	0.750	0.350	0.095	0.014	0.001
0.723	0.303	0.066	0.006	0.799	0.418	0.131	0.022	0.002
0.771	0.363	0.090	0.009	0.842	0.489	0.175	0.034	0.003
0.815	0.427	0.121	0.014	0.879	0.561	0.227	0.051	0.005
0.854	0.494	0.159	0.021	0.910	0.631	0.287	0.074	0.008
0.887	0.560	0.204	0.031	0.935	0.698	0.354	0.104	0.013
0.915	0.626	0.255	0.045	0.954	0.759	0.425	0.142	0.021
0.938	0.688	0.313	0.063	0.969	0.813	0.500	0.188	0.031
0.955	0.745	0.374	0.085	0.979	0.858	0.574	0.241	0.046
0.969	0.796	0.440	0.113	0.987	0.896	0.646	0.302	0.065
0.979	0.841	0.506	0.146	0.992	0.926	0.713	0.369	0.090
0.986	0.879	0.573	0.185	0.996	0.949	0.773	0.439	0.121
0.991	0.910	0.637	0.229	0.997	0.966	0.825	0.511	0.118
0.994	0.934	0.697	0.277	0.998	0.978	0.869	0.582	0.201
0.997	0.954	0.752	0.330	0.999	0.986	0.905	0.650	0.250
0.998	0.968	0.801	0.386	1.000	0.992	0.933	0.713	0.304
0.999	0.978	0.843	0.443	1.000	0.995	0.954	0.769	0.362
0.999	0.986	0.879	0.501	1.000	0.997	0.979	0.819	0.421
1.000	0.994	0.932	0.613	1.000	0.999	0.987	0.895	0.543
1.000	0.998	0.965	0.714	1.000	1.000	0.955	0.945	0.656
1.000	0.999	0.983	0.798	1.000	1.000	0.998	0.973	0.754
1.000	1.000	0.993	0.864	1.000	1.000	1.000	0.988	0.833
1.000	1.000	0.997	0.912	1.000	1.000	1.000	0.995	0.891
1.000	1.000	1.000	0.968	1.000	1.000	1.000	0.999	0.960
1.000	1.000	1.000	0.990	1.000	1.000	1.000	1.000	0.987
1.000	1.000	1.000	0.997	1.000	1.000	1.000	1.000	0.997
1.000	1.000	1.000	0.999	1.000	1.000	1.000	1.000	0.999
1.000	1.000	1.000	1.000	1.000	1.000	1.000	1.000	1.000

计算表明，用一根高压软管做试验，要得到同样的置信度(91%)达到设计目标，则要在45.4MPa的负载下进行试验。试样少则应在较严格的条件下进行试验。它阐明了子样大小和试验条件之间的权衡关系。

(2)有故障情况

当被试产品有故障时，则应用以下的分析方法：

一个试件在低于所要求的试验负载 ω_0 下故障的概率为

$$P=\frac{1}{\sqrt{2\pi}}\int_{-\infty}^{z_0}\mathrm{e}^{-\frac{z^2}{2}}\mathrm{d}z \tag{14-22}$$

在负载 ω_0 下试验的 n 个试件中有 k 个损坏的概率可由二项分布求出：

$$P(r=r_i)=\begin{pmatrix}n\\r_i\end{pmatrix}P^{r_i}(1-P)^{n-r_i}\cdots$$

$$P(r=k)=\begin{pmatrix}n\\k\end{pmatrix}P^k(1-P)^{n-k} \tag{14-23}$$

式中：$\begin{pmatrix}n\\k\end{pmatrix}=\frac{n!}{(n-k)!\ k!}$。

对 n 个试件进行试验，其中有 k 件故障时，亦可利用表14-4求解，N 值为子样大小，等于 n；若故障的 k 件已修复再试验，则 $N=n+k$。

例 14-3　例14-1中的5根高压软管试件中有一件在试验负载 ω_0 时发生故障，求其置信度。

解　$N=n=5, k=1,\ \frac{\omega_0-\omega_D}{\sigma}=-0.3$

查表14-4，得到实际平均故障负载超过期望平均故障负载的置信度仅为63.1%，而5根软管在无故障时的置信度为91%。

4. 子样大小与试验时间的关系

在做强化试验时，往往要在子样大小和试验时间之间作出选择。其总的选择原则是，若试验产品比较贵重，可用较小的子样较长的试验时间；否则采用多的子样缩短试验时间。由于被试产品可以是元件，也可以是系统或组件，它们在子样大小和试验时间的选择中有所不同。因而下面分两种情况讨论。

(1)被试产品为系统

若产品为组件或系统，其变量为试验时间，则可把这变量的基本分布看作指数分布。在系统试验时，试件是一个经过 k 个系统有故障而不修复的情况大致相同。亦即 k 次修理的子样，它的试验大约与试验 $k+1$ 个系统、或者 k 个系统有故障而一个系统仍在运行。这是以耗费试验时间来换取仅采用一个试件的办法。

1) 无故障概率估算

在系统的正常运行阶段，可用指数分布来描述。对于试验中无故障出现，实际的平均无故障时间 T 超过期望的平均无故障时间 T_D 的概率为

$$P=1-\mathrm{e}^{-\frac{T_0}{T_D}} \tag{14-24}$$

式中：T_0——试验时间。

若同时有 n 个试件持续时间 T_0 相同的独立试验而无一故障，其概率为

$$P_n(T>T_D)=1-e^{-\frac{nT_0}{T_D}} \tag{14-25}$$

则置信度为

$$P_n = 1 - \sum_{i=1}^{n}(1-P)_i \tag{14-26}$$

表 12-5 为试验时间 T_0 相同时提供了一个置信度问题快速解题的方法。

2）有故障概率估算

指数型故障是随机性故障，若 n 个系统中的某个产品在试验过程中出现故障，经过修理后，可以像新的产品一样重新投入试验。在该情况下，子样大小为 n，而子样总量为 $N = n + \sum_{j=1}^{n}k_j$。式中 k_j 表示 n 只试件中第 j 只试件的故障数目是 $k_j = \sum_{j=1}^{n}k_j$。新的或修复后的试件试验时间必须相同，除非因故障必须停止试验，故有

$$T_0 = T_1 = T_2 = \cdots = T_n \tag{14-27}$$

在时间 T_0 内出现 k 次故障的概率为

$$P(r \leqslant k) = \sum_{i=0}^{k}\frac{N!}{r_i!(N-r_i)!}(1-e^{-\frac{T_0}{T_D}})^{r_i}(e^{-\frac{T_0}{T_D}})^{n-r_i} \tag{14-28}$$

而 $T>T_D$ 的概率为

$$P_k=1-P(r\leqslant k)\cdots \tag{14-29}$$

按式(14-28)和式(14-29)计算出的置信度列在表 14-5 中，其实际子样大小为 n，最终修复 k 次，因此 $N=n+k$。

(2)被试产品为元件

在试验元件时，可能出现两种情况：①元件的故障与时间无关，亦称谓机会均等型故障。②故障为时间的函数。

对第一种情况可按指数分布并应用“被试产品为系统”的方法。而第二种情况，通常可采用威布尔分布来描述。

1）无故障情况

在威布尔分布中，我们可求出实际特征寿命 θ 大于预期特性寿命 θ_D 的置信度为

$$T_D = \int_0^{\infty} e^{-(\frac{T}{\theta})^b}dT = \theta\Gamma(1+\frac{1}{b}) \tag{14-30}$$

式中：b——威布尔斜率；

$\Gamma(1+\frac{1}{b})$——Γ 函数，其值可查表 14-6。

由式(14-30)可得特征寿命值为

$$\theta=\frac{T_0}{\Gamma(1+1/b)} \tag{14-31}$$

无故障发生时，平均无故障时间 T 超过期望的平均无故障时间 T_D 的置信度为

$$P=1-e^{-\left(\frac{T_0}{\theta}\right)^b} \tag{14-32}$$

对于 n 个无故障的独立试验，有

$$P_n=1-e^{-n(\frac{T_0}{\theta})^b} \tag{14-33}$$

式(14-33)可用于求解平均寿命和特征寿命等参数的问题，现举例说明。

表 14-5　真均值(或特征)时间超过期望平均(或特征)时间的置信值的指数分布和威布尔分布

(N=统计子样大小；k=故障数)

T_r^*	N=1	N=2		N=3		
	k	k		k		
	0	0	1	0	1	2
0.1	0.095	0.181	0.009	0.259	0.025	0.001
0.2	0.181	0.330	0.033	0.451	0.087	0.006
0.3	0.269	0.451	0.067	0.593	0.167	0.017
0.4	0.330	0.551	0.109	0.699	0.254	0.036
0.5	0.393	0.632	0.155	0.777	0.343	0.061
0.6	0.451	0.699	0.204	0.863	0.427	0.092
0.7	0.503	0.753	0.253	0.878	0.505	0.128
0.8	0.551	0.798	0.303	0.909	0.576	0.167
0.9	0.593	0.835	0.352	0.933	0.639	0.209
1.0	0.632	0.865	0.400	0.950	0.694	0.253
1.1	0.667	0.889	0.445	0.963	0.741	0.297
1.2	0.699	0.909	0.488	0.973	0.782	0.341
1.3	0.727	0.926	0.529	0.980	0.818	0.385
1.4	0.753	0.939	0.568	0.985	0.848	0.428
1.5	0.777	0.950	0.604	0.989	0.873	0.469
1.6	0.798	0.959	0.637	0.992	0.894	0.508
1.7	0.817	0.967	0.668	0.994	0.912	0.546
1.8	0.835	0.973	0.697	0.995	0.927	0.582
1.9	0.850	0.978	0.723	0.997	0.940	0.615
2.0	0.865	0.982	0.748	0.998	0.950	0.646
2.2	0.889	0.988	0.791	0.999	0.966	0.703
2.4	0.909	0.992	0.827	0.999	0.977	0.752
2.6	0.926	0.994	0.857	1.000	0.984	0.793
2.8	0.939	0.996	0.882	1.000	0.989	0.828
3.0	0.950	0.998	0.903	1.000	0.993	0.858
3.2	0.959	0.998	0.920	1.000	0.995	0.883
3.4	0.967	0.999	0.934	1.000	0.997	0.903
3.6	0.973	0.999	0.946	1.000	0.998	0.920
3.8	0.978	0.999	0.956	1.000	0.999	0.934
4.0	0.982	1.000	0.964	1.000	0.999	0.946
4.5	0.989	1.000	0.978	1.000	1.000	0.967
5.0	0.993	1.000	0.987	1.000	1.000	0.980
5.5	0.996	1.000	0.992	1.000	1.000	0.988
6.0	0.998	1.000	0.995	1.000	1.000	0.993
6.5	0.998	1.000	0.997	1.000	1.000	0.995
7.0	0.999	1.000	0.998	1.000	1.000	0.997
7.5	0.999	1.000	0.999	1.000	1.000	0.998
8.0	1.000	1.000	0.999	1.000	1.000	0.999
8.5	1.000	1.000	1.000	1.000	1.000	0.999
9.0	1.000	1.000	1.000	1.000	1.000	1.000
9.5	1.000	1.000	1.000	1.000	1.000	1.000
10.0	1.000	1.000	1.000	1.000	1.000	1.000

续表

N=4				N=5				
k				k				
0	1	2	3	0	1	2	3	4
0.330	0.048	0.003	0.000	0.393	0.075	0.007	0.000	0.000
0.551	0.153	0.021	0.001	0.632	0.225	0.045	0.005	0.000
0.699	0.277	0.056	0.005	0.777	0.387	0.113	0.018	0.001
0.798	0.401	0.108	0.012	0.865	0.532	0.204	0.043	0.004
0.865	0.513	0.172	0.024	0.918	0.652	0.306	0.082	0.009
0.909	0.611	0.243	0.041	0.950	0.746	0.409	0.132	0.019
0.939	0.693	0.318	0.064	0.970	0.817	0.506	0.192	0.032
0.959	0.759	0.393	0.092	0.982	0.869	0.594	0.257	0.051
0.973	0.813	0.464	0.124	0.989	0.908	0.671	0.326	0.074
0.982	0.856	0.531	0.160	0.993	0.935	0.736	0.395	0.101
0.988	0.889	0.593	0.198	0.996	0.955	0.791	0.462	0.132
0.992	0.915	0.650	0.238	0.998	0.969	0.835	0.526	0.167
0.994	0.936	0.700	0.280	0.998	0.978	0.871	0.585	0.204
0.996	0.951	0.744	0.322	0.999	0.985	0.900	0.640	0.243
0.998	0.963	0.783	0.364	0.999	0.990	0.923	0.689	0.283
0.998	0.972	0.816	0.406	1.000	0.993	0.941	0.733	0.324
0.999	0.979	0.845	0.446	1.000	0.995	0.955	0.772	0.365
0.999	0.984	0.870	0.485	1.000	0.997	0.965	0.806	0.405
0.999	0.988	0.891	0.523	1.000	0.998	0.974	0.836	0.445
1.000	0.991	0.909	0.559	1.000	0.999	0.980	0.862	0.483
1.000	0.995	0.937	0.625	1.000	0.999	0.989	0.902	0.556
1.000	0.997	0.956	0.684	1.000	1.000	0.994	0.932	0.622
1.000	0.998	0.970	0.734	1.000	1.000	0.996	0.953	0.680
1.000	0.999	0.980	0.778	1.000	1.000	0.998	0.967	0.731
1.000	1.000	0.986	0.815	1.000	1.000	0.999	0.978	0.775
1.000	1.000	0.991	0.847	1.000	1.000	0.999	0.985	0.812
1.000	1.000	0.994	0.873	1.000	1.000	1.000	0.990	0.844
1.000	1.000	0.996	0.895	1.000	1.000	1.000	0.993	0.871
1.000	1.000	0.997	0.913	1.000	1.000	1.000	0.995	0.893
1.000	1.000	0.998	0.929	1.000	1.000	1.000	0.997	0.912
1.000	1.000	0.999	0.956	1.000	1.000	1.000	0.999	0.946
1.000	1.000	1.000	0.973	1.000	1.000	1.000	1.000	0.967
1.000	1.000	1.000	0.981	1.000	1.000	1.000	1.000	0.980
1.000	1.000	1.000	0.990	1.000	1.000	1.000	1.000	0.988
1.000	1.000	1.000	0.994	1.000	1.000	1.000	1.000	0.993
1.000	1.000	1.000	0.996	1.000	1.000	1.000	1.000	0.995
1.000	1.000	1.000	0.998	1.000	1.000	1.000	1.000	0.997
1.000	1.000	1.000	0.999	1.000	1.000	1.000	1.000	0.998
1.000	1.000	1.000	0.999	1.000	1.000	1.000	1.000	0.999
1.000	1.000	1.000	1.000	1.000	1.000	1.000	1.000	0.999
1.000	1.000	1.000	1.000	1.000	1.000	1.000	1.000	1.000
1.000	1.000	1.000	1.000	1.000	1.000	1.000	1.000	1.000

表 14-6　Γ 函数对应于 n 的 $\Gamma(n)$ 值

n	$\Gamma(n)$	n	$\Gamma(n)$
1.00	1.00000	1.50	.88623
1.01	.99433	1.51	.88659
1.02	.98884	1.52	.88704
1.03	.98355	1.53	.88757
1.04	.97844	1.54	.88818
1.05	.97350	1.55	.88887
1.06	.96874	1.56	.88964
1.07	.96415	1.57	.89049
1.08	.95973	1.58	.89142
1.09	.95546	1.59	.89243
1.10	.95135	1.60	.89352
1.11	.94739	1.61	.89468
1.12	.94359	1.62	.89592
1.13	.93993	1.63	.89724
1.14	.93642	1.64	.89864
1.15	.93304	1.65	.90012
1.16	.92980	1.66	.90167
1.17	.92670	1.67	.90330
1.18	.92373	1.68	.90500
1.19	.92088	1.69	.90678
1.20	.91817	1.70	.90864
1.21	.91558	1.71	.91057
1.22	.91311	1.72	.91258
1.23	.91075	1.73	.91466
1.24	.90852	1.74	.91683
1.25	.90640	1.75	.91906
1.26	.90440	1.76	.92137
1.27	.90250	1.77	.92376
1.28	.90072	1.78	.92623
1.29	.89904	1.79	.92877
1.30	.89747	1.80	.93138
1.31	.89600	1.81	.93408
1.32	.89464	1.82	.93685
1.33	.89338	1.83	.93969
1.34	.89222	1.84	.94261
1.35	.89115	1.85	.94561
1.36	.89018	1.86	.94869
1.37	.88931	1.87	.95184
1.38	.88854	1.88	.95507
1.39	.88785	1.89	.95838
1.40	.88726	1.90	.96177
1.41	.88676	1.91	.96523
1.42	.88636	1.92	.96878
1.43	.88604	1.93	.97240
1.44	.88580	1.94	.97610
1.45	.88565	1.95	.97988
1.46	.88560	1.96	.98374
1.47	.88563	1.97	.98768
1.48	.88575	1.98	.99171
1.49	.88595	1.99	.99581
1.00000			2.00

例 14-4 设某种液压阀老产品的中值寿命 B_{50} 为 5000h，而新设计的阀必须具有 8000h 的中值寿命。设计的置信度水平定为 95%，由于新设计的阀仅 2 只可做寿命试验。这 2 只新阀必须试验多久而不损坏，才能达到上述要求？（威布尔斜率为 1.66）

解法一 按照公式(14-33)有

$$P_n=1-e^{-n(\frac{T_0}{\theta})^b},\ P_n=0.95,\ n=2,\ b=1.66$$

$$\theta=\frac{T_0}{\Gamma(1+1/b)}=\frac{8000}{\Gamma(1.6)}$$

Γ 函数可查表 14-6，故得

$$\theta=\frac{8000}{0.8935}=8953\ (\text{h})$$

由式(14-33)可解得

$$T_0=1.27\times 8953=11431\ (\text{h})$$

解法二 此题也可采用表 14-5 求解。

$N=2, k=0$，置信度为 95%时，

$$T_r=1.5=(\frac{T_0}{\theta})^b=(\frac{T_0}{8953})^{1.66}$$

$$T_0=11431\ (\text{h})$$

2) 有故障情况

一个元件在 T_0 或 T_0 前故障的概率，或者平均无故障时间超过期望的平均无故障时间的置信度为

$$P=1-e^{-(\frac{T_0}{\theta})^b}$$

在时间 T_0 内发生 k 次或小于 k 次故障的概率为

$$P(r\leqslant k)=\sum_{r_i=0}^{k}\binom{n}{k}P^{r_i}(1-P)^{(N-r_i)} \tag{14-34}$$

综上所述，对于产品的寿命试验可归纳如下：

(1)在寿命试验之前，应该仔细地进行分析设计，选择合适的试验环境、子祥大小和试验时间，并且能满足预定置信度要求。

(2)在考虑强化试验环境条件时，必须注意故障形式要与正常环境条件下的故障形式一致，否则可能会得到错误的结论。

(3)在讨论子样大小与试验环境的关系时，应区别无故障与有故障两种情况。对于无故障情况应采用正态分布理论，而对于有故障情况则应用二项分布作统计分析。

(4)子样大小和试验时间的关系，可分成系统及元件两种类型。系统的故障分布特性为指数分布，而元件的故障分布特性为威布尔分布。

14.7 液压计算机辅助测试技术

液压计算机辅助测试技术，涉及液压、自动控制、计算机、测试技术、数字信号处理、信息等多学科理论与技术。液压 CAT 是利用计算机建立一套数据采集和数字控制系统，结合液压试验系统，由计算机对各试验参数，如压力、温度、流量、转速、扭矩等进行数据采集、量化

和处理，并输出测试结果。在试验过程中，计算机还可以根据信号反馈或人工输入要求，对测试过程进行控制，达到计算机密切跟踪和控制试验系统及被试对象状态的目的，从而以快速、较高准确度、自动地完成对液压元件的性能测试。本节将介绍液压计算机辅助测试系统设计的主要内容。

14.7.1　计算机辅助测试技术的特点

随着信息、控制等相关学科的迅速发展，液压计算机辅助测试技术日趋成熟，它在电液比例元件和系统的测试领域，具有明显的技术优势。与传统的通用仪器液压测试技术相比，液压 CAT 技术具有以下的特点：

(1)强大的软件功能优化了测试系统硬件系统的构成，增强了测试系统的柔性、通用性和适应性。采用虚拟仪器技术，取代了昂贵的测量仪器(如频率特性分析仪、记忆示波器，X-Y 记录仪、信号发生仪、瞬态记录仪等)；计算机提供的正弦波、三角波、方波等不同波形的周期电信号的波形失真度，低于普通模拟式信号发生器。在硬件不变的情况下，通过改变软件，可使测试系统检测不同的对象和不同的性能。这是 CAT 技术最突出的特点之一。

(2)进一步提高了液压测试准确度与可信度。计算机强大的运算处理功能，对试验数据进行复杂的处理。如采用统计学方法、数字滤波法、回归分析法等方法，来抑制随机误差；校准测量系统的非线性；自动采集试验数据，科学地评价试验结果，避免人为读数误差；从而进一步提高了测试结果的准确度与可信度。

(3)实现了测试过程的自动化和提高了测试效率。利用计算机和相关功能软件建立的液压元件与系统的特性测试系统，实现了液压元件稳、动态特性的自动测试；计算机采样、存储数据速度快，运算速度高，数据分析处理能力强，大大缩短了测试时间、减轻了试验人员的劳动强度，有效地提高了测试过程的自动化程度和测试效率。

(4)便于与通讯技术、网络技术、数字控制技术和各种优化算法相结合，实现数字化、远程测控。CAT 技术强大的控制与处理能力，更使测试系统具有一定的“智能化”。对于处理各种类型试验和复杂数据处理的试验，则更具价值。以性能先进的总线仪器为主要测试设备，组成液压元件动态特性测试系统，具有高速、高准确度、易扩展，易更新换代等特点。因此，CAT 系统是测试比例元件的优选方案。

14.7.2　液压测试方案的选择

在常规测试中，试验人员要完成的主要工作有：①确定被测元件对象，被测特性类型，以及所需检测的信号，然后，把被测信号正确地连接到测量系统。②校准测量系统，以确定测量系统输出信号与被测物理量信号间的比例关系。③试验时，试验人员按试验大纲的要求和步骤进行操作。通过信号发生器给出测试激励信号，同时记录试验数据或操纵、记录被测的特性曲线。④试验人员从试验数据中或特性曲线上，求出被试元件的特性指标。

显然，对于 CAT 系统强大的控制与处理功能，除了把被测信号正确地连接到计算机测量系统之外，其他在常规测试中，必须由试验人员手工完成的主要工作，可由 CAT 测试系统来完成。

根据用户的不同需要、不同场合，以及被试对象性能测试的要求，目前，电液比例元件液压检测系统，有三种技术方案可供选择。

(1)通用仪器方案

对于固定的、比较简单的出厂试验台，为批量生产的电液比例元件产品进行出厂试验，仅检测稳态控制性能和稳态负载特性，可以选择采用“信号发生仪”、“X-Y 稳态函数记录仪”等通用仪器，检测比例元件的稳态性能和绘制特性曲线。其优点是仪器少，成本低；仪器的故障率低；操作方便易学，特别是在产品上试验台的初调过程中比较方便；对试验操作者的文化知识水平要求比较低。但是，它只能输出模拟信号的特性曲线，没有数据输出与存储的功能。

(2)普通计算机方案

对于包括临时性、流动型、分析诊断型、利用率不高的液压试验台，以及对主机液压系统的检测场合，可以考虑采用“普通计算机(或手提电脑，不测试时可以作其他用)＋测试专用软件(诸如 Labview 等软件)＋数据采集卡”，对电液比例元件、液压系统等进行稳、动态性能检测。它可以输出与存储特性曲线和数据结果文件。但它不具备对液压检测系统的控制功能。

(3)上、下位机检测与控制方案

对于固定的、重要的、多功能综合性液压试验台的检测系统，需要考虑液压试验台的自动控制，与检测液压元件稳、动态性能的计算机检测系统。该系统主要由“工控机＋PLC 控制器＋触摸屏＋专用控制与测试用软件”等单元组成。这类液压检测与控制系统，才是当前比较先进的液压计算机辅助测试系统。

下面主要介绍该类技术方案的构成与设计要点。

14.7.3 液压 CAT 测控系统的整体架构

当测试系统的规模较大，数据管理和任务管理较复杂时，为了不至于在长时间的测试过程中占用计算机，可考虑采用上、下位机的结构。下位机负责控制和测试，上位机负责管理和发送测试指令。图 14-59 所示为液压 CAT 测控系统的整体架构的总框图。它主要由液压试验平台、传感器、PLC、触摸屏和上位工控机组成。

(1)液压试验平台

它要根据国家、行业以及企业等试验标准的相关规定，设计和搭建满足需要测试的各种液压元件的相关试验项目，以及准确度等级要求的液压试验平台。

(2)传感器

传感器是将各种非电物理量转换为电信号的器件，然后进行放大、转换、显示，模拟量或数字量输出发送到记录或控制的单元。在液压测试范畴，所要测量的物理量，一般是压力、流量、力、扭矩、位移、转速、速度、加速度、噪声和温度等。根据试验系统检测需要，在适当的位置安装相应的传感器和必要的监视仪表。

(3)PLC 是整个测控系统现场控制的核心

它负责试验台低速通道的数据采集，及试验过程的管理控制。通过对来源于上位机、触摸屏及各传感器低速通道的数据信息，进行分析处理，调节测试平台中的各执行元器件的参数和状态，使测试台的各项性能参数，达到试验要求。根据相应的试验步骤，自动完成试验，实现液压测试的自动化。

(4)上位工控计算机是整个测控系统的数据处理中心

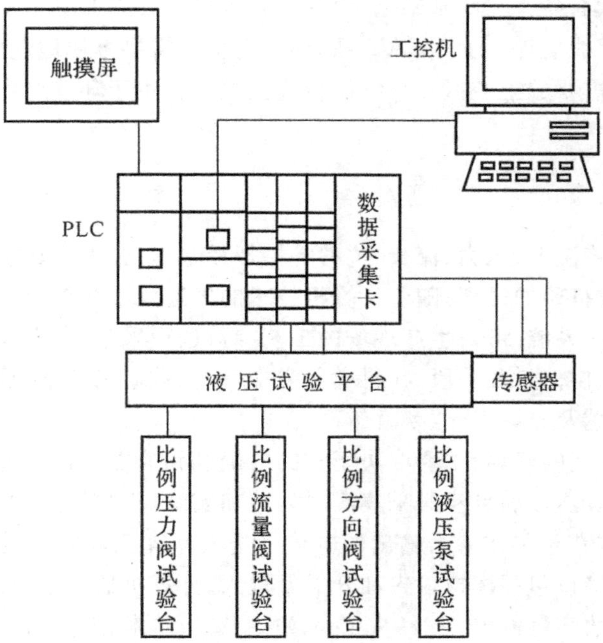

图 14-59　液压 CAT 测控系统整体架构图

基于微型计算机超高的运算速度和超强的数据处理能力，上位机主要用于试验数据的处理分析，输出用户所需的试验结果及试验曲线，同时还负责试验平台中高速数据通道的采集工作，并不参与直接的现场控制。

(5)触摸屏是测控系统与用户进行交流的窗口

用户通过触摸屏，进行试验的选择、试验参数的设置，以及对试验过程进行相关的控制和调节等。同时，在试验进行过程中，对整个测控系统的状态，进行实时监控。

试验平台中几乎所有的执行器都是按照 PLC 发出的控制信号进行运转的，上位机主要用于编程，参数设置及数据的高速采样，并不参与直接的现场控制。因此，即使工控机出现问题，也不会影响到试验的正常运行。该检测系统不仅发挥了 PLC 控制精度高、抗干扰能力强、可靠性好的特点，而且充分利用了工控机良好的数据分析和处理的能力，两者相得益彰。

14.7.4　液压 CAT 技术的硬件组成

1. 计算机

传统的液压 CAT 采用单片机，单片机具有体积小、价格低、功能灵活、易于应用等优点，适用于小规模实时测控系统和智能仪表。

PLC(可编程控制器)是一种集 CPU 系统、I/O 通道、I/O 功率驱动及出线端子、电源系统和软件支持于一体的通用控制装置。特别适用于时间顺序控制系统，代替继电器控制装置。

现有的 CAT 系统的主机，以工控机为主。工控机的 CPU 速度不断提高，极大地提高了测试系统的数值处理能力。总线模板式工控机，具有总线底板加功能模板的硬件系统结构。将计算机硬件系统的整体功能，划分为若干个小功能块，如 CPU 基本系统、显示打印模板、各种I/O通道处理模板等。在此基础上，设计出各种相对独立的单个功能模块，其引线均依据所选用工业标准总线设计。设计CAT系统时，可根据需要方便地选用不同的模板插入总线底板，即可组成所需要的工控机。总线模板式工控机适用于环境恶劣、可靠性要求高的工业实时控制系统。

2. 输入—输出接口

数据采集，是指将温度、压力、流量、位移等模拟量采集、转换成数字量后，再由计算机进行存储、处理、显示或打印的过程。随着计算机技术的飞速发展和普及，数据采集也迅速地得到广泛应用。应用这一系统，可对生产现场的工艺参数进行采集、监视和记录，为提高产品质量和降低产品成本提供信息和手段。在科学研究中，应用数据采集系统可获得大量的动态信息，数据采集预处理越及时，工作效率就越高。

数据采集系统性能的好坏，主要取决于它的准确度和速度。在保证准确度的条件下，应有尽可能高的采样速度，以满足实时采集实时处理和实时控制对速度的要求。

数据采集的关键在于将传感器输出的电信号送入计算机，沟通计算机与传感器的桥梁就是输入接口。输入接口包括模拟输入和开关量输入。计算机的输出接口，包括模拟量输出、定时/计数器输出及数字量输出。随着A/D和D/A转换技术、放大器、抗混淆滤波器及信号波形处理技术的进步，插入式数据采集卡(DAQ)采样速率达到1Gb/s，精度高达34位，通道数高达64个，并能任意结合数字I/O、模拟输入/输出和计数器/定时器通道。

3. 总线技术

与数据采集技术相联系的是计算机总线技术。测试领域在当今多任务的操作环境下，外围设备接口总线(PCI)是一种同步的独立的CPU的32位、64位局部总线，最高工作频率为33MHz，数据传输率为312Mb/s。PCI总线支持无限读写突发方式，PCI总线上的外围设备可与CPU并行工作，从而提高了整体性能。PCI总线还为PC机平台，带来了真正的即插即用的功能。以PCI总线为基础的数据采集系统，大大提高了数据采集率。此外，在通用仪器总线(GPIB)之后诞生的VXI仪器总线、PXI总线，在计算机辅助测试系统中也的到了日益广泛的应用。

14.7.5 液压CAT系统软件设计要点

CAT软件和CAD软件一样，具有系统软件、支撑软件和应用软件，关于系统软件和支撑软件的形式和选择原则，可以依据与CAD相仿的思想确定。一般提到的CAT软件就是指应用软件。因为应用软件是为某一领域而研制的，故液压CAT软件就是液压检测领域的应用软件。液压CAT系统的功能确定了液压CAT软件的设计要求，而CAT作用的发挥，主要取决于软件的性能。

CAT硬件系统完成现场数据采集。CAT软件则将硬件采集的数据，通过数据通道输入计算机，存储到外部设备保存起来，并可随时供数据处理程序提取和进行处理。

1. 液压CAT软件设计要求

(1)软件设计应满足测试对象的测试项目、测试内容、试验方法的要求，它们应符合有关标准，试验结果应满足检测准确度等级要求。就是说 CAT 软件要保证：①实时性。CAT 系统应能对被测控对象传来的信息及时处理，并按预定的规律输出相应的信息。这对瞬态过程的控制十分重要。设计者在现有资源的基础上，采取诸如多占内存、少花执行时间、使用汇编语言编程及利用中断方式的方法来实现快速控制。②可靠性。测试程序在执行过程中不能出现结果溢出、内存单元被冲、死循环等隐藏的错误。对重要系统，有必要设计诊断程序对系统进行检查，一旦发现错误就及时处理。

(2)如需要测试系统能控制液压参量，需要设计相应的采控软件。

(3)软件能实现数据采集和处理的功能，指的是性能参数的计算、特性曲线的拟合、试验数据的建模、误差分析等内容。

(4)软件设计要参照测量传感器的标定方法，根据测量准确度的要求，进行联机标定后进行非线性校正。

(5)软件能实现多种形式的测试结果输出、屏幕显示、打印、绘图、数据文件管理等。

(6)针对 CAT 的特点，在编程过程中，要注意结合使用虚拟仪器技术。

(7)测试界面（用户界面）的设计和数据结构设计。基于 Windows 操作系统的图形用户界面设计时，应对屏幕进行分区。通常测试界面包括数据显示区（数据和曲线）、控制按钮区（测试功能与项目选择）、信号选择区（选择比例阀测试所需要的测试信号）、信息提示区（提供测试帮助）、参数设置区（选择测试通道、设置信号幅值和频率范围等）。

2. 编程语言选择原则及常用语言

(1)选择编程语言主要遵循以下原则：①能满足检测系统要求的软件功能要求，这是最基本的原则。②硬件必须支持所选用的编程语言。③充分利用各种编程语言的优点，选择最佳的编程语言环境。

(2)常用编程语言种类。

1）汇编语言。特点是代码紧凑，执行效率高，可用最小内存获得最快执行速度，控制硬件方便。特别适用于与数据采集、传输、中断处理及实时控制等应用场合。但其可移植性差，程序的可读性低，所支持的库函数少，编程、调试及维护比较麻烦。

2）扩展型 BASIC 语言。语言简单易懂，人机交互功能强，使用灵活、方便，比较适合于一般的数值计算和事务处理。改进的 BASIC 语言可以直接进行输入输出操作，可用于控制软件的编程。但是，它在数值范围、变量个数、速度等方面都有所限制。

3）C 语言。C 语言具有许多类似于汇编程序设计技术的功能，如位操作、输入输出操作、中断处理等，同时它又具有高级语言的特点，适合于大型程序的模块化设计。

4）PL/M 语言。PL/M 语言由 Intel 公司设计，主要用于开发该公司生产的微处理器系列、单片机系列的系统软件和应用软件。PL/M 语言可读性好，程序设计速度和运行速度快，可方便地对单片机所有硬件功能进行操作，支持中断管理和服务，并可与汇编语言、C 语言连接使用。

5）混合语言编程。利用高级语言和汇编语言的优点，结合设计测试软件。例如，用汇编语言编制执行速度要求高的程序，完成中断处理、数据采集、输入输出等功能。用 C 语言设计数学模型处理、复杂的数学运算、图形绘制等程序，然后把它们的程序有机地连接在一起，形成完整的测控软件。

6）采用 Visual C^{++}，Visual BASIC，Delphi 等可视化编程语言环境进行编程。大大缩短了测控软件的开发时间。

7）目前崭新的图形编程语言环境，如 LabView，LabWindows/CVI，DASYLab，VEE 等的出现，更使测控技术迈向了一个新时代。

传统的液压 CAT 采用汇编语言，或汇编语言与高级语言（BASIC，C）混合编程。要编制出一个图文并茂、界面友好的测控软件，要花费相当的人力和时间，并且对编程人员技术水平要求较高。目前，很多已采用 Visual C^{++}，Visual BASIC，Delphi 等可视化编程语言环境进行编程，大大缩短了测控软件的开发时间。而目前崭新的图形编程语言环境，如 LabView，LabWindows/CVI，DASYLab，VEE 等的出现，更使测控技术迈向了一个新时代。

3. 测试用软件程序结构形式

测试用软件程序结构设计形式要视软件的要求而定。

（1）测试用软件采用功能模块化程序设计方法

一个完整的程序由若干子程序和基本模块组成。每个模块担负的子功能比较单一，而且与其他模块没有过多的联系，与软件结构其他部分的接口也是简单的。提高模块的独立性，通用性，可使软件设计、调试、维护过程变得容易和简单，模块化设计的软件移植非常方便，因而，模块化软件具有良好的可拓展性。

划分软件功能模块要与系统硬件相关部分结合起来考虑，以便于模块的编制和调试。例如，数据采集模块与 A/D 接口电路结合考虑；控制输出与 D/A 接口电路结合起来；串行通讯模块与串行通讯收发接口电路结合等。基于简化系统功能软件结构，尽量设置公用模块。如对一些常用的逻辑判断、四则运算、控制算法和数字滤波等，可以作为公用模块调用。

（2）结构化程序设计

结构化程序设计限定每个功能模块都是单入口和单出口，且规定程序的结构类型为顺序结构、分支结构或循环结构中的一种，这样使程序易于用框图来描述，清晰可读，便于查错修改。

14.7.6 数据采集技术

实时数据采集和采样频率的选择是液压 CAD 系统的核心问题。

1. 数据采集的实时性

数据采集的实时性不仅与操作系统有关，还和数据采集卡硬件的 A/D 转换的触发工作方式有关。试验证明，数据采集采用查询方式读取数据，利用数据采集卡上提供的 1K 字节的 FIFO 数据缓冲区，当采样的查询过程会被其他应用程序、系统服务程序所打断而暂时挂起，A/D 转换结束的数据不能及时读取，可以被放入 FIFO 数据缓冲区。查询过程重新运行后再将数据连续读出。通过测试，信号频率 1000Hz，采样点数为 100 点，采样频率在 30kHz 左右时，没有数据丢失现象，数据采集过程运行可靠。采样使用外部数据卡定时器触发采样，可以保证数据采集的实时性。

2. 采样频率的选择

数据采样频率的选择决定了采集数据的准确性，最终影响到测试系统的性能和可靠性。

（1）采样定理

采样定理可表示为

$$x^{*}(t)=\sum_{n=0}^{\infty}x(nT)\delta(t-nT) \tag{14-35}$$

为从采样得到的脉冲序列中完全（无失真）复现出采样前的连续信号，必须使

$$f_c \geqslant f_{\max} \tag{14-36}$$

式中：T——采样周期，与采样频率互为倒数；

$x(nT)$——采样时刻 $t=nT$ 的函数值，亦称脉冲强度；

$\delta(t-nT)$——发生在 $t=nT$ 时刻的具有单位强度的理想脉冲；

f_c——采样频率，$f_c=\frac{1}{T}$；

$f_{\max}$——被采样的连续信号 $x(t)$ 频谱中的最高频率。

式(14-36)就是采样定理，也称香农(Shannon)定理。

（2）采样周期对测试系统性能的影响

1）系统稳定性。采样与保持器的延迟会影响系统的稳定性，因而有一个使系统保持稳定的最大采样周期 $T_{\max}$。实际所用的采样周期应比 $T_{\max}$ 小得多才合适。

2）系统抑制干扰能力。由于系统的采样存在一定的时间间隔，使系统易丢失采样间隔之间的信息。显然，采样周期越大，系统对外干扰的抑制能力也越差。

3）系统输出的平滑度（粗糙度）。计算机输出的指令信号通过零阶保持器加到被控对象，因而，它是一组阶梯信号，而被控对象的输出是一组彼此相连的阶跃响应，如图 14-60 所示。控制信号阶梯的大小与采样周期成正比。采样周期较大时，将使输出响应曲线不光滑。

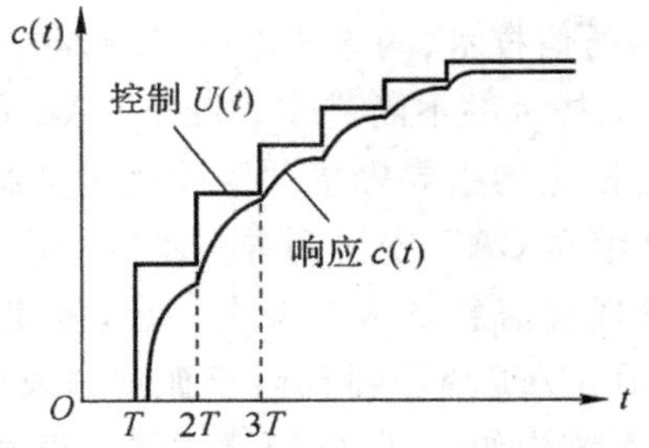

图 14-60　计算机控制系统的输入和输出信号

4）测试准确度。当连续信号被离散成数字量时，将产生误差。为减少离散化产生的误差，应选择较小的采样周期。

在比例元件静态特性测试过程中，信号低频变化，计算机硬件系统的工作频率不难满足测试要求。但在动态特性测试过程中，正弦信号或阶跃信号是高频信号，采样频率的确定是极为重要的问题。

（3）采样频率的经验值

对于计算机辅助测试，一个测试信号周期中的采样点数（采样频率与之成正比）不能只满足于“获得的脉冲序列包含有连续信号的全部信息”这一采用定理的基本要求，还应保证经采用获得的脉冲序列经复现后，其信号是足够光滑的，即采样结果要为试验结果的分析提供可靠的数据。理论上，采样点数 z 值越大，曲线越光滑，但 z 值还受到计算机数据采集系统

采样频率 f_c 的限制。

z 值的大小是设计 CAT 系统数据采集板卡频率的重要依据。设计比例阀测试软件时，可按以下步骤确定采样频率：

① 根据测试对象的频宽，取频率特性测试中正弦信号的最高频率为

$$f_{smax} \geqslant 5f_b \tag{14-37}$$

式中：f_{smax}——测试频率特性的正弦信号最高频率；

f_b——测试对象的频宽。

② 确定单个周期的采样点数 z。这由测试结果允许的误差决定。根据测试经验，一个信号周期中的采样点数达到 $z=100$ 比较合适。z 太少，会使测试结果产生较大的数据分析误差；z 选得太大，则会增加计算机的运算负担。在数据采集板的主频一定的情况，z 还会限制动态测试过程中最高信号频率的上限。

③ 确定每个采样点上的采样次数 n。越大 n，采用平均滤波算法得到的波形越光滑，采样数据也越准确。根据作者的测试经验，$n \geqslant 10$。

④ 数据采集系统的采样频率理论上为 $f_c = nzf_{smax}$，但考虑到计算机数据采集系统完成数据转换、运算、传输、存储等操作还需要时间，故要求

$$f_c \geqslant 2nzf_{smax} \tag{14-38}$$

这是设计比例阀动态测试软件应该注意的问题。

如果被测比例阀的频宽 $f_b = 8$ Hz，取 $z=100$，$n=10$，则数据采集板的最低采样频率为

$$f_c \geqslant 2\times10\times100\times5\times8 = 80\times10^3 = 80\ (\text{kHz})$$

14.7.7 液压 CAT 技术的发展趋势

由于计算机软、硬件技术、通信技术、网络技术的发展，测试技术得以和计算机技术深层次结合，推动了计算机辅助测试技术的不断进步。液压 CAT 的发展将遵循跟着计算机走、跟着通用软件走和跟着网络标准走的指导思想。"软件就是仪器"这一思想，将得到进一步的体现和落实。虚拟仪器必将在液压 CAT 中得到进一步的应用和普及，它与数据采集、测试、过程控制、信息传输与通信等现代信息技术汇聚在一起，将使软件化仪器得到更广泛的使用。通过计算机网络连接，液压 CAT 将不再局限于孤立的或局部的测试系统，而将成为信息采集、传输、处理、利用的大系统中的一环，联网测试将在很多领域发挥出更重要的作用。

第 15 章

电液比例控制系统及其设计计算

15.1 电液比例控制系统的基本类型及应用实例

15.1.1 电液比例压力控制系统

1. 开环比例压力控制系统

如图 15-1 所示，当普通溢流阀换成比例溢流阀后，系统即可获得无级的压力控制。

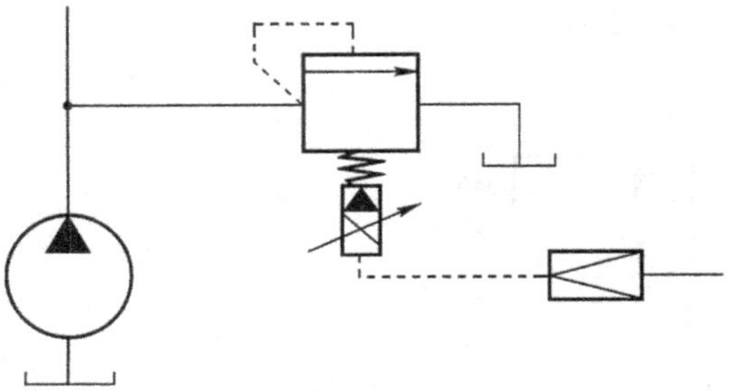

图 15-1　比例压力控制回路

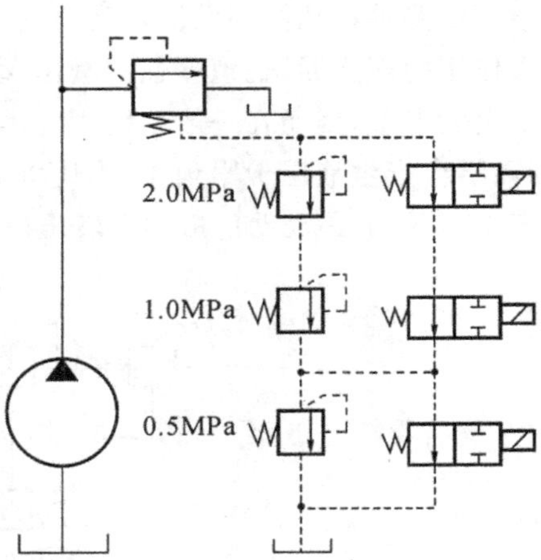

图 15-2　数字式压力控制回路

当用普通压力阀实现多级压力控制时，一般需用较多的元件。其中，数字式压力控制回路可用较少的元件获得较多的压力分级。如图 15-2 所示回路，就可以获得从 0.5～3.5 MPa 的 7 种压力分级。

这种数字式多级压力控制回路广泛应用于注塑机、压铸机等液压机械。若有 n 组先导溢流阀与电磁阀，则可获得 2^n-1 级压力。即使这样，由图也可以看出，当需要多级压力控制时，采用比例压力控制可以大大简化液压回路，并且使压力转换平稳。

图 15-3(a)所示是溢流阀多级调压回路的特性曲线，由于压力变换是采用电磁阀瞬时切换，所以要产生一定的压力冲击，其升压时间 t_1 和降压时间 t_2 由所采用的溢流阀性能决

定，在使用中无法加以调节和控制。

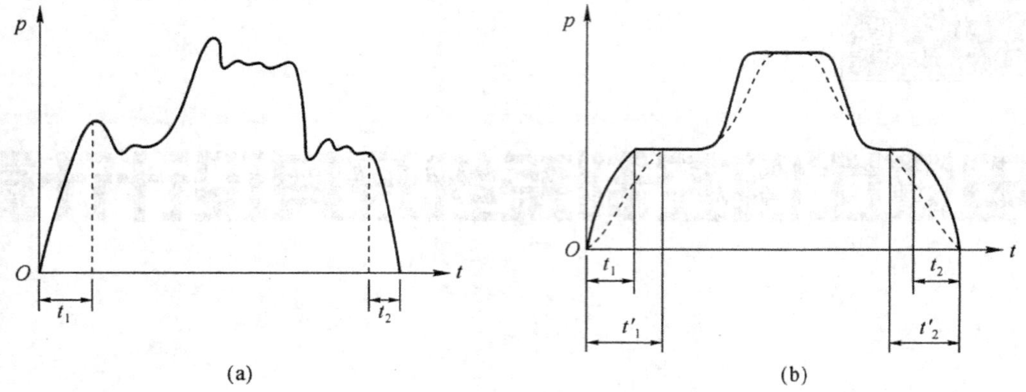

图 15-3 普通溢流阀及比例溢流阀调压特性曲线

图 15-3(b)所示是比例溢流阀的特性曲线，压力转换过程平稳，压力上升和下降时间可利用比例放大器的斜坡函数来进行调节和控制。因而可以针对不同的负载工况，使系统的压力转换达到既快速而又平稳的目的。采用比例控制后，只要输入相应的模拟电量，就可以获得按特定变化规律的无级压力控制，为随动控制和优化控制打下基础。

2. 比例减压系统

减压回路是利用同一泵源获得不同压力的供油回路，而且也是使二次压力保持恒定，产生保压作用的理想回路。但普通的减压阀在长期工作中容易发生液压卡紧现象，尤其在高压系统中更为严重，因而在一般系统中应用较少。由于比例减压阀的比例电磁铁中加有颤振信号，因而不会产生液压卡紧现象，为比例减压回路的应用创造了条件。

图 15-4 所示是双动薄板冲压液压机压边缸的保压回路。

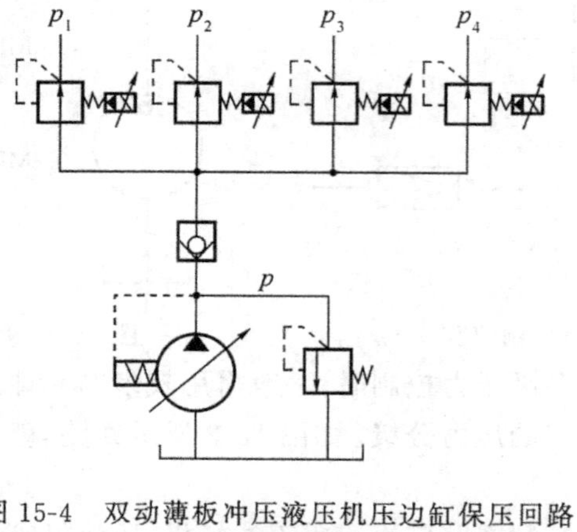

图 15-4 双动薄板冲压液压机压边缸保压回路

双动冲压液压机是冲压汽车覆盖零件的大型设备。在冲压形状不对称的零件时，要求四角四个压边缸的压力具有不同的数值。由于板料被压边的面积随着拉伸行程而不断减小，因而也要求压边力随主滑块拉伸行程的增加而减少。如采用比例溢流阀来实现上述要求，则需要配置四套泵组。现采用比例减压阀来实现上述功能，只需配置一套泵组，大大简化了系统。由于压边缸在保压状态下工作，所以流过减压阀的流量很小。如果采用直控式二通减压阀，由于流过减压阀的流量小于最小控制流量，比例阀将不能保持其控制性能，所以在用于保压工况时，应采用三通型比例减压阀或先导型比例减压阀。三通型比例减压阀不管液压缸需要的流量是多少，阀内自身有一个旁通流道，自动保持着最小控制流量的流动，因而即使液压缸为零流量甚至负流量的情况下，也能保持良好的控制性能。

3. 闭环压力控制系统

对系统工作压力进行闭环控制，可以抑制由环境变化和外来干扰所引起的影响，大大提高压力控制的精确度和稳定性。

图 15-5 所示是一台压制陶瓷制品液压机的液压系统简图。压机的最大压力是 1600 kN，工作时压机首先将模具闭合，作用在模具上的预压力不得超过工艺总压力(即泥釉作用在模腔的撑开力)的 15%，否则会损坏模具。但也不得小于此值，以保证在工作过程中，即使泥釉作用在模腔的撑开力等某些条件有所变化时，也能保证良好的合模状态。合模后，开始将 60%水加 40%的泥釉注入模型。在注入过程中，要求压机逐渐增加压力，以平衡泥釉作用在模腔的撑开力，使模具始终保持原有的预压力不变。因而在压机系统中，在主缸上腔设置了一个比例溢流阀，而在模腔中设置了压力传感器。将测得的泥釉压力，经过换算反馈到比例阀，形成闭环控制。随着模腔压力的增加，使主缸压力相应增加，从而保持模具间的预紧力不变。

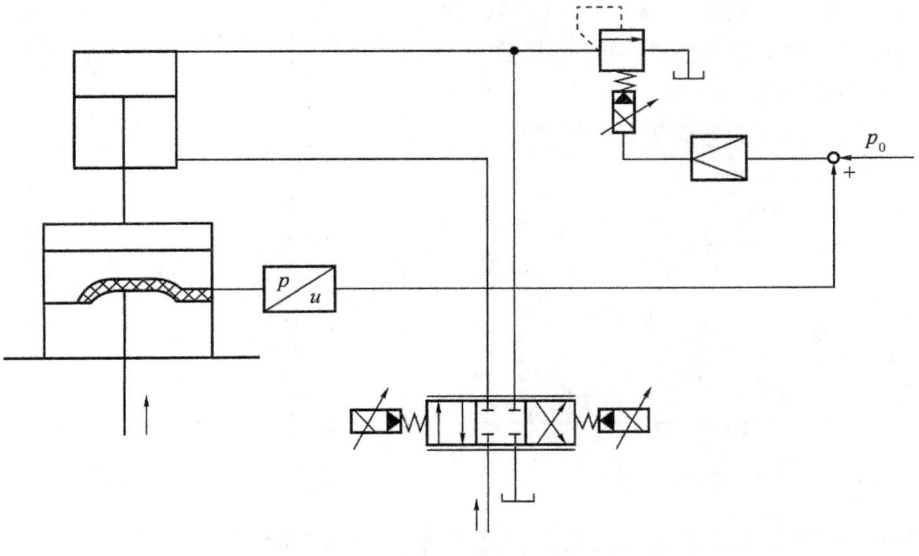

图 15-5 陶瓷压机液压系统简图

15.1.2 电流比例速度控制系统

1. 实现工作过程快速而平稳的开环速度控制系统

尽可能地提高运行速度以提高生产率，是所有液压机械的共同要求。但在开关控制回路中，由于起动和制动的过程不能控制，常常产生较大的冲击，限制了速度的进一步提高。特别是对于大惯量系统，矛盾更为突出。液压电梯就是一个典型例子。在冶金企业中的大型运输车的液压系统也有类似的问题。

液压电梯是一利用液压驱动的垂直运输工具，液压原理图如图 15-6 所示，图中比例复合阀 3 是一带先导压力阀的比例溢流节流阀，控制柱塞向上运动的速度。采用比例溢流节流阀可使液压泵的输出压力与负载相适应，从而达到节能的效果。先导压力阀可以控制柱塞突然停止时所产生的液压冲击。

比例复合阀 4 是一个带手动应急下降先导阀的二通调速阀，由于下降时泵停止工作，靠轿厢自重下落，是单纯的速度控制问题，所以不必采用如阀 3 一样的溢流节流阀调速阀。手动应急下降阀的作用是，当遇到意外事故时，可以手动操作，使轿厢平稳地回到原始位置。

消声器 6 可以减少流量脉动和噪声。

轿厢的运行速度如图 15-7 所示。轿厢运行的加、减速度一般需大于 0.5m/s，以满足快速性的要求，但最高不能超过 1.2m/s，以满足乘坐舒适的要求。为了保证平层精度，平层速度大致为额定速度的 10%。

由于采用了比例调速阀进行速度控制，可以对轿厢的加、减速度进行精确的控制，达到快速、平稳和节能的要求。

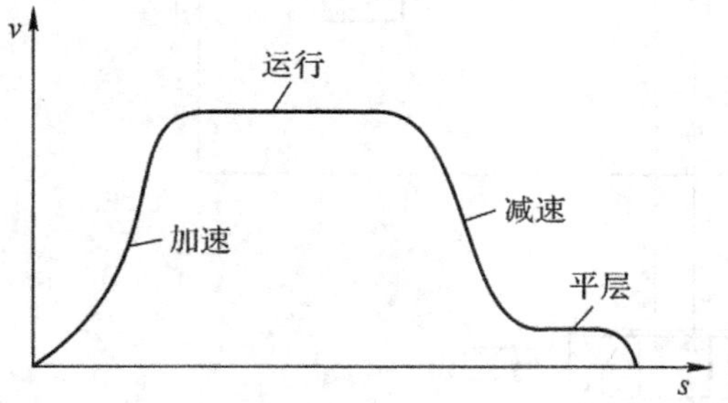

图 15-7 液压电梯运行速度图

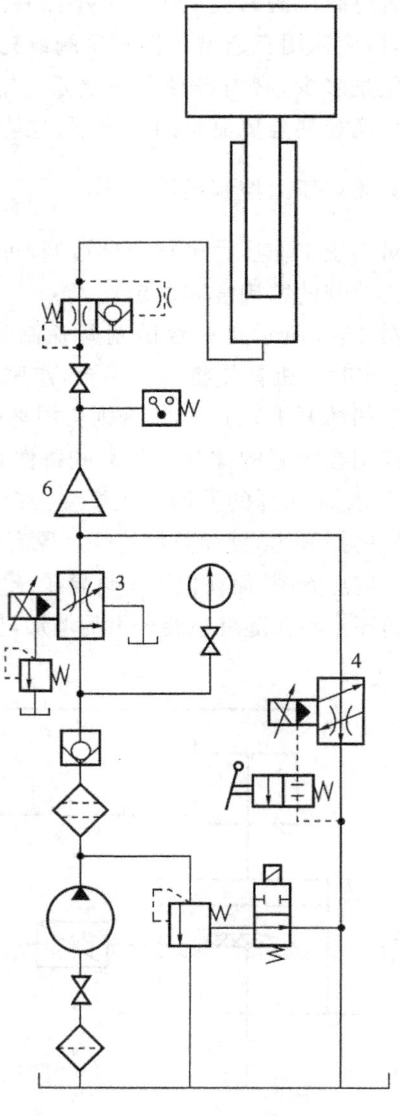

图 15-6 液压电梯液压系统图

2. 实现工作速度精确控制的闭环速度控制系统

图 15-8 所示是注塑机压力、流量控制系统，采用插装阀集成块，具有体积小、流量大、效率高的特点。

控制块能满足各个工况对速度及压力的不同要求。该控制块是一种容积式分级调速和节流式无级调速的混合系统。在大范围无级节流调速的过程中，通过泵 1，2 的切换，可大幅度降低溢流损失，从而大大提高系统的效率。

注塑机注射速度的大小对制品质量有很大影响。当注射速度过低时，制品易形成冷接缝，而且也不易充满复杂的型腔。特别是对于结晶型塑料薄壁制品，表现更为突出。相反，当

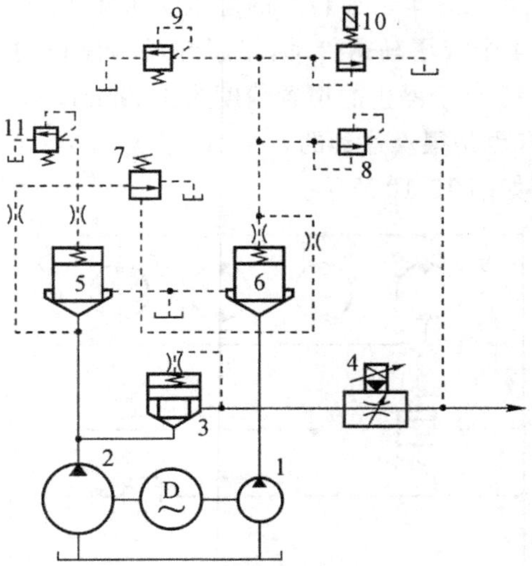

1. 高压小流量泵；2. 低压大流量泵；3. 插装式单向阀；4. 比例节流阀；5. 低压溢流阀，压力由先导阀 11 调定；6. 高压溢流阀，压力由先导阀 9 调定；7. 卸荷先导阀，当系统达到阀 7 的调定压力后使低压泵 2 卸荷；8. 定差先导阀，使比例节流阀 4 前后压差保持恒定；10. 比例先导压力阀，可对系统压力进行精确的过程控制

图 15-8　注塑机压力、流量控制回路

注射速度过高时，熔融塑料高速流经喷嘴，易产生大量的摩擦热，会使塑料热分解和变色。同时模腔内气体来不及排出，会在制品中形成气泡。为了得到优质制品，注射速度可按注射充模行程、工艺条件、模具结构及制品的要求分三段控制。

(1)慢—快—慢：这样有利于充模过程中模腔内气体的排出、细长型芯的定位、减小制品的内应力；

(2)慢—快：用于成型厚壁制品，可避免产生气泡和提高制品外表面的质量。

(3)快—慢：用于成型薄壁制品，可减小制品的内应力，提高制品尺寸和几何形状精度。

由于注射速度对产品质量有较大的影响，所以很多注塑机对注射速度都采用闭环过程控制，为此必须在螺杆上装设位移传感器，以便获得位移和速度的反馈信号。

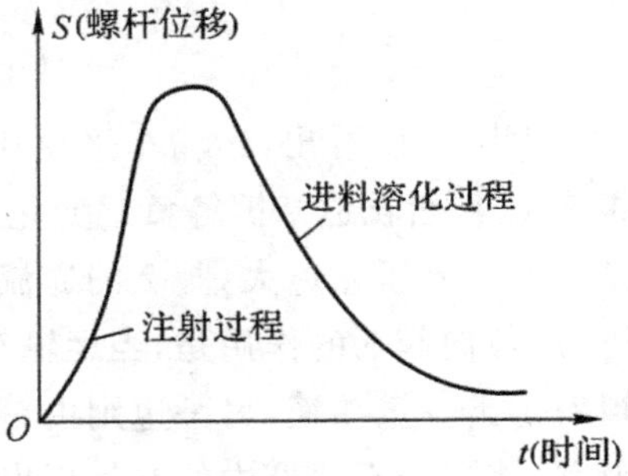

图 15-9　注射过程所要求的速度曲线

图 15-9 所示是注射过程所要求的速度曲线。在工作前首先存入控制器中，在注射过程中位移传感的反馈信号经 A/D 转换后送入控制器，经运算后获得螺杆的运动速度。该实际速度值与预先存在控制器内的设定值相比较，并将差值经 D/A 转换后输出到比例放大器，通过比例节流阀开口的变化，调节液压缸的速度，使其按设定速度曲线运行。

15.1.3　电流比例方向流量控制系统

1. 冶金厂运输车液压系统

冶金厂中有很多大型器件需要转运。如转炉衬壁易于磨损，必须经常进行更换，为此，必须将转炉运送到炉衬壁检修处。车子加转炉的总重量可达120t，装车后的高度达9m，车子运行速度为15m/min，用4个液压马达传动，车子起动与停止的加(减)速都必须精确地无级可调，不能出现冲击现象。车子停止的位置精度为±30mm。对于这么重的车辆，如果没有精确的速度控制，这个要求也是很难达到的。

运输车的液压原理图如图15-10所示。

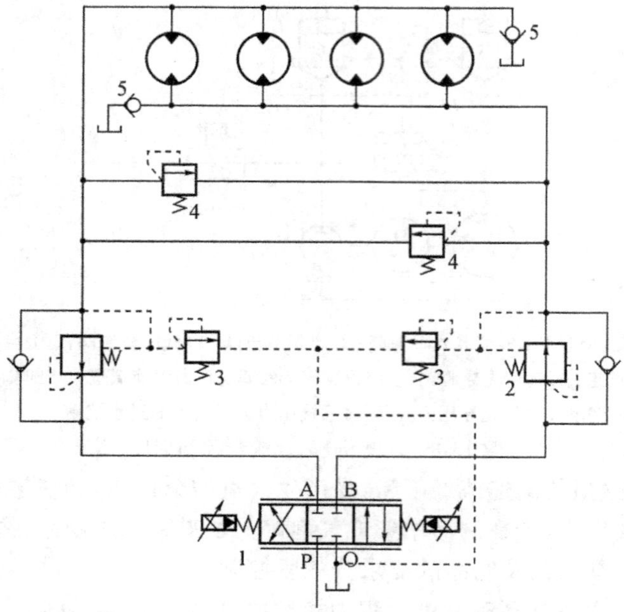

图15-10 冶金厂运输车液压系统图

由图可以看出，运输车采用比例方向阀1来控制，在通道A，B上都装有出口压力补偿阀2，以补偿轨道摩擦等负载变化的影响。压力阀3的功能是调节压力补偿阀2所控制的阀口压差。该压差愈大，阀2的通流能力愈大。阀4为安全阀，分别控制液压马达两端的最高压力。单向阀5的作用是，当运输车停止时，由于惯性的作用有少量前冲，液压马达的一边由阀4排出少量油液，另一边则由单向阀补油。如果没有这单向阀，液压马达的这一边将产生吸空，使溶介于油液中的空气析出，破坏液压马达的正常工作。

2. 造纸厂堆垛机液压系统

图15-11所示堆垛机是一种垂直起重设备。由于下降制动时在液压缸活塞杆腔会产生增压作用，所以必须设置支承阀3。阀3是截止型支承阀，在停止工况时能无泄漏地关闭，使活塞能可靠地停止在某个位置。当活塞下降时，由上缸的压力将其开启，其阀口的节流程度随运动部分的重量不同而不同。因而其下降速度决定于上缸的供油量，完全受比例阀1的控制。如果产生自重超速下降的情况，则上缸的压力降低，阀3的开口就减小，节流作用加强，使活塞又回复到规定的速度。

进口压力补偿阀2和梭阀4配合，可使液压缸在上、下运动时，比例阀进、出油口的压差都维持恒定，从而减少了能量损失，并提出了比例阀的分辨率。在这种存在负负载的系统里，如果没有支承阀3，就不能用梭阀4取得上、下运动双向压力补偿。因为下降减速时，下腔油液压力将有可能超过上腔，所以压力补偿阀 2 的弹簧腔引入的将不再是液压缸上腔的压力，而是通过梭阀 4 引入了下腔压力。由于下腔压力高于比例阀的进口压力，因而压力补偿阀 2 全开，失去了正确的压力补偿作用。解决的办法是可将阀 2 弹簧腔的控制油直接连到比例阀的 B 口，取消梭阀 4，以避免下腔压力的干扰。但这样一来，液压缸回程时就没有压力补偿作用了。并且在液压缸下行减速时，由于液压缸上腔的压力很低，使阀 2 的开口极小，在强烈节流的情况下，会使气体析出，产生气蚀作用。

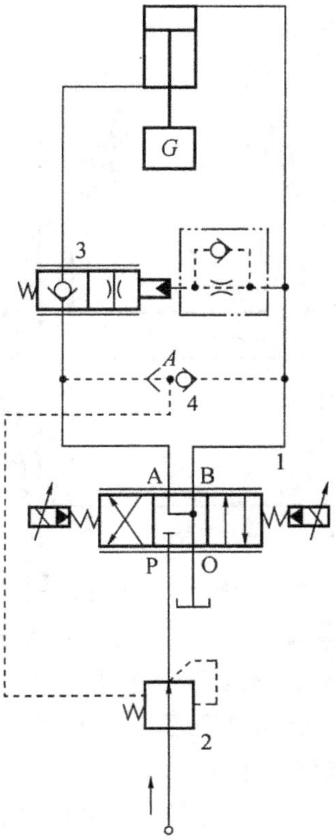

图 15-11　堆垛机液压系统

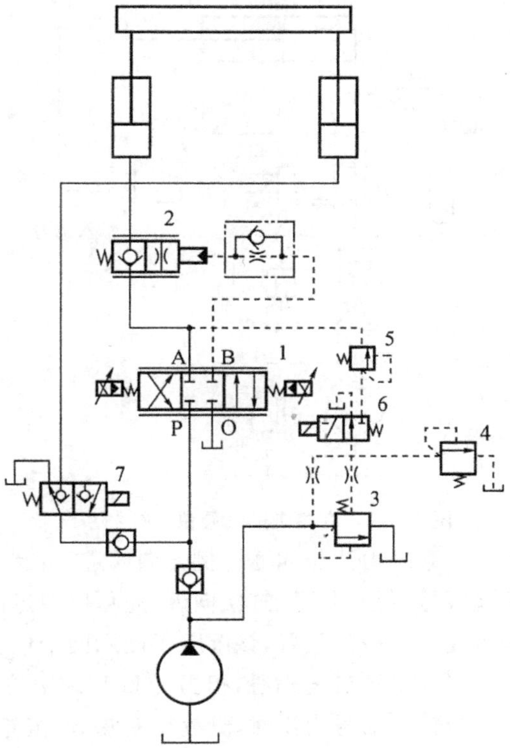

图 15-12　升降平台液压系统

由此可见，在这种工况下应该采用支承阀和进油路压力补偿器的方案。

3. 升降平台液压系统

图 15-12 所示为用比例方向阀控制的升降平台液压系统。其特点是上升行程段使用三通进口压力补偿器 3，不仅使比例方向阀阀口保持 1MPa 的恒定压差，使运动速度不随负载变化而变化，而且具有压力适应特性，系统效率较高。同时又配置了出口截止型压力补偿器 2，当平台自重下降时，使比例阀阀口压差也保持恒定，并且在停止时得到可靠的支承。三通型进口压力补偿器 3 还存在一些附加功能，先导压力阀 4 可限制泵的最高压力，先导压力阀 5 可以调节比例方向阀阀口的压差，而电磁先导阀 6 则可使泵卸荷以节约能量，阀 7 是电磁球阀，当平台静止和下降时，泵停止运转，以节省能量。这时阀 1 和 2 所需的控制压力，由平台自重所产生的压力，通过阀 4 来提供。

15.1.4 电液比例位置控制系统

1. 实现位置精确控制的闭环控制系统

很多液压机械都需要精确的位置控制，以获得精密的工件或完成精细的工作要求。图 15-13 所示是汽轮机进气阀位置控制系统。

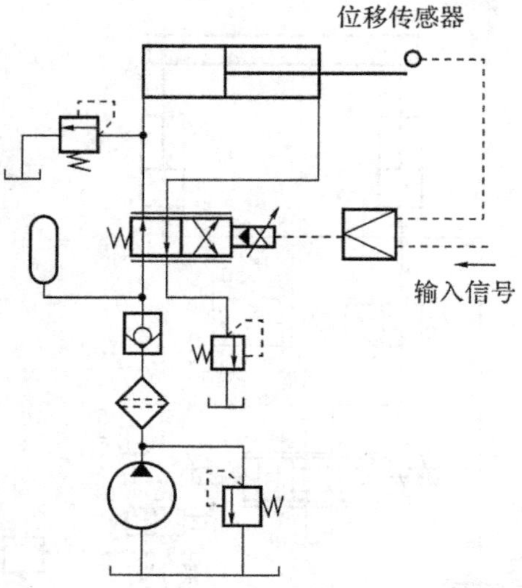

图 15-13 汽轮机进气阀位置控制系统

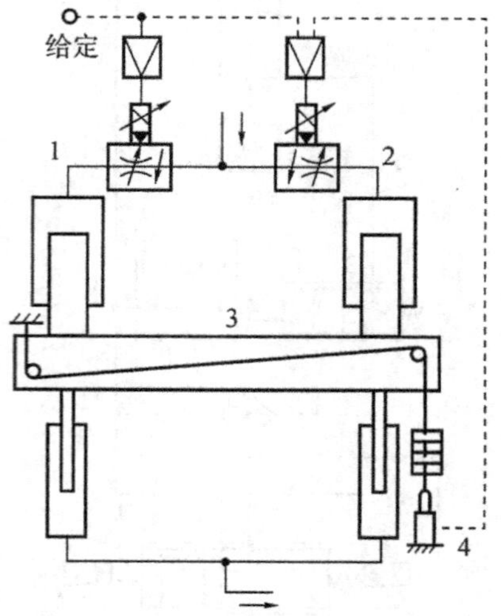

图 15-14 汽车纵梁冲压液压机同步控制原理图

该系统由两位四通比例方向阀进行控制，由于比例阀阀芯的位置与输入电流成比例。因而该阀除了控制液压缸换向外，还可以通过阀口开启的大小，实现节流调速。由于阀芯可以停留在任意中间位置，该阀除了图示两个位置可控制缸向前或向后运动外，还有一个中间位置，P，O，A，B 口全相通，相当于 H 型的中位机能，可使缸停止运动。

当输入信号为零时，缸处于右端，使汽轮机进汽阀关闭。当给定某一信号后，缸逐渐向向左移动，使进气阀打开。同时位移传感器发出的信号反馈至控制，与给定信号相比较，当达到给定值时，控制缸停止运动。这时进气阀打开至相应的某一开度。

由于在位置闭环控制系统中，位移传感器的精度直接影响位置控制精度，所以在这种系统中常常采用精度较高的数字式位移传感器，如感应同步器、光栅、磁栅或光电主轴脉冲发生器等。

2. 实现位置同步的控制系统

易于实现多缸联合传动是液压传动的一大特点。在多缸传动的液压系统中，使各液压缸实现同步动作，或按一定比例关系运动，是很多液压机械的普遍需要。采用普通液压元件构成的同步系统，由于精度较低，通常不能满足要求。采用比例控制技术，可以廉价而高质量地解决同步控制问题。

图 15-14 所示是一个采用两个比例调速阀的同步控制系统。两个比例调速阀都给定同样的电流，控制左、右两缸的输入流量使之相等，以保证压机横梁同步运行。调节比例阀的给定值可以调节压机运行的速度。若不装横梁偏斜量反馈机构，则该系统是一个开环同步控制

系统。该系统的同步控制精度决定于比例调速阀的等流量特性和液压缸泄漏量的大小。其同步控制精度可达每米 0.5mm 左右。

若加上钢带式横梁偏斜量测量机构 3，则可构成闭环同步控制系统，横梁偏斜测量机构 3 的钢带末端带有位移传感器 4。当横梁同步下行时，虽然钢带由右滚轮下端转移到左滚轮上端。但由于横梁左、右两端下行的距离相同，因而位移传感器 4 维持在零位不变，不输出信号电压。当横梁左、右两端不能同步运行时，则位移传感器 4 按照横梁偏斜的情况将输出不同的电压信号。此电压信号将被反馈到比例阀 2 的比例放大器，并相应地控制比例阀 2 的输出流量，从而纠正横梁产生的偏斜。

闭环同步控制系统的同步控制精度可达每米 0.2mm，即压机台面长若为 10m，则工作时在台面两端测得的同步偏差将不超过 2mm。

3. 实现同步和位置精确控制的电液系统

图 15-15 所示为折弯机电液控制系统。该系统采用以同一台电机驱动的双定量泵传动，以此获得初步的同步，并且使两个液压缸各具有独立的传动系统。这样可避免单泵传动时在偏心负载情况下由于两缸压力差所引起的节流损失。比例溢流阀 1 用来控制系统压力，因而板料的折弯力可以得到精确的控制。比例方向阀 2 用来控制缸的运动。由于比例阀的开口可以随意控制，因而可使压机整个工作过程既快速而又平稳。折弯机滑块两边分别装有高精度光栅位移传感器，其分辨率为 0.005mm。加上微机控制器，组成了一个高精度的位置控制系统。由于位移传感器分别测得滑块两侧的位移值，将这两个位移值进行比较后对比例阀进行控制，就可获得高精度的同步控制，其同步精度和位置控制精度均可达到 0.01mm。

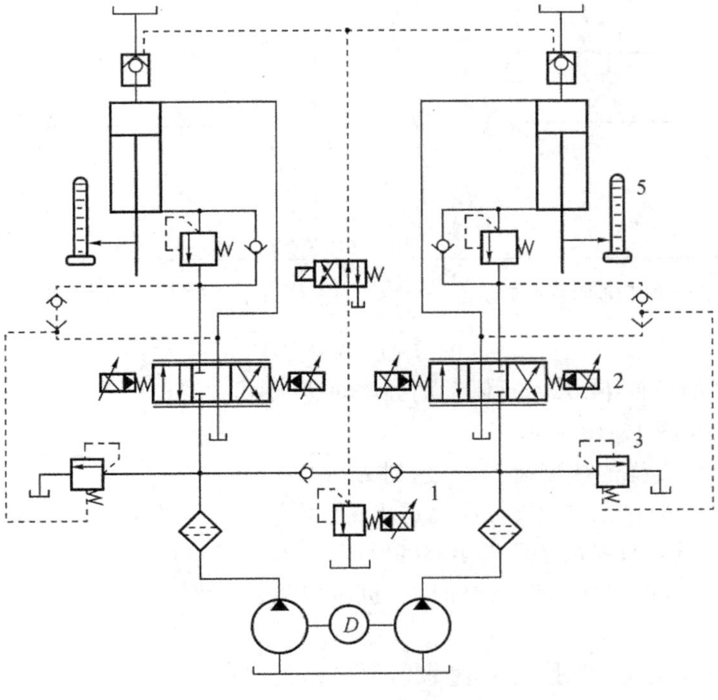

图 15-15　折弯机电液控制系统

4. 开环电液比例位置控制系统中提高位置精度的方法

在电液比例控制系统中，大量采用简单的开环控制方式，但液压机械一般都希望有尽可能高的定位精度。因而应尽可能地提高开环比例系统的位置精度。有些液压机械，如液压升降机械、液压运输机械及一些在高温恶劣环境下工作的液压机械，不适合采用位置闭环控制，也要用提高开环控制系统的位置精度，来获得正确的定位。

(1)采用预制动方式来提高位置控制精度

当液压活塞以 v_1 的速度向前运动时，在达到终点开关 E 时，便发出停止信号，控制比例阀使活塞停止运动。为了使停止平稳，在比例放大器中设置了斜坡函数，斜坡时间可通过电位器加以调节，这样活塞就停止在 S_1 点上，如图 15-16 所示。

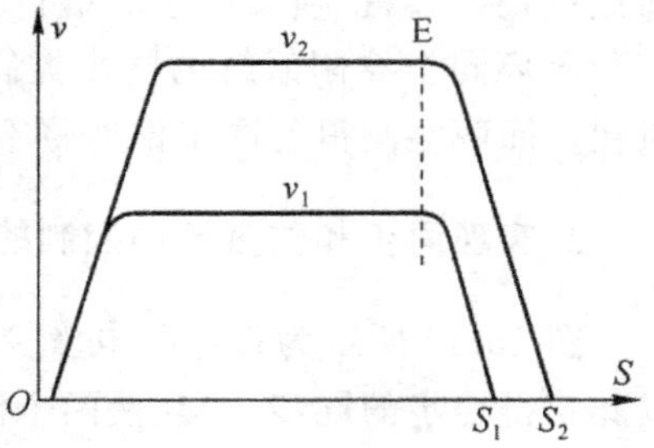

图 15-16 采用斜坡函数的预制动方式

由于终点开关的位置和比例放大器的斜坡时间都是事先调定的固定值，所以当活塞运动速度改变时，活塞的定位点将发生变化。如图 15-16 所示，速度变为 v_2 时，停止点将变为 S_2。

如图 15-17 所示，用同一个终端开关，随着活塞速度的不同，采用不同的斜坡函数，或采用同一个斜坡函数，但随着活塞速度的不同采用不同位置的终端开关，都可以获得相同的停止点。但这两种方法都首先要检测活塞的速度，然后再按速度的大小自动选择斜坡函数或终端开关位置，这对于简单的开环控制系统是难以做到的，或是不经济的。

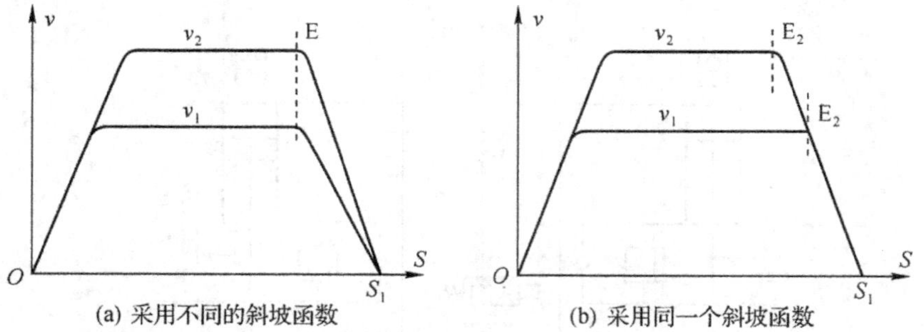

图 15-17 两种方案

在开环控制的条件下，采用预制动的办法可以大大提高定位精度。如图 15-18 所示。

不管活塞以什么样的速度运动，当达到 E_1 点后，首先将其减速到一个较小的速度 v_3，然后在 E_2 点再发出信号使其停止。这样，只要低速段有足够的时间，活塞虽以不同的速度运动，在同样的斜坡时间下，也可以停止在同一点 S_3。

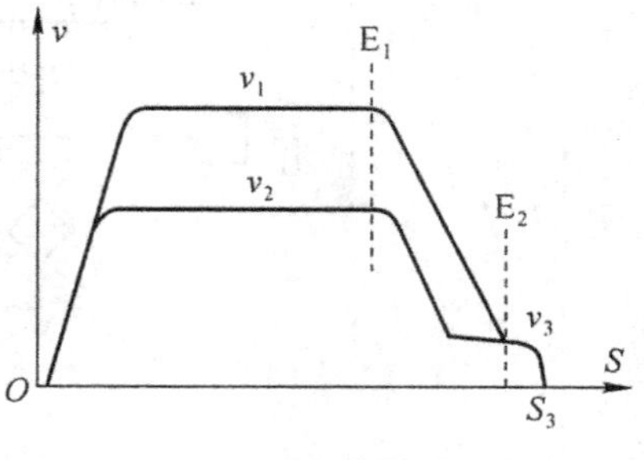

图 15-18 采用预制动提高定位精度

这种方法的缺点是：减速、停止过程需要较多的时间，低速运动的时间，除了考虑速度变化范围以外，还要考虑补偿各种因素所引起的变化，以保证准确地停止在 S_3 点。

(2)采用模拟式接近开关提高定位精度

在开环控制系统中，采用模拟式接近开关代替开关式行程开关，可以达到行程制动的目的，使活塞在不同的速度下停止于同一设定点，如图 15-19 所示。接近开关的特点是，它所发出的电压信号同挡块与接近开关间的距离有关，随着挡块靠近开关，它的输出电压信号相应地减小，该输出信号通过放大和处理后，去控制比例阀。随着不同的活塞运动速度，接近开关将发出不同的斜坡信号，使活塞能停止在同一个接近开关的安装点上。

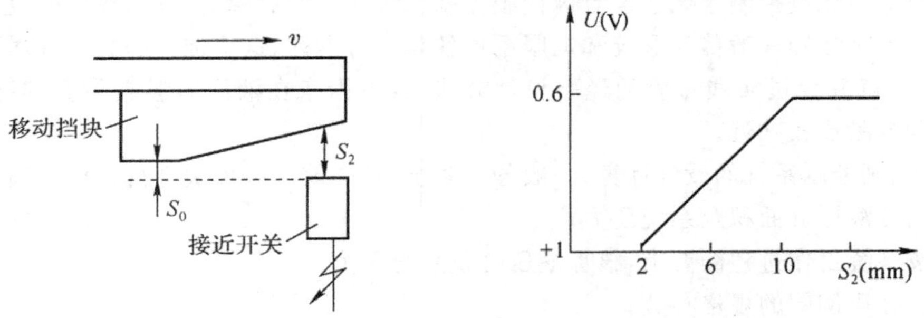

图 15-19　采用模拟式接近开关提高定位精度

(3)提高阀口压差并正确选择斜坡函数

阀口压差的变化将使活塞运动速度产生变化，从而影响定位精度。由于比例阀一般在低阀口压差下工作，因而当温度变化时，系统管道内的压力损失发生的变化，将直接影响阀口压差。适当提高阀口压差，可使这部分影响相对变得较小。采用负载压力补偿，使阀口压差恒定，可以避免这方面的影响。但在运动速度较高的场合，如当 $v>1\text{m/s}$ 时，以及加、减速过程较快，要求比例阀有较高的动态响应时，系统中不宜配置负载压力补偿器。因为负载压力补偿器的响应较慢，会影响系统的快速性。

在选择加、减速斜坡时间时，除了要考虑活塞能迅速而平稳地停止外，还要考虑为比例阀阀芯的转换留下足够的时间，这个时间可在比例阀的样本中查得。一般希望最小斜坡时间要大于 2 倍比例阀阶跃响应时间。

15.2　电液比例控制系统的设计计算

电液控制系统主要可区分为电液伺服控制系统与电液比例控制系统两大类。这两类系统的典型设计步骤对比如下。

1. 电液伺服控制系统

现以阀控液压缸位置系统为例，其设计步骤大体是：

(1)据用户提出的动态指标和负载特性建立系统的负载轨迹方程；

(2)确定能源压力 p_S；

(3)求取动力机构的最佳匹配参数 A 和 q_M；

(4)选取伺服阀；

(5)设计和选用液压缸；

(6)建立液压缸的动态方程；

(7)选择位移传感器；

(8)根据系统的位置精度确定开环增益；

(9)画出开环对数幅频和相频特性，校验系统闭环的稳定性；

(10)校验系统的动态品质。

2. 电液比例控制系统

至今，电液比例控制系统还没有像伺服控制系统那样形成相对规范、成熟的设计方法与步骤，基本上是参照一般传动系统和伺服系统各自进行设计。这里推荐的是一种尽可能考虑比例控制特点并经过实践考验的经验设计方法，虽然尚未在液压界形成共识，但确有其特点，与工程实际比较贴近。

电液比例控制系统的设计计算，一般分成 4 步，其中前 3 步依次进行，第 4 步相对独立。

(1)估算液压缸面积及系统压力；

(2)按系统工作过程的要求，核算液压缸及系统压力；

(3)选择比例阀的规格参数；

(4)核算系统的固有频率。

从上述两类系统的典型设计计算步骤可见，电液伺服系统关注的是系统的动态特性，而电液比例系统更注重稳态特性，而只对动态特性作一种保证性验算。当然，随着伺服比例阀的出现，在对采用包括一般比例阀在内的闭环比例系统进行设计时，还是需要参照伺服系统进行动态特性计算的。但由于比例阀不仅要工作在零位附近，而且常常需要运行于大开口状况，若对存在的许多非线性因素进行线性化处理，往往会引出错误的结果。因此，我们推荐还是直接采用计算机数字仿真的手段，进行精确的设计计算。

15.2.1　电液比例控制系统的设计原则与示例

1. 液压缸面积及系统压力的估算

设泵的压力为 p_P，系统管道损失为 Δp_L，则系统可供使用的压力为 $p_P-\Delta p_L$。按照经验将这部分压力的三分之一用于克服负载，三分之一用于产生速度，三分之一用于产生加速度。按此比例来估算液压缸面积，一般是比较合理的。如果其中用于加速的部分达不到三分之一，则在活塞由恒速转到减速的过程中，比例阀阀口的面积会有过大的变化，造成阀芯转换时间增加。

首先计算根据加减速需要的缸面积。根据 $F=ma$ 可得用于产生加速度的液压力为

$$\Delta p \cdot A_1=\frac{1}{100}\times am$$

$$\Delta p=\frac{1}{2}\left(p_P-\Delta p_L-\frac{F_{st}+F_R}{100\cdot A_1}\right) \tag{15-1}$$

式中：Δp——用于产生加速度的压力(MPa)；

a——活塞的加速度(m/s^2)，$a=v/t_B$；

v——活塞运动速度(m/s)；

t_B——加速段时间；

A_1——活塞面积(cm^2)；

F_{st}——质量负载(N)；

F_R——摩擦力(N)；

m——运动部分质量(kg)。

由此可以求出加速段活塞所需要的面积(此时外负载尚不起作用)为

$$A_1=\frac{2[mv/t_B+(F_{st}+F_R)/2]}{100(p_P-\Delta p_L)}\ (cm^2) \tag{15-2}$$

在恒速段活塞所需要的面积为

$$A_1=\frac{F_{st}+F_K+F_R}{100(p_P-\Delta p_L-\Delta p_1)}\ (cm^2) \tag{15-3}$$

式中：F_K——液压缸的外负载(N)；

Δp_1——比例阀阀口压差(MPa)，取 $\Delta p_1=1MPa$。

取上述两个面积中较大的一个来确定液压缸的尺寸。这是先确定泵的压力 p_P，然后来算液压缸的面积。另外，也可以先确定液压缸的尺寸，同样用上述公式，算出液压泵所需的压力。

☞ **自学参考**：公式(15-1)中的几个问题应留意。1. 所谓的质量负载，当一定的质量作上升或下降运动时，则该质量作为负载而升起或下降。当一定的质量在水平方向运动时，则不计此质量负载。2. 公式中括号内的第 1、2 两项之差，为可利用的压力；第 3 项为用于负载的三分之一。这样，括号项等于扣除了用于负载之后的另外可利用的三分之二压力。按前述原则，这余下项的一半用于产生加速度。

2. 按系统工作过程的要求核算液压缸面积及系统压力

图 15-20 所示为一基本的比例控制系统，其速度曲线如图(b)所示。在比例控制系统的设计计算中，加、减速过程一般按等加、减速来考虑。在设计比例系统时，首先需分析工作过程各阶段液压缸所受的负载，以此来校核预选液压缸尺寸是否符合工作过程各阶段的要求。

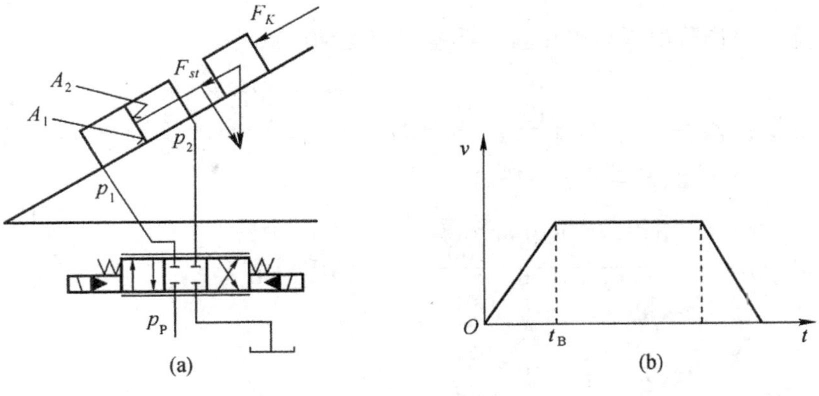

图 15-20　基本的比例控制系统

在图 15-20 所示的系统中，已知：$m=700kg$，$F=7000N$，$F_{st}=F\cdot\sin30°=7000\times0.5=3500\ (N)$，$v=2m/s$，$t_B=0.25s$，因而惯性力

$$F_A = m\frac{v}{t_B} = 5600\ (\text{N})$$

液压缸前进时各阶段所需的力计算为

加速段：$F_{G1} = F_A + F_{st} = 5600 + 3500 = 9100\ (\text{N})$

恒速段：$F_{G2} = F_{st} = 3500\ (\text{N})$

减速段：$F_{G3} = F_{st} - F_A = -2100\ (\text{N})$

液压缸退回时各阶段所需的力为

加速段：$F_{G1}' = F_A - F_{st} = 5600 - 3500 = 2100\ (\text{N})$

恒速段：$F_{G2}' = -F_{st} = -3500\ (\text{N})$

减速段：$F_{G3}' = -F_A - F_{st} = -9100\ (\text{N})$

由此估算得出的液压缸尺寸为

活塞直径：$D = 50\text{mm}$，则 $A_1 = 19.64\text{mm}^2$

活塞杆直径：$d = 36\text{mm}$，则 $A_2 = 9.45\text{cm}^2$

设比例阀阀口损失 $\Delta p_1 = \Delta p_2 = 0.5\ (\text{MPa})$

则可算出泵所需的压力为

$$p_P = \left[\frac{F_{G\max}}{100} + \Delta p_1(A_1 + A_2)\right]\frac{1}{A_1}\ (\text{MPa})$$

在本例中液压缸向前加速时所需的力最大，因而

$$p_P = \left[\frac{9100}{100} + 0.5(19.64 + 9.45)\right]\frac{1}{19.64} = 5.4\ (\text{MPa})$$

选 $p_P = 5.5\ \text{MPa}$

液压缸所需的流量为

$$q = A_1 \times v\frac{60}{10} = 235.6\ (\text{L/min})$$

15.2.2 比例阀的选用

1. $p_P = 5.5$ MPa 时比例阀的选用

首先计算各工作阶段阀口的压差。活塞向前运动时有

$$加速段：\Delta p_1 = \frac{A_1 \cdot p_P - \frac{F_G}{100}}{A_1 + A_2}/(A_1 + A_2) = \frac{19.64 \times 5.5 - \frac{9100}{100}}{19.64 + 9.45} = 0.6\ (\text{MPa})$$

$$p_v = 2\Delta p_1 = 1.2\ (\text{MPa})$$

$$恒速段：\Delta p_1 = \frac{19.64 \times 5.5 - \frac{3500}{100}}{19.64 + 9.45} = 2.5\ (\text{MPa})$$

$$p_v = 2\Delta p_1 = 5\ (\text{MPa})$$

$$减速段：\Delta p_1 = \frac{19.64 + 5.5 + \frac{2100}{100}}{19.64 + 9.45} = 4.5\ (\text{MPa})$$

$$p_v = 2\Delta p_1 = 9\ (\text{MPa})$$

在活塞退回时有

$$加速段：\Delta p_1=\frac{A_2\cdot p_P-\frac{F_G}{100}}{A_1+A_2}=\frac{9.45\times5.5-\frac{2100}{100}}{19.64+9.45}=2.5\ (\mathrm{MPa})$$

$$p_v=2\Delta p_1=5\ (\mathrm{MPa})$$

$$恒速段：\Delta p_1=\frac{9.45\times5.5+\frac{3100}{100}}{19.64+9.45}=4.3\ (\mathrm{MPa})$$

$$p_v=2\Delta p_1=8.6\ (\mathrm{MPa})$$

$$减速段：\Delta p_1=\frac{9.45\times5.5+\frac{9100}{100}}{19.64+9.45}=6.4\ (\mathrm{MPa})$$

$$p_v=2\Delta p_1=12.8\ (\mathrm{MPa})$$

选用 p_v=1MPa 时 q_v=150L/min 的比例方向阀，其流量曲线图如图 15-21 所示。

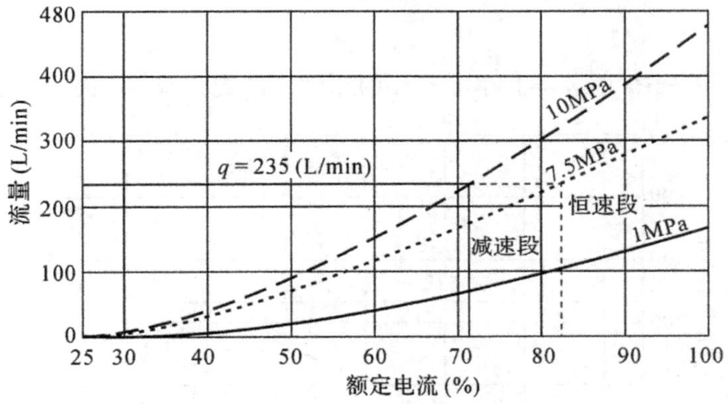

图 15-21

由图 15-21 可以看出，活塞由恒速段转到减速段时，比例阀的控制电流将从 83%降到 72%，有 11%的变化，这个变化幅度较大，阀芯作相应的变化需较长的时间。

2. p_P=10MPa 时比例阀的选用

为了提高控制性能，可将系统压力提高到 p_P=10 MPa。这时各工作阶段的阀口损失在活塞向前运动时有

$$加速段：\Delta p_1=\frac{19.64\times10-\frac{9100}{100}}{19.64+9.45}=3.6\ (\mathrm{MPa})$$

$$p_v=2\Delta p_1=7.2\ (\mathrm{MPa})$$

$$恒速段：\Delta p_1=\frac{19.64\times10+\frac{9100}{100}}{19.64+9.45}=5.5\ (\mathrm{MPa})$$

$$p_v=2\Delta p_1=11\ (\mathrm{MPa})$$

$$减速段：\Delta p_1=\frac{19.6\times10+\frac{9100}{100}}{19.64+9.45}=7.5\ (\mathrm{MPa})$$

$$p_v=15\ (\mathrm{MPa})$$

仍选用 $p_v=1$ MPa 时$=150$ L/min 的比例方向阀。则由图 15-22 可以看出，活塞由恒速转到减速阶段时，比例阀的控制电流由 72%降到 68%，只有 4%的变化，因而阀的转换时间将比前者有较大的减小，提高了控制性能，但阀的最大电流只有 72%，因而分辨率还不够理想。

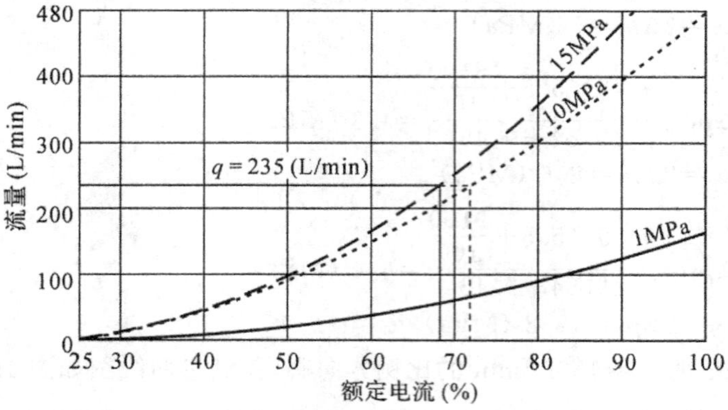

图 15-22

为此改选 $p_v=1$ MPa 时 $q_v=100$ L/min 的比例方向阀。其 q-I 曲线如图 15-23 所示。

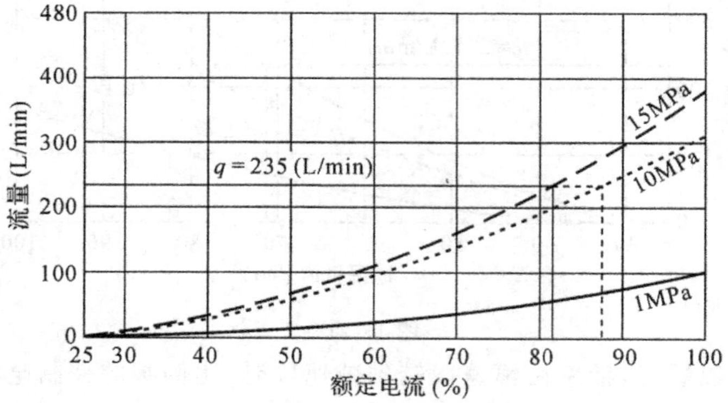

图 15-23

由图 15-23 可以看出，最大控制电流由 72%提高到 87%，活塞由恒速到减速阶段时电流由 87%降到 83%，仍只有 4%的变化。因而选用此阀，既降低了阀的转换时间，又提高了分辨率，具有比较理想的性能。

这里将上述 3 次选择的主要因素汇总成表（见表 15-1）。

表 15-1

p_P 油源压力	p_v 恒速	p_v 减速	q_V 额定流量	从恒速到减速时电流变化范围	变化量及评价	插　图
5.5	5	9	150	83%～72%，差值 11	阀转换时间长	图 15-21
10	11	15	150	72%～68%，差值 4	时间短，但分辨率差	图 15-22
10	11	15	100	87%～83%，差值 4	时间短，分辨率好	图 15-23

这里考虑的主要是 3 个问题：分辨率、阀芯位置转换时间和阀口压差。

由上述例子可以看出，比例阀的选择，除了需符合比例阀的各种要求外，还需结合系统整个工况，对比例阀的分辨率、转换时间和阀口压差作全面的分析比较后，才能正确地选定，这和普通阀按最大流量来选定的情况有很大的不同。

15.2.3　考虑液压缸面积比和阀口面积比时，比例方向阀阀口压差的计算

以上计算都是在设 $\Delta p_1=\Delta p_2$ 的条件下进行的，这个条件只有在液压缸面积比和阀口面积比相等的条件下才成立。如果液压缸面积比和阀口面积比不相等，则阀口压差应按以下方法进行计算。

设图 15-20 中 P—A 通道阀口面积为 α_{PA}，B—O 通道阀口面积为 α_{BO}，大量生产的比例阀，一般 $\alpha_{PA}=\alpha_{BO}$，也有 $\alpha_{PA}=2\alpha_{BO}$的，以适应面积比为 $A_1/A_2=2$ 的活塞缸。其他的比值需专门订货。

设 P—A 通道的流量为 q_{PA}，B—O 通道的流量为 q_{BO}，则

$$q_{PA}=\alpha\cdot\alpha_{PA}\sqrt{\Delta p_1},\ \alpha_{PA}=\frac{q_{PA}}{\alpha\sqrt{\Delta p_1}}$$

取 $\alpha_{PA}/\alpha_{BO}=X$　则 $\alpha_{BO}=\dfrac{X\cdot q_{PA}}{\alpha\sqrt{\Delta p_1}}$

$$q_{BO}=\alpha\cdot\alpha_{BO}\sqrt{\Delta p_2}=\frac{X\cdot q_{PA}\cdot\alpha\sqrt{\Delta p_2}}{\alpha\sqrt{\Delta p_1}}$$

由于 $q_{BO}/q_{PA}=A_2/A_1$

所以 $\Delta p_2=(\dfrac{A_2}{A_1})^2X^2\Delta p_1$

活塞向前运动时的力平衡方程式为

$$\frac{F_G}{100}=A_1(p_P-\Delta p_2-\Delta p_1)-A_2\Delta p_2$$

将 Δp_2 代入后得

$$\Delta p_1=\frac{A_1^2[(p_P-\Delta p_2)A_1-F_G/100]}{A_1^3+A_2^3X^2}$$

因而 $\Delta p_2=\dfrac{A_2^2[(p_P-\Delta p_2)A_1-F_G/100]X^2}{A_1^3+A_2^3X^2}$

由上两式可以看出，当 $A_1/A_2=2$，$\alpha_{PA}/\alpha_{BO}=2$ 时，$\Delta p_1=\Delta p_2$。

15.2.4　系统固有频率的校核

以上计算中的加、减速度值都是预先设定的。从系统快速性的角度看，希望加、减速度值愈大愈好。但对于液压缸速度较慢的系统，设定过大的加速度并不合理。由图 15-24 可以清楚地看出，对 $v=0.5\text{m/s}$ 的系统，当 $a>4\text{m/s}^2$ 以后，加、减速时间 t_B 的变化很小，设置过高的加、减速度是不合理和不经济的。

系统加、减速度的大小，除了受运动部分质量、液压缸面积及系统压力等因素的制约外，还受到系统固有频率的限制，因比必须校核系统的固有频率，看是否满足所设定加速速度的要求。

1. 系统固有频率 ω_0 的计算

当设计一个比例控制系统时，特别是希望用较快的速度传动一个大惯量负载时，系统固

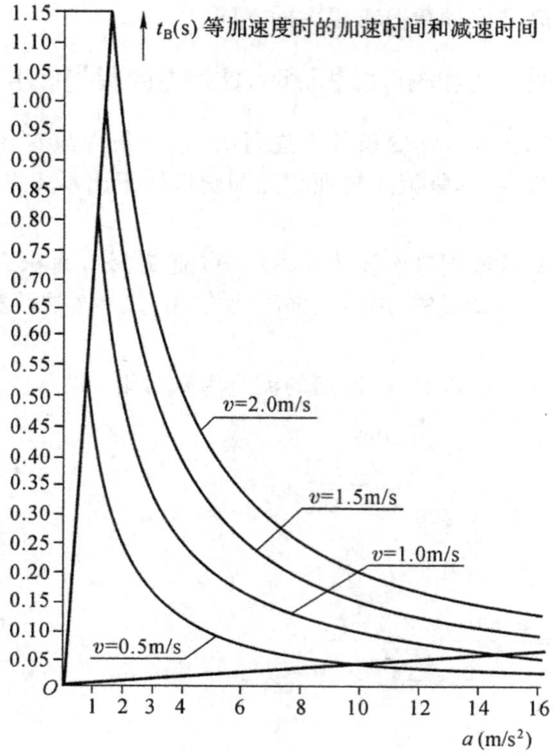

图 15-24

有频率是一个非常重要的因素，它决定了系统允许的加、减速度值，如果企图超过这个限值，则活塞的运动会出现不稳定。

根据物理学的定律，无阻尼振荡的固有频率公式为

$$\omega_0=\sqrt{\frac{k}{m}}\ (1/\mathrm{s})$$

式中：k——系统弹簧刚度(N/m)；

m——运动部分质量(kg)。

液压系统弹簧刚度的大小与液压缸的行程位置有关，并与比例阀到液压缸之间管道内液体的容积有关。

对于双出杆液压缸，如图 15-25 所示，其活塞面积 $A_1=A_2$。

设管道容积 $V_{L1}=V_{L2}$，液压缸处于中位时弹簧刚度最小，其总弹簧刚度为

$$k_{\min}=\frac{2\beta A_1^2}{V_{L1}+A_1\dfrac{S}{2}}$$

式中：A_1——活塞面积(cm²)；

β——油液弹性模量(kg/cm·s²)；

S——液压缸全行程(mm)；

V_{V1}——管道容积(cm³)。

对于单出杆液压缸，如图 15-26 所示，由于单出杆液压缸前后面积不同，因而两腔刚度要分别计算，总刚度为 $k=k_1+k_2$，这里

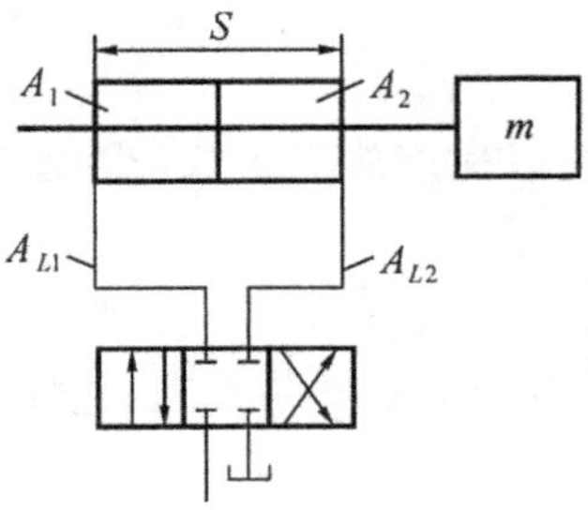

图 15-25　双出杆液压缸

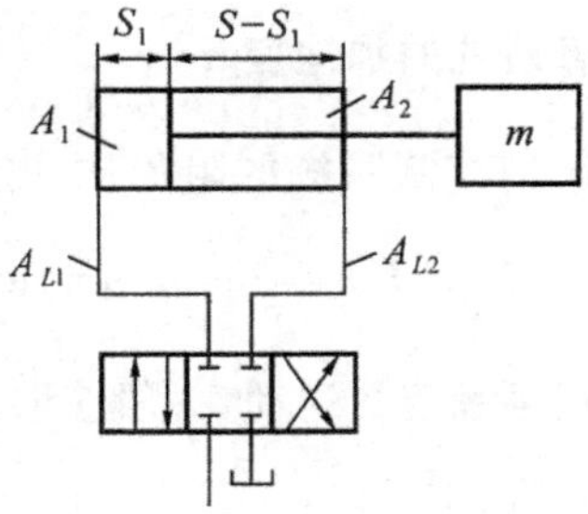

图 15-26　单出杆液压缸

$$k_1=\frac{A_1^2\beta}{A_1S_1+V_{L1}}$$

$$k_2=\frac{A_2^2\beta}{A_2(S-S_1)+V_{L2}}$$

由$\frac{\mathrm{d}k}{\mathrm{d}S}=0$，可求得 $k_{\min}$时的 S_1'，即

$$S_1'=\frac{A_2S/\sqrt{A_2^3}+V_{L2}/\sqrt{A_2^3}-V_{L1}/\sqrt{A_1^3}}{1/\sqrt{A_1}+1/\sqrt{A_2}}$$

则　$$k_{\min}=\frac{A_1^2\beta}{V_{L1}+A_1S_1'}+\frac{A_2^2\beta}{V_{L2}+A_2(S-S_1')}$$

对于差动液压缸，如图 15-27 所示，在差动回路中，由于液压缸后腔的环形面积上始终作用着恒压 p_P，所以当活塞向前运动时，该腔不存在弹簧刚度，所以

$$k_{\min}=k_{1\min}=\frac{A_1^2\beta}{A_1S+V_{L1}}$$

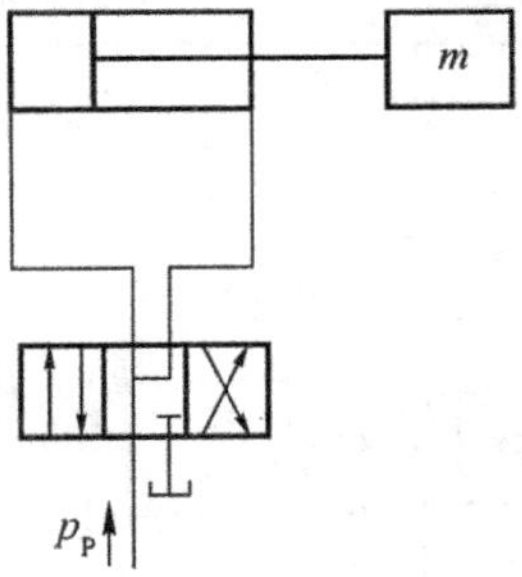

图 15-27　差动液压缸

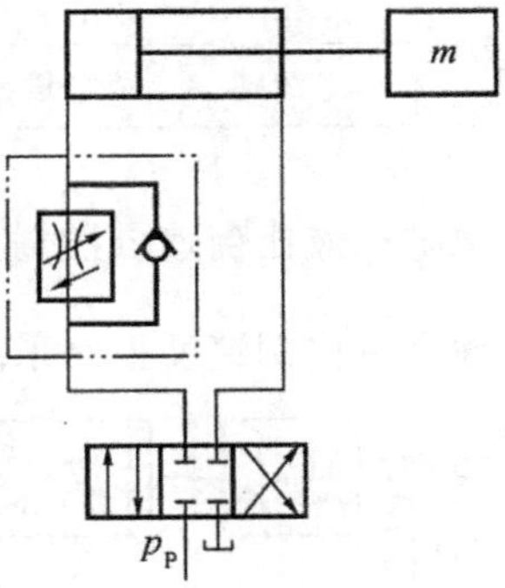

图 15-28　采用调速阀调速的液压缸

对于采用调速阀调速的液压缸，如图 15-28 所示，在采用调速阀调速的液压系统中，由于液压缸速度不随负载变化而变化，所以回油腔形成恒定的压力，不存在弹簧刚度。这样系统的最小弹簧刚度产生在液压缸退回行程的末端，所以

$$k_{\min}=k_{2\min}=\frac{A_2^2\beta}{A_2S+V_{L2}}$$

系统的固有频率则为

$$f_0=\frac{\omega_0}{2\pi}=\frac{1}{2\pi}\sqrt{\frac{k_{\min}}{m}}\ (\mathrm{Hz})$$

2. 验算系统的加速度 a

由于比例控制系统的阻尼比一般为 $\delta=0.1\sim0.2$，所以速度放大系数应为固有频率的三分之一左右，即 $K_v=\frac{1}{3}\omega_0$。由于 $\omega_C\approx K_v$，所以时间常数 $T=\frac{1}{\omega_C}=\frac{3}{\omega_0}$。

为了获得稳定的运动，一般应取加速时间 $t_B=6T$，所以应取 $t_B=\frac{18}{\omega_0}(s)$。这样可得出加速度的限制值，即

$$a\leqslant V_{max}\times\frac{\omega_0}{18}\ (m/s^2)$$

15.3 电液比例控制系统（速度控制系统——电梯）

15.3.1 液压电梯电流比例速度控制系统的组成及原理

液压电梯的速度控制分为节流调速和容积调速两大类。液压电梯的调速类型及特点如表 15-1 所示。

表 15-1

调速类型	方式	原理	特点
容积调速（泵控）	传统方式	用多种方式改变变量泵排量	节能，频率响应较低，价格较高
	VVVF 方式	用变频电动机改变定量泵转速	节能，频率响应较低，价格较高
节流调速（阀控）	开关阀	用开关阀的开关来控制流量	速度曲线设置和调节较困难，受负载和油温影响较大
	比例阀	用电量控制比例阀流量	能连续无级调节运行速度

1. 液压电梯电液比例速度控制系统的形式

液压电梯电液比例速度控制系统的反馈方案有四种，如图 15-29 所示。

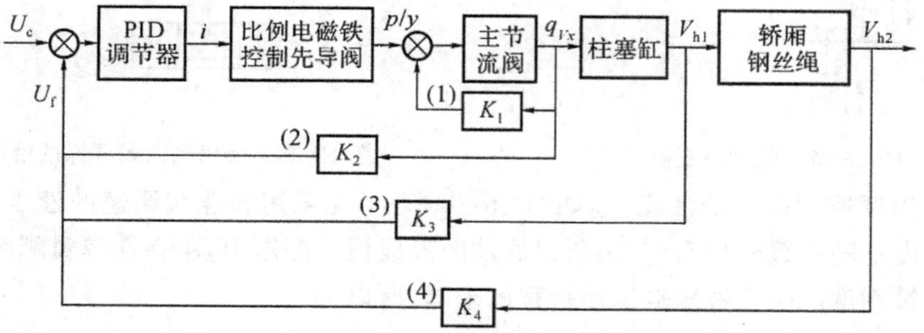

图 15-29 液压电梯电液比例速度控制系统的四种反馈形式

（1）采用内部机械构件进行局部流量反馈（如流量—位移—力反馈）的电液比例速度控制系统。

（2）采用流量电反馈的电液比例速度控制系统。

(3)采用液压缸速度电反馈(检测柱塞缸速度)的电液比例速度控制系统。

(4)采用轿厢速度电反馈(检测轿厢速度)的电液比例速度控制系统。

方案(1)系统结构新颖，电子控制回路简单；方案(2)是目前世界上应用最广泛的液压电梯控制系统，有大规模的工业化产品生产体系；而方案(3)和方案(4)则是液压电梯电液比例速度控制最先进的控制方式。同是速度电反馈，方案(4)闭环更大，控制更完善，精度更高。轿厢速度电反馈代替传统的流量电反馈后，能有效地抑制各种干扰(诸如油温、钢丝绳弹性以及柱塞与缸筒、轿厢和液压缸的导轨与导靴间多种摩擦力等变化因素)；可大幅度地减少比例流量阀中的非线性因素(诸如死区与零漂等)的影响；结构简化，易于制造；它不仅可检测轿厢运行速度，还可在线检测轿厢运行的位置，便于按位置原则控制电梯以最佳速度曲线运行，这在传统的流量—电反馈控制系统中是很难实现的。

2. 液压电梯电液比例速度控制系统的组成及原理

图 15-30 所示为采用轿厢速度反馈的液压电梯速度控制系统的工作原理图，该系统大致可分成液压系统、单片机控制系统、电梯信号控制系统等三个组成部分。

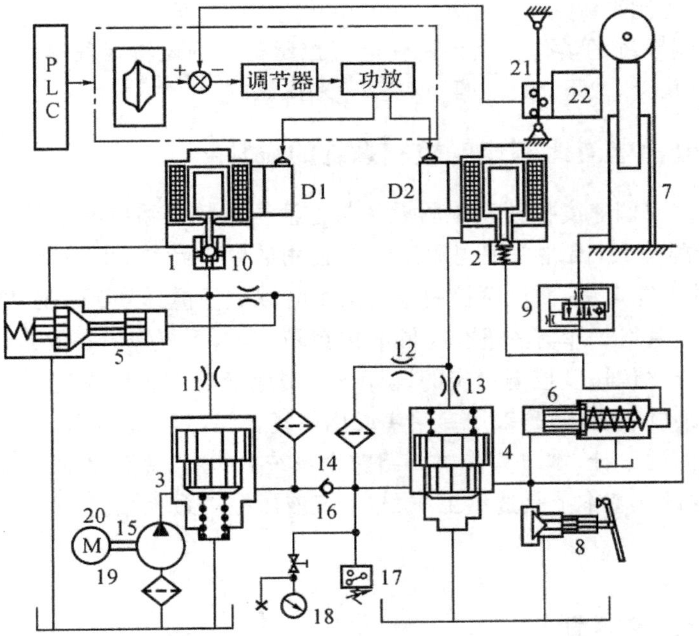

1. 上升先导阀；2. 下降先导阀；3. 上升主阀；4. 下降主阀；5. 安全阀；6. 压力阀；7. 柱塞缸；8. 手动下降阀；9. 限速切断阀；10,11,12,13. 固定液阻；14. 精过滤器；15. 液压泵；16. 单向阀；17. 压力继电器；18. 压力表；19. 过滤器；20. 浸油电动机；21. 速度传感器；22. 轿厢　D1,D2—比例电磁铁

图 15-30　液压电梯电液比例速度控制系统工作原理图

(1)液压系统

采用轿厢上升时为液压旁路节流调速，下降时则利用轿厢自重通过二通比例流量阀实现回油的调速方案。上升主阀 3 和下降主阀 4 分别控制上行，下行时进出液压缸的流量，单向阀 16 防止液压缸油液直接回油箱，限速切断阀 9 则可在管路破裂或轿厢下降超速时快速平稳地关断，防止液压缸内油液的流失造成事故。

液压电梯集成控制阀块采用主阀块和先导阀块螺栓联接的分体式结构，所有功能组件均采用插装式结构，结构紧凑，体积小。集成阀块由六个插装式功能组件组成：

1) 上升先导阀 1：采用球阀结构，结构简单，密封特性良好；

2) 下降先导阀 2：采用滑阀导向锥阀密封结构，可保证密封要求；

3) 主节流阀 3 和 4：上、下回路的两只主节流阀，采用锥阀式结构；

4) 安全阀 5：超载安全保护装置；

5) 手动下降阀 8：停电安全保护装置；

6) 单向阀 16：分隔上、下行回路，密封要求严格，采用软硬密封结合的方法。

(2)单片机控制系统

它由安装在电梯轿厢上的高精度大位移速度传感器和单片机控制系统组成。速度传感器对轿厢的运行速度进行检测，并将速度信号输入单片机控制系统，单片机将速度反馈值与设定值作比较，经控制算法计算后通过功率放大电路输出 PWM(脉宽调制)信号控制上升主阀、下降主阀的比例电磁铁以控制流量阀阀口开度，从而保证进出柱塞缸的流量随着设定的运行曲线运行。

(3)电梯信号控制系统

电梯液压控制系统的动作与运行是受电气控制柜中的逻辑处理单元 PLC 或微处理器发出的 5 个信号(快上、快下、慢上、慢下、检修)来操纵的。

15.3.2 液压电梯电液比例速度控制系统的设计

液压电梯电液比例速度控制系统的设计与电液伺服控制系统有所差别，由于比例阀工作时阀口变化范围较大，因此采用伺服系统中常用的频率特性，小幅值变化近似线性化处理，往往只能定性不能定量，而比例控制系统采用时域数字仿真分析则能达到比较准确的结果，因此，本节采用龙格—库塔法进行时域的仿真和分析，下节采用一般的频域法分析。

液压电梯电液比例速度控制系统的设计与一般电液比例控制系统也有区别，不是采用标准系列的元件组成系统，而是采用专用集成比例复合阀，因此系统设计的关键实际上是专用集成比例复合阀的设计，本节只简单介绍整个系统的设计，系统其他组成部分如电动机、泵、管路附件等的设计基本上是选型工作，与传统液压控制系统相同，不再另述。

1. 初步设计

已知某液压电梯数据为

额定负载：$W_f=9800\text{N}$；

轿厢自重：$W_z=15680\text{N}$；

轿厢提升高度：$l_1=8.08\text{m}$；

液压缸柱塞行程：$l=4.04\text{m}$；

最大速度：$v_{\max}=0.5\text{m/s}$；

支承方式：2∶1。

下面是负载匹配及元器件的选择。

(1)系统压力的选择

$$p=\frac{W_h}{A_p}$$

式中：W_h——轿厢自重和负载的综合质量；

A_p——液压柱塞缸柱塞横截面积，

$$A_p=\frac{\pi}{4}d^2;$$

柱塞直径 $d=125\text{mm}$。

给定负载并考虑柱塞的压杆稳定性可得到 A_p 的最小值 $A_{p\min}$，由此可得系统静态最大压力 $p_{s\max}$；但从二通先导比例流量阀的特性来看，系统压力也不能过低，由此可在系统静态最小压力 $p_{s\min}$（一般在 1 MPa 以上）时，得最大柱塞面积 $A_{p\max}$。目前液压电梯控制系统的压力约为 1～8 MPa。

(2)液压泵的选择

当液压柱塞缸柱塞横截面积 A_p 确定以后，由 $q_{V0}=A_p\cdot v_{\max}$ 可得到液压泵的额定流量。实际上为保证液压电液比例闭环速度控制系统的反馈环节正常工作，液压泵容量通常选择比理论计算值大一些。为了进一步减小机房噪声和系统的流量、压力脉动，液压电梯目前基本上采用浸油式螺杆泵。

(3)电动机的选择

与普通液压系统电动机的选择大体相同，但考虑液压电梯的运行特点，对电动机如下的两个指标要求较高：一是电动机的每小时起动次数；另一个是电动机的起动电流。另外，为了减小电动机发热、使泵站结构更加紧凑和降低噪声，一般选用浸油式三相异步鼠笼式感应电动机。

2. 动态设计

首先建立系统的动态数学模型，通过变量参数优化分析可得到系统主要结构参数（如液阻孔径大小、弹簧刚度值、阀口几何形状等）对性能的影响，以设计适当的液压组件。系统动态设计的目的是使系统有高度稳定性、快速响应能力和尽可能小的跟踪误差。

(1)系统模型建立

液压电梯电液比例速度控制系统上行回路仿真原理图见图 15-31 所示。根据伯努利流量平衡方程和牛顿第二定律，综合考虑油液有效弹性模量、泵的内泄漏、柱塞缸的摩擦力、阀口流量系数的非线性和负载腔容积的变化等因素的影响，可建立如下系统动态数学模型。

1) 误差控制电压 $U(t)$ 的 PID（比例微分积分）方程

$$U(t)=K_p\left[e(t)+\frac{1}{T_i}\int_0^t e(\tau)\mathrm{d}\tau+T_d\frac{\mathrm{d}e}{\mathrm{d}t}\right] \tag{15-2}$$

2) 比例电磁铁力电流特性曲线

由 035 电磁铁产品样本曲线拟合得出如下方程：

$$F_{em}=80U(t)/R-4 \tag{15-3}$$

3) 上升先导球阀阀芯力平衡方程

$$F_{em}-p_2a+F_{fy}=m_y\frac{\mathrm{d}^2y}{\mathrm{d}t^2}+d_y\frac{\mathrm{d}y}{\mathrm{d}t} \tag{15-4}$$

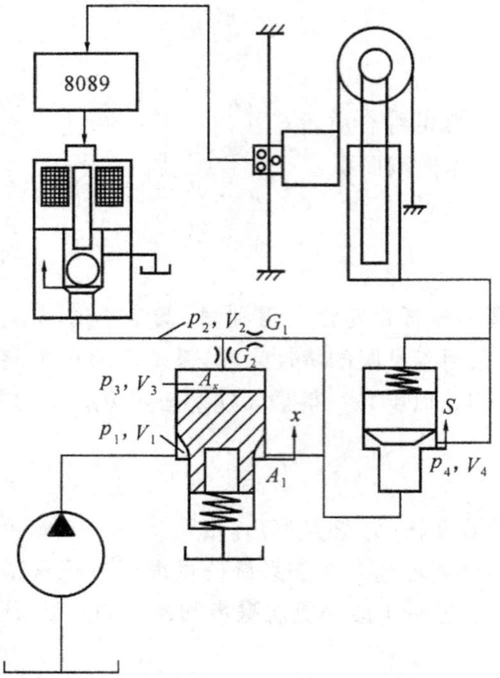

图 15-31 液压电梯电液比例速度控制系统上行回路仿真原理图

4）主节流阀阀芯力平衡方程

$$p_1A_1-p_3A_x-F_{fx}+K_{sx}(-x+2x_0)=m_x\frac{d^2x}{dt^2}+d_x\frac{dx}{dt} \tag{15-5}$$

5）单向阀阀芯力平衡方程

$$p_1A_s-p_4A_s-F_{fs}-K_{ss}(s_0+s)=m_s\frac{d^2s}{dt^2}+d_s\frac{ds}{dt} \tag{15-6}$$

6）液压柱塞缸柱塞力平衡方程

$$p_4A_h-m_hg-F_k=m_g\frac{d^2h}{dt^2}+d_h\frac{dh}{dt} \tag{15-7}$$

7）V_1 容腔流量平衡方程

$$\frac{dp_1}{dt}=\frac{E_\beta(p_2)}{V_1}\left[q_{Vs}-A_1\frac{dx}{dt}-G_1\sqrt{p_1-p_2}-B_xx\sqrt{p_1}-B_ss\sqrt{p_1-p_4}\times\mathrm{sgn}(p_1,p_4)\right] \tag{15-8}$$

8）V_2 容腔流量平衡方程

$$\frac{dp_2}{dt}=\frac{E_\beta(p_2)}{V_2}\left(G_1\sqrt{p_1-p_2}-G_2\sqrt{p_2-p_3}-B_yy\sqrt{p_2}\right) \tag{15-9}$$

9）V_3 容腔流量平衡方程

$$\frac{dp_3}{dt}=\frac{E_\beta(p_3)}{V_3}\left(-A_x\frac{dx}{dt}+G_2\sqrt{p_2-p_3}\right) \tag{15-10}$$

10）V_4 容腔流量平衡方程

$$\frac{dp_4}{dt}=\frac{E_\beta(p_4)}{V_4}\left[B_ss\sqrt{p_1-p_4}\times\mathrm{sign}(p_1,p_4)-A_h\frac{dh}{dt}\right] \tag{15-11}$$

式中：K_p——比例放大系数(30)；

T_i——积分常数(0.04s)；

T_d——微分常数(0.01s)；

e——给定值与反馈值的差值；

R——线圈电阻(24Ω)；

p_1,p_2,p_3,p_4——容腔 1,2,3,4 的压力(Pa)；

F_{fx},F_{fy},F_{fs}——主节流阀、先导阀、单向阀阀口稳态液动力(N)；

$F_{fx}=2C_{dx}C_{vx}B_xp_1\cos\theta_x+2C_{dx}{}^2B_x^2x^2p_1/A_1$

$F_{fy}=-2C_{dy}C_{vy}B_yp_3\cos\theta_y+2C_{dy}{}^2B_y^2y^2p_3/A_3$

$F_{fs}=-2C_{ds}C_{vs}B_s(p_1-p_4)\cos\theta_s+2C_{ds}^2B_s^2s^2(p_1-p_4)/A_4$

C_{vx},C_{vy},C_{vs}——主节流阀、先导阀、单向阀阀口速度系数，均取值为 1.0；

C_{dx},C_{dy},C_{ds}——主节流阀、先导阀、单向阀阀口流量系数，均取值为 0.7；

$\theta_x,\theta_y,\theta_s$——主节流阀、先导阀、单向阀阀口射流角，均取值 69°；

A_3,A_4——先导阀、单向阀回油路最小过流面积($0.126\times10^{-4}m^2$，$0.7\times10^{-3}m^2$)；

m_x,m_y,m_s,m_h——主节流阀、先导阀、单向阀阀芯质量、负载及轿厢质量(0.2kg，0.52×10^{-3}kg，0.12kg，2915kg)；

d_x,d_y,d_s,d_h——主节流阀、先导阀、单向阀阀芯和液压柱塞缸柱塞黏性阻尼系数(50Ns/m，5Ns/m，30Ns/m，200Ns/m)；

x,y,s,h——主节流阀、先导阀、单向阀阀芯、液压柱塞缸柱塞位移(m)；

K_{sx},K_{ss}——主节流阀、单向阀弹簧刚度(0.112×10^5 N/m，0.028×10^5 N/m)；

x_0,s_0——主节流阀、单向阀弹簧预压缩量(0.00784m，0.011m)；

A_h——液压柱塞缸柱塞面积($0.5833\times10^{-2}m^2$)；

g——重力加速度($9.8m/s^2$)；

F_k——液压柱塞缸摩擦力(3000N)；

$E_{h\max}$——工作油液的理论体积弹性模量($0.14\times10^{10}N/m^2$)；

E_h——工作油液的有效体积弹性模量($0.14\times10^{10}N/m^2$)；

$E_\beta(p)$——$E_{\beta\max}[1-e^{(0.012p-0.042)}]$

V_1,V_2,V_3,V_4——容腔 1,2,3,4 的体积($5.2\times10^{-3}m^3$，$0.1\times10^{-3}m^3$，$0.1\times10^{-3}m^3$)；

$V_4=A_h\cdot h$

q_{Vs}——液压泵的额定流量($0.583\times10^{-3}m^3/s$)；

A_1,A_x——主节流阀环形腔和背腔面积($0.2355\times10^{-3}m^2$，$0.615\times10^{-3}m^2$)；

G_1,G_2——固定液阻 1 和 2 的流量压力系统 $0.2\times10^{-5}m^3/(s\cdot\sqrt{Pa})$，$0.15\times10^{-5}m^3/(s\cdot\sqrt{Pa})$；

B_x,B_y,B_s——主节流阀、先导阀、单向阀流量公式系数($0.8\times10^{-3}m^3/(s\cdot\sqrt{Pa})$、$0.13\times10^{-3}m^3/(s\cdot\sqrt{Pa})$，$0.67\times10^{-3}m^2/(s\cdot\sqrt{Pa})$；

a——先导阀芯作用面积($0.1256\times10^{-4}m^2$)。

(2)系统仿真

应用成熟的仿真软件(四阶龙格—库塔法进行微分方程组的数值解法)对影响系统的重

要结构参数进行了变参数优化仿真，仿真算法结构框图见图 15-32。

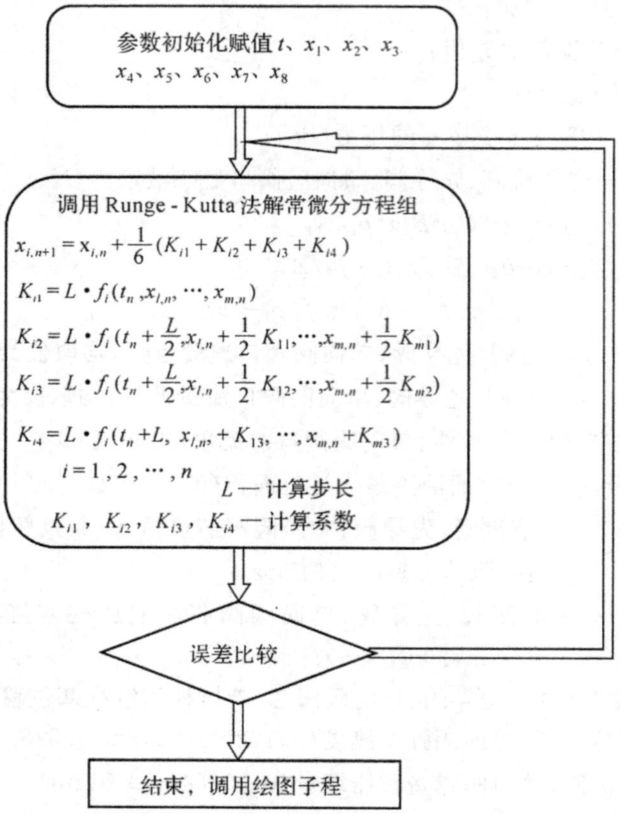

$t=U;x_1=x;x_2=y;x_3=s;x_4=h;x_5=p_1;x_6=p_2;x_7=p_3;x_8=p_4$

图 15-32 仿真算法结构框图

以下行主节流阀弹簧刚度 K_{sx} 为例研究系统重要的结构参数对性能的影响，图 15-33 所示为下行回路开环系统中主节流阀弹簧刚度 K_{sx} 变化时系统的阶跃响应；增大弹簧刚度，系统阶跃响应时间加快，振幅增大。在稳态限制下的弹簧刚度值大一些好，弹簧刚度过小，系统稳定时间明显变长，系统综合动态品质变差。

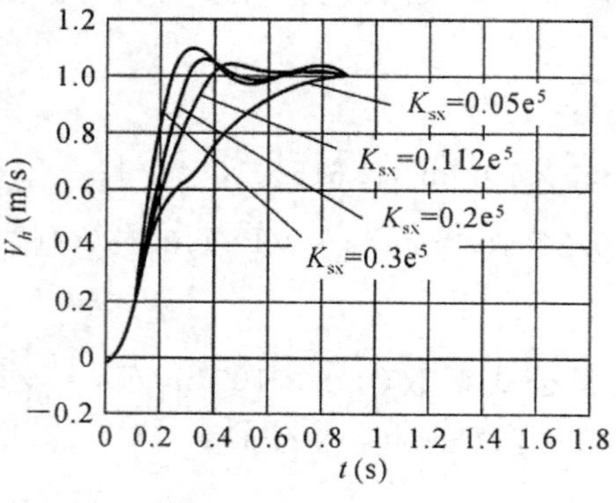

图 15-33 主节流阀弹簧刚度对下行回路动态的影响

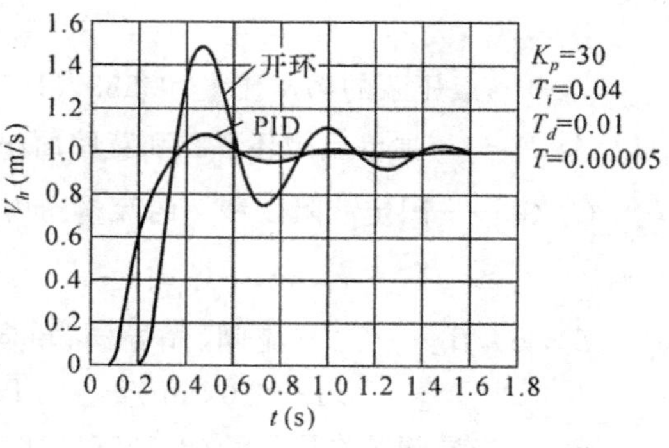

图 15-34 上行回路开环系统与带 PID 的闭环系统比较

图 15-34 所示为上行回路开环系统和 PID(比例微分积分)调节器闭环系统对输入阶跃信号的动态响应比较;液压电梯上行回路开环控制系统是个振荡严重的欠阻尼系统,无法满足实际控制要求。加入 PID 调节器后,系统滞后减小,振荡幅度显著降低,过渡过程稳定时间也明显缩短,得到了满意的综合动态品质。

15.3.3　液压电梯电液比例速度控制系统调试及分析

在一台某 3 层 3 站液压电梯上进行试验,分别对采用目前世界上最为先进的局部流量反馈电梯液压控制系统和采用轿厢速度反馈控制的液压电梯电液比例速度控制系统进行了对比试验。

图 15-35 所示为采用局部流量反馈液压电梯实验曲线。其中曲线 1 为设定的电梯速度运行曲线,曲线 2 为电梯速度实际运行曲线,从速度曲线 2 上可看出电梯在启动时设定曲线已给出信号时电梯并没有动作,当给定速度到 140mm/s 时电梯才开始响应,此时轿厢产生较大的振动。在电梯加速、匀速、减速、平层运行过程有较大的滞后,稳态误差较大。在曲线的结束段,电梯轿厢产生较大的冲击。另外由于油温升高造成油液黏度降低、柱塞与缸筒的动静态摩擦等因素引起的轿厢速度变化,采用流量局部反馈控制的液压电梯对其调节作用不大。

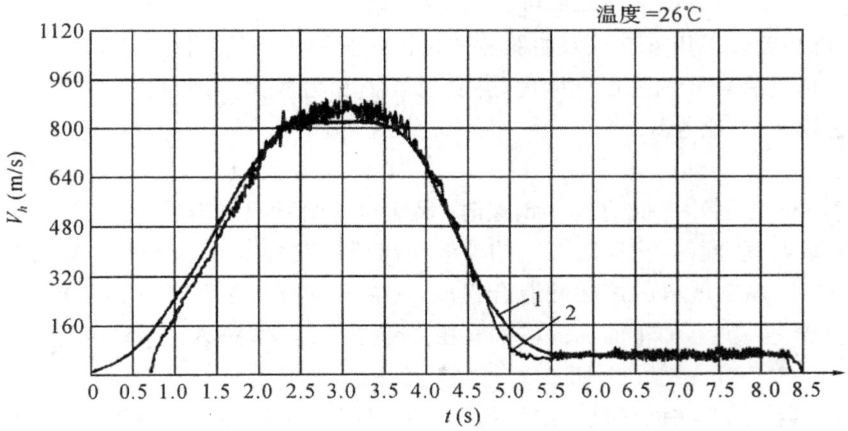

图 15-35　局部流量反馈液压电梯运行曲线

15.4　典型电液控制系统示例

15.4.1　塑料注射机系统

1. 功能说明

塑料注射成型机(简称塑机)主要用于热塑性塑料(聚苯乙烯、聚乙烯、聚丙烯、尼龙 ABC、聚碳酸酯等)的成型加工。塑料颗粒在注射机的料桶内加热熔化至流动状态,然后以很高的压力和较快的速度注入温度较低的闭合模具内,并保压一段时间,经冷却凝固后,模具打开,顶出缸推杆将制成品从模具中顶出。注射成型具有成型周期快,对各种塑料的加工适应性强、能制造外形复杂且尺寸较精密或带有金属嵌件的制件,以及自动化程度高等优点，得到广泛应用。其成型工艺是一个按预定顺序的周期性动作过程。塑料注射成型机主要由合模部分、注射部分、液压传动及电气控制系统等组成。

(1)注射部件

注射部件的主要作用是使塑料均匀地塑化成熔融状态，并以足够的压力和速度将熔料射入模腔。由液压马达驱动注射装置中的螺杆进行预塑(参见预塑工艺)，一般可进行无级调速，以达到塑料处于最佳塑化状态。螺杆预塑时的背压，由相应的压力阀进行调节，以满足不同塑料的塑化要求。当塑化的塑料达到所需的注射量时，计量撞块即发出信号，液压马达停止转动，此时，压力油进入注射缸，推动活塞实现螺杆注射，设置在注射座前的整体移动缸使注射座做往复运动，使喷嘴和模具离开或紧密地贴合。

(2)合模部件

其功能是保证成型模具可靠地闭合和实现模具启闭动作以及取出制品。新型塑机一般采用五支点双曲肘液压机械式合模机构。当压力油进入合模缸时，活塞带动与其连接的连杆机构推动模板向前运动，当模具的分型面刚贴合时，连杆机构尚未伸成一线排列，此时合模缸继续升压，强行使之成一线排列的位置，则合模系统因发生弹性变形而产生预应力，此力使模具可靠合紧。此时，可将合模缸压力卸去，整个合模系统处于自锁平衡状态，合模力保持不变。为达到快速、可靠调节模具厚度，一般采用液压马达驱动齿轮调模装置(参见调模)。

新型塑机一般多采用五支点双曲肘液压机械式合模机构的原因在于，它较直压式(全液压式)合模机构具有较高的强度和刚度，并具有自锁和力放大作用，易于实现高速及平稳变速的特点，它能耗小、刚性好。

(3)预塑工艺

(以图 15-36 为例)，注射前进行预塑时，螺杆的速度可根据需要，通过 3 台泵的选择性组合，实现多级调速。此时，注射缸右腔的油液在螺杆反推力作用下，经 V8，V7 回油箱，其背压由 V7 控制，以控制塑料的熔融和混合程度，使卷入的空气及其他气体从料斗中排出；同时注射缸左腔产生真空，油箱的油液在大气压力作用下经 V9 进入注射缸左腔。预塑有 3 种方式：

1) 固定加料。机器在循环过程中，注射座始终处于前端位置，保持喷嘴与模具浇口始终接触。适用于加工温度范围较宽的一般性塑料。

2) 前加料。上述预塑过程结束后，液压泵 2、3 卸荷，液压泵 1 的压力油进入注射座移动缸左腔，注射座自动后退，使喷嘴与模具浇口脱离接触。这种方式主要用于开式喷嘴或需要较高的背压进行预塑的场合，如聚碳酸酯、有机玻璃增强塑料等高黏度的塑料加工。

3) 后加料。指注射座整体后退后，方可进行螺杆预塑，因为这种方式喷嘴与冷的模具接触时间最短，故适用于结晶型塑料的加工。

(4)防流涎

(以图 15-36 为例)，3 台泵的流量合流经 V9 进入注射缸左腔，使螺杆强制后退(后退距离由行程开关控制)，以防止喷嘴端部流涎。

(5)调模

一般通过改变后模板的固定位置来实现调整，用以调整模具厚度。液压马达驱动调模，是通过液压马达带动大齿圈，然后由大齿圈带动 4 个调模螺母上的齿轮同步转动，使后模板、连杆、动模板等一体向前或向后移动，达到所需的装模厚度及模具所需的闭紧要求。

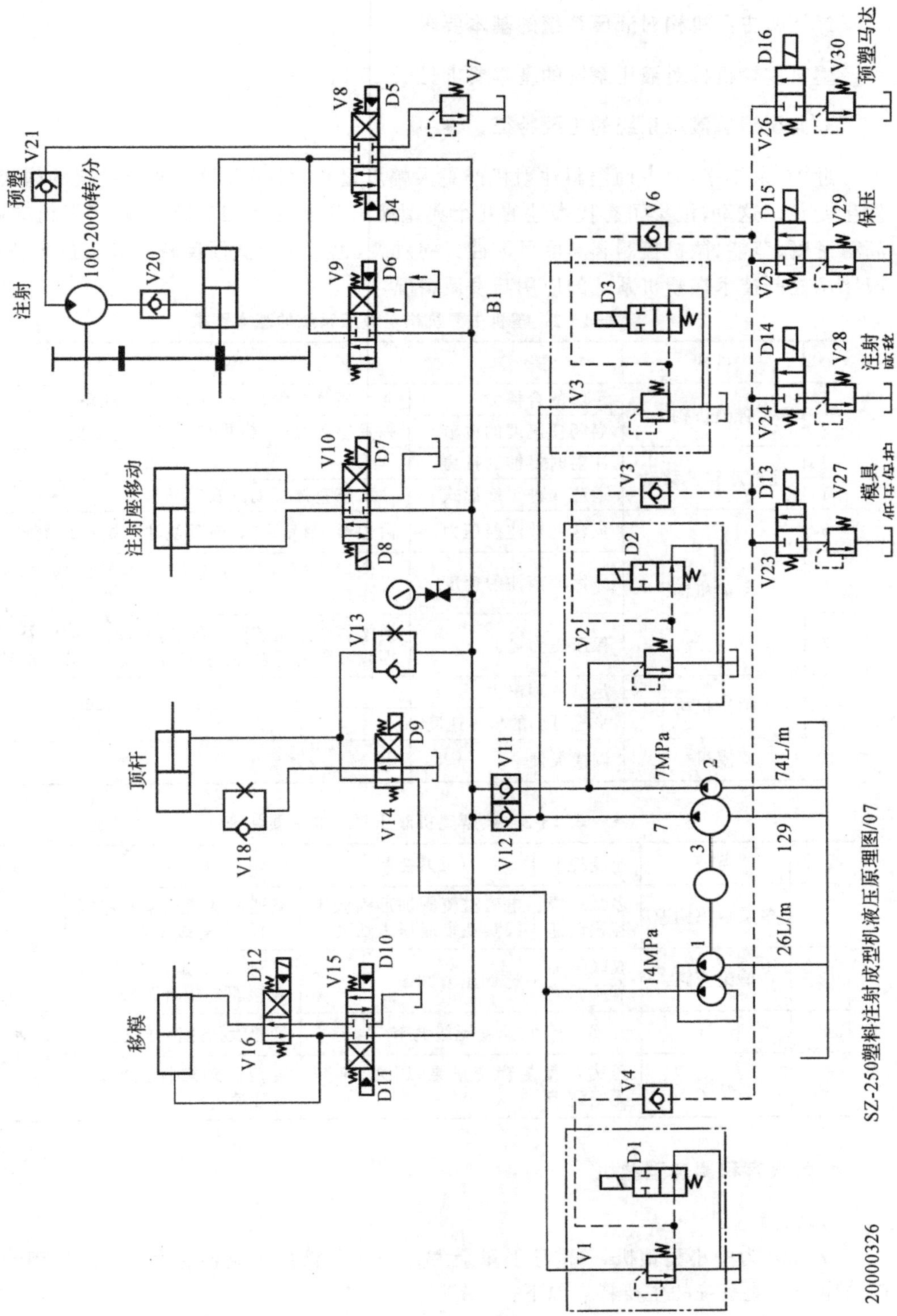
注射
预塑
V21
100-2000转/分
V20
V8
D5
V7
D4
V9
D6
B1
注射座移动
V10
D7
D8
顶杆
V13
V18
V14
D9
V11
V12
7MPa
2
7
3
1
14MPa
74L/m
129
26L/m
移模
D12
V15
D10
V16
D11
V6
D3
V3
V3
D2
V2
V4
D1
V1
D16
V30
预塑马达
V26
D15
V29
保压
V25
D14
V28
注射
V24
D13
V27
模具
V23
SZ-250塑料注射成型机液压原理图/07
20000326

图 15-36

2. 塑机主要机构对液压系统的基本要求

塑机主要机构对液压系统的基本要求见表 15-2。

3. 典型塑机液压系统的主要特征

近 10 余年来，一方面塑料注射机产量大幅度增长，另一方面其液压系统的构成也不断发生变化。这里，汇集了有代表性的几个典型液压系统（见表 15-3），反映了塑机向高效率、高精密度、节能、微机控制和高度可靠性方向发展，也从一个侧面反映了液压技术、特别是电液比例控制技术在塑机系统的应用与发展情况。

表 15-2 塑机主要机构对液压系统的基本要求

	机构	要 求	说 明
1	合模机构	足够的合模力	防止模具离缝而产生制品溢边现象
2		启闭模速度的调节	缩短空程时间，模具启闭缓冲避免撞击
3	注射座整体移动	注射时足够的推力	
4		适应 3 种预塑形式	注射座整体移动缸及时动作
5	注射机构	灵活调节注射压力	由原料、制品形状、模具浇注系统粗细决定
6		灵活调节注射速度	由注射充模行程、工艺条件、模具结构、制品要求决定
7		保压压力可调	使塑料紧贴模腔壁，以获得精确的形状；补充冷固收缩所需塑料，防止充料不足、空洞等弊端
8	顶出机构	足够的顶出力	
9		平稳可调的顶出速度	
10	调模机构	调模灵便	

表 15-3 典型塑机液压系统的主要特征

类号	类型	速度控制	压力控制	预 塑	调模
1	多泵容积调速	多泵有级容积调速	电磁溢流阀加远程调压阀实现多级压力切换	高速马达齿轮箱减速螺杆预塑，有级变速	
2	单比例阀	双联泵加节流调速	比例压力阀	低速大扭矩液压马达直接驱动螺杆预塑	液压马达驱动同步调模装置
3	pq 阀	pq 阀，压力、速度无级调节		低速大扭矩液压马达	
4	pq 泵	压力流量复合变量泵，压力、速度无级调节		直接驱动螺杆预塑，无级变速	

4. 多泵容积调速型塑机

（1）特点

SZ-250 为中小型塑机，一次注射量最大为 250g。液压系统各元件的一般作用参见电磁铁动作表。此系统的主要特点如下：

1）采用 3 台液压泵组成的有级容积调速回路，具有效率高、油液发热小等优点；

2）采用液压马达通过齿轮减速箱减速驱动螺杆进行预塑，具有安全可靠，螺杆速度和扭矩易调和充分利用液压动力源的优点（泵和马达的参数如表 15-4 所示）。

表 15-4　预塑与注射系统泵与马达参数表

液压泵			额定工作压力 MPa	额定流量 L/m		
	双级叶片泵 1		14	26		
	双联叶片泵	2	7	74		
		3		129		
液压马达			工作压力 MPa	扭矩 Nm	最低转速 r/min	最高转速 r/min
	叶片式液压马达		6	70.6	100	1000

3）可根据工艺要求，对快速启闭模、注射以及预塑动作进行多级速度调节；

4）在不增加动力源情况下，可采用差动增速原理(V16)，进一步提高闭模速度，具有系统简单、经济的优点；

5）采用电磁溢流阀(V1，V2，V3)与远程调压阀(V23，V24，V25，V26)的配合，实现多种系统压力的切换，满足了系统要求，并且有利于实现自动操作和集中控制；

6）通过调节背压阀(V7)的压力，控制塑料的熔融和混合程度，使卷入的空气及其他气体从料斗中排出。

(2)SZ-250 塑料注射成型机液压系统

SZ-250 型塑料注射成型机液压系统中的多泵容积调速油路图如图 15-36 所示。

(3)SZ-250A 电磁铁动作顺序表

表 15-5 所示为 SZ-250A 电磁铁动作顺序表。

表 15-5　SZ-250A 电磁铁动作顺序表

电磁铁代号	合模				注座整体前进	注射			保压	预塑	防流涎	注座整体后退	开模			顶出	螺杆后退
	慢速	快速	慢速										慢速	快速	慢速		
			低压	高压		速度Ⅰ	速度Ⅱ	速度Ⅲ									
D1	✋	⊙		✋	✋	⊙	⊙	⊙	✋	⊙	✋	✋	✋	⊙		✋	✋
D2		⊙	✋			⊙	⊙	⊙		⊙	✋			⊙	✋		
D3		⊙				⊙	⊙	⊙		⊙	✋			⊙			
D4						✋	✋	✋	✋								
D5										✋							
D6											✋						
D7					✋	⊕	⊕	⊕	⊕	⊙ *							
D8												✋					
D9																✋	
D10													✋	✋	✋		
D11	✋	✋	✋	✋													
D12		⊙															
D13			✋														
D14					✋	✋	✋	✋			✋	✋					✋
D15									✋								
D16										✋							

✋：表示电磁铁通电；⊙：表示电磁铁选择性通电；⊕：表示电磁铁仅在自动、半自动操作时通电；⊙ *：表示仅在固定加料和加料退回时通电。

5. 单比例阀型塑机

以宁波通用 TF-1600A-Ⅱ塑料注射成型机为例。

(1)特点

1) 通过双联叶片泵(通过 V1)加节流阀(V14,V15,V16),实现有级速度切换;

2) 使用比例压力阀(V2)实现各种压力的无级调节;

3) 由低速大扭矩液压马达直接驱动预塑;

4) 双缸平行式注射机构;

5) 使用液压马达驱动齿轮调模装置,迅速轻便地适应模具厚度的变化;

6) 采用五支点双曲肘液压机械式合模机构,增力比大,运动性能好;

7) 调节性能优于传统系统;

8) 压力和速度的各种不同调节均为数字化。

(2)液压原理图

TF-1600A-Ⅱ型塑料注射成型机液压系统原理图如图 15-37 所示。

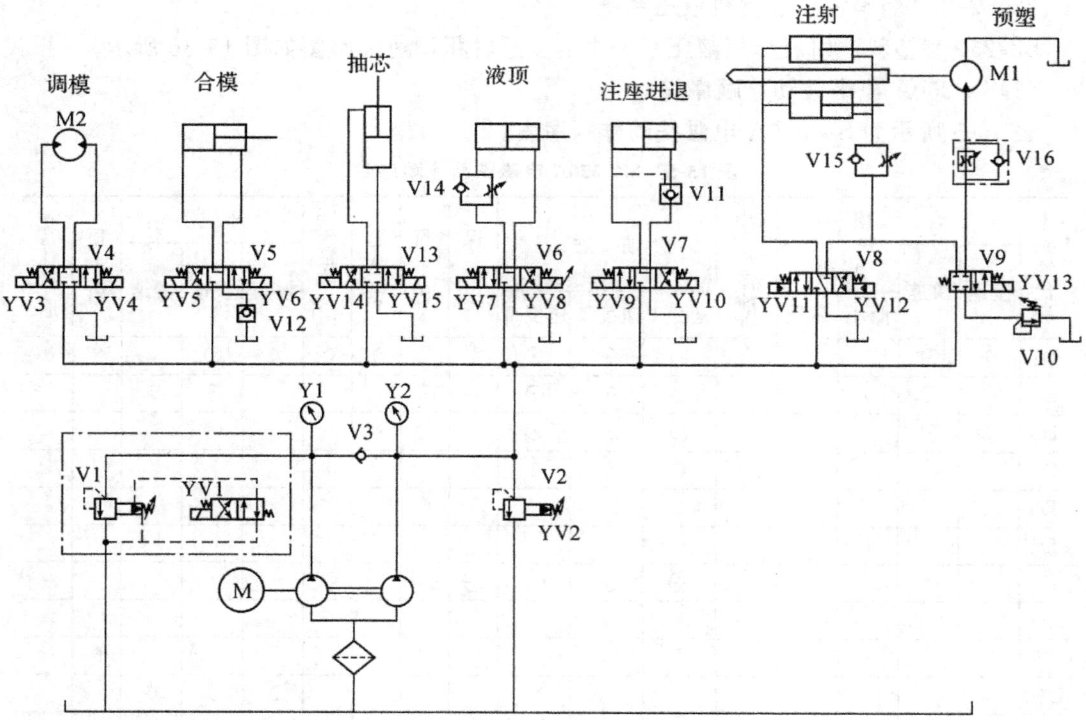

图 15-37 TF-1600A-Ⅱ塑料注射机液压系统

(3)基本参数与规格

TF-1600A-Ⅱ型塑料注射成型机基本参数与规格见表 15-6。

表 15-6　TF-1600A-Ⅱ基本参数与规格表

螺杆直径	mm	55
注射容量(理论)	cm^3	400
注射重量(PS)	g	360
注射压力	MPa	12.5
注射速率	g/s	200
塑化能力(PS)	g/s	33
螺杆转速	r/min	10～170
螺杆长径比	L/D	16
料筒加热功率	kW	7.5
锁模力	kN	1600
允许模具厚度(最大)	mm	440
允许模具厚度(最小)	mm	230
移模行程	mm	410
液压顶出行程	mm	95
液压顶出力	kN	46
油泵电机功率	kW	18.5
液压泵流量	L/min	19/116(135)
液压系统最高压力	MPa	14
机器尺寸(长×宽×高)	m	4850×1110×1820
机器重量	t	4.8

6. pq 阀型塑机

以宁波海天 HFT 150 注塑机为例。

(1)特点

1）使用比例压力阀和比例流量阀，供给每一个操作功能所需要的 p 和 q；

2）低速大扭矩液压马达直接驱动预塑，并能无级变速；

3）双缸平行式注射机构；

4）液压马达驱动调模装置，迅速轻便；

5）调节性能和节能效果优于单比例阀系统；

6）压力和速度的各种不同调节均为数字化。

(2)液压原理图

HTF 150 型塑料注射机液压系统原理图如图 15-38 所示。

(3)主要技术参数表

HTF 150 型塑料注射机主要技术参数见表 15-7。

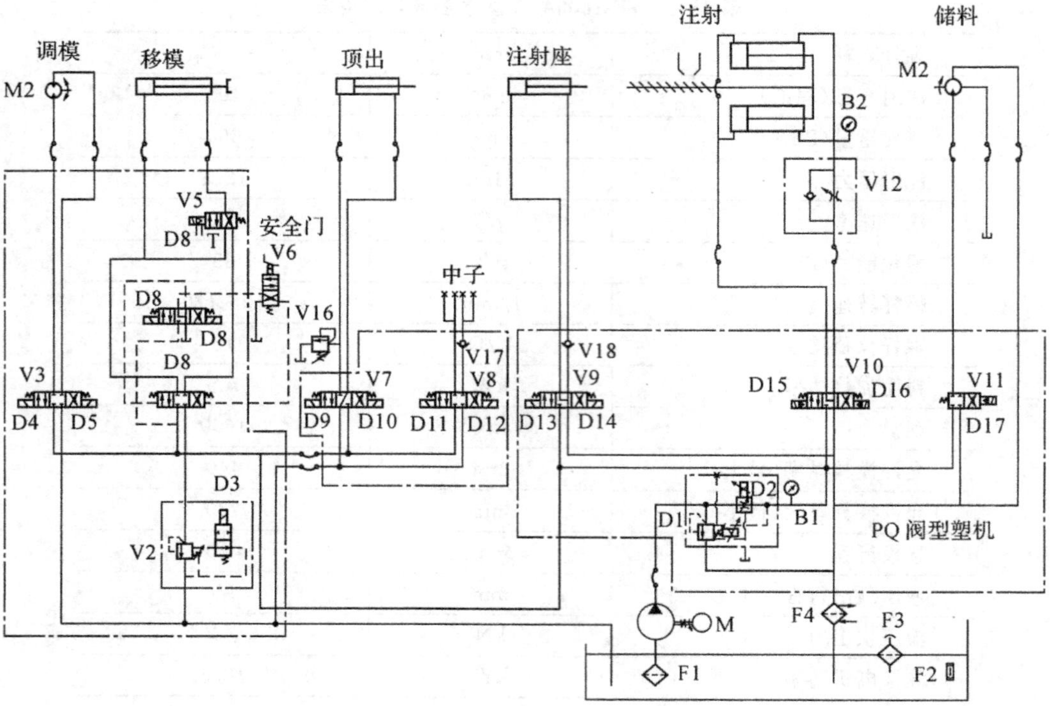

图 15-38 HTF 150 塑料注射机液压系统

表 15-7 HTF 150 主要技术参数表

		HFT150A	HFT150B	HFT150C
螺杆直径	mm	40	45	48
注射容量(理论)	cm^3	250	318	362
注射重量(PS)	g	225	286	325
注射压力	MPa	201	159	140
注射速率	g/s	110	120	140
塑化能力(PS)	g/s	15	17	20
注射行程	mm	200		
螺杆转速	r/min	0～180		
料筒加热功率	kW	7.5		
锁模力	kN	1500		
拉杆内间距(水平×垂直)	mm	410×410		
允许模具厚度(最大)	mm	380		
允许模具厚度(最小)	mm	180		
移模行程	mm	350		
模板开距(最大)	mm	730		
液压顶出行程	mm	80		
液压顶出力	kN	33		
液压顶出杆数量		1		
油泵电机功率	kW	15		
油箱容积	L	230		
机器尺寸(长×宽×高)	m	4.7×1.2×1.8		
机器重量	t	4.5		
最小模具尺寸(长×宽)	mm	270×270		

7. pq 泵塑机系统(Bosch 公司)

配置 pq 泵的塑机液压系统，主要差别也在于油源部分，它具有比配置 pq 阀更好的节能效果。其液压原理图如图 15-39 所示。

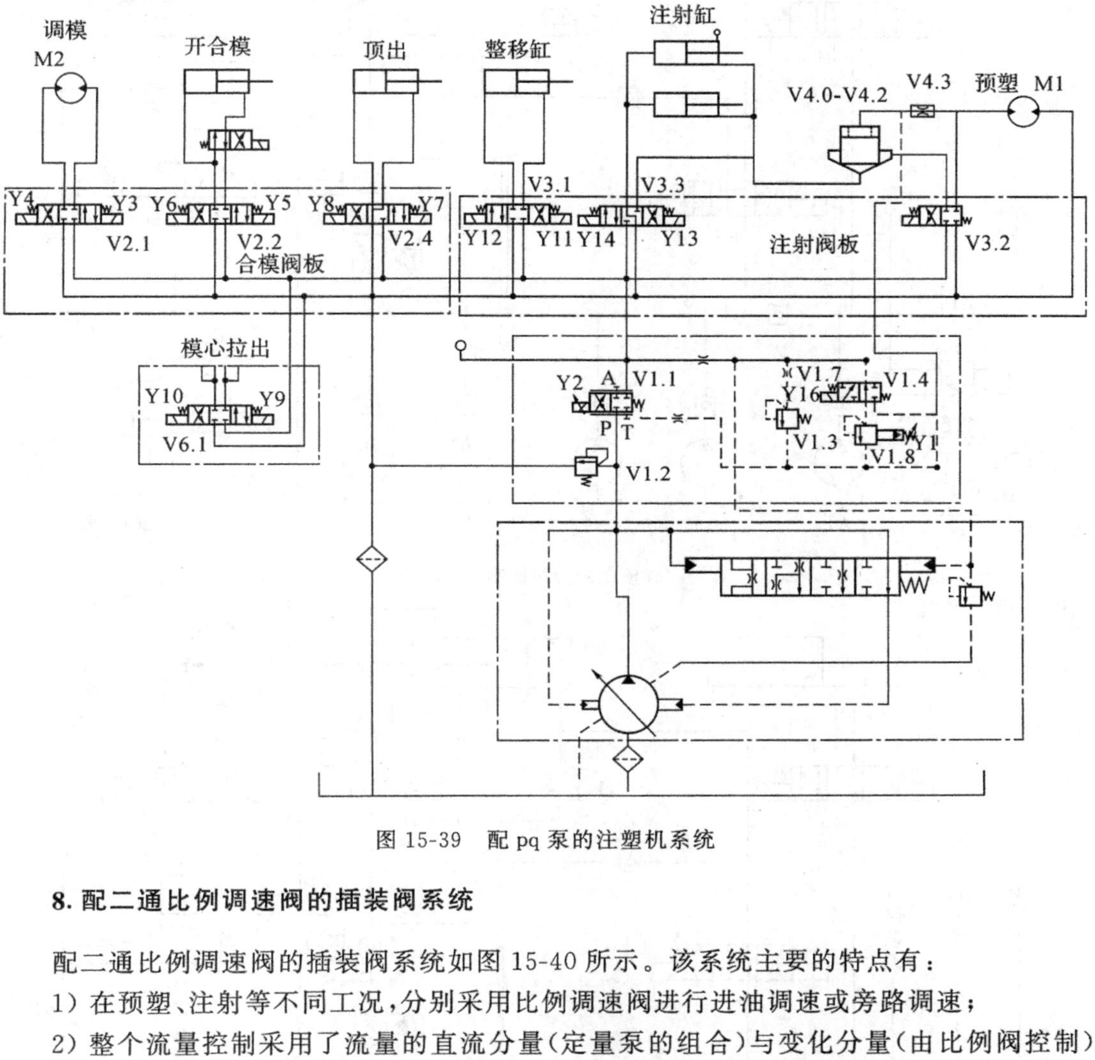

图 15-39　配 pq 泵的注塑机系统

8. 配二通比例调速阀的插装阀系统

配二通比例调速阀的插装阀系统如图 15-40 所示。该系统主要的特点有：

1）在预塑、注射等不同工况，分别采用比例调速阀进行进油调速或旁路调速；

2）整个流量控制采用了流量的直流分量(定量泵的组合)与变化分量(由比例阀控制)的有机结合，使比例阀的规格大为变小，不但提高控制性能，也使设备成本大为降低；

3）由于总体流量大，采用插装阀系统；

4）各种压力采用传统的电磁阀有级切换。

9. Bosch 的 pq 阀系统

图 15-41 所示系统送料和螺杆回转，由比例压力阀和比例节流阀进行控制，以保证注射力和注射速度的精确可控。其工作原理为：塑料的粒料在回转的螺杆区受热而塑化。由液压马达驱动的螺杆转速，由比例节流阀①确定，方向阀⑥处于切换位置 a。螺杆沿轴线方向向右运动，注射缸经过由件②和件④构成的电液比例先导溢流阀排出压力油。由先导阀②确定

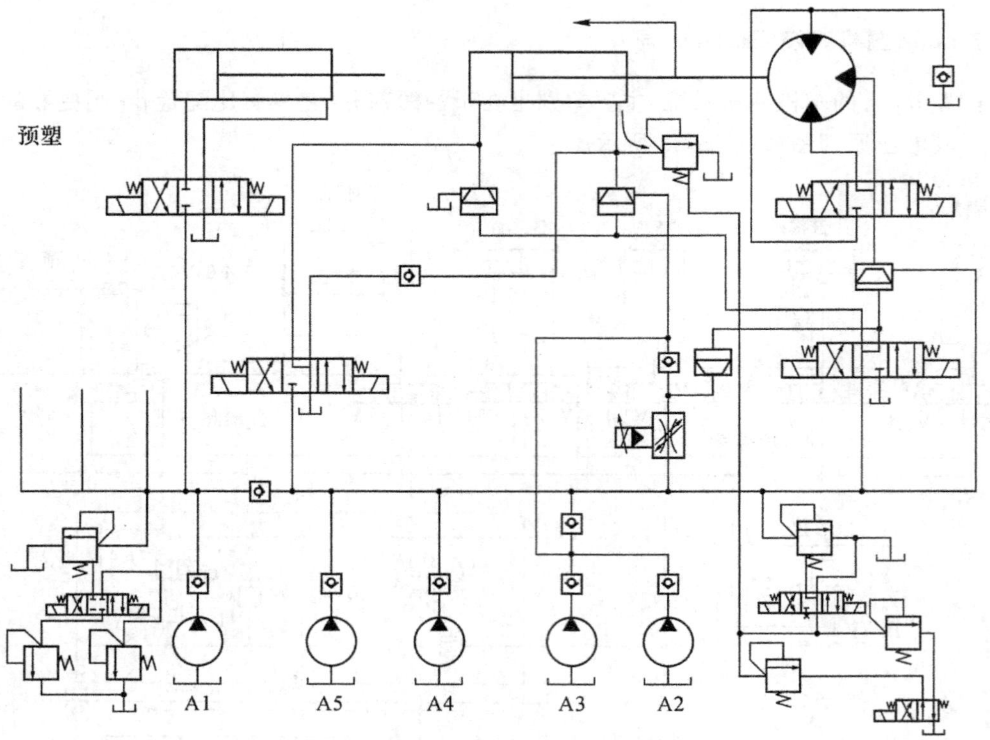

(a) 预塑的旁路调速

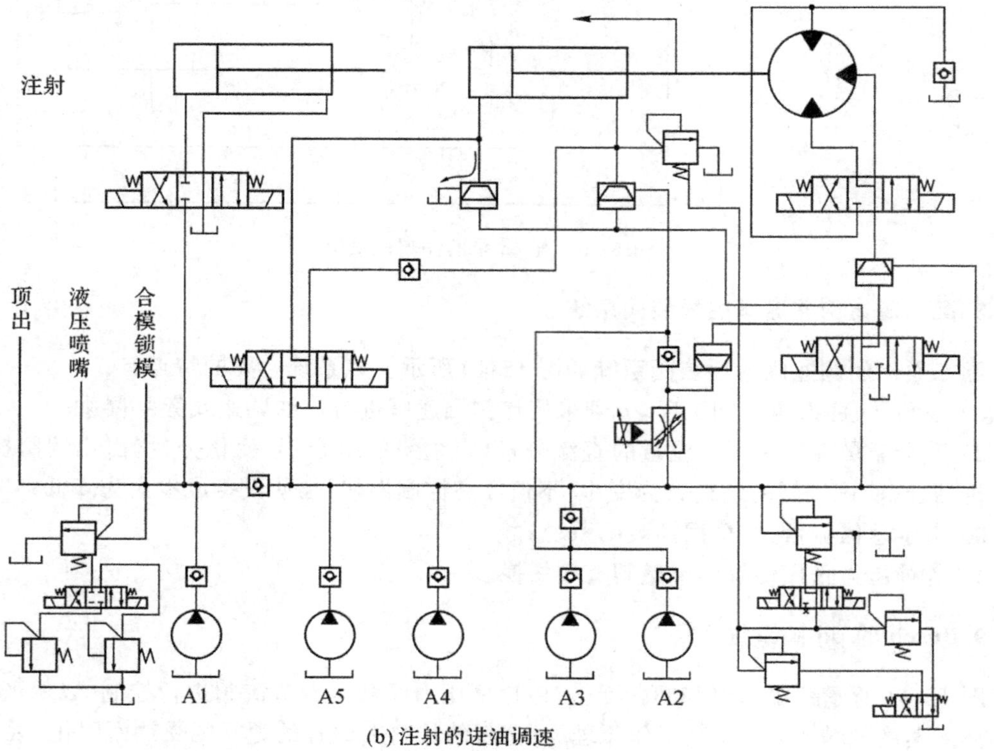

(b) 注射的进油调速

图 15-40 配二通比例调速阀的塑机系统

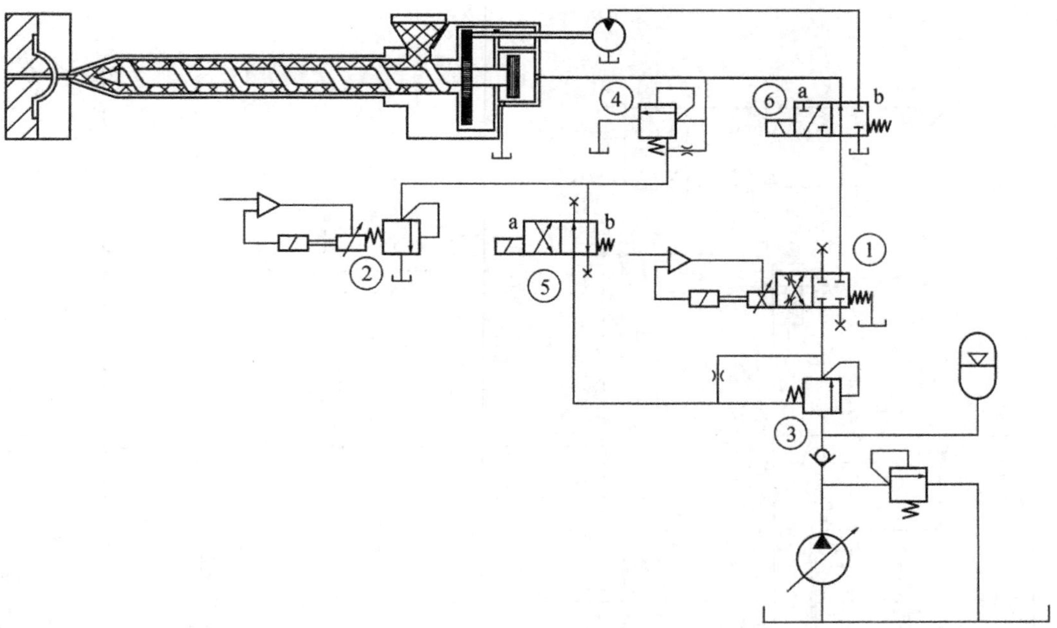

图 15-41　Bosch 的 pq 控制塑机系统

的支撑压力成为“背压”，此时方向阀⑤处于切换位置 b。已塑化的原料，由螺杆的向前推进而射入模具。这样，注射缸承受油压。“注射压力”通过由件③和件②组成的电液比例先导减压阀确定；此时，方向阀⑤处于切换位置 a。注射速度由比例节流阀①来精细调节，此时，方向阀⑥处于切换位置 b。在注射过程结束时，比例阀②的压力在极端时间里提高到“保压压力”。系统中加有蓄能器，可使系统配备的最大流量小于系统最大流量，系统短时间需要的不足流量，由蓄能器提供。问题是：为什么在注射时阀④不会打开？应该说此时由于阀⑤处于切换位置 a，溢流阀④的调定值与减压阀③的调定值是一样的，这意味着主油路上减压阀③出口处的压力与溢流阀④进口的压力相等。但必须注意到，主液流从减压阀出口流到溢流阀进口处总有一定的压力损失，所以溢流阀的调定值高于液流压力；进一步讲，即使假定液流到溢流阀口时的压力等于溢流阀的调定值，但由于系统没有多余流量（系统流量由比例节流阀调定），所以，溢流阀也不会打开。这里应该注意到减压阀系统的运行特点：系统接通后，先是减压阀阀口全开（压力未达到比例先导阀调定压力，并联的溢流阀不会打开），油液进入负载；当负载缸到位时，减压阀主阀口流量几乎为零，减压阀出口压力逐步升到比例先导阀调定压力；由于此时没有流量通向负载，所以，溢流阀不可能打开。

10. Bosch 闭环控制的塑机系统

图 15-42 所示为 Bosch 公司的闭环控制的塑机系统。

图示为注射驱动单元，它是注射机最重要的组成部分。这里，要控制的是注射速度，注射缸的位置，以及注射过程的各种压力。实现各种闭环控制的控制元件，是插装式 3/2 伺服比例阀。它由主阀 9 和先导阀 9.1 所组成。

在闭环控制时，注射速度由位置检测系统 9.5 给出实际信号。体积流量由插装阀 9 的阀口 P→A 控制。

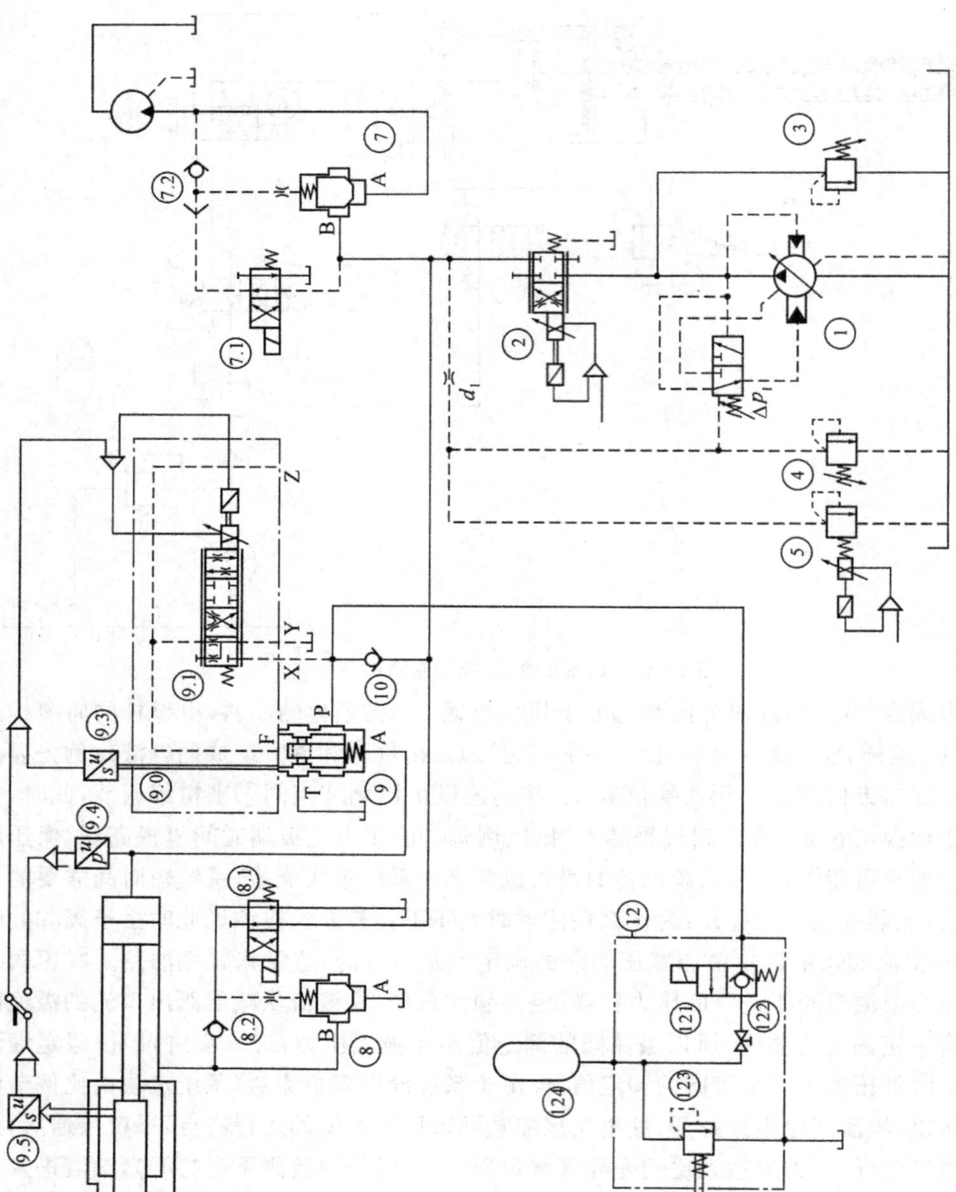

图 15-42 BOSCH 的闭环控制塑机系统

在“注射压力”、“背压”和“保压压力”的闭环控制中，其实际信号，由压力传感器 9.4 进行处理。这些压力由插装阀 9 的 A→T 阀口加以限制。

液压泵 1 在整个工作循环中，提供由比例阀 2 和 5 控制的变化的体积流量，和各种压力。

模腔压力的闭环控制 对那种工件质量有特别高要求的注塑机，要进行模腔内部压力的闭环控制。此时，在设备里要安装相应的压力传感器。

图中所示的液压泵 1 是一种压力流量复合控制泵，由比例节流阀 2 进行流量控制，由比例溢流阀 5 进行压力控制，阀 4 可视为阀 5 的最高限制或特定调定值，阀 3 为系统的安全阀。

系统中加有蓄能器 12.4，可使系统配备的最大流量小于系统最大流量，系统短时间需要的不足流量，由蓄能器提供。

15.4.2 全液压深孔钻机系统

1. 全液压钻机工作特点

图 15-43 所示的深孔钻机主要用于深度达 600m 等级的矿产钻探，所有的钻杆接卸、钻进都由液压系统进行驱动和控制。卡盘固定于液压马达 05 上一起转动，液压马达连同其上的钻杆系，由液压缸驱动进行所需要的升降运动。夹持器固定于机座，与卡盘之间的开启与闭合有严格的先后协调配合动作。

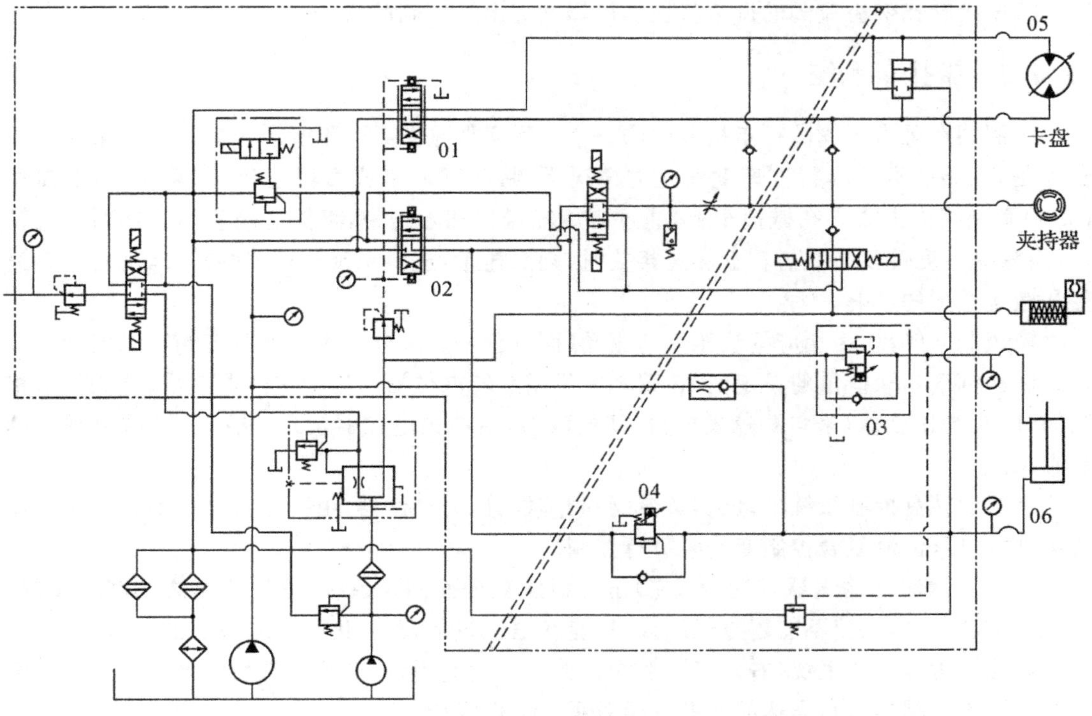

图 15-43　全液压深孔钻机液压系统

当钻杆系每钻进到一根钻杆规定深度时，都需进行接杆操作。接杆时先由夹持器将已钻进的钻杆系夹持，然后由机械手(另一液压系统，图中未表示)将一根新钻杆放进液压马达中心孔洞由卡盘抱紧，然后液压缸向上微动，使钻杆系头部与新钻杆接触，液压马达慢速反转进行上螺纹接杆。接杆完成后，夹持器松开。钻进时钻杆由液压马达驱动而转动，液压马达连同钻杆由液压缸 06 的活塞杆驱动进行钻进运动。当岩心装满岩心管或进行事故处理时，需要进行与接管过程相反的卸管操作。

这里所涉及的所有液压马达的正反转速和液压缸的上下运动速度，都由电液比例方向阀 01 与 02 进行控制，要求有精细的低速特性(上、卸螺纹时)和快速特性(钻杆升降)，还不允许零漂的干扰。

2. 加压钻进与减压钻进的电液比例控制

(1)加压钻进

当钻进深度较浅时，由钻杆自重所产生的钻头正压力较小，不足于进行正常钻进时，必须依靠电液比例减压阀 03 对液压缸的上腔进行加压。随着钻孔深度加大，钻杆自重增大，减压阀出口压力将逐步减小，直至为零的临界期。

(2)减压钻进

过了临界期，钻杆自重产生的钻头正压力超过正常钻进所需压力时，就必须依靠比例溢流阀 04 对液压缸的下腔生成背压，以部分抵消钻杆自重，使钻进压力符合要求。同样随着钻进深度的增加，比例溢流阀的输出压力要逐步增大。与前述的上卸螺纹时一样，不论是加压钻进，还是减压钻进，钻进速度都比较低，要求比例方向阀有很好的低速特性。同样，钻进对比例减压阀和比例溢流阀的调节特性和可靠性提出了较高的要求。

15.4.3 撒盐车系统

比例阀在恶劣环境的行走机械中的一个应用实例是图 15-44 所示的撒盐车。撒盐车的任务是，在路面宽度和行进速度变化的情况下，将准确的单位面积盐量(盐量(g)路面面积(m^2))撒到路面上去。在撒盐车上，通过螺旋输送器和输送带，将储盐箱里的盐送到撒盐转盘。当撒播宽度仅仅与撒盐转盘转速相关时，则撒盐量，进而螺旋输送器的转速，就受行车速度和撒盐宽度的影响。

输送器与转盘，由相应的液压马达驱动，而液压马达又分别由比例节流阀加以控制。

撒盐宽度与撒盐量的设定值，在驾驶室里用旋转电位器给出相应的电信号。这些信号相互间，以及与速度值(来自测速发电机)间的联系，在中央电控器实现，从而重新区控制比例节流阀。

在图示转盘控制系统中，比例节流阀和并联的压力补偿器，由一定量泵供油。而输送器马达，由恒压、恒流复合控制变量泵进行控制。

图中所示驱动输送器马达的 (左)恒压恒流复合控制泵系统，恒流是电液比例的控制，恒压是手动控制，恒流不能越过恒压线，只能在恒压线上，只能运行于与恒流的交点上。

驱动转盘马达的系统(右)，实际上为比例三通调速阀(比例节流阀加定差溢流阀——原图中误为减压阀)系统，马达前的溢流阀对系统进行限压。

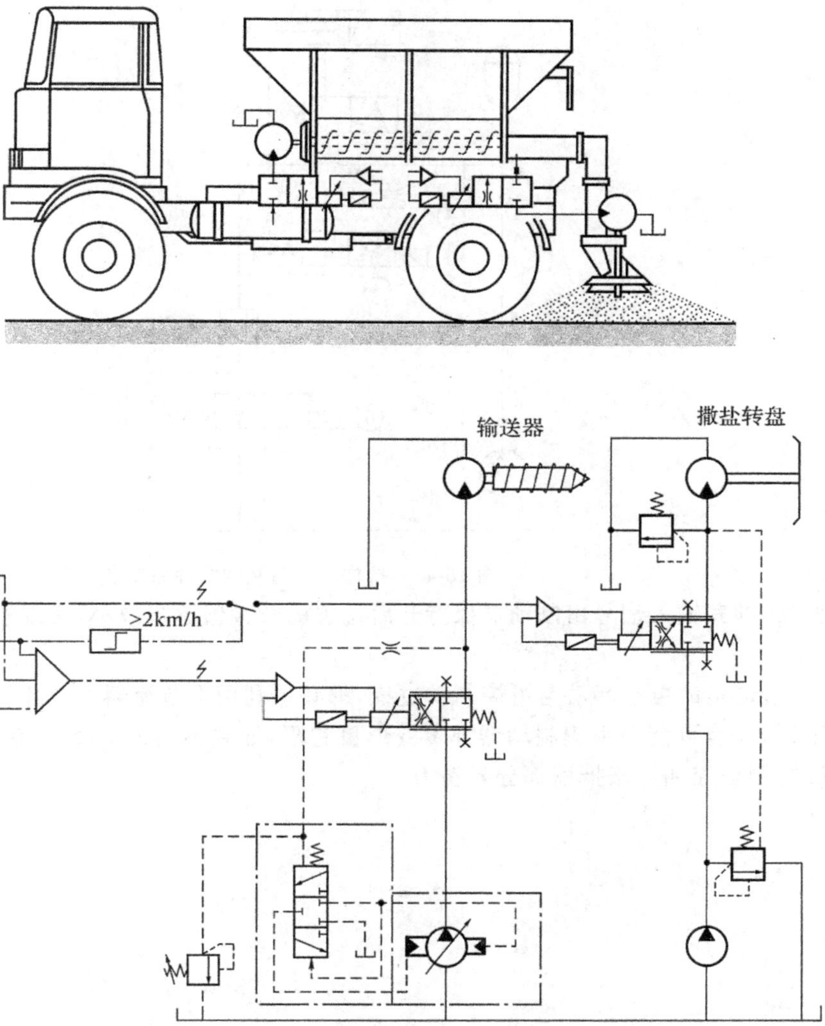

图 15-44　撒盐车电液控制系统

15.4.4　扶梯起动与制动缓冲系统

图 15-45 所示是一个典型的 B 型半桥的应用实例。从安全性出发，制动器 1 的一般原则是弹簧制动，油压松开。各工作状况如下：

(1)制动工况：阀 2 如图所示为弹簧位，比例压力阀输入信号为零，制动缸(有杆腔)油液排空。

(2)快速开启工况：阀 2 通电，阀 4 通电；油源压力油快速进入制动缸有杆腔，油压克服弹簧力保持制动器处开启状态。

(3)可控起动过程工况：阀 4 弹簧位，阀 2 弹簧位。由节流器 3 作为固定液阻与电液比例压力阀作为可变液阻组成 B 型半桥，半桥的输出压力作用于制动缸的有杆腔。随着比例压力阀压力的升高，逐步抵消制动弹簧力，使系统按一定的规律慢速起动。

(4)可控制动过程工况：阀 4、阀 2 与起动过程一样；比例溢流阀压力变化过程与起动过

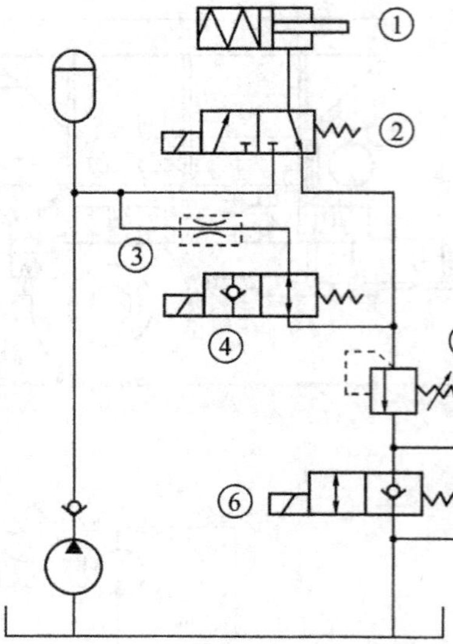

图 15-45 扶梯起动与制动缓冲系统

程相反，即其输入信号由制动器保持开启位置的较大值逐步减小，实现按一定规律的缓慢制动。

(5)这里的可控起动与可控制动过程，都必须利用由节流器 3 与比例溢流阀 5 组成的 B 型半桥，才有可能。由于制动器弹簧变形量有限，如果不引入 B 型半桥，单靠有杆腔排油是无法控制该腔油压来抵消部分弹簧力。

第 16 章

油液与污染控制

16.1 概　述

在液压传动系统中，功率是由来自液压动力源作为工作介质的有压液压油(液)来传递的。液压系统的工作油液(以下简称油液)除了传递能量之外，还能起着润滑、防锈、冷却等作用。液压系统运行的可靠性、准确性和灵敏度，均与所选择的工作油液的物理和化学性能、清洁度、使用条件以及工作环境有关。

由于液压系统的组成，其工作条件和周围环境等因素的不同，对工作油液的性能提出了不同的要求。为了合理地选择和使用工作油液，使其能满足液压系统的需求，同时能提高液压系统的可靠性和效率，本章讨论液压油(液)常用的技术性能和污染控制。

16.2 理化性质和技术性能

16.2.1 油液密度

密度 ρ 是单位体积内所含物质的重量。油液的密度随着温度的上升有所减小，而随着压力的升高稍有增加。我国采用 20℃、大气压下的密度为标准密度，以 ρ_{20} 表示。

16.2.2 黏度和有关特性

1. 黏度的表示法

黏度是油液的最重要的性能。油液流动时，由于油液分子间的相互作用，而产生阻碍油液流动的内摩擦力，称之为油液黏度。油液的黏度是衡量这种内摩擦力大小的一个物理量。黏度通常可以用动力黏度、运动黏度、相对黏度等三种方法表示。

(1)动力黏度

参照图 16-1，根据牛顿内摩擦定律，单位面积 A 上的黏性力 F/A，即内摩擦力 τ 与垂直于该面上的速度梯度 $dv/d\delta$ 成比例，其比例系数称为动力黏度，通常以 μ 表示，即

$$\tau=\mu dv/d\delta \qquad (16\text{-}1)$$

动力黏度 μ 的单位为帕・秒(Pa・s)。

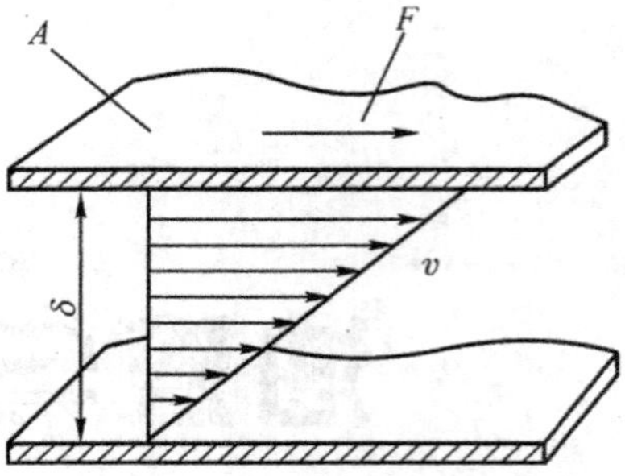

图 16-1 牛顿内摩擦定律示意图

在流体力学中，把速度梯度变化时，动力黏度 μ 不变的液体称为牛顿液体；而将速度梯度变化时，μ 值变化的液体称为非牛顿液体。除高黏度或含特殊添加剂的油液之外，一般液压油均可视为牛顿液体。

(2)运动黏度

油液在同一温度下的动力黏度与该油液密度的比值称为运动黏度，用 ν 表示，即

$$\nu=\mu/\rho \tag{16-2}$$

ν 的单位是 m^2/s，常用 mm^2/s 表示。我国和国际标准 ISO 均规定采用运动黏度来表示油液的黏度。矿物油的牌号就是该种油液在 40℃时以 mm^2/s 为单位的运动黏度。

(3)相对黏度

相对黏度指采用特定黏度计在特定条件下所测得的黏度，以条件单位来表示，按各国的习惯，采用不同的条件黏度，如恩氏度、赛氏秒、雷氏秒、巴氏秒、恩氏秒等。我国和德国、俄罗斯等国是采用恩氏黏度°Et 来表示油液的相对黏度的。运动黏度与恩氏黏度之间的换算关系如式 16-3 所示：

$$\nu=(7.31°E_t-\frac{6.31}{°E_t})\times10^{-6}(m^2/s) \tag{16-3}$$

2. 黏度—温度特性

黏度—温度特性(以下简称黏—温特性)是指油液的黏度随着温度的升高而降低。不同的油液其黏—温特性也不同。黏—温特性通常用黏度—温度曲线图、黏度温度系数以及黏度指数来表示。

(1)黏度—温度曲线图

图 16-2 所示为一些典型的油液的黏－温曲线。

(2)黏度温度系数

黏度系数根据油液运动黏度的数值按下式计算：

$$NWX_{0-100}=\frac{\nu_0-\nu_{100}}{\nu_{50}} \tag{16-4}$$

$$NWX_{20-100}=\frac{\nu_{20}-\nu_{100}}{\nu_{50}} \tag{16-5}$$

式中：ν_0，ν_{20}，ν_{50}，ν_{100}分别表示液体在 0℃，20℃，50℃，100℃时的运动黏度。

黏度的温度系数越小，表示黏度随温度的变化就越小，黏—温特性就越好。

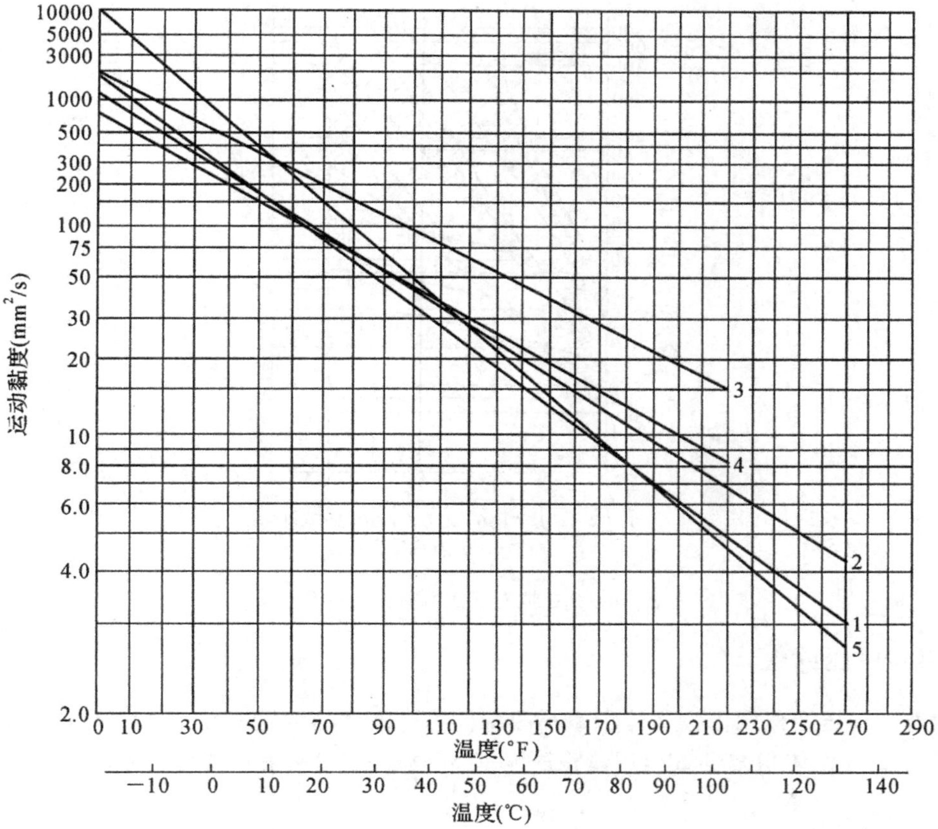

图 16-2　典型油液的黏度—温度曲线

曲线：1. 石油型普通液压油；2. 石油型高黏度指数液压油；3. 水包油乳化液；4. 水—乙醇液；5. 膦酸酯液

(3)黏度指数

黏度指数是指被测液体的黏度随温度变化的程度与标准液体的黏度变化程度的比值。黏度指数高，表示黏—温曲线平缓，黏—温特性好。一般液压油的黏度指数要求在 90 以上，优异的在 100 以上。黏度指数的计算方法可以参照国标 GB/T 1955—1998《石油产品黏度指数计算法》中的规定，这里不另赘述。

3. 黏度—压力特性

油液的黏度与压力的关系可以用下列近似公式来表明：.

$$\nu_p=\nu_0 e^{bp}\approx\nu_0(1+bp) \tag{16-6}$$

式中：ν_0——大气压下油液的运动黏度 (mm^2/s)；

ν_p——压力为 p(MPa)时的运动黏度(mm^2/s)；

b——系数，石油型液压油为 0.015～0.035 MPa^{-1}。

图 16-3 表示在恒温下压力对黏度的影响。从图中可以看出，黏度随着压力的增高而增大。在低压时，压力对黏度的影响不大，当 $p>50$MPa 时，其影响渐趋明显；当 $p>70$MPa 时，油液的黏度将比常压下增加 4～10 倍。

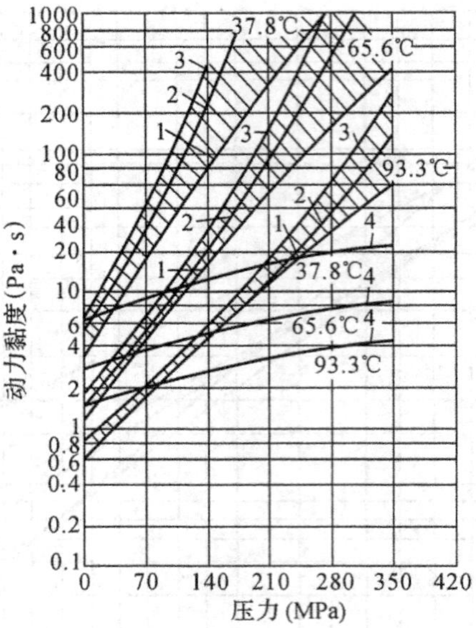

图 16-3　在恒温下压力对黏度的影响

16.2.3　可压缩性

油液受到压力作用而发生体积减小的特性称为液体的可压缩性。体积为 V 的液体，当压力增大 Δp 时，体积减少 ΔV，用体积压缩率 β（$(\mathrm{MPa})^{-1}$）来表示其可压缩性：

$$\beta=-\frac{1}{V}\frac{\Delta V}{\Delta p} \tag{16-7}$$

由于压力增大时液体的体积减少，所以上式右边有负号。β 的倒数称为液体的体积弹性模量，以 E(MPa)表示

$$E=\frac{1}{\beta} \tag{16-8}$$

采用不同的实验方法和实验装置所测得的 E 值不同，石油型液压油 E 值平均为 1.2～2 GPa。油液中不可避免地会混入气泡，使油液的 E 值减少。建议矿物油的 E 值取 0.7～1.4 GPa。如果考虑到管道受到压力后的体积膨胀或是采用橡胶和尼龙管道时，油液的当量体积弹性模量更要下降。

16.2.4　比热

油液的比热是单位质量的油液在温度升高 1℃时所需的热量。根据加热过程又可将比热分为定压比热和定容比热。对于液压油而言，二者的差别不大，一般采用定压比热。石油基液压油的定压比热约为 1900J/kg·℃。比热除了是确定冷却器的容量时所需的特性外，在用热力学方法确定液压泵的总效率时也与它有关。

16.2.5　抗燃性

抗燃性好是指液压油有较高的闪点、着火点和自燃点。

1. 闪点

闪点是指在规定的开形杯或闭形杯内，将一定容量的油样加热到它蒸发的油气与空气混合后，在与规定火焰接触后能发生闪光时油样的最低温度。根据闪点可知道油液中产生低沸点可燃成分的程度。闪点越高，表示所产生低沸点可燃成分减少，油液在高温下的安全性好。闪点低的油液不宜在高温下使用，通常要求液压油的闪点不低于 170℃。

2. 自燃点

油液加热到一定温度，细小油滴一旦撞入空气中时，热表面将自行燃烧，这一温度称为该油液的自燃点。根据一系列规定的试验，取其最低的自燃温度为该油液的自燃点。

3. 着火点

油液加热到某一温度时，移近一试验火源，引起的火焰可维持 5 秒钟以上，这一温度称为该油液的着火点。

16.2.6　凝点或倾点

凝点是在规定的试验条件下，油液被冷却到失去流动性时的最高温度。液压油的低温性与凝点有关，一般认为，在凝点以上 10℃，液压油的流动性是好的。

倾点是在规定的试验条件下，速冷到油液能流动的最低温度。如果液压系统经常暴露在很低的环境温度，则倾点是很重要的，对一般系统而言意义不大。一般倾点比凝点高 2～3℃左右。

16.2.7　酸值

酸值是控制液压油使用性能的重要指标之一。酸值是指中和 1 克液压油中的全部酸性物质所需氢氧化钾的毫克数。酸值大的油液，容易腐蚀液压元器件，还会加快油液变质、增加机械磨损。因此，根据液压系统的使用要求，规定了液压油可用的最高酸值在 0.7～1 左右。

16.2.8　抗腐蚀性

腐蚀是液压油在规定条件下，对规定的金属试片的腐蚀作用。由于液压元器件大部分是由金属材料制成的，由于水分和空气中的氧气，会使液压元件的金属生锈。因此，液压系统要求工作油液的防锈和抗腐蚀性要好。大多数油液需要添加一些防锈剂和抗氧化剂，这些添加剂即保护金属又有助于延长油液的寿命。

16.2.9　润滑性与抗磨性

在高压、高速液压系统，液压元件中的相对运动部件间要产生摩擦和磨损，为了提高液压元器件的寿命和运行可靠性，液压系统要求工作油液的润滑性和抗磨性要好。液压系统中，液压泵是关键元件，不同类型的液压泵对磨损保护的要求不同，叶片泵和齿轮泵需要特别抗磨保护，而柱塞泵对锈蚀和氧化保护更为重要。用来减少金属磨损的最常见的油液添加剂是二硫磷酸锌。

16.2.10 氧化安定性和热稳定性

氧化安定性是指油液抵抗与含氧物起化学反应的能力。氧化能力一般是随温度的升高而增加，容易导致工作油液变质，氧化物所生成的物质会对金属产生腐蚀，将会引起油液的一些技术指标降低。因此，系统要求工作油液具有良好的氧化安定性和热稳定性。

16.2.11 抗泡性和空气释放性

混入油液中的气体，在油液剧烈搅动下会起泡，气泡会降低系统刚度，还会产生噪声、振动和气蚀。对系统的危害性较大。抗泡性表示在油液工作过程中产生气泡的多少，系统要求油液中产生的气泡越少越好，而且要能很快地破灭。为了防止气蚀，有些重要的液压系统，例如飞机系统的油箱是加压油箱，使更多的气体溶解于油液中。

16.2.12 材料的相容性

众所周知，天然橡胶是不耐油的，不能直接用于制作密封件。密封材料要与工作油液接触，在使用中还要考虑油液对密封材料的相容性。如果不相容，就会引起尺寸和机械性能的变化。例如，密封材料的溶胀、软化或硬化，其结果对密封失效。因此，不同的工作油液要选择与之相容的密封材料。与工作油液接触的大多数密封件是丁腈橡胶。其他密封材料有氯丁橡胶、硅橡胶。

系统中的油液还会与金属接触，因此，油液必须与使用的金属相容。液压油液中使用的某些防锈剂可能要腐蚀锌，故应避免涂锌元件与液压油接触。镁基合金和铅易受油液中氧化物的腐蚀，应尽量避免。铜是促进各种油液氧化的催化剂，所以热交换器应由钢材制造，而不要用铜或黄铜。

16.3 油液的分类

目前，液压油的品种繁多，分类方法各异，根据国际标准 ISO 6743/4—1982《润滑剂、工业润滑油(L 类)的分类——第四部分：H 组(液压系统)》，我国于 1987 年制定了等效于上述国际标准的 GB 7631.2—1987《润滑剂和有关产品(L 类)的分类——第二部分：H 组(液压系统)》国家标准。其分类可参照表 16-1。从表中可以看出，液压油(液)品种可划分为矿物油型和合成烃型液压油、难燃液压液以及工业界传统的专用液压油(液)等三大类组成。

表 16-1 液压油品种分类

组别符号	分类	组成与特性	产品符号	典型应用	备注
H（液压系统）	矿物油类和合成烃型液压油	无抗氧剂的精制矿物油	L-HH	用于对液压油无特殊要求的一般循环润滑系统，	最高使用温度 70℃
		含抗氧剂的精制矿物油，并有防锈剂、氧化安定剂和抗泡剂，综合性能好	L-HL	又称通用机床液压油，使用广，用于低压液压系统、轴向柱塞泵，不适宜叶片泵。	最高使用温度 80℃
		抗磨液压油	L-HM	适用于高、中、低压液压系统。	最高使用温度 90℃
		含抗氧剂的精制矿物油，油较好的黏—温特性	L-HR	常用于低压液压系统	最高使用温度 90℃
		在 L-HM 油的基础上，改善其黏—温性能	L-HV	机械与船用设备	最高使用温度 95℃
		无特定难燃性的合成烃液体，具有使液压泵具有更好低温启动性能适	L-HS	适用于严寒地区的液压系统	
		HM 油＋防爬剂，又称液压导轨油	L-HG	专用于液压和滑动轴承导轨润滑系统合成的机床设备	最高使用温度 90℃
	难燃液压液类	水包油高水基乳化液，除水和矿物油外还含乳化剂和防锈剂等添加剂	L-HFAE	适用于不要求有好润滑性，不要求回收油的普通液压系统。	含水大于 80%（体积分数）
		高水基的液压液，多种化学添加剂	L-HFAS	适用于难燃的低压液压系统和金属加工机械。	含水大于 95%（体积分数）
		油包水乳化液，含精制矿物油约 60%，其余为水和各种添加剂。	L-HFB	具有良好的润滑性与抗蚀性，黏度蚀非牛顿的。	含水小于 80%（体积分数）
		含聚合物水溶液，它由水和乙二醇相溶，并加入水溶性稠化剂、抗氧防锈剂、油性抗磨剂以及抗泡剂。	L-HFC	适用于冶金和煤矿等行业的低、中压液压系统。使用温度范围，为－20～50℃。	
		膦酸酯无水合成液，它由无水膦酸酯作为基础液，加热黏度指数改进剂等添加剂组成。	L-HFDR	适用于冶金和火力发电、燃气轮机等高温、高压下运行的液压系统。使用温度范围广，为－20～100℃。	选择产品要小心，对环境和健康有害
	专用液压油	航空液压油、航空难燃液压液、汽车制动液、舰用液压油、炮用液压油等			

16.3.1 矿物油型和合成烃型液压油

矿物油型和合成烃型系列液压油被广泛地应用于大部分液压系统，可以满足一般液压工程的需要。它包括 L-HH，L-HL，L-HM，L-HR，L-HV，L-HG 等液压油。它们的主要性能特点可参阅表 16-1。L-HL 液压油应用较广泛，其基本性能如表 16-2 所示。矿物油型和合成烃型液压油的性能可以查阅《GB 11118.1—1994 矿物油型和合成烃型液压油》国家标准以及相关资料，由于 L-HH 型液压油不含有抗氧剂的精制矿物油，易起泡、稳定性差，使用周期短，因此，我国未制定 L-HH 型液压油全国统一的质量标准。然而，它的性能比一般机械油要好。

表 16-2 L-HL 液压油技术性能

项目	质量指标					试验方法
品种(按 GB7631.2—1987)	L-HL					
质量等级	一等品					
黏度等级 (按 GB314—1994)	15	22	32	46	68	—
运动黏度(mm^2/s) (0℃)≤ (40℃)≤	 140 13.5～16.5	 300 19.8～24.2	 420 28.8～35.2	 780 41.4～50.6	 1400 61.2～74.8	GB/T265
黏度指数≥	95	95	95	95	95	GB/T2541
闪点开口(℃)≥	140	140	160	180	180	GB/T3536
倾点(℃)≤	−12	−9	−6	−6	−6	GB/T3535
空气释放值(50℃)(min)≤	5	7	7	10	12	SH/T0308
密封适应性能指数≤	14	12	10	9	7	SH/T0305
抗乳化性(min) (54℃)≤ (82℃)≤	 30 —	 30 —	 30 —	 30 —	 40 —	GB/T7305
泡沫性(泡沫倾向、泡沫稳定性)(mL/L) (24℃)≤ (93.5℃)≤ (后 24℃)≤	 150/10 150/10 150/10					GB/T12579
色度，号	报告					GB/T6540
酸值(KOH)(mg/g)	报告					GB/T4945
水分(%)≤	痕迹					GB/T260
腐蚀试验 (铜片，100oC，3h)≤	1 级					GB/T5096
液相锈蚀试验 蒸馏水 合成海水	 无锈 —					GB/T11143
机械杂质(%)≤	无					GB/T511
氧化安定性 氧化 1000h 后 酸值(mg/g)≤	—	2.0				GB/T12581
不溶物(mg)	—	报告				SH/T0565
旋转氧弹(150℃)(min)	报告					SH/T0193
抗磨性，磨斑直径(392N，60min，75℃，1200r/min)(mm)	报告					SH/T0189

注：1. 对于用非石蜡基原油生产的 L-LH(一级品)油，黏度指数应不小于 70 才能出厂，但还必须控制 0℃运动黏度。对于石蜡基原油生产的油，只控制黏度指数，可不控制 0℃运动黏度。

2. 本表摘自 GB11118.1—1994。

16.3.2　难燃液压液

难燃液压液适用于需要在接近明火条件或高温的液压系统，例如，煤矿、发电、石油、冶金、钢铁、船舶、航空、航天等领域，为防止火灾发生，要求工作油液要具有良好的抗燃性。难燃液压液又可分为三类：乳化型、水—乙二醇型、合成型的难燃液压液。它们的主要特点可参阅表 16-1。

1. 乳化型

乳化型液压液包括水包油（O/W）型和油包水（W/O）型难燃液压液。

（1）L-HFAE 水包油高水基乳化液，除水和矿物油外还含乳化剂和防锈剂等。难燃性好、价廉；但粘温性、润滑性差。只适于不要求有良好润滑性，不要求回收油液的普通液压系统。

（2）L-HFAS 高水基的液压液，加入多种化学添加剂，导热性、冷却性好、价廉；但粘温性、润滑性差。适用于难燃的低压液压系统和金属加工机械。

（3）L-HFB 油包水乳化液，含精制矿物油约 60%，油溶性添加剂增强了抗磨性、防锈性和乳化稳定性。适用于难燃的低压液压系统和金属加工机械。对密封材料无特殊要求，价廉；抗燃性、散热性比较好，其技术性能请参见表 16-3。

表 16-3　L-HFB80 油包水型乳化液主要技术性能

项　　目	质量指标	试验方法
水含量（质量分数）（%）≥	40	GB/T260
运动黏度（40℃）（mm^2/s）	60～100	GB/T265
密度（20℃）（g/cm^3）	0.918～0.948	GB/T1884,2540
凝点（℃）≤	−20	GB/T510
锈蚀试验（A 法）	无锈	GB/T11143
腐蚀试验（铜片，50℃，3h）	1	GB/T5096
pH 值	8～10	GB/T7304
泡沫性（泡沫倾向、泡沫稳定性 24℃）（mL/mL）≤	5%	GB/T12579
热稳定性（85℃，48h），游离水（%）≤	1.0	SH/T0568
冻融稳定性，游离水（%）≤	10	SH/T0569
最大无卡咬负荷 P_B（N）≥	392	GB/T3142
磨斑直径（296N）（mm）≥	1.0	SH/T0189
热歧管抗燃试验（704℃）	通过	SH/T0567

2. 水—乙二醇型

包括水或水—乙二醇型难燃液压液。

L-HFC 液压液是它由水和乙二醇相溶，并加入水溶性稠化剂、抗氧防锈剂、油性抗磨剂以及抗泡剂等制成。是一种呈透明的真溶液。具有良好的稳定性和流动性，高的黏度指数，低温性及对橡胶的适应性好，难燃性好，适用于冶金和煤矿等行业的中压液压系统。使用温度范围为−20℃～50℃。

3. 合成型

合成型液压液包括各种化学合成品型的难燃液压液。它们包含L-HFDS氯化烃无水合成液、L-HFDT HFDR和HFDS液混合的无水合成液L-HFDU以及其他成分的无水合成液等。

例如L-HFDR膦酸酯无水合成液，它以无水膦酸酯作为基础液，加入黏度指数改进剂等添加剂。其难燃性较好，但是其粘温性和低温性较差，对丁腈橡胶和氯丁橡胶的适应性不好，其主要技术性能参见表16-4。它适用于冶金和火力发电、燃气轮机等高温、高压下运行的液压系统。使用温度范围为−20℃～100℃。

另一类合成液压液是合成烃类，可以说是多元醇酯类。该种油液是长链脂肪酸与合成有机醇类的反应生产物，其中加入抗磨剂、防锈剂、增粘剂。它们的高温性能及抗燃性使其成为新型的难燃液压液，并已经得到广泛的应用。

表16-4 L-HFDR膦酸酯无水合成液主要技术性能

项目	质量指标		试验方法
	L-HFDR32	L-HFDR46	
运动黏度(40℃)(mm^2/s)	28.8～35.2	41.4～50.6	GB/T265
密度(20℃)(g/cm^3)	1.125～1.165	1.125～1.165	GB/T1884
倾点(℃)≤	−17.5	−29	GB/T3535
闪点(开口)(℃)≥	220	263	GB/T267
酸值(mg/g)≤	0.1	0.1	GB/T264
水分(体积分数)≤	500×10^{-6}	500×10^{-6}	SB/T0246
腐蚀试验(铜片,100℃,3h)≤	1级	1级	GB/T5096
污染度(NAS)≤	6级	6级	FS791B30092
泡沫性(泡沫倾向/泡沫稳定性,24℃)(mL/mL)≤	50/10	50/10	
热稳定性(170℃,12h)	合格	合格	GB/T265
最大无卡咬负荷P_B(N)	报告	报告	GB/T3142
磨斑直径(396N)(mm)	报告	报告	SH/T0189
氯含量(体积分数)≤	50×10^{-6}	50×10^{-6}	电量法
热歧管抗燃试验(704℃)	通过	通过	SH/T0567

16.3.3 专用液压油(液)

一些特殊的、重要的工业系统对液压油的性能有特别的要求，在长期工业应用中，逐渐形成几种典型的专用液压油。例如，航空液压油、航空难燃液压液、汽车制动液、炮用液压油、舰用液压油。以10,12号航空液压油为例，它们是以深度精制的轻质石油馏分油为基础，加有增粘剂等添加剂。10号航空油具有良好的粘温特性、低温性和氧化安定性。适用于低温、常温时黏度较低的液压系统。12号航空液压油的低温性比10号油略差一点，但具有更好的高温性和氧化稳定性。可用于飞机的主要液压系统和助力液压系统。10号、12号航空液压油的主要性能参见表16-5。

表 16-5　10 号、12 号航空液压油的主要技术性能

项　　目	质量指标		试验方法
	10 号	12 号	
外观	红色透明液体	目　测	
运动黏度(40℃)(mm^2/s) 150℃≥ 50℃≥ −40℃≥ −50℃≥ −54℃≥	 — 10 — 1250 —	 3 12 600 — 3000	GB/T265
初馏点(℃)≥	210	230	GB/T6536
酸值(mg/g)≤	0.05	0.05	GB/T264①
闪点(开口)(℃)≥	92	100	GB/T267
凝点(℃)≤	−70	−60	GB/T510
水分(体积分数)≤	60	—	GB/T11133
机械杂质(质量分数)(%)	无	无	GB/T511
水溶性酸或碱	无	无	GB/T259
油膜质量(65℃±1℃,72h)	合格	—	②
低温稳定性(65℃±1℃,72h)	合格	合格	另有规定
超声波剪切(40℃运动黏度下降率)(%)≤ (50℃运动黏度下降率)(%)≤	16 —	— 20	SH/T0505
氧化稳定性(140℃,60h)≥ a. 氧化后运动黏度(50℃)(mm^2/s)≥ (−50℃)(mm^2/s)≤ b. 氧化后酸值(mg/g)≤ c. 腐蚀度(mg/cm^2)≤ 钢片≤ 铜片≤ 铝片≤ 镁片≤	 9.0 1500 0.15 ±0.1 ±0.15 ±0.15 ±0.1	(160℃,100h) 变化率−5%～+12% — 0.3 ±0.1 ±0.2 ±0.1 ±0.2	SH/T0208 GB/T264
密度(20℃)(g/cm^3)≤	850	800−900	GB/T1884, GB/T1885
腐蚀试验(70℃±2℃,24h),级≤	2	—	GB/T5096
液相锈蚀(蒸馏水)	—	合格	GB/T11143

①用质量分数 95%乙醇(分析纯)抽提,用 0.1%溴麝香酚蓝作指示剂。

②油膜质量的测定:将清洁的玻璃片浸入试验油中取出,垂直地放在恒温器中干燥,在(65±1)℃下保持 4h,然后在 15℃～25℃下冷却 30～45min,观察在整个表面上油膜不得呈现硬的粘滞状。

16.4　黏度分类

黏度是油液的最重要的性能。它是液压油(液)划分牌号的依据。液压油属于工业用的液体润滑剂,其黏度分类按 GB/T 3141—1994《工业液体润滑剂 ISO 黏度分类》进行。具体分类见表 16-6。

表 16-6 工业液体润滑剂 ISO 黏度分类

ISO 黏度等级	中间点运动黏度(40℃)(mm²/s)	运动黏度范围(40℃)/mm²/s		ISO 黏度等级	中间点运动黏度(40℃)(mm²/s)	运动黏度范围(40℃)(mm²/s)	
		最小	最大			最小	最大
2	2.2	1.98	2.42	100	100	90.0	110
3	3.2	2.88	3.52	150	150	135	165
5	4.6	4.14	5.06	220	220	198	242
7	6.8	6.12	7.48	320	320	288	352
10	10	9.00	11.0	460	460	414	506
15	15	13.5	16.5	680	680	612	748
22	22	19.8	24.2	1000	1000	900	1100
32	32	28.8	35.2	1500	1500	1350	1650
46	46	41.4	50.6	2200	2200	1980	2420
68	68	61.2	74.8	3200	3200	2880	3520

目前,国际标准和我国国家标准均规定:标称黏度等级是用 40℃时液压油的运动黏度中心值的近似值表示,单位为 mm^2/s,同时可用来表示液压油(液)的牌号。液压油(液)的黏度等级为 10～100 号范围,常用的油液黏度在 15～68 号之间。

以前,我国液压油类产品是采用 50℃时液压油的运动黏度作为划分黏度等级(或牌号)的基础。自 1982 年开始采用国际通用的以 40℃时的运动黏度作为划分黏度等级(或牌号)的基础,两者的对照表见表 16-7。

在 1983—1990 年期间,为了避免新老牌号混淆,采取了在新牌号前面加"N"的过渡牌号,到 1990 年底止,过期即自动取消。

表 16-7 新旧牌号液压油对照表

新牌号 40℃时运动黏度(mm²/s)	旧牌号 50℃时运动黏度(mm²/s)			
	黏度指数＝0	黏度指数＝50	黏度指数＝95	相近的旧牌号
5	3.27～3.91	3.29～3.95	3.32～3.99	3
7	4.63～5.52	4.68～5.61	4.67～5.72	5
10	6.53～7.83	6.65～7.99	6.78～8.14	7
15	9.43～11.3	9.62～11.5	9.8～11.8	10
22	13.3～16.0	13.6～16.3	13.9～16.6	15
32	18.6～22.2	19.0～22.6	19.4～23.3	20
46	25.5～30.3	26.1～31.3	27.0～32.5	30
68	35.9～42.8	37.1～44.4	38.7～46.6	40
100	50.4～60.3	52.4～63.0	55.3～66.6	60
150	72.5～86.9	75.9～91.2	80.6～97.1	80

16.5 液压油代号

液压油(液)产品属于润滑剂类产品中 H 组,在 H 组中有许多品种,每一种又有不同黏度等级(或牌号),其代号按照国标 GB/T 498—1987 和 GB 7631.2—1987 规定,表示方法举例如下：

代号 L-HL 22

其中：L——润滑剂类；

H——液压油(液)组；

L——防锈抗氧型；

22——黏度等级。

16.6　油液的污染及控制

16.6.1　清洁度与污染危害性

油液的清洁度是指油液中所含固体污染物颗粒的尺寸和数量的要求，采用污染度来表示油液的清洁程度。

油液中的污染物主要有颗粒物、水、空气以及化学物质等。油液中存在的不溶性污染物，可以是硬颗粒或油泥和胶质。油液的污染对系统和元件寿命、设备运行的可靠性都产生重要的影响，有专家认为液压系统中 80%左右的故障是由严重污染的油液引起的。油液污染的危害性归纳如下：

(1)加剧磨损，导致液压元件性能和寿命下降：硬颗粒会加快液压泵、液压马达和阀之类精密配合的运动件磨损。

(2)污染物堵塞和淤积。油泥和胶质会使阀的动作缓慢，颗粒过多过大会堵塞过滤器、堵塞液压元件小孔、缝隙等造成故障。如果液压泵的进口过滤器堵塞，其吸油阻力变大，产生噪声和振动使液压泵不能正常工作。

(3)加速油液性能劣化。水、空气以及化学物质会劣化油液的性能并加速其老化。

因此，在使用过程中，液压油必须保持一定的清洁度。现在已经开发出多种测量油液清洁度的方法。

16.6.2　油液的污染途径

液压油的污染途径是多方面的：

(1)液压新油中就存在颗粒、水分、空气等污染物；

(2)系统和元件在加工、装配、储运过程中产生的铸造砂粒、切屑、焊渣和锈片等污染颗粒没有清除干净；

(3)在运行中，由于相对运动部件磨损而产生颗粒；元件中脱落的颗粒以及油液的氧化变质等；

(4)由于设计、装配不当和密封不好，使外部杂质、水分和空气混入油液中所造成。

16.6.3　油液污染的控制

国内外各工业部门和国际标准化组织制定了有关技术标准和规范，包括油液污染分析、过滤器性能评定以及元件和系统的清洗及元件清洁度评定等。

在工程应用中，必须采取各种措施以尽量减少油液的污染，如

(1)在液压元件和系统管路和阀块装配时,必须要清洗干净;

(2)油箱应加盖密封并设空气滤清器,以防水和灰尘落入油液中;

(3)油液注入油箱时要严格过滤,一般采用精过滤器;

(4)系统中应根据需要配置粗、精过滤器,过滤器要及时清洗或更换;

(5)控制好油液的使用温度,以保持油液的性能和减慢氧化和变质老化的进程。矿物型油液的温度范围为－20℃～80℃,其最高温度最好不要超过＋65℃;含水液压液的温度范围为＋10℃～54℃;

(6)定期监测油箱中的油液,检查是否变质,决定是否换油。

16.6.4　污染度的表达

ISO 4460—1987 国际标准是目前各国工业部门广泛采用的油液污染度等级标准。它是采用 2 个数码表示油液的污染度等级,2 个数码之间用一斜线分隔,

例如:18/15

第一个数码表示 1mL 油液中尺寸≥5μm 颗粒数的等级;

第二个数码表示 1mL 油液中尺寸≥15μm 颗粒数的等级。

ISO 4460—1987 规定了污染度等级数码和对应的颗粒浓度范围。根据颗粒浓度的大小划分为 26 个等级,颗粒浓度越高代表污染度等级的数码越大。根据自动颗粒计数器或光学显微镜计数结果得出的≥5μm 和≥15μm 的颗粒浓度,对应表 16-8 查出对应的等级代码,即可确定油液的污染度等级。例如,测得 1mL 油液中≥5μm 的颗粒数为 3000,≥15μm 的颗粒数 100,查得对应的等级数码分别为 19 和 14,则油液的污染度等级表示为 19/14。

表 16-8　ISO 4460—1987 颗粒污染度等级数码

1mL 颗粒数		等级数码	1mL 颗粒数		等级数码
大于	上限值		大于	上限值	
80000	160000	24	10	20	11
40000	80000	23	5	10	10
20000	40000	22	2.5	5	9
10000	20000	21	1.3	2.5	8
5000	10000	20	0.64	1.3	7
2500	5000	19	0.32	0.64	6
1300	2500	18	0.16	0.32	5
640	1300	17	0.08	0.16	4
320	640	16	0.04	0.08	3
160	320	15	0.02	0.04	2
80	160	14	0.01	0.02	1
40	80	13	0.005	0.01	0
20	40	12	0.0025	0.005	0.9

16.6.5　油液清洁度等级的选择

各种液压系统对工作油液的清洁度要求是不同的。一般是根据系统液压泵类别和精度、

液压阀精度、系统控制精度以及工作环境等因素来综合考虑液压系统对油液清洁度的要求。表 16-9 给出典型液压系统清洁度等级范围，以供参考。

表 16-9　典型液压系统清洁度等级范围

系统类型	清洁度指标(ISO 4406)								
	13/10	14/11	15/12	16/13	17/14	18/15	19/16	20/17	21/18
液压伺服系统	—	—	—	—	—				
数控机床液压系统	—	—	—	—	—				
高压液压系统		—	—	—	—	—			
中压液压系统			—	—	—	—	—	—	
低压液压系统					—	—	—	—	—
一般机器液压系统					—	—	—	—	—
冶金轧钢设备液压系统			—	—	—	—	—		
行走机械液压系统			—	—	—	—	—		
重型设备液压系统				—	—	—	—	—	
机床液压系统				—	—	—	—	—	

16.7　液压油(液)的选用

油液的选用是根据液压系统的使用要求和工作环境对油液类型、特性、黏度进行综合的选择。而正确、合理地选择油液对液压系统适应环境条件和工作状况的能力、延长系统和元件寿命、提高设备运行可靠性、防止事故发生等方面又有着重要的作用。针对不同类型的液压系统，选择工作油液需要考虑多种因素。

16.7.1　选用准则

(1)液压系统的工作环境条件

是否要求抗燃性(闪点、自燃点)；消除噪声能力(空气溶解度、消泡性)，废液处理和环境对毒性与气味的要求；例如，对于存在易起火危险的环境，应考虑使用难燃液压油。系统经常在－35℃以下的严寒环境中工作，其工作油液要具有良好的低温特性等。

(2)系统工作条件

使用压力范围(润滑性、极压承载力)；使用温度界限(黏度、黏－温特性、热稳定性、低温流动性)；工作部件运动速度、转速(泄漏、气蚀、对轴承面的浸润力)。例如，当系统工作压力较高、环境温度较高、工作构件运动速度较低时，为了减少泄漏，宜采用黏度较高的液压油。各类液压泵对液压油的黏度有一个许用范围，其黏度上限取决于液压泵的自吸能力，是气蚀极限，是户外冬季冷起动时短时间允许出现的最高黏度。而最小黏度则主要考虑摩擦时的润滑和泄漏，是最高温度下可短期允许的最低黏度。液压元件制造商一般都给出各自产品允许的油液黏度范围和推荐黏度范围。

(3)液压油(液)的质量

物理化学性能指标；防锈、防腐蚀能力；抗氧化、抗剪切稳定性；对金属、密封材料、油箱、涂料、油漆以及电缆等的相容性；

(4)经济性

价格及使用寿命，维护保养的难易程度。

16.7.2 选择步骤

(1)列出液压系统对工作油液性能的变化范围和要求包括黏度、压力界限、温度界限、蒸汽压力、抗燃性、润滑性、空气融解率、可压缩性、相容性以及毒性等。

(2)选出符合或接近上述要求的油液品种。从液压件生产公司及产品样本了解对油液的推荐资料。注意，用于液压系统的液压油应按其类型和特性来规定，而不是仅依靠商品名称来规定。

(3)综合、权衡、调整各方面的要求和参数，决定采用何种液压油液比较合理。

表 16-10 为常用液压油主要性能比较，以供大家选择油液时参考。

表 16-10 常用液压油主要性能比较

质量项目	高黏度指数石油基(HR)	抗磨石油基(HM)	水包油(HFA)	油包水(HFB)	水-乙二醇(HFC)	膦酸酯(HFD)	多元醇酯(HFD)
外观	浅褐	浅褐	透明、乳化	乳白	透明	透明	深褐
密度(g/cm^3)	0.86	0.87	1.005	0.95	1.07	1.13	0.91
黏度(mm^2/s)	15～100	46	—	68	33	48	46
黏度指数	140	106	—	150	150	−30	185
倾点(℃)	−45	−33	0	−23	−50	−21	−26
使用温度(℃)	−20～	−5～74	0～55	−5～60	−30～60	−5～80	−10～80
闪点(℃)	65	222	—	—	—	252	260
燃点(℃)	220	298		410	440	650	482
含水量(%)		0	80～98	44～47	40～45	0	0
蒸气压	0	低	高	中	高	低	低
泵磨损(ASTMD2882)(mg)	低 —	22	高	100	100	∠25	15
难燃性	差	差	优	可	优	良	良
防腐性	优	优	可	良	良	优	良
黏度压力系数	20.4	石蜡 22 环烷基 27	0.6	20.7	4.5	14	7.5
适用密封件	BN,N,V,T	BN,N,V,T	NY,E,B,BN,T,V	BN,N V,T	BN,N,V,T	E,B,T,V	BN,N,V,T
耐用上限压力(MPa)	35	35	7	15	21	40	40

16.8 电液比例(伺服)系统对油液的要求

由于电液比例(伺服)系统中的比例或伺服元器件的加工精度，要比一般开关型液压元件好，它们运动副之间的配合精度也比较高。特别是伺服阀的阀口开度小，一般是 0.01mm 数量级的，故对油液黏度和油液的清洁度都有较高的要求。表 16-11 列出了普通开关阀液压系统、电液比例系统以及电液伺服系统等三类典型液压控制系统，对液压油黏度、温度、清洁度的要求。推荐采用液压油，然后根据系统工况和特殊要求，综合、权衡、调整各方面的要求和技术参数，选择合适品种的液压油。

表 16-11　三类典型液压控制系统对液压油的要求

元件名称	性能项目					
	环境温度（℃）	介质温度（℃）	推荐黏度（mm^2/s）	推荐清洁度（ISO）	推荐过滤精度 $x/\mu m(\beta_x \geqslant 75)$	对油液品种的要求
普通开关阀液压系统	−20～+50	=20～+80	10～500	19/16，20/17	10	推荐采用液压油；然后再根据系统工况和特殊要求来选择油液的具体品种
电液比例控制系统	−20～+50	−20～+80	20～100	17/14，18/15，19/16	3～5	
电液伺服系统	−20～+50	−20～+80	20～100	15/12，13/16，17/14，	1～2	

第 17 章

液压元件及系统的数字仿真

随着计算机与信息科学的迅速发展，机械装备正向着高精度、高效率、高可靠性、全自动实时控制方向发展，它们对电液比例元件和系统的稳、动态性能的要求也日益提高。为了加速开发与研究高性能比例元件及系统的进程，不能只等待费工费时的试验手段来验证液压元件和系统的设计效果，可以利用液压仿真软件来进行液压元件及系统精确的数值仿真研究，以达到优化结构参数设计，缩短研究周期和试验时间，实现液压元件与控制系统质量的最优化。

17.1 概述

17.1.1 仿真的基本概念

利用计算机作为工具，把实际物理系统转换成"数学模型"在计算机上运行的过程称之为仿真。用于对系统进行仿真的一套软硬件设备称为仿真系统。而研究能够在计算机上运行模型的建立和仿真方法的学科，称为仿真技术。仿真是一门新兴的学科。对实际系统或新设计系统进行仿真研究，一般由以下过程组成：

(1)建立描述系统的数学模型；

(2)通过建模，把数学模型变成能够在计算机上运行的仿真模型(对于模拟计算机为模拟图，对于数字计算机为源程序)；

(3)在计算机上运行仿真模型；

(4)记录并分析仿真结果，为进一步研究提供可靠的数据。

17.1.2 仿真技术在开发比例控制技术中的应用

在开发比例控制元器件或电液控制系统时，往往需要对液压元件或系统的稳、动态特性进行仿真研究。采用数字仿真计算，需要不同的数值计算方法。对稳态特性仿真，数值求解的是非线性代数方程组，这是一个比较困难的问题，但是可以通过转化为最优化问题得以解决。动态特性仿真，常采用数值积分法等求解。

(1)对已有的比例元件或系统

通过建立数学模型进行仿真，可确定结构或控制参数的调整范围，作为该比例元件或实际系统调试的依据，可明确调试方向，缩短试验时间，提高研究质量；如果将仿真结果与实际元件或系统的试验结果进行比较，可验证数学模型的准确性，也为修正数学模型、确定系数及改进设计提供有益的依据。

(2)对新设计的比例元件或系统

通过仿真，可验证方案的可行性，研究各结构参数、控制参数对元件和系统控制特性的影响，从而确定满足性能要求的最佳控制方案、最佳结构以及控制参数的匹配，为实际设计比例元件或系统提供必要的数据。

总之，通过仿真研究可以得到比例元件或系统的控制特性。仿真是研究提高比例元件或系统控制特性的途径之一，已经成为研究和设计比例元件及系统的一个重要环节。

17.2　数值计算方法

数字仿真是建立在数值计算原理基础上的仿真。比例元件及系统的数学模型建立以后，为了进行数字仿真，还需要根据数值计算原理，把系统的数学模型转变为能为数字计算机接受的二次模型，即仿真模型。由于它实际上是根据数值计算原理编制的一种数值计算方法，所以又称为算法。其实质就是对系统的数学模型进行数值求解，如欧拉法、梯形法、(二阶龙格-库塔法)、四阶龙格—库塔法等。此外，将微分方程变为差分方程的 Tustin 法、离散相似法、时域矩阵法、增广矩阵法、替换法等在数字仿真技术中都得到了广泛的应用。

获得仿真模型后，用算法语言编写仿真程序，或采用专用的仿真语言编写程序进行仿真。

系统数学模型的基本形式有高阶微分方程和状态方程，高阶微分方程可转化为状态方程。目前，对连续状态方程进行数值求解的方法很多。下面介绍几种常用的数值计算法。

1. 欧拉法

设系统的数学模型为

$$\begin{cases}\dot{x}(t)=f(t,x(t))\\ x(t_0)=x_0\end{cases}\tag{17-1}$$

若 $x(t)$ 对 t 的各阶导数都存在，则 $x(t)$ 在 $t_1=t_0+h$ 时刻的解 $x(t_0+h)$，可用台劳级数表示为

$$x(t_0+h)=x(t_0)+\dot{x}(t_0)h+\frac{x^{(2)}(t_0)}{2!}h_2+\frac{x^{(3)}(t_0)}{3!}h^3+\cdots+\frac{x^{(k)}(t_0)}{k!}h^k+\cdots\tag{17-2}$$

由式(17-2)可见，为精确计算 $x(t_1)$，除需计算 $x(t)$ 对 t 的各阶导数外，还要计算无穷项之和。但在 h 很小的情况下，可以只取式(17-2)的前两项、三项或四项之和作近似计算，得到 $x(t_1)$ 的计算值。再把 $x(t_1)$ 当作初始值，根据式(17-2)又可计算出 $x(t_2)$。依此类推，就可以逐步计算出 $x(t)$ 的数值解 $x_1,x_2,\cdots,x_{n-1},x_n$。

欧拉法形式上最简单，只取式(17-2)中前两项之和来近似计算 $x(t_1)$，即

$$x_n=x_{n-1}+hf[t_{n-1},x_{n-1}]\tag{17-3}$$

欧拉法的局部截断误差为

$$R_n=\frac{h^2}{2!}f^{(2)}(t_0,x_0)+\frac{h^3}{3!}f^{(3)}(t_0,x_0)+\cdots+\frac{h^k}{k!}f^{(k)}(t_0,x_0)+\cdots\tag{17-4}$$

它与计算步距 h 的平方成正比，即 $R\approx O(h^2)$。因此，要提高计算精度，就要减小计算步距 h。

但这样会增加计算工作量，且计算机的舍入误差也增大。

2. 四阶龙格—库塔法

四阶龙格—库塔法的计算公式是取台劳展开式的前五项推导得到的，其计算公式为

$$x_{n+1}=x_n+\frac{h}{6}(k_1+2k_2+2k_3+k_4) \tag{17-5}$$

式中

$$\begin{aligned} k_1&=f(t_n,x_n)\\ k_2&=f\left(t_n+\frac{h}{2},\ x_n+\frac{h}{2}k_1\right)\\ k_3&=f\left(t_n+\frac{h}{2},\ x_n+\frac{h}{2}k_2\right)\\ k_4&=f(t_n+h,\ x_n+hk_3) \end{aligned} \tag{17-6}$$

这种方法的截断误差 $R\approx O(h^5)$ 比欧拉法小三个数量级。另外只要给出初始值 x_0，就可以自行逐步计算。故它广泛应用于数字仿真中。

3. 状态方程的数值算法

设系统的状态方程和输出方程为

$$\begin{cases}\dot{\boldsymbol{X}}=\boldsymbol{AX}+\boldsymbol{BU}\\ \boldsymbol{Y}=\boldsymbol{CX}\end{cases} \tag{17-7}$$

式中：$\boldsymbol{X}$ 是 n 维状态向量，$\boldsymbol{A},\boldsymbol{B},\boldsymbol{C}$ 为系统的系数矩阵，$\boldsymbol{U}$ 和 $\boldsymbol{Y}$ 分别为系统的输入和输出向量。为对状态方程进行数值计算，可将其写成一阶微分方程组的形式：

$$\begin{cases}\dot{x}_i=a_{i1}x_1+a_{i2}x_2+\cdots+a_{in}x_n+b_iu\\ x_i(t_0)=x_{i0} \qquad\qquad (i=1,2,\cdots,n)\\ y=c_1x_1+c_2x_2+\cdots+c_nx_n\end{cases} \tag{17-8}$$

式中：a_{in},b_i,c_i 是系数矩阵 $\boldsymbol{A},\boldsymbol{B},\boldsymbol{C}$ 中的相应各元素。若系统的输入函数为 $u(t)=u\cdot 1[t]$，则可应用数值积分法求解状态变量和输出响应。

若用四阶龙格—库塔法的数值计算公式(17-6)来计算 $x_1,x_2,\cdots,x_n$，对于 n 个状态变量来说，每计算一步都要先计算 $4n$ 个系数 $K_{i1},K_{i2},K_{i3},K_{i4}(i=1,2,\cdots,n)$。假定各状态变量的初始值 x_{i0} 已知，步距 h 也已选好，则可按式(17-6)计算出 $K_{i1\sim i4}$：

$$\begin{cases} K_{i1}=f_i(t_0,x_{i0})=a_{i1}x_{10}+a_{i2}x_{20}+\cdots+a_{in}x_{n0}+b_iu=\sum\limits_{i=1}^{n}a_{il}x_{i0}+b_iu\\ K_{i2}=\sum\limits_{l=1}^{n}a_{il}\left(x_{l0}+\dfrac{h}{2}k_{l1}\right)+b_iu\\ K_{i3}=\sum\limits_{l=1}^{n}a_{il}\left(x_{l0}+\dfrac{h}{2}k_{l2}\right)+b_iu\\ K_{i4}=\sum\limits_{l=1}^{n}a_{il}\left(x_{l0}+\dfrac{h}{2}k_{l3}\right)+b_iu \end{cases} \tag{17-9}$$

用上述四组 K 值的计算公式，可计算出 $4\times n$ 个值。

为了编程方便，还可以把上述公式写成一个计算式。为此，引入向量 $\boldsymbol{h}_j=(h_1\quad h_2\quad h_3\quad h_4)$，使

$$\boldsymbol{h}_j = \begin{pmatrix} 0 & \frac{h}{2} & \frac{h}{2} & h \end{pmatrix} \quad j=1,2,3,4 \tag{17-10}$$

把式(17-10)代入(17-9)式，得

$$K_{ij} = \sum_{l=1}^{n} a_{il}(x_{l0} + h_j k_{i,j-1}) + b_i u \qquad (i=1,2,3,\cdots,n;\ j=1,2,3,4) \tag{17-11}$$

这样，

$$\begin{cases} x_{i1} = x_{i0} + \dfrac{h}{6}(K_{i1} + 2K_{i2} + 2K_{i3} + K_{i4}) \\ y_1 = c_1 x_{11} + c_2 x_{21} + \cdots + c_n x_{n1} \end{cases} \tag{17-12}$$

根据式(17-11)就可以编出求 K_{ij} 的程序框图。再根据式(17-12)就可以求得系统的输出 y。

4. 采样控制系统的数字仿真

由于数字计算机技术的发展与完善，在很多控制系统中，采用计算机来完成控制器的功能，有的还采用数字式测量装置。这种用数字计算机或数字控制器来进行控制的系统称为采样控制系统，它的信号传递过程有它的特殊之处。图 17-1 所示即为典型的采样控制系统。

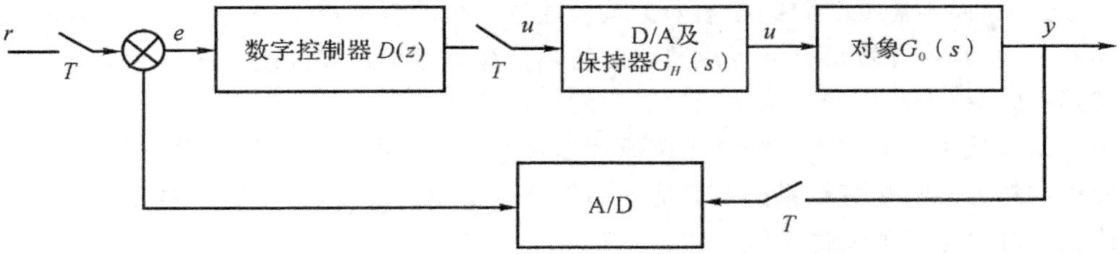

图 17-1　采样控制系统

在采样控制系统中，通常被控对象的特性是连续的，而进入计算机和计算机输出的信号是离散的。其特点是：在信号传递过程中既有连续时间信号(对象部分)，又有离散的时间信号(计算机的输入和输出)。对这种采样控制系统进行设计和分析，通常有 z 变换法/状态空间法和计算机辅助分析设计法。而对采样控制系统(图 17-1)的仿真，一般有下述两种方法。

(1)将系统的离散部分 $D(z)$ 按差分方程计算，而系统的连续部分按数值积分法(四阶龙格—库塔法等)或离散相似法进行仿真。为了仿真计算方便，一般取连续部分的计算步距 $h=T/N$，其中 T 为采样周期，N 是一个整数。当对整个系统进行仿真时，仿真程序分成两个循环，就是对连续部分进行 N 次运算以后，再对离散部分作一次采样循环运算。

(2)在采样周期给定后，将系统连续部分的状态方程离散化，求得被控对象的离散状态方程，递推计算出系统在各采样时刻的动态响应值。这时的计算步距，也就是给定的采样周期 T。

17.3　常用液压数字仿真软件简介

17.3.1　现代液压仿真软件的特点

从 1973 年第一个由美国推出的直接面向液压技术领域的专用液压仿真软件 HYDSIM 程序的问世，到 20 世纪 90 年代，液压仿真软件最深刻的变革是，它由文本录入形式的建模

方式向图形化建模方式飞跃。因为，只有当仿真软件拥有了图形化建模形式，它才能够为行业的工程师们所运用。随之，世界上技术先进国家在适应 Windows 化的、图形化建模形式大潮中，纷纷推出了面目一新的计算机液压仿真软件版本。如英国将 HASP 升级为 Bash/fp、德国将 DSH 升级为 DSHplus、瑞典推出了 Hopsan 等。而另外一些新崛起的液压系统仿真软件在商业上也获得了很大的成功，具有代表性的有法国 AMESim 、波音公司的 MSC. EASY5Y 以及美国的 MATLAB 软件等。通过对这些软件包的分析比较，可以总结出现代液压仿真软件的特点：

(1)通用液压元件模型库和支持特定模型的创建

通用元件库是核心，支持用户自定义元件模型的创建也是必不可少的，例如，AMESim 里，自定义元件模型就是由软件自带的零件模块组装。

(2)图形操作界面

为了使工程技术人员能在小型计算机上方便地进行动力系统仿真，友好的界面是不可缺少的。几乎所有的知名液压仿真软件都支持了图形化操作界面，元件模型在软件中一般以图标表示，系统则以原理图的形式直接在屏幕中画出，元件型号和元件参数通过操作液压原理图直接选取，而不需要单独编程输入。软件通过各自的识别技术，根据回路的拓扑信息及组成元件的模型，由计算机自动生成回路的仿真计算模型描述文件或程序。

(3)数据库技术应用和技术文档生成功能

仿真系统最主要的技术文档是系统原理图，此外，还包括元件的微分方程和代数方程的数学模型描述、参数、仿真结果以及其他产品信息。实现此功能，采用仿真的数据库技术，而不是传统的难以管理的文件系统形式。

(4)支持多领域建模仿真

在实际工程应用中，几乎很少有纯粹的液压系统，最常见的包括机械、液压与电子方面的仿真模型，例如 AMESim 带有液压、机械、控制、信号、热力学和气动等多种模型库。

(5)支持实时仿真及提供与通用软件的接口

当前的液压仿真软件的积分运算器都包含了可变步长的功能，加上硬件的飞速发展，仿真的速度大大提高，实现实时仿真已经成为可能。使技术员在屏幕上“实时”地看到系统的动作变化过程，使仿真计算更具直观和说服力。在软件接口方面，MATLAB/Simulink 已经成为所有液压仿真软件的通用接口，一些有合作关系的公司和大学研究机构也相互提供了接口。

17.3.2 常用液压数字仿真软件简介

本节将对 MATLAB，MSC. EASY5，AMEsim，DSH 以及 DSHplus 等目前国内外常用的液压数字仿真软件进行简介。

1. MATLAB 软件

MATLAB 是美国 MATHWORKS 公司在上世纪 80 年代中期推出的数学软件。其优秀的数值计算能力和卓越的数据可视化能力，使其很快地在诸多数学软件中脱颖而出。经过 MATHWOEKS 公司的不断完善，至今该软件已发展成为适合多学科、多种工作平台功能的大型软件。它是一种集数值计算、符号运算及图形处理等强大功能于一体的科学计算语言。由于其编程代码很接近数学推导格式，编程思路符合广大工程人员的思维方式，所以编程比较方便。MATLAB 的典型应用包括数学计算、算法开发、建模和动态仿真、数据分析及可视化、科学及工程绘图等。此外，MATLAB 最基本的数据是不需要定义的数组。

MATLAB 作为强大的计算平台，它几乎能够满足所有的计算需求。作为 MATLAB 的附加组件，Simulink 借助 MATLAB 强大的数值计算能力，采用模块组合的方法快速、准确地创建动态系统的计算机模型，在各个工程领域发挥着巨大的作用，是当今仿真软件的主流。它可以处理包括线性、非线性系统：离散、连续及混合系统；单任务、多任务离散事件系统等。MATLAB 作为第四代计算机语言，利用其丰富的函数资源，将编程人员从繁琐的程序代码中解放出来。MATLAB 用更直观、符合人们思维习惯的代码，代替了 C 语言和 FORTRAN 的冗长代码，给用户带来的是直观、简洁的程序开发环境。利用 MATLAB 可以大大提高编程效率。

MATLAB 也存在不能有效地处理代数环问题等缺点，使得 Simulink 仿真效率不高。而且 Simulink 本身没有专门针对流体仿真的工具箱，用户使用时需要自己建立模型，如果遇到较复杂的液压系统，使用 Simulink 还需要对系统的数学模型有较深刻的理解；另外，采用 Simulink 对液压系统进行仿真建模还需要进行很多简化工作，模型的简化往往使得仿真结果出现较大的误差。由于 MATLAB 的程序不用编译等预处理，也不生成可执行文件，程序为解释执行，所以程序的执行速度效率很低，对于较大的程序，程序的运行时间会很长。当然如果编程时考虑到 MATLAB 对循环语句的执行慢的缺点，可以尽量采用向量的编程方法，这样可以大大提高运行速度。

如果利用 AMEsim 对 Simulink 的接口功能，把两个优秀的专业仿真工具联合起来使用，就既能发挥 AMEsim 突出的流体机械建模仿真功能，又能借助 MATLAB/Simulink 强大的数值处理能力，取长补短，取得更加完美的互补效果。这种联合仿真的技术对多学科领域（如流体与控制结合的系统等）的仿真效果无与伦比。

2. MSC. EASY5 仿真软件

由波音公司开发的 MSC. EASY5 软件是一套面向多学科动态系统和控制系统的仿真软件，用于在产品的概念和系统级设计阶段快速地建立完善、可靠的功能虚拟样机。MSC. EASY5 可以广泛地应用于航空航天、国防、汽车、工程设备、重型机械等工业领域的仿真与控制工程问题。

MSC. EASY5 软件兼具完全的图形化建模环境、强大的仿真和分析能力、连接其他多种工程软硬件的开放结构，可以用来仿真各种由微分、差分和代数方程描述的动态系统。其中突出之处是具有多学科的专业应用库，借助专业应用库中的预定义子模型，向用户提供建立系统级模型和研究多学科系统耦合问题的能力。例如，它具有液压、气动、润滑、燃料系统、动力循环、热交换、多相流、飞行器动力学、车辆动力学、发动机、机电一体化系统等的专业应用库。图 17-2 所示是 MSC. EASY5 软件的基本模块，包括图形化建模和基本仿真分析工具包的结构。

MSC. EASY5 软件的仿真功能包括非线性仿真、线性分析、稳态分析、控制系统分析、数据分析、绘图等。此外，还可以自动生成源代码以满足实时控制要求。

MSC. EASY5 软件主要特点归纳如下：

(1)系统级虚拟样机建模、仿真能力；

(2)多学科专业应用库凝聚了丰富的专家经验;

(3)与多种软件紧密集成,实现多学科复杂系统的耦合仿真;

(4)图形化建模环境;

(5)多种数值算法,良好的仿真分析功能;

(6)完备的库开发工具,可方便地建立用户自定义部件库;

(7)良好的后处理绘图和曲线编辑界面。

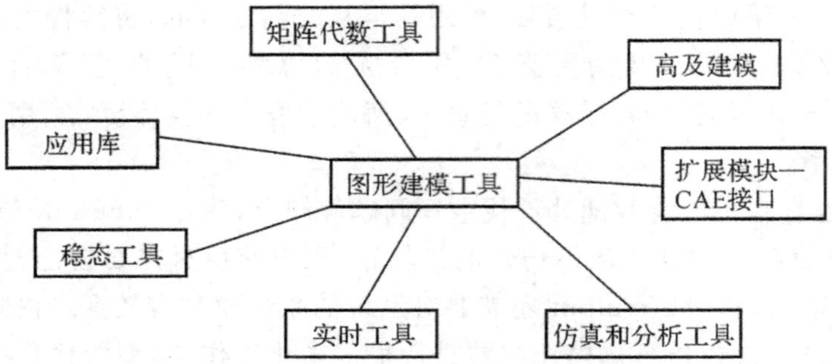

图 17-2 MSC. EASY5 软件工具包结构

3. AMEsim 仿真软件

AMEsim 仿真软件是法国 IMAGINE 公司于 1995 年推出的专门用于工程系统建模、仿真及动力学分析的优秀软件,迄今已发展到 4.3 版本。AMEsim 为流体动力(液压及气动)、机械、热、电磁、控制等工程系统提供了一个完善的综合仿真环境及灵活的解决方案。它具有丰富的模型库(18 个模型库,1000 多个模块),用户可以采用基本元素法,按照实际物理系统来构建自定义模块或者仿真模型,而不需要去推导复杂的数学模型,这可使研究人员将更多的精力投入到实际物理模型的研究中去。

与其他仿真软件相比,AMEsim 仿真软件采用的是复合接口,即一个结构传递多个变量,这样简化了模型规模,使得不同领域模块之间的物理量连接成为可能。采用变步长、变阶数、变类型、鲁棒性强的智能求解器,根据给定系统自动从 17 种数字积分方法中选择最有效的计算方法。同时具有稳态仿真、动态仿真、批处理仿真、间断连续仿真等多种仿真运行方式,可得到精度和稳定性较高的仿真结果。仿真结果可以便捷地以绘图方式显示出来,而且整个仿真模型可以生成 C 或 Fortran 代码。

在后处理过程中,AMEsim 提供了线性化分析工具(如系统特征值求解、Bode 图、Nichols 图、Nyquis 图、根轨迹分析)、模态分析工具、频谱分析工具(如快速傅立叶转换 FFT、阶次分析 Order Analysis 频谱图 Spectralmaps)以及模型简化工具,便于使用者对所建模型进行分析、修改、简化。内置有与 C(或 FORTRAN)和其他系统仿真软件(MATLAB/Simulink,Adams 等)的接口。借助此特性,用户可以在 AMEsim 环境中访问任何 C 或 Fortran 程序、控制器设计特征、优化工具及能谱分析等工具。同时用户还可以将一个完全非线性 AMEsim 子模型输出到一个 CAE 或多体软件中去。而整个仿真过程仅仅采用鼠标,不需要编程。基于这些优点,AMEsim 仿真软件已广泛地被工程技术人员所采用。

4. DSH 液压专用动态仿真软件

DSH(Digital Simulation of Hydraulic System)是液压传动及控制系统的动态仿真专用软件。该软件原始版本是德国亚琛工业大学液压与气动研究所(IHP)在上世纪 70 年代研究开发的,经过大量实例检验,获得国际液压行业的一致认可,是一个成功的液压专用仿真软件。DSH 可用于液压元件及系统的设计和计算现有元件及系统的动态特性。由于考虑了各种非线性环节,因此,仿真结果与试验曲线一致性较好。由于其专用程序及数据库的不断扩充,输入、输出系统的不断完善,使得该软件适用范围和使用效率不断提高,成为液压传动及控制系统动态特性预测及参数优化的理想手段。

国内浙江大学机械电子控制工程研究所于 20 世纪 80 年代,在消化原 DSH 版本的基础上,对其功能,模型库、算法和编制技巧,进行了一些改进和发展。

DSH 仿真软件具有以下几个特点:

(1)DSH 软件是面向物理模型的仿真软件。用户只需提供液压系统和元件的物理模型(用户用类似于液压专用术语的仿真语言,分层次地描述被仿真的元件和系统),DSH 软件就会按照用户编写的物理模型描述文件,借助模型库和数据库支持,自动生成用于仿真的相应数学模型(建模)。

(2)有一个良好的模型库做后盾。建立液压系统动态特性数学模型时,主要考虑了两大类方程:一是牛顿第二定律推得的各运动部件的运动方程;二是针对各独立容腔列出的弹性液体流量连续性方程。经过大量分析、综合和归纳工作,整理出系统中各类构件(液压泵、液压缸、阀等)在不同的流量、液流方向下所对应的力和流量的类别和计算公式,并将其存入模型库中。目前,模型库存储超过 140 多种的标准部件和 60 多种流量和力的计算公式,此模型库还可根据需要随时加以补充。

(3)有一个用户可以自行扩充的数据库。DSH 的数据库分为两部分,一部分储存了 275 个物理量的单位换算系数和 20 个公用数据。另一部分为用户储存标准构件的物理常数,可以储存系列尺寸。

(4)提供了一整套对非线性系统的研究方法和仿真程序。在仿真中考虑了液压元件和系统的许多非线性因素,如油液弹性模量、节流口流量系数,流进可变节流口的流量、液动力、摩擦力和限位力的计算等。另外,DSH 还提供了一套研究非线性系统频率特性,稳定性和非线性系统优化问题的仿真手段。

DSH 软件共有九个模块,按照功能分八个部分,即自动建模、仿真计算、曲线绘制、频率特性、线性化、根轨迹法、参数优化、数据库管理,参见图 17-3 的程序系统构成。

下面举例说明 DSH 在液压系统仿真中的应用。

拟仿真一回油节流调速系统,液压回路如图 17-4 所示。该系统由 PU,RV,CY,TV 四个构件和 V_1,V_2 两个容腔组成,F_L 为作用在活塞杆上的负载力。

假设在液压缸进油口前设置一假想的理想的二位二通阀,即阀的切换时间为零且无压力损失,因而,可以忽略该阀的动态性能。在初始状态,假想的二位二通阀关闭,液压泵输出流量全部经溢流阀溢流,液压泵出口的初始压力由溢流阀调定。液压缸活塞在负载力 F_L 的作用下,推至左端由缸盖限位,此为活塞的初始行程。速度及液压缸出口容腔压力均为零。

当假想的二位二通阀突然接通之后,容腔 V_1,V_2 的压力、活塞速度和位移这四个状态

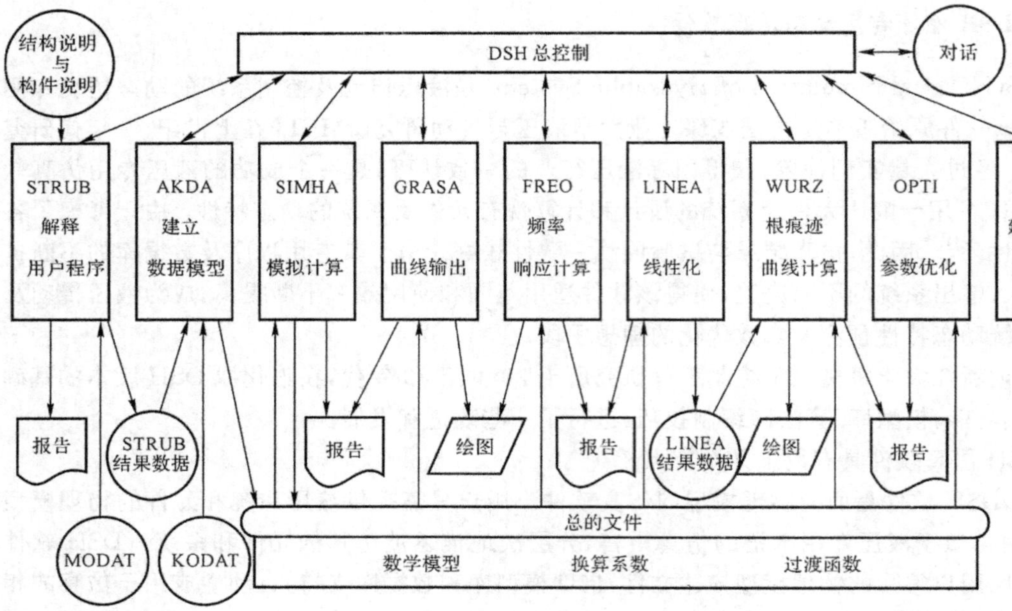

图 17-3 DSH 程序系统构成

变量的动态过程,可以采用 DSH 软件进行仿真,其步骤如下:

① 绘制仿真油路图

将系统的液压原理图进行构件命名,容腔(若干构件所包围的动态封闭容腔)划分和命名,规定构件油口号,成为仿真油路图,参见图 17-4。

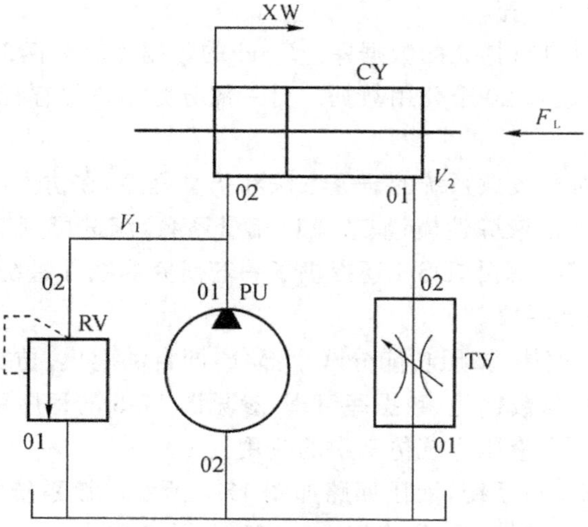

图 17-4 回油节流调速系统仿真油路图

② 编写“结构与构件说明”

这是建立系统数学模型最初始的原文件,给出了所仿真的液压系统物理特征的全部信息。文件符号和书写格式必须严格遵守“DSH 液压传动及控制系统动态仿真专用软件使用规程”。参见图 17-5 系统的结构与构件说明。

METERINGO-OUT FLOW CONTROL	标题
V1 PU PUMP 01	容腔 V_1 上有三个构件，PU 是液压泵
V1 RV RELIVA 02	RV 是压力阀
V1 CY MOTOR 02	CY 是液压缸
V2 CY MOTOR 01	容腔 V_2 上有两个构件
V2 TV FLOWVA 02	TV 是流量阀
PU NCOVCO	定量泵
CY LIDOUB	双作用液压缸
RV DIRVST	自控式限压阀
TV ORIFIC	节流阀
END	结束

图 17-5　系统的结构与构件说明

③ 数学模型的建立

将“结构与构件说明”输入计算机后，运行建模命令即可得到数学模型文件和参数文件，得到 AKDA 结果文件，如图 17-6 系统的数学模型文件所示。用户可以在数学模型文件中更改数学模型(添加和更改)，在参数文件中输入系统构件参数和变量初始值，以建立正确的数学模型文件。

④ 进行仿真积分计算

确定数学模型文件和参数无误后，运行仿真计算命令，即可进行仿真计算。计算结果分别存于结果文件和文本文件。

⑤ 结果文件和绘制曲线

仿真计算完毕，即可执行绘图命令绘制各个变量参数的过渡过程曲线以及结果文件的保存。图 17-7 为系统仿真计算的结果数据文件，图 17-8 为系统仿真的过渡过程曲线图。

```
METERING0-OUT FLOW CONTROL                                              标题
NE=4     IST=1     NG=1     KB=4     KL=4     KL=0     NS=13
A1CY= .50000E+01  A2CY= .10000E+02  DXCY= .50000E+02  FLCY= .25000E+04
MXCY=.20000E+02   XACY= .28000E+02  XECY= .00000E+00  G1PU= .70000E-01
Q1PU= .40000E+02  G1RV= .35000E+01  PMRV= .25000E+02  K1TV= .15000E+01
V0V1= .20000E+01  V0V2= .10000E+01  EIZZ= .10000E+01  EOZZ= .14000E+05
MIZZ=-.10000E+01
ORIG                                                              状态变量初值
PVV1= .35000E+02  PVV2= .00000E+00  XPCY= .00000E+00  XWCY=.00000E+00
SIMU                                                                  仿真参数
TO=   .00000E+00  DT=   .50000E-04  TE=   .20000E+00  PN=   .20000E+02
DRUC                                                                  压力标志
11002222222222222222222222222222222222222222222222222
ANMA
```

```
000000000000000000000000000000000000000000000
ALGO                                                    数学模型
    1  29  -1  -3  -3  -3  -3  -3                       1
       2=EOZZ/V0V1 * Q1PU
    1  30  -3  -3   1  -3  -3  -3                       2
       2=EOZZ/V0V1 * G1PU
    1  29   3  -3   1  -3  -3  -3                       3
       2=EOZZ/V0V1 * A2CY/MIZZ
    1   6   1  -3  -3   1  -1  -1                       4
       2=EOZZ/V0V1 * G1RV/MIZZ
    2  30   3  -3  -3  -3  -3  -3                       5
       2=EOZZ/V0V2 * A1CY
    2  29  -1   2  -3  -3  -1  -2                       6
       2=EOZZ/V0V2 * K1TV/MIZZ
    3  29   1  -3  -3  -3  -3  -3                       7
       2=A2CY/MXCY
    3  29   2  -3  -3  -3  -3  -3                       8
       2=A1CY/MXCY *  MIZZ
    3  29   3  -3  -3  -3  -3  -3                       9
       2=DXCY/MXCY *  MIZZ
    3  29  -1  -3  -3  -3  -3  -3                       10
       2=FLCY/MXCY *  MIZZ
    3  22   4  -3  -3  -3  -3  -3                       11
       2=EIZZ
    4  29   3  -3  -3  -3  -3  -3                       12
       2=A1CY/MXCY *  MIZZ
    4  29   4   3  -3   2   3  -3                       13
       2=EIZZ
    1  2=PMBV                                           边界值表
    2  2=XACY
    3  2=XECY
A1CY=  .10000E-03  A2CY=  .10000E-03  DXCY=  .10000E+01  FLCY=  .10000E+01
MXCY=  .10000E+01  XACY=  .10000E-02  XECY=  .10000E-02  G1PU=  .16670E-09
Q1PU=  .16670E-04  G1RV=  .16670E-09  PMRV=  .10000E+06  K1TV=  .52670E-07
V0V1=  .10000E-02  V0V2=  .10000E-02  EIZZ=  .10000E+01  EOZZ=  .10000E+06
MIZZ=  .10000E+01      =  .00000E+00      =  .00000E+00      =  .00000E+00
PVV1=  .10000E+06  PVV2=  .10000E+06  XPCY=  .10000E+01  XWCY=  .10000E-02
END                                                     结束标志
```

图 17-6 系统的数学模型文件

RESULT OF NUMERICAL INTEGRATION 20 STEP：

TX	FVV1	FVV2	XPCY	XWCY
T＝0.000000	0.330000E＋02	0.000000E＋00	0.000000E＋00	0.000000E＋00
T＝0.010000	0.310401E＋02	0.416973E＋01	0.382399E＋00	0.219502E＋01
T＝0.020000	……			
……				
T＝0.189993	0.357142E＋02	0.000000E＋00	0.000000E＋00	0.280000E＋02
T＝0.19992	0.357142E＋02	0.000000E＋00	0.000000E＋00	0.280000E＋02

END

图 17-7　系统仿真计算的结果文件

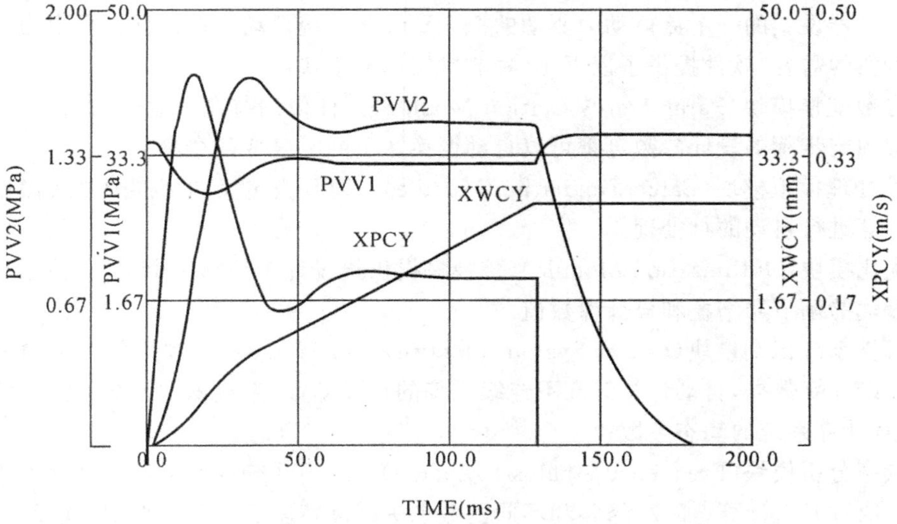

图 17-8　系统仿真的过渡过程曲线

5. DSHplus 软件

1972 年，IFAS（国际流体动力学会）以欧洲享有盛名的 RWTH Aachen 研究所研究的电力驱动液压系统为基础，开发出 DSH 和 SIMULANT 两个程序。1994 年 IFAS 将这两个程序合而为一，并加入其多年的气动系统研究成果，形成了完整的液压—气动—控制仿真软件——DSHplus。

作为 IFAS 的长期合作伙伴，德国 FLUIDON 公司得到了 IFAS 在技术发展和市场运作方面的认可，于同年接管了 DSHplus。时至今日 DSHplus 经过大量的工业应用证明其是一高效、稳定的工程化软件。

DSHplus 技术库包括各部分技术库的集合。每一部分都是针对一个专业技术领域。不仅有液压系统部分的概念，还有机械系统和控制系统部分。

实用的、又在不断发展的技术数据库有：

（1）液压库。液压库中包括各种液压零部件的技术数据。

（2）气动库。气动库包括气动部件和系统的模块和有关的稳态和动态特性的研究。

（3）控制库。控制库包括各种资源的简表模块、线性和非线性的零部件、用户定义的功

能、模拟控制和数字控制的控制原理和逻辑原理。由于采用了图表方式,可以分析流体动力驱动模式的动态闭环回路的性能

(4)机械元器件库。机械库中包括了像电机、内燃机、固定的或开关式的离合器、制动器和齿轮等,利用他们可以快速地建立一维(1D)的机械系统模型。由于这个和 DSHplus 的库是完全兼容的,因此,用户可以将机械系统集成到任何一个 DSHplus 的模拟项目中去。利用这个功能,用户甚至可以研究由液压泵驱动的动力系统的特性。

(5)温度—液压库。为了满足用户对分析液压系统温度特性影响的需求,FLUIDON 公司开发了一个用于预测循环流体和热量流动速率系统中任何一点的温度的库。因此,用户可以在实际生产之前的设计阶段就能够预测系统中任何一点可能存在的温度隐患。

DSHplus 程序模块是各类工具的集合,这些模块为工程人员的设计工作提供支持,包括通过控制器设置的一个流体动力驱动的概念到最终系统启动。在设计过程中为了满足不同设计阶段的需要,软件提供了以下 10 种非常实用的模块:

• 参数变换模块(Parameter Variation Module)。任何调节器增益的自动变换,系统在随机或者固定步骤的设计参数等都可以自动变换。可同时改变四个参数。

• 批处理模拟模块(Batch Simulation Module)。对预先定义的部件配置或操作点参数设置的计算进行自动的批处理。

• 优化模块(Optimization Module)。该模块提供给设计工程师一个工具,该工具可以自动获取最优的调节器增益和设计参数值。

• 线性系统识别模块(Linear System Identification Module)。利用一个单输入输出系统的实测或计算数据,自动计算时间不连续系统的传递函数。生成识别系统的线性状态空间点阵,并且计算系统的动态参数。

• 频率分析模块(Frequency Analysis Module)。利用系统的实测或计算数据来计算频率响应。通过光滑计算、加权、修整和不同函数来进行高精度的计算以得到谱的均值。

• 系统特征值分析模块(System Eigenvalue Module)。计算系统在当前工作点或作为一个给定参数的函数系统特征值的根轨迹。如果输入和输出可以定义成一个线性的状态空间,那么模型可以进行计算或输出。

• 神经网络模块(Neural Network Module)。将实测的非线性函数或等效值继承到模拟或一个部件模型的定义中。为适应控制过程,代表自动生成的控制增益值。

• 模糊逻辑模块(Fuzzy Logic Module)。将预先定义的模糊控制继承到模拟模型中。和模糊逻辑工具接口来生成模糊控制器的微控制源代码。

• 用户动态库接口(User-DLL Interface)。交互式的模拟控制。DSHplus 多体系统动力学软件的协同仿真。利用外部的硬件控制器进行硬件控制回路仿真。

• 流体参数选择(Fluid Parameter Selection)。方便地改变流体的特性,考虑流体参数对压力和温度的变化。

DSHplus 在工业应用中的许多例子证明它是一种柔性化和多功能的软件。DSHplus 广泛应用于机械、航空、航天、船舶、发动机、军用车辆、汽车、工程机械、铁道、通用机械重型工业、机床等领域。

第 18 章

液压元件流场仿真和液动力

18.1 概 述

18.1.1 计算流体力学的发展

计算流体力学是利用数值方法通过计算机求解描述流体运动的数学方程，揭示流体运动的物理规律，研究定常流体运动的空间物理特性和非定常流体运动的时空物理特性。

计算流体力学(Computational Fluid Dynamics, CFD)是在解决工程科学实际问题过程中，流体力学与计算数学的数值计算方法和计算机技术相互交叉形成的新兴学科，它成为研究流体运动规律，解决很多工程实际问题的三大手段(理论、实验、计算)之一。20 世纪 70 年代以来计算流体力学有了突飞猛进的发展，而且正在以更快的速度前进。随着计算机技术的高速发展(主要是计算机的高速化、大容量化)，计算流体力学方法已经发展成为解决工程科学问题的一种重要手段，广泛应用于汽车领域、水利、海洋、航运、沿岸工程、土木、造船和航空等许多工程实际中。

计算流体力学是将某计算方案的边界条件和初始条件等固定，由对某种流动现象的仿真，获得定量的数据，这类似于实验研究方法。它又像理论分析方法那样把流体力学数学模型作为依据，这又不同于实验研究方法。计算流体力学可对流动现象进行探索和预测。在理论上，它研究描述流动现象的各类方程的解；在工程应用上，可以代替尽可能多的实物实验用流场数值模拟结果对设计质量进行评价，可以大量缩短设计时间、提高设计质量。

目前出现了一批 CFD 商用软件，如 FLUENT，PHINEX，StarCD，CFX 等，这些软件在科研、生产中获得广泛应用。ANSYS，MATLAB 等软件中也包含一些流场计算程序。商业化的计算流体力学软件有较为完整的前处理部分、求解器部分和后处理部分，一般都有良好的用户界面，通用性广，很适用于解决实际工程问题。

18.1.2 流场仿真的基本步骤

流动问题的流场仿真过程大体包括以下步骤：

(1)建立物理模型。对实际流动问题作一些假定，使之适当简化，得出相应的物理模型，并用几何形体加以描述，也称为几何建模(Geometry Modeling)。

(2)建立数学模型。对流动问题的物理模型给出相应的数学描述，即构成流动的基本方程(控制方程)并给出其边界条件、初始条件。一般根据流动状态,选定湍流模式或层流等相应的流体力学方程组。

(3)配置离散网格。在计算区域中,选定所需计算的流动参数的离散网格节点(简称网格点),又称为区域离散化。流场的非均匀性要求在流动参数梯度变化较大的区域内加密网格,网格生成技术是计算流体力学研究的一大热点。

(4)建立仿真模型。按照一定的原则,建立每个网格点上未知量与其相邻网格点上未知量之间的代数方程组等数学表达式,称为离散方程。这又称为基本方程(控制方程)的离散化。偏微分方程组的常用离散方法有:有限差分法、有限体积法、有限元方法和谱方法。

(5)解算联立代数方程组。流体力学方程组离散化后多为线性或非线性代数方程组,一般采用迭代法求解。求解代数方程组的常用方法有 Gauss 消去法、追赶法、Gauss-Seidel 迭代法、松弛迭代法等等。

(6)后处理(post-processing)。对流场仿真结果进行显示、输出等。

总之,流动问题的流场仿真,就是把在时间与空间区域中连续变化的流动参数(如速度、压力)的场,用有限个离散点上的近似值的集合来代替,按照一定规则建立关于这些流动参数的代数方程组并求解,得出的是流动问题的近似解。

18.1.3 FLUENT 软件简介

FLUENT 是目前国际上比较流行的商用 CFD 软件包,它具有丰富的物理模型、先进的数值方法以及强大的前处理、后处理功能,在航空航天、汽车设计、石油天然气、涡轮机设计等方面都有着广泛的应用。

FLUENT 软件包含了 8 种工程上常用的湍流模型(包括 1992 年提出的一方程的 S-A 模型、双方程的 k-ε 模型、雷诺应力模型和最新的大涡模拟等),而每一种模型又有若干子模型。其中 k-ε 模型又包括鲁棒性较好的 Standard k-ε 模型、针对逆压梯度的 RNG k-ε 模型和针对旋流的 Realizable k-ε 模型。这三种湍流模型又分别包括三种壁面函数:标准壁面函数(应用最广泛、鲁棒性最好)、非平衡壁面函数(适用于分离流、逆压梯度)、双层区域壁面函数(将层流底层同湍流区分别计算,要求 $Y^+=1$)。

GAMBIT 是 FLUENT 软件的前置处理器,用于完成几何建模、网格生成、边界设定等功能。GAMBIT 具有丰富的 CAD 接口,既可以在 GAMBIT 内直接建立点、线、面、体的几何模型,也可以从 PRO/E、UGII、IDEAS、CATIA、SOLIDWORKS、ANSYS、PATRAN 等主流的 CAD/CAE 系统导入几何和网格。GAMBIT 与 CAD 软件之间的直接接口和强大的布尔运算能力为建立复杂的几何模型提供了极大的方便。

GAMBIT 能够针对极其复杂的几何外形生成三维四面体、六面体的非结构化网格及混合网格,且有数十种网格生成方法,生成网格过程又具有很强的自动化能力,因而大大减少了工程师的工作量。FLUENT 采用网格自适应技术,可根据计算中得到的流场结果反过来调整和优化网格,从而使得计算结果更加准确。

FLUENT 软件采用有限体积方法,并提供了三种数值算法。

(1)Segregated Solver。该算法源于经典的 SIMPLE 算法。其适用范围为不可压缩流动和中等可压缩流动。这种算法不对 Navier-Stokes 方程联立求解,而是对动量方程进行压力修正。该算法是一种很成熟的算法,在应用上经过了很广泛的验证。这种方法拥有多种燃烧、化学反应及辐射、多相流模型与其配合。

(2)Coupled Explicit Solver。这种算法由 Fluent 公司与 NASA 联合开发，主要用来求解可压缩流动。该方法与 SIMPLE 算法不同，而是对整个 Navier-Stokes 方程组进行联立求解，空间离散采用通量差分分裂格式，时间离散采用多步 Runge-Kutta 格式，并采用了多重网格加速收敛技术。对于稳态计算，还采用了当地时间步长和隐式残差光顺技术。该算法稳定性好，内存占用小，应用极为广泛。

(3)Coupled Implicit Solver。该算法也对 Navier-Stokes 方程组进行联立求解，由于采用隐式格式，因而计算精度与收敛性要优于 Coupled Explicit 方法，但却占用较多的内存。该算法另一个突出的优点是可以求解全速度范围，即求解范围从低速流动到高速流动。

FLUENT 具有强大的后置处理功能，能够完成 CFD 计算所要求的功能，包括速度矢量图、等值线图、等值面图、流动轨迹图、并具有积分功能。可以求得各种力、力矩及其对应的力和力矩系数、流量等。

18.2 液压元件流场仿真

18.2.1 液压元件流场仿真的意义

流体传动与控制学科中的流体数值模拟与数值预测，是计算流体力学发展前沿与应用研究内容之一。流体传动与控制技术以 PASCAL 原理(静压传递)为基础，在其传统设计计算中，一般对液压元件及系统中的流动现象加以忽略或做过度的简化，大多采用集中参数的经验公式。随着计算流体力学在液压技术中的引入和应用，深入液压元件及系统内部流场进行研究成为可能，揭示液压元件内部结构对流场特征及元件性能的影响规律，为解决液压技术中振动、噪声、节能等问题提供新的思路和方法。CFD 技术以及有限元法使液压设计从经验计算、稳态分析和类比设计的传统方法中走向精密计算和优化设计。

液压元件包括液压泵(马达)、液压控制元件、液压附件等，长期以来其设计计算都是不考虑或不重视其内部流动情况，也就无需进行流场计算。随着液压技术对减振、降噪、节能以及精确设计的要求不断提高，必须深入液压元件内部流场，揭示液压元件内部流道结构对流场特征及元件性能的影响规律。尽管液压元件种类繁多、结构多样，从流场分析的角度都可以把它们视为某种形式的流道结构。

18.2.2 液压元件流场仿真的分类

(1)根据流动状态分为稳定流场仿真、非稳定流场仿真。如研究液压阀的流量压力特性、集成块内孔道的压力损失，可以看作流场处于稳定状态。

(2)根据流道壁面在流动过程中是否有运动分为运动边界流场仿真、固定边界流场仿真，具有运动边界的流场比较复杂，涉及网格增删、网格滑移技术。如液压泵的流场仿真就属于有运动边界的情况；固定阻尼孔、液压滤波器等没有运动边界，属于固定边界的情况。

(3)根据流场的几何形体特征分为二维、二维轴对称(Axisymetry)、对称(Symmetry)、三维。实际液压元件内部流场都是三维的，根据流场仿真目的不同，可以对液压元件的流道作不同程度的简化，降低几何形体的复杂程度，忽略一些细微的、次要的结构，可以大大减少运算时间、提高计算精度。

18.2.3 流场仿真在液压元件中的应用

流场仿真技术在液压元件及系统中的应用大致可以归纳为下述几个方面：

(1)液压泵(马达)关键摩擦副的承压油膜流场仿真

柱塞泵的摩擦副，如缸体与配流盘之间、滑靴与斜盘之间的油膜状况、压力分布对于泵的工作至关重要。在设计计算中，一般采用经验公式进行，由于忽略因素比较多，计算精度较低。采用流场仿真计算方法可以大大提高计算精度，对关键结构参数、油膜状况、压力分布的影响进行研究。

(2)液动力的流场仿真计算

液动力是影响液压阀性能的关键因素之一，不仅决定换向阻力也影响阀的精确控制。液动力本质上是流体运动所造成的阀芯壁面压力分布发生变化而产生的。一般利用动量定理分析计算液动力，而从流场分析入手是直接的计算方法。随着阀口形式的复杂和多样，如非全周开口、异型阀口流道等，全周开口滑阀的液动力计算公式都是无法直接应用的，必须用流场仿真的方法对液动力进行计算。

(3)内流道能量损失方面的流场计算

液压阀阀体内的流道、液压集成阀块内流道、复杂管路等具有相当大的压力损失，用经验公式估算误差很大。流场仿真可以对上述结构的压力损失进行精确的计算，并且如果在CAD设计阶段，把流场仿真计算作为设计计算的一个环节，通过流场计算得出的压力损失对流道设计进行评价、优化。

(4)液压元件阻抗特性的流场计算

液压元件及系统的阻抗特性决定了系统的振动特性，如果液压元件的阻抗匹配不当，在液压系统压力脉动激发下会引起系统振荡。阻尼孔、液压控制阀、液压滤波器等的阻抗特性可以用流场仿真计算获得。一般是在流场进口边界加入不同频率的正弦信号对流场进行计算，这与频率特性试验相同。

(5)液压系统噪声研究中的流场计算

阀口、流道等有流场急剧变化的区域，都会引起噪声。液压系统的噪声原因极其复杂，是由气穴、旋涡、喷流等典型流场引起。液压泵及液压控制元件内部流道结构与其噪声性能的关系，必须深入流场探求答案。流场仿真为液压系统噪声研究提供了重要手段，可以代替大量的实物试验，结合一些流场测量、噪声测量分析试验，可以寻求内部结构对噪声的影响规律，获得低噪声液压阀的设计准则。由于流场流态对噪声的作用机理复杂以及缺少有效的评价方法，目前通过流场数值仿真所得信息还不能直接预测液压元件的噪声性能。

18.3 滑阀和锥阀液动力

液压阀上的作用力主要有液压力、液动力、液压侧向力、弹簧力、摩擦力、惯性力和黏性力等。这些力的计算公式在一般液压技术图书中都有详细介绍。这些力决定了阀驱动力的大小和阀的响应性能。本节主要叙述了滑阀、锥阀液动力的计算方法。对于比例阀中常用的非全周开口形式的滑阀、异形阀口及流道等，只能采用流场仿真的方法计算。

1. 稳态液动力

液流流经阀口时，由于速度大小和方向均发生变化造成液体动量的改变，因此阀芯上受到附加的作用力——液动力。

在阀口开度一定的稳定流动情况下，液动力为稳态液动力。当阀口开度发生变化时，还有瞬态液动力的作用。

(1)具有完整阀腔的全周开口滑阀

对图 18-1 中虚线所示的控制体应用流体力学动量定理、忽略进口动量等可以得出：

$$F_s=(2C_dC_vw\cos\theta)x\Delta p \tag{18-1}$$

式中：w——阀口梯度，即阀口的过流周长阀口的周向开度；

C_d——流量系数；

C_v——速度系数；

x——阀口开度；

Δp——阀口前后压差；

θ——阀口射流角，一般取 69°。

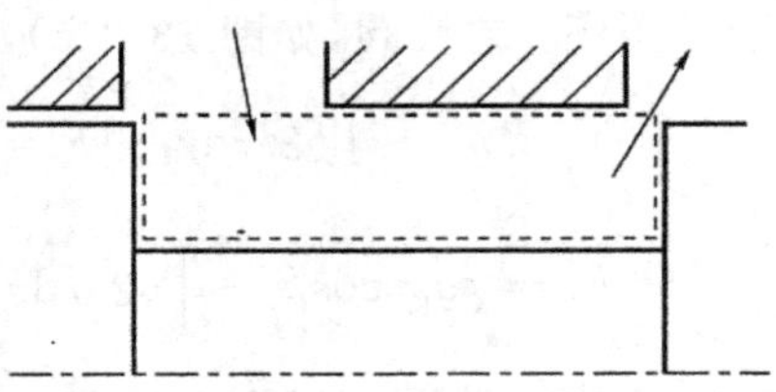

图 18-1　滑阀的液动力

如图 18-1 所示，由于阀口流速很大所以靠近阀口一端的阀芯壁面静压减小，不论液流是流入或流出阀腔，其稳态液动力的方向始终是趋于使阀口关闭。液动力正是由于液流流动使阀芯壁面压力分布发生变化而出现的，这也是液动力的本质。所以如果能确定出阀芯壁面的压力分布，则液动力就可以用积分求出。

(2)锥阀

锥阀稳态液动力的计算原则上与滑阀相同，在阀腔中划出控制体积，应用动量定理，忽略一些次要因素得出近似计算公式。

锥阀在关闭时受到很大的液压轴向推力，即静压与阀芯承压面积的乘积，如图 18-2 所示。当阀打开时，油液产生流动，使阀表面的压力分布发生变化，使得关闭阀芯所需要的力大小也发生变化，这就是油液流动引起的液动力的影响。

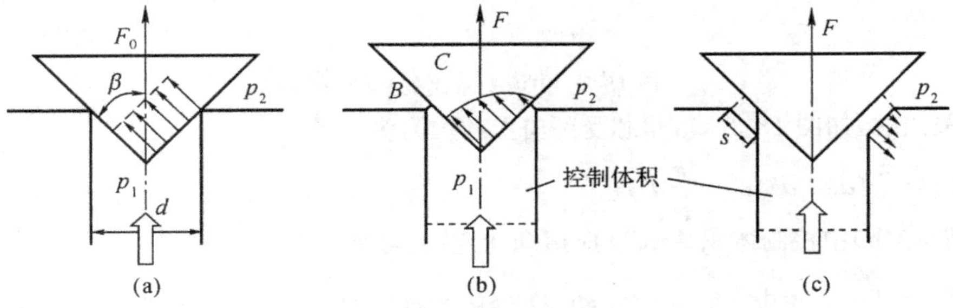

图 18-2　外流式锥阀的液动力

1) 外流式锥阀的液动力

如图 18-2 所示，阀口关闭时，阀芯壁面受到静压 p_1 作用，阀芯受到向上的推力为 F_0。阀口开启时，阀口附近流速很大，所以此处静压降低，阀芯受到向上的推力为 F，显然推力减小，减小的部分就是油液流动出现的液动力，其方向是使阀芯趋于关闭。

在图 18-2(a)，(b)选定控制体积，忽略进口流速及 BC 边上的压力，为了推导简洁设 $p_2=0$，应用动量定理：

$$F_0=\frac{\pi}{4}d^2p_1$$

$$\frac{\pi}{4}d^2p_1-F=\rho q_V v\cos\beta$$

$$F_s=\rho q_V v\cos\beta=(C_dC_v\pi d\sin2\beta)x\Delta p \qquad (18\text{-}2)$$

对于有阀座 s 的锥阀，如图 18-2(c)，则有

$$\frac{\pi}{4}d^2p_1+\int_S p2\pi r\mathrm{d}r-F=\rho q_V v\cos\beta$$

$$F_s=\rho q_V v\cos\beta-\int_s p2\pi r\mathrm{d}r \qquad (18\text{-}3)$$

式(18-3) 中 p 为阀座锥面上的压力分布。

外流式锥阀稳态液动力理论分析与实验能较好地吻合，其方向总是指向阀口关闭的方向。由于阀座上的锥面具有一定的压力分布，锥面宽度越大，对轴向液动力的影响越大，阀芯上受到的液动力将比按式(18-2)的计算值小。减小的数值就是阀座锥面上压力分布的积分值(即式(18-3)右边第二项)。

2) 内流式锥阀的液动力

如图 18-3(b)，建立两个控制体，控制体积 ABCD 和控制体积 BEFG，分别对两个控制体积应用动量定理。

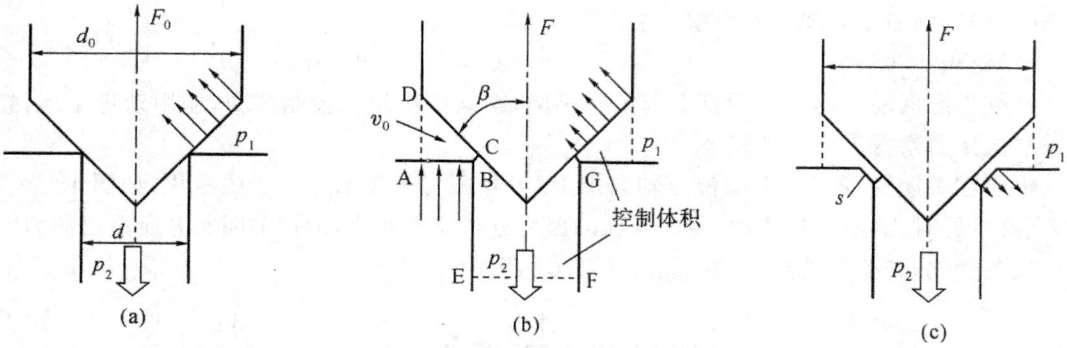

图 18-3 内流式锥阀的液动力

阀口关闭时，如图 18-3(a)，阀芯受到向上的推力为

$$F_0=\frac{\pi}{4}(d_0^2-d^2)p_1+\frac{\pi}{4}d^2p_2$$

对图 18-3(b)中控制体积 ABCD 应用动量定理，可得

$$F_1-\int_{d/2}^{d_0/2}p_2\pi r\mathrm{d}r-p_{\mathrm{BC}}(\pi dx\sin\beta)\cos\beta=\rho q_V v\cos\beta-\rho q_V v_0\cos\psi$$

对图 18-3(b) 中控制体积 BEFG 应用动量定理，可得

$$F_2-\frac{\pi}{4}d^2p_2+p_{\mathrm{BC}}(\pi dx\sin\beta)\cos\beta=\rho q_V v_2-\rho q_V v\cos\beta$$

同时考虑两个控制体对阀芯的作用，以上两式相加得

$$(F_1+F_2)-\left(\int_{d/2}^{d_0/2} p2\pi r\mathrm{d}r+\frac{\pi}{4}d^2p_2\right)=\rho q_V v_2-\rho q_V v_0\cos\psi$$

液动力为

$$F_t=F_0-F=\frac{\pi}{4}(d_0^2-d^2)p_1-\int_{d/2}^{d_0/2} p2\pi r\mathrm{d}r+\rho q_V v_0\cos\psi-\rho q_V v_2 \tag{18-4}$$

上式中：p 为阀座面 AB 上的压力分布，v_0 为 AD 上的平均流速，ψ 为与水平方向夹角，F_1，F_2 分别为控制体 ABCD，BEFG 作用在阀芯上的推力。内流式与外流式锥阀液动力计算公式有显著的区别。

内流式锥阀的稳态液动力数值比外流式的要小，一般情况下其液动力是指向阀口关闭的方向。内流式锥阀的液动力是非线性的，主要与阀芯锥角、出油口压力（背压）、阀口开度等有关。文献[58]指出，当阀背压接近于大气压，阀口开度较大时，液动力方向使阀口开大。

动量定理由于不用考虑壁面压力分布，对流场进行了较多的简化，如锥阀的射流角并不总是等于锥阀锥角，从原理上说液动力公式具有较大的近似性。采用流场仿真求出阀芯壁面的压力分布，进行积分是直接的计算方法。在 18.4 节中，我们将应用流场仿真对非全周开口滑阀液动力进行计算，计算结果与实测结果吻合良好。锥阀的液动力同样可以采用流场仿真方法得到。

2. 瞬态液动力

阀口开度发生变化时，阀腔内的流体流速随之也发生改变，即阀腔内的流体产生加速作用，相应的作用力就是瞬态液动力。一般液压控制阀中予以忽略，动态响应很高的阀（高响应的比例阀、伺服阀、高速开关阀）中需要计算瞬态液动力。

全周开口滑阀瞬态液动力的方向与阀腔内流体加速度方向相反，见图 18-4，U 表示阀芯运动速度方向，v 为液流方向，a 为阀腔内流体微团加速度，L 为阻尼长度，F_t 为瞬态液动力。图 18-4 显示出了不同流动方向（流入、流出阀腔）和不同阀芯运动速度方向下的四种情况瞬态液动力方向。

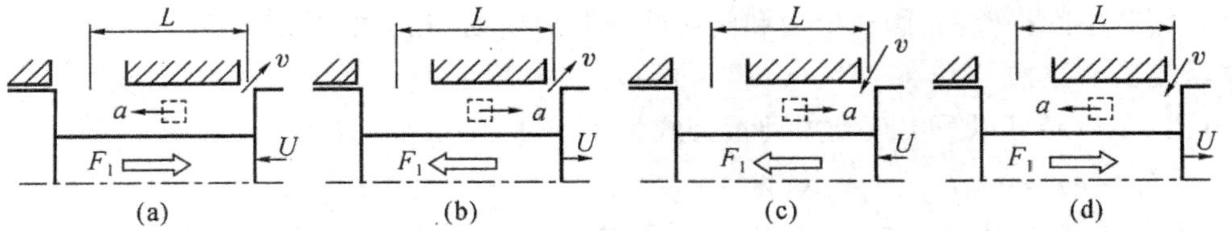

图 18-4　瞬态液动力的方向

$$F_t=\frac{\mathrm{d}}{\mathrm{d}t}(\rho A_v L v)=C_d\pi dL\sqrt{2\rho\Delta p}\frac{\mathrm{d}x}{\mathrm{d}t}=K_L\frac{\mathrm{d}x}{\mathrm{d}t} \tag{18-5}$$

式中：A_v 为阀腔有效断面积；K_L 为阻尼系数；v 为阀腔内的平均流速。

由式(18-5)可以看出，瞬态液动力与阀芯运动速度成正比，因此它起到黏性阻尼力的作用。在图 18-4(a)，(b)情况下（即流出阀腔）为正阻尼，瞬态液动力与阀芯运动速度相反，对阀芯运动起到稳定作用，L 称为正阻尼长度。在图 18-4(c)，(d)情况下（即流出阀腔）为负阻尼，瞬态液动力与阀芯运动速度相同，对阀芯的运动是不稳定的因素，L 称为负阻尼长度。合理布置多个进、出油口的位置，可以控制瞬态液动力的大小及方向。负阻尼作用也是可以加以利用的，瞬态液动力的负阻尼作用提高阀的启闭快速性。

18.4 非全周开口滑阀稳态液动力

非全周开口滑阀是液压阀基本结构形式之一，即在滑阀凸肩圆周上均布不同形状的小槽及其组合形式，如三角槽、矩形槽、半圆槽等，如图 18-5 所示。一般用于节流控制，有比例、伺服、手动等控制方式。其液动力与全周开口滑阀的液动力有显著区别，研究发现此类阀的液动力并不总是指向阀口关闭的方向，这为减小和控制液动力提供了新的思路。本节流场仿真方法对两种典型的非全周开口滑阀的液动力进行了计算，计算结果与实测结果吻合良好，此方法和过程完全可用于异形流道、复杂阀口等的液动力分析计算。本节计算中，U，V 形槽的主要尺寸数值为：$h=1\text{mm}$，$l_1=5\text{mm}$，$l_2=6\text{mm}$，$R=12.5\text{mm}$，见图 18-5。

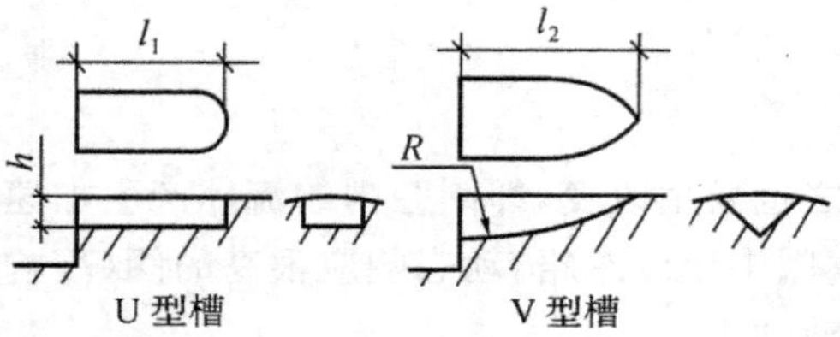

图 18-5 非全周开口滑阀

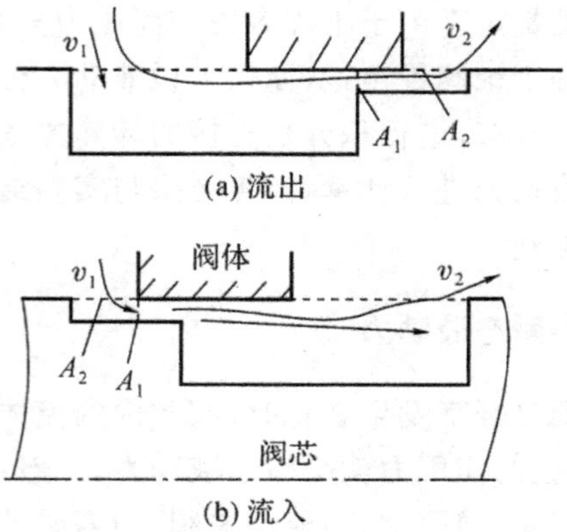

图 18-6 非全周开口滑阀液动力分析

1. 液动力理论分析

采用流体力学动量定理分析非全周开口滑阀稳态液动力。控制体取阀芯左右壁面、节流槽壁面、阀芯中间杆壁面、阀体壁面和阀芯凸肩圆周壁面围成，如图 18-6 所示。

(1)流出节流槽

由图 18-6(a)可以写出液动力动量公式为

$$F_f=\rho q_V v_1\cos\theta_1-\rho q_V v_2\cos\theta_2 \tag{18-6}$$

流出节流槽时，流入速度 v_1 相对 v_2 很小，故可忽略流入动量，则其液动力公式可写为

$$F_f=\rho q_V v_2\cos\theta_2=2C_dC_vA\cdot\Delta p\cdot\cos\theta_2 \tag{18-7}$$

式中：参数取值：$C_d=0.62$；$C_v=0.98$；$\rho=889\text{kg/m}^3$；θ_2 为阀口射流角，A 为流束离开控制体的过流面积。

由式(18-7)可见，液动力计算关键是确定射流角 θ_2 和面积 A，此处射流角 θ_2 并不是常数而是随阀口开度而变化，采用流场计算所得角度。过流面积近似用阀口等效面积代入。

下面推导过流面积，如图 18-7 所示，在阀芯凸肩上用 90°的成形铣刀加工 V 形节流槽，可以看作圆锥面(刀具运动轨迹)与圆柱面(阀芯凸肩)相贯而成。建立如图 18-7 所示的直角坐标系推导过流面积。

节流槽相贯线方程为

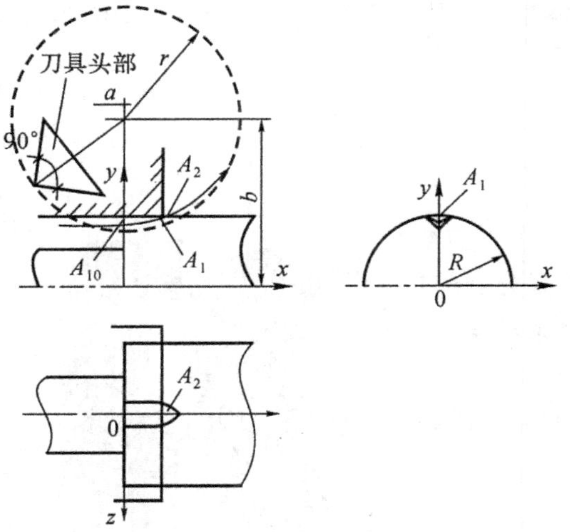

图 18-7　V 形阀口面积计算简图

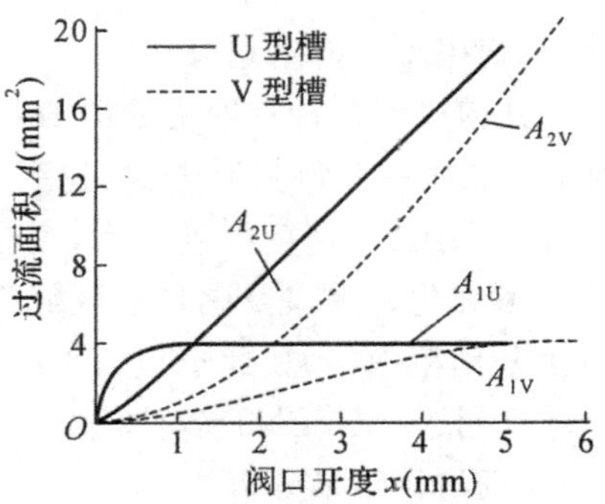

图 18-8　阀口过流面积

$$\begin{cases} y^2+z^2=R^2 \\ (x-a)^2+(y-b)^2=(r-|z|)^2 \end{cases} \tag{18-8}$$

V 形槽的底线方程为

$$(x-a)^2+(y-b)^2=r^2,\ z=0$$

A_2 面积为相贯线在阀芯凸肩圆柱面所围成的面积。

其面积微元为

$$\mathrm{d}A_2=(\alpha\arcsin\frac{z}{n})\mathrm{d}x$$

$$A_2=n\int_h^6 R(2\arcsin\frac{z}{R})\mathrm{d}x \tag{18-9}$$

$$A_1=n(2\times\frac{1}{2}\arcsin\frac{z}{R}\cdot R^2-z\cdot y\times\frac{1}{2}\times 2) \tag{18-10}$$

以上即为 V 形节流槽过流面积的理论公式。代入具体数值：$R=8$mm；$r=12.5$mm；$a=0.12$mm；$b=19.03$mm。采用数值积分可以得出过流面积曲线，同理也可推出 U 形槽的面积，如图 18-8 所示。

选取过流面积中最小的面积为等效阀口面积。流出节流槽的液动力的理论计算结果绘于图 18-12。由图 18-12 所示可知理论计算结果与流场仿真计算结果变化趋势相同。

(2)流入节流槽

流入节流槽的控制体如图 18-6(b)所示，液动力计算公式亦同式(18-6)，为

$$F_f=\rho q_V v_1\cos\theta_1-\rho q_V v_2\cos\theta_2$$

上式中，流入速度 v_1 并非是阀口处的流束射流速度，而是过流面积 A_2 上的平均流速，由于面积 A_2 比 A_1 大得多(见图 18-8)，所以其数值不大，加之入流角度 θ_1 较大(见图 18-10(b)和图 18-11(b)，所以其流入动量在阀口开度较大时即公式第一项并不大；而流出动量的速度虽然因流束在阀腔的阻力及扩散作用下，速度有一定降低，出流角度在阀口开度中间段较小(见图 18-10(b)和图 18-11(b)，所以流出动量可以比较大，其数值超过流入动量时，液动力将反向使阀口趋于开大，这就是在非全周开口滑阀的阀芯位移中间区段，液动力使阀口趋于打开的原因。阀口很小时，入流速度 v_1 很大，式(18-6)可为正值，液动力使阀口趋于关

闭；在阀口很大时，由于流束向阀芯偏移，出流角度 θ_2 很大近似为 90°，所以式(18-6)第二项很小，液动力同样可使阀口趋于关闭。

2. 液动力的流场仿真计算

(1)几何模型及网格划分

流道几何模型及计算网格如图 18-9 所示。由于阀腔结构对称，只需对一半阀腔流道进行建模和网格划分，阀口及其出口腔内压力、速度梯度很大，存在旋涡复杂流态，采用局部网格细化。进口及阀口前区域为高压部分，压力等变化不大采用粗网格，如此也可大大减少计算时间。流场仿真计算采用了 FLUENT 软件。

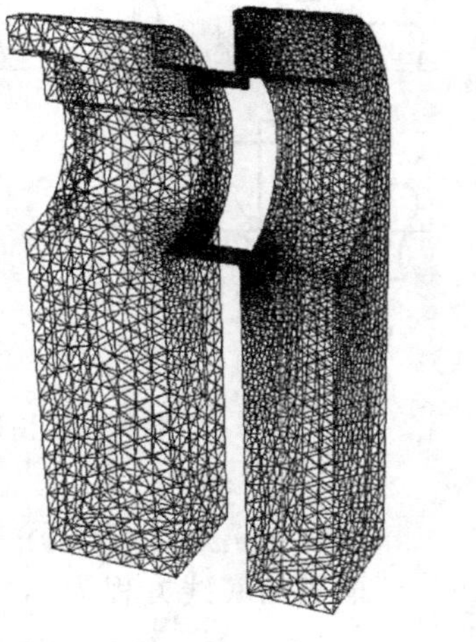

图 18-9 阀内流场网络划分：$x=1$mm

(2)流场仿真结果分析

1) 流速场

图 18-10 和图 18-11 给出了部分阀口开度下对称截面上半部的速度矢量图。流场仿真主要参数为：进口压力 20 MPa，出口压力 0.1 MPa，油液密度 ρ 为 889 kg/m^3，运动黏度 ν 为 4×10^{-5} m^2/s，阀口开度的单位为 mm。图 18-10 为 U 形节流槽的情况，随着阀口开度增大射流角逐渐减小如图 18-10(a)所示；图 18-10(b)显示了流入 U 形槽的流动情况，开度较小时，U 形槽底面导流的作用使流束在阀腔沿水平方向流动，流束在阀腔有扩散，随着阀口开大，流束在阀腔内的速度增大，并向阀芯轴线偏斜，开度为 5 mm 时，流束冲击阀芯右侧壁面，然后沿径向方向流出。图 18-11 为 V 形槽的情况，流出节流槽时，随着阀口开大，流束射流角减小，但变化不大，这是由于 V 形槽的导流作用，流束在阀口后部有扩散；流入节流槽时，流束在 V 形槽的导流作用下，沿一定角度流入，在阀腔内流束方向也逐渐向阀芯轴线偏移。

2) 液动力及阀口压力流量特性

图 18-12 给出了 U，V 形槽在进口压力为 20 MPa，出口为 0.1 MPa 时的流场计算结果。图 18-12 中下标 in、out 表示流入、流出节流槽，anal 表示理论分析。液动力的正负表示其方向，正值使阀口趋于开启，负值使阀口趋于关闭。

对于流出节流槽的情况，液动力总是趋于使阀口关闭。由于阀口面积特性不同，U，V 形槽的流量、液动力特性有显著区别。对于 U 形槽，流量在开度约大于 2mm 时趋于常数，此时阀口面积为常数。2mm$<x<$4mm 时液动力变化不大；在 4mm 以后，液动力增加很快，这是由于射流角迅速减小所致如图 18-10(a)。V 形槽流量随阀口开度近似成线性增加，射流角变化较小，液动力的增加主要是流量增加所致。随流动方向不同，节流槽流量特性稍有差异。

流入节流槽时，两种节流槽的液动力变化规律基本相同，液动力数值较小(约小于 20 N)，阀口开度在中间区段，液动力为正使阀口趋于打开，而在小开度和大开度时，液动力为负使阀口趋于关闭。U 形槽的液动力在 0.7mm$<x<$4.2mm 区间使阀口趋于开大，在小开口($x<$0.7mm)和大开口($x>$4.2mm)时使阀口趋于关闭。V 形槽在阀口开度很小时($x<$1mm)，液动力几乎为零；在阀口大开度($x>$5mm)时，液动力为负，在中间区段，液动力为正，且近似不变。

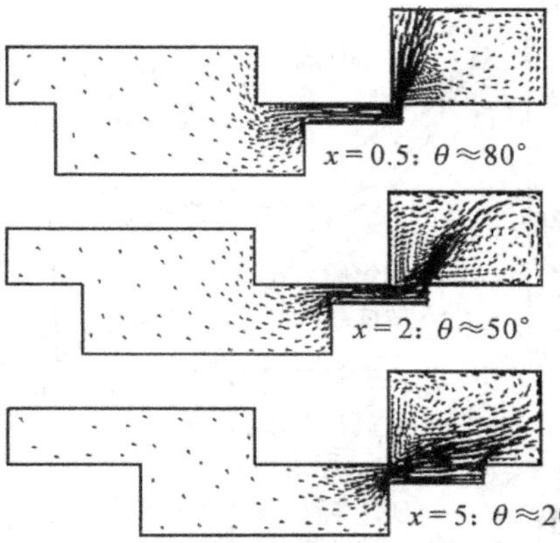

(a) 流出U型节流槽

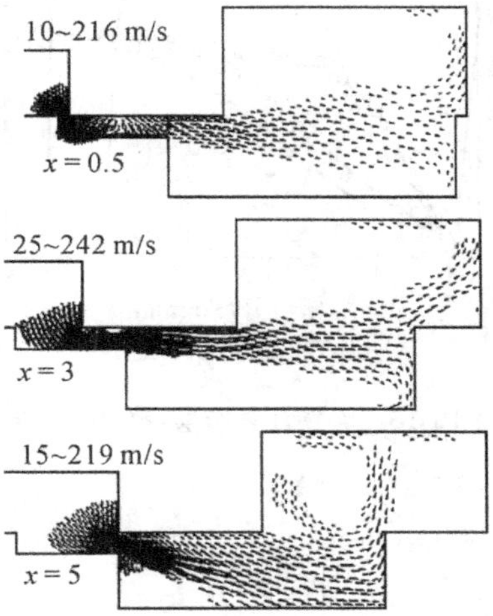

(b) 流入U型节流槽

图 18-10　U 形机理速度矢量图：$p_i=20\text{MPa}$，$p_0=0$

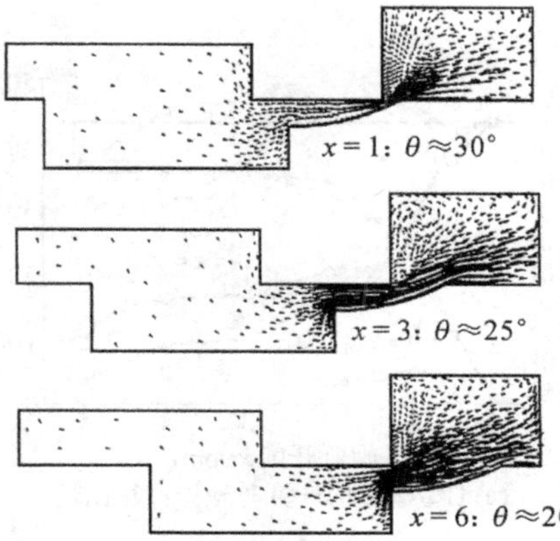

(a) 流出V型节流槽

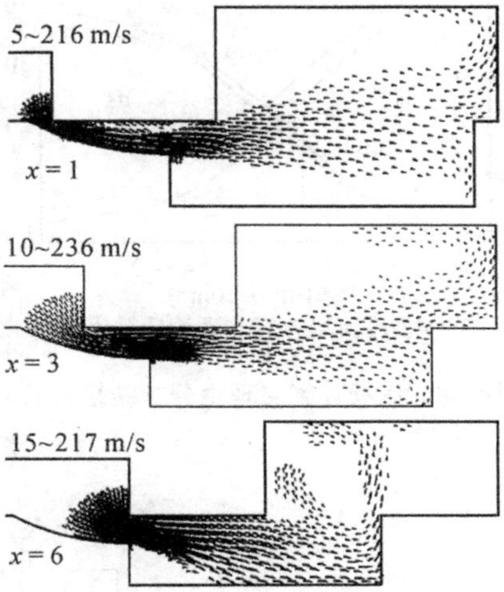

(b) 流入V型节流槽

图 18-11　V 形槽速度矢量图：$p_i=20\text{MPa}$，$p_0=0$

(3)流场仿真结果与试验结果的比较

试验系统如图 18-14 所示，试验中设定调速阀 2 的流量为 40L/min，阀组 2 上的限压溢流阀调为 30MPa。油温 40℃。试验中阀口开度变化间隔为 0.1mm。

图 18-13 为流场计算与试验结果的比较，U、V 表示相应的节流槽。可以看出流场计算和试验测量结果吻合很好。U 形槽在阀口开度接近全开口 5mm 时(大于 4.5mm)和 V 形槽在开度接近 6 mm 时，仿真计算与实测有较大的误差。此处压力低而流量大增，这是由于试验中阀在全开口附近阀口已经全部打开。

通过流场计算和理论分析发现液流进出节流槽的流动方向不同，液动力数值和方向均有变化。流入节流槽时液动力数值不大，在阀口开度的中间段，液动力方向使阀口趋于打开，在小开口和大开口区段，液动力使阀口趋于关闭。此项研究对于非全周开口形式的液压阀性能预测及减小液动力具有重要意义。

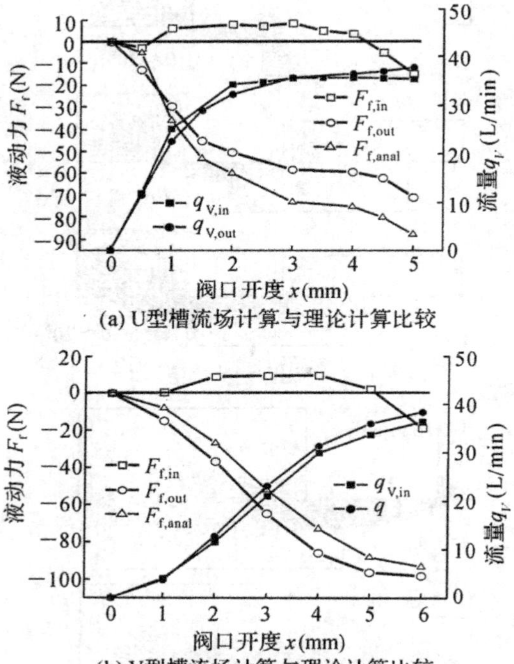

(a) U型槽流场计算与理论计算比较

(b) V型槽流场计算与理论计算比较

图 18-12　流场计算与理论分析结果比较

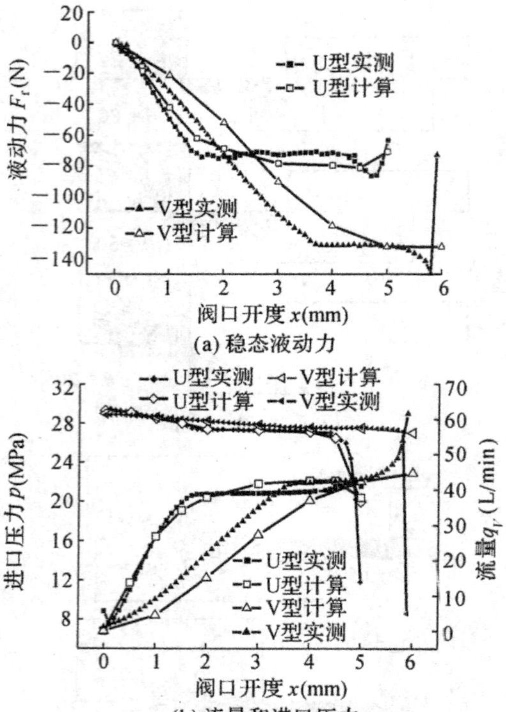

(a) 稳态液动力

(b) 流量和进口压力

图 18-13　流场计算与实测结果比较

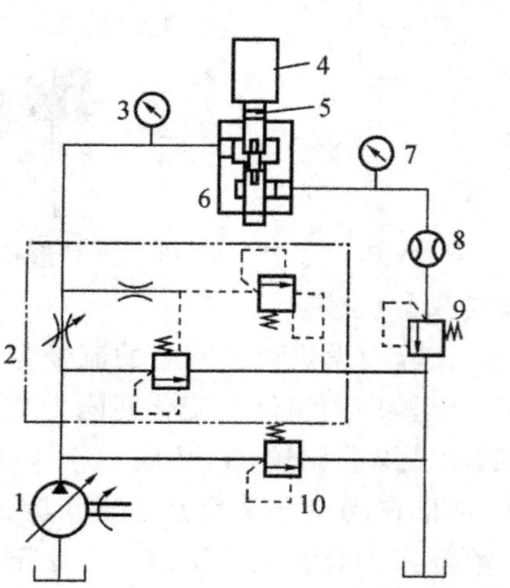

1. 比例变量泵；2. 定差溢流型调速阀阀组；3，7. 压力表及压力传感器；4. 直线步进电动机；5. 压磁式力传感器；6. 被试阀；8. 流量计；9. 背压阀；10. 安全阀

图 18-14　流场计算与实测结果比较

参 考 文 献

[1] 路甬祥,胡大纮编著.电液比例控制技术.北京:机械工业出版社,1988

[2] 吴根茂,邱敏秀,王庆丰等编著.实用电液比例技术.杭州:浙江大学出版社,1993

[3] 路甬祥主编.液压气动技术手册.北京:机械工业出版社,2002

[4] 成大先主编.机械设计手册,第四版,第 4 卷.北京:化学工业出版社,2002

[5] Bosch.电液比例技术与电液闭环比例技术的理论与应用.1997

[6] Rexroth.液压传动教程第二册(比例与伺服技术).吴根茂等译.香港:力士乐有限公司,RC00303,10,1987

[7] 一柳健著.电子—油压制御.东京:日刊工业新闻社,1993

[8] W. Backe. Steuerungs-und Schaltungstechnik II(Proportionaltechnik), 4. Auflage 1993

[9] 王占林著.近代液压控制. 北京:机械工业出版社,1997

[10] 雷天觉主编.新编液压工程手册.北京:北京理工大学出版社,1999

[11] 官忠范主编.液压传动系统,第三版.北京:机械工业出版社,1997

[12] 机电一体化技术手册编委会编.机电一体化技术手册.北京:机械工业出版社,1994

[13] 盛敬超编著.工程流体力学.第二版.北京:机械工业出版社,1988

[14] 骆涵秀,李世伦,朱捷,陈大军.机电控制.杭州:浙江大学出版社,1994

[15] 宋学义主编.袖珍液压气动手册.北京:机械工业出版社,1995

[16] 骆涵秀.试验机的电液控制系统.北京:机械工业出版社,1991

[17] 杨华勇,骆季皓.液压电梯.北京:机械工业出版社,1996

[18] 朱世强,王宣银编著.机器人技术及其应用.杭州:浙江大学出版社,2001

[19] 曾祥荣,叶文柄,吴沛荣编著.液压传动.北京:国防工业出版社,1980

[20] 李壮云,葛宜远主编.液压元件与系统.北京:机械工业出版社,1999

[21] 何存兴主编·液压元件·北京:机械工业出版社,1982

[22] 李玉琳主编.液压元件与系统设计.北京:北京航空航天大学出版社,1991

[23] 广廷洪,汪德涛主编.密封件使用手册.北京:机械工业出版社,1994

[24] 明仁雄,万会雄主编.液压与气压传动.北京:国防工业出版社,2003

[25] 胜帆,罗志骏主编.液压技术基础.北京:机械工业出版社,1985

[26] 黄人豪主编.二通插装阀控制技术.上海:上海实用科技研究中心,1985

[27] 陈愈等编著.液压阀.北京:中国铁道出版社,1982

[28] 宋鸿尧,丁忠尧等编.液压阀设计与计算.北京:机械工业出版社,1987

[29] 阴正锡,许贤良,王家序编.液压习题集.北京:煤炭工业出版社,1987

[30] 张磊等编. 实作液压技术 300 题. 北京:机械工业出版社,1998
[31] 刘震北编. 液压元件制造工艺学. 哈尔滨:哈尔滨工业大学出版社,1992
[32] 许福玲,陈尧明主编. 液压与气压传动. 北京:机械工业出版社,1997
[33] 何存兴,张铁华主编. 液压传动与气压传动. 武汉:华中科技大学出版社,2000
[34] 张利平主编. 液压气压系统设计手册. 北京:机械工业出版社,1997
[35] 夏志新. 液压系统污染控制. 北京:机械工业出版社,1992
[36] 广州机床研究所. 机床液压系统设计指导手册. 广州:广东高等教育出版社,1993
[37] 杜国森等编. 液压元件产品样本. 北京:机械工业出版社,2000
[38] 全国液压气动标准化技术委员会. 中国机械工业标准汇编:液压与气动卷(上、下册). 北京:中国标准出版社,1999
[39] 李壮云主编. 中国机械设计大典第 5 卷:机械控制系统设计. 南昌:江西科学技术出版社,2002
[40] 熊诗波主编. 液压测试技术. 北京:机械工业出版社,1982
[41] 丛庄远,刘震北编. 液压技术基础理论. 哈尔滨:哈尔滨工业大学出版社,1989
[42] 林济猷. 液压油概论. 北京:煤炭工业出版社,1986
[43] 黎启柏主编. 液压元件手册. 北京:冶金工业出版社,机械工业出版社,2000
[44] 那成烈著. 轴向柱塞泵可压缩流体配流原理. 兵器工业出版社,2003
[46] 赵显新编著. 工程机械液压传动原理与检修. 沈阳:辽宁科学技术出版社,2000
[47] 徐绳武编. 柱塞式液压泵. 北京:机械工业出版社,1985
[48] 翟培祥编. 斜盘式轴向柱塞泵设计. 北京:煤炭工业出版社,1978
[49] 胡燕平,彭佑多,吴根茂编著. 液阻网络系统学. 北京:机械工业出版社,2003
[50] 国家电液控制工程技术研究中心. 工程机械液压技术参考资料汇编. 2003
[51] 王益群,孔祥东,刘劲军. 电液位置控制系统中管道参数的优化和设计. 中国机械工程. 1996.4.p39~41
[52] Wei Jianhua, Kong Xiaowu, Qiu Minxiu, Wu Genmao. Transient Response of a Valve Control System with Long Pipes. 机械工程学报(英文版). 2004-03, 31~35
[53] 何永森,刘邵英. 机械管内流体数值预测. 北京:国防工业出版社,1999
[54] 傅德薰,马延文. 计算流体力学. 北京:高等教育出版社,2002
[55] 雷天觉. 液压工程手册. 北京:机械工业出版社,1990 797~801
[56] 林建亚,何存兴. 液压元件. 北京:机械工程出版社,1993 10~18
[57] 王春行. 液压伺服控制系统. 北京:机械工程出版社,1993 25~33
[58] 曹秉刚,史维祥,中野和夫. 内流式锥阀液动力及阀芯锥面压强分布的实验研究. 西安交通大学学报. 29(7):7~13, 1995
[59] 曹秉刚,史维祥,中野和夫. 内流式锥阀液动力的理论探讨. 西安交通大学学报. 29(7):1~6, 1995
[60] 冀宏,傅新,杨华勇. 非全周开口滑阀稳态液动力研究. 机械工程学报. 39(6):13~17, 2003
[61] Wu Genmao. Vorgesteuertes Druckbegrenzungsventil DB10 Serie 30 Versuchs-bericht V932. Mannesmann Rexroth, 1984

[62] Rexroth. Proportional-und Servoventil-Technik. Der Hydraulik Trainer Band 2. Rrd00291/12.1989
[63] Rexroth Bosch Group. 工业液压元件(第二册)比例阀和附件电气配件. RC00115－02/02.2003
[64] Rexroth Bosch Group. 工业液压元件(第一册)液压阀、动力单元、滤油器及蓄能器. RC00115－01/02.2003
[65] Rexroth Bosch Group. 行走机械用液压及电子控制元件. RC64017/08.2001
[66] Bosch. 电液比例阀(带/不带集成放大器(NG6,10))
[67] Bosch. 先导式比例阀(不带/带集成放大器(NG10…NG50)). AKY013/3,1987 76 1311
[68] Bosch. 比例伺服阀.
[69] Bosch. 比例阀和比例伺服阀的电子附件及压力传感器. AKY013/4,1987 76 1314
[70] Rexroth. 通用比例阀及放大器. RC00150
[71] HAVE. Proportional-Druckventile Typ PDV und PDM. D7486,Juni 2000-01
[72] atos. proportional electrohydraulic controls. KF96-O/E
[73] VICKERS. 工业用液压技术手册. 第六次印刷. 第三版,1996
[74] VICKERS. 液压暨电子技术－工业技术用元件及系统,CH-001-11/1994
[75] 郁凯元,毛晓峻. 具有反比例控制功能的新型比例压力阀. 液压与气动,2001,(6):31－33
[76] 叶荣科,王强,王建春. 先导式三通减压阀及其应用. 液压与气动,1999,(3):22－24
[77] 杜和来. 3DRE 比例减压阀及其应用. 液压与气动,2000,(1):51－53
[78] 魏建华. 汽轮机电液控制系统的研究〔博士学位论文〕. 杭州:浙江大学,1995
[79] Bosch. 电液比例技术与电液闭环比例技术的理论与应用. HP/VERK2-USY013/3. 上海:博世上海代表处,1997
[80] Paker. 派克液压产品样本. 北京:PAKER 北京办事处,1998
[81] Rexroth. 冷连轧机改装上计算机液压伺服式工作辊弯曲凸度控制系统. RC00342－1
[82] 焦让. 直线液压增力电动缸的研究. 液压与气动. 2004. 第 2 期
[83] 魏来. 液压元件(系统)的通用计算机辅助测试平台研究开发〔硕士学位论文〕. 杭州:浙江大学,2001
[84] 江灏. 液压综合试验平台的 PLC 实时测控相同设计与开发〔硕士学位论文〕. 杭州:浙江大学,2006
[85] 冯明星,范毓菊等编. 液压和液力传动油液. 北京:中国石化出版社,1991